编　委　会

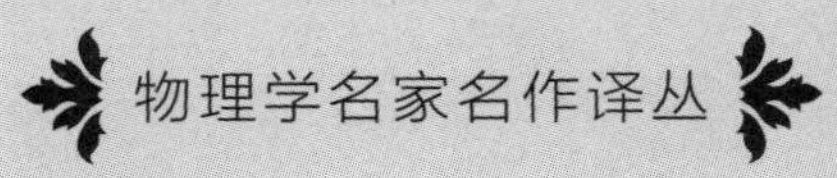

（英）马尔科姆·朗盖尔　著
高先龙　梁兆新　译

物理学中的量子概念

从历史的视角理解量子力学

Quantum Concepts in Physics

An Alternative Approach to the Understanding of Quantum Mechanics

中国科学技术大学出版社

安徽省版权局著作权合同登记号:12222072 号

图书在版编目(CIP)数据

物理学中的量子概念:从历史的视角理解量子力学/(英)马尔科姆·朗盖尔(Malcolm Longair)著;高先龙,梁兆新译.—合肥:中国科学技术大学出版社,2023.5
(物理学名家名作译丛)
ISBN 978-7-312-05576-8

Ⅰ.物… Ⅱ.① 马… ② 高… ③ 梁… Ⅲ.量子力学—研究 Ⅳ.O413.1

中国国家版本馆 CIP 数据核字(2023)第 017539 号

物理学中的量子概念:从历史的视角理解量子力学
WULIXUE ZHONG DE LIANGZI GAINIAN: CONG LISHI DE SHIJIAO LIJIE LIANGZI LIXUE

出版 中国科学技术大学出版社
安徽省合肥市金寨路 96 号,230026
http://press.ustc.edu.cn
https://zgkxjsdxcbs.tmall.com
印刷 合肥华苑印刷包装有限公司
发行 中国科学技术大学出版社
开本 710 mm×1000 mm 1/16
印张 26
字数 517 千
版次 2023 年 5 月第 1 版
印次 2023 年 5 月第 1 次印刷
定价 99.00 元

内容简介

本书为高年级本科生、物理学家、物理史学家和物理哲学家撰写，讲述在20世纪前30年的非凡岁月里我们在理解量子现象的过程中发生的故事。

本书没有遵循标准的公理化方法，而是从历史的视角，清晰而权威地阐述了海森堡、薛定谔、泡利和狄拉克等先驱者如何发展量子力学的基本原理并将它们融合成一个自洽的理论，以及量子力学的数学框架为什么必须如此复杂。作者开创了一种引人入胜的写作方式，提供了一个如何在实践中运用物理和数学的非凡例子。本书鼓励人们加深对数学、理论和实验之间互动的理解。与其他任何相同层次的书相比，本书可以帮助读者更深入地了解量子力学的发展和内容。

前 言

写作动机

本书是我创作的《物理学中的理论概念》(TCP2)(Longair,2003)的姊妹篇。完成本书是我长久以来的夙愿。在TCP2中,我讲述了在量子发现之前物理学历史中的概念发展,物理学界接受量子和量子化是20世纪初新物理学的基本特征。但是,在TCP2中,我既没有空间也没机会来进一步讲述量子发现的故事,这太复杂了,并且需要引入更高等的数学。这些不是我希望在TCP2中呈现的。

正如在TCP2中我讲述了经典物理学和相对论的发展历史一样,本书的目标是尽可能地重建量子力学的发展史,这将通过大量搜集1900年至1930年间的实验数据和数学分析来完成。在我看来,量子化和量子是20世纪物理学最伟大的发现。量子力学对我们的直观世界没有直接影响,因为无论出于何种意图和目的,我们的直觉都是一个以经典物理学为主导的世界。但是量子力学是所有物质和辐射现象的基础,是21世纪人类文明的基础。

量子力学是物理系本科生的专业核心课程之一,不乏优秀的量子力学教材。大多数优秀的量子力学教材都采用公理化的讲授方法,即量子力学源自一组基本公理,其结果将在随后的数学论述中加以阐明。狄拉克在其1930年的经典著作《量子力学原理》(Dirac,1930a)中首次运用此方法,这可能被认为是本书的终极目标。但是这一切是怎么来的呢?我们怎么理解这个理论为什么必须如此复杂?形式化的解释是如何得出的?

正如TCP2的核心灵感来自马丁·克莱因(Martin J. Klein)的随笔(Klein,1967)一样,本书很早就受到范德瓦尔登(B. L. van der Waerden)主编的《量子力学起源》(van der Waerden,1967)的启发。正如TCP2一样,我的夙愿是把范德瓦尔登的书当作量子力学发展的基础。贾格迪什·梅赫拉(Jagdish Mehra)和赫尔穆特·雷兴伯格(Helmut Rechenberg)所著的庞大的六卷本系列丛书《量子理论的历史发展》(Mehra 和 Rechenberg,1982a,b,c,d,1987,2000,2001)的出现强化了这一点。该丛书在1982 年至 2001 年间出版,对量子力学的历史进行了非常彻底、权威的阐述。同样令人鼓舞的是马克斯·贾默(Max Jammer)的《量子力学的概念发展》(Jammer,1989),它在单卷本中涵盖了类似的内容。另一个灵感来源是亚伯拉罕·派斯(Abraham Pais)的《内界》(*Inward Bound*)(Pais,1985)一书,该书将量子力学和量子现象的发展设定在一个较长的时间框架内。在我看来,这些真正优秀的书都不简单,只有那些已经在经典和量子物理学方面有坚实基础的人才能欣赏。对于那些寻求更容易获得启示的人来说,这些书是一个相当的挑战。

历史方法和呈现水平

教学和写作的经验使我相信,从历史的角度重新思考物理学基础并对读者的数学基础做出尽可能少的假设是极具价值的。和 TCP2 一样,我假设所需要的物理和数学知识不超过物理专业前几年的学习课程。同时有必要重申一些 TCP2 的目标,这些目标同样适用于本书,而与处理该主题的标准方法不同。

TCP2 的起源可以追溯到 20 世纪 70 年代中期我在卡文迪什实验室的讨论,这些讨论参与者都讲授偏理论的本科课程。我们有一种感觉,从理论的角度看,现有的课程大纲缺乏连贯性,并且与理论物理截然不同,学生们并不十分清楚物理学的视野。随着我们想法的深入,显然这些讨论对于所有即将毕业的学生都是有价值的。因此,在 7 月和 8 月的夏季学期为进入最后一年学业的本科生开设了“物理学中的理论概念”这一课程。该课程自主选修,完全没有考试。学生们除了对物理学和理论物理学的认识不断提高之外,没有从该课程获得任何学分。当我第一次受邀参加此课程的讲授时,面临着相当大的挑战,即在剑桥最宜人的夏季,如何吸引学生参加周一、周三和周五上午 9:00 进行的讲座。

本课程包含以下内容:

(a) 实验与理论相互交融。特别强调实验的重要性,尤其是新技术在引领理论发展中的作用。

(b) 用适当的数学工具来处理理论问题的重要性。

(c) 现代物理学基本概念的理论背景。强调诸如对称、守恒、不变性等基本主题。

(d) 物理学中近似和模型的作用。

(e) 对理论物理学中实际存在的学术论文进行分析,洞悉专业物理学家如何解决实际问题。

(f) 重温并巩固许多基本的物理概念,期望所有最后一年的本科生都能信手拈来。

(g) 最后,传递我个人对物理学和理论物理学的热情。我自己的研究领域是高能天体物理学和天体宇宙学,但我的内心仍然是物理学家。我个人的观点是,天文学、天体物理学和宇宙学是物理学的分支,只是被应用于大尺度的宇宙。我属于非常幸运的一代,于 20 世纪 60 年代初开始进行天体物理学研究,见证了我们对宇宙物理学各个方面的理解所发生的惊人革命。同样,所有的物理学领域都是如此。本课程不是一门死气沉沉的、示范性的学科,其目的不仅仅是为学生提供试题。这是一门活力四射的、广泛的、稳固应用的学科。

我撰写《物理学中的量子概念》的目标一直是采用与 TCP2 相同的对读者友好的方法,只是现在应用于量子力学的发现。应该强调,这是一种理解量子力学的个人方法,但它具有巨大的优势,可以迫使作者和读者认真思考理解物理发展的每个重要阶段所面临的问题。与 TCP2 相比,差异之一是必须引入一些高等数学工具才能欣赏整个故事的实质。我试图仅呈现必要的、尽可能简单的数学,但不牺牲严谨性。我认为,大四本科生和他们的老师在应付这些数学要求方面应该没有什么问题。

我还要强调,本书不是量子力学的教科书,它当然不能取代通过标准的公理化方法来系统地讲授量子力学的主题。读者应该将本书视为标准课程的补充,但我希望本书能增进读者对物理的理解、欣赏和享受。我非常确信通过研究物理学先驱的天才之作,我已经学到了大量有关量子力学的知识。

挑 战

让我一开始就明确指出,浓缩成单卷本的材料数量是巨大的,这从梅赫拉和雷兴伯格近4500页的宏伟系列可以得到体会。另外,物理学历史文献的数量极为庞大。因此,尽管任务艰巨,我不得不选择和精简故事,以便在有限的空间内达到目标。为了得到进一步的启示,我充分建议,除了深入研究梅赫拉、雷兴伯格、贾默、派斯以及本书引用的许多其他作者的著作外,别无选择。

我还应该承认,尽管我曾经教授过许多量子物理学课程,但我并不认为自己是“黑带”级的量子物理学家。这导致本书也将是我个人才智的发现之旅。我非常喜欢菲茨杰拉德(Fitzgerald)在一次精彩演讲中所说的:

> “英国人渴望具有情感的、某种能激发热情并与人类息息相关的科学。”(Fitzgerald,1902)

我承认我属于那一群体。希望您能像我一样享受这次旅程。

马尔科姆·朗盖尔

于剑桥和威尼斯,2012年

目　录

第2部分 旧量子论

第 3 部分　量子力学的发现

第 1 部分　量子的发现

第 1 章　1895 年的物理学和理论物理学

1.1　19 世纪物理学的胜利

19 世纪是对物理定律的理解空前发展的年代。在力学和动力学中，已经发展出日益强大的数学工具来解决复杂的动力学问题。在热力学中，通过鲁道夫·克劳修斯（Rudolf Clausius）和威廉·汤姆孙（William Thomson）（开尔文勋爵）的努力，牢固地建立了热力学第一定律和第二定律，并且详细阐述了熵的概念对经典热力学的全部影响。詹姆斯·克拉克·麦克斯韦（James Clerk Maxwell）推导了电磁方程，海因里希·赫兹（Heinrich Hertz）在 1887 年至 1889 年的实验中令人信服地验证了这一方程。光和电磁波是同一实体，从而为光的波动理论提供了坚实的理论基础，该理论几乎可以解释所有已知的光学现象。

有时给人的印象是，19 世纪 90 年代的实验和理论物理学家认为，热力学、电磁学和经典力学的结合可以解释所有已知的物理现象，剩下的就是研究这些最近所获得的成就带来的结果。正如布赖恩·皮帕德（Brian Pippard）在他的《1900 年的物理学》中所说[①]，阿尔伯特·迈克耳孙（Albert Michelson）说过以下名言：

> "我们的未来发现必须在小数点后第六位找寻。"（Michelson，1903）

这句话经常被断章取义，最好根据麦克斯韦在 1871 年作为第一位卡文迪什实验物理学教授的就职演讲中所说的话来理解：

> "我可能会从科学的各个分支收集实例，来表明仔细的测量是如何通过新研究领域的发现和新科学思想的发展而得到回报的。"（Maxwell，1890）

麦克斯韦的先见之明是随后几十年内发生的非同寻常事件的战斗号角。实际上，19 世纪后期是物理科学的一个发酵期，许多棘手的基本问题有待解决。这些问题锻炼了那时最伟大物理学家的思想。最终，这些问题的解决将彻底改变物理学的基础，发现了完全不同的量子力学世界。我们首先回顾一下导致 20 世纪初物理学危机的一些问题[②]。

1.2　19世纪的原子和分子

现代原子和分子概念的起源可以追溯到19世纪初对化学定律的理解。18世纪后期,安托万-洛朗·拉瓦锡(Antoine-Laurent de Lavoisier)建立了化学反应中的质量守恒定律。然后,1798年到1804年之间,约瑟夫·路易斯·普鲁斯特(Joseph Louis Proust)建立了定比定律,根据该定律:

> "每一种给定的化合物包含相同的元素,组成元素的质量都有固定的比例关系。"[③]

例如,氧气占纯水样品质量的8/9,而氢占剩余的1/9。1803年,约翰·道尔顿(John Dalton)遵循这个定律提出了倍比定律,按照此定律,

> "当两个元素组合在一起形成一种以上的化合物时,与一定量某种元素相化合的另一种元素的质量必互成简单的整数比。"

接下来,1808年,约瑟夫·路易斯·盖-吕萨克(Joseph-Louis Gay-Lussac)发表了他的气体化合体积定律,并指出:

> "如果所有测量都是在相同的温度和压强条件下进行的,则作为试剂或产品而参与化学反应的气体体积之间具有简单的数值关系。"

例如,2体积的氢气与1体积的氧气发生反应,形成2体积的水蒸气。

道尔顿综合了这些概念,并在他的有影响力的论文《化学哲学的新体系》(Dalton,1808)中进一步进行研究。他断言,化学均质物质的最终粒子或者说原子都具有相同的重量和形状,并绘制了许多简单物质的原子的相对重量表(图1.1)。根据他的假设,原子是物质的粒子,无法通过化学过程将其细分为更原始的形式。最初,道尔顿和贝采尼乌斯(Berzelius)认为在相同的物理条件下等体积的气体包含相同数量的原子,但是这种概念与观察到的不同化合气体的体积关系并不吻合。解决方案由阿莫迪欧·阿伏伽德罗(Amadeo Avogadro)提供,他在1811年意识到物质单位不是单个原子而是少数原子组成的原子团,他将其定义为分子,即气体中的最小粒子,作为一个整体移动。阿伏伽德罗的假设指出:

> "在相同的温度和压强条件下,等体积的所有气体都包含相同数量的分子。"

接下来具有核心作用的是物质分子或原子的重量,定义为一定粒子的重量,其中氧原子具有16个重量单位。相应地,克-分子量定义为氧是16 g时粒子的重量[④]。因此,所有物质的克-分子量都包含相同数量的分子。直到1858年,斯塔尼斯劳·坎尼扎罗(Stanislao Cannizzaro)才说服了主流化学家相信阿伏伽德罗的假设,之

前这一假说被无视长达50年之久。

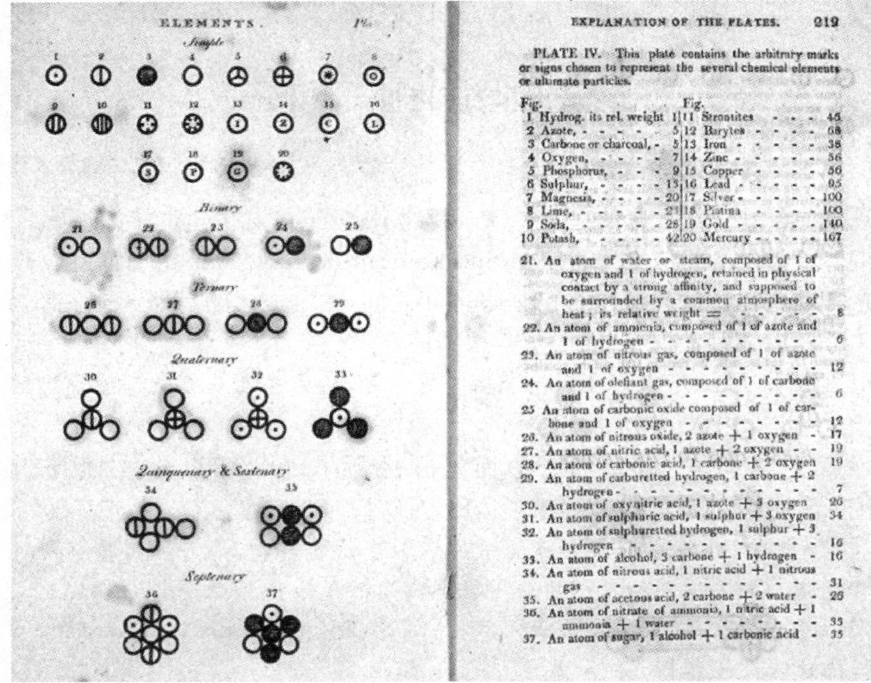
ELEMENTS.

Simple

Binary

Ternary

Quaternary

Quinquenary & Sextenary

Septenary

EXPLANATION OF THE PLATES. 219

PLATE IV. This plate contains the arbitrary marks or signs chosen to represent the several chemical elements or ultimate particles.

Fig.			Fig.		
1	Hydrog. its rel. weight	1	11	Strontites - - -	46
2	Azote, - - - -	5	12	Barytes - - - -	68
3	Carbone or charcoal, -	5	13	Iron - - - - -	38
4	Oxygen, - - - -	7	14	Zinc - - - - -	56
5	Phosphorus, - - -	9	15	Copper - - - -	56
6	Sulphur, - - - -	13	16	Lead - - - - -	95
7	Magnesia, - - - -	20	17	Silver - - - - -	100
8	Lime, - - - - -	23	18	Platina - - - -	100
9	Soda, - - - - -	28	19	Gold - - - - -	140
10	Potash, - - - -	42	20	Mercury - - - -	167

21. An atom of water or steam, composed of 1 of oxygen and 1 of hydrogen, retained in physical contact by a strong affinity, and supposed to be surrounded by a common atmosphere of heat; its relative weight = - - - - - - 8
22. An atom of ammonia, composed of 1 of azote and 1 of hydrogen - - - - - - - - - - 6
23. An atom of nitrous gas, composed of 1 of azote and 1 of oxygen - - - - - - - - - - 12
24. An atom of olefiant gas, composed of 1 of carbone and 1 of hydrogen - - - - - - - - - 6
25 An atom of carbonic oxide composed of 1 of carbone and 1 of oxygen - - - - - - - - - 12
26. An atom of nitrous oxide, 2 azote + 1 oxygen - 17
27. An atom of nitric acid, 1 azote + 2 oxygen - - 19
28. An atom of carbonic acid, 1 carbone + 2 oxygen 19
29. An atom of carburetted hydrogen, 1 carbone + 2 hydrogen - - - - - - - - - - - - 7
30. An atom of oxynitric acid, 1 azote + 3 oxygen 26
31. An atom of sulphuric acid, 1 sulphur + 3 oxygen 34
32. An atom of sulphuretted hydrogen, 1 sulphur + 3 hydrogen - - - - - - - - - - - - 16
33. An atom of alcohol, 3 carbone + 1 hydrogen - 16
34. An atom of nitrous acid, 1 nitric acid + 1 nitrous gas - - - - - - - - - - - - - 31
35. An atom of acetous acid, 2 carbone + 2 water - 26
36. An atom of nitrate of ammonia, 1 nitric acid + 1 ammonia + 1 water - - - - - - - - - 33
37. An atom of sugar, 1 alcohol + 1 carbonic acid - 35

图 1.1　各种元素及其化合物的道尔顿符号(Dalton,1808)

当务之急是对化学元素的性质进行排序。1789 年,拉瓦锡发布了 33 种化学元素的清单,并将它们分为气体、金属、非金属和简单土质。需要寻找更精确的分类方案。众所周知,某些元素具有相似的化学性质,例如碱金属钠、钾和铷,卤素氯、溴和碘。德米特里·门捷列夫(Dmitri Mendeleyev)在 1869 年、尤利乌斯·迈尔(Julius Meyer)在 1870 年分别独立出版了元素周期表。通过按原子量增加的顺序列出元素,然后在出现相似类别的元素时开始新的列来构造表格(图 1.2)。如果尚未找到合适的元素,门捷列夫则将空白留在表格中,然后使用趋势来预测缺失元素的性质,例如钪、镓和锗。有时,他不按原子量排序,以匹配不同行中的相似元素。

填充元素周期表中元素的过程一直持续了整个 19 世纪。尼尔斯·玻尔(Niels Bohr)在 20 世纪 20 年代初努力将不同元素原子的物理纳入旧量子论时,对其理解便成为他的主要关注点。化学家并不是真的需要原子假说来取得进展,但是上述经验规则足以使人们对化学过程的理解取得显著进步。然而,随着化学家的兴趣减弱,物理学家开始接手,目的是提供热力学定律的微观解释。

ОПЫТЪ СИСТЕМЫ ЭЛЕМЕНТОВЪ.

ОСНОВАННОЙ НА ИХЪ АТОМНОМЪ ВѢСѢ И ХИМИЧЕСКОМЪ СХОДСТВѢ.

			Ti=50	Zr=90	?=180.
			V=51	Nb=94	Ta=182.
			Cr=52	Mo=96	W=186.
			Mn=55	Rh=104,4	Pt=197,4.
			Fe=56	Rn=104,4	Ir=198.
			Ni=Co=59	Pl=106,6	Os=199.
H=1			Cu=63,4	Ag=108	Hg=200.
	Be=9,4	Mg=24	Zn=65,2	Cd=112	
	B=11	Al=27,4	?=68	Ur=116	Au=197?
	C=12	Si=28	?=70	Sn=118	
	N=14	P=31	As=75	Sb=122	Bi=210?
	O=16	S=32	Se=79,4	Te=128?	
	F=19	Cl=35,5	Br=80	I=127	
Li=7	Na=23	K=39	Rb=85,4	Cs=133	Tl=204.
		Ca=40	Sr=87,6	Ba=137	Pb=207.
		?=45	Ce=92		
		?Er=56	La=94		
		?Yt=60	Di=95		
		?In=75,6	Th=118?		

Д. Менделѣевъ

图 1.2　门捷列夫 1869 年元素周期表的原始版本。问号表示已插入未知元素，因此相似元素将位于同一行

1.3　气体动理论和玻尔兹曼统计力学

19 世纪 50 年代初发现的热力学第一定律和第二定律为热力学奠定了坚实的理论基础，而这些定律将由下一代理论物理学家加以阐明。挑战之一是对熵增定律加以物理解释，这将在随后的时期中锤炼那些最伟大的智者，包括克劳修斯、麦克斯韦、玻尔兹曼和普朗克。

1.3.1　气体动理论

热力学定律描述了大量物质的性质。实际上，该理论否认存在任何微观结构，其最大优点是提供了材料系统宏观特性之间的一般关系。但是，克劳修斯和麦克斯韦在发展气体动理论时毫不犹豫地认为它们由大量颗粒组成，这些颗粒彼此之间以及与容器的壁之间发生连续的弹性碰撞。克劳修斯于 1857 年在他的题为“运动的本质，我们称为热”的论文中提出了该理论的第一个系统性说明（Clausius，1857）。他通过研究粒子的平均速度成功地推导了单原子分子理想气体的状态方

程。虽然完美地解释了理想气体定律,但与已知的分子气体比热容之比 $\gamma = C_p/C_V$符合得并不是很好,其中 C_p 和 C_V 分别是恒定压强和恒定体积下的比热容。实验发现分子气体的 γ 为 1.4,而动理论预测为 $\gamma = 1.67$。在克劳修斯论文的最后一句话中,他认识到重要一点,那就是一定存在其他在分子气体间存储动能的方法,该方法可以增加每个分子的内能。

克劳修斯研究工作的一个结论对麦克斯韦尤其重要。由动力学理论,克劳修斯根据他的公式 $RT = NM\overline{u^2}/3$ 计算出了空气分子的平均速度。对于氧气和氮气,他分别推导出了 461 m/s 和 492 m/s 的速度。荷兰气象学家克里斯托弗·白贝罗(Christoph Buys Ballot)批评了该理论的这一方面,因为众所周知,刺鼻的气味需要几分钟才能弥漫到整个房间。克劳修斯的回应是,空气分子相互碰撞,从容积的一部分扩散到另一部分,而不是沿直线传播。克劳修斯在其论文中首次引入气体原子和分子的平均自由程的概念(Clausius,1858)。因此,在气体动理论中,必须假定分子之间存在连续的碰撞。

当麦克斯韦在 1859 年和 1860 年研究气体动理论时已知晓克劳修斯的这两篇论文。他的工作于 1860 年发表在一系列新颖而深刻的论文中,这些论文名为“气体动力学理论的说明”(Maxwell,1860a,b,c)。在简短的几段中[5],他推导了气体颗粒速度分布的公式 $f(u)$,并将统计概念引入气体动理论和热力学中:

$$f(u)\mathrm{d}u = 4\pi\left(\frac{m}{2\pi kT}\right)^{3/2} u^2 \exp\left(-\frac{mu^2}{2kT}\right)\mathrm{d}u \tag{1.1}$$

麦克斯韦立即注意到,

> “速度在粒子间的分布规律与误差在观测值之间的分布规律相同,都遵守最小二乘法理论。”

弗朗西斯·埃弗里特(Francis Everitt)写道,麦克斯韦速度分布的这种推导标志着物理学新纪元的开始(Everitt,1975)。热力学定律的统计性质和统计力学的现代理论直接来自他的分析。

然而,麦克斯韦遇到了与克劳修斯完全相同的问题。如果仅考虑平动自由度,则 γ 的值应为 1.67。麦克斯韦还考虑了计入非球形分子的转动自由度及其平动自由度的情况,但是这种计算导致比热容之比 $\gamma = 1.33$,再次与普通分子气体中观察到的值 1.4 不一致。在他的伟大论文的最后一句中,他做出了令人沮丧的表述:

> “最后,通过在所有非球形粒子的平动和转动之间建立必要的关系,我们得到的结果是,这些粒子系统不可能满足所有气体两种比热之间的已知关系。”

1.3.2 气体黏度

尽管存在这一困难,麦克斯韦还是立即将气体动理论应用于气体的输运性质:扩散、热导率和黏度。他对气体黏度系数的计算具有特别重要的意义。[6]具体来说,他计

算出了动黏滞或绝对黏滞系数 η 如何随压强和温度变化。他发现了结果

$$\eta = \frac{1}{3}\lambda\overline{u}nm = \frac{1}{3}\frac{m\overline{u}}{\sigma} \tag{1.2}$$

其中 λ 是分子的平均自由程，$\overline{u}$是分子的平均速度，n 是分子的数密度，σ 是分子的碰撞截面，λ 和 σ 通过 $\lambda = 1/n\sigma$ 相联系。麦克斯韦惊讶地发现黏滞系数与压强无关，因为方程(1.2)不依赖于数密度 n。原因是尽管随着 n 的减小，单位体积的分子更少，但平均自由程却以 n^{-1}的方式增加，从而使动量传递的增量发生在更大的距离上。此外，随着气体温度的升高，$\overline{u}$以 $T^{1/2}$的方式增加。因此，与液体的行为不同，气体的黏度应随温度的增加而增加。这种有点反直觉的结论是麦克斯韦在 1863～1865 年间完成的一系列出色实验的主题(图 1.3)。他证实了气体动理论的预言，即气体黏度与压强无关。他希望也能发现 $T^{1/2}$定律，但实际上，他发现了更强的依赖性 $\eta \propto T$。

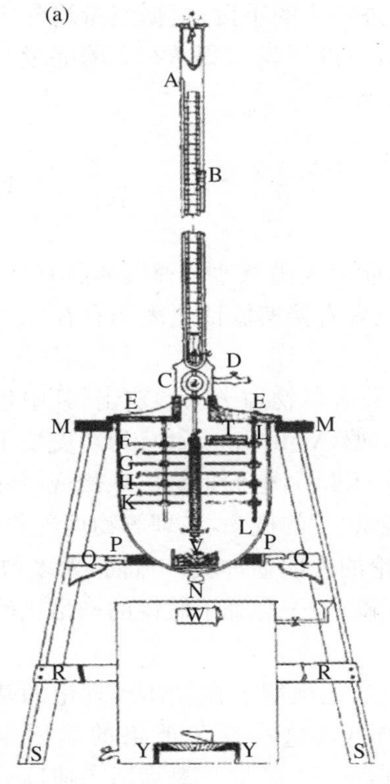

图 1.3　(a) 麦克斯韦测定气体黏度的装置。气体装在容器中，玻璃圆盘作为扭力摆摆动。通过测量扭秤振荡的衰变率，可以得到气体的黏度。扭秤的振荡是通过连接在悬架上的镜子反射光束来测量的。气体的压强和温度可以改变。由于容器必须完全密封，因此振荡是通过磁力启动的。(b) 在卡文迪什实验室展出的麦克斯韦的仪器

在 1867 年一篇伟大的论文中,他把这个结果解释为分子之间必定存在排斥力,并随着距离 r 的变化为 r^{-5}。这是一个具有深刻意义的发现,因为它意味着不再需要将分子视为“有确定半径的弹性球”(Maxwell,1867)。排斥力与 r^{-5} 成比例,意味着分子之间的碰撞将取不同角度偏转的形式,具体依赖于碰撞参量。麦克斯韦认为,用弛豫时间来描述更恰当,大约是一个分子与其他分子经随机碰撞使运动方向偏转 90°所需的时间。根据麦克斯韦的分析,可以用排斥中心这一概念取代分子,或者用他的话说,就是“仅仅是点,或者是具有惯性的力心”,不再需要对分子作任何特殊假设,如坚硬的、弹性的球。为了更有说服力地表达这一见解,用力场之间的相互作用来取代粒子之间碰撞的概念。

1.3.3 气体动理论和熵增定理

另一个问题涉及原子和分子谱中观察到的谱线的起源。如果这些谱线与分子的内部共振有关,那么据推测,这些谱线提供了进一步的手段,根据能量均分定理可以将能量储存在气体中,在平衡态下,每个自由度平均获得 $kT/2$ 的能量。因此,单位分子自由度 N 的数量会增加,比热容之比

$$\gamma = \frac{C_p}{C_V} = \frac{\frac{1}{2}NkT + kT}{\frac{1}{2}kT} = \frac{N+2}{N} \tag{1.3}$$

将趋于 1。气体动理论,特别是能量均分定理不能令人满意地解释气体所有特性,这成为接受气体动理论的主要障碍。此外,也没有直接实验证据表明存在原子和分子。

物质结构的原子和分子理论的地位受到少数著名物理学家的攻击,其中包括恩斯特·马赫(Ernst Mach)、威廉·奥斯特瓦尔德(Wilhelm Ostwald)、皮埃尔·迪昂(Pierre Duhem)和格奥尔格·亥姆(Georg Helm),他们拒绝了从微观层面解释宏观物理学定律的方法。他们的方法基于“能量学”的概念,在理解物理现象时,只援引能量考虑,这与那些赞成原子和分子理论的人明显冲突。然而,大多数 19 世纪后期的物理学家认为,尽管细节并不完全正确,原子和分子假说的确是正确的方向。

1867 年,麦克斯韦首次提出了他的著名论点,他证明了在气体动理论的基础上,如何将热量从较冷的物体传递到较热的物体,这违反了严格的熵增定律(Maxwell,1867)。这种说法通常被指与“麦克斯韦妖”有关。[⑦]麦克斯韦速度分布描述了温度为 T 时处于热平衡态的气体中必然存在的速度范围。他考虑一个分为两半的容器,即 A 和 B,A 中的气体比 B 中的气体温度高。在它们之间的隔板上钻了一个小孔。每当一个快分子从 B 运动到 A 时,热就会从较冷的物体传递到较热的物体,外部没有任何作用。绝大多数情况是热分子从 A 运动到 B,在此过程中,热量从较热的物体流向较冷的物体,结果是整个系统的熵增加。但是,根据气

体动理论，有一个非常小而有限的概率，自发产生反向过程，在这一自然过程中，熵减小。

19世纪60年代后期，克劳修斯和玻尔兹曼两人都试图从力学出发导出热力学第二定律，这种方法被称为第二定律的动力学解释。他们跟踪各个粒子的动力学，希望它们最终可以导致对第二定律起源的理解。麦克斯韦拒绝了这种方法，因为有一个简单但令人信服的论点，即牛顿运动定律和麦克斯韦电磁场方程是时间可逆的，因此第二定律中隐含的不可逆性不能用动力学理论来解释。第二定律只能理解为大量分子的统计行为。

最终，玻尔兹曼接受了麦克斯韦关于第二定律统计性质的学说，并着手研究熵与概率之间的关系式：

$$S = k\ln p \tag{1.4}$$

其中 S 是熵，p 是该状态的概率，k 是普适常量。在他的分析中，常数 k（玻尔兹曼常量）的值未知。玻尔兹曼的分析具有相当大的数学复杂性，实际上，这阻碍了当时的科学家充分认识到他所取得的成就的深远意义。约西亚·威拉德·吉布斯(Josiah Willard Gibbs)是对其赞赏的一位。他在他的基本著作《统计力学基本原理》中证明，尽管在向平衡演变的每个阶段，气体的平均特性必然存在波动，但由大量粒子组成的系统的确趋向于热力学平衡(Gibbs，1902)。

1.4　麦克斯韦电磁场方程

麦克斯韦建立电磁场方程是19世纪物理学毋庸置疑的胜利之一。[⑧] 在迈克尔·法拉第(Michael Faraday)出色的实验研究的基础上，麦克斯韦建立了电磁场的方程：[⑨]

$$\mathrm{curl}\boldsymbol{E} = -\frac{\partial \boldsymbol{B}}{\partial t} \tag{1.5}$$

$$\mathrm{curl}\boldsymbol{H} = \boldsymbol{J} + \frac{\partial \boldsymbol{D}}{\partial t} \tag{1.6}$$

$$\mathrm{div}\boldsymbol{D} = \rho_{\mathrm{e}} \tag{1.7}$$

$$\mathrm{div}\boldsymbol{B} = 0 \tag{1.8}$$

在这种现代符号中，$\boldsymbol{D}$ 和 $\boldsymbol{B}$ 是电和磁通量密度，$\boldsymbol{E}$ 和 $\boldsymbol{H}$ 是电场和磁场强度，$\boldsymbol{J}$ 是电流密度。$\partial \boldsymbol{D}/\partial t$ 是著名的位移电流，最初是根据麦克斯韦的材料介质或真空的力学模型引入的(Maxwell，1861a，b，1862a，b)。在他的伟大论文《电磁场的动力学理论》(Maxwell，1865)中，关于该模型的力学起源的所有说法都从该理论的最终版本中消失了。

麦克斯韦的理论只是众多电磁场理论中的一种,对他的理论的有效性的验证经历了较长一段时间。麦克斯韦的计算的显著结果是真空中的光速只取决于静电学的基本常数 ϵ_0(自由空间的介电常数)和 μ_0(自由空间的磁导率),其关系为 $c=(\epsilon_0\mu_0)^{-1/2}$。通过实验确定这些量是麦克斯韦和他的继任者卡文迪什教授约翰·威廉·斯特拉特(John William Strutt)(即瑞利勋爵)的主要工作。

麦克斯韦逝世近10年后,在1887~1889年间,赫兹通过出色的实验最终验证了麦克斯韦方程(Hertz,1893)。赫兹证明,电磁扰动在自由空间中以光速传播(图1.4)。此外,这些波在各个方面的表现都与光完全一样,他的伟大著作的标题是"直线传播、偏振、反射和折射"。这是麦克斯韦方程组有效性的最终证明。具有讽刺意味的是,在证实麦克斯韦理论的相同实验中,赫兹发现了光电效应,即通过紫外线和光辐射释放阴极射线,这证明在某些情况下,辐射的行为类似于粒子。

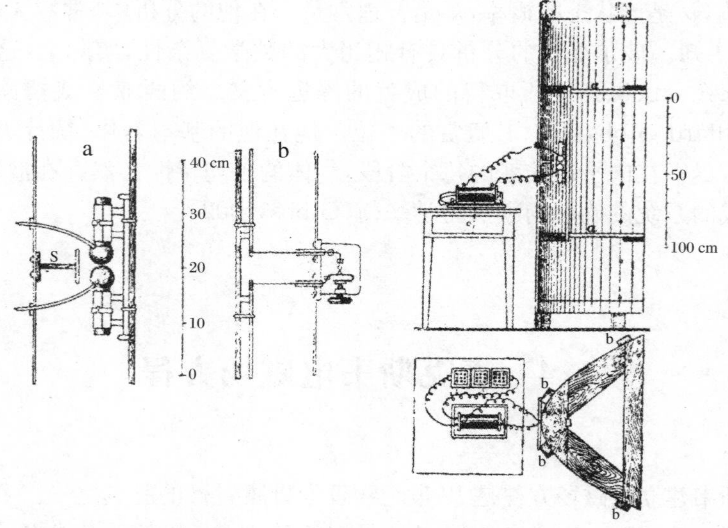

图1.4　赫兹用于产生和检测电磁辐射的装置。发射器a在球形导体之间的放电中产生电磁辐射。检测器b由类似的装置构成,检测器的钳口尽可能靠近放置,以实现最大灵敏度。将发射器放置在圆柱形抛物反射面的焦点处,以产生定向辐射束(Hertz,1893)

麦克斯韦于1865年辞去伦敦国王学院(King's College London)的职位,以照顾苏格兰边境格伦莱尔(Glenlair)处的家产,并继续研究他感兴趣的许多科学领域。在随后的几年中,他在《电磁通论》(Maxwell,1873)的写作中付出了巨大的努力。该通论不同于牛顿的《数学原理》等许多其他伟大著作,因为它不是对该主题的系统介绍,而是一项还在进展中的工作,反映了麦克斯韦广泛的研究方法。在后来的一次谈话中,麦克斯韦指出,《电磁通论》的目的不是最终向世界阐述他的理论,而是通过展示达到的视野来自学。麦克斯韦的建议有些令人困惑,那就是平行地而不是按顺序阅读《电磁通论》的四个部分。

最重要的结果之一首次出现在第2卷第4部分的792节，麦克斯韦计算了施加在导体上的辐射压。这一深刻的结果提供了压强 p 和电磁辐射"气体"能量密度 ε 之间的关系 $p=\varepsilon/3$，完全源自麦克斯韦的电磁理论。[⑩] 玻尔兹曼在他1884年的论文中使用了这一重要结果，他根据经典热力学推导了斯特藩-玻尔兹曼定律(1.7.1小节)。

但是，除了需要对方程进行实验验证之外，必须采用全新的视角来揭示电磁场麦克斯韦方程组的全部威力。正如弗里曼·戴森(Freeman Dyson)所写的那样：

> "麦克斯韦的理论必须等待下一代物理学家，如赫兹、洛伦兹和爱因斯坦等，来揭示其力量并澄清其概念。下一代人在麦克斯韦的方程中成长起来，对由场构成的宇宙了如指掌。对于爱因斯坦来说，场的首要地位是自然的，就像力学结构对麦克斯韦一样。"(Dyson，1999)

1.5　迈克耳孙-莫雷实验与相对论

光与电磁的统一鼓励实验物理学家寻找电磁传播现象的媒介证据——以太。最著名的实验就是迈克耳孙开创性的干涉法测量(图1.5(a))。迈克耳孙和爱德华·莫雷(Edward Morley)(1887)发表的最终结果表明，没有证据表明以太相对于干涉仪的臂发生了漂移，这种著名的零结果的意义非常巨大(图1.5(b))。

关于麦克斯韦电磁场理论的一个担忧是，方程的形式相对于牛顿物理学的伽利略变换不是不变的。由于这个原因，麦克斯韦方程组被认为是"非相对论性的"：该方程仅在一个特定的参考系中适用，而在其他参考系中则会有附加项。[⑪] 沃尔德玛·沃伊特(Woldmar Voigt)(1887)注意到迈克耳孙实验的零结果，在1887年发表了对惯性参考系之间变换的分析，并假设波的传播速度在所有惯性参考系中都是一样的。他用不同的术语来表达他的洞察，他是第一个研究出能使波动方程形式不变的一组变换的物理学家。他发现了以下变换：

$$\begin{cases} t' = t - \dfrac{Vx}{c^2}, \\ x' = x - ct, \quad \gamma = \left(1 - \dfrac{V^2}{c^2}\right)^{-1/2} \\ y' = y/\gamma, \\ z' = z/\gamma, \end{cases} \tag{1.9}$$

其中 V 是两个惯性参考系的相对速度。这些变换几乎与狭义相对论的标准洛伦兹变换完全相同，但是他的分析却很少受到关注。[⑫] 沃伊特证明，这些变换在极限

$V \ll c$ 中还原为多普勒频移的标准表达。

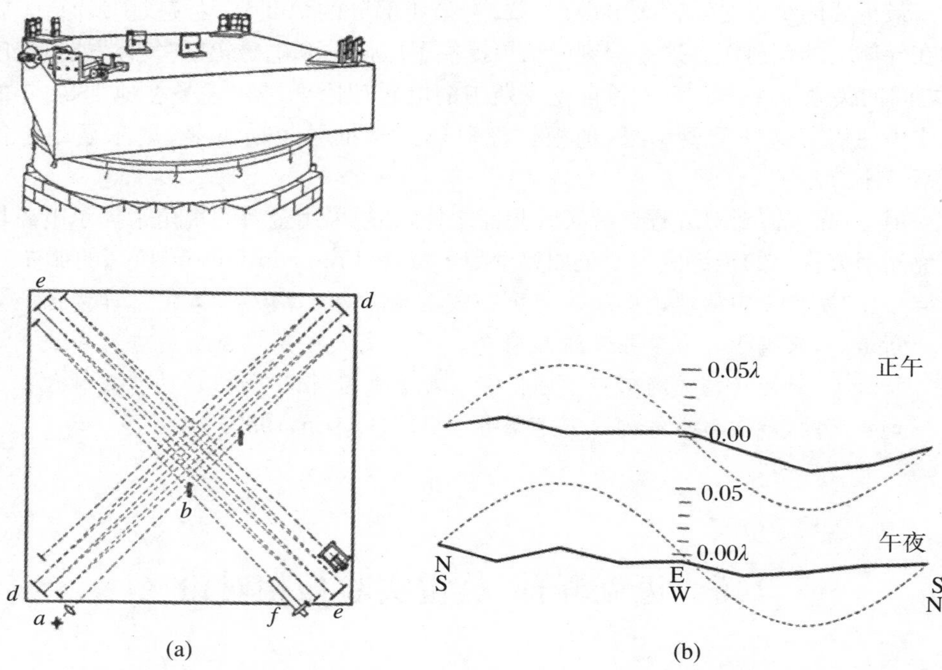

图 1.5 (a) 1887 年的迈克耳孙-莫雷实验。(b) 迈克耳孙-莫雷实验的零结果。实线表示当仪器旋转 360°时,中央条纹的平均运动。虚线显示了如果地球以 30 km/s 的速度相对于静止的以太移动,预计正弦变化的 1/8(Michelson,1927)

菲茨杰拉德(Fitzgerald)和亨德里克·洛伦兹(Hendrik Lorentz)独立提出了对迈克耳孙-莫雷实验零结果的解释。菲茨杰拉德在其 1889 年的简要说明中提出,干涉仪臂的长度在相对以太运动的方向上收缩 $\gamma = (1 - V^2/c^2)^{-1/2}$ 可能解释零结果(Fitzgerald,1889)。洛伦兹对迈克耳孙-莫雷实验的零结果感到沮丧,并得出了相同的结论,即可由设备在相对以太运动的方向上的尺寸收缩来解释这一现象(Lorentz,1892a)。在随后的 10 年中,他将菲茨杰拉德-洛伦兹收缩融入了他的电子理论中。根据麦克斯韦的电磁场理论,运动电荷的电动力学给出的一个暗示性结果是,场线将垂直于运动方向以相同的因子 γ 压缩[13]。最终,洛伦兹在 1904 年以某种曲折的方式得出了洛伦兹变换的完整表达式[14](Lorentz,1904),这与爱因斯坦在 1905 年的伟大论文《关于动体的电动力学》(Einstein,1905c)中所提出的更深入、更简单的方法形成鲜明对比。洛伦兹和爱因斯坦建立的洛伦兹变换是

$$
\begin{cases}
t' = \gamma\left(t - \dfrac{Vx}{c^2}\right), \\
x' = \gamma(x - ct), \qquad \gamma = \left(1 - \dfrac{V^2}{c^2}\right)^{-1/2} \\
y' = y, \\
z' = z,
\end{cases}
\tag{1.10}
$$

这些变换很快被物理学界采用，并且在未来几十年中，在揭示原子和分子光谱的物理方面发挥了关键作用。请注意，沃伊特和洛伦兹的变换之所以相似，是因为波动方程

$$
\left(\nabla^2 - \frac{1}{c^2}\frac{\partial^2}{\partial t^2}\right)\varphi = 0 \tag{1.11}
$$

在标度关系 $dx \to \kappa dx, dy \to \kappa dy, dz \to \kappa dz$ 和 $dt \to \kappa dt$ 下的标度不变性。

1.6　谱线的起源

19世纪的前几十年标志着定量实验光谱学的肇始。突破来自托马斯·杨(Thomas Young)的开创性实验和对波的干涉和衍射定律的理论理解。在他1801年给伦敦皇家学会的贝克尔(Bakerian)讲座“论光与颜色的理论”中，他使用克里斯蒂安·惠更斯(Christiaan Huygens)的光波理论来解释干涉实验的结果，例如他著名的双缝实验(Young,1802)。这篇论文最引人注目的成就是使用每英寸有500个凹槽的衍射光栅测量不同颜色光的波长。从那时起，就使用波长来表征光谱中的颜色。

1802年，威廉·沃拉斯顿(William Wollaston)对太阳光进行了光谱观察，发现了光谱中的5条深暗线和两条较暗的线(Wollaston,1802)。这些观察的全部意义在约瑟夫·夫琅禾费(Joseph Fraunhofer)的杰出实验之后才变得明显。夫琅禾费研究太阳光谱的动机是他意识到应该使用单色光对玻璃的折射率进行精确的测量。在对太阳的光谱观察中，他重新发现了狭窄的暗线，这些细线将提供精确定义的波长标准。用他的话来说：

> “我想弄清楚，在太阳光的彩色图像(即光谱)中，是否可以看到类似的明亮条纹，就像在灯光的彩色图像中一样。但是，我在望远镜中发现的不是这样，而是几乎无数条强和弱的垂直线，但它们比彩色图像的其余部分更暗，有些似乎是全黑的。”

他标记了太阳光谱中最强的10条线：A，a，B，C，D，E，b，F，G和H，并在B线和H线之间记录了574条较暗的线(图1.6)(Fraunhofer,1817a,b)，其记号今天仍在使用。从技术角度来看，分光镜的发明是一项重大进步，利用该分光镜可以精确地测

量通过棱镜的光的偏转。为此，他将经纬仪放在其侧面，并通过安装在旋转环上的望远镜观察光谱。

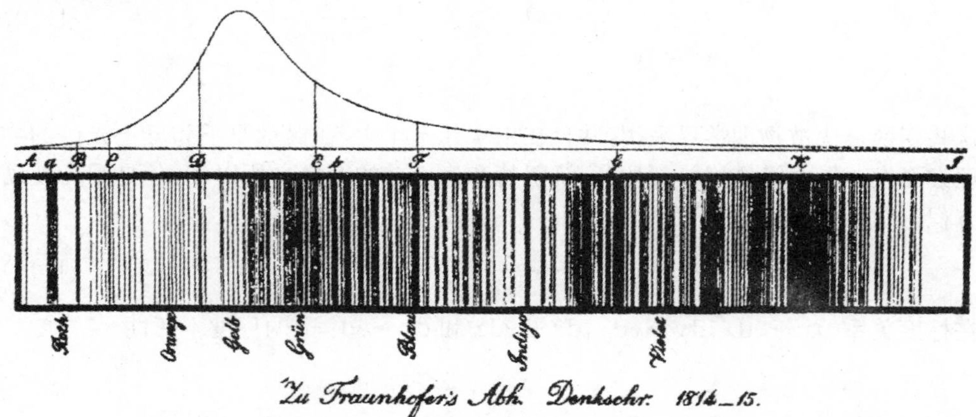

图 1.6　1814 年夫琅禾费的太阳光谱，显示出大量的暗吸收线。光谱各个区域的颜色被标示出来，还有字母 A, a, B, C, D, E, b, F, G 和 H 标记了最突出的吸收线。光谱上方的连续线显示了由夫琅禾费估计的近似的太阳连续谱强度(Fraunhofer, 1817a, b)

对太阳光谱中暗线的理解必须等待实验光谱学的发展。夫琅禾费在 1817 年的论文中指出，暗 D 线与在灯光下看到的明亮双线重合。1849 年，莱昂·傅科(Léon Foucault)进行了一项关键实验，使太阳光通过钠弧灯，以便可以精确比较这两个光谱。令他惊讶的是，通过钠弧灯时，太阳光谱显示出比没有钠弧灯时更暗的 D 线(Foucault, 1849)。他接着进行一个实验来印证这一观察，利用发光木炭的连续光谱穿过钠弧灯，结果发现钠的暗 D 线被印在透射谱上。

10 年后，古斯塔夫·基尔霍夫(Gustav Kirchhoff)重复了这一实验，他做出了另一项至关重要的观察，即为了观察吸收特征，其光源必须比吸收火焰更热。1859 年，他立即理解了任何物质的发射和吸收特性之间的关系，即现在的基尔霍夫辐射发射和吸收定律(Kirchhoff, 1859)。[15]这表明，在热平衡下，一个物体在任何频率下发出的辐射能恰好等于在同一波长下吸收的辐射能。具体来说，对于各向同性辐射，定义单色发射系数 j_ν，使得底面积为 $\mathrm{d}A$、长度为 $\mathrm{d}l$ 的圆柱体体积 $\mathrm{d}V$ 内辐射到立体角 $\mathrm{d}\Omega$ 的强度增量 $\mathrm{d}I_\nu$ 为

$$\mathrm{d}I_\nu \mathrm{d}A \mathrm{d}\Omega = j_\nu \mathrm{d}V \mathrm{d}\Omega \tag{1.12}$$

其中 j_ν 的单位为 $\mathrm{W/(m^3 \cdot Hz \cdot sr)}$。由于假定发射是各向同性的，因此介质的体发射率是 $\varepsilon_\nu = 4\pi j_\nu$。圆柱体的体积 $\mathrm{d}V = \mathrm{d}A\mathrm{d}l$，所以

$$\mathrm{d}I_\nu = j_\nu \mathrm{d}l \tag{1.13}$$

单色吸收系数 α_ν 由下式定义：

$$\mathrm{d}I_\nu \mathrm{d}A \mathrm{d}\Omega = -\alpha_\nu I_\nu \mathrm{d}\Omega \mathrm{d}l \tag{1.14}$$

基尔霍夫证明了在热力学平衡下

$$\alpha_\nu B_\nu(T) = j_\nu \tag{1.15}$$

换句话说，任何物理过程的发射系数和吸收系数都与未知的平衡辐射谱 $B_\nu(T)$有关。这一关系使基尔霍夫能够理解火焰、电弧、火花和太阳大气的发射和吸收特性之间的关系。在1859年，人们对 $B_\nu(T)$的形式知之甚少。正如基尔霍夫所说：

> “找到这个函数是一项非常重要的任务。”

这是19世纪余下几十年的重大实验挑战之一。基尔霍夫的深刻见解是一个漫长而曲折的故事的开端，这导致了普朗克在40年后发现了黑体辐射公式。

在整个19世纪50年代，欧洲和美国进行了相当大的努力，旨在确定不同物质在火焰、火花和电弧光谱中产生的发射和吸收线。不同的元素和化合物拥有独特的谱线样式，人们尝试将它们与太阳光谱中观察到的谱线相关联。例如，1859年，尤利乌斯·普吕克(Julius Plucker)把夫琅禾费 F 线与氢的明亮 H_β 谱线联系起来，而 C 线则与 H_α 谱线大致重合，表明太阳大气中存在氢。

最重要的工作来自罗伯特·本生(Robert Bunsen)和基尔霍夫的研究。在基尔霍夫1861～1863年间的伟大论文《太阳光谱和化学元素谱的研究》中，使用四棱镜装置，将太阳光谱与30个元素的火花光谱进行了比较，并且可以同时观察元素的光谱和太阳光谱(Kirchhoff，1861，1862，1863)。基尔霍夫得出的结论是，太阳大气的外部冷区域含有铁、钙、镁、钠、镍和铬，可能含有钴、钡、铜和锌。

尽管谱线的样式为恒星中不同元素的存在提供了指纹，但是一个主要的挑战是发现可以描述不同元素谱线波长的公式。第一个也是最重要的成功是氢的谱线。瑞士中学教师约翰·雅可布·巴耳末(Johann Jakob Balmer)在其1885年的杰出论文中，使用实验室和天文光谱，描述了氢光谱中谱线的波长 λ，表达式如下：

$$\lambda = \lambda_0 \frac{m^2}{m^2 - 4} \tag{1.16}$$

其中 $m = 3, 4, 5, \cdots, \lambda_0 = 3645$ Å。常数 λ_0 对应于巴耳末系的波长极限。根据频率 ν 或波数 $n = \lambda^{-1}$，巴耳末公式可以写为

$$\nu = \nu_0\left(1 - \frac{2^2}{m^2}\right) \quad 或 \quad \frac{1}{\lambda} = n = R_\infty\left(\frac{1}{2^2} - \frac{1}{m^2}\right) \tag{1.17}$$

其中 R_∞ 被称为里德伯常数。借助随后的天文学观测，巴耳末能够验证他的公式直到 $m = 16$，并发现与式(1.16)精确吻合(Balmer，1885)。[16]这是第一个被发现的量子力学公式。巴耳末去世15年后，尼尔斯·玻尔意识到了他的数字发现的深远意义。皮克林(Pickering)在1896年对船尾座ζ的观测中也发现了类似规律。他发现了一系列类似于巴耳末线系的吸收线，该系后来被称为皮克林线系(Pickering，1896)。他表明，只要使用半整数值的主量子数 m，这些谱线就可以用巴耳末公式描述。

在众多描述不同元素谱线的公式中，有两个特别重要。1889年，约翰内斯·里德伯(Johannes Rydberg)向瑞典皇家学院提交了一份报告，他在报告中提出，原子光谱中所有线系的谱线都可以用以下公式来描述：

$$n = n_0 - \frac{R_\infty}{(m+\mu)^2} \tag{1.18}$$

其中 m 是一个正整数,R_∞ 是在式(1.17)中引入的同样的里德伯常数,它是所有线系的常数。经验常数 μ 被称为量子亏损。光谱学家在元素的光谱中发现了各种规律性,其中最强的谱线形成了主线系,而对于更宽的谱线(称为漫线系和锐线系)也发现了其他规律。对于每个元素的每个线系,根据实验测量的波长估算 n_0 和 μ,量子亏损 μ 处于 $0<\mu<1$ 的范围内。如果 $\mu=0$,则公式将还原为巴耳末公式。该公式已成功应用于钠、钾、镁、钙和锌光谱中的主线系、漫线系和锐线系谱线。对于不同的线系,此公式后来被推广为以下形式:

$$\text{主线系}\quad n_p = R_\infty[(1+s)^{-2} - (m+p)^{-2}] \tag{1.19}$$

$$\text{漫线系}\quad n_d = R_\infty[(2+p)^{-2} - (m+d)^{-2}] \tag{1.20}$$

$$\text{锐线系}\quad n_s = R_\infty[(2+p)^{-2} - (m+s)^{-2}] \tag{1.21}$$

其中 $m=3,4,5,\cdots$,选择常数 s,p 和 d 以适合每个线系的观察光谱。

1908 年,瓦尔特・里茨(Walther Ritz)(1908)进一步推广了这些公式。他提出了组合原理,根据该原理,每条光谱线都可以表示为两个所谓的光谱项之差,每个光谱项均取决于整数 m 以及式(1.19)～式(1.21)中出现的常数。因此,里茨写出

$$\nu = (2,p,\pi) - (m,s,\sigma) \tag{1.22}$$

括号中的项是公式(1.18)中项的推广。可以推断出,任何元素的谱线包含的频率都是其他两条线的频率之和或之差。因此,如果里茨公式中的各个项是 A,B 和 C,并且观察到的线是 $A-B$ 和 $B-C$,则通过将频率相加得到 $(A-B)+(B-C)=A-C$,相减得到 $(A-B)-(A-C)=C-B$。事实证明,这是将元素的复杂光谱分解为不同组成序列的有力工具。但是,更重要的是,里茨组合原理被证明是这场革命的核心,而这场革命将导致在原子层面上重新表述物理学定律(11.3 节)。

1.7 黑体辐射谱

基尔霍夫告诫说,确定辐射的平衡分布 $B(T)$ 具有核心重要性,这刺激了理论和实验物理学家接受挑战。函数 $B(T)$ 被称为黑体辐射谱,因为它是理想辐射体和吸收体在热平衡态下的平衡谱。下一步的任务是理解一些前期工作,这导致了普朗克于 1900 年的划时代发现。第一步涉及确定黑体发出的辐射总量,即斯特藩-玻尔兹曼定律。

1.7.1　斯特藩-玻尔兹曼定律的推导

约瑟夫·斯特藩(Josef Stefan)根据丁铎尔(Tyndall)在 1865 年发表的关于铂条电加热至不同温度的辐射的实验数据,凭经验得出了以他的名字命名的定律。1879 年,他发表了一篇论文,他说:

> “从微弱的赤热(大约 525 ℃)到完全的白炽(大约 1200 ℃),辐射强度从 10.4 增加到 122,几乎增加到 12 倍(更精确地说,是 11.7)。这一观察使我认为热辐射与绝对温度的四次方成正比。绝对温度 273 + 1200 和 273 + 525 之比的四次幂给出了 11.6。”(Stefan,1879)

这种关系是指被加热物体发出的总辐射,

$$-\frac{\mathrm{d}E}{\mathrm{d}t} = \text{每秒的总辐射能} \propto T^4 \tag{1.23}$$

1884 年,斯特藩的学生玻尔兹曼在理论上从经典热力学的角度推导了该定律(Boltzmann,1884)。假设封闭的容器仅充满电磁辐射,并且容器包含一个活塞,这样辐射的“气体”可被压缩或膨胀。如果将系统增加热量 $\mathrm{d}Q$,则总内能增加 $\mathrm{d}U$,活塞做功,因为它被稍微向外推,所以体积就会增加 $\mathrm{d}V$。由能量守恒,

$$\mathrm{d}Q = \mathrm{d}U + p\mathrm{d}V \tag{1.24}$$

现在,通过引入相关的熵增 $\mathrm{d}S = \mathrm{d}Q/T$,重新整理此关系式:

$$T\mathrm{d}S = \mathrm{d}U + p\mathrm{d}V \tag{1.25}$$

在 T 恒定时除以 $\mathrm{d}V$,可将该关系转换为偏微分方程:

$$T\left(\frac{\partial S}{\partial V}\right)_T = \left(\frac{\partial U}{\partial V}\right)_T + p \tag{1.26}$$

现在利用麦克斯韦关系[17]

$$\left(\frac{\partial p}{\partial T}\right)_V = \left(\frac{\partial S}{\partial V}\right)_T$$

将此关系改写为

$$T\left(\frac{\partial p}{\partial T}\right)_V = \left(\frac{\partial U}{\partial V}\right)_T + p \tag{1.27}$$

因此,如果我们知道 U 和 T 之间的关系,即气体的状态方程,则可以找到温度与能量密度之间的关系。麦克斯韦在《电磁通论》中推导了电磁辐射“气体”的关系 $p = \varepsilon/3$,其中 ε 是辐射的能量密度(参见 1.4 节)。

因此,$U = \varepsilon V$ 且 $p = \varepsilon/3$,所以从等式(1.11)中,我们得到

$$T\left(\frac{\partial(\varepsilon/3)}{\partial T}\right)_V = \left(\frac{\partial(\varepsilon V)}{\partial V}\right)_T + \frac{1}{3}\varepsilon$$

$$\frac{1}{3}T\left(\frac{\partial \varepsilon}{\partial T}\right)_V = \varepsilon + \frac{1}{3}\varepsilon = \frac{4}{3}\varepsilon$$

因此

$$\frac{d\varepsilon}{\varepsilon} = 4\frac{dT}{T}, \quad \ln\varepsilon = 4\ln T, \quad \varepsilon \propto T^4 \tag{1.28}$$

这就是玻尔兹曼对斯特藩-玻尔兹曼定律的贡献。在现代形式中,该定律写为 $I = \sigma T^4$,其中 I 是温度为 T 的黑体表面每单位时间内单位面积上发出的辐射能。在1884年,斯特藩-玻尔兹曼定律的实验证据并没有特别令人信服。直到1897年,卢默(Lummer)和普林舍姆(Pringsheim)进行了非常仔细的实验,表明该定律确实具有很高的精确性。

1.7.2 维恩位移定律和黑体辐射谱

直到20世纪初,人们对黑体辐射谱还知之甚少,但是关于辐射定律应有的理论形式已经有了一些重要的工作。1894年,威廉・维恩(Wilhelm (Willy) Wien)发表了他结合电磁学和热力学推导的位移定律,后来证明这对黑体辐射理论的发展至关重要(Wien,1894)。

首先,考虑电磁辐射"气体"的绝热膨胀。流入或流出系统的热量 $dQ = dU + pdV$,并且在绝热膨胀中 $dQ = 0$。此外,由于 $U = \varepsilon V$ 且 $p = \varepsilon/3$,

$$d(\varepsilon V) + \frac{1}{3}\varepsilon dV = 0, \quad V d\varepsilon + \varepsilon dV + \frac{1}{3}\varepsilon dV = 0, \quad \frac{d\varepsilon}{\varepsilon} = -\frac{4}{3}\frac{dV}{V} \tag{1.29}$$

积分得

$$\varepsilon = 常数 \times V^{-4/3} \tag{1.30}$$

但是 $\varepsilon = aT^4$,这里 $a = 4\sigma/c$,因此

$$TV^{1/3} = 常数 \tag{1.31}$$

既然 V 与球体半径的三次方成比例($V \propto r^3$),那么 $T \propto r^{-1}$。

下一步是弄清楚辐射的波长和封闭系统体积之间的关系。这不外乎是包含在膨胀体积 V 内的辐射的多普勒频移公式 $\lambda \propto r$,即辐射的波长与球形体积的大小成线性比例。[18]现在,我们将该结果与关系式 $T \propto r^{-1}$ 结合起来,求出

$$T \propto \lambda^{-1} \tag{1.32}$$

这是维恩位移定律的一方面。如果辐射是绝热膨胀的,那么我们跟踪一组特定的波,辐射的波长就会随温度成反比变化。换句话说,辐射的波长随着温度的变化而"位移"。特别是如果我们跟踪辐射谱的最大值,则应遵循 T^{-1} 定律。这一发现与实验一致。

现在,维恩更进一步地将斯特藩-玻尔兹曼定律与 $T \propto \lambda^{-1}$ 定律结合起来,对辐射谱形式必须是什么加以约束。我自己的论证版本如下。第一步要注意的是,如果将任何系统的物体封闭在一个完全反射的壳体中,最终它们都会由于辐射的发射和吸收达到相同的温度。在微观层面上,由于细致平衡原理,无论壁的属性如何,系统都达到了热平衡。辐射与壳体中的物体达到平衡,因此每单位时间物体辐射的能量与吸收的能量一样多,此时的平衡谱就是黑体辐射谱。辐射是各向同性的,因此表征辐射的唯一参数是封闭系统的温度 T 和辐射的波长 λ。

如果黑体辐射最初处于温度 T_1 且封闭系统绝热膨胀，由于绝热膨胀无限缓慢地发生，因此辐射在膨胀的所有阶段都处于平衡状态，直到达到温度 T_2。关键是，在绝热膨胀中，从 T_1 到 T_2 的膨胀所有阶段，辐射谱都具有黑体形式。因此，辐射谱的未知定律必须与温度成比例。

考虑波长范围 λ_1 至 $\lambda_1+\mathrm{d}\lambda_1$ 的辐射，并将其能量密度设为 $\varepsilon=u(\lambda_1)\mathrm{d}\lambda_1$。那么，在膨胀过程中，根据玻尔兹曼的分析，与任何一组特定波的辐射相关的能量都以 T^4 减小，因此

$$\frac{u(\lambda_1)\mathrm{d}\lambda_1}{u(\lambda_2)\mathrm{d}\lambda_2}=\left(\frac{T_1}{T_2}\right)^4 \tag{1.33}$$

但是 $\lambda_1 T_1=\lambda_2 T_2$，即 $\mathrm{d}\lambda_1=(T_2/T_1)\mathrm{d}\lambda_2$。因此

$$\frac{u(\lambda_1)}{T_1^5}=\frac{u(\lambda_2)}{T_2^5} \tag{1.34}$$

即

$$\frac{u(\lambda)}{T^5}=\text{常数} \tag{1.35}$$

既然 $\lambda T=$ 常数，那么可以重写为

$$u(\lambda)\lambda^5=\text{常数} \tag{1.36}$$

注意，$u(\lambda)$是辐射谱中单位波长间隔的能量密度。现在，T 和 λ 唯一为常数的组合是乘积λT，因此式(1.36)右侧的常数通常只能由涉及 λT 的函数构造。所以辐射定律必须具有以下形式：

$$u(\lambda)\lambda^5=f(\lambda T) \tag{1.37}$$

或

$$u(\lambda)\mathrm{d}\lambda=\lambda^{-5}f(\lambda T)\mathrm{d}\lambda \tag{1.38}$$

这就是维恩位移定律的全部，它对黑体辐射的辐射定律形式作了限制。用频率表示，该关系可以写成

$$u(\lambda)\mathrm{d}\lambda=u(\nu)\mathrm{d}\nu,\quad \lambda=c/\nu,\quad \mathrm{d}\lambda=-\frac{c}{\nu^2}\mathrm{d}\nu$$

由此有

$$u(\nu)\mathrm{d}\nu=\left(\frac{c}{\nu}\right)^{-5}f\left(\frac{\nu}{T}\right)\left(-\frac{c}{\nu^2}\mathrm{d}\nu\right) \tag{1.39}$$

因此

$$u(\nu)\mathrm{d}\nu=\nu^3 f\left(\frac{\nu}{T}\right)\mathrm{d}\nu \tag{1.40}$$

这个精妙的论证表明，维恩仅使用一般的热力学论证就能取得很大的进展。在1894年普朗克开始对黑体辐射谱问题产生兴趣时，这还是一项新的工作。

1.8 暴风前夕

19 世纪物理学的胜利来之不易,其全部含义仍在理解之中。除了本章各节中描述的棘手问题之外,还将有一系列新的发现,这些发现事实上动摇了该学科的基础。大多数物理学家还抱有希望,认为本章所述的挑战最终将在经典物理学的背景下得到解决,但即使是这种希望也被证明是虚幻的。物理学即将迈入一个没有根基的时期,这距离量子力学理论的发现还需要 30 年的时间。在这段不确定的时期里,物理学中一些最伟大的头脑将以自己的勇气和想象力对抗几乎无法克服的问题。

第2章　普朗克和黑体辐射

2.1　实验技术的关键作用

选择1895年作为第1章所叙述历史的分界线并不是随意的。在随后的几年里，一系列的实验进展将根本性地改变物理学的面貌。这些进展的根源都可以归结为人们对提高实验精度的需求。由于工业革命的发展以及电力与电信的普及，需要人们对材料的物理性质有更加精准的认识并建立国际标准。因此，必须发展一种更加专业的方法来教授实验物理与相关理论。作为科技革命的一部分，克拉伦登(Clarendon)实验室于1868年在牛津成立，卡文迪什实验室于1874年在剑桥成立。而1887年，帝国物理技术研究院在柏林成立，它在本章要描述的这段发展史中扮演着尤其重要的角色。该机构致力于重要工业材料物理性质的精密测量。人们期望这些实验室可以发展出新的精密测量技术。

新科学技术极大地促进了新实验技术的发展。这里仅列举其中几个重要的例子。1855年左右，约翰·海因里希·威廉·盖斯勒(Johann Heinrich Wilhelm Geissler)(一位杰出的发明家和吹玻璃工)发明了盖斯勒泵，这为物理学家们提供了更好的真空度。盖斯勒泵的工作原理是把空气封存在水银中，在重力作用下水银包裹空气下降，进而产生真空。一般来说，盖斯勒真空管内的压强可以达到0.1 mmHg。更高的电压可以借助鲁姆科夫(Ruhmkorff)线圈产生。鲁姆科夫线圈由一个初级绕组数量少、次级绕组数量大的变压器组成。亨利·罗兰(Henry Rowland)发明了卓越的衍射光栅，开创了高精度刻划工具的先河，为高精度光谱学带来了革命性的进展。塞缪尔·皮尔波因特·兰利(Samuel Pierpoint Langley)通过发明铂辐射热计完善了红外光谱测量技术，用它可以测量小到10^{-4} K的温度变化。尽管兰利的兴趣主要是天文方面的，但在19世纪最后10年，这些技术在黑体辐射谱的测定中发挥了巨大的优势。上述技术以及其他许多技术的进步与实验技术方面相结合，将为物理学带来意想不到的成果。

2.2 1895 年~1900 年:改变实验物理学的面貌[①]

真空管在 19 世纪 90 年代的发现中发挥了核心作用。真空管的基本装置是一个带有正负电极的薄壁玻璃真空管,在这两个电极之间可以保持高电压。人们在 19 世纪早期就意识到气体是电的不良导体,因为它们是电中性的。然而,在极低的压强或高压下,我们可以在真空管中观察到放电现象。盖斯勒管因能产生奇异的彩色放电而成为流行的科学玩具。威廉·克鲁克斯(William Crookes)于 1879 年开始了他对气体导电的系统研究。随着气压的降低,真空管内的放电现象发生了变化,即随着压强的降低,彩色显示消失,但电流继续流动。在足够低的压强下,由于磷光的作用,管壁发出绿光。结果发现,放在管子里的物体在阴极对面的管壁上投下阴影。据此推断,一定有阴极射线流被抛离阴极,导致管壁发光。到 1895 年,人们发现阴极射线是带负电荷的粒子,可以被磁场偏转。1895 年,让-巴蒂斯特·佩兰(Jean-Baptiste Perrin)在真空管中收集阴极射线,并直接发现它们带有负电荷。

2.2.1 X 射线的发现

1895 年,威廉·康拉德·伦琴(Wilhelm Conrad Röntgen)偶然发现靠近放电管的包裹的未曝光照相底板会变暗。此外,如果放电管被薄的黑色纸板完全包围,靠近它的荧光材料在黑暗中会发光。伦琴得出了正确的结论:这两种现象都与放电管发射的某种未知辐射有关,并把未知辐射命名为 X 射线(Röntgen,1895)。伦琴为妻子拍摄的手部 X 光照片上,惊人地显示出手的骨头和巨大的戒指,这立即产生了巨大的社会影响(图 2.1(a))。一夜之间,X 光片成了公众最感兴趣的事物,并很快被纳入医生的手术器械中。1896 年,已经有超过 1000 篇关于 X 射线的文章。X 射线比阴极射线更具贯穿力,因为它们可以使照相底板在离放电管热点相当远的地方变黑,而放电管就是 X 射线的来源。它们与“超紫外线”辐射的关系到 1906 年才得到令人信服的证明,当时查尔斯·巴克拉(Charles Barkla)发现 X 射线是偏振的(Barkla,1906);而 1912 年,马克斯·冯·劳厄(Max von Laue)受到启发,寻找它们在晶体中的衍射(Friedrich 等,1912;Laue,1912),在此过程中开辟了 X 射线晶体学的新领域。对 X 射线与物质相互作用的测量被证明是解开原子结构的核心工具。

2.2.2 放射性的发现

X 射线与荧光材料的结合导致了对其他 X 射线源的探索。1896 年,来自法国

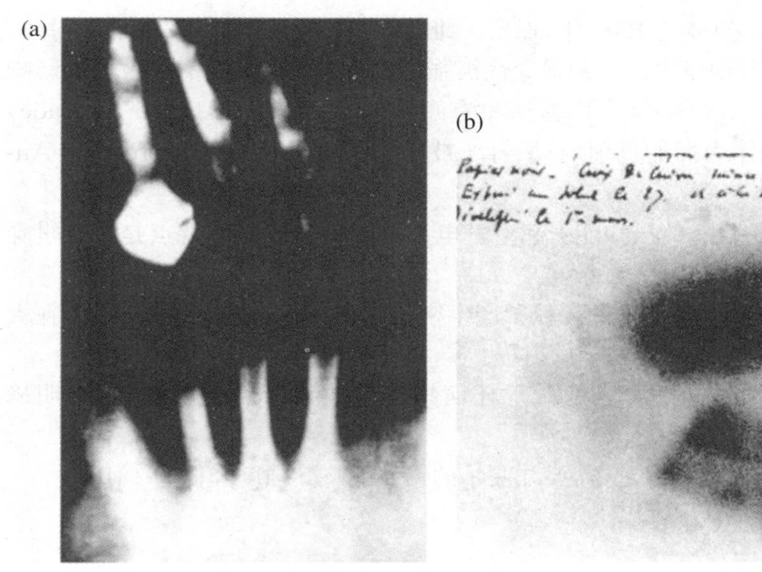

图2.1　(a) 伦琴妻子之手的第一张X光照片,展示了X射线贯穿软组织并揭示骨骼结构的能力。(b) 尽管放射性盐没有暴露在阳光下,贝可勒尔的显影板仍显示出强烈的图像

著名物理学家家族的亨利·贝可勒尔(Henri Becquerel)在研究铀酰二磺酸钾样品之前,测试了几种已知的荧光物质。照相底板被几张黑色的纸包着,磷光材料暴露在阳光下,然后底片显影,看是否被X射线弄黑了。贝可勒尔的非凡发现是,即使磷光材料没有暴露在光下,底板也会变暗(图2.1(b))。这是天然放射性的发现(Becquerel,1896)。在同年进行的进一步实验中,贝可勒尔发现放射性的量与物质中铀的量成正比,辐射的放射性通量在时间上是恒定的。另一个重要发现是铀化合物的辐射使验电器放电。皮埃尔·居里(Pierre Curie)和玛丽·居里(Marie Skłodowska Curie)在1897年重复了贝可勒尔的实验,结果发现放射性强度与不同样品中铀的含量成正比。其他放射性物质很快被确认。钍于1898年被发现(Schmidt,1898)。通过浓缩铀残渣,居里夫妇发现了新元素钋,以玛丽的祖国命名。这种新元素的放射性按指数衰变——放射性物质有一定的半衰期。1898年9月,在钡基残留物中发现了非常强的放射性。从分离出的足够的放射性物质中发现了一种新的元素镭(Curie和Skłodowska-Curie,1898; Curie等,1898)。

放射性的发现一经宣布,欧内斯特·卢瑟福(Ernest Rutherford)就开始研究放射性。卢瑟福在关于放射性的第一篇文章中确定,至少有两种不同类型的辐射是由放射性物质发出的(Rutherford,1899)。他称最容易吸收的成分为α辐射(或α射线),更有贯穿力的成分为β辐射(或β射线)。又过了10年,卢瑟福才最终证明α辐射是由氦原子核组成的(Rutherford和Royds,1909)。相比之下,沃尔特·考夫曼(Walter Kaufmann)令人信服地证明β射线具有与最近发现的电子相同的荷质比(Kaufmann,1902)。1900 年,保罗·维拉德(Paul Villard)发现了 γ 射线,它是放射性衰变过程中发出的一种贯穿性极强的辐射——γ 射线不受磁场的影响(Villard,1900a,b)。14 年后,当卢瑟福和爱德华·安德雷德(Edward Andrade)观察到 γ 射线从晶体表面的反射时,γ 射线被确定为电磁波(Rutherford 和 Andrade,1913)。

α,β 和 γ 射线是仅有的已知能引起空气电离的辐射。它们的特点是具有贯穿力。用定量的术语,它们是:

- 在放射性衰变中喷射出的 α 粒子产生密集的离子流,在空气中被阻止在大约 0.05 m 的范围内。这称为粒子的射程。
- β 粒子有更大的射程,但是对于任何特定的放射性衰变,没有一个明确的值。
- 发现 γ 射线的射程最远,需要几厘米的铅才能将其强度降低为 1/10。

2.2.3 电子的发现

伦琴宣布发现 X 射线后,约翰·约瑟夫·汤姆孙(John Joseph (JJ) Thomson)立即转向气体放电的研究。在汤姆孙所在的年代,阴极射线的实验研究是极其困难的,因为需要非常好的真空度。否则,阴极射线与空气分子碰撞,使气体电离并成为屏蔽射线的导体。汤姆孙意识到了极低压的必要性。他和他的助手埃比尼泽·埃弗里特(Ebeneezar Everett)设计了所需仪器并进行了实验,他们花了很大的力气确保良好的真空度,并消除管子材料放气的影响(图 2.2)。

图 2.2 J. J. 汤姆孙用来测量阴极射线荷质比的真空管

传统上认为,1897 年,电子的发现是由汤姆孙在其著名的一系列实验基础上完成的,在这些实验中,他确定阴极射线的荷质比 e/m_e 大约是氢离子的 2000 倍。同时,几位物理学家也在跟踪研究。

- 1896 年,皮埃特·塞曼(Pieter Zeeman)发现,当钠焰被放置在一个强电磁体的两极之间时,谱线变宽。洛伦兹将这一结果解释为:原子中的“离子”绕磁场方向运动导致谱线分裂。他发现“离子”荷质比 e/m_e 的下限为 1000。

• 1897 年 1 月，埃米尔 · 维舍特（Emil Wiechert）利用磁偏转技术获得了阴极射线荷质比 e/m_e 的测量值，并得出结论：假设这些粒子的电荷与氢离子相同，它们的质量为氢原子的 1/4000～1/2000。因为假定阴极射线的动能为 $E_{kin}=eV$（其中 V 是放电管的加速电压），他只获得了粒子速度的上限。

• 考夫曼的实验与汤姆孙的相似，他发现无论是哪种气体注入放电管，e/m_e 的值都是一样的，这一结果令他困惑不解。他发现 e/m_e 比氢离子大 1000 倍。他总结道：

> “……阴极射线作为射出粒子的假说本身不足以对我所观察到的规律给出令人满意的解释。”

汤姆孙是这些先驱中第一个用亚原子粒子解释实验的人。用他的话说，阴极射线构成了

> “……一种新的状态，在这种状态下，物质的分割比通常的气态要深入得多。”（Thomson，1897）

汤姆孙进一步证明，赫兹在 1887 年发现的光电效应中所发射的粒子也与电子相同。1898 年，汤姆孙改进了威尔逊（Charles Thomson Rees Wilson）早期的一种云室，用来测量电子的电荷。他统计了形成的总液滴数及其总电荷。由此他估计 $e=2.2\times10^{-19}$ C，可与目前的标准值 1.602×10^{-19} C 相比拟。这一实验是著名的密立根油滴实验的前身，后者用重油的细小液滴取代水蒸气滴，在实验过程中重油滴不会蒸发。因此，在确立后来所称的电子的普适性方面，汤姆孙进行了比其他物理学家更为持久和细致的研究。电子的名字是 1891 年约翰斯顿 · 斯托尼（Johnstone Stoney）为阴极射线创造的（Stoney，1891）。

2.3　普朗克和黑体辐射谱

在上一节中总结的实验物理学发现构成了普朗克研究黑体辐射性质的背景。这些发现是研究的前沿领域，揭示了一系列需要理论解释的全新现象。直到 1894 年，普朗克的研究领域主要是阐明经典热力学的性质和熵增定理。1889 年，基尔霍夫去世后，普朗克接替了基尔霍夫在柏林大学的教席。由于柏林是世界上最活跃的物理研究中心之一，这是一个对物理学发展有利的推动。

1894 年，普朗克把注意力转向黑体辐射谱问题。维恩那一年的重要论文可能激起了他对这个问题的兴趣，这篇论文在 1.7.2 小节中讨论过（Wien，1894）。维恩的分析具有很强的热力学味道，这一定吸引了普朗克。

1895 年,普朗克发表了关于平面电磁波被振荡偶极子共振散射的第一个研究结果。这是普朗克离开过去感兴趣领域的第一篇论文,即它是关于电磁波而不是熵的。然而,在论文的最后,普朗克明确表示,他认为这是破解黑体辐射谱问题的第一步。他的目标是在一个封闭的腔体中建立一个振子系统,该系统产生辐射并且与所产生的辐射相互作用,在很长时间后,系统达到平衡。然后,他就可以把热力学定律应用于黑体辐射以了解黑体辐射谱的起源。他解释了为什么这种方法提供了洞察基本热力学过程的前景。当振子能量因辐射而损耗时,它不是以热的形式损耗,而是以电磁波的形式损耗。这一过程可以被认为是“保守的”,因为如果辐射被封闭在一个完全反射的盒子里,那么它就可以反作用于振子。[②] 此外,这一过程与振子的性质无关。用普朗克的话说:

> “在我看来,保守阻尼的研究是非常重要的,因为它开辟了通过保守力对不可逆过程进行可能的一般性解释的前景——这是理论物理研究前沿日益紧迫的问题。”[③]

普朗克相信,通过经典方式研究谐振子与电磁辐射的相互作用,他将能够证明,对于一个由物质和辐射组成的系统,熵增是绝对的。但正如玻尔兹曼所指出的那样,这些在 5 篇系列论文中得到详细阐述的观点并不奏效。如果不对系统接近平衡态的方式作一些统计学上的假设,就不能得到一种趋于平衡的不变方法。这可以从麦克斯韦关于力学、动力学和电磁学定律的时间可逆性的论证去理解,这是一种简单但又令人信服的论证。

最后,普朗克承认统计假定是必要的,并引入了“自然辐射”的概念,这相当于玻尔兹曼的“分子混沌”假定。一旦假设存在一种“自然辐射”状态,普朗克就能够把他的研究推进许多。他做的第一件事是把一个封闭系统内辐射的能量密度与其中振子的平均能量相联系。这是一个非常重要的结果,是普朗克完全从一组振子的辐射的发射和吸收的经典论证中得出的。

为什么普朗克探讨的是振子,而不是原子、分子、岩石块等?原因是:在热平衡中,每一个物体都与其他物体平衡——岩石与原子和振子保持平衡,因此处理复杂的对象没有优势。考虑简单的简谐振子的优势是可以精确地计算辐射和吸收定律。为了以另一种方式表达这一重要观点,联系发射系数 j_ν 和吸收系数 α_ν 的基尔霍夫定律(式(1.15))

$$\alpha_\nu B_\nu(T) = j_\nu$$

表明,如果我们能对任何过程确定这些系数,就可以得到普适的平衡谱 $B_\nu(T)$。

在 TCP2 的第 12 章中,我详细地推导了振子的平均能量与热平衡时辐射谱之间的普朗克关系。在这里,我总结一些关键结果和分析,这些在故事的后面部分将证明是重要的。

2.3.1 谐振子的辐射率

加速的带电粒子放出电磁辐射。加速电子能量的总损耗率为

$$-\left(\frac{\mathrm{d}E}{\mathrm{d}t}\right)_{\mathrm{rad}} = \frac{|\ddot{\boldsymbol{p}}|^2}{6\pi\epsilon_0 c^3} = \frac{e^2 \mid \ddot{\boldsymbol{r}} \mid^2}{6\pi\epsilon_0 c^3} \tag{2.1}$$

其中 $\boldsymbol{p} = e\boldsymbol{r}$ 是相对于某个原点的偶极矩，e 是电子的电荷。注意辐射只取决于电子的瞬时加速度 $\ddot{\boldsymbol{r}}$。这个结果通常被称为拉莫尔公式。加速带电粒子辐射的三个基本性质是：

(a) 总辐射速率由拉莫尔公式(2.1)给出，其中加速度是带电粒子的固有加速度，辐射损耗率是在粒子的瞬时静止坐标系内测量的。

(b) 辐射的极坐标图为偶极形式的，即电场强度随 $\sin\theta$ 变化，且单位立体角的辐射功率随 $\sin^2\theta$ 变化，其中 θ 是相对于粒子加速度矢量的夹角。沿加速度矢量的方向没有辐射，垂直于加速度矢量的场强最大。

(c) 辐射被电场矢量极化，该电场矢量位于粒子的加速度矢量方向，投影到距离 r 处的球体上。

我们现在将结果(2.1)应用到下述情况：简谐振动的振子，振子的角频率为 ω_0，振幅为 x_0，$x = |x_0|\exp(\mathrm{i}\omega_0 t)$。因此，$\ddot{x} = -\omega_0^2|x_0|\exp(\mathrm{i}\omega_0 t)$，或者取实部，$\ddot{x} = -\omega_0^2|x_0|\cos\omega_0 t$。因此，由辐射引起的能量瞬时损耗率为

$$-\frac{\mathrm{d}E}{\mathrm{d}t} = \frac{\omega_0^4 e^2 \mid x_0 \mid^2}{6\pi\epsilon_0 c^3}\cos^2\omega_0 t \tag{2.2}$$

$\cos^2\omega_0 t$ 的平均值为 1/2，因此电磁辐射的能量平均损耗率为

$$-\left(\frac{\mathrm{d}E}{\mathrm{d}t}\right)_{\text{平均}} = \frac{\omega_0^4 e^2 \mid x_0 \mid^2}{12\pi\epsilon_0 c^3} \tag{2.3}$$

如下所示，谐振子的能量 $E = m|x_0|^2\omega_0^2/2$，因此

$$-\frac{\mathrm{d}E}{\mathrm{d}t} = \gamma E \tag{2.4}$$

其中 $\gamma = \omega_0^2 e^2/(6\pi\epsilon_0 c^3 m)$。这个表达式可以用经典电子半径 $r_\mathrm{e} = e^2/(4\pi\epsilon_0 m_\mathrm{e} c^2)$ 改写，其中 m_e是电子的质量。因此 $\gamma = 2r_\mathrm{e}\omega_0^2/(3c)$。

2.3.2　谐振子的辐射阻尼

阻尼简谐运动方程可以写成

$$m\ddot{x} + a\dot{x} + kx = 0$$

其中 m 是(约化)质量，k 是弹性系数，$a\dot{x}$是阻尼力。与每个项有关的能量可以通过乘以 $\dot{x}$ 并对时间积分而得到，即

$$\frac{1}{2}m\int_0^t \mathrm{d}(\dot{x}^2) + \int_0^t a\,\dot{x}^2\mathrm{d}t + \frac{1}{2}k\int_0^t \mathrm{d}(x^2) = 0 \tag{2.5}$$

我们将式(2.5)中的各项分别与振子的动能、阻尼能耗和势能对应起来。对于形式为 $x = |x_0|\cos\omega_0 t$ 的简谐运动，动能和势能的平均值为

$$\text{平均动能} = \frac{1}{4}m|x_0|^2\omega_0^2,\quad \text{平均势能} = \frac{1}{4}k|x_0|^2$$

如果阻尼很小,振子的固有振动频率为 $\omega_0^2 = k/m$。因此振子的动能和势能的平均值相等,总能量为两者之和:

$$E = \frac{1}{2} m \mid x_0 \mid^2 \omega_0^2 \tag{2.6}$$

观察式(2.5)左侧第二项表明,振子辐射导致能量的平均损耗率为

$$-\left(\frac{\mathrm{d}E}{\mathrm{d}t}\right)_{\mathrm{rad}} = \frac{1}{2} a \mid x_0 \mid^2 \omega_0^2 = \frac{a}{m} E \tag{2.7}$$

现在可以将此关系与振子辐射损耗率的表达式(2.4)比较。通过在式(2.7)中用 γ 代替 a/m,可以得到振子振幅衰减的正确表达式。这种现象被称为振子的辐射阻尼。

我们现在可以理解为什么普朗克认为这是一种富有成效的解决问题方法。如果我们把振子看成振荡电子,则辐射损耗不转化为热,而是转化为电磁辐射,而常数 γ 只取决于基本常数。相反,在摩擦阻尼中,能量转化为热,损耗率公式中包含与材料有关的常数。此外,对电磁波而言,如果振子和波被限制在具有完全反射壁的封闭系统内,则系统中的能量不会损耗,并且波可以对振子作出反应,将能量返回给它们。[④]这就是普朗克将阻尼称为保守阻尼的原因。

2.3.3 谐振子的平衡辐射谱

刚刚导出的受辐射阻尼或者说自然阻尼的谐振子的动力学表达式如下:

$$m\ddot{x} + a\dot{x} + kx = 0, \quad \ddot{x} + \gamma\dot{x} + \omega_0^2 x = 0 \tag{2.8}$$

如果电磁波入射到谐振子上,能量可以传递给它,在式(2.8)中加入一个力项:

$$\ddot{x} + \gamma\dot{x} + \omega_0^2 x = \frac{F}{m} \tag{2.9}$$

如果振子被入射波的电场 E 加速,$F = eE_0\exp(\mathrm{i}\omega t)$。为了求出振子的响应,采用 $x = |x_0|\exp(\mathrm{i}\omega t)$形式的 x 的试探解。那么

$$\mid x_0 \mid = \frac{eE_0}{m(\omega_0^2 - \omega^2 + \mathrm{i}\gamma\omega)} \tag{2.10}$$

注意分母中有一个复数因子,这意味着谐振子不会与入射波同相共振。这不影响我们的计算。我们只对振幅的模平方感兴趣。

现在,让我们计算出在入射辐射场影响下振子的辐射率。如果我们将其设定为等于振子的"自然"辐射,我们就将找到平衡谱——入射辐射场所做的功刚好足以提供振子每秒损失的能量。根据式(2.2),振子的辐射率为

$$-\frac{\mathrm{d}E}{\mathrm{d}t} = \frac{\omega^4 e^2 \mid x_0 \mid^2}{6\pi\epsilon_0 c^3}\cos^2\omega t$$

我们现在使用式(2.10)导出的$|x_0|$的值。我们需要 x_0 的模平方,这只要把 x_0 乘上它的复共轭,也就是说,

$$\mid x_0 \mid^2 = \frac{e^2 E_0^2}{m^2[(\omega_0^2 - \omega^2)^2 + \gamma^2\omega^2]}$$

因此，辐射速率为

$$-\frac{\mathrm{d}E}{\mathrm{d}t}=\frac{\omega^4e^4E_0^2}{12\pi\epsilon_0c^3m^2[(\omega_0^2-\omega^2)^2+\gamma^2\omega^2]}\tag{2.11}$$

我们取了关于时间的平均值，也就是$\langle\cos^2\omega t\rangle=1/2$。

接下来，我们对所有入射到振子上的角频率为 ω 的波求和，以代替公式中的 E_0^2，就得到总平均辐射率：

$$-\frac{\mathrm{d}E}{\mathrm{d}t}=\frac{\omega^4e^4\frac{1}{2}\sum_iE_{0i}^2}{6\pi\epsilon_0c^3m^2[(\omega_0^2-\omega^2)^2+\gamma^2\omega^2]}\tag{2.12}$$

下一步要注意的是，损耗率式(2.12)是连续强度分布的一部分，因此求和可以写成 ω 到 $\omega+\mathrm{d}\omega$ 频段内的入射强度⑤，即

$$I(\omega)\mathrm{d}\omega=\frac{1}{2}\epsilon_0c\sum_iE_{0i}^2\tag{2.13}$$

因此总平均辐射损耗率为

$$\begin{aligned}-\frac{\mathrm{d}E}{\mathrm{d}t}&=\frac{\omega^4e^4}{6\pi\epsilon_0^2c^4m^2}\frac{I(\omega)\mathrm{d}\omega}{(\omega_0^2-\omega^2)^2+\gamma^2\omega^2}\\&=\frac{8\pi r_e^2}{3}\frac{\omega^4I(\omega)\mathrm{d}\omega}{(\omega_0^2-\omega^2)^2+\gamma^2\omega^2}\end{aligned}\tag{2.14}$$

这里我们引入了经典电子半径 $r_e=e^2/(4\pi\epsilon_0m_ec^2)$。

现在振子的响应曲线在 ω_0 处有一尖峰，因为与振子的总能量相比，辐射速率非常小(即 $\gamma\ll1$)(见图 2.3)。因此，我们可以做简化近似。如果 ω 在 ω_0 附近，则 $\omega\to\omega_0$，$\omega_0^2-\omega^2=(\omega_0+\omega)(\omega_0-\omega)\approx2\omega_0(\omega_0-\omega)$。因此

$$-\frac{\mathrm{d}E}{\mathrm{d}t}=\frac{2\pi r_e^2}{3}\frac{\omega_0^2I(\omega)\mathrm{d}\omega}{(\omega-\omega_0)^2+\gamma^2/4}\tag{2.15}$$

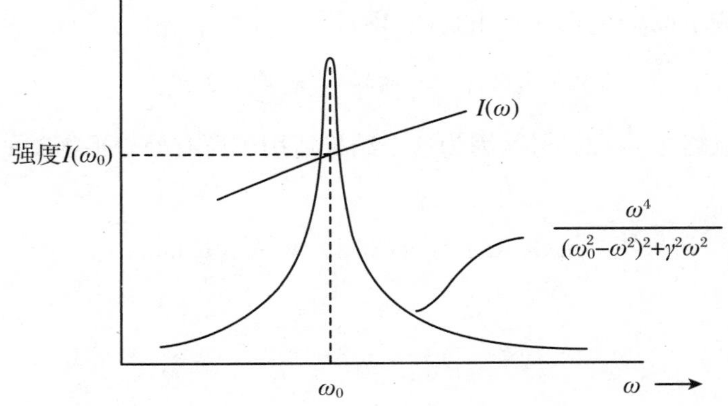

图 2.3　振子对不同频率的波的响应曲线

最后，我们期望，相比于振子响应曲线的尖锐性，$I(\omega)$是一个缓变函数，因此可以

在我们感兴趣的 ω 值范围内将 $I(\omega)$ 设置为常数,

$$-\frac{\mathrm{d}E}{\mathrm{d}t}=\frac{2\pi r_{\mathrm{e}}^{2}}{3}I(\omega_{0})\int_{0}^{\infty}\frac{\omega_{0}^{2}\mathrm{d}\omega}{(\omega-\omega_{0})^{2}+\gamma^{2}/4} \tag{2.16}$$

如果我们把下限设为负无穷大(这是完全允许的,因为该函数在远离峰值强度的频率处很快趋于零),积分很容易。使用

$$\int_{-\infty}^{\infty}\frac{\mathrm{d}x}{x^{2}+a^{2}}=\frac{\pi}{a}$$

式(2.16)中的积分变为 $2\pi/\gamma$,因此

$$-\frac{\mathrm{d}E}{\mathrm{d}t}=\frac{2\pi\omega_{0}^{2}r_{\mathrm{e}}^{2}}{3}\frac{2\pi}{\gamma}I(\omega_{0})=\frac{4\pi^{2}\omega_{0}^{2}r_{\mathrm{e}}^{2}}{3\gamma}I(\omega_{0}) \tag{2.17}$$

辐射率现在应该设定为等于振子的自发辐射速率。只有一个复杂的问题。我们假设振子可以对来自任何方向的入射辐射做出响应。但是对单个振子,譬如轴在 x 方向的,振子对有些入射方向来的入射波不响应,比如当入射电场的一个分量垂直于振子的偶极轴时,就会出现这种情况。我们通过理查德·费曼(Richard Feynman)使用过的论证办法来解决这个问题。假设三个振子彼此相互垂直。那么这个系统可以像一个完全自由的振子一样响应,并随任何入射电场变化。因此,如果我们假设式(2.17)是三个相互垂直的振子发出的辐射,每个振子的频率都为 ω_0,我们就会得到正确的结果。令式(2.17)等于式(2.4)的3倍,我们会得到相当令人惊讶的结果:

$$\frac{4\pi^{2}\omega_{0}^{2}r_{\mathrm{e}}^{2}}{3\gamma}I(\omega_{0})=3\gamma E,\quad \text{其中}\quad \gamma=\frac{2r_{\mathrm{e}}\omega_{0}^{2}}{3c}$$

因此

$$I(\omega_{0})=\frac{\omega_{0}^{2}}{\pi^{2}c^{2}}E \tag{2.18}$$

用谱能量密度 $u(\omega_0)$ 的形式写出式(2.18):⑥

$$u(\omega_{0})=\frac{I(\omega_{0})}{c}=\frac{\omega_{0}^{2}}{\pi^{2}c^{3}}E \tag{2.19}$$

现在我们可以略去 ω_0 的下标,因为这个结果适用于所有处于平衡态的频率。利用频率:

$$u(\omega)\mathrm{d}\omega=u(\nu)\mathrm{d}\nu=\frac{\omega^{2}}{\pi^{2}c^{3}}E\mathrm{d}\omega$$

即

$$u(\nu)=\frac{8\pi\nu^{2}}{c^{3}}E \tag{2.20}$$

这是1899年6月普朗克发表的令人吃惊的结果(Planck,1899)。关于振子本质的所有信息都从此问题中完全消失了。剩下的只有振子的平均能量。在热力学意义上,这种关系背后的意义显然是非常深刻和基本的。整个分析都是通过振子的电动力学研究进行的,然而最终的结果却没有我们得出答案的方法的痕迹。我

们可以想象，当普朗克发现这个基本结果时，他一定很兴奋——如果我们能计算出温度为 T 的封闭系统中频率为 ν 的振子的平均能量，我们就能立即找到黑体辐射谱。

2.3.4　瑞利与黑体辐射谱

事实上，热平衡态下振子的平均能量和辐射强度之间的相同关系(2.20)也由瑞利勋爵在 1900 年用完全不同的方法得出。[⑦] 瑞利勋爵是名著《声学理论》(1894)一书的作者，因此他从箱内波的平衡分布的角度来探讨这个问题(Rayleigh, 1900)。假设盒子是一个边长为 L 的立方体，在盒子内，所有符合边界条件的可能的波在温度 T 下都能达到热力学平衡。盒子里波的方程为

$$\nabla^2 \psi = \frac{\partial^2 \psi}{\partial x^2} + \frac{\partial^2 \psi}{\partial y^2} + \frac{\partial^2 \psi}{\partial z^2} = \frac{1}{c_s^2} \frac{\partial^2 \psi}{\partial t^2} \tag{2.21}$$

其中 c_s 是波速。盒壁是固定的，因此波在 $x, y, z = 0$ 和 $x, y, z = L$ 处必须满足振幅为零($\psi = 0$)。这个问题的解是众所周知的：

$$\psi = C e^{-i\omega t} \sin \frac{l\pi x}{L} \sin \frac{m\pi y}{L} \sin \frac{n\pi z}{L} \tag{2.22}$$

对应于三维盒子中的驻波，只要 l, m 和 n 是整数。l, m 和 n 的每一个组合被称为盒子中波的振动模。这些模是完备、独立和正交的，因此代表了介质在盒子里振荡的所有方式。

我们现在将式(2.22)代入波动方程(2.21)中，找到 l, m, n 的值与波的角频率 ω 之间的关系：

$$\frac{\omega^2}{c^2} = \frac{\pi^2}{L^2}(l^2 + m^2 + n^2) = \frac{\pi^2 p^2}{L^2} \tag{2.23}$$

式中 $p^2 = l^2 + m^2 + n^2$。因此，我们得到了用 $p^2 = l^2 + m^2 + n^2$ 参数化的模和它们的角频率 ω 之间的关系。根据麦克斯韦-玻尔兹曼能量均分定理，能量在每个独立模之间平均分配，因此我们需要知道在 p 到 $p + \mathrm{d}p$ 范围内的模数。我们在(l, m, n)空间中绘制一个三维格子，即可计算出(l, m, n)空间中 1/8 球壳中的模数。如果 p 很大，半径为 p，厚度为 $\mathrm{d}p$ 的 1/8 球壳中的模数为

$$n(p)\mathrm{d}p = \frac{L^3 \omega^2}{2\pi^2 c^3} \mathrm{d}\omega \tag{2.24}$$

这些波是电磁波，所以任何给定的模都有两个独立的线性偏振。因此，存在两倍于式(2.24)给出的模。根据麦克斯韦-玻尔兹曼能量均分定理，每个振动模都有平均能量 $\overline{E}$。那么盒子中电磁辐射的能量密度为

$$u(\nu)\mathrm{d}\nu L^3 = \overline{E} n(p)\mathrm{d}p = \frac{L^3 \omega^2 \overline{E}}{\pi^2 c^3} \mathrm{d}\omega \tag{2.25}$$

即

$$u(\nu) = \frac{8\pi\nu^2}{c^3} \overline{E} \tag{2.26}$$

与普朗克从电动力学得到的结果式(2.20)完全相同。

瑞利的分析的一些特点值得注意。首先,瑞利直接处理电磁波本身,而不是振子,后者是波的源且与波保持平衡。其次,该结果的核心是能量均分学说。麦克斯韦-玻尔兹曼学说指出,如果系统放置的时间足够长,振子能量分布的不规则性会通过各种能量交换机制来消除。在许多自然现象中,平衡分布的建立非常迅速。

2.4 通向黑体辐射谱

普朗克的下一步起初有些令人惊讶。经典地说,在热力学平衡中,每个自由度均被分配 $kT/2$ 的能量,因此谐振子的平均能量应为$\overline{E} = kT$,因为它具有两个自由度,分别与能量表达式中的平方项$\dot{x}^2$ 和x^2 相关。令$\overline{E} = kT$,我们得到

$$u(\nu) = \frac{8\pi\nu^2}{c^3}kT \tag{2.27}$$

正是瑞利得出的结果。结果证明这是低频黑体辐射定律的正确表达式,瑞利-金斯定律。为什么普朗克没有这么做?首先,麦克斯韦-玻尔兹曼能量均分定理是统计热力学的结果,这是普朗克拒绝的观点。正如我们在 1.3 节讨论的,在 1899 年还不清楚能量均分定理到底有多可靠。普朗克已经吃了玻尔兹曼的亏,因为他没有注意到统计假设的必要性,以便推导出黑体辐射的平衡态(2.3 节)。因此,他采取了一种截然不同的做法。引用他的话:

> "我别无选择,只能重新处理这个问题,这次是从相反的角度,也就是从热力学的角度,我觉得在自己的领域上更安全。事实上,我以前对热力学第二定律的研究现在对我很有帮助,因为一开始我就想到了,不是把振子的温度,而是把它的熵和能量联系起来……虽然许多杰出的物理学家都从实验和理论两个方面研究谱能量分布问题,但他们中的每一个人只是努力搞清辐射强度对温度的依赖性。另一方面,我怀疑基本的联系在于熵对能量的依赖性……没有人注意到我所采用的方法,我可以有空完成我的计算,绝对彻底地,不必担心干扰或竞争。"(Planck,1950)

1900 年 3 月,普朗克得到了非平衡系统熵变的下列关系(Planck,1900a):

$$\Delta S = \frac{3}{5}\frac{\partial^2 S}{\partial E^2}\Delta E \mathrm{d}E \tag{2.28}$$

该方程可用于计算当振子的能量从平衡能量 E 偏离 ΔE 时,系统的熵偏离最大值的量。当振子的能量改变 $\mathrm{d}E$ 时,熵发生改变。因此,如果 ΔE 和 $\mathrm{d}E$ 的符号相反,系统趋于回到平衡,熵变为正,函数 $\partial^2 S/\partial E^2$ 必然为负值。$\partial^2 S/\partial E^2$ 为负意味着存在一个熵极大值,因此如果 ΔE 和 $\mathrm{d}E$ 的符号相反,系统必定趋于平衡。

为了理解普朗克接下来做了什么，我们需要回顾一下在黑体辐射的实验测定方面取得的巨大进展。1887年，奥托·卢默(Otto Lummer)被任命到柏林的帝国物理技术研究院(Physicallisch Technische Reichsanstaldt)，他领导的小组参与制定亮度标准。最初并没有打算确定黑体辐射谱，但这是因需要发展精确的光学和红外强度测量方法而产生的。1891年，费迪南·库尔班(Ferdinand Kurlbaum)和海因里希·鲁本斯(Heinrich Rubens)加入了他的团队，并与恩斯特·普林舍姆(Ernst Pringsheim)合作，后者于1896年被任命为柏林大学名誉教授，鲁本斯于1896年被任命为柏林技术学院的物理学教授。

这个小组在测定黑体辐射特性方面取得了巨大进展。他们特别强调了开发尽可能统一的辐射源的重要性。首选的解决方案是使空腔达到尽可能均匀的温度，然后让辐射通过开口向外传递(图2.4(a))。此外，鲁本斯开创了在光谱的红外区域进行精确光度测量的技术，这在未来几年至关重要。

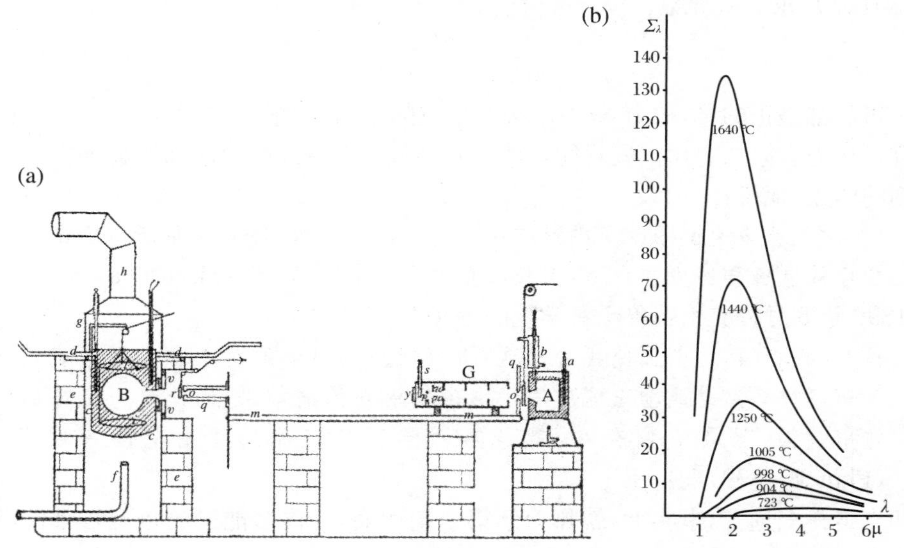

图2.4　(a) 1897年，卢默和普林舍姆高精度实验测定斯特藩-玻尔兹曼定律的装置(Allen和Maxwell，1952)。(b) 1899年，卢默和普林舍姆根据强度和波长的线性标度绘制的在700～1600 ℃之间的温度下的黑体辐射谱(Allen和Maxwell，1952)

维恩(1896)继续他对热辐射谱的研究，试图从理论上推导出辐射定律。我们不需要深入研究他的思想，但他推导出了一个辐射定律表达式，与其位移定律相一致，并且与1896年的所有可用数据符合得非常好。维恩的理论认为，与他的位移定律相一致，谱应该有如下形式：

$$u(\nu) = \frac{8\pi\alpha}{c^3}\nu^3 e^{-\beta\nu/T} \tag{2.29}$$

这是用我们的符号写下来的维恩定律。公式中有两个未知常数，α 和 β；右侧包含

$8\pi/c^3$ 这一常数,这样做的原因很快就会明白。瑞利对维恩的论文的评论非常简洁:

"从理论的角度来看,此结果在我看来不过是一个猜想而已。"

这个公式的重要性在于它很好地解释了当时所有可用的实验数据,因此可以用于理论研究。典型的黑体辐射谱如图 2.4(b)所示。靠近最大值的波长区域与实验数据符合得最好,能量分布两翼的不确定性要大得多。

回到普朗克 1900 年 3 月的论文,下一步是定义振子的熵 S:

$$S = -\frac{E}{\beta\nu}\ln\frac{E}{\alpha\nu \mathrm{e}} \tag{2.30}$$

其中,E 是能量,α 和 β 是维恩定律的常数,e 是自然对数的底。事实上,普朗克从维恩定律反推来确定这种关系。⑧

下一步对普朗克来说至关重要。为了将式(2.28)应用于黑体辐射谱,式(2.30)对 E 求二阶导数:

$$\frac{\mathrm{d}^2 S}{\mathrm{d}E^2} = -\frac{1}{\beta\nu}\frac{1}{E} \tag{2.31}$$

β,ν 和 E 都是正的量,故 $\partial^2 S/\partial E^2$ 必然是负的。因此,根据式(2.28),维恩定律完全符合热力学第二定律。熵对能量的二阶导数的表达式的简洁性给普朗克留下了深刻的印象,他说:

"我曾多次试图改变或推广振子的电磁熵方程,使其满足所有理论上合理的电磁和热力学定律,但我的努力没有成功。"(Planck,1900a)

在 1899 年 5 月提交给普鲁士科学院的论文中,他声称:

"我相信,这必须使我得出这样的结论:辐射熵的定义和维恩的能量分布定律必然是熵增原理应用于电磁辐射理论的结果,因此这一定律的适用范围,只要它们存在,就与热力学第二定律的适用范围一致。"(Planck,1899)

普朗克走得太远了,事实上,就热力学第二定律而言,许多能量的负函数都能满足普朗克的要求。

这些计算结果于 1900 年 6 月提交给普鲁士科学院。到 1900 年 10 月,鲁本斯和库尔班已经毫无疑问地证明了维恩定律不足以解释低频、高温下的黑体辐射谱。他们发现,在低频、高温下,辐射强度与温度是成比例的。这显然不符合维恩定律,因为如果 $u(\nu)\propto\nu^3\mathrm{e}^{-\beta\nu/T}$,那么对 $\beta\nu/T\ll 1$,就有 $u(\nu)\propto\nu^3$,并且与温度无关。因此,对于较小的 ν/T,函数依赖关系必然偏离式(2.30)和式(2.31)的结果。

鲁本斯和库尔班在 1900 年 10 月公布他们的研究结果之前向普朗克展示了他们的研究结果,普朗克有机会对他们的研究发表一些看法。结果便是他题为"维恩谱分布的一个改进"(Planck,1900b)的论文。下面就是普朗克的做法。在低频 $\nu/T\to 0$时,鲁本斯和库尔班的实验表明 $u(\nu)\propto T$。S,E 和 T 之间的热力学关系是

$$E \propto T, \quad \frac{\mathrm{d}S}{\mathrm{d}E} = \frac{1}{T}$$

因此

$$\frac{\mathrm{d}S}{\mathrm{d}E} \propto \frac{1}{E}, \quad \frac{\mathrm{d}^2 S}{\mathrm{d}E^2} \propto \frac{1}{E^2} \tag{2.32}$$

因此 $\mathrm{d}^2S/\mathrm{d}E^2$ 必须在 ν/T 的大值和小值之间改变其对 E 的函数依赖性。维恩定律对 ν/T 的大值仍然有效，并导致

$$\frac{\mathrm{d}^2 S}{\mathrm{d}E^2} \propto \frac{1}{E} \tag{2.33}$$

综合公式(2.32)和(2.33)，标准的做法是尝试如下形式的表达式：

$$\frac{\mathrm{d}^2 S}{\mathrm{d}E^2} = -\frac{a}{E(b+E)} \tag{2.34}$$

该式对 E 的大值和 E 的小值，即对 $E \gg b$ 和 $E \ll b$ 都能符合。剩下的分析是直截了当的。[9]对 E 积分：

$$\frac{\mathrm{d}S}{\mathrm{d}E} = -\int \frac{a}{E(b+E)}\mathrm{d}E = -\frac{a}{b}[\ln E - \ln(b+E)] = \frac{1}{T} \tag{2.35}$$

因此

$$E = \frac{b}{\mathrm{e}^{b/(aT)} - 1} \tag{2.36}$$

则

$$u(\nu) = \frac{8\pi\nu^2}{c^3}E = \frac{8\pi\nu^2}{c^3}\frac{b}{\mathrm{e}^{b/(aT)} - 1} \tag{2.37}$$

在高频、低温极限下，我们可以从维恩定律式(2.29)中找出常数：

$$u(\nu) = \frac{8\pi\nu^2}{c^3}\frac{b}{\mathrm{e}^{b/(aT)}} = \frac{8\pi\alpha}{c^3}\frac{\nu^3}{\mathrm{e}^{\beta\nu/T}}$$

因此 b 必须与频率 ν 成比例。我们现在可以写出普朗克公式的最初形式：

$$u(\nu) = \frac{A\nu^3}{\mathrm{e}^{\beta\nu/T} - 1} \tag{2.38}$$

对故事的下一部分同样重要的是，普朗克还可以通过对 $\mathrm{d}S/\mathrm{d}E$ 积分得到振子熵的表达式。由式(2.35)，

$$S = -a\left[\frac{E}{b}\ln\frac{E}{b} - \left(1+\frac{E}{b}\right)\ln\left(1+\frac{E}{b}\right)\right] \tag{2.39}$$

其中 $b \propto \nu$。普朗克的新公式现在可以用来与实验证据比较。

2.5　黑体辐射定律与实验的比较

在 1900 年 10 月 25 日的报告中，鲁本斯和库尔班把他们新的精确黑体辐射谱

实验数据与5种不同的公式进行比较。其中两个是由蒂森(Thiesen)与由卢默和扬克(Jahnke)提出的经验公式。其他的是:

- 维恩的关系式;
- 普朗克公式;
- 瑞利的结果式(2.27),但经过修改以避免在高频下出现瑞利-金斯谱的发散,该问题称为紫外灾难。瑞利很清楚"牵涉到玻尔兹曼-麦克斯韦能量均分定理的困难",即式(2.27)在高频下失败,因为黑体辐射谱不会以 ν^2 趋于无限。在他的短文的第五段中,他说,"如果我们引入指数因子,完整的表达式是"(用我们的符号)

$$u(\nu) = \frac{8\pi\nu^2}{c^3}kT\mathrm{e}^{-\beta\nu/T} \tag{2.40}$$

鲁本斯和库尔班(1901)提出的数据在图2.5中被重新绘制,仅显示了维恩、普朗克和瑞利提出的公式。鲁本斯和库尔班得出结论,普朗克的公式优于其他所有公式,并且与实验精确吻合。瑞利的建议与实验数据的符合程度很差。瑞利自然对他们讨论其结果的腔调很恼火。两年后,当他的科学论文被重新发表时,他谈到了他的重要结论,即在低频时辐射强度应该与温度成正比。他指出:

> "这就是我想强调的内容。此后不久,上述预期被鲁本斯和库尔班的重要研究证实,他们用特别长的波进行研究。"(Rayleigh,1902)

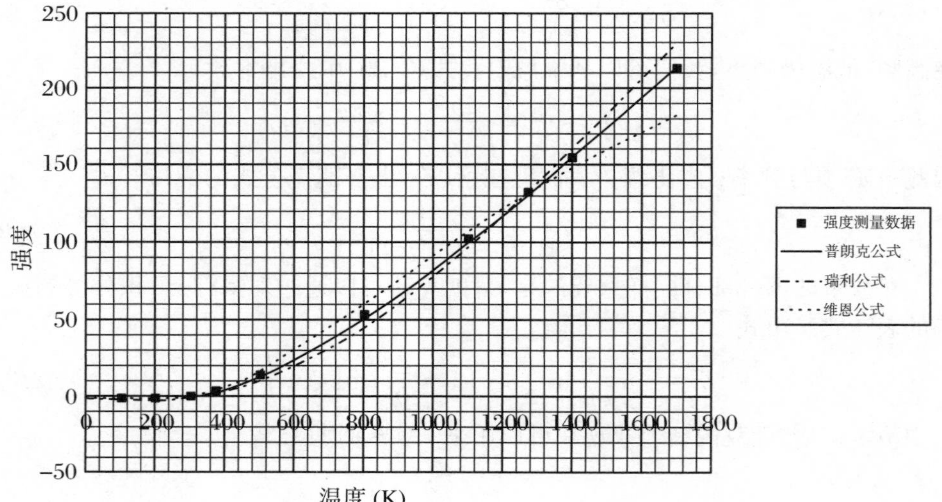

图2.5 在8.85 μm处黑体辐射强度随温度的变化。给出了普朗克(式(2.38),实线)、维恩(式(2.29),虚线)和瑞利(式(2.40),点划线)的辐射公式与鲁本斯和库尔班(实心方块)测量的数据。在较长波长(24+31.6) μm和51.2 μm处进行了类似的实验,在这些波长下,普朗克函数和瑞利函数的预测几乎没有差别(根据鲁本斯和库尔班(1901)提供的数据重新绘制,格式与他们原来的表述相同)

尽管如此成功，普朗克并没有做任何解释。他导出的公式基本上是基于实验指导下的热力学论证，而没有微观层面的理论理解。公式(2.38)于 1900 年 10 月 19 日提交给德国物理学会。1900 年 12 月 14 日，他提交了另一篇题为"关于正常谱中能量分布规律的理论"(Planck，1900c)的论文。在他的回忆录中，他写道：

> "经过几周我一生中最艰苦的工作，黑暗消失了，一幅意想不到的景象开始出现。"(Planck，1925)

2.6　普朗克的黑体辐射理论

在他的科学传记中，普朗克写道：

> "就在我表述这项定律的那一天，我就把厘清其真正的物理意义作为我的使命。这个追求自然而然地引导我去研究熵与概率的相互关系，换句话说，就是追随玻尔兹曼开创的思想路线。"(Planck，1950)

普朗克认识到，前进的道路需要采纳一种在他以前所有工作中基本上都拒绝的一个观点。他不是统计物理学的专家，我们会发现他的分析没有遵循经典统计力学的规则。尽管他的论点存在根本缺陷，但他发现了量子化在解释黑体辐射谱中所起的关键作用。

普朗克的分析始于玻尔兹曼的步骤。固定的总能量 E 在 N 个振子中分配，并引入能量单位 ε。因此，有 $r=E/\varepsilon$ 个能量单位为振子共享。然而，普朗克并没有遵循玻尔兹曼统计物理学的方法，而是简单地计算出了 r 个能量单位分布在 N 个振子间的方法总数。答案是[⑩]

$$\frac{(N+r-1)!}{r!(N-1)!} \tag{2.41}$$

现在普朗克在他的论证中迈出了关键的一步。他将式(2.41)定义为玻尔兹曼的熵表达式

$$S = C\ln p$$

中使用的概率 p。我们看看这是怎么回事。N 和 r 确实很大，所以我们可以用斯特林近似来求 $n!$：

$$n! = (2\pi n)^{1/2}\left(\frac{n}{\mathrm{e}}\right)^n\left(1+\frac{1}{12n}+\cdots\right) \tag{2.42}$$

我们需要取式(2.41)的对数，这样我们就可以使用更简单的近似 $n! \approx n^n$，有

$$p = \frac{(N+r-1)!}{r!(N-1)!} \approx \frac{(N+r)!}{r!N!} \approx \frac{(N+r)^{N+r}}{r^r N^N} \tag{2.43}$$

因此

$$\begin{cases} S = C[(N+r)\ln(N+r) - r\ln r - N\ln N] \\ r = \dfrac{E}{\varepsilon} = \dfrac{N\overline{E}}{\varepsilon} \end{cases} \tag{2.44}$$

其中$\overline{E}$是振子的平均能量。因此

$$S = C\left\{N\left(1+\frac{\overline{E}}{\varepsilon}\right)\ln\left[N\left(1+\frac{\overline{E}}{\varepsilon}\right)\right] - \frac{N\overline{E}}{\varepsilon}\ln\frac{N\overline{E}}{\varepsilon} - N\ln N\right\} \tag{2.45}$$

因此,每个振子的平均熵为

$$\overline{S} = \frac{S_N}{N} = C\left[\left(1+\frac{\overline{E}}{\varepsilon}\right)\ln\left(1+\frac{\overline{E}}{\varepsilon}\right) - \frac{\overline{E}}{\varepsilon}\ln\frac{\overline{E}}{\varepsilon}\right] \tag{2.46}$$

但这看起来很熟悉。关系式(2.46)正是普朗克导出的用于处理黑体辐射谱的振子熵的表达式(2.39),即

$$S = a\left[\left(1+\frac{\overline{E}}{b}\right)\ln\left(1+\frac{\overline{E}}{b}\right) - \frac{\overline{E}}{b}\ln\frac{\overline{E}}{b}\right]$$

满足 $b \propto \nu$ 的要求。因此,能量单位 ε 必须与频率成正比,普朗克将这一要求写成人们熟悉的形式:

$$\varepsilon = h\nu \tag{2.47}$$

其中 h 即是现在著名的普朗克常量。这就是量子化概念的起源。根据经典统计力学的步骤,我们现在应该允许 $\varepsilon \to 0$,但显然我们就无法得到振子熵的表达式,除非能量单位不消失,而取有限值 $\varepsilon = h\nu$。因此,黑体辐射能量密度的表达式为

$$u(\nu) = \frac{8\pi h\nu^3}{c^3}\frac{1}{e^{h\nu/(CT)} - 1} \tag{2.48}$$

最后,C 呢?普朗克指出 C 是一个与熵和概率有关的普适常量。因此,任何合适的定律,例如理想气体定律,都决定了所有过程的 C 值。例如,我们可以使用理想气体焦耳膨胀过程的结果,以经典和统计的方法来处理。那么比值 $C = k = R/N_A$,其中 R 是气体常量,N_A 是阿伏伽德罗常数,即每克分子的分子数。[11]因此,普朗克分布的最后形式为

$$u(\nu) = \frac{8\pi h\nu^3}{c^3}\frac{1}{e^{h\nu/(kT)} - 1} \tag{2.49}$$

积分得到黑体辐射谱中辐射的总能量密度 u:

$$u = \int_0^\infty u(\nu)\mathrm{d}\nu = \frac{8\pi h}{c^3}\int_0^\infty \frac{\nu^3\mathrm{d}\nu}{e^{h\nu/(kT)} - 1} = \frac{8\pi^5 k^4}{15c^3h^3}T^4 = aT^4 \tag{2.50}$$

这里

$$a = \frac{8\pi^5 k^4}{15c^3h^3} = 7.566\times 10^{-16}\ \mathrm{J/(m^3\cdot K^4)}$$

我们已经重现了斯特藩-玻尔兹曼定律的辐射能量密度 u,我们可以将这个能量密度与从温度为 T 的黑体表面每秒发射的能量联系起来。被辐射出来的能量[12]是 $uc/4$,因此

$$I = \frac{1}{4}uc = \frac{ac}{4}T^4 = \sigma T^4 = \frac{2\pi^5 k^4}{15c^2h^3}T^4 = 5.67\times 10^{-8}T^4\ \mathrm{W/m^2} \tag{2.51}$$

这样就可以根据基础常量来确定斯特藩-玻尔兹曼常数 σ 的值。

怎么看待普朗克的论点？有两个基本问题：

(1) 普朗克当然没有遵循玻尔兹曼的方法来寻找振子的平衡能量分布。他定义为概率的东西其实并不是从任何总体中抽取的概率。普朗克对此不抱幻想。用他自己的话说：

> "在我看来，这一规定基本上相当于对概率 W 的定义。因为在电磁辐射理论的假设中，我们完全没有出发点来讨论这种具有明确意义的概率。"⑬

爱因斯坦多次指出普朗克的论点中的这个弱点：

> "普朗克先生使用玻尔兹曼方程的做法对我而言相当奇怪，因为他引入了一个状态的概率 W，却没有对这个量进行物理定义。如果人们接受这一点，那么玻尔兹曼方程就没有物理意义了。"

(2) 第二个问题涉及普朗克的分析中的一个逻辑不一致。一方面，振子只能取能量 $E = r\varepsilon$；另一方面，计算振子的辐射率时用的又是一个经典的结果(2.1)。该分析隐含着这样一个假设，即振子的能量可以连续变化，而不是只取离散值。

这些是主要的障碍，没有人真正理解普朗克所做工作的重要性。这一理论在任何意义上都没有立即得到接受，在爱因斯坦 1905 年和 1906 年的论文之前，普朗克或其他人都没有发表进一步的论文。然而，量子化的概念是通过能量单位 ε 引入的，没有它就不可能再现普朗克分布。事实上，1906 年，爱因斯坦证明，如果普朗克严格遵循玻尔兹曼的方法，只要保持能量量子化的基本概念，就会得到同样的答案(3.3 节)。

尽管普朗克使用的统计方法多少有点可疑，但为什么他还能得到辐射谱的正确表达式呢？似乎非常可能普朗克是反推过来的。这个看法是由罗森菲尔德(Rosenfeld)提出的，克莱因基于普朗克 1943 年的一篇文章对他的看法表示支持，认为普朗克是从振子熵的表达式(2.39)出发向后推导，从 $\exp(S/k)$ 发现了 W。这就得到了式(2.43)右边的排列公式，对于大的 N 和 r 值，这个公式或多或少与式(2.41)完全相同。表达式(2.41)是排列理论中的一个著名公式，它出现在玻尔兹曼早期对统计物理学基本原理的阐述中。普朗克那时把式(2.46)视为统计物理学中熵的定义。如果事实确实如此，这丝毫不会削弱普朗克的成就。

2.7　普朗克和"自然单位"

普朗克意识到在他的黑体辐射理论中有两个基本常数，即玻尔兹曼常量 k 和

新常数 h(普朗克称之为作用量子)。k 的基本性质可以从其出现在气体动理论中作为单位分子的气体常量和作为玻尔兹曼关系式 $S=k\ln W$ 中的常数 C 获得。这两个常数都可以通过黑体辐射谱(2.49)的实验测量,且可以根据斯特藩-玻尔兹曼定律(2.50)或(2.51)中的常数的值精确地确定。普朗克将已知的气体常量 R 的值与他新确定的 k 结合起来,得到了阿伏伽德罗常数的值,每摩尔 $N_A=6.175\times10^{23}$ 个分子,这是当时已知的最佳估计。目前采用的值为每摩尔 $N_A=6.022\times10^{23}$ 个分子。

一克当量的一价离子所携带的电荷是从电解理论中知道的,称之为法拉第常数。只要精确地知道 N_A,普朗克就能够推导出基本的电荷单位,得到 $e=4.69\times10^{-10}$ esu,相应于 1.56×10^{-19} C。同样,普朗克的值在当时是最好的,同期实验值在 $1.3\times10^{-10}\sim6.5\times10^{-10}$ esu 之间。目前的标准值为 1.602×10^{-19} C。

同样令普朗克着迷的是,h 与引力常量 G 和光速 c 结合,可以得到用基本常数定义的一组"自然"单位(表 2.1)。普朗克单位常用 $\hbar=h/(2\pi)$ 表达,在这种情况下,它们的值为表中引用的值的 1/2.5。很明显,时间和长度的自然单位实际上很小,而质量单位比任何已知的基本粒子都大得多。一个世纪后,这些量将在早期宇宙的物理学中发挥核心作用。

表 2.1 普朗克系统的自然单位

时间	$t_{Pl}=(Gh/c^5)^{1/2}$	10^{-43} s
长度	$l_{Pl}=(Gh/c^3)^{1/2}$	4×10^{-35} m
质量	$m_{Pl}=(hc/G)^{1/2}$	5.4×10^{-8} kg$\equiv3\times10^{19}$ GeV

2.8 普朗克和 h 的物理意义

几年后,人们才认识到普朗克在 1900 年最后几个月里所取得的成就的真正革命性。也许令人惊讶的是,在接下来的 5 年里,他没有写过量子化主题的论文。下一个能反映其理解的出版物是他 1906 年出版的《热辐射理论讲义》(Planck,1906)。托马斯·库恩(Thomas Kuhn)详细分析了 1900～1906 年间普朗克的量子化思想(Kuhn,1978)。库恩的分析清楚地表明,普朗克无疑相信经典的电磁定律适用于辐射的发射和吸收过程,尽管他在其量子化理论中引入了有限的能量单位。普朗克描述了统计物理中玻尔兹曼方法的两个版本,第一个版本是 2.6 节描述的版本,其中振子的能量取 $0,\varepsilon,2\varepsilon,3\varepsilon$,等等。第二个版本中,分子被认为处于 $0\sim\varepsilon$,$\varepsilon\sim2\varepsilon$,$2\varepsilon\sim3\varepsilon$ 等能量范围内。这个过程导致的统计概率与第一个版本完全相同。

在随后的一段中，追踪振子在相空间中的运动，他再次提到了对应于某些能量范围 U 到 $U+\Delta U$ 的轨迹的能量，ΔU 最终被确定为 $h\nu$。因此，普朗克把量子化归为振子的平均性质。

普朗克对作用量子 h 的本质说得很少，但他很清楚它的根本重要性。用他的话说：

> "在理解常数 h 的全部和普遍意义之前，辐射热力学不能达到完全令人满意的状态。"(Kuhn，1978)

普朗克花了很多年，试图使他的理论与经典物理学一致，但除了在辐射公式中出现外，他未能发现 h 的任何物理意义。用他的话来说：

> "我把作用量子纳入经典理论的徒劳企图持续了相当多年，它耗费了我大量精力。我的许多同事视此为某种悲剧。但我对此感觉不同，因为我从中得到的彻底的启迪更为宝贵。我现在知道了一个事实，即基本作用量子在物理学中所起的作用远比我原先倾向于怀疑的要重要得多。这种认识使我清楚地看到，在处理原子问题时，需要引入全新的分析和推理方法。"

直到1908年之后，普朗克才充分认识到量子化的基本本性，它在经典物理学中没有对应。他最初的观点是：引入能量单位是

> "一个纯粹的形式假设，我真的没有多加考虑，只是认为无论付出多大代价，我都要得到一个积极的结果。"(Planck，1931a)

后来在同一封信中，他写道：

> "我很清楚，经典物理学无法为这个问题提供解决方案，似乎意味着最后所有的能量都会从物质传递到辐射。为了防止这种情况，需要一个新的常数来保证能量不会瓦解。做到这一点的唯一方法是从一个明确的观点出发。这种方法是通过维持热力学的两个定律而开启的。在我看来，这两条定律在任何情况下都必须遵循。至于其他，我准备放弃我先前关于物理定律的任何一个信念。"

第3章　爱因斯坦和量子(1900年～1911年)

3.1　爱因斯坦在1905年

接下来的进展是阿尔伯特·爱因斯坦(Albert Einstein)取得的，毫不夸张地说，他是第一个认识到量子化和量子存在的全部意义的人。他指出，这些是所有物理现象的核心问题，而不仅仅是解释普朗克分布的一个"形式的方法"。从1905年开始，他对量子存在的信仰就从未动摇过。过了很长时间，那个时代的大人物们才承认爱因斯坦确实是正确的。爱因斯坦在1900年8月完成了我们现在称之为本科生阶段的学习。在1902～1904年间，他写了三篇关于玻尔兹曼统计力学基础的论文。1905年，爱因斯坦26岁，在伯尔尼的瑞士专利局受聘为"技术专家(三级)"。那年，他完成了题为"测定分子大小的新方法"的博士学位论文，并于1905年7月20日提交给苏黎世大学。同年，他发表了三篇论文，这些论文皆处于物理学文献中最伟大的经典著作之列。①它们中的任何一篇都可以确保他的名字在科学文献中永久流传。这些论文是：

(1)《关于光的产生和转化的一个启发性观点》(Einstein，1905a)；

(2)《关于满足热的分子运动理论的、悬浮在稳定流体中的小颗粒运动》(Einstein，1905b)；

(3)《关于动体的电动力学》(Einstein，1905c)。

第三篇论文是爱因斯坦关于狭义相对论的论文，在1.5节中已作了简要介绍。第二篇论文证实了动力学理论的正确性，而第一篇论文则引入了光量子的概念来描述黑体辐射谱。爱因斯坦承认他不是数学家，理解他1905年的论文所需要的数学不超过本科物理学课程前两年所教授的知识。他的天赋在于他非凡的物理直觉，这使他比同时代的人更深入地了解物理问题。这三篇巨作不是创造力突然爆发的结果，而是近10年来对物理学基本问题深思熟虑的产物。1905年，他对这三个主题的思考几乎同时结出了硕果。尽管它们之间存在明显差异，但三篇论文在方法上有着惊人的共性。在每篇论文中，爱因斯坦都会暂时放下当前特定的问题，研究内在的物理原理。

3.2　爱因斯坦关于布朗运动

1906年发表的《关于布朗运动的理论》(Einstein,1906a)更为人所熟知,这是第二篇论文的后续论文,是对他的博士论文某些结果的再发展。布朗运动是流体中微小粒子的不规则运动,1828年植物学家罗伯特·布朗(Robert Brown)曾对其进行了详细研究,他注意到了这种现象的普遍性。该运动源自液体分子与微小粒子之间发生大量碰撞的统计效应。尽管每次的影响都很小,但大量随机撞击粒子的净作用是"醉汉行走"。爱因斯坦并不确定他的分析是否对布朗运动适用,在他的论文引言中写道:

> "这里要讨论的运动可能与所谓的'布朗分子运动'相同。但是,我所掌握的有关后者的信息是如此不精确,以至于我无法在这个问题上形成判断。"

在他的自传笔记中,他说他写这篇论文时"不知道关于布朗运动的观察早为人知"(Einstein,1979)。

爱因斯坦从斯托克斯公式开始,计算作用在半径为 a 的球上的力,该球以速度 v 在运动黏度为 ν 的介质中运动,力 $F=6\pi\nu av$,其中 a 是球体的半径,ν 是流体的运动黏度系数。通过考虑粒子在稳定状态下的一维扩散,他发现了粒子在介质中的扩散系数 $D=kT/(6\pi\nu a)$,并得出粒子在时间 t 内扩散的一维方均距离 $\langle\lambda_x^2\rangle=2Dt$。由此得到时间 t 内粒子扩散的著名的方均距离公式:

$$\langle\lambda_x^2\rangle=\frac{kTt}{3\pi\nu a}\tag{3.1}$$

其中 T 是温度,k 是玻尔兹曼常量。最重要的是,爱因斯坦发现了流体的分子特性与所观察到的宏观粒子扩散之间的关系。在对直径1 μm粒子影响大小的估计中,需要阿伏伽德罗常数的值 N_A,他使用了普朗克在黑体辐射谱研究中发现的值(见3.3节及以下)。他预测这样的颗粒将在1 min内扩散约6 μm。爱因斯坦在论文的最后一段中指出:

> "我们希望研究人员能够很快成功解决这里提出的问题,这对于热的理论而言非常重要!"

当时很难对布朗运动进行精确观测,但1908年,让·佩兰(Jean Perrin)(1909)进行了一系列细致的出色实验,详细证实了爱因斯坦的所有预测(图3.1)。这项工作使所有人,甚至是怀疑论者都相信分子的真实性。用佩兰的话来说:

> "我认为,一个没有先入为主的人不可能怀疑这极端多样性的现象,

这些现象导致同样的结果,从而不可能不留下强烈的印象。故我认为,从今以后,再也很难通过理性的论点来固守对分子假说的敌意态度了。”(Perrin,1910)

爱因斯坦很清楚这种计算对热的理论的重要性——在布朗运动中观察到的粒子的蠕动是热,宏观粒子反映了微观尺度上分子的运动。

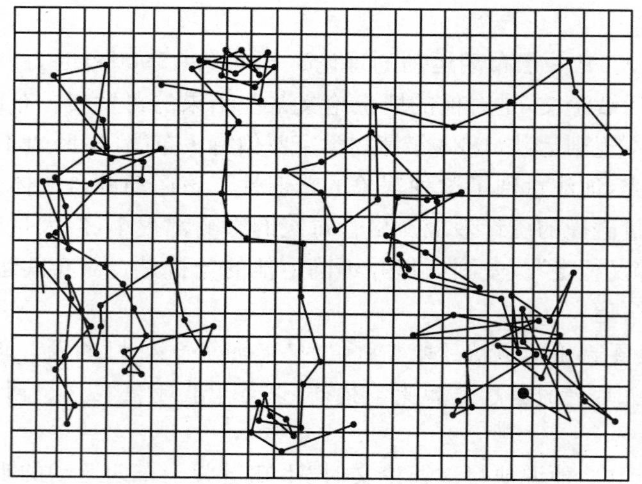

图 3.1　显微镜下观察到的半径为 0.53 μm 的胶体颗粒运动的三个轨迹。每 30 s 的连续位置由直线段连接,网格线的间距为 3.2 μm。此图基于 1909 年佩兰论文中的图表(Perrin,1909)

3.3　《关于光的产生和转化的一个启发性观点》

3.1 节中列出的第一篇论文通常被称为爱因斯坦关于光电效应的论文,但这几乎没有对其深刻性做出公正的评价。爱因斯坦在 1905 年 5 月给他的朋友康拉德·哈比希特(Conrad Habicht)的信中写道:

“我答应给你四篇论文……首先,我会尽快寄给你第一篇,因为我很快就会收到免费重印本。这篇论文涉及辐射和光的能量特性,是非常革命性的……”(Einstein,1993)

这是爱因斯坦伟大论文的开篇段落。就像一场伟大交响乐的开场一样,需要引起注意:

> “物理学家关于气体和其他有重物体形成的理论与所谓的真空中电磁过程的麦克斯韦理论之间，有着深刻的形式上的差异。这样，当我们考虑一个物体的状态时，它要由数量很大而有限的原子、电子的位置和速度来完全确定，我们用连续的三维函数来确定存在于某个区域内的电磁状态，以至于有限的维数不足以完全确定该区域的电磁状态……
>
> 具有连续三维函数的光的波动理论非常适合于纯光学现象的解释，也许将永远不会被其他任何理论取代。然而，应记住，光学观测只涉及对时间的平均值而非瞬时值。尽管实验上完全证实了衍射、反射、折射、色散等理论，但仍然可以设想，将具有连续三维函数的光理论应用于光的产生和转化的现象时，这个理论会导致和经验的冲突。”(Einstein，1905b)

换句话说，很可能在某些情况下，麦克斯韦的电磁场理论无法解释所有电磁现象，爱因斯坦专门举例说明了黑体辐射谱、光致发光和光电效应。他建议，出于某些目的，更适当的做法是把光考虑成

> “不连续地分布在空间中。根据此处考虑的假设，从一个点光源发出的光线在传播过程中，能量不是连续地分布在不断扩大的空间中，而是由有限数量的能量子组成，这些能量子局域在空间点上，这些点移动而不分开，并且能量只能作为完整的单位吸收和产生。”

最后，他希望

> “提出的方法将对某些研究人员的研究是有用的。”

要注意，爱因斯坦的建议与普朗克的不同。普朗克发现，温度 T 时处于热平衡的振子的“能量单位” $\varepsilon = h\nu$ 一定不为零。这些振子是黑体辐射谱中电磁辐射的来源，但是普朗克对它们发出的辐射绝对什么都没有说。他坚信振子射出的波是麦克斯韦的经典电磁波。与此相反，爱因斯坦提出，辐射场本身应该是量子化的。

在引言之后，爱因斯坦陈述了普朗克公式(2.26)，该公式将振子的平均能量与热力学平衡下黑体辐射能量密度联系起来，但毫不犹豫地根据动力学理论设定了振子的平均能量$\overline{E} = kT$。然后，用下面有启发性的形式写下黑体辐射谱中的总能量：

$$\text{总能量密度} = \int_0^\infty u(\nu)\mathrm{d}\nu = \frac{8\pi kT}{c^3}\int_0^\infty \nu^2\mathrm{d}\nu = \infty \tag{3.2}$$

这正是瑞利在1900年指出的问题，这导致他随意地引入指数因子以防止谱在高频处发散(见2.5节)。这种现象后来被保罗·埃伦费斯特(Paul Ehrenfest)称为紫外灾难。

爱因斯坦接下来继续表明，尽管表达式(3.2)出现了高频发散，但它很好地描述了低频、高温下的黑体辐射谱，因此，玻尔兹曼常量 k 的值可以仅从那部分谱中得出。爱因斯坦的 k 值与普朗克的估计完全吻合。爱因斯坦的解释是，普朗克的

估计与他为解释黑体辐射谱而发展的理论细节无关。

我们已经强调了熵在辐射热力学中的核心作用。现在,爱因斯坦仅使用热力学和观测到的辐射谱即可得出黑体辐射谱的熵的适当形式。熵是广延的,在热平衡下,我们可以认为不同波长的辐射是独立的,因此可以将体积为 V 的辐射熵写为

$$S = V\int_0^{\infty} \varphi[u(\nu),\nu]\mathrm{d}\nu \tag{3.3}$$

函数 φ 是单位体积单位频率区间的辐射熵。计算的目标是根据谱能量密度 $u(\nu)$ 和频率 ν 求得函数 φ 的表达式。如基尔霍夫所述(见 1.6 节),平衡谱的表达式中除温度 T 外不涉及其他量。这个问题已经由维恩解决,但爱因斯坦对这个结果给出了一个优雅的证明,[②]

$$\frac{\partial \varphi}{\partial u} = \frac{1}{T} \tag{3.4}$$

导致了关系式之间的优美对称性:

$$\begin{cases} S = \int_0^{\infty} \varphi \mathrm{d}\nu, \quad E = \int_0^{\infty} u(\nu)\mathrm{d}\nu \\ \dfrac{\mathrm{d}S}{\mathrm{d}E} = \dfrac{1}{T}, \quad \dfrac{\partial \varphi}{\partial u} = \dfrac{1}{T} \end{cases} \tag{3.5}$$

爱因斯坦现在使用式(3.5)来计算黑体辐射熵。他不是使用普朗克公式,而是用维恩公式,因为尽管维恩公式不适用于低频和高温,但在经典理论失效的区域它是正确的,因此由对这一部分谱的分析有可能弄明白经典计算何处出错。

首先,爱因斯坦写下了源自实验的维恩定律的形式。用式(2.29)的符号有

$$u(\nu) = \frac{8\pi\alpha}{c^3}\frac{\nu^3}{\mathrm{e}^{\beta\nu/T}} \tag{3.6}$$

取对数,我们可以得到 $1/T$ 的表达式:

$$\frac{1}{T} = \frac{1}{\beta\nu}\ln\frac{8\pi\alpha\nu^3}{c^3 u(\nu)} = \frac{\partial \varphi}{\partial u} \tag{3.7}$$

φ 的表达式可通过积分求得:

$$\begin{aligned} \frac{\partial \varphi}{\partial u} &= -\frac{1}{\beta\nu}\left(\ln u + \ln\frac{c^3}{8\pi\alpha\nu^3}\right) \\ \varphi &= -\frac{u}{\beta\nu}\left(\ln\frac{uc^3}{8\pi\alpha\nu^3} - 1\right) \end{aligned} \tag{3.8}$$

现在,考虑频率在 $\nu \sim \nu + \Delta\nu$ 范围内的辐射能量密度,其能量 $\varepsilon = Vu\Delta\nu$,其中 V 为体积。与该辐射有关的熵为

$$S = V\varphi\Delta\nu = -\frac{\varepsilon}{\beta\nu}\left(\ln\frac{\varepsilon c^3}{8\pi\alpha\nu^3 V\Delta\nu} - 1\right) \tag{3.9}$$

假设体积从 V_0 变为 V,而总能量保持恒定,则熵变是

$$S - S_0 = \frac{\varepsilon}{\beta\nu}\ln\frac{V}{V_0} \tag{3.10}$$

但是这个公式看起来很熟悉。爱因斯坦表明,这种熵变与根据初等统计力学处理理想气体的焦耳膨胀过程得到的完全相同。玻尔兹曼关系 $S = k\ln W$ 可用于计算初态和末态之间的熵差 $S - S_0$:$S - S_0 = k\ln(W/W_0)$,其中 W 是这些态的概率。在初态下,系统的体积为 V_0,粒子在该体积中做无规则运动。单个粒子占据较小体积 V 的概率为 V/V_0,那么所有 N 个粒子都占据该体积 V 的概率为 $(V/V_0)^N$。因此,N 个粒子气体的熵差为

$$S - S_0 = kN\ln(V/V_0) \tag{3.11}$$

爱因斯坦指出式(3.10)和式(3.11)在形式上是相同的。他立即得出结论:辐射在热力学上表现得如同它是由离散粒子组成的,其数量 N 等于 $\varepsilon/(k\beta\nu)$。用爱因斯坦自己的话来说:

> "低密度的单色辐射(在维恩辐射公式有效的范围内)的热力学行为如同它由多个大小为 $k\beta\nu$ 的独立能量子组成。"

用普朗克的符号重写此结果,因为 $\beta = h/k$,所以每个量子的能量为 $h\nu$。

然后,爱因斯坦根据维恩的黑体辐射公式计算出量子的平均能量。频率区间 $\nu \sim \nu + \mathrm{d}\nu$ 的能量为 ε,量子数为 $\varepsilon/(k\beta\nu)$。因此,平均能量为

$$\overline{E} = \frac{\int_0^\infty \frac{8\pi\alpha}{c^3}\nu^3 \mathrm{e}^{-\beta\nu/T}\mathrm{d}\nu}{\int_0^\infty \frac{8\pi\alpha}{c^3}\frac{\nu^3}{k\beta\nu}\mathrm{e}^{-\beta\nu/T}\mathrm{d}\nu} = k\beta\frac{\int_0^\infty \nu^3 \mathrm{e}^{-\beta\nu/T}\mathrm{d}\nu}{\int_0^\infty \nu^2 \mathrm{e}^{-\beta\nu/T}\mathrm{d}\nu} = k\beta \times \frac{3T}{\beta} = 3kT \tag{3.12}$$

量子的平均能量与黑体封闭系统中每个粒子的平均动能 $3kT/2$ 密切相关。

至此,爱因斯坦已经宣称辐射"表现得好像"由许多独立粒子组成。这只是另一个"形式工具"吗?他的论文第 6 节的最后一句让读者疑虑尽释:

> "下一个显而易见的步骤是研究光的发射和转化定律是否也具有这样的性质,即它们可以通过考虑光由这种能量子的组成来诠释或说明。"

爱因斯坦考虑了三个经典电磁理论无法解释的现象。

(1) 期托克斯规则。基于实验的观察,光致发光发射的频率低于入射光的频率。这解释为能量守恒的结果。如果入射量子每个都具有能量 $h\nu_1$,则重新发射的量子最多只能具有这么大的能量。如果量子的某些能量在重新发射之前被材料吸收,则发射的能量子 $h\nu_2$ 必须满足 $h\nu_2 \leqslant h\nu_1$。

(2) 光电效应。这是论文最著名的结果,因为爱因斯坦在上述理论的基础上做出了明确的定量预测。具有讽刺意味的是,赫兹于 1887 年在完全验证了麦克斯韦方程组的同一实验中发现了光电效应。也许光电效应最显著的特征是勒纳德(Lenard)的发现,即从金属表面发射的电子能量与入射辐射的强度无关(Lenard,1902)。

爱因斯坦的建议立即解决了这个问题。给定频率的辐射由相同能量 $h\nu$ 的量子组成。如果其中一个被材料吸收,则电子可能会得到足够的能量,以克服将其束缚到材料上的力从表面逸出。如果增加光的强度,则会逸出更多的电子,但其能量

保持不变。爱因斯坦把这个结果写成如下形式:射出的电子具有的最大动能为

$$E_k = h\nu - W \tag{3.13}$$

其中 W 是使电子从材料表面逸出所需的功,即材料的功函数。估计功函数大小的实验涉及将光阴极置于反向的电势中,这样,当势达到某个值 V 时,射出的电子将到不了阳极,光电电流降至零。这时 $E_k = eV$。于是,

$$V = \frac{h}{e}\nu - \frac{W}{e} \tag{3.14}$$

用爱因斯坦的话来说:

> “如果导出的公式正确,那么当以笛卡儿坐标系绘制时,V 必定是入射光频率的线性函数,其斜率与所研究材料的性质无关。”

因此,量 h/e(即普朗克常量与电荷之比)可以直接从该关系的斜率中得到。当时,关于光电效应对入射辐射频率的依赖性还一无所知。直到 1916 年,密立根的细致实验才精确证实了爱因斯坦的预言。

(3) 气体的光电离。第三个实验证据是,如果发生光电离,每个光子的能量必须大于气体的电离势。爱因斯坦表明,使空气电离的最小能量子大约等于斯塔克(Stark)独立确定的电离电势。就这样,量子假说再次与实验相符。

这就是爱因斯坦 1921 年获得诺贝尔奖的工作。

3.4　固体的量子理论

1905 年,爱因斯坦并不完全清楚普朗克实际上和他在描述同一现象。然而,他在 1906 年证明了这两种方法实际上是相同的(Einstein,1906b)。然后,在同一年的后期,他通过不同的论证得到了相同的结论,然后将量子化的思想推广到固体(Einstein,1906c)。

在这些论文的第一篇,爱因斯坦断言,他和普朗克实际上是在描述相同的量子化现象。

> “那时[1905 年],在我看来,普朗克的辐射理论似乎在某些方面与我的工作形成了鲜明的对比。然而,在本文的第一部分重新进行考虑后,我明白普朗克辐射理论所依赖的基础与麦克斯韦理论和电子论方面的基础不同,并且其区别恰恰在于普朗克的理论隐含地利用了刚刚提到的光量子的假说。”(Einstein,1906b)

这些论证在 1906 年的第二篇论文中得到了进一步发展。爱因斯坦展示了,如果普朗克遵循玻尔兹曼的方法,即使不取 $\varepsilon \to 0$ 的极限,也将得到一个能量为 $E =$

$r\varepsilon$ 的态被占据的玻尔兹曼概率表达式：

$$p(E) \propto \mathrm{e}^{-E/(kT)}$$

假设振子的能量以 ε 为单位量子化。这样，如果基态中有 N_0 个振子，则在 $r=1$ 的态中的数目为 $N_0\mathrm{e}^{-\varepsilon/(kT)}$，在 $r=2$ 的态中的数目为 $N_0\mathrm{e}^{-2\varepsilon/(kT)}$，依此类推。因此，振子的平均能量为

$$\begin{aligned}\overline{E} &= \frac{N_0\times 0+\varepsilon N_0\mathrm{e}^{-\varepsilon/(kT)}+2\varepsilon N_0\mathrm{e}^{-2\varepsilon/(kT)}+\cdots}{N_0+N_0\mathrm{e}^{-\varepsilon/(kT)}+N_0\mathrm{e}^{-2\varepsilon/(kT)}+\cdots}\\ &= \frac{N_0\varepsilon\mathrm{e}^{-\varepsilon/(kT)}[1+2(N_0\mathrm{e}^{-\varepsilon/(kT)})+3(N_0\mathrm{e}^{-\varepsilon/(kT)})^2+\cdots]}{N_0[1+\mathrm{e}^{-\varepsilon/(kT)}+(\mathrm{e}^{-\varepsilon/(kT)})^2+\cdots]}\end{aligned} \tag{3.15}$$

我们回顾一下下面的级数：

$$\frac{1}{1-x}=1+x+x^2+x^3+\cdots,\quad \frac{1}{(1-x)^2}=1+2x^2+3x^3+\cdots \tag{3.16}$$

因此振子的平均能量为

$$\overline{E}=\frac{\varepsilon\mathrm{e}^{-\varepsilon/(kT)}}{1-\mathrm{e}^{-\varepsilon/(kT)}}=\frac{\varepsilon}{\mathrm{e}^{\varepsilon/(kT)}-1} \tag{3.17}$$

所以使用适当的玻尔兹曼方法，只要能量单位 ε 不等于零，就可以重现振子平均能量的普朗克关系。爱因斯坦的方法清楚地表明了偏离经典结果的根源。在经典极限 $\varepsilon\to 0$ 下，平均能量 $\overline{E}=kT$ 可以从式(3.17)中恢复出来。注意，在允许 $\varepsilon\to 0$ 时，是对振子可取能量的一个连续区求平均。在此极限下，等体积相空间在平均过程中被赋予相等的权重，这就是经典能量均分定理的起源。爱因斯坦证明了普朗克公式要求此假定是错误的。与此相对应的是，只有能量为 $0,\varepsilon,2\varepsilon,3\varepsilon,\cdots$ 的那些相空间体积才应该具有非零的权重，并且这些权重都应该相等。

然后爱因斯坦将这个结果直接与他先前关于光量子的论文联系起来：

> "我们必须假设，对于能以一定频率振动并可能在辐射与物质之间进行能量交换的离子，可能状态的种类必定要少于我们直接经验中的物体的。实际上，我们必须假设能量传递的机制是这样的，即能量只能假设为 $0,\varepsilon,2\varepsilon,3\varepsilon,\cdots$ 这些值。"(Einstein，1906c)

但这仅仅是论文的开始。接下来还有更多，爱因斯坦做得很漂亮。

> "我现在相信，我们不应该满足于此结果。我们必须解决以下问题。如果在辐射与物质之间进行能量交换的理论中使用的基本振子不能用目前热的运动分子理论来解释，那么我们是否也必须修改在热的分子理论中使用的其他振子的理论？在我看来，答案是毫无疑问的。如果普朗克的辐射理论触及了问题的核心，那么我们也可预见在当前的运动分子理论与热理论其他领域的实验之间找到矛盾，这些矛盾可以通过刚刚追溯的路线来解决。我认为，实际情况就是如此，正如我后面试图说明的那样。"(Einstein，1906c)

爱因斯坦讨论的问题涉及固体的热容。根据杜隆-珀蒂(Dulong-Petit)定律，

固体的每摩尔热容为 $3R$。该结果可以简单地从能量均分定理得出。固体模型由每摩尔 N_A 个原子构成，假定它们都能在 x,y,z 三个方向独立振动。根据能量均分定理，每摩尔固体的内能应为 $3N_A kT$，因为每个独立振动模都具有能量 kT。每摩尔热容可直接通过微分获得：$C=\partial U/\partial T=3N_A k=3R$。

众所周知，某些材料不符合杜隆-珀蒂定律，因为它们的热容明显比 $3R$ 小得多，对于碳、硼和硅等轻元素而言尤其如此。另外，到 1900 年，已知某些元素的热容随着温度的升高而迅速变化，只有在高温下才能达到 $3R$ 的数值。

如果采用爱因斯坦的量子假说，这个问题就很容易解决。对于振子，平均能量为 kT 的经典公式应该用量子公式代替：

$$\overline{E} = \frac{h\nu}{e^{h\nu/(kT)}-1}$$

现在，原子是个复杂的系统，但是为了简单起见，我们假设，对于一种特定的材料，它们都以相同的频率(爱因斯坦频率 ν_E)振动，并且这些振动是独立的。由于每个原子具有三种独立的振动模，因此内能为

$$U = 3N_A \frac{h\nu_E}{e^{h\nu_E/(kT)}-1} \tag{3.18}$$

且热容是

$$\begin{aligned}\frac{dU}{dT} &= 3N_A h\nu_E (e^{h\nu_E/(kT)}-1)^{-2} e^{h\nu_E/(kT)} \frac{h\nu_E}{kT^2} \\ &= 3R\left(\frac{h\nu_E}{kT}\right)^2 \frac{e^{h\nu_E/(kT)}}{(e^{h\nu_E/(kT)}-1)^2}\end{aligned} \tag{3.19}$$

爱因斯坦将实验测得的金刚石的热容变化与其公式进行了比较，结果如图 3.2 所示。尽管低温下的实验数据略高于预测值，但低温下的热容明显下降。

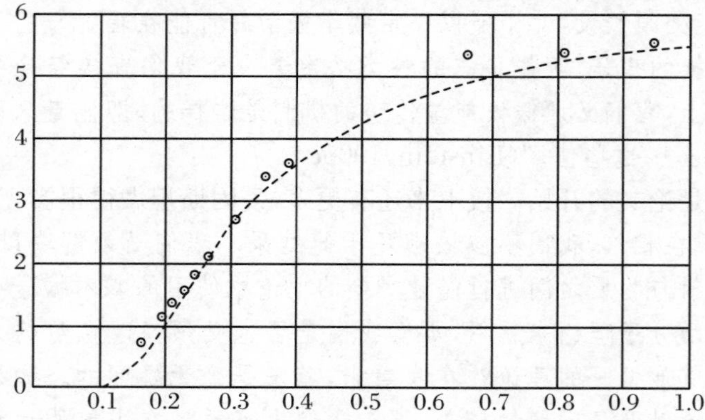

图 3.2 金刚石的热容随温度的变化与爱因斯坦量子理论的预测相比较。横坐标为 T/θ_E，其中 $k\theta_E=h\nu_E$；纵坐标为摩尔热容，单位为 cal/mol。该图出现在爱因斯坦 1906 年的论文中，并使用了海因里希·韦伯(Heinrich Weber)的结果，这些结果列在兰多尔特(Landolt)和伯恩斯坦(Börnstein)的表中(Einstein，1906c)

我们现在可以理解为什么轻元素的热容比重元素的热容小。可推测，较轻的元素具有比较重的元素更高的振动频率，因此，在给定温度下，ν_E/T 更大，热容更小。为了解释图 3.2 所示的实验数据，频率 ν_E 必须位于红外波段。结果所有较高频率的振动对热容的贡献微乎其微。如预期的那样，在对应于频率 $\nu \approx \nu_E$ 的红外波长处有很强的吸收。爱因斯坦将他对 ν_E 的估计值与在多种材料中观察到的强吸收特性进行了比较，发现了惊人的一致性，尽管模型很简单。

该理论最重要的预测是所有固体的热容应在低温时递减至零，如图 3.2 所示。这对进一步接受爱因斯坦的思想至关重要。差不多在这个时期，瓦尔特·能斯特(Walther Nernst)开始用一系列实验来测量低温下固体的热容。能斯特的动机是检验他的热定理，即热力学第三定律，这是他为了理解化学平衡的本质而从理论上发展的定理。热定理使化学平衡的计算非常精确，并引发了所有材料的低温热容应该趋于零这样的预言。正如弗朗克·布拉特(Frank Blatt)所说：

> "……爱因斯坦在苏黎世大学担任副教授[1909 年]后不久，能斯特拜访了这位年轻的理论家，以便讨论共同关心的问题。化学家乔治·海维西(George Hevesy)……回忆道，能斯特的这次访问提高了爱因斯坦在他的同事中的声誉。他默默无闻来到苏黎世。然后，能斯特来了，苏黎世的人们说：'如果伟大的能斯特从那么远的柏林到来苏黎世，和他交流，那么爱因斯坦一定是一个聪明的家伙。'"(Blatt，1992)

3.5　德拜的比热理论

1907 年后，爱因斯坦对固体的热容兴趣不大，但他的量子化思想被皮埃特·德拜(Pieter Debye)在 1912 年的一篇重要论文中大大推进了(Debye，1912)。爱因斯坦很清楚，即固体中的原子独立振动的假设是一个粗略的近似。德拜采用了相反的方法，回归连续图像，几乎与瑞利在处理黑体辐射的光谱时发展的方法相同(2.3.4 小节)。德拜意识到，固体的集体振动模可以用简正模的完备集来表示，该简正模可从盒子里的驻波得到，正如瑞利所描述的那样。根据爱因斯坦的解决方法，固体的每个独立的振动模作为一个整体应赋予能量

$$\overline{E} = \frac{\hbar\omega}{\exp(\hbar\omega/(kT)) - 1} \tag{3.20}$$

其中 ω 是模的振动角频率。模数 $\mathcal{N}$ 已由瑞利根据 2.3.4 小节中描述的过程计算过了，为

$$\mathrm{d}\mathcal{N} = \frac{L^3\omega^2}{2\pi^2 c_s^3}\mathrm{d}\omega \tag{3.21}$$

此处 c_s 是波在材料中的传播速度。就像电磁辐射的情形一样,我们需要确定此波模的独立偏振态的数量。在这里,有两个横模,一个纵模,相应于材料可被波压缩的三个独立方向,因此总共有 $3\mathrm{d}\mathcal{N}$ 个模,每个模都获得式(3.20)的能量。德拜假设这些模具有相同的传播速度,并且与模的频率无关。因此,材料的总内能为

$$U = \int_0^{\omega_{\max}} \frac{\hbar\omega}{\exp(\hbar\omega/(kT)) - 1} 3\mathrm{d}\mathcal{N}$$

$$= \frac{3}{2\pi^2}\left(\frac{kTL}{\hbar c_s}\right)^3 \int_0^{x_{\max}} \frac{x^3}{e^x - 1}\mathrm{d}x \tag{3.22}$$

这里 $x = \hbar\omega/(kT)$。

现在的问题是确定 $x_{\max}$的值。德拜提出一个想法,即必须对可以存储能量的模总数加以限制。他认为,在高温极限下,总能量不应超过经典的均分定理给出的值,即 $3NkT$。因在此极限下每个振动模的能量为 kT,故可以存储能量的最大模数是 $3N$ 个。因此,忆及有 $3\mathcal{N}$ 个模,对式(3.21)进行积分就得到德拜条件:

$$3N = 3\int_0^{\omega_{\max}} \mathrm{d}\mathcal{N} = 3\int_0^{\omega_{\max}} \frac{L^3\omega^2}{2\pi^2 c_s^3}\mathrm{d}\omega$$

$$\omega_{\max}^3 = \frac{6\pi^2 N}{L^3} c_s^3 \tag{3.23}$$

通常写成 $x_{\max} = \hbar\omega_{\max}/(kT) = \theta_D/T$,其中 θ_D 称为德拜温度。因此,对于 1 mol 材料,总内能的表达式(3.22)可以重写为

$$U = 9RT\left(\frac{T}{\theta_D}\right)^3 \int_0^{\theta_D/T} \frac{x^3}{e^x - 1}\mathrm{d}x \tag{3.24}$$

这就是德拜对每摩尔固体的内能所得出的著名表达式。

要找到热容,最简单的方法是考虑与单个频率 ω 相关的无穷小增量 $\mathrm{d}U$,然后像以前一样对 x 进行积分:

$$C = \frac{\mathrm{d}U}{\mathrm{d}T} = 9R\left(\frac{T}{\theta_D}\right)^3 \int_0^{\theta_D/T} \frac{x^4}{(e^x - 1)^2}\mathrm{d}x \tag{3.25}$$

该积分不能以封闭的形式写出,但与爱因斯坦的表达式(3.19)相比,它能更好地拟合固体的热容数据,对于低温下的数据尤其如此。如果 $T \ll \theta_D$,则可以将式(3.25)中积分式的上限设为无穷大,然后得到积分的值为 $4\pi^4/15$。因此,在低温 $T \ll \theta_D$ 处,热容对温度的依赖关系是

$$C = \frac{\mathrm{d}U}{\mathrm{d}T} = \frac{12\pi^4}{5} R\left(\frac{T}{\theta_D}\right)^3 \tag{3.26}$$

在低温下热容不是呈指数衰减,而是按 T^3 那样变化。

利用波在固体中的传播,对 $\omega_{\max}$有一个简单的解释。由式(3.23),对 1 mol 固体,最大频率为

$$\nu_{\max} = \left(\frac{3}{4\pi}\right)^{1/3} \left(\frac{N_A}{L^3}\right)^{1/3} c_s \tag{3.27}$$

这里 N_A 是阿伏伽德罗常数。但是 $L/N_A^{1/3}$ 正是典型的原子间距 a。因此,式

(3.27)表明 $\nu_{max} \approx c_s/a$,即波的最小波长为 $\lambda_{min} = c_s/\nu_{max} \approx a$。这在物理上非常合理。在小于原子间距 a 的尺度上,材料中的原子集体振动的概念不再有任何意义。

3.6 粒子和波的涨落——爱因斯坦

爱因斯坦关于光量子的令人震惊的新想法并未被整个科学界立即接受。当时物理学界中的大多数重要人物都拒绝认为光可以由离散的量子组成。在1907年给爱因斯坦的一封信中,普朗克写道:

> “我不是在真空中而是在吸收点和发射点寻找基本作用量子(光量子)的意义,并假设真空中的过程可用麦克斯韦方程组精确描述。至少,我还没有找到一个令人信服的理由放弃这个假定,目前看来这是最简单的。”(Planck,1907)

直到1913年,普朗克一直抗拒光量子假说。1909年,洛伦兹(公认的欧洲领头的理论物理学家,爱因斯坦最推崇的人)写道:

> “虽然我不再怀疑只有通过普朗克能量单位的假设才能得到正确的辐射公式,但我认为,这些能量单位极不可能被视为在传播过程中保持其特性的光量子。”(Lorentz,1909)

爱因斯坦从未动摇过他的量子存在的信念,并继续寻找其他方式,其中黑体辐射的实验特征不可避免地导致光是由量子组成的结论。在1909年发表的令人印象深刻的一篇论文中,他展示了黑体辐射谱强度的涨落如何为光的量子本质提供了进一步的证据(Einstein,1909)。请注意涨落和随机过程的主题如何在爱因斯坦的物理理解中不断出现。我已经在TCP2的15.2.1小节和15.2.2小节详细讨论了粒子数密度和波的涨落理论。在此,对这些计算的结果进行总结。

3.6.1 盒子中的粒子

一个盒子被划分为 N 个相同的格子,大量粒子(n 个)随机分布在这些格子中。如果 n 非常大,则每个格子的平均粒子数大致相同,但是由于统计涨落,平均值附近会有真正的离差。假设 p 是单个格子被占据的概率,q 是未被占据的概率,则 $p+q=1$。可以使用排列理论精确计算出概率分布,然后转换为连续分布。结果是正态分布或高斯分布 $p(x)\mathrm{d}x$,可以写成

$$p(x)\mathrm{d}x = \frac{1}{(2\pi\sigma^2)^{1/2}}\exp\left(-\frac{x^2}{2\sigma^2}\right)\mathrm{d}x \tag{3.28}$$

其中 $\sigma^2 = npq$ 是方差,x 是相对于平均值 np 测量的。如果将盒子划分为 N 个格

子,则在一次实验中一个粒子在单个格子中的概率为 $p=1/N$, $q=1-1/N$。总粒子数为 n。因此,每个格子的平均粒子数为 n/N,此平均值的方差,即平均值的方均统计涨落为

$$\sigma^2 = \frac{n}{N}\left(1-\frac{1}{N}\right) \tag{3.29}$$

如果 N 大,则 $\sigma^2=n/N$,正是每个格子中的平均粒子数,即 $\sigma=(n/N)^{1/2}$。这是众所周知的结果,对于较大的 N 值,平均值等于方差。这就是那个有用规则的起源,即平均值附近的相对涨落为 $1/M^{1/2}$,其中 M 是计数的离散对象的数量。

3.6.2 随机叠加波的涨落

波的随机叠加在重要方面有所不同。假设在空间的某个点处的电场 $\boldsymbol{E}$ 是来自 N 个源的电场的随机叠加,其中 N 非常大。为简单起见,我们仅考虑在 z 方向上的传播,并且仅考虑波的两个线性偏振中的一个,即 E_x 或 E_y。我们还假设所有波的频率 ν 和振幅 ξ 相同,唯一的区别是它们的随机相位。那么,量 $E_x^*E_x=|\boldsymbol{E}|^2$ 与 E_x 分量在 z 方向上的坡印亭矢量流密度成比例,因此与辐射的能量密度成比例,其中 E_x^* 是 E_x 的复共轭。由于波的相位是随机的,

$$\langle E_x^*E_x\rangle = N\xi^2 \propto u_x \tag{3.30}$$

这是一个熟知的结果。对于非相干辐射,即对于具有随机相位的波,总能量密度等于所有波中的能量之和。

对于波的平均能量密度的涨落,可以执行类似的计算。我们计算出相对于平均值(3.30)的量 $\langle(E_x^*E_x)^2\rangle$。忆及 $\langle\Delta n^2\rangle=\langle n^2\rangle-\langle\overline{n}\rangle^2$,有

$$\Delta u_x^2 \propto \langle(E_x^*E_x)^2\rangle - \langle E_x^*E_x\rangle^2 \tag{3.31}$$

如 TCP2 的 15.2.2 小节所示,

$$\Delta u_x^2 = u_x^2 \tag{3.32}$$

也就是说,能量密度的涨落与辐射场本身的能量密度一样大。尽管由探测器测量的辐射是大量有随机相位的波的叠加,但场的涨落与总强度的大小一样。此计算的物理含义很清楚。频率为 ν 的每一对波相干产生辐射强度的涨落 $\Delta u\approx u$。注意,这一分析针对有随机相位 φ 和特定角频率 ω 的波,即我们处理的是对应于单模的波。

3.6.3 黑体辐射中的涨落

爱因斯坦在 1909 年发表的论文中,以颠倒玻尔兹曼关于熵和概率之间的关系开头:

$$W = \mathrm{e}^{S/k} \tag{3.33}$$

考虑在频率区间 $\nu\sim\nu+\mathrm{d}\nu$ 中的辐射。和以前一样,我们记 $\varepsilon=Vu(\nu)\mathrm{d}\nu$。现在将体积分划为大量格子,并假设第 i 个格子的涨落为 $\Delta\varepsilon_i$。那么这个格子里的熵是

$$S_i = S_i(0) + \frac{\partial S}{\partial U}\Delta\varepsilon_i + \frac{1}{2}\frac{\partial^2 S}{\partial U^2}(\Delta\varepsilon_i)^2 + \cdots \tag{3.34}$$

但是,对所有格子求平均值,我们知道没有净涨落,即 $\sum_i \Delta\varepsilon_i = 0$,因此

$$S = \sum S_i = S(0) + \frac{1}{2}\frac{\partial^2 S}{\partial U^2}\sum(\Delta\varepsilon_i)^2 \tag{3.35}$$

因此,利用式(3.33),涨落的概率分布为

$$W \propto \exp\left[\frac{1}{2}\frac{\partial^2 S}{\partial U^2}\frac{\sum(\Delta\varepsilon_i)^2}{k}\right] \tag{3.36}$$

这是一组正态分布的和,对于任何单个格子,都可以将其写为

$$W_i \propto \exp\left[-\frac{1}{2}\frac{(\Delta\varepsilon_i)^2}{\sigma^2}\right] \quad \left(\sigma^2 = -\frac{k}{\partial^2 S/\partial U^2}\right) \tag{3.37}$$

请注意,我们已经获得了熵关于能量的二阶导数的物理解释,这在普朗克的原始分析中起了重要作用(见公式(2.28))。

现在我们求黑体辐射谱的 σ^2:

$$u(\nu) = \frac{8\pi h\nu^3}{c^3}\frac{1}{e^{h\nu/(kT)} - 1} \tag{3.38}$$

反解式(3.38),得

$$\frac{1}{T} = \frac{k}{h\nu}\ln\left(\frac{8\pi h\nu^3}{c^3 u} + 1\right) \tag{3.39}$$

我们现在用频率区间 ν 到 $\nu + d\nu$ 的腔内总能量来表示这个结果。如前所述,$dS/dU = 1/T$,我们可以用 ε 代替 U。因此

$$\frac{\partial S}{\partial\varepsilon} = \frac{k}{h\nu}\ln\left(\frac{8\pi h\nu^3}{c^3 u} + 1\right) = \frac{k}{h\nu}\ln\left(\frac{8\pi h\nu^3 V d\nu}{c^3\varepsilon} + 1\right)$$

$$\frac{\partial^2 S}{\partial\varepsilon^2} = -\frac{k}{h\nu}\frac{1}{\dfrac{8\pi h\nu^3 V d\nu}{c^3\varepsilon} + 1} \times \frac{8\pi h\nu^3 V d\nu}{c^3\varepsilon^2}$$

$$\frac{k}{\partial^2 S/\partial\varepsilon^2} = -\left(h\nu\varepsilon + \frac{c^3}{8\pi\nu^2 V d\nu}\varepsilon^2\right) = -\sigma^2 \tag{3.40}$$

根据相对涨落,

$$\frac{\sigma^2}{\varepsilon^2} = \frac{h\nu}{\varepsilon} + \frac{c^3}{8\pi\nu^2 V d\nu} \tag{3.41}$$

爱因斯坦指出,右边的两项具有相当具体的意义。第一项源自谱的维恩部分,如果我们假设辐射由每个能量为 $h\nu$ 的光子组成,它相当于这样的说法:强度的相对涨落仅为 $1/N^{1/2}$,其中 N 为光子数,即

$$\Delta N/N = 1/N^{1/2} \tag{3.42}$$

根据 3.6.1 小节的考虑,如果光是由离散的粒子组成的话,这就是预期的结果。

现在我们更加仔细地研究第二项。它起源于谱的瑞利-金斯部分。我们问:"在 ν 到 $\nu + d\nu$ 的频率范围内,盒子里有多少个独立的模?"我们已经在2.3.4小节

中证明了共有 $8\pi\nu^2 V\mathrm{d}\nu/c^3$ 个模(参见式(2.24)及以下)。在 3.6.2 小节中我们也已经证明了与每个波模相关的涨落大小 $\Delta\varepsilon^2=\varepsilon^2$。当我们随机地将频率 $\nu\sim\nu+\mathrm{d}\nu$ 之间所有独立的模加在一起时,我们将其方差相加,因此

$$\frac{\langle\delta E^2\rangle}{E^2}=\frac{1}{N_{模}}=\frac{c^3}{8\pi\nu^2 V\mathrm{d}\nu}$$

与式(3.41)右侧的第二项完全相同。

因此,涨落谱的两个部分分别对应于粒子和波的统计,前者对应于谱的维恩部分,而后者对应于瑞利-金斯部分。该涨落公式的惊人之处在于:当我们将独立起因的方差相加在一起时,方程

$$\frac{\sigma^2}{\varepsilon^2}=\frac{h\nu}{\varepsilon}+\frac{c^3}{8\pi\nu^2 V\mathrm{d}\nu} \tag{3.43}$$

表明,我们应该把辐射场的"波"和"粒子"涨落的方差独立地加起来以求得总的涨落大小。一旦量子理论在 20 世纪 20 年代后期形成其明确的形式,这个非凡的表达式将在解释量子力学的努力中产生长久的共鸣。

3.7 第一届索尔维会议

被量子的重要性说服的那些人中有瓦尔特·能斯特,当时他正在测量各种材料的低温热容。如 3.4 节所述,能斯特于 1910 年 3 月到苏黎世访问了爱因斯坦,他们将爱因斯坦的理论与能斯特最近的实验进行了比较。这些实验表明,爱因斯坦对比热在低温时随温度变化的预测式(3.19)很好地说明了实验的结果。正如爱因斯坦在访问后写给他的朋友雅可布·劳布(Jakob Laub)的信中所说:

> "我认为量子理论是确定的。我对比热的预测似乎得到了惊人的证实。刚来过这里的能斯特和鲁本斯正忙于进行实验测试,人们很快就会得到关于此事的消息。"(Einstein,1910)

到了 1911 年,能斯特不仅相信爱因斯坦的研究结果的重要性,而且也深信其内在的理论。与爱因斯坦会面的结果是激动人心的。随着能斯特对固体量子理论的推广,有关量子的文章数量开始迅速增加。

能斯特是富有的比利时工业家欧内斯特·索尔维(Ernest Solvay)的朋友,他说服索尔维赞助了一个会议,精选一些物理学家来讨论量子和辐射问题。这个想法最初是在 1910 年提出的,但普朗克竭力主张将会议推迟一年。如他所写:

> "根据我的经验,你拟设的与会者中,坚信迫切需要进行变革而具有足够切身信念想参加会议的几乎不到一半……您列出的全部名单中,我相信,除了我们自己,(只有)爱因斯坦、洛伦兹、维恩和拉莫尔对该议题有

浓厚的兴趣。”(Planck,1910)

到了第二年,情况变得很不同。德拜、哈斯(Haas)、哈泽内尔(Hasenöhrl)、希德洛夫(Schidlof)、外斯(Weiss)和威尔逊(Wilson)都发表了有关量子假说的论文。

1911年10月29日,18位正式与会人员在布鲁塞尔大都会酒店会面,会议于当月30日至11月3日举行(图3.3)。此时,大多数参会者都对量子假说很重视。他们中的2个反对量子:金斯和庞加莱(Poincaré)。最初有5个是中立的:卢瑟福、布里渊(Brillouin)、玛丽·居里、佩兰和克努森(Knudsen)。其余11个基本上是赞成量子者,分别是洛伦兹(主席)、能斯特、普朗克、鲁本斯、索末菲、维恩、瓦尔堡(Warburg)、朗之万(Langevin)、爱因斯坦、哈泽内尔和昂内斯(Onnes)。秘书是戈尔德施米特(Goldschmidt)、德布罗意和林德曼(Lindemann)。赞助会议的索尔维以及他的合作者赫尔岑(Herzen)和霍斯特莱(Hostelet)都在场。采取中立立场的物理学家之所以这样做,是因为他们不熟悉这些论点。

图3.3　1911年布鲁塞尔第一次索尔维物理学会议的与会者(Langevin和de Broglie,1912)。在桌子边从左到右依次是能斯特、布里渊、索尔维、洛伦兹、瓦尔堡、佩兰、维恩、玛丽·居里、庞加莱。站立者从左到右依次为戈尔德施米特、普朗克、鲁本斯、索末菲、林德曼、德布罗意、克努森、哈泽内尔、霍斯特莱、赫尔岑、金斯、卢瑟福、昂内斯、爱因斯坦、朗之万

该会议产生了深远的影响,它提供了一个论坛,所有的论点都能在这里提出。此外,所有参与者都事先写好演讲稿供发表,然后对这些演讲进行详细讨论。这些讨论得以记录,会议的全部纪要在一年内发表在一个重要的合订本中:《1911年10月30日至11月3日在布鲁塞尔举行的会议的报告和讨论》(Langevin和de

Broglie,1912)。这样,所有重要的议题都这本书里一并提供给了科学界。结果,下一代学生就完全熟悉了这些论点,其中许多人立即着手解决量子的问题。此外,这些问题开始被中欧德语科学界以外的人广泛认识。

一个特别重要的转变是庞加莱,他立即处理了一个至关重要的问题,那就是是否有必要引入所谓的"不连续性"来理解黑体辐射谱。在对该问题的详细分析中,他得出的结论是,如果 $w(\varepsilon)$是普朗克振子的概率密度,则仅当该函数是能量 ε 的不连续函数时,才能解释维恩区域中的测量谱(Poincaré,1912)。除 $\varepsilon = 0, h\nu, 2h\nu, 3h\nu, \cdots$外,所有 ε 值都必须为零。庞加莱的论文如此具有说服力,以至于金斯都承认,他必须完全接受量子假说。

然而,认为每个人都突然相信量子的存在,那就错了。密立根在 1916 年发表的关于他的著名的一系列实验的论文中,验证了光电效应对频率的依赖性(图 3.4),他说:

> "然而,我们面对的是一个惊人的情况,即这些事实在 9 年前被一种现在已被普遍放弃的量子理论的形式正确而准确地预测了。"(Millikan,1916)

密立根指的是爱因斯坦"大胆的,虽说不上是鲁莽的,关于能量为 $h\nu$ 的电磁光粒子的假说,这与彻底确立的干涉事实完全违反"(Millikan,1916)。

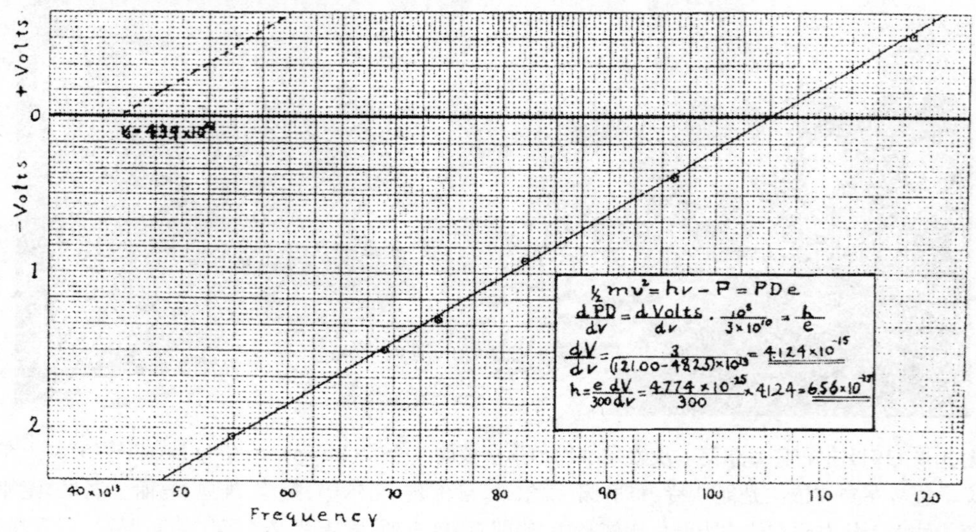

图 3.4　密立根关于光电效应的结果与爱因斯坦量子理论预测的比较(Millikan,1916)

3.8　序幕的尾声

1911 年索尔维会议是结束量子力学历史导论的一个好时机。量子的至关重要的作用和普朗克常量 h 的根本意义不容忽视。同时，虽然经典物理学出了大问题，但要取代它还有很长的路要走。普朗克和爱因斯坦的出色分析表明，振子和辐射是量子化的，但这一切是如何结合在一起的呢?

下一阶段是从 1911 年到 1924 年，我称之为旧量子论时代。在此期间，许多大作开始水到渠成并最终被纳入完备的量子力学理论，但是旧理论注定要失败。尽管如此，这些努力还是揭示了量子进程的许多基本特征，而这些特征直到 1925 年至 1930 年那段激动人心的岁月里才在量子力学的背景下得以澄清。

第 2 部分　旧 量 子 论

第 4 章　氢原子的玻尔模型

随着 1911 年索尔维会议的成功召开以及会议记录的迅速传播，物理研究的重点转向对原子和分子光谱的理解。随着精密光谱技术的出现，原子和分子令人困惑的光谱特征变得明显起来。1.6 节的任务是说明规律性是如何在谱线的图案中发现的，这些研究的高潮是发现了巴耳末能级公式，以及解释钠、钾、镁、钙和锌光谱中主线系、漫线系和锐线系的各种公式。正如普朗克在 1902 年所说：

> “如果说有关白光性质的问题已经得到解决，那么与之密切相关但同样重要的问题——关于谱线的光的本质问题——似乎属于最困难和最复杂的问题之一，这一点在光学或电动力学中都曾被提出过。”（Planck，1902）

4.1　塞曼效应：洛伦兹和拉莫尔的解释

1862 年，法拉第试图在强磁场中测量谱线的波长变化，但未能得到任何有价值的结果（Jones，1870）。受到法拉第的这个负面结果启发，皮埃特 · 塞曼（Pieter Zeeman）重复了该实验，发现当钠火焰被置于一个强电磁体的两极之间时，钠的 D 线会变宽（Zeeman，1896a）。塞曼使用了一种高品质的罗兰（Rowland）光栅（其半径为 10 英尺（1 英尺 = 12 英寸 = 30.48 cm），每英寸 14938 条线），但磁铁产生的 10 kG 不足以分辨展宽的线条（图 4.1）。到 1896 年 10 月底，塞曼确信谱线的展宽是一种真正的物理效应，这种展宽与外加的磁感应强度成正比，他的论文于 1896 年 10 月 31 日（星期六）提交给荷兰科学院的科学部。在同一个周末，洛伦兹用原子中的“离子”在磁场中的运动导致谱线分裂来解释这个结果。

1892 年，洛伦兹导出电磁场中电荷受力（即洛伦兹力）的正确表达式：

$$\boldsymbol{F} = e(\boldsymbol{E} + \boldsymbol{v} \times \boldsymbol{B}) \tag{4.1}$$

其中 $\boldsymbol{E}$ 是电场强度，$\boldsymbol{B}$ 是磁感应强度（Lorentz，1892b）。洛伦兹进行了以下计

算。[①]假设发射谱线是由材料原子内的振子引起的，振子的质量为 m，弹性系数为 k。在 z 方向上存在匀强磁场的情况下，可以写出在洛伦兹力作用下振子的运动方程：

$$m\frac{\mathrm{d}^2x}{\mathrm{d}t^2} = -kx + eB\frac{\mathrm{d}y}{\mathrm{d}t} \tag{4.2}$$

$$m\frac{\mathrm{d}^2y}{\mathrm{d}t^2} = -ky - eB\frac{\mathrm{d}x}{\mathrm{d}t} \tag{4.3}$$

$$m\frac{\mathrm{d}^2z}{\mathrm{d}t^2} = -kz \tag{4.4}$$

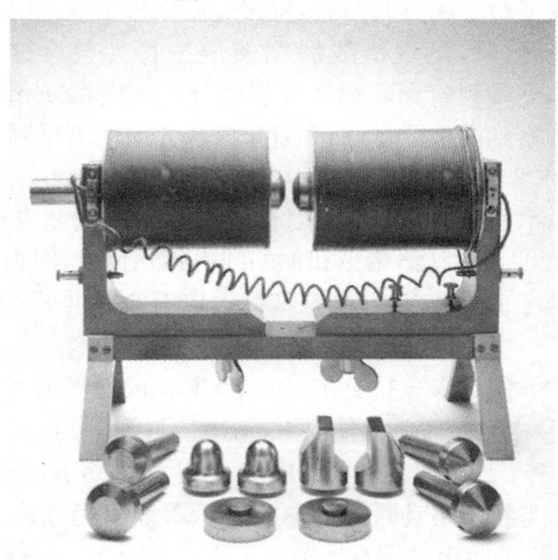

图4.1　塞曼在1896年使用的原始电磁体陈列在莱顿的布尔哈夫博物馆里。2002年，即在塞曼和洛伦兹获得诺贝尔奖一百周年之际，该实验被重现

式(4.4)的解是 $z = a\cos(\omega_0 t + p)$，其中 a 和 p 是常数，ω_0 是振子的角频率，$\omega_0 = 2\pi\nu_0 = \sqrt{k/m}$。洛伦兹发现在 x 和 y 方向运动的两个解：

$$\begin{cases} x = a_1\cos(\omega_1 t + p_1) \\ y = -a_1\sin(\omega_1 t + p_1) \end{cases} \tag{4.5}$$

和

$$\begin{cases} x = a_2\cos(\omega_2 t + p_2) \\ y = a_2\sin(\omega_2 t + p_2) \end{cases} \tag{4.6}$$

其中

$$\omega_1^2 - \frac{eB}{m}\omega_1 = \omega_0^2 \quad 和 \quad \omega_2^2 + \frac{eB}{m}\omega_2 = \omega_0^2 \tag{4.7}$$

角频率 ω_1 和 ω_2 仅稍微偏离 ω_0,因此,对于与 ω_0 的微小偏差 $\Delta\omega_0$,我们得到

$$\Delta\omega_0 = \pm \frac{eB}{2m} \quad 或 \quad \Delta\nu_0 = \pm \frac{eB}{4\pi m} \tag{4.8}$$

洛伦兹的分析对谱线展宽的偏振做了明确的预测。首先,对式(4.5)和式(4.6)的分析表明,这些运动对应于关于磁场方向具有相反意义的圆周运动。因此,当沿着磁场方向观察时,“离子”的辐射应在非微扰频率 ν_0 的任一侧是具有相反意义的圆偏振的。沿着这个方向,在 ν_0 处应该没有发射,因为加速度是沿着视线的。[②] 另一方面,沿着垂直于磁场的方向观察,应该可以观察到所有三个分量。它们都是线偏振的,中心频率分量平行于场方向偏振,位移分量垂直于场方向。塞曼在接下来的两个月里继续仔细测量,发现谱线展宽的偏振特性符合这些预期(Zeeman,1896b)。几个月后,塞曼观察到蓝镉线分裂成分离的线(Zeeman,1897)。对于沿磁场方向的观察,观察到两个分量,而垂直于磁场方向的测量则观察到三个分量。

此外,根据式(4.8),谱线的分裂取决于 e/m 比值,因此谱线的展宽导致这个比值 e/m 的发现,而“离子”是导致发射谱的原由。洛伦兹发现,相对于氢离子,e/m_e值的下限是1000。这让洛伦兹和他的同事感到惊讶,因为导致电解现象的离子的 e/m 值与氢离子的e/m 值相似。塞曼效应因此提供了一种研究原子内部结构的方法。

大约在同一时间,约瑟夫·拉莫尔(Joseph Larmor)提出了另一种谱线分裂的方法(Larmor,1897)。在最简单的情况下,考虑质量为 m、电荷为 e 的带电粒子在圆轨道上运动。有一个与此运动有关的电流,产生了磁矩 $\boldsymbol{\mu}$,磁矩 $\boldsymbol{\mu}$ 通过经典关系式$\boldsymbol{\mu}=(e/(2m))\boldsymbol{L}$ 与粒子角动量 $\boldsymbol{L}$ 相联系。假设轨道磁偶极子的轴与磁场方向 $\boldsymbol{B}$ 的夹角为θ,则有一个转矩作用在轨道电子上,转矩的大小和方向由矢量关系式 $\boldsymbol{\Gamma}=\boldsymbol{\mu}\times\boldsymbol{B}$ 给出。转矩的作用使角动量矢量绕磁场在方位角 φ 方向上进动,因为

$$\boldsymbol{\Gamma} = \frac{\mathrm{d}\boldsymbol{L}}{\mathrm{d}t} \tag{4.9}$$

从进动的几何学来看,$|\mathrm{d}\boldsymbol{L}|=|\boldsymbol{L}|\sin\theta\mathrm{d}\varphi$,因此进动的角频率为

$$\begin{aligned}\omega_{\mathrm{p}} &= \frac{\mathrm{d}\varphi}{\mathrm{d}t} = \frac{|\mathrm{d}\boldsymbol{L}|}{\mathrm{d}t}\frac{1}{|\boldsymbol{L}|\sin\theta} = \frac{|\boldsymbol{\Gamma}|}{|\boldsymbol{L}|\sin\theta} \\ &= \frac{|\boldsymbol{\mu}||\boldsymbol{B}|\sin\theta}{|\boldsymbol{L}|\sin\theta} = \frac{eB}{2m}\end{aligned} \tag{4.10}$$

这和洛伦兹导出的公式完全相同。因此,有两幅涉及磁场的“离子”图像——分裂要么与磁场对线性振子的影响有关,要么与轨道电荷的进动有关。

这些发现使人们对原子物理学有了深刻的认识,但迈克耳孙(1897)和普雷斯顿(Preston)(1898)的发现使这幅物理图像蒙上了一层阴影:原子的谱线可以分裂成4条、6条或更多条。这些结果与后来被称为正常塞曼效应的洛伦兹图像不一致。更高阶的分裂被称为反常塞曼效应,其解释至少得等到20年后。

4.2　建立原子模型的问题

到1900年，通过塞曼效应的发现和根据汤姆孙、维舍特和考夫曼（见2.2.3小节）的放电管实验所确定的 e/m 值，电子存在的事实确认无疑。然而，正如普朗克在上文中指出的，构建原子模型的问题是艰巨的。海尔布隆（Heilbron）（1977）适宜地列出了模型构建者所面临的6个基本问题：

- 原子电中性所需的正电荷的本质。电中性是由相等数量的带正电的电子提供的还是由其他一些正电荷分布提供的？
- 原子中电子的数量是不确定的。从它们的荷质比来看，原子中可能有数千个电子，鉴于原子光谱中观察到的大量谱线，这也许并非不合理。即使是最轻的元素也有大量的谱线，而在铁的光谱中可以观察到几千条谱线。
- 在经典物理学中，没有什么能为原子提供一个自然的长度标度。普朗克在1900年的划时代的论文中引入常数 h 时，已经有了一个线索，但过了十多年，玻尔才展示了如何将量子化的概念用于确定氢原子的大小。
- 轨道电子的电磁辐射引起的原子塌缩问题是原子理论家的一大绊脚石。我们将在4.3.2小节看到，有一些方法可以最大限度地减少这个问题，但这些方法被证明是不够的。
- 即使这些问题可以克服，仍然存在理解1.6节中讨论的各种谱线公式的来源问题。
- 最后，仍然有一个基本问题，即理解导致观测谱线的振子本质。

在接下来的10年里这些问题将通过实验和理论相结合的方式得到解决，谜团的各个部分也将逐渐清晰起来。其中两个问题是通过汤姆孙和卢瑟福的实验找到明确的解决方案的。

4.3　汤姆孙和卢瑟福

4.3.1　汤姆孙与原子中的电子数

1906年，汤姆孙发表了他对估计原子中电子数量的三种不同方法的分析

(Thomson,1906)。他的原子模型涉及一个带正电荷的中性球,球内有一群电子。第一种方法是计算不同频率的光通过气体时的色散情况。他成功地将该方法应用于氢,发现电子数必须与原子质量数 $A=1$ 大致相等。

第二种方法涉及电子对 X 射线的散射。X 射线被原子中的电子散射,即所谓的汤姆孙散射,汤姆孙利用加速电子辐射的经典表达式提出了该理论(Thomson,1907)。很容易看出,电子对一束入射辐射的散射截面是汤姆孙截面:

$$\sigma_{\mathrm{T}} = \frac{e^4}{6\pi\epsilon_0^2 m_e^2 c^4} = \frac{8\pi r_e^2}{3} = 6.653\times 10^{-29}\ \mathrm{m}^2 \tag{4.11}$$

其中 $r_e = e^2/(4\pi\epsilon_0 m_e c^2)$ 是电子的经典半径。[3] 在他的原子模型中,假设"微粒"的行为类似于自由电子。注意汤姆孙截面与入射辐射的频率无关。正如汤姆孙在他的论文中所说:

> "巴克拉已经证明,对于气体来说,同一种气体的散射辐射中的能量总是与初始辐射中的能量有一个恒定的比率,而不管射线的性质是什么,也就是说,不管光线是硬的还是软的;第二,散射的能量与气体的质量成正比。这些结果中的第一个证实了这个理论,因为散射的能量与原射线中的能量之比……与射线的性质无关;第二个结果表明每立方厘米的微粒数量与气体的质量成正比,由此可以得出原子中微粒的数量与原子的质量,即原子量成正比。"

对于一束穿过空气的 X 射线,巴克拉测量得到 X 射线强度的散射部分为 $2.4\times 10^{-4}\ \mathrm{cm}^{-3}$,因此每个空气分子应该有大约 25 个微粒,大致等于空气分子的原子质量数 A。

第三种方法涉及物质对 β 射线的散射。汤姆孙推导出了所谓的"多重散射理论"的公式,即由快电子和原子中的电子之间的多重静电相互作用造成的能量损失。在电子与原子相互作用的情况下,这个过程也被称为电离损耗。[4] 使用卢瑟福对 β 射线的平均自由程的估值,汤姆孙再次发现了 $n\sim A$ 的结果。他的论文结论很有戏剧性——大部分原子的质量不可能是由带负电荷的电子引起的,而是必须存在于将原子束缚在一起的正电荷中。巴克拉继续进行 X 射线实验。他发现,事实上,除了氢以外,电子的数量大约是原子量的一半:$n\approx A/2$(Barkla,1911a)。

4.3.2 原子的辐射和力学不稳定性

原子模型的构建是 20 世纪早期的一个重要领域,尤其是在英国,海尔布隆(1977)对其进行了精彩的调查。一个关键的问题是:电子和正电荷是如何分布在原子内部的?不管它们是如何分布的,它们都不可能是静止的,因为恩绍尔(Earnshaw)定理指出,任何静止的电荷分布在力学上都是不稳的,因为在静电力的作用下,它们要么塌缩,要么弥散到无穷远。另一种选择是把电子放在轨道上,这通常被称为原子的"土星"模型,正如佩兰(1901)和长冈半太郎(1904a,b)所提倡的那样。长冈半太郎受到麦克斯韦土星环模型的启发，试图将原子谱线与电子围绕其平衡轨道的小振动微扰联系起来。

土星图像的一个主要问题是电子的辐射不稳定性。假设电子有一个半径为 a 的圆形轨道，那么向心力等于电子和电荷量为 Ze 的原子核之间的静电引力：

$$\frac{Ze^2}{4\pi\epsilon_0 a^2} = \frac{m_e v^2}{a} = m_e |\ddot{\boldsymbol{r}}| \tag{4.12}$$

其中 $|\ddot{\boldsymbol{r}}|$ 是向心加速度。电子因辐射而损耗能量的速率由式(2.1)给出。电子的动能为 $E = \frac{1}{2} m_e v^2 = \frac{1}{2} m_e a |\ddot{\boldsymbol{r}}|$。因此，电子因辐射而失去所有动能所需的时间是

$$T = \frac{E}{|\mathrm{d}E/\mathrm{d}t|} = \frac{2\pi a^3}{\sigma_T c} \tag{4.13}$$

假设原子的半径为 $a = 10^{-10}$ m，电子失去全部能量所需的时间约为 3×10^{-10} s。这一定存在根本性的错误。当电子失去能量时，它进入一个半径更小的轨道，能量损耗得更快，然后螺旋式地进入原子核。

原子模型的先驱们很清楚这个问题。幸运的是，光的波长 λ 比原子的大小 a 大得多，所以解决方案是把电子放在轨道上，这样当原子中所有电子的加速度矢量相加时，就不会有净加速度。然而，这要求电子在绕核轨道上有序排列。例如，如果原子中有两个电子，它们可以被放置在同一个圆轨道上原子核的相对两侧，因此，在无穷远处观测不到一阶净偶极矩，故而没有偶极辐射。然而，存在一个有限的电四极矩，因此，相对于电偶辐射的强度，有一个 $(\lambda/a)^2$ 量级的辐射。由于 $\lambda/a \sim 10^{-3}$，辐射问题得到明显缓解。通过在轨道上添加更多的电子，四极矩也可以抵消，因此，通过在每个轨道上添加足够多的电子，辐射问题可以减少到可控的程度。因此，在 1906 年汤姆孙发表论文之前，假设大量电子被如此配置，多极矩可以消掉，就可以克服辐射不稳定性。每一个轨道都必须密布着有序的大量电子系统。这就是汤姆孙的“布丁”模型的基础，在这个模型中，有序的轨道被嵌入一个带正电荷的球体中。1906 年汤姆孙的研究结果表明，原子中的电子数与原子序数的数量级相同，这意味着这个问题不能再被忽视。对于只有一个电子的氢来说，辐射问题尤为严重。

长冈半太郎的土星图像的另一个问题是它的力学不稳定性。长冈半太郎的灵感来自麦克斯韦的土星环模型。在这个模型中，当粒子环受到微扰时，会发生稳定的振荡。他试图把原子的谱线与这些振荡联系起来。在麦克斯韦的例子中，微扰在粒子间吸引力的作用下是稳定的，但是在电子之间排斥静电力的情况下，微扰是不稳定的。这种力学不稳定性是不可避免的，即使辐射不稳定性可以消除。

4.3.3　卢瑟福、α 粒子和原子核的发现

β 射线作为电子的性质很快被物理学家掌握，但是 α 粒子的性质呢？1902 年，

当卢瑟福在加拿大麦吉尔大学读书时,他发现 α 粒子受到电场和磁场的作用而偏转,其 e/m 值大致等于氢离子的荷质比(Rutherford,1903)。1907 年,卢瑟福在曼彻斯特大学担任了兰沃西(Langworthy)物理讲座教授,并在第二年令人信服地证明了 α 粒子是氦原子核(Rutherford 和 Royds, 1909)。将 α 粒子源放入细玻璃管中,该细玻璃管可以插入真空放电管中。当放电管两端保持高压时,在这个细玻璃管"针"被插入之前,没有观察到氦气的迹象。一旦将针插入管中后,α 粒子穿过厚度仅为 0.01 mm 的玻璃管薄壁,并且在放电管中观察到氦的特征线(图 4.2)。这是令人信服的证据,表明 α 粒子是氦原子的原子核。

原子核结构的发现是卢瑟福与他的同事汉斯・盖革(Hans Geiger)和欧内斯特・马斯登(Ernest Marsden)在 1909～1912 年间进行的一系列精彩实验的结果。α 粒子可以很容易地穿过薄膜,卢瑟福对这一事实印象深刻,这表明原子的大部分体积是空的,尽管有明显的证据表明存在小角度散射。卢瑟福说服了还是本科生的马斯登,去研究 α 粒子在射向一个薄金箔靶时是否发生大角度偏转。令卢瑟福吃惊的是,一些粒子的偏转超过 90°,极少数粒子几乎沿入射方向返回。用卢瑟福的话说:

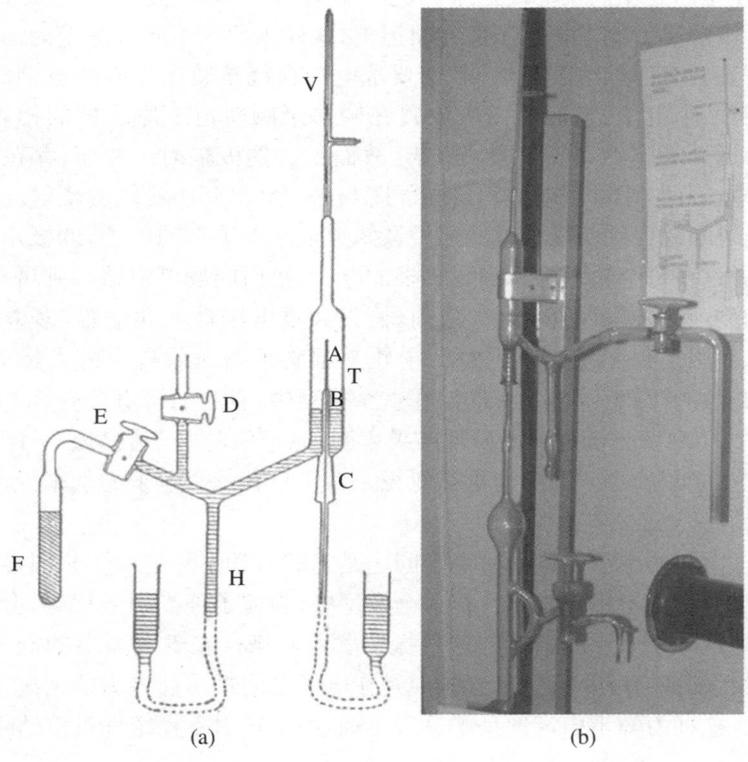

图 4.2 (a) 卢瑟福和罗伊兹(Royds)(1909)证明 α 粒子是氦原子核的仪器。含有 α 粒子源(即镭的样本)的细玻璃管被标为 A。(b) 卡文迪什博物馆中的原始实验设备

> “这是我一生中发生的最不可思议的事件。这几乎和你向一张薄纸片发射了一发 15 英寸[38.1 cm]的炮弹，结果它又弹回来并击中了你一样。”(Andrade，1964)

卢瑟福意识到，需要相当大的力才能使 α 粒子沿着入射轨道返回。1911 年，他突然想到，如果所有的正电荷都集中在一个紧凑的核中，入射 α 粒子和带正电的原子核之间有斥力，散射才会发生。卢瑟福不是理论家，但他利用平方反比律力场中有心轨道的知识得出了所谓的卢瑟福散射⑤的性质(Rutherford，1911)。α 粒子的轨道是双曲线，偏转角 φ 为

$$\cot\frac{\varphi}{2} = \frac{4\pi\epsilon_0 m_\alpha}{2Ze^2} p_0 v_0^2 \tag{4.14}$$

其中 p_0 是碰撞参数，v_0 是 α 粒子的初始速度，Z 是核电荷数。可直接计算出 α 粒子散射到角 φ 的概率。结果是

$$p(\varphi) \propto \frac{1}{v_0^4}\csc^4\frac{\varphi}{2} \tag{4.15}$$

著名的 $\csc^4(\varphi/2)$ 定律由卢瑟福导出，它可以精确地解释观察到的 α 粒子散射角分布(Geiger 和 Marsden，1913)。

不管怎样，卢瑟福收获了很多。散射定律如此精确(哪怕对于大散射角)，这意味着静电排斥的平方反比律确实适用于非常小的距离。他们发现，原子核的尺寸必须小于 10^{-14} m，比原子的尺寸小得多，而原子的尺寸通常约为 10^{-10} m。

1911 年，卢瑟福参加了第一届索尔维会议，但没有提及他的杰出实验，这些实验直接导致了他的原子核模型。同样不平常的是，这一理解原子本质的关键成果对当时的物理学界几乎没有什么影响。直到 1914 年，卢瑟福才完全相信有必要采用他的原子核模型。然而，在此之前，确有人用了它——尼尔斯·玻尔，第一位成功地将量子概念应用于原子结构的理论物理学家。

4.4　哈斯和尼科尔森的原子模型

然而，玻尔并不是第一个尝试将量子概念引入原子模型构建的物理学家。1910 年，维也纳博士生亚瑟·埃里希·哈斯(Arthur Erich Haas)意识到，如果汤姆孙的正电球是均匀的，那么电子就会做穿过球心的简谐运动，因为根据静电学中的高斯定理，在到中心的距离为半径 r 处的回复力为

$$f = m_e\ddot{r} = -\frac{eQ(\leqslant r)}{4\pi\epsilon_0 r^2} = -\frac{eQ}{4\pi\epsilon_0 a^3}r \tag{4.16}$$

其中 a 是原子的半径，Q 是总的正电荷。对于氢原子，$Q = e$，电子的振荡频率为

$$\nu = \frac{1}{2\pi}\left(\frac{e^2}{4\pi\epsilon_0 m_e a^3}\right)^{1/2} \tag{4.17}$$

哈斯认为,电子的振荡能量 $E = e^2/(4\pi\epsilon_0 a)$ 应该是量子化的,并设为 $h\nu$。因此,

$$h^2 = \frac{\pi m_e e^2 a}{\epsilon_0} \tag{4.18}$$

哈斯利用式(4.18)来说明如何将普朗克常量与原子的性质联系起来,取巴耳末线系的短波极限,即允许巴耳末公式(1.17)中的 $m \to \infty$ (Haas,1910a,b,c)。哈斯的一些成果被洛伦兹在 1911 年索尔维大会上讨论过,但没有引起太多的注意。根据哈斯的方法,普朗克常量只是式(4.18)所描述的原子的一个简单性质,而那些已经信奉量子的人更倾向于相信 h 具有更深刻的意义。

下一个线索是由剑桥物理学家约翰·威廉·尼科尔森(John William Nicholson)的工作提供的,他提出了角动量量子化的概念。尼科尔森(1911,1912)已经证明,虽然原子的土星模型对于轨道平面内的微扰是不稳定的,但对于垂直于轨道平面的微扰是稳定的(可以包含多达 5 个电子的轨道)。他假设轨道平面上的不稳定模被某种未知的机制抑制。稳定振动的频率是轨道频率的倍数,他将其与在明亮星云光谱中观察到的谱线频率进行了比较,特别是“氙”和“氪”的谱线。对少了一个轨道电子的电离原子进行同样的操作,得到了更符合天文谱的结果。轨道电子的频率仍然是一个自由参数,但当尼科尔森算出与它们相关的角动量时,他发现它们原来是 $h/(2\pi)$ 的倍数。当玻尔 1912 年从英国返回哥本哈根时,他对尼科尔森模型的成功感到困惑。尼科尔森模型似乎为原子结构提供了一个成功的定量模型,并且可以解释天文中观察到的谱线。

4.5 玻尔的氢原子模型

玻尔在 1911 年完成了他关于金属电子理论的博士学位。在那时,他就相信这个理论是严重不完备的,需要在微观水平上对电子运动做进一步的力学约束。第二年,他在英国剑桥的卡文迪什实验室和汤姆孙一起工作了 7 个月,在曼彻斯特的卢瑟福那里工作了 4 个月。玻尔立即被卢瑟福原子有核结构模型的重要性震撼,并开始尽全力在此基础上理解原子的结构。他很快意识到原子的化学性质与轨道电子结构有关,放射性与核内运动有关,这两者存在区别。在此基础上,他理解了特定化学元素同位素的性质。玻尔从一开始就意识到,原子的结构不能根据经典物理学来理解。显而易见的方法是将普朗克和爱因斯坦的量子概念纳入原子模型。下面是引自 3.4 节爱因斯坦的陈述:

“……对于以一定频率振动的离子……可能状态的种类必定要少于

我们直接经验中的物体的。”(Einstein,1906c)

正是玻尔所寻求的那种类型的约束。根据经典物理学,这种力学约束对于理解原子如何在不可避免的不稳定性下存在是必不可少的。如何将这些想法纳入原子模型?

1912年夏天,玻尔为卢瑟福写了一份未发表的备忘录,其中包括他把原子中电子的能级量子化的首次尝试(Bohr,1912)。他建议,把电子的动能 T 与其绕核轨道的频率 $\nu' = v/(2\pi a)$ 通过以下公式联系起来:

$$T = \frac{1}{2} m_e v^2 = K\nu' \tag{4.19}$$

其中 K 是一个常数,他预计它与普朗克常量 h 的数量级相同。玻尔认为,为了保证原子的稳定性,一定有一些这样的非经典约束。事实上,他的判据(4.19)绝对地确定了电子绕核运动的动能。对于束缚圆轨道有

$$\frac{m_e v^2}{a} = \frac{Ze^2}{4\pi\epsilon_0 a^2} \tag{4.20}$$

其中 Z 是原子核的正电荷数,以电子电荷 e 为单位。众所周知,电子的结合能为

$$E = T + U = \frac{1}{2} m_e v^2 - \frac{Ze^2}{4\pi\epsilon_0 a} = -\frac{Ze^2}{8\pi\epsilon_0 a} = -T = \frac{U}{2} \tag{4.21}$$

其中 U 是静电势能。量子化条件(4.19)使 v 和 a 从电子动能表达式中消除。直接的计算表明

$$T = \frac{m_e Z^2 e^4}{32\epsilon_0^2 K^2} \tag{4.22}$$

它被证明对玻尔有着巨大的意义。他的备忘录包含了这些想法,主要是关于原子中的电子数、原子体积、放射性、双原子分子的结构和键等问题。玻尔没有提到光谱,他和汤姆孙认为这太复杂,无法提供有用的信息。

突破出现在1913年初,当时汉斯·马吕斯·汉森(Hans Marius Hansen)告诉玻尔关于氢原子谱中谱线波长或频率的巴耳末公式:

$$\frac{1}{\lambda} = \frac{\nu}{c} = R_\infty\left(\frac{1}{2^2} - \frac{1}{n^2}\right) \tag{4.23}$$

其中 $R_\infty = 1.097\times10^7\ \mathrm{m}^{-1}$ 是里德伯常数,$n = 3,4,5,\cdots$。正如玻尔后来回忆的那样:

“我一看到巴耳末公式,整个事情就明白了。”

他立刻意识到,这个公式包含了构建氢原子模型的关键线索。他把氢原子模型构建为由一个带负电荷的电子绕一个带正电荷的原子核旋转组成。他回到他关于原子量子理论的备忘录,特别是回到他对电子结合能或动能的表述式(4.21)。他意识到他可以从巴耳末线系的表达式中确定常数 K 的值。$1/n^2$ 中的巡项(running term)可以与式(4.23)联系起来,如果对 $Z=1$ 的氢写下

$$T = \frac{m_e e^4}{32\epsilon_0^2 n^2 K^2} \tag{4.24}$$

那么当电子从量子数为 n 的轨道变到量子数为 $n=2$ 的轨道时,发射辐射的能量将是这两个态的动能之差。应用爱因斯坦的量子假说,这个能量应该等于 $h\nu$。把常数的数值代入式(4.24),玻尔得到常数 K 的值正好是$h/2$。

因此,量子数为 n 的态的能量为

$$E = -T = -\frac{m_e e^4}{8\epsilon_0^2 n^2 h^2} \tag{4.25}$$

态的角动量可以通过 $T=\frac{1}{2}I\omega'^2=8\pi^4 m_e a^2 \nu'^2$ 立即得到,由此得出

$$J = I\omega' = \frac{nh}{2\pi} \tag{4.26}$$

这就是玻尔如何根据旧量子论得出角动量的量子化。也许最引人注目的是,该理论使里德伯常数的值可以用基本物理常数来表示。从式(4.25)可以看出

$$R_\infty = \frac{m_e e^4}{8\epsilon_0^2 h^3 c} = 1.097\times 10^7\ \mathrm{m}^{-1} \tag{4.27}$$

在他著名的三部曲(Bohr,1913a,b,c)的第一篇论文中,玻尔承认尼科尔森已经在他 1912 年的论文中发现了角动量的量子化。这些结果对后来所谓的玻尔原子模型有启发。

除了氢的巴耳末线系之外,玻尔公式也可以解释弗里德里希·帕邢(Friedrich Paschen)于 1908 年在光谱的近红外区域发现的氢的帕邢线系(Paschen,1908)。在这种情况下,玻尔的公式变为

$$\frac{1}{\lambda} = \frac{\nu}{c} = R_\infty\left(\frac{1}{m^2}-\frac{1}{n^2}\right) \tag{4.28}$$

其中 $R_\infty=1.097\times10^7\ \mathrm{m}^{-1}$,但现在 $m=3, n=4,5,6$。该公式还预测了一系列 $m=1, n=2,3,4$ 的线系,这是西奥多·莱曼(Theodore Lyman)在 1914 年发现的氢的莱曼线系(Lyman,1914)。

在 1913 年三部曲的第一篇论文中,玻尔指出,类似于式(4.23)的公式可以解释皮克林线系,它是由爱德华·皮克林(Edward Pickering)于 1896 年在恒星光谱中发现的(Pickering,1896)。1912 年,阿尔弗雷德·福勒(Alfred Fowler)在实验室实验中发现了同样的线系(Fowler,1912)。玻尔认为,一阶电离的氦原子与氢原子的光谱完全相同,但相应谱线的波长将缩短为 1/4,正如皮克林线系中观察到的那样。然而,福勒反对:电离的氦和氢的里德伯常数之比不是 4,而是 4.00163(Fowler,1913a)。玻尔意识到这个问题是由于计算氢原子和氦离子惯性矩时忽略了原子核质量的贡献。如果电子和核绕其质心旋转的角速度为 ω,角动量量子化的条件就是

$$\frac{nh}{2\pi} = \mu\omega R^2 \tag{4.29}$$

其中 $\mu=m_e m_N/(m_e+m_N)$是原子或离子的约化质量,它考虑了电子和核两者对角动量的贡献;R 是它们的间距。因此,电离氦和氢的里德伯常数之比应为

$$\frac{R_{He^+}}{R_H} = 4\frac{1+\dfrac{m_e}{M}}{1+\dfrac{m_e}{4M}} = 4.00160 \tag{4.30}$$

其中 M 是氢原子的质量(Bohr,1913d)。因此,氢和氦离子的里德伯常数比值的理论估计值与实验室测量值精确符合。在另一篇写给《自然》的论文中,福勒承认玻尔公式确实更好和更优雅地解释了一阶电离氦光谱中观察到的谱线(Fowler,1913b)。

玻尔的氢原子理论是一项相当了不起的成就,也是量子概念首次令人信服地应用于原子。玻尔的重要结果对许多科学家来说是一个有说服力的证据,即爱因斯坦的量子理论对于发生在原子尺度上的过程必须认真对待。在玻尔传记中,派斯(1985)讲述了 1913 年 9 月海维西与爱因斯坦偶遇的故事。当爱因斯坦听说玻尔对氢的巴耳末线系的分析后,他谨慎地说如果玻尔的工作是正确的话,它就是非常有趣的,也是重要的。当海维西告诉他氦的结果时,爱因斯坦回答说:

"这是一个巨大的成就。玻尔理论一定是正确的。"

4.6　莫塞莱和化学元素的 X 射线谱

对玻尔模型的支持不久就到来了。巴克拉继续研究不同元素的 X 射线散射,1908 年他和查尔斯·萨德勒(Charles Sadler)发现了每一种元素具有与材料原子量相关的 X 射线特征(Barkla 和 Sadler,1908)。在这些实验中,用薄铝板对 X 射线的吸收来测量 X 射线发射的"硬度"或"软度"。对于许多元素,荧光发射由两种成分组成,一种是容易被吸收的"软"成分,另一种是吸收非常少的"硬"成分。1911 年,他总结了他的无数次吸收实验的结果(图 4.3),证明了材料既有硬成分也有软成分,他将其记为 K 和 L(Barkla,1911b)。

亨利·莫塞莱(Henry Moseley)是卢瑟福在曼彻斯特的团队的成员,但他没有研究放射性,而是研究元素的 X 射线发射特征。巴克拉的实验提供了荧光 X 射线谱的粗略信息,但随着劳厄发现晶体对 X 射线的衍射(2.2.1 小节),情况发生了巨大变化。劳厄和他的同事将晶体材料用作透射光栅,其中衍射的 X 射线穿过晶体,衍射图样记录在照相底板上。相反,威廉·布拉格和劳伦斯·布拉格(William 和 Lawrence Bragg)意识到纯晶体样品(如岩盐)可以用作衍射光栅,其中 X 射线的光谱可以根据布拉格定律 $n\lambda = 2d\sin\theta$ 在反射中找到,其中 λ 是辐射的波长,d 为晶层间距,θ 为晶面与 X 射线束入射方向之间的夹角,n 为整数。X 射线光谱仪的发明使 X 射线谱能记录在高光谱分辨率的感光板上(图 4.4)。

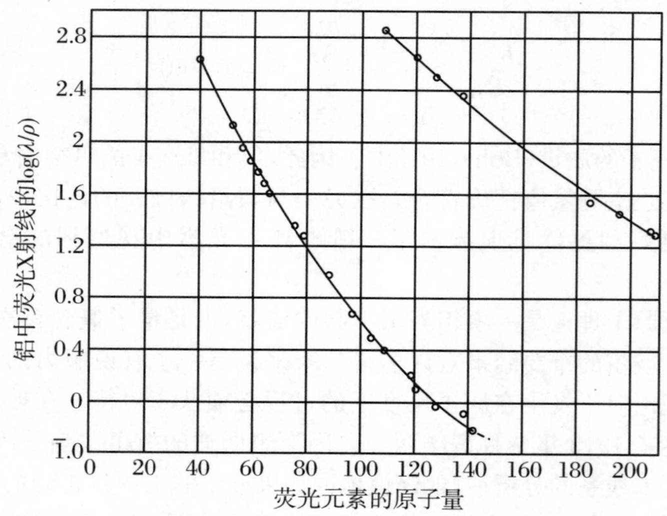

图 4.3　巴克拉总结了他对不同元素样品的荧光 X 射线的 K(左曲线)和 L 成分(右曲线)与原子量关系的实验(Barkla,1911b)。纵坐标是量 λ/ρ 的对数,其中 λ 是吸收系数,由 $I = I_0\,\mathrm{e}^{-\lambda x}$ 定义

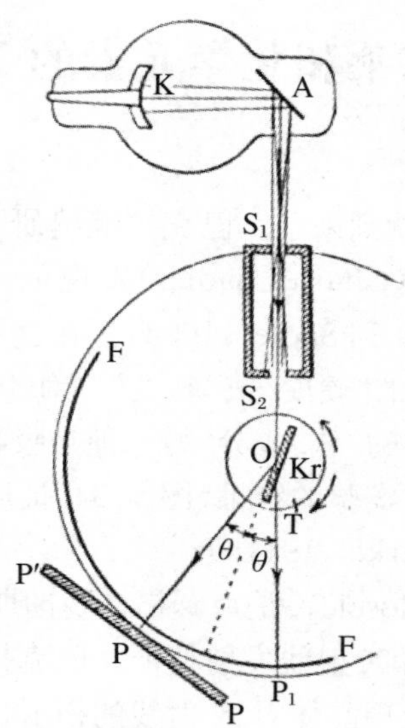

图 4.4　威廉·布拉格和劳伦斯·布拉格的旋转晶体 X 射线光谱仪的工作原理图。莫塞莱在他的实验中使用了这一装置,阐明了元素的 K 和 L 线的性质(Sommerfeld,1919)

在莫塞莱的实验中,不同的纯净材料被插入 X 射线管中,并通过从精心准备的岩盐样品中反射 X 射线来进行光谱分析。他发现,反射光谱由连续辐射组成,上面叠加着强烈的 X 射线。连续辐射是轫致辐射或者说制动辐射,是由高能电子

在材料中减速导致的。这些线导致巴克拉确定的 X 射线发射的 K 线和 L 线。K 线被分成两个组分，莫塞莱记为 K_α 和 K_β。在波长稍长的 L 线中也观察到相应的分裂。K_α 线的强度约为 K_β 线的 5 倍，但 K_β 线的频率比 K_α 线高约 10%。

此时已经知道，原子中的电子数大约是原子量的一半，并且与元素在周期表中的位置有关。人们还知道，元素周期表中许多相邻元素的原子量相差大约两个质量单位。1913 年，荷兰律师安东尼乌斯・约翰内斯・范登布罗克(Antonius Johannes van den Broek)提出一个建议，即从 $Z=1$ 的氢开始，每个原子以电子数为特征，而电子数正好等于元素周期表中元素的顺序(图 1.2)(van den Broek，1913)。由于元素周期表中存在着两个质量单位以上的空缺，范登布罗克建议用尚未发现的元素来填补。

莫塞莱实验中最引人注目的结果是发现了 X 射线的频率和原子序数 Z 之间的相关性，对应于中性原子的电子数(Moseley，1913，1914)。在他的论文中，他分别为 K_α，K_β，L_α 和 L_β 线绘制了这些相关关系(图 4.5)。谱线频率的平方根与原子序数之间显著的线性相关性产生了一些重要的后果。莫塞莱用有启发性的形式写下了 K_α 线频率的平方根与原子序数之间的关系：

$$K_\alpha\text{ 线：}\quad \nu_\alpha = R_\infty (Z-1)^2\left(\frac{1}{1^2}-\frac{1}{2^2}\right) \tag{4.31}$$

其中 R_∞ 是里德伯公式中出现的同一常数。对于 L 线系，关系描述如下：

$$L_\alpha\text{ 线：}\quad \nu_\alpha = R_\infty (Z-7.4)^2\left(\frac{1}{2^2}-\frac{1}{3^2}\right) \tag{4.32}$$

莫塞莱在 1913 年 11 月写给玻尔的信中说，这些结果“非常简单，基本上是你所期望的”。他的意思是，这些经验公式的许多特征可以立即用玻尔的原子模型来解释。改写玻尔关于电荷量为 Ze 的原子核谱线频率的公式，我们可以写下

$$\frac{\nu}{c} = R_\infty Z^2\left(\frac{1}{m^2}-\frac{1}{n^2}\right) \tag{4.33}$$

m 和 n 是不同的量子数值，通常称为 n，表征定态。K_α 线对应于 $n=1$ 和 $n=2$ 的定态之间的跃迁，而 L_α 线对应于从 $n=3$ 到 $n=2$ 的跃迁。对于 K_α 线，如果一个电子从 $n=1$ 的轨道上移除，并被一个从 $n=2$ 跃迁到 $n=1$ 态的电子取代，就会发生这种情况。类似地，对于 L_α 线，一个电子从 $n=2$ 的轨道上移除，并被来自 $n=3$ 轨道的一个电子取代，就会发生。为什么对原子序数的依赖性应该是 $(Z-1)^2$ 和 $(Z-7.4)^2$ 而不是 Z^2，这令人困惑。在充分认识到内部电子对原子核的屏蔽作用之前，这仍然是一个难题，但这一认识需要原子结构一些关键的额外特征，这些特征将在接下来的 10 年中被发现。卢瑟福立刻意识到莫塞莱的发现的重要性。用他的话来说：

> “在我看来，范登布罗克最初的建议，即原子核的电荷等于原子序数，而不是原子量的一半，非常有前景。玻尔已经在他的原子构成理论中使用了这个概念。支持这一假设的最有力和最有说服力的证据将在本月

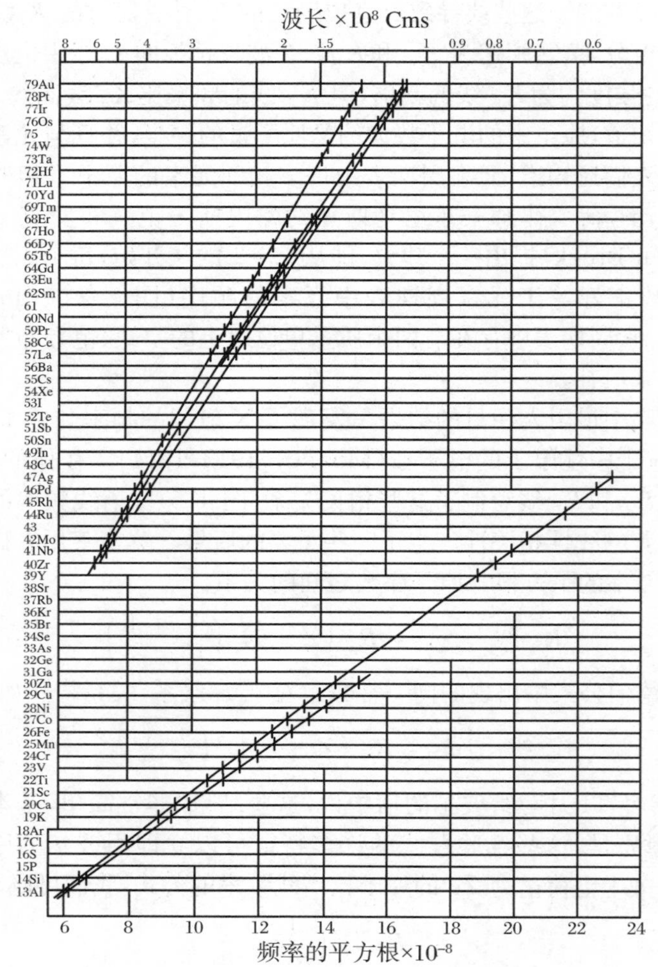

图 4.5　莫塞莱的不同 X 射线频率和原子序数的关联图。分别绘制了 K_α, K_β 线(图的下半部分)和 L_α, L_β 线(图的上半部分),它们显示出与原子序数的完美关联(Moseley,1913,1914)

Philosophical Magazine 上由莫塞莱写的一篇论文中找到。他在那里指出,如果原子核上的单位电荷数等于原子序数,那么来自许多元素的 X 射线的频率就可以得到简单的解释。看来,原子核的电荷是决定原子物理和化学性质的基本常数,而原子量,虽然它大致遵循核电荷的顺序,可能是后者的一个复杂函数,取决于原子核的详细结构。”(Rutherford,1913)

莫塞莱 1914 年论文的结论(4)和(5)如下:

(4) 原子序数的顺序与原子量的顺序相同,除非后者与化学性质的顺序不一致。

(5) 已知元素对应 13 到 79 之间的所有数字，除了 3 个。可能这 3 种元素尚未被发现。

结论(4)导致镍($Z = 28$)和钴($Z = 27$)元素重新排列，以符合其化学性质。结论(5)预测了原子序数为 43，61 和 75 的元素(见图 4.5)，这些元素在多年后才被发现，分别是锝(Tc)、钷(Pm)和铼(Re)。可悲的是，莫塞莱在 1915 年 8 月 10 日土耳其加里波利战役中阵亡。

4.7　弗兰克-赫兹实验

原子内定态的真实性得到了詹姆斯·弗兰克(James Franck)和古斯塔夫·赫兹(Gustav Hertz)实验的证实(Franck 和 Hertz，1914)。他们的目的是通过已知的精确静电势加速电子，通过用电子轰击原子来测量原子的电离势。在 1914 年的经典实验中，他们的目标是测量汞蒸气的电离势。结果如图 4.6 所示，在小电压

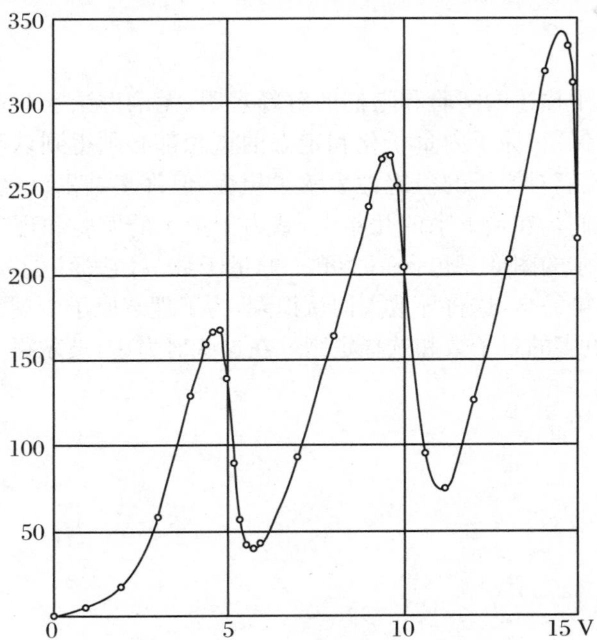

图 4.6　弗兰克和赫兹的测量值，以确定汞蒸气的电离势。事实上，图中的最大值 4.9 eV 对应于电子从基态激发到基态以上的第一激发态的能量(Franck 和 Hertz，1914)

下,随着以电子伏特为单位的电子能量的增加,纵坐标上的电流也随之增加。然而,在 4.9 eV 的加速电压下,电流突然减小。随着电压的进一步增加,电流再次增加,然后在 9.8 eV 时突然减少。事实上,这些陡峭的下降是在 4.9 eV 时第一次下降电压的整数倍。此外,他们还发现了波长为 253.6 nm 的发射谱线的证据,这对应于 $h\nu=4.9$ eV 时的能量。他们将 4.9 eV 解释为汞蒸气的电离势。

如果这是正确的,它将与玻尔原子模型的基本假设相矛盾,因为汞光谱还显示出更高频率的帕邢线系,其线系极限在 185.0 nm。玻尔对实验结果的解释不同。他认为,4.9 eV 的能量对应于电子从基态到第一激发态的激发能,253.6 nm处的谱线代表了与电子从第一激发态跃迁到填充基态空位有关的发射(Bohr,1915)。在第一激发态的倍数处的陡峭下降对应于电子通过足够的电压被加速以从基态移除两个或多个连续的电子。没经过太久,弗兰克和赫兹同意了玻尔的解释。

弗兰克-赫兹实验的意义在于,它提供了令人信服的证据,证明原子内存在定态,完全与光谱的数据无关。

4.8 接受玻尔的原子理论

在最后三节中描述的实验和它们的解释表明,无论理论家对玻尔原子模型的内在物理有什么保留,原子内量子化和定态的概念都必须得到认真对待。尽管根据玻尔的图像,人们对原子的稳定性表示了担忧,但许多结果已经尘埃落定,理论家们不能忽视它们。在接下来的几年里,致力于量子的实验和理论研究的活动将会大大增加。玻尔的图像只包含一个单一的量子数 n,它标记了定态的能量。这是一系列事件的第一步,这将导致人们认识到,为了理解原子中观察到的大量量子现象,必须引入更多的量子数和选择定则。在这些努力中,玻尔很幸运地让索末菲来解决这些问题。

第5章 索末菲和埃伦费斯特——推广玻尔模型

5.1 简 介

尽管违反了力学和电磁学的经典定律，但玻尔对氢原子谱线系中观察到的频率做出了解释，这被认为是一种胜利。但是，它不能解释氦和更重元素的光谱。玻尔模型是个最简单的可能模型，处理单个电子的动力学，电子处于带正电荷的点核形成的静电势中，只涉及由单个量子数 n 定义的量子化的圆轨道，该量子数被称为主量子数。在1911年索尔维会议上，在玻尔宣布氢原子模型之前，庞加莱提出了一个问题，即如何将量子化条件扩展到超过一个以上自由度的系统。这个问题由普朗克和索末菲解决。尽管用不同的语言表述，但他们的方法最终基本上是相同的。我们将遵循索末菲的做法。

1891年，迈克耳孙已经表明，巴耳末线系的 H_α 和 H_β 线显示出非常狭窄的分裂(Michelson，1891，1892)。尽管与玻尔的理论不符，但在玻尔理论的其他非凡成就面前，上述现象被搁置了。索末菲怀疑，上述现象与玻尔理论不符的原因在于玻尔量子化条件仅涉及一个自由度。在他1915年和1916年的论文中，他将电子轨道的量子化扩展到一个以上的自由度，并采用一个狭义相对论性的处理后，解释了巴耳末线系的谱线分裂(Sommerfeld，1915a，b，1916a)。这些进展在他有影响力的书《原子结构和谱线》(*Atombau und Spektrallinien*，德文版)中得到了很好的描述(Sommerfeld，1919)，该书基于他的原子光谱及其解释的讲座课程。范德瓦尔登(1967)指出：

> "在1925～1926年间创建量子力学的年轻物理学家们主要是从这本书中了解到了量子理论。"

让我们来证实索末菲到底取得了什么成就。

5.2 索末菲对玻尔模型的椭圆轨道推广

玻尔模型显而易见的推广是椭圆而不是圆形轨道。椭圆在极坐标系或(r,φ)坐标系中的方程为

$$\frac{\lambda}{r} = 1 + \epsilon\cos\varphi \tag{5.1}$$

其中$\lambda = a(1-\epsilon^2)$是半正焦弦,$a$是椭圆的半长轴,$\epsilon$是其偏心率。$r$是从焦点到椭圆上一个点的径向距离,$\varphi$是主轴与半径矢量$r$之间的角度。椭圆的半短轴为$b = a(1-\epsilon^2)^{1/2}$。这种几何形状如图 5.1 所示。

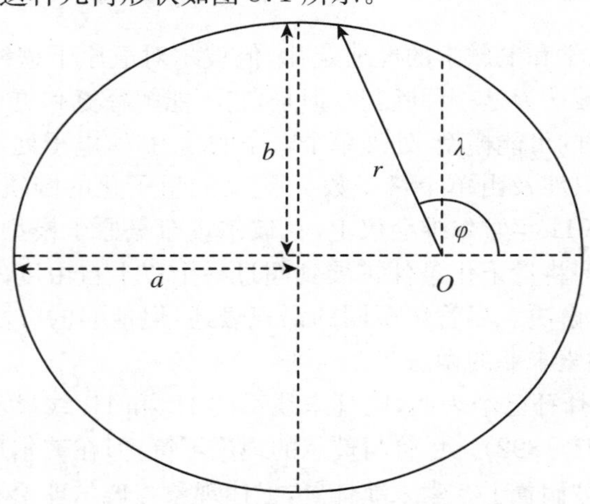

图 5.1 展示了偏心率$\epsilon = 0.5$的椭圆的几何形状,这里使用了 5.2 节中的(r,φ)坐标系

显然,现在有两个独立的参数r和φ来定义电子的轨道。玻尔模型通过角动量的量子化$m_e vr = n_\varphi h/(2\pi) = n_\varphi \hbar$来量子化角坐标,其中$r$和$v$为常数。[①] 玻尔和索末菲意识到这个量子化条件也可以用以下形式表示:

$$\int_0^{2\pi} p_\varphi \mathrm{d}\varphi = n_\varphi h \tag{5.2}$$

其中p_φ是角动量,φ是方位角。索末菲是欧洲的主要的数学物理学家之一,他意识到p_φ和φ是哈密顿力学中的正则坐标,因此式(5.2)为这一对坐标的量子化条件提供了方案。正如贾默(1989)所说:

“索末菲假设,自由度为f的周期系统的定态是由以下条件决定的:每个坐标的相积分是作用量子的整数倍或对$k=1,2,\cdots,f$,

$$\oint p_k \mathrm{d}q_k = n_k h \tag{5.3}$$

其中 p_k 是对应于坐标 q_k 的动量，n_k 是非负整数，并且积分扩展到 q_k 的一个周期内。”

具体而言，在椭圆轨道的情况下，量子化条件对两个坐标的推广成为

$$\oint_0^{2\pi} p_\varphi \mathrm{d}\varphi = n_\varphi h \quad 和 \quad \oint_{轨道} p_r \mathrm{d}r = n_r h \tag{5.4}$$

其中 n_φ 和 n_r 是非负整数。在极坐标 $q_k \equiv (r,\varphi)$ 中，电子的动能 T 为

$$T = \frac{m_e}{2}(\dot{r}^2 + r^2\dot{\varphi}^2) \tag{5.5}$$

然后，根据5.4.3小节中发展的方法（方程(5.52)、(5.53)和(5.61)），相应的动量 $p_k = \partial T/\partial \dot{q}_k$ 为

$$p_\varphi = m_e r^2 \dot{\varphi} \quad 和 \quad p_r = m_e \dot{r} \tag{5.6}$$

它们分别是电子的方位角动量和径向动量。

$(\dot{\varphi},\varphi)$ 的量子化条件产生的结果与圆形玻尔模型给出的结果完全相同，即

$$\int_0^{2\pi} p_\varphi \mathrm{d}\varphi = n_\varphi h, \quad 2\pi p_\varphi = n_\varphi h \quad 或 \quad p_\varphi = n_\varphi \hbar \tag{5.7}$$

因此，p_φ 是运动常量。为了导出动量径向分量的量子化条件，我们首先重写式(5.1)，如下所示：

$$\frac{1}{r} = \frac{1}{a}\frac{1+\epsilon\cos\varphi}{1-\epsilon^2} \tag{5.8}$$

取式(5.8)关于 φ 的导数，然后除以式(5.8)，得

$$\frac{1}{r}\frac{\mathrm{d}r}{\mathrm{d}\varphi} = \frac{\epsilon\sin\varphi}{1+\epsilon\cos\varphi} \tag{5.9}$$

我们现在需要解出 $p_r \mathrm{d}r$。这是通过以下关系实现的：

$$p_r = m_e \dot{r} = m_e \frac{\mathrm{d}r}{\mathrm{d}\varphi}\dot{\varphi} = \frac{p_\varphi}{r^2}\frac{\mathrm{d}r}{\mathrm{d}\varphi}, \quad \mathrm{d}r = \frac{\mathrm{d}r}{\mathrm{d}\varphi}\mathrm{d}\varphi \tag{5.10}$$

因此，利用式(5.9)，有

$$p_r \mathrm{d}r = p_\varphi \left(\frac{1}{r}\frac{\mathrm{d}r}{\mathrm{d}\varphi}\right)^2 \mathrm{d}\varphi = p_\varphi \epsilon^2 \frac{\sin^2\varphi \mathrm{d}\varphi}{(1+\epsilon\cos\varphi)^2} \tag{5.11}$$

不同于 p_φ，p_r 不是运动常量。因此，动量径向分量的量子化条件变为

$$\oint p_r \mathrm{d}r = p_\varphi \epsilon^2 \int_0^{2\pi} \frac{\sin^2\varphi}{(1+\epsilon\cos\varphi)^2}\mathrm{d}\varphi = n_r h \tag{5.12}$$

除以量子化条件式(5.7)，我们得到

$$\frac{n_r}{n_\varphi} = \frac{\epsilon^2}{2\pi}\int_0^{2\pi} \frac{\sin^2\varphi}{(1+\epsilon\cos\varphi)^2}\mathrm{d}\varphi \tag{5.13}$$

这就是我们一直在寻求的结果。式(5.13)的右侧仅取决于偏心率，并且因为 n_φ 和 n_r 是整数，所以偏心率也被量子化。索末菲(1919)在其《数学笔记和附录》的第

6 节中估算了积分式(5.13),发现结果是

$$1-\epsilon^2=\frac{n_\varphi^2}{(n_\varphi+n_r)^2} \tag{5.14}$$

表明在所有的可能中,仅允许包含整数 n_φ 和 n_r 的偏心率。

接下来估算轨道的能量。电子的动能为

$$T=\frac{m_e}{2}(\dot{r}^2+r^2\dot{\varphi}^2)=\frac{1}{2m_e}\left(p_r^2+\frac{p_\varphi^2}{r^2}\right) \tag{5.15}$$

使用式(5.10),可以将其重写为

$$T=\frac{p_\varphi^2}{2m_e r^2}\left[\left(\frac{1}{r}\frac{\mathrm{d}r}{\mathrm{d}\varphi}\right)^2+1\right] \tag{5.16}$$

接下来,我们利用用式(5.8)和式(5.9),从该表达式中消去 r:

$$T=\frac{p_\varphi^2}{m_e a^2(1-\epsilon^2)^2}\left(\frac{1+\epsilon^2}{2}+\epsilon\cos\varphi\right) \tag{5.17}$$

电子的势能还可用式(5.8)写成与 r 无关的形式:

$$U=-\frac{Ze^2}{4\pi\epsilon_0 r}=-\frac{Ze^2}{4\pi\epsilon_0 a}\frac{1+\epsilon\cos\varphi}{1-\epsilon^2} \tag{5.18}$$

其中原子核的电荷为 Ze,换句话说,Z 是原子核的原子序数。因此,电子在其椭圆轨道上的总能量为

$$E_{\mathrm{tot}}=T+U=\frac{p_\varphi^2}{m_e a^2(1-\epsilon^2)^2}\left(\frac{1+\epsilon^2}{2}+\epsilon\cos\varphi\right)-\frac{Ze^2}{4\pi\epsilon_0 a}\frac{1+\epsilon\cos\varphi}{1-\epsilon^2} \tag{5.19}$$

总能量与时间无关,因此必须与 φ 无关,而 φ 在每个轨道上的变化为 2π rad。因此式(5.19)中 $\cos\varphi$ 的项必须加起来为零,由此我们可以得到 a 的值:

$$a=\frac{4\pi\epsilon_0 p_\varphi^2}{Ze^2 m_e(1-\epsilon^2)} \tag{5.20}$$

将 $\cos\varphi$ 的项设为零,电子的总能量为

$$E_{\mathrm{tot}}=T+U=\frac{p_\varphi^2}{m_e a^2(1-\epsilon^2)^2}\frac{1+\epsilon^2}{2}-\frac{Ze^2}{4\pi\epsilon_0 a}\frac{1}{1-\epsilon^2} \tag{5.21}$$

用式(5.20)的 a 的结果,我们得到了简单的表达式:

$$E_{\mathrm{tot}}=-\frac{Ze^2}{8\pi\epsilon_0 a} \tag{5.22}$$

已知 a 是椭圆的半长轴。最后一步是使用式(5.7)和式(5.14)计算出量子化的 a 值:

$$E=-\frac{Ze^2}{8\pi\epsilon_0 a}=-\frac{Z^2e^4 m_e(1-\epsilon^2)}{32\pi^2\epsilon_0^2 p_\varphi^2}=-\frac{Z^2e^4 m_e}{8\epsilon_0^2 h^2(n_\varphi+n_r)^2} \tag{5.23}$$

这是索末菲在 1916 年获得的非凡成果。即使在他的 1919 年著作中,他也几乎无法抑制他的激动。他写道:

> “这个结果具有极为重要的意义,并且非常简单:我们发现,对于椭圆轨道的能量,其值与圆轨道相同……对于圆轨道,一个区别是后一种情况

下的**量子数 n 被量子之和 $n_\varphi + n_r$ 代替**。这一类中每个量子化的椭圆都具有一个相当于确定玻尔圆的能量。”②

对于 $Z=1$ 和 $n_r=0$ 的氢原子，该结果与式(4.25)相同。潜在的量子跃迁范围已大大增加。考虑到以$(n_\varphi^{\mathrm{u}}, n_r^{\mathrm{u}})$和$(n_\varphi^{\mathrm{l}}, n_r^{\mathrm{l}})$为特征的上(u)和下(l)量子态之间的跃迁，显然 $n_\varphi^{\mathrm{u}} + n_r^{\mathrm{u}}$ 必须大于 $n_\varphi^{\mathrm{l}} + n_r^{\mathrm{l}}$，那么在跃迁中发射的光子的能量是

$$\nu = \frac{Z^2 e^4 m_{\mathrm{e}}}{8\epsilon_0^2 h^3}\left[\frac{1}{(n_\varphi^{\mathrm{l}} + n_r^{\mathrm{l}})^2} - \frac{1}{(n_\varphi^{\mathrm{u}} + n_r^{\mathrm{u}})^2}\right] \tag{5.24}$$

对于氢变成

$$\frac{1}{\lambda} = \frac{\nu}{c} = R_\infty\left[\frac{1}{(n_\varphi^{\mathrm{l}} + n_r^{\mathrm{l}})^2} - \frac{1}{(n_\varphi^{\mathrm{u}} + n_r^{\mathrm{u}})^2}\right] \tag{5.25}$$

这样，谱线系再次与巴耳末和氢的其他线系相同，但是可以产生的谱线方式却大大增加。索末菲的话(原始文本中再次用斜体字印出)指出：

“……它具有深厚的理论意义，其起源现在有多重根源。由于允许了椭圆轨道，该线系没有增加额外的谱线，也没有失去任何锐度。”

索末菲使用以下论点发展他的原子模型。$n_\varphi=0$ 的情况对应于退化的椭圆，$\epsilon=1$，这是连接椭圆焦点的直线，因此该轨道将通过原子核。索末菲排除了这种可能性，因此 $n_\varphi=1, n_r=0$ 是最低能态。其次，当 $n_r=0$ 时，从式(5.14)可以看出，电子轨道的偏心率使轨道变成圆形 $\epsilon=0$。在图5.2中显示了 $n_\varphi+n_r=1,2,3,4$ 以及 $n_r=1,2,3$ 的所得轨道族，其中已将轨道相对于椭圆的焦点按比例绘制。

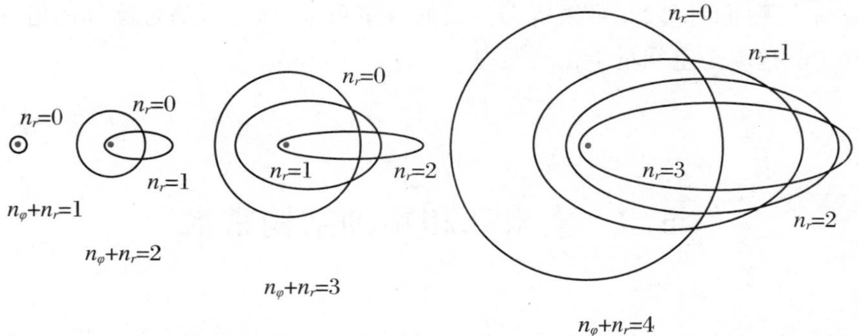

图5.2　根据索末菲模型，以量子数 n_φ 和 n_r 为参数的量子化的圆形和椭圆形轨道。$n_\varphi + n_r$ 值相同的轨道具有相同的能量

但是，已经取得了更多成就。尽管对于非微扰的氢原子，现在有许多种方法可以产生尖锐的巴耳末线系，但是当原子置于电场或磁场中时，由于在受微扰的椭圆轨道中电子的不同运动学，与不同的初态和末态相关的线系会分裂。特别地，斯塔克效应和塞曼效应应该显示出丰富的精细结构(见7.2节和7.3节)。例如，考虑从 $n_\varphi^{\mathrm{u}} + n_r^{\mathrm{u}}=4$ 到 $n_\varphi^{\mathrm{l}} + n_r^{\mathrm{l}}=3$ 的跃迁情况。我们可以将图5.2中 $n_\varphi^{\mathrm{u}} + n_r^{\mathrm{u}}=4$ 的任何一个轨道与具有 $n_\varphi^{\mathrm{l}} + n_r^{\mathrm{l}}=3$ 的任一轨道组合，换句话说，有$(n_\varphi^{\mathrm{u}} + n_r^{\mathrm{u}})\times(n_\varphi^{\mathrm{l}} +$

n_r^{l})=4×3=12 种产生谱线的方式。同样,对于 $n_\varphi^{\mathrm{u}}+n_r^{\mathrm{u}}=2$ 和 $n_\varphi^{\mathrm{l}}+n_r^{\mathrm{l}}=3,4,5,\cdots$的巴耳末线系,$H_\alpha$ 的简并度为 3×2=6,H_β 的简并度为 4×2=8,H_γ 的简并度为 5×2=10,H_δ 的简并度为 6×2=12。索末菲意识到并不是所有这些都会在自然界中实现,因此必须有额外的选择原理或选择定则,以确定哪些跃迁是允许的。最初,他提供了一组经验规则,以避免过多的谱线。

索末菲的下一个推广是考虑三维空间模型的量子化。球极坐标是到目前为止考虑的极坐标的自然延伸,现在三个独立坐标为(r,θ,φ),其中 θ 是关于上述(r,φ)坐标系极轴的极角量度。量子化条件遵循与式(5.4)完全相同的规定,即

$$\oint_{\text{轨道}} p_r \mathrm{d}r = n_r h,\quad \oint_0^{2\pi} p_\varphi \mathrm{d}\varphi = n_\varphi h,\quad \oint_0^{\pi} p_\theta \mathrm{d}\theta = n_\theta h \tag{5.26}$$

其中新的量子数 n_θ 与共轭对(p_θ,θ)相关联。进行与上述二维计算类似的分析,索末菲发现能级必须满足关系 $n=n_\varphi+n_\theta$,其中 n,n_φ,n_θ 是非负整数。再一次,这些能级精确地对应于氢原子的那些额外的简并能级。如果我们用 p_ψ 表示总角动量,则量子化条件为

$$p_\psi = \frac{nh}{2\pi} = \frac{(n_\varphi + n_\theta)h}{2\pi} \tag{5.27}$$

但是现在量子化的椭圆只能在相对于任何特定方向的特定角度上找到。沿选定方向的角动量分量为 $n_\varphi h/(2\pi)$,而总角动量为 $nh/(2\pi)=(n_\varphi+n_\theta)/(2\pi)$,所以选定方向与总角动量矢量之间的夹角由 $\cos\alpha=n_\varphi/n=n_\varphi/(n_\varphi+n_\theta)$给出。推论是椭圆的轨道平面只能取相对于所选方向的特定角度,这可以通过施加的电场或磁场来确定。这就是空间量子化的发现。

5.3 索末菲和精细结构常数

也许索末菲的论文中最令人瞩目的结果涉及对玻尔模型的推广,以包括狭义相对论的影响。量子化条件仍与式(5.4)中的相同:

$$\oint_0^{2\pi} p_\varphi \mathrm{d}\varphi = n_\varphi h \quad \text{和} \quad \oint_{\text{轨道}} p_r \mathrm{d}r = n_r h \tag{5.28}$$

在索末菲的图像中,相对论的作用是解除轨道的简并,因为现在轨道的总能量略有不同。对这一效应的简单解释是:椭圆轨道具有不同的能量,因为电子在与原子核的近距离接触中获得了很高的速度,因此相对论性的修正因轨道的不同而不同。

索末菲在他的《原子结构和谱线》(Sommerfeld,1919)一书中对考虑狭义相对论效应时电子轨道能量的变化进行了精妙而清晰的阐述。分析有些冗长,因此我们总结了分析的主要结果。第一个认识是椭圆在空间中不再是静止的,电子轨道

的近日点，即最接近原子核的点，围绕着原子核进动。这可以通过索末菲书中的图来说明(图 5.3)。在极坐标中，索末菲写出了进动椭圆轨道的表达式，为

$$\frac{1}{r} = C_1 + C_2\cos\gamma\varphi \tag{5.29}$$

这与静止椭圆式(5.1)的情况不同，因为在余弦项中包含了因子 γ。量 γ 定义为

$$\gamma^2 = 1 - \frac{p_0^2}{p^2} \tag{5.30}$$

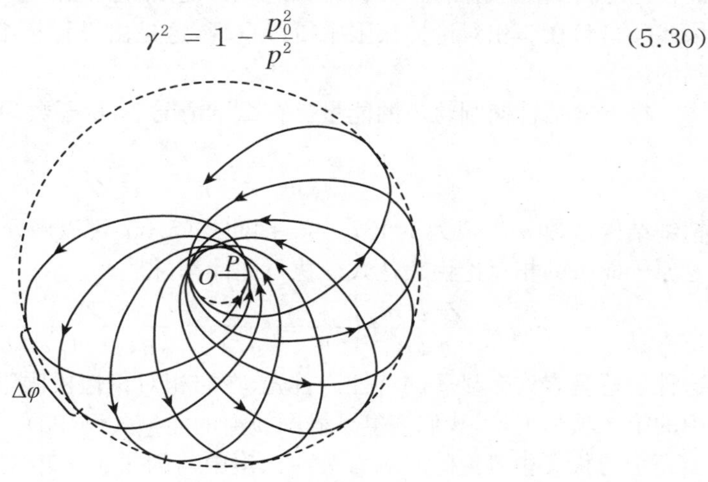

图 5.3　考虑到狭义相对论的影响时椭圆轨道的进动。该图作为图 110 出现在索末菲的《原子结构和谱线》(Sommerfeld,1919)一书中

其中 p 现在是相对论性的三维动量，并且根据规则 $\oint p\mathrm{d}\varphi = n_\varphi h$ 被量子化。p_0 定义为 $p_0 = Ze^2/(4\pi\epsilon_0 c)$。在圆形玻尔轨道的情况下，很容易证明 $\gamma = (1 - v^2/c^2)^{1/2}$，换句话说，即一般约定的洛伦兹因子 $\gamma = (1 - v^2/c^2)^{-1/2}$ 的倒数。仅在本节中，我们在索末菲的意义上使用 γ。对式(5.29)的检验表明，由于 $\gamma \leqslant 1$，轨道不是在 $\varphi = 2\pi$ 之后闭合，而是在 $\gamma\varphi = 2\pi$ 之后闭合。图 5.3 中的角度说明了每个轨道的这种轻微变化。但是，如果引入坐标 $\psi = \gamma\varphi$，轨道将回到标准的椭圆形式。索末菲证明，椭圆方程现在变为

$$\frac{1}{r} = \frac{1}{a}\,\frac{1 + \epsilon\cos\gamma\varphi}{1 - \epsilon^2} \tag{5.31}$$

对应 r, φ 的动量为

$$p_\varphi = mr^2\dot{\varphi}, \quad p_r = m\dot{r} \tag{5.32}$$

其中动量是相对论性的三维动量，即在式(5.32)中，$m = m_e(1 - v^2/c^2)^{-1/2}$。一个重要的区别是：径向方向上的量子化条件现在对应于在 ψ 坐标上的单个椭圆上的积分，也就是说

$$\int_{\varphi=0}^{2\pi} p_\varphi \mathrm{d}\varphi = n_\varphi h \quad 和 \quad \int_{\psi=0}^{\psi=2\pi} p_r \mathrm{d}r = n_r h \tag{5.33}$$

执行与非相对论性情况相同的过程,索末菲发现轨道的偏心率由下式给出:

$$1-\epsilon^2=\frac{n_\varphi^2-\alpha^2Z^2}{[n_r+\sqrt{n_\varphi^2-\alpha^2Z^2}]^2} \tag{5.34}$$

其中 $\alpha=e^2/(2\epsilon_0 hc)$ 是精细结构常数,其原因一会就会明白。已经很明显,能级的简并已经得到解除,因为与式(5.14)不同,现在的轨道偏心率取决于 n_φ 和 n_r。结果式(5.14)在非相对论性极限中得以重现,这是由设置精细结构常数 α 等于零得到的。

接下来估计椭圆轨道的能量。在二维情况下,量子数为 n_φ 和 n_r,结果是

$$E_{\text{tot}}=m_e c^2\left\{1+\frac{\alpha^2Z^2}{[n_r+\sqrt{n_\varphi^2-\alpha^2Z^2}]^2}\right\}^{-1/2}-m_e c^2 \tag{5.35}$$

精细结构常数 α 的值为 1/137.036,因此式(5.35)可以展开到 α 的四阶,以求出类氢原子能级的相对论性表达式。执行此计算,得

$$E_{\text{tot}}=\frac{Z^2e^4m_e}{8\epsilon_0 h^2}\left\{\frac{1}{(n_\varphi+n_r)^2}+\frac{\alpha^2Z^2}{(n_\varphi+n_r)^4}\left[\frac{n_r}{n_\varphi}+\frac{1}{4}\right]\right\} \tag{5.36}$$

这种表达具有许多显著的特征。首先,在非相对论性极限下,$c\to\infty$,$\alpha\to 0$,大括号中的第二项消失了,我们恢复了椭圆轨道的能量式(5.23)。其次,大括号中的第二项完全与狭义相对论的影响有关。该项中与因子 1/4 相关的项对应于标记为 $n_\varphi+n_r$ 的能级整体上的能量偏移,并且不会导致任何能级的分裂。相反,与因子 n_r/n_φ 相关的项导致能级分裂,索末菲将其确定为巴耳末线系谱线分裂的原因。这就是量 $\alpha=e^2/(2\epsilon_0 hc)=1/137.036$ 被称为精细结构常数的原因。

对于氢,这种影响在 H_α 线的光波段中最为明显,尤其是当 $n_\varphi+n_r=2$ 时较低能态分裂。该能级的分裂对应于($n_\varphi=2,n_r=0$)和($n_\varphi=1,n_r=1$)的轨道能量之差。将这些值代入式(5.36),能量差对应于频移

$$\Delta\nu_{\text{H}}=\frac{\Delta E}{h}=\frac{Z^2e^4m_e}{8\epsilon_0 h^3}\frac{\alpha^2}{16}=R_\infty\frac{\alpha^2}{16}\equiv 0.365\ \text{cm}^{-1} \tag{5.37}$$

发现这与迈克耳孙测量的氢的 H_α 和 H_β 线的精细结构是一致的。从帕邢对电离氦 He^+ 巴耳末线系分裂的测量中发现了更好的吻合,电离氦 He^+ 具有相同形式的精细结构,但是由于能级精细结构位移表达式中的 Z^4 因子,其效应要大16倍。将帕邢的结果与氢巴耳末线系的预期分裂相比,测量值是 $\Delta\nu_{\text{H}}=(0.3645\pm 0.0045)\ \text{cm}^{-1}$。

索末菲接下来将精细结构分裂理论应用于 K 和 L 的 X 射线荧光谱,即 4.6 节中讨论的(K_α,K_β)和(L_α,L_β),如图 4.5 所示。就 K 线而言,莫塞莱的公式(4.31)显示有效核电荷为 $Z-1$,而式(4.32)显示对 L 线来说是 $Z-b$。索末菲对 L 线进行了自己的分析,发现 $b=3.5$。使用 L 的 X 射线能级分裂表达式中的"屏蔽"电荷,预期图 4.5 所示的元素的分裂将远远大于氢,因为对有效核电荷的依赖大约为 Z^4。从重元素 L_α 和 L_β 的 X 射线外推到氢的情况,索末菲再次发现 $\Delta\nu_{\text{H}}=0.365\ \text{cm}^{-1}$。

索末菲理所当然地取得了成功。他充分认识到这一理论的成功不仅为原子中电子的椭圆轨道提供了证据，而且还证明了狭义相对论公式对于电子动量的正确性。用他的话说：

“因此，对精细结构的观察揭示了原子内运动以及椭圆轨道近日点运动的整个机制。精细结构所包含的复杂事实对于狭义相对论和原子结构的重要性与水星近日点的运动对于广义相对论的重要性是一样的。”

这些结果为玻尔及其同事将要详细阐述的旧量子论提供了基本要素。索末菲将广义的量子化条件

$$\oint p_k \mathrm{d} q_k = n_k h \tag{5.38}$$

视为量子理论的终极基础和“尚未证明，也许无法被证明”的结论。他还意识到，已经有更强大的数学工具可用于进行量子理论中的计算。实际上，这些考虑导致了量子力学自然数学语言的出现。

5.4　数学插曲——从牛顿到哈密顿-雅可比

值得回顾一下高等力学方法如何为分析量子理论中的问题提供了途径。正如索末菲所说：

“这确实是解决量子问题的坦途。”

从各种方法的发展顺序中，可以欣赏到越来越强大的表达牛顿运动定律内容的历史：

- 牛顿运动定律；
- 达朗贝尔原理；
- 哈密顿原理；
- 最小作用量原理；
- 广义坐标和拉格朗日方程；
- 哈密顿正则方程；
- 力学变换理论和哈密顿-雅可比方程；
- 作用-角变量。

通常，各种更高级的方法为解决问题提供了更直接的途径，并且为动力学系统的基本特征提供了更深入的理解，包括守恒定律和力学或动力学系统的振动简正模。

5.4.1 牛顿运动定律和最小“作用量”原理

一些最强大的方法涉及在明确定义的边界条件下找到使某些量的值最小化的函数。在力学的形式发展中,这些过程是以公理的方式陈述的。我们以费曼所说的最小作用量原理为例。考虑粒子在保守力场中的动力学情况,也就是说,它是由标量势的梯度导出的:$\boldsymbol{F} = -\mathrm{grad}\ V$。

我们引入一套公理,使我们能够计算出粒子在该力场作用下的路径。首先,我们定义

$$\mathcal{L} = T - V = \frac{1}{2}mv^2 - V \tag{5.39}$$

为粒子在场中的动能 T 和势能 V 之差。为了得出粒子在固定的时间间隔 t_1 到 t_2 内在场内两个固定端点之间的运动轨迹,我们得到使函数

$$S = \int_{t_1}^{t_2}\left(\frac{1}{2}mv^2 - V\right)\mathrm{d}t = \int_{t_1}^{t_2}\left[\frac{1}{2}m\left(\frac{\mathrm{d}r}{\mathrm{d}t}\right)^2 - V\right]\mathrm{d}t \tag{5.40}$$

最小化的路径。这些表述应被视为等同于牛顿运动定律,或者说,牛顿准确地称之的“公理”。$\mathcal{L}$称为拉格朗日量。

这些公理与牛顿第一运动定律是一致的。如果没有力出现,则 $V=$常数,因此我们将 $S = \int_{t_1}^{t_2} v^2\mathrm{d}t$ 最小化。S 的最小值必须相应于 t_1 和 t_2 之间的恒定速度 v。如果粒子以对于 t_1 和 t_2 相同的加速和减速的方式在两端点之间移动,那么积分一定大于 t_1 和 t_2 之间的恒定速度,因为 v_2 出现在积分中,一个基本的分析规则告诉我们,$\langle v^2\rangle \geqslant \langle \overline{v}\rangle^2$。因此,在没有力的情况下,$\boldsymbol{v}=$ 常数,即牛顿第一运动定律。

要进一步分析,我们需要变分的技术。假设 $f(x)$是单个变量 x 的函数。该函数的极小值对应于 $\mathrm{d}f(x)/\mathrm{d}x$ 为零时 x 的值。用幂级数逼近函数在 $x=0$ 处最小值的变化:

$$f(x) = a_0 + a_1x + a_2x^2 + a_3x^3 + \cdots \tag{5.41}$$

如果 $a_1=0$,函数在 $x=0$ 处的 $\mathrm{d}f/\mathrm{d}x=0$。在这一点上,函数是个近似的抛物线,因为 $f(x)$关于最小值展开的第一个非零系数是 x^2 项——对于偏离极小值的小位移 x,函数 $f(x)$的变化是 x 的二阶。

当 S 最小时,使用相同的原理来发现粒子的路径。如果粒子的真实路径为 $x_0(t)$,则 t_1 和 t_2 之间的另一条路径为

$$\boldsymbol{x}(t) = \boldsymbol{x}_0(t) + \boldsymbol{\eta}(t) \tag{5.42}$$

其中 $\boldsymbol{\eta}(t)$描述 $\boldsymbol{x}(t)$与最短路径 $\boldsymbol{x}_0(t)$的偏差。正如我们可以将函数的极小值定义为该函数对 $\boldsymbol{x}$ 不存在一阶依赖的点那样,我们也可以将函数 $\boldsymbol{x}(t)$的最小值定义为该函数对 $\eta(t)$的依赖性至少为二阶的,也就是说,$\eta(t)$中不应存在线性项。

把式(5.42)代入式(5.40),有

$$S=\int_{t_1}^{t_2}\left[\frac{m}{2}\left(\frac{\mathrm{d}\boldsymbol{x}_0}{\mathrm{d}t}+\frac{\mathrm{d}\boldsymbol{\eta}}{\mathrm{d}t}\right)^2-V(\boldsymbol{x}_0+\boldsymbol{\eta})\right]\mathrm{d}t$$
$$=\int_{t_1}^{t_2}\left\{\frac{m}{2}\left[\left(\frac{\mathrm{d}\boldsymbol{x}_0}{\mathrm{d}t}\right)^2+2\frac{\mathrm{d}\boldsymbol{x}_0}{\mathrm{d}t}\cdot\frac{\mathrm{d}\boldsymbol{\eta}}{\mathrm{d}t}+\left(\frac{\mathrm{d}\boldsymbol{\eta}}{\mathrm{d}t}\right)^2\right]-V(\boldsymbol{x}_0+\boldsymbol{\eta})\right\}\mathrm{d}t \tag{5.43}$$

现在我们寻求消除 $\mathrm{d}\boldsymbol{\eta}$ 中的一阶量，因此可以忽略$(\mathrm{d}\boldsymbol{\eta}/\mathrm{d}t)^2$ 项。通过泰勒展开，将 $V(\boldsymbol{x}_0+\boldsymbol{\eta})$展开到 $\boldsymbol{\eta}$ 的一阶：

$$V(\boldsymbol{x}_0+\boldsymbol{\eta})=V(\boldsymbol{x}_0)+\nabla V\cdot\boldsymbol{\eta} \tag{5.44}$$

将式(5.44)代入式(5.43)并仅保留 $\boldsymbol{\eta}$ 到一阶，我们得到

$$S=\int_{t_1}^{t_2}\left[\frac{m}{2}\left(\frac{\mathrm{d}\boldsymbol{x}_0}{\mathrm{d}t}\right)^2-V(\boldsymbol{x}_0)+m\frac{\mathrm{d}\boldsymbol{x}_0}{\mathrm{d}t}\cdot\frac{\mathrm{d}\boldsymbol{\eta}}{\mathrm{d}t}-\nabla V\cdot\boldsymbol{\eta}\right]\mathrm{d}t \tag{5.45}$$

现在，积分中的前两项是最短路径，所以是常数。因此，我们需要确保后两项不依赖于 $\boldsymbol{\eta}$，这是最小值的条件。因此，我们只需要考虑最后两项：

$$S=\int_{t_1}^{t_2}\left(m\frac{\mathrm{d}\boldsymbol{x}_0}{\mathrm{d}t}\cdot\frac{\mathrm{d}\boldsymbol{\eta}}{\mathrm{d}t}-\boldsymbol{\eta}\cdot\nabla V\right)\mathrm{d}t \tag{5.46}$$

我们将第一项进行分部积分，以仅使 $\boldsymbol{\eta}$ 出现在被积函数中，也就是说，

$$S=m\left[\boldsymbol{\eta}\cdot\frac{\mathrm{d}\boldsymbol{x}_0}{\mathrm{d}t}\right]_{t_1}^{t_2}-\int_{t_1}^{t_2}\left[\frac{\mathrm{d}}{\mathrm{d}t}\left(m\frac{\mathrm{d}\boldsymbol{x}_0}{\mathrm{d}t}\right)\cdot\boldsymbol{\eta}+\boldsymbol{\eta}\cdot\nabla V\right]\mathrm{d}t \tag{5.47}$$

函数 $\boldsymbol{\eta}$ 在 t_1 和 t_2 处必须为零，因为这是路径的起点和终点，端点是固定的。因此，式(5.47)右边的第一项为零，我们可以写成

$$S=-\int_{t_1}^{t_2}\left\{\boldsymbol{\eta}\cdot\left[\frac{\mathrm{d}}{\mathrm{d}t}\left(m\frac{\mathrm{d}\boldsymbol{x}_0}{\mathrm{d}t}\right)+\nabla V\right]\right\}\mathrm{d}t=0 \tag{5.48}$$

对于关于 $\boldsymbol{x}_0(t)$的任意微扰，这必须是正确的，因此方括号中的项必须为零，即

$$\frac{\mathrm{d}}{\mathrm{d}t}\left(m\frac{\mathrm{d}\boldsymbol{x}_0}{\mathrm{d}t}\right)=-\nabla V \tag{5.49}$$

既然 $\boldsymbol{F}=-\nabla V$，我们重现了牛顿第二运动定律，即

$$\boldsymbol{F}=\frac{\mathrm{d}}{\mathrm{d}t}\left(m\frac{\mathrm{d}\boldsymbol{x}_0}{\mathrm{d}t}\right)=\frac{\mathrm{d}\boldsymbol{p}}{\mathrm{d}t} \tag{5.50}$$

这样，我们根据作用量原理得到运动定律的另一种方式，与牛顿对运动定律的表述完全相同。

这些方法可以推广以考虑保守力和非保守力，如那些取决于速度的力，例如，摩擦力和磁场中带电粒子的力(Goldstein，1950)。关键的一点是，我们有一个方法，需要写下系统的动能和势能(分别为 T 和 V)，然后形成拉格朗日量$\mathcal{L}$，并找到函数 S 的最小值。此方法的优势在于通常很容易在一组合适的坐标集中写出这些能量。因此，我们需要一些规则来告诉我们如何在任何坐标集中找到 S 的最小值，这对于当前的问题很方便。这就是欧拉-拉格朗日方程。

5.4.2　欧拉-拉格朗日方程

我们考虑一个由 N 个粒子组成的系统，系统通过标量势函数 V 相互作用。N

个粒子的位置由笛卡儿坐标系中的矢量 $\boldsymbol{r}_1,\boldsymbol{r}_2,\boldsymbol{r}_3,\cdots,\boldsymbol{r}_N$ 给出。由于需要三个分量来表示每个粒子的位置，如 x_i,y_i,z_i，因此描述所有粒子位置的矢量具有 $3N$ 个分量。为了更普适，我们希望采用另一种位置坐标集，我们将其写为 $q_1,q_2,q_3,\cdots,q_{3N}$。这两组坐标集之间的关系可以写成

$$q_i = q_i(\boldsymbol{r}_1,\boldsymbol{r}_2,\boldsymbol{r}_3,\cdots,\boldsymbol{r}_N),\quad r_i = r_i(q_1,q_2,q_3,\cdots,q_{3N}) \tag{5.51}$$

这就是变量的替换。

这样做的目的是写下粒子动力学的方程，即用 q_i 而不是 $\boldsymbol{r}_i$ 表示的每个独立坐标所满足的方程。通过上一小节对作用量原理的分析，我们将根据新的坐标集来构成 T 和 V 这两个量，它们分别代表动能和势能，然后寻找 S 的稳定值，即

$$\mathcal{L} = T - V,\quad \delta S = \delta\int_{t_1}^{t_2}(T - V)\mathrm{d}t = 0 \tag{5.52}$$

如前一小节所述，其中 δ 表示“取坐标特定值的变化量”。这种表述称为哈密顿原理，和以前一样，$\mathcal{L}$是系统的拉格朗日量。请注意，哈密顿原理没有提及要在计算中使用的坐标系。

系统的动能是

$$T = \sum_i m_i\dot{\boldsymbol{r}}_i^2 \tag{5.53}$$

用新坐标系，我们可以不失一般性地写出

$$\begin{aligned} r_i &= r_i(q_1,q_2,\cdots,q_{3N},t) \\ \dot{r}_i &= \dot{r}_i(\dot{q}_1,\dot{q}_2,\dot{q}_3,\cdots,\dot{q}_{3N},q_1,q_2,\cdots,q_{3N},t) \end{aligned} \tag{5.54}$$

注意，我们现在已经明确包括了 r_i 和$\dot{r}_i$ 的时间依赖性。因此，我们可以把动能写成坐标$\dot{q}_i,q_i$ 和 t 的函数，即 $T(\dot{q}_i,q_i,t)$，其中 i 理解为包括所有从 1 到 $3N$ 的值。同样，我们可以完全用坐标 q_i 和 t 来写势能的表达式，即 $V(q_i,t)$。因此，我们需要找到

$$S = \int_{t_1}^{t_2}[T(\dot{q}_i,q_i,t) - V(q_i,t)]\mathrm{d}t = \int_{t_1}^{t_2}\mathcal{L}(\dot{q}_i,q_i,t)\mathrm{d}t \tag{5.55}$$

的稳定值。

我们重复 5.4.1 小节的分析，其中得出了 S 与最短路径的一阶扰动无关的条件。和以前一样，我们设 $q_0(t)$为极小解，并将另一个函数 $q(t)$的表达式写成以下形式：

$$q(t) = q_0(t) + \eta(t) \tag{5.56}$$

现在我们将试探解(5.56)代入式(5.55)中：

$$S = \int_{t_1}^{t_2}\mathcal{L}[\dot{q}_0(t) + \dot{\eta}(t),q_0(t) + \eta(t),t]\mathrm{d}t$$

对$\dot{\eta}(t)$和 $\eta(t)$进行一阶泰勒展开：

$$S = \int_{t_1}^{t_2}\mathcal{L}[\dot{q}_0(t),q_0(t),t]\mathrm{d}t + \int_{t_1}^{t_2}\left[\frac{\partial\mathcal{L}}{\partial\dot{q}_i}\dot{\eta}(t) + \frac{\partial\mathcal{L}}{\partial q_i}\eta(t)\right]\mathrm{d}t \tag{5.57}$$

设第一个积分等于 S_0,并对 $\dot{\eta}(t)$ 项进行分部积分:

$$S = S_0 + \left[\frac{\partial \mathcal{L}}{\partial \dot{q}_i}\eta(t)\right]_{t_1}^{t_2} - \int_{t_1}^{t_2}\left[\frac{\mathrm{d}}{\mathrm{d}t}\left(\frac{\partial \mathcal{L}}{\partial \dot{q}_i}\right)\eta(t) - \frac{\partial \mathcal{L}}{\partial q_i}\eta(t)\right]\mathrm{d}t \tag{5.58}$$

同样,由于 $\eta(t)$ 在端点处必须始终为零,方括号内的第一项消失了,结果可以写为

$$S = S_0 - \int_{t_1}^{t_2}\eta(t)\left[\frac{\mathrm{d}}{\mathrm{d}t}\left(\frac{\partial \mathcal{L}}{\partial \dot{q}_i}\right) - \frac{\partial \mathcal{L}}{\partial q_i}\right]\mathrm{d}t$$

我们要求这个积分与极小解的所有一阶微扰都是零。因此条件是

$$\frac{\partial \mathcal{L}}{\partial q_i} - \frac{\mathrm{d}}{\mathrm{d}t}\left(\frac{\partial \mathcal{L}}{\partial \dot{q}_i}\right) = 0 \tag{5.59}$$

方程(5.59)代表了 $3N$ 个坐标时间演化的 $3N$ 个二阶微分方程,被称为欧拉-拉格朗日方程。它们不过是写在 q_i 坐标系中的牛顿运动定律,对于当前的特定问题,可以选择那个最方便的 q_i 坐标系。

5.4.3　哈密顿方程

发展力学和动力学方程的另一种方法是通过引入广义动量 p_i,将方程(5.59)转换成一组 $6N$ 个一阶微分方程。在上一小节中没有提到粒子 p_i 的动量分量,但可以通过对拉格朗日量(5.52)在直角坐标中对速度分量 $\dot{x}_i$ 的导数来引入,我们得到

$$\begin{aligned}\frac{\partial \mathcal{L}}{\partial \dot{x}_i} &= \frac{\partial T}{\partial \dot{x}_i} - \frac{\partial V}{\partial \dot{x}_i} = \frac{\partial T}{\partial \dot{x}_i} = \frac{\partial}{\partial \dot{x}_i}\sum_i \frac{1}{2}m_j(\dot{x}_j^2 + \dot{y}_j^2 + \dot{z}_j^2) \\ &= m_i\dot{x}_i = p_i\end{aligned} \tag{5.60}$$

这个表达式表明动量的概念是如何在拉格朗日力学方法的框架内推广的。量 $\partial \mathcal{L}/\partial \dot{q}_i$ 被定义为 p_i,即与坐标 q_i 共轭的正则动量,为

$$p_i = \frac{\partial \mathcal{L}}{\partial \dot{q}_i} \tag{5.61}$$

如果 q_i 不在笛卡儿坐标中,由式(5.61)定义的 p_i 不一定具有线速度乘以质量的量纲。此外,如果势与速度有关,即使在直角坐标中,广义动量也与通常的机械动量的定义不一样。这方面的一个例子是一个带电粒子在直角坐标的电磁场中的运动,其拉格朗日量为

$$\mathcal{L} = \sum_i \frac{1}{2}m_i\dot{\boldsymbol{r}}_i^2 - \sum_i e_i\varphi(x_i) + \sum e_i\boldsymbol{A}(x_i)\cdot\dot{\boldsymbol{r}}_i \tag{5.62}$$

其中 e_i 是粒子 i 的电荷,$\varphi(x_i)$ 是粒子 i 的静电势,$\boldsymbol{A}(x_i)$ 是同一位置的矢势。那么第 i 个粒子正则动量的 x 分量是

$$p_{ix} = \frac{\partial \mathcal{L}}{\partial \dot{x}_i} = m_i\dot{x}_i + e_iA_x \tag{5.63}$$

对于 y 和 z 坐标也是如此。

有了这些定义,就可以得出一些守恒定律。[③] 例如,如果拉格朗日量不依赖于

坐标 q_i,式(5.59)立即表明广义动量是守恒的:$\mathrm{d}\dot{p}_i/\mathrm{d}t=0$,$p_i=$常数。另一个标准结果是,在一个没有时间依赖性的保守力场中,系统的总能量由哈密顿量 H 给出,可以写成

$$H=\sum_i p_i\dot{q}_i-\mathcal{L}(q,\dot{q}) \tag{5.64}$$

看起来 H 取决于 p_i,$\dot{q}_i$ 和 q_i,但事实上,我们可以重新安排该方程,以表明 H 只是 p_i 和 q_i 的函数。我们以通常的方式取 H 的总微分,假设$\mathcal{L}$是时间独立的。那么

$$\mathrm{d}H=\sum_i p_i\mathrm{d}\dot{q}_i+\sum_i \dot{q}_i\mathrm{d}p_i-\sum_i\frac{\partial\mathcal{L}}{\partial\dot{q}_i}\mathrm{d}\dot{q}_i-\sum_i\frac{\partial\mathcal{L}}{\partial p_i}\mathrm{d}p_i \tag{5.65}$$

因 $p_i=\partial\mathcal{L}/\partial\dot{q}_i$,故右边的第一项和第三项相互抵消。因此

$$\mathrm{d}H=\sum_i \dot{q}_i\mathrm{d}p_i-\sum_i\frac{\partial\mathcal{L}}{\partial q_i}\mathrm{d}q_i \tag{5.66}$$

此微分只与 $\mathrm{d}p_i$ 和 $\mathrm{d}q_i$ 的增量有关,因此我们可以把 $\mathrm{d}H$ 与它用 p_i 和 q_i 表示的正规形式相比较:

$$\mathrm{d}H=\sum_i\frac{\partial H}{\partial p_i}\mathrm{d}p_i+\sum_i\frac{\partial H}{\partial q_i}\mathrm{d}q_i$$

立即得到

$$\frac{\partial H}{\partial q_i}=-\frac{\partial\mathcal{L}}{\partial q_i},\quad\frac{\partial H}{\partial q_i}=\dot{q}_i \tag{5.67}$$

既然

$$\frac{\partial\mathcal{L}}{\partial q_i}=\frac{\mathrm{d}}{\mathrm{d}t}\left(\frac{\partial\mathcal{L}}{\partial\dot{q}_i}\right) \tag{5.68}$$

由欧拉-拉格朗日方程,我们得到

$$\frac{\partial H}{\partial q_i}=-\dot{p}_i$$

因此,我们将运动方程简化为一对关系

$$\dot{q}_i=\frac{\partial H}{\partial p_i},\quad\dot{p}_i=-\frac{\partial H}{\partial q_i} \tag{5.69}$$

这对方程称为哈密顿方程。它们是一阶微分方程,对 $3N$ 个坐标中的每个坐标都成立。现在,我们把 p_i 和 q_i 同样对待。如果 V 与 $\dot{q}$ 无关,则 H 只是以坐标 p_i 和 q_i 表示的总能量 $T+V$。

5.4.4 哈密顿-雅可比方程和作用-角变量

为什么我们必须更深入地研究经典力学原理?哈密顿方程(5.69)通常很难求解,但对特定问题可以简化求解。事实证明,通过卡尔·雅可比(Carl Jacobi)对哈密顿方程组的推广,这就是一个合适的可用于量子理论的工具。戈尔德施泰因(Goldstein)(1950)在他的经典教科书《经典力学》中指出:

> “长期以来，作用-角变量仍然是经典力学的一个深奥的技术，只由天文学家使用。随着玻尔的原子量子论的出现，情况迅速发生了变化，因为人们发现，量子化条件可以最简单地用作用量来描述。在经典力学中，作用量具有连续值，但是在量子力学中不再是这种情况。索末菲和威尔逊的量子化条件要求将运动限制在轨道上，使‘好的’作用量具有离散值，而离散值是作用量子 h 的整数倍。”

这些“深奥的”方法已在天文问题中获得了相当大的成功，例如，在德劳尼（Delauney）的《月球理论》（1860，1867）和沙利叶（Charlier）的《天空的力学》（1902）中。理论天体物理学家、波茨坦天文台台长卡尔·史瓦西（Karl Schwarzschild）是将哈密顿-雅可比理论引入量子理论解决问题的主要贡献者之一，这并不奇怪。

戈尔德施泰因（1950）很好地阐述了哈密顿-雅可比方程的数学方法及其在天文和量子问题中的应用。我们在这里展示该故事的简化版本，旨在尽可能直接地得出有用的解决方案。该方法的本质是将一组坐标集转换为另一组坐标集，同时保留运动方程的哈密顿量形式，并确保新变量也是正则坐标。这种方法有时称为力学的变换理论。因此，假设我们希望在坐标系 q_i 与新坐标系 Q_i 之间进行转换。我们需要确保独立的动量坐标在新坐标系中同时转换为正则坐标，也就是说，还应该有一组与 p_i 相对应的坐标 P_i。因此，问题是要根据原来的坐标系（q_i，p_i）定义新坐标系（Q_i，P_i）：

$$Q_i = Q_i(q,p,t), \quad P_i = P_i(q,p,t) \tag{5.70}$$

我们需要找到导致（Q_i，P_i）为正则坐标的变换，使得

$$\dot{Q}_i = \frac{\partial K}{\partial P_i}, \quad \dot{P}_i = -\frac{\partial K}{\partial Q_i} \tag{5.71}$$

其中 K 现在是（Q_i，P_i）坐标系中的哈密顿量。导致式（5.71）的变换称为正则变换，它们也称为切触变换。在原来的系统中，坐标满足哈密顿变分原理：

$$\delta\int_{t_1}^{t_2}\left[\sum p_i\dot{q}_i - H(q,p,t)\right]\mathrm{d}t = 0 \tag{5.72}$$

因此，在新的一组坐标集中，必须遵循相同的规则：

$$\delta\int_{t_1}^{t_2}\left[\sum P_i\dot{Q}_i - K(Q,P,t)\right]\mathrm{d}t = 0 \tag{5.73}$$

公式（5.72）和（5.73）必须同时有效。巧妙的技巧是注意到式（5.72）和式（5.73）的积分内的被积函数不必相等，但可以相差某个任意函数 S 对总时间的导数。之所以起作用，是因为固定端点之间的 S 的积分是个常数，因此在取式（5.72）和式（5.73）的变分时，就会抵消：

$$\delta\int_{t_1}^{t_2}\frac{\mathrm{d}S}{\mathrm{d}t} = \delta(S_2 - S_1) = 0 \tag{5.74}$$

函数 S 被称为生成函数，因为一旦指定函数 S，就完全确定了变换方程（5.70）。看起来 S 似乎是四个坐标（q_i，p_i，Q_i，P_i）的函数，但实际上它们与函数（5.70）相关，

因此 S 可以由(q_i,p_i,Q_i,P_i)中的任意两个定义 。戈尔德施泰因(1950)、林赛(Lindsay)和马格诺(Margenau)(1957)展示了如何写出坐标系之间的各种变换。例如,如果我们选择用 p_i,P_i 写出变换,则变换方程为

$$p_i = \frac{\partial S}{\partial q_i},\quad P_i = -\frac{\partial S}{\partial Q_i},\quad K = H + \frac{\partial S}{\partial t} \tag{5.75}$$

相应地,如果选 q_i,P_i,则变换方程为

$$p_i = \frac{\partial S}{\partial q_i},\quad Q_i = \frac{\partial S}{\partial P_i},\quad K = H + \frac{\partial S}{\partial t} \tag{5.76}$$

其他两组变换包含在尾注中。④

例 我们首先在这个新公式下计算一维谐振子的运动。振子的质量为 m,弹性常数为 k。由此,我们可以通过 $\omega^2 = k/m$ 定义角频率 ω。因此,哈密顿量为

$$H = \frac{p^2}{2m} + \frac{kq^2}{2} \tag{5.77}$$

引入一个生成函数,定义为

$$S = \frac{m\omega}{2} q^2 \cot Q \tag{5.78}$$

它仅取决于 q 和 Q。因此,我们可以使用式(5.75)得到坐标系之间的变换。S 对时间 t 没有明确的依赖关系,因此,根据式(5.75)的第三个方程,$H = K$。现在我们可以根据新坐标 P 和 Q 得到坐标 p 和 q。由式(5.75)的第一和第二个方程有

$$p = \frac{\partial S}{\partial q} = m\omega q \cot Q,\quad P = -\frac{\partial S}{\partial Q} = \frac{m\omega}{2} q^2 \csc^2 Q \tag{5.79}$$

用 P 和 Q 重写 p 和 q 的表达式:

$$q = \sqrt{\frac{2}{m\omega}}\sqrt{P}\sin Q,\quad p = \sqrt{2m\omega}\sqrt{P}\cos Q \tag{5.80}$$

将 p 和 q 的表达式代入哈密顿量(5.77),我们得到

$$H = K = \frac{p^2}{2m} + \frac{kq^2}{2} = \omega P \tag{5.81}$$

现在,我们从以下哈密顿方程中得到 P 和 Q 的解:

$$\dot{P} = -\frac{\partial K}{\partial Q},\quad \dot{Q} = \frac{\partial K}{\partial P} \tag{5.82}$$

因此,由式(5.81)得到

$$\dot{P} = 0,\quad \dot{Q} = \omega,\quad P = \alpha,\quad Q = \omega t + \beta \tag{5.83}$$

其中 α 和 β 是常数。将这些解代入式(5.80),我们得到

$$p = \sqrt{2m\omega\alpha}\cos(\omega t + \beta),\quad q = \sqrt{\frac{2\alpha}{m\omega}}\sin(\omega t + \beta) \tag{5.84}$$

请注意,一旦找到合适的生成函数 S,就可以方便地确定运动常量。

然后的问题是:我们能否找到合适的生成函数解决当前的问题?对于我们感兴趣的情况,即不显含时间 t,并且偏微分方程中的变量是可分离的,答案为“是”。

我们从哈密顿量 H 与系统总能量 E 之间的关系开始。对于我们感兴趣的情况，

$$H(q_i, p_i) = E \tag{5.85}$$

现在，我们可以根据 p_i 的定义，用生成函数 S 的偏微分 $p_i = \partial S/\partial q_i$ 来替换 p_i，这样

$$H\left(q_i, \frac{\partial S}{\partial q_i}\right) = E \tag{5.86}$$

写出偏导数，这是一组生成函数 S 的 n 个一阶偏微分方程：

$$H\left(q_1, q_2, \cdots, q_n, \frac{\partial S}{\partial q_1}, \frac{\partial S}{\partial q_2}, \cdots, \frac{\partial S}{\partial q_n}\right) = E \tag{5.87}$$

方程(5.87)被称为与时间无关的哈密顿-雅可比方程。S 也称为哈密顿的主函数。

我们感兴趣的是，在中心力场下，保守系统运动方程的周期解。坐标变换没有明显的时间依赖性，因此变换方程(5.76)变为

$$p_i = \frac{\partial S}{\partial q_i}, \quad Q_i = \frac{\partial S}{\partial P_i}, \quad K = H \tag{5.88}$$

定义新坐标

$$J_i = \oint p_i \mathrm{d}q_i \tag{5.89}$$

它被称为相积分，动量 p_i 的积分在 q_i 的完整周期内进行。在笛卡儿坐标系中，可以看出，J_i 具有角动量的量纲，并且被称为作用量，与哈密顿在《最小作用量原理》中的定义类似。在一个周期内，q_i 的值在从 $q_{\min}$ 到 $q_{\max}$ 的有限值之间连续变化，然后又回到 $q_{\min}$。结果，根据定义(5.89)，作用量 J_i 是常数。如果 q_i 不出现在哈密顿量中，就像在我们感兴趣的情况下发生的那样，那么这个变量被称为是周期的。

伴随 J_i 有一个共轭量 w_i：

$$w_i = \frac{\partial S}{\partial J_i} \tag{5.90}$$

相应的正则方程为

$$\dot{w}_i = \frac{\partial K}{\partial J_i}, \quad J_i = -\frac{\partial K}{\partial w_i} \tag{5.91}$$

其中 K 是变换后的哈密顿量。w_i 被称为角变量，因此，现在粒子的运动用(J_i，w_i)或作用-角变量来描述。如果变换后的哈密顿量 K 与 w_i 无关，则得出

$$\dot{w}_i = \text{常数} = \nu_i, \quad \dot{J}_i = 0 \tag{5.92}$$

这里 ν_i 是常数。因此

$$w_i = \nu_i t + \gamma_i, \quad J_i = \text{常数} \tag{5.93}$$

常数 ν_i 与运动的频率相关。如果在整个 q_i 周期内进行 w_i 的积分，我们得到

$$\Delta w_i = \oint \frac{\partial w_i}{\partial q_k} \mathrm{d}q_k = \oint \frac{\partial}{\partial q_k}\left(\frac{\partial S}{\partial J_i}\right) \mathrm{d}q_k \tag{5.94}$$

在积分外取微分，有

$$\Delta w_i = \frac{\partial}{\partial J_i}\oint\left(\frac{\partial S}{\partial q_k}\right)\mathrm{d}q_k = \frac{\partial J_k}{\partial J_i} \tag{5.95}$$

最后一个等式源自定义 $p_k = \partial S/\partial q_k$。因此,如果 $i = k$,则 $\Delta w_i = 1$;如果 $i \neq k$,则 $\Delta w_i = 0$。换句话说,相应的 q_i 经过一个完整的循环时,每个自变量 w_i 从0变为1。

从这些考虑可以明显看出,作用-角变量是在旧量子论中研究电子轨道的理想工具,它是索末菲的"量子问题的坦途"。将作用-角变量引入量子理论是由史瓦西和爱泼斯坦(Epstein)在7.2节中描述的背景下开创的(Schwarzschild,1916;Epstein,1916a)。如贾默(1989)所言:

"……哈密顿的方法似乎是专门为解决量子力学问题而创建的。"

我们以索末菲对三维玻尔模型的处理为例。

5.5 索末菲的原子三维模型

这些方法为量子问题提供了自然的数学工具,阐明这一点的最好方法是重复索末菲对三维角动量量子化的分析。在球极坐标系中,动能为

$$T = \frac{m}{2}(\dot{r}^2 + r^2\dot{\theta}^2 + r^2\sin^2\theta\dot{\varphi}^2) \tag{5.96}$$

由式(5.61),(r, θ, φ) 坐标系中的正则动量为 $p_r = m\dot{r}$,$p_\theta = mr^2\dot{\theta}$ 和 $p_\varphi = mr^2\sin\theta\dot{\varphi}$。因此哈密顿量为

$$H = \frac{1}{2m}\left(p_r^2 + \frac{p_\theta^2}{r^2} + \frac{p_\varphi^2}{r^2\sin^2\theta}\right) - \frac{k}{r} \tag{5.97}$$

其中 $k = Ze^2/(4\pi\epsilon_0)$。因此我们可以立即将这个方程转换为哈密顿-雅可比方程:

$$H = \frac{1}{2m}\left[\left(\frac{\partial W}{\partial r}\right)^2 + \frac{1}{r^2}\left(\frac{\partial W}{\partial \theta}\right)^2 + \frac{1}{r^2\sin^2\theta}\left(\frac{\partial W}{\partial \varphi}\right)^2\right] - \frac{k}{r} = E \tag{5.98}$$

我们已将哈密顿函数写为 W,而不是 S。[⑤] 与哈密顿量 H 相关的总能量为 E,是运动常量。现在,我们以可分离的形式写出函数 W:

$$W = W_r(r) + W_\theta(\theta) + W_\varphi(\varphi) \tag{5.99}$$

首先,我们考虑式(5.98)中 φ 的偏微分项。该关系对于所有 φ 都必须成立,所以

$$\frac{\partial W}{\partial \varphi} = \alpha_\varphi = \text{常数} \tag{5.100}$$

因此式(5.98)变成

$$\frac{1}{2m}\left[\left(\frac{\partial W}{\partial r}\right)^2 + \frac{1}{r^2}\left\{\left(\frac{\partial W}{\partial \theta}\right)^2 + \frac{\alpha_\varphi^2}{\sin^2\theta}\right\}\right] - \frac{k}{r} = E \tag{5.101}$$

现在式(5.101)中花括号内的项仅涉及 θ,因此也必须是一个常数:

$$\left(\frac{\partial W}{\partial\theta}\right)^2 + \frac{\alpha_\varphi^2}{\sin^2\theta} = \alpha_\theta^2 \tag{5.102}$$

把花括号中的项替换为 α_θ^2,哈密顿-雅可比方程变为

$$\left(\frac{\partial W}{\partial r}\right)^2 + \frac{\alpha_\theta^2}{r^2} = 2m\left(E + \frac{k}{r}\right) \tag{5.103}$$

(5.100),(5.102)和(5.103)这三个方程是在三个独立坐标(r,θ,φ)下的运动守恒方程。第一个方程(5.100)是简单的关于固定极轴的角动量守恒。然而,也有关于 θ 轴的角动量。总角动量 p 的守恒由方程(5.102)给出,通过比较平面内运动的角动量守恒表达式和式(5.97),可以看出

$$H = \frac{1}{2m}\left(p_r^2 + \frac{p}{r^2}\right) - \frac{k}{r} = E \tag{5.104}$$

第三个方程(5.103)对应于总能量守恒。

现在,我们将这些结果转换为作用-角变量。这些是由

$$J_1 \equiv J_\varphi = \oint p_\varphi \mathrm{d}\varphi = \oint \frac{\partial W_\varphi}{\partial\varphi}\mathrm{d}\varphi \tag{5.105}$$

$$J_2 \equiv J_\theta = \oint p_\theta \mathrm{d}\theta = \oint \frac{\partial W_\theta}{\partial\theta}\mathrm{d}\theta \tag{5.106}$$

$$J_3 \equiv J_r = \oint p_r \mathrm{d}r = \oint \frac{\partial W_r}{\partial r}\mathrm{d}r \tag{5.107}$$

定义的。利用式(5.100),式(5.102)和式(5.103),这些积分可以写为

$$J_\varphi = \oint \alpha_\varphi \mathrm{d}\varphi \tag{5.108}$$

$$J_\theta = \oint \sqrt{\alpha_\theta^2 - \frac{\alpha_\varphi^2}{\sin^2\theta}}\mathrm{d}\theta \tag{5.109}$$

$$J_r = \oint \sqrt{2mE + \frac{2mk}{r} - \frac{\alpha_\theta^2}{r^2}}\mathrm{d}r \tag{5.110}$$

第一个积分是平庸的:

$$J_\varphi = 2\pi\alpha_\varphi \tag{5.111}$$

通过比较球极坐标和平面极坐标中的动能表达式,可以对第二个积分进行简单的计算,就像在比较式(5.104)和式(5.97)时一样,

$$p_r\dot{r} + p_\theta\dot{\theta} + p_\varphi\dot{\varphi} = p_r\dot{r} + p\dot{\psi} \tag{5.112}$$

其中,p 是总角动量,ψ 是在轨道平面中的方位角。因此,用 $p\dot{\psi} - p_\varphi\dot{\varphi}$ 代替 $p_\theta\dot{\theta}$,可以写出 J_θ 的作用量积分:

$$J_\theta = \oint p\mathrm{d}\psi - \oint p_\varphi \mathrm{d}\varphi \tag{5.113}$$

两个积分绕 2π 积一圈,我们得到

$$J_\theta = 2\pi(p - p_\varphi) = 2\pi(\alpha_\theta - \alpha_\varphi) \tag{5.114}$$

因此，第三个径向作用量的积分变为

$$J_r = \oint \sqrt{2mE + \frac{2mk}{r} - \frac{(J_\theta + J_\varphi)^2}{4\pi^2 r^2}}\mathrm{d}r \tag{5.115}$$

在实施此积分时，我们发现系统的能量与作用量积分 J_φ，J_θ 和 J_r 之间存在关系。该计算由戈尔德施泰因通过围道积分进行，并最终得到这个令人惊讶的结果：

$$H \equiv E = -\frac{2\pi^2 mk^2}{(J_r + J_\theta + J_\varphi)^2} \tag{5.116}$$

这种计算完全是经典的，作用量的值是连续的。索末菲现在将他的量子化条件应用于三个作用量积分(5.105)～(5.107)，结果如下：

$$J_\varphi = \oint p_\varphi \mathrm{d}\varphi = n_\varphi h \tag{5.117}$$

$$J_\theta = \oint p_\theta \mathrm{d}\theta = n_\theta h \tag{5.118}$$

$$J_r = \oint p_r \mathrm{d}r = n_r h \tag{5.119}$$

其中 n_φ，n_θ 和 n_r 是整数。现在，仅允许空间中电子轨道的特定取向，并且在非相对论性极限中，能级又是简并的。将这些值代入式(5.115)并令 $k = Ze^2/(4\pi\epsilon_0)$，则三维椭圆轨道的能量为

$$E = -\frac{Z^2 e^4 m}{8\epsilon_0^2 h^2 (n_r + n_\theta + n_\varphi)^2} \tag{5.120}$$

与式(5.23)的结果完全相同。

现在我们算出与每个独立坐标相关的频率 ν_i。从式(5.91)和式(5.92)中可以看出

$$\nu_i = \dot{w}_i = \frac{\partial H}{\partial J_i} \tag{5.121}$$

因此从式(5.116)中我们得到

$$\nu = \frac{\partial H}{\partial J_r} = \frac{\partial H}{\partial J_\theta} = \frac{\partial H}{\partial J_\varphi} = \frac{4\pi^2 mk^2}{(J_r + J_\theta + J_\varphi)^3} \tag{5.122}$$

从而所有三个独立坐标 r，θ 和 φ 的频率相同。

这些结果是旧量子论中量子化的基础。其规则如下：

· φ 坐标中的量子化相当于量子化角动量在某些选定轴上的投影，我们可以选择将其作为笛卡儿坐标系的 z 方向。量子化规则为 $J_z = n_\varphi h/(2\pi) = mh/(2\pi) = m\hbar$，其中，由于后面将要讨论的原因，$m$ 被称为磁量子数。

· θ 和 φ 坐标中的组合量子化由 $J = J_\theta + J_\varphi = (n_\theta + m)\hbar$ 给出。可以写成 $J = k\hbar$，其中 k 被称为角量子数，它定义了量子化的总角动量。

· 径向 r 方向的量子化由式(5.116)～式(5.119)给出，对应于 $J_r = (n_r + n_\theta + m)\hbar$。量子数 $n_r + n_\theta + m$ 确定了由式(5.120)给出的轨道的总能量，被称为主量子数。[⑥]

我们集中研究了非相对论性情况下的类氢原子，其中电子在严格的平方反比律静电力场中运动。对于其他原子，电子所感受的场通常不是平方反比律，因此独立坐标的振荡频率不必相同。特别地，它们不必与整数比相关。在这些情况下，尽管每个坐标都进行简单的周期运动，但电子的整体运动不是简单的周期运动。当相关的频率不是彼此的有理分式时，该运动称为条件周期运动。在二维情况下的笛卡儿坐标系中，条件周期运动可以用李萨如(Lissajou)图表示，如图 5.4 所示。电子的运动表现为在 x 方向和 y 方向上频率略有不同的振荡。如果频率比是整数比，则轨迹将最终重复，但是在更普遍的该比率是无理数的情况下，轨迹永远不会连接起来，并且轨迹将填满整个 x-y 平面。

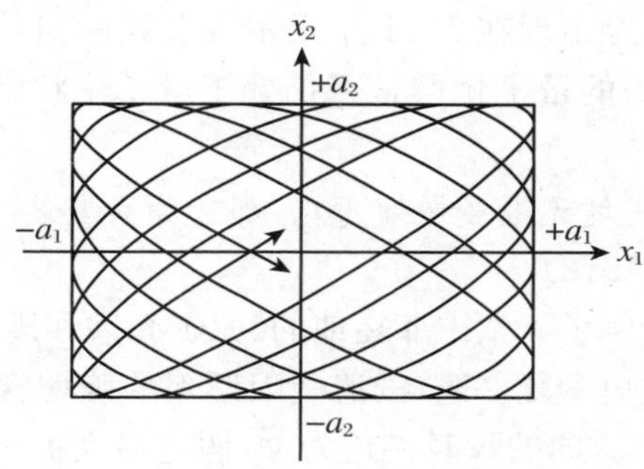

图 5.4　当振荡频率在 x 和 y 方向上不同时，电子在 x-y 平面中的运动(Sommerfeld,1919)

这些都是非常可喜的成就，并且其中许多特征将在海森堡和薛定谔的全量子理论中以一种非常不同的面貌重新出现。在 1916 年，作用-角变量工具显然是领先的，这些工具已经被活跃的天文学家发展到一个高度复杂的程度。这些技术蓬勃发展，并成为理论物理学家的首选方法。虽然氢原子模型很成功，但经典的玻尔-索末菲模型在多电子系统中遇到了几乎无法克服的困难。幸运的是，天文学家开创了可用的处理行星轨道小微扰的技术，当系统演化时，这将导致守恒量的缓慢变化。在理解电场和磁场对原子的玻尔-索末菲模型的影响时，这些工具将发挥巨大作用。

5.6　埃伦费斯特和绝热原理

埃伦费斯特不是量子理论的崇拜者。正如他在 1913 年 8 月 25 日给洛伦兹的信中所说：

> “玻尔关于巴耳末公式的量子理论的研究（在 *Philosophical Magazine* 中）使我感到绝望……如果这是达到目标的方法，我必须放弃研究物理学。”

1916 年 5 月，索末菲对玻尔模型进行扩展之后，他再次写信给索末菲：

> “这种成功将帮助初级的、但仍不完备的、怪异的玻尔模型取得新的胜利，尽管我认为这是可怕的，但我仍然衷心地希望慕尼黑物理学沿着这条道路取得更大的成功。”(Klein，1970)

尽管有所保留，埃伦费斯特还是深入地参与了量子物理学中的问题，特别是将绝热不变性的概念引入了旧量子论的框架中。

这个概念的萌芽已经出现在 1911 年索尔维会议的讨论中。洛伦兹当时提出了一个问题，即弦被缩短的量子化摆是否仍处于量子化状态。爱因斯坦毫不犹豫地回答：

> “如果钟摆的长度无限缓慢地变化，那么如果其能量原本是 $h\nu$，则仍为 $h\nu$。”(Einstein，1912)

这是绝热不变性的一个例子。索末菲在他的《原子光谱和谱线》(1919)一书中进行了这一计算。我们在这里重复一遍，澄清爱因斯坦的确切含义。摆的长度为 l，摆锤的质量为 m。与竖直方向的瞬时夹角为 φ，假定最大振幅 φ_0 较小。这样，摆的振动角频率为 $\omega_0 = 2\pi\nu_0 = \sqrt{g/l}$。弦的拉力 S 是作用在摆锤上的重力和向心力的总和，因此

$$S = mg\cos\varphi + ml\dot{\varphi}^2 \tag{5.123}$$

现在，弦的长度非常缓慢地缩短了，因此随着弦长度减小 $\mathrm{d}l$，摆会有很多波动。将弦缩短 $\mathrm{d}l$ 平均所需要做的功是

$$\mathrm{d}W = S\mid \mathrm{d}l \mid = -mg\,\overline{\cos\varphi}\,\mathrm{d}l - ml\,\overline{\dot{\varphi}^2}\,\mathrm{d}l \tag{5.124}$$

其中上面一横表示在摆动的一个周期内取平均值。由于长度的增量 $\mathrm{d}l$ 为负，因此符号是负的。摆的运动为

$$\varphi = \varphi_0\sin(\omega_0 t + \gamma) \tag{5.125}$$

我们得到

$$\overline{\cos\varphi} = 1 - \frac{1}{2}\overline{\varphi^2} = 1 - \frac{1}{4}\varphi_0^2, \quad \overline{\dot{\varphi}^2} = \frac{\varphi_0^2\omega_0^2}{2} = \frac{g\varphi_0^2}{2l} \tag{5.126}$$

因此

$$\mathrm{d}W = -\left[mg\left(1 - \frac{1}{4}\varphi_0^2\right) + \frac{mg\varphi_0^2}{2}\right]\mathrm{d}l = -mg\left(1 + \frac{\varphi_0^2}{4}\right)\mathrm{d}l \tag{5.127}$$

$\mathrm{d}W$ 中的第一项 $-mg\mathrm{d}l$ 是将摆锤的平均位置提高 $\mathrm{d}l$ 所需的功，第二项表示摆运动的平均动能的增加。总能量通常是平均动能的两倍：$E = 2\,\overline{E_{\mathrm{kin}}}$，其中

$$\overline{E_{\mathrm{kin}}} = \frac{m}{2}l^2\,\overline{\dot{\varphi}^2} = mgl\,\frac{\varphi_0^2}{4} \tag{5.128}$$

对上式取微分，总能量的变化是

$$\mathrm{d}\overline{E} = mg\frac{\varphi_0^2}{2}\mathrm{d}l + mgl\varphi_0\mathrm{d}\varphi_0 \tag{5.129}$$

让式(5.129)等于增加摆的运动所做的功，即式(5.127)中的项 $-mg\varphi_0^2\mathrm{d}l/4$，我们得到

$$-\frac{3}{4}\varphi_0\mathrm{d}l = l\mathrm{d}\varphi_0 \tag{5.130}$$

积分得

$$\frac{3}{4}\ln l = -\ln\varphi_0 + \text{常数},\quad l^{3/4}\varphi_0 = \text{常数} \tag{5.131}$$

因此，随着摆弦的缩短，尽管摆动的幅度减小，$\Delta x = \varphi_0 l \propto l^{1/4}$，但其角幅度增加。由于 g 为常数，振动频率以 $\omega \propto l^{-1/2}$ 增加。现在我们可以根据式(5.128)求出摆的总振动能量与其频率之间的关系。我们获得的关键结果是

$$\frac{\overline{E}}{\nu} = \text{常数} \tag{5.132}$$

这就是爱因斯坦在回应洛伦兹时的意思。

$\overline{E}/\nu$ 这个量是绝热不变量的一个例子。自从 19 世纪 50 年代中期开始理解热力学第一定律和第二定律以来，绝热不变性就以各种形式出现在文献中。在经典热力学中，绝热过程在定义理论的基本结构方面起着核心作用。为了强调这一点，让我重复我在《物理学中的理论概念》(Longair，2003)中对涉及的可逆绝热过程的描述：

> “可逆过程是一个无限缓慢的过程，因此，系统从状态 A 到状态 B，经历了无数个平衡态。由于该过程无限缓慢地进行，因此不会产生摩擦或湍流，也不会产生声波。在任何阶段都没有非平衡力。在每一步，我们只让系统有一个无限小的变化。言下之意是，精确反转这一进程，我们可以回到我们开始出发的那个点，系统或周围环境都没有改变……
>
> 为了强调这一点，我们详细考查如何能够进行可逆等温膨胀。假设我们有一个大的热库，温度为 T，装有气体的气缸与它热接触，温度也为 T。如果两者处于相同的温度，则无热流。但是，如果我们允许活塞向外有一个无限小的移动，则气缸中的气体会有一个无穷小的冷却，因此，由于温度差，会有无穷小的热量流入气体。这些微小的能量使气体回到温度 T。系统是可逆的，因为如果我们在 T 处稍微压缩气体，它将变热，会有热从气体流进热库。因此，只要我们仅考虑无穷缓慢的变化，热流过程就会可逆地进行。
>
> 显然，如果热库和活塞处于不同的温度，这是不可能的。在这种情况下，我们无法通过使较冷物体的温度发生无穷小的变化来逆转热流的方向。这就提出了一个重要的观点，即在可逆过程中，系统必须能够经过无

限个平衡态,从一种状态演变到另一种状态,而平衡态都是通过功和能流的无穷小增量而连接在一起的。

为了再次强调这一点,让我们重复一下绝热膨胀的论述。气缸与宇宙的其余部分完全绝热。同样,我们无限缓慢地执行每一步。没有热流入或流出系统,也没有摩擦。由于每个无穷小的一步都是可逆的,把它们连接在一起,我们可以实现整个可逆绝热膨胀。”

在可逆绝热膨胀的情况下,压强和体积的联系为 $pV^{\gamma}=$ 常数,其中 γ 是在定压和定容下的比热容之比:$\gamma=C_p/C_V$。就压强和温度而言,$pT^{\gamma/(\gamma-1)}=$ 常数。在膨胀的所有阶段,系统在温度 T 时处于热平衡态,因此系统的总能量为 $E=V\varepsilon$,其中 ε 是气体的能量密度。压强与内能密度之间的关系为 $p=(\gamma-1)\varepsilon$,于是由于 $pV=RT$,1 mol 气体的能量 E 与温度 T 之间的关系为

$$E=\frac{RT}{\gamma-1},\quad \frac{E}{T}=\text{常数} \tag{5.133}$$

这是绝热不变量的另一个例子。但是,我们之前已经看到过这一点。1.7.2 小节中维恩位移定律的推导涉及两个绝热不变量的使用。从式(1.31)和式(1.32),我们得到总能量 $E=V\varepsilon$,频率 ν 和温度 T 通过以下不变量联系在一起:

$$E/\nu=\text{常数},\quad \nu/T=\text{常数},\quad E/T=\text{常数} \tag{5.134}$$

埃伦费斯特对绝热不变性的兴趣源于他对普朗克和爱因斯坦对普朗克光谱形式推导的困惑,在这个推导中,经典和量子概念混合在一起。埃伦费斯特担心的是,斯特藩-玻尔兹曼定律和维恩位移定律是由纯粹的经典观点推导的,正如我们在1.7.1小节和1.7.2小节中所证明的那样,但为了推导出黑体辐射谱的正确形式,必须包括高度非经典的量子化程序。到1913年,埃伦费斯特已经解决了这个难题,他意识到被量子化的量实际上是绝热不变量(Ehrenfest,1913)。如式(5.134)所示,E/ν 是辐射气体绝热膨胀中的一个不变量。如果将量子化规则应用于这个绝热不变量,我们立即得到

$$E/\nu=nh\quad(n=0,1,2,\cdots) \tag{5.135}$$

因此,从 T_2 到 T_1 的绝热膨胀过程中保留了量子化规则。除了解决埃伦费斯特的担忧外,它还提供了一种新方法来解决哪些量应遵守量子化规则的问题。当时,埃伦费斯特的想法几乎没有引起注意,但玻尔和爱因斯坦认识到它的重要性。爱因斯坦称这种方法为量子化的埃伦费斯特绝热假设,即:

“如果系统以可逆绝热的方式受到影响,则允许的运动在变换中得以保持。”

在1916年的论文中,埃伦费斯特说道:

“……该假说对量子的引入中存在的任意性给予了限制。”(Ehrenfest,1916)

1916年的这篇论文对绝热不变性的概念提出了一个更为普适和抽象的定义。用

埃伦费斯特的话来说，就是：

“系统的坐标用 $q_1,\cdots,q_n$ 表示。势能 Φ 除了坐标 q 之外，还可能包含某些‘参数’ $a_1,a_2,\cdots$，这些参数的值可以无限缓慢地改变。动能 T 可以是速度 $\dot{q}_1,\cdots,\dot{q}_n$ 的齐次二次函数，其系数是 q 的函数，并且可以是 $a_1,a_2,\cdots$的函数。将参数从 $a_1,a_2,\cdots$ 的值无限慢地改变到 $a_1',a_2',\cdots$，一个给定的运动 $\beta(a)$ 转化为另一个运动 $\beta(a')$。这种对系统的特殊影响可称为‘可逆的绝热影响’，运动 $\beta(a)$和 $\beta(a')$‘彼此绝热相关’。”

最后的表述意味着该过程必须是可逆的绝热变化。

索末菲发展的玻尔原子模型的一个显著结果由这一假设立即得到了解释，即具有相同主量子数的量子化的圆和椭圆轨道的周期具有相同的能量和频率。可以证明，从埃伦费斯特的角度来看，具有圆轨道的模型绝热地与相同频率的椭圆轨道相关。由于 E/ν 是绝热不变量且等于 nh，因此得出轨道必须具有相同的能量。

论证的最后一步涉及在应用量子化条件时应采用的适当坐标系。答案来自史瓦西和爱泼斯坦的研究，他们的论文与斯塔克效应有关，但其中包含了正确的答案(Schwarzschild，1916；Epstein，1916a)。答案是：对于具有可分离的动力学方程的系统，应将量子化条件应用于5.4.4小节和5.5节讨论的作用-角坐标系中。具体来说，他们证明，作用量 J 是要与绝热不变量一致的量，它们直接导致索末菲的量子化条件(5.117)～(5.119)。现在就清楚了为什么普朗克将 h 称为作用量子。

这些结果导致了对动力学方程可分离条件的大量数学研究，还导致了非相对论性的玻尔-索末菲模型中轨道的简并性问题。伯格斯(Burgers)是埃伦费斯特在莱顿的学生和当时的合作者，他继续研究了在什么条件下量子化规则适用于哈密顿量是时间可变的系统，即哈密顿-雅可比方程(5.87)的含时版本，即为

$$H\left(q_1,q_2,\cdots,q_n,\frac{\partial S}{\partial q_1},\frac{\partial S}{\partial q_2},\cdots,\frac{\partial S}{\partial q_n},t\right)+\frac{\partial S}{\partial t}=0 \qquad (5.136)$$

这些与不含时方程的条件并无不同，此外，他还证明了作用量 J 是绝热不变量(Burgers，1916)。这些分析为更详细地研究量子现象提供了框架，特别是在第7章中讨论的塞曼效应和斯塔克效应。

5.7　发展中的量子理论框架

仅仅几年之后，玻尔的超凡洞察力为原子和分子中的量子现象本质奠定了更为牢固的理论基础。量子化条件的明显随意性已被以下理解取代：必须量子化的量是经典物理学的绝热不变量。此外，用于处理量子化系统的合适的数学工

具——力学变换理论的作用-角变量已经建立,这些变换理论来自哈密顿力学和动力学。这种为天体力学应用而开发的数学技术突然成为理论物理学家研究量子问题的首选工具。这带来了后来理论物理学家赖以为生的高等力学的全部工具。这些发展对量子理论产生了长远的影响,因为当海森堡和薛定谔的量子过程理论得以阐明的时候,许多数学技术都以不同的形式得到了应用。

量子理论新近获得了理解,对其利用是理论家们的近期目标,在理论能够解释量子现象的细节之前,他们还有很长的路要走。

第6章 爱因斯坦系数、玻尔对应原理和第一选择定则

6.1 定态跃迁问题

将绝热不变量理解为受玻尔-索末菲量子化条件约束的物理量，并通过哈密顿-雅可比理论和作用-角变量对其进行数学描述，这为确定量子系统的定态能量，从而确定定态之间的跃迁辐射频率提供了工具。然而，这一理论对跃迁的物理过程以及由此产生的辐射强度和极性都没有做任何说明。玻尔提议通过他发展的对应原理来解决这些问题。简单地说，该原理表明，在大量子数的极限下，即当 $\Delta n \ll n$ 时，定态之间的辐射过程应趋近麦克斯韦电磁辐射理论的经典结果，进而提供有关辐射强度和偏振特性的信息。

早在1900年普朗克的黑体辐射谱理论中，这种对应原理就已经预示过。在温度为 T 的封闭腔中，辐射的平衡能量密度的表达式由2.6节导出：

$$u(\nu) = \frac{8\pi h\nu^3}{c^3}\frac{1}{e^{h\nu/(kT)} - 1} \tag{6.1}$$

在普朗克推导上述结果时，假设振子的能级对整个电磁波谱的辐射发射是量子化的，进而在频率 $h\nu \ll kT$ 时，公式(6.1)还原为经典的瑞利-金斯定律，即

$$u(\nu) = \frac{8\pi h\nu^3}{c^3}\frac{1}{e^{h\nu/(kT)} - 1} \to \frac{8\pi\nu^2}{c^3}kT \tag{6.2}$$

这个表达式是由瑞利从纯经典理论角度推导出来的，见2.3.4小节。这一结果由玻尔在对应原理中加以阐述，但在此之前，爱因斯坦在从概率的角度处理量子跃迁问题上取得了重大进展。

6.2 《关于辐射的量子理论》

在 1911 年至 1916 年间,爱因斯坦全神贯注于建立广义相对论,这是物理学史上杰出的智力成就之一。在 1911 年索尔维会议之后,爱因斯坦对量子物理学的研究相对较少,直到 1916 年他才回到黑体辐射谱的起源这个物理问题上。正如第 4 章和第 5 章所述,在那时,普遍的观点已经转变为:在理解原子物理学时,必须认真对待量子和量子理论。

值得一提的是,爱因斯坦在 1905 年提出光是由离散的量子组成的理论,这比普朗克提出的仅适用于辐射源的量子化更具革命性。1907 年普朗克和 1909 年洛伦兹著作的引文(见 3.6 节)表明他们倾向于严格按照麦克斯韦的经典电磁理论来考虑辐射的发射、吸收和传播。相比之下,爱因斯坦从来没有偏离过他对光量子存在的信念。他关于黑体辐射强度涨落的论文《关于辐射的量子理论》(见 3.6 节)就是这种持续追求的一个例子。爱因斯坦 1916 年的这篇论文是他说服同事们相信光量子存在的进一步贡献。这篇论文最值得记住的是它对爱因斯坦 A 和 B 系数的介绍,同时它也介绍了在量子理论发展中非常重要的概念,特别是引入跃迁概率。

继玻尔 1913 年的开创性工作之后,量子物理学的重点转移到了对原子光谱细节的理解上(见第 4 章和第 5 章)。让我们仔细看看爱因斯坦 1916 年的论文(Einstein,1916)。他首先指出了气体分子速度所满足的麦克斯韦-玻尔兹曼分布和普朗克的黑体辐射谱公式之间在形式上的相似性。爱因斯坦展示了如何通过他对普朗克光谱的新推导来调和这些分布,这使人们对他所说的"物质对辐射的发射和吸收过程仍不清楚"有了深入了解。这篇论文首先描述了一个由大量分子组成的量子系统,这些分子可以占据相应于能量 $\varepsilon_1,\varepsilon_2,\varepsilon_3,\cdots$ 的态 $Z_1,Z_2,Z_3,\cdots$。根据经典统计力学,用玻尔兹曼关系式给出了这些态在温度 T 下处于热力学平衡的相对概率,即

$$W_n = g_n \exp\left(-\frac{\varepsilon_n}{kT}\right) \tag{6.3}$$

其中 g_n 是态 Z_n 的统计权重或简并度,即具有完全相同能量 ε_n 的状态数。正如爱因斯坦在论文中所说:

"[式(6.3)]表达了对麦克斯韦速度分布定律的最广泛的推广。"

考虑气体分子的两个量子态 Z_m 和 Z_n,其能量分别为 ε_m 和 ε_n,其中 $\varepsilon_m > \varepsilon_n$。玻尔模型将辐射的频率与量子跃迁联系在一起,即 $h\nu = \varepsilon_m - \varepsilon_n$,但是发生这种跃迁的机理没有具体阐明。根据爱因斯坦的物理图像,跃迁与能量为 $h\nu$ 的量子辐射

的发射有关，为了方便起见，我们将其称为光子。[①] 同样，当能量为 $h\nu$ 的光子被吸收时，分子从态 Z_n 变为态 Z_m。爱因斯坦的目标是发展一种纯量子方法来研究辐射的发射和吸收的理论。

这些过程的量子描述与辐射的发射和吸收的经典过程相类比。贾默(1989)指出，这是玻尔对应原理的早期表现。

• 诱导发射和吸收。与经典情况类比，如果振子由与振子频率 ν 相同的波激发，它要么获得能量，要么损失能量，这取决于波与振子之间的相位差，也就是说，在振子上所做的功可以是正的，也可以是负的。正功或负功的大小与频率为 ν 的入射波的能量密度 u 成正比。这些过程的量子力学对应是诱导吸收(其中分子吸收光子并因此从态 Z_n 激发到态 Z_m)和诱导发射(其中分子在入射辐射场的影响下发射光子)。这些过程的概率如下：

$$\text{诱导吸收}\quad \mathrm{d}W = B_n^m u \mathrm{d}t$$

$$\text{诱导辐射}\quad \mathrm{d}W = B_m^n u \mathrm{d}t$$

下指标指初态，上标指末态。B_n^m 和 B_m^n 是一对特定能态的常数，被称为与"诱导吸收和发射引起的状态变化"相关的系数。

• 自发发射。爱因斯坦注意到，电偶极振子在没有外场激发的情况下"自发"发出辐射。在量子水平上对应的过程称为自发发射，在没有外部原因的情况下，在时间间隔 $\mathrm{d}t$ 内发生光子发射的概率为

$$\mathrm{d}W = A_m^n \mathrm{d}t \tag{6.4}$$

在这里，爱因斯坦用放射性衰变定律 $N = N_0 \exp(-\alpha t)$ 来类比，在这个定律中，原子核自发衰变。这可以用时间间隔 $\mathrm{d}t$ 中发生衰变的概率来解释，规则为 $p(t)\mathrm{d}t = \alpha \mathrm{d}t$。他说：

"除了作为一种放射性反应，人们很难用其他方式来思考它。"

我们现在求热平衡时辐射的能量密度谱 $u(\nu)$。在热平衡状态下，能量为 ε_m 和 ε_n 的分子的相对数目由玻尔兹曼关系式(6.3)给出，因此，在辐射的自发发射、诱导发射以及诱导吸收过程中，为了保持平衡分布不变，概率必须平衡，即

$$\underbrace{g_n \mathrm{e}^{-\varepsilon_n/(kT)} B_n^m u}_{\text{吸收}} = \underbrace{g_m \mathrm{e}^{-\varepsilon_m/(kT)} (B_m^n u + A_m^n)}_{\text{发射}} \tag{6.5}$$

在极限 $T\to\infty$ 下，辐射能量密度 $u\to\infty$，在平衡中以诱导过程为主。令 $T\to\infty$，$A_m^n \ll B_m^n u$，则式(6.5)变为

$$g_n B_n^m = g_m B_m^n \tag{6.6}$$

重写式(6.5)，平衡辐射谱 u 为

$$u = \frac{A_m^n / B_m^n}{\exp\left(\dfrac{\varepsilon_m - \varepsilon_n}{kT}\right) - 1} \tag{6.7}$$

但是，这是普朗克辐射定律。爱因斯坦在 1905 年就已经证明，在维恩极限 $h\nu \gg kT$ 下，光可以被认为是由光子组成的气体。在那个极限下，

$$u = \frac{A_m^n}{B_m^n}\exp\left(-\frac{\varepsilon_m - \varepsilon_n}{kT}\right) \propto \nu^3 \exp\left(-\frac{h\nu}{kT}\right) \tag{6.8}$$

因此,我们得到如下关系:

$$\frac{A_m^n}{B_m^n} \propto \nu^3, \quad \varepsilon_m - \varepsilon_n = h\nu \tag{6.9}$$

公式(6.8)中的比例常数可以从黑体辐射谱的瑞利-金斯极限$(\varepsilon_m - \varepsilon_n)/(kT) \ll 1$下得到。由式(6.2)可得

$$u(\nu) = \frac{8\pi\nu^2}{c^3}kT = \frac{A_m^n}{B_m^n}\frac{kT}{h\nu}, \quad \frac{A_m^n}{B_m^n} = \frac{8\pi h\nu^3}{c^3} \tag{6.10}$$

系数 A_m^n 和B_m^n 在微观水平上与原子过程有关。一旦知道 A_m^n,B_m^n 或B_n^m,就可立即从式(6.6)和式(6.10)得到其他系数。1916 年 8 月 11 日,爱因斯坦兴致勃勃地写信给他的朋友米歇尔·贝索(Michele Besso):

> “关于辐射的吸收和发射,我突然灵光一闪……普朗克公式的推导出奇的简单,我想说的是推导。一切完全是量子化的。”

这个重要的分析仅仅占据了爱因斯坦论文的前三部分。论文的其余部分讨论了物质和辐射之间动量和能量的传递。我们将不详谈这一论点的细节,而是总结其实质内容。根据标准动力学理论,当分子在热平衡的气体中碰撞时,分子之间的动量传递会出现涨落,这相当于

$$\frac{\overline{\Delta^2}}{\tau} = 2RkT \tag{6.11}$$

其中 Δ 是在短时间间隔内传递到分子上的动量,τ 是与作用在移动分子上的“摩擦力”有关的常数。注意这与爱因斯坦的著名公式(3.1)的惊人相似之处,该公式是关于微小粒子在布朗运动中的扩散。现在假设原子密度降低到一个极低的值,这样动量传递就由光子和少数剩余原子之间的碰撞主导,这可以被认为是无碰撞的。根据爱因斯坦的量子假说,光子具有能量 $h\nu$ 和动量 $h\nu/c$。因此,粒子在温度 T 下应完全通过光子与粒子的碰撞而达到热平衡。这就是爱因斯坦需要他的自发发射、诱导吸收和辐射发射方程的原因,因为这些方程决定了能量的传递,在目前情况下,更重要的是决定了粒子和辐射之间的动量。在 1916 年论文的其他部分中,爱因斯坦指出,假设动量传递随机发生在光子和电子之间的定向碰撞中,动量传递中涨落的方差与式(6.11)完全相同。如果粒子再辐射的能量是各向同性的,这就不可能发生,因为那样的话,动量传递过程中就没有随机分量。关键的结果是,当一个分子发射或吸收一个量子 $h\nu$ 时,即使在自发发射的情况下,必定有一个大小为$|h\nu/c|$的或正或负的分子动量改变。用爱因斯坦的话来说:

> “球面波形式的向外辐射是不存在的。在辐射损耗的基本过程中,分子受到 $h\nu/c$ 量级的反冲,其方向根据目前的理论只能由偶然决定。”

他对计算重要性的看法在 1917 年发表的论文版本中得到了总结:

> “在我看来，最重要的是在吸收和发射过程中传递到分子[原子]的动量。如果我们关于传递的动量的假设被改变，[式(6.11)]将被违反。这种关系似乎很难达成一致，这是热[动力学]理论所要求的，除了在我们的假设基础上，其他任何方式都是不可能的。”

1923年，康普顿的X射线散射实验才为爱因斯坦的结论的正确性提供了直接的实验证据(Compton，1923)。这些实验表明，光子经历了碰撞，在碰撞中它们表现得像粒子，这就是康普顿效应或康普顿散射。狭义相对论的一个标准结果是：光子与静止的电子碰撞时，其波长的增加是

$$\lambda' - \lambda = \frac{hc}{m_e c^2}(1 - \cos\theta) \tag{6.12}$$

其中 θ 是光子被散射的角度。[②]在这个计算中隐含着相对论性的三维动量的守恒，其中光子的动量为 $h\nu/c$。

6.3　玻尔对应原理

爱因斯坦引入的自发辐射和诱导辐射的概念给玻尔留下深刻的印象。玻尔发现了一种将自发跃迁概率 A_m^n 与经典电动力学联系起来的方法，这种方法后来被称为对应原理。6.1节已经提到过普朗克光谱在极低频极限下可以还原为经典的瑞利-金斯公式。此外，玻尔已经证明，同样的等价性适用于具有非常大量子数 n 的态之间的跃迁，这些态的发射频率也非常低。我们首先对玻尔的圆轨道氢原子模型证明这一结果。

我们在4.5节中证明，在主量子数为 n 的态下，电子的动能为

$$T = \frac{1}{2}m_e v^2 = \frac{m_e e^4}{8\epsilon_0^2 n^2 h^2} \tag{6.13}$$

由此得出电子在其圆轨道上的速度为

$$v^2 = \frac{e^4}{4\epsilon_0^2 n^2 h^2} \tag{6.14}$$

电子绕核旋转的频率为

$$\nu_e = \frac{v}{2\pi r} = \frac{v^2}{2\pi vr} = \frac{m_e v^2}{2\pi J} = \frac{T}{\pi J} \tag{6.15}$$

其中 $J = nh/(2\pi)$ 是电子量子化的角动量。因此

$$\nu_e = \frac{m_e e^4}{4\epsilon_0^2 h^3 n^3} \tag{6.16}$$

现在，我们计算出当 n 的值很大时在定态之间辐射跃迁的发射频率，根据玻

尔模型,n 是主量子数。由式(4.28),我们得到

$$\nu = \frac{m_e e^4}{8\epsilon_0^2 h^3}\left(\frac{1}{n^2} - \frac{1}{(n+\Delta n)^2}\right) \tag{6.17}$$

其中 $\Delta n \ll n$ 是上态和下态的主量子数之差。因此,我们可以对项 $(n+\Delta n)^{-2}$ 进行泰勒展开,得到

$$\nu = \frac{m_e e^4}{4\epsilon_0^2 h^3 n^3}\Delta n \tag{6.18}$$

现在,$\Delta n = 1, 2, \cdots$,因此我们发现,当 $\Delta n = 1$,$\nu = \nu_e$ 时,旋转频率(6.16)正好等于跃迁的发射频率。因此,在这种最简单的情况下,我们看到,电子绕原子核轨道旋转(这在经典物理中会以电子的轨道频率产生电磁辐射)的频率与电子量子化的定态能量差有关的频率之间存在着确切的对应关系。这就是玻尔在他的对应原理中所利用的特征。他的建议是,根据麦克斯韦电磁理论,利用轨道电子的电磁辐射理论,按照量子理论,确定发射线的强度和偏振特性。

注意式(6.18)的另一个重要特征。$\Delta n = 2, 3, 4, \cdots$ 的线频率是轨道频率 ν_e 的精确谐波,换句话说,$\nu = \tau\nu_e$,其中 $\tau = \Delta n$ 的值为 $\tau = 2, 3, 4, \cdots$。这将被证明是在从经典力学向量子力学过渡中的一个重要结果(10.3 节)。

利用 5.4 节和 5.5 节中介绍的作用-角变量,上述论证可以很容易地扩展到更一般的轨道上。从式(5.122)中可以立即看出,类氢原子的非相对论性椭圆轨道的量子频率 ν 与圆轨道的量子规则完全相同,其中主量子数在 5.5 节的符号中为 $n_r + n_\theta + n_\varphi$。在 1918 年的重要论文中,玻尔以下面方式建立了这种等价关系(Bohr,1918a)。根据作用-角变量的公式,式(5.121)表示与周期系统(或更一般地说是条件周期系统)的 k 坐标相关的频率为

$$\nu_k = \frac{\partial H}{\partial J_k} = \frac{\partial E}{\partial J_k} \tag{6.19}$$

J_k 是与 k 坐标相关的作用量,H 为哈密顿量,即总能量 E。这可以和量子表达式相比较:

$$h\nu_q = \Delta E, \quad \Delta J_k = (n'_k - n_k)h = \tau_k h \tag{6.20}$$

其中 n'_k 和 n_k 是描述跃迁前后态的主量子数,而 τ_k 取值为 $1, 2, \cdots$。在大量子数的极限下,相邻态之间的能量差很小,我们可以用偏微分来代替 E 和 J_k 在态之间的差,也就是

$$\frac{\Delta E}{\Delta J_k} \approx \frac{\partial E}{\partial J_k} \tag{6.21}$$

这个关系包含了玻尔对应原理,左边是量子的,右边是经典的。因此

$$h\nu_q = \Delta E = \frac{\Delta E}{\Delta J_k}\Delta J_k \approx \frac{\partial E}{\partial J_k}\Delta J_k = \tau_k \nu_k h \tag{6.22}$$

换句话说,$\nu_q = \tau_k \nu_k$。对于 $\tau = 1$ 的情况,我们得到了经典和量子结果之间的精确等价性。

在经典理论中，对于 ν_k 的高次谐波也有一个等价关系。$\tau_k>1$ 的值对应于基频 ν_k 的谐波，这在经典理论中也有一个类似的现象：以频率 ν 绕核运行的电子发射电磁辐射。必要的工具已经在 2.3.1 小节中描述过了。特别地，从式(2.3)，偶极矩为 $p_0=ex_0$ 的偶极子以角频率 ω_0 振荡的平均辐射率为

$$-\left(\frac{\mathrm{d}E}{\mathrm{d}t}\right)_{\text{平均}} = \frac{\omega_0^4 e^2 x_0^2}{12\pi\epsilon_0 c^3} = \frac{\omega_0^4 p_0^2}{12\pi\epsilon_0 c^3} \tag{6.23}$$

因此，过程是将电子在其轨道上的周期运动分解成一组完整的正交偶极子，这是通过用傅里叶级数描述运动来实现的。

首先，考虑只有一个自由度的周期系统。则系统的玻尔-索末菲量子化条件为

$$\oint p\mathrm{d}q = nh \tag{6.24}$$

带电粒子在其周期运动但不一定是谐波运动中的位移 x 可以用傅里叶级数表示：

$$x = \sum_{\tau} C_\tau \cos 2\pi(\tau\omega t + c_\tau) \tag{6.25}$$

其中，C_τ 和 c_τ 是常数，求和遍及所有 $\tau=1,2,\cdots$的整数值。ω 是电子绕核周期运动相关的频率。[3] 在这个一维的例子中，量 C_τ 是频率为$\omega, 2\omega, 3\omega, \cdots$的振荡偶极子的振幅。因此，根据经典电动力学，粒子发出一系列频率为 $\omega, 2\omega, \cdots$的谱线。每条谱线的强度由式(6.23)给出，偶极矩 p_0 由 $D_\tau=eC_\tau$ 给出。换句话说，谱线的强度是由傅里叶分量绝对值的平方$|D_\tau|^2$ 决定的。玻尔总结道：

> “因此，我们必须期望，对于大的 n 值，这些系数将在量子理论上决定从一个给定的定态($n=n'$)到一个近邻的态($n=n''=n'-\tau$)自发跃迁的概率。”(Bohr，1918a)

玻尔已经注意到，如果电子在围绕原子核的椭圆轨道上运动，就会得到这个结果：

> “辐射发射这种频率的可能性也可以从普通电动力学的类比中得到解释，因为一个电子在椭圆轨道上围绕原子核旋转会发出一种辐射，根据傅里叶定理可以被分解成齐次的分量，其频率为 $\tau\omega$，如果 ω 是电子旋转频率的话。”(Bohr，1913b)

这只是故事的开始。一般来说，电子的轨道不会是简单的椭圆，因为当有其他电子存在时，电场不是纯粹的 $1/r$ 势，所以运动是条件周期的，而不是纯粹周期性的。在二维空间中，该运动可以直观地如图 5.4 所示。因此我们需要一般的 k 维傅里叶级数来处理一般的条件周期运动。在玻尔的符号中，条件周期系统的坐标是 $q_1, q_2, \cdots, q_s$，因此在任何方向粒子的位移 ξ 可以通过玻尔所说的“s 双无限傅里叶级数”的形式表示为时间的函数：

$$\xi = \sum C_{\tau_1,\tau_2,\cdots,\tau_s} \cos 2\pi[(\tau_1\omega_1 + \cdots + \tau_s\omega_s)t + c_{\tau_1,\tau_2,\cdots,\tau_s}] \tag{6.26}$$

其中，求和遍及 τ_s 的所有正值和负值，每个 ω 是独立坐标 q_k 的平均振荡频率。$C_{\tau_1,\tau_2,\cdots,\tau_s}$ 的值取决于从哈密顿-雅可比方程得出的运动常数 α_i，如式(5.100)～式

(5.103)所描述。请注意,与简并的椭圆轨道不同,在一般情况下,$\omega_1 \neq \omega_2 \neq \cdots \neq \omega_s$,因此 ω_s 不是简单地通过整数比相互关联的。还请注意,傅里叶级数不仅包含每个基频 ω_k 的谐波,还包含"交叉项"$\tau_k \omega_k + \tau_l \omega_l$,这些交叉项对应于独立振荡模式间的耦合。

玻尔的洞见是自发跃迁概率 A_m^n 应与式(6.26)的相应傅里叶分量的偶极矩一致。因此,如果我们把与跃迁 $n \to m$ 有关的偶极矩写成 $D_{n\to m} = eC_{n\to m}$,我们就把经典辐射公式(6.23)等同于单个电子跃迁的自发发射亮度:

$$A_m^n h\nu = \frac{\omega_{n\to m}^4 \mid D_{n\to m} \mid^2}{12\pi\epsilon_0 c^3} \tag{6.27}$$

所以

$$A_m^n = \frac{\omega_{n\to m}^3}{6\epsilon_0 c^3 h} \mid D_{n\to m} \mid^2 \tag{6.28}$$

严格地说,这些对应关系应该只适用于 $\Delta n \gg n$,即 n 值较大的定态之间的跃迁。但是,玻尔几乎没有犹豫,将对应原理也应用于较小的 n 值。除了解释发射谱线的强度和偏振特性外,该原理还导致了选择定则的概念。

6.4 第一选择定则

表达式(6.26)表明,有非常多的定态和相应的甚至更多的可能跃迁,但并不是所有这些都可以在自然界中实现。在 1918 年的论文中,玻尔阐述了第一个选择定则,这将限制定态之间允许的跃迁数量。显然,如果式(6.28)中的傅里叶分量 $D_{n\to m}$ 为零,则跃迁的概率为零,并且这种电偶极子跃迁是禁止的。

我们首先考虑一维谐振子的情况。因为这个系统是周期性的,我们可以通过以下方法简化傅里叶级数式(6.26):

$$p = \frac{1}{2}\sum_{\tau=-\infty}^{+\infty} D_\tau \exp(\mathrm{i}\tau\omega_0 t) \tag{6.29}$$

其中引入因子 1/2 是因为求和范围为 $-\infty < \tau < +\infty$。振子偶极矩随时间的变化是简谐的,因此

$$p = ex_0 \cos\omega_0 t = \frac{ex_0}{2}(\mathrm{e}^{\mathrm{i}\omega_0 t} + \mathrm{e}^{-\mathrm{i}\omega_0 t}) \tag{6.30}$$

为了求傅里叶分量,我们将两边都乘以 $\exp(-\mathrm{i}\tau'\omega_0 t)$,并在一个振荡周期内积分。唯一非零的傅里叶分量是对应于 $\tau = 1$ 和 $\tau = -1$ 的分量:

$$D_1 = D_{-1} = \frac{1}{2}ex_0 \quad (\tau = \pm 1), \quad D_\tau = 0 \quad (\tau \neq \pm 1) \tag{6.31}$$

因此,自发跃迁概率的表达式为

$$A_m^n = \frac{\omega_0^3}{6\epsilon_0 c^3 h} e^2 x_0^2 \tag{6.32}$$

其中选择定则为 $\Delta n = \pm 1$。由于简谐振子的量子化能级是

$$E_n = nh\nu_0 = \frac{1}{2} m\omega_0^2 x_0^2 \tag{6.33}$$

使用关系 $\omega_0 = 2\pi\nu_0$,跃迁概率也可以写成

$$A_m^n = \frac{\omega_0^2 e^2}{6\pi\epsilon_0 mc^3} n \tag{6.34}$$

这些是量子化谐振子相当显著的特性。可以看出,由于能级间距相等且选择定则为 $n = \pm 1$,对于所有的跃迁,发射辐射的频率与所有允许跃迁振子的频率完全相等。还要注意的是,尽管玻尔对应原理只是为了提供一个高能级辐射率的估计,但其结果对于谐振子所有能级之间的跃迁都是正确的。正如贾默(1989)所说,量子化谐振子的这些显著特征是量子理论早期概念发展的幸运特征。在1900年的开创性研究中,普朗克假设谐振子的量子化导致了能级之间的能量差相等,并且这些差异通过 $\Delta E = \varepsilon = h\nu$ 和 $\nu = \nu_0$ 的关系对应于振子的频率。还要注意,这种等距的量子"阶梯"之所以被发现,是因为振荡是谐波的,所以源自谐振势。

玻尔对原子定态之间的跃迁也采用了同样的方法。跃迁概率与傅里叶级数各分量的振幅有关,但现在必须考虑 r,θ 和 φ 坐标中的每个分量的跃迁。我们以最简单的类氢原子为例,其中电子的轨道是椭圆,具有相同主量子数 n 的电子周期是固定的。5.5节讨论了这个问题的解决办法,能级由式(5.120)给出,且由式(5.122)给出的三个正交坐标 r,θ 和 φ 相关的频率都是一样的,即

$$E = -\frac{Z^2 e^4 m}{8\epsilon_0^2 h^2 (n_r + n_\theta + n_\varphi)^2}, \quad \nu_r = \nu_\theta = \nu_\varphi = \frac{4\pi^2 mk^2}{(J_r + J_\theta + J_\varphi)^3} \tag{6.35}$$

玻尔在1918年的论文中指出,在这种情况下,为谐振子导出的量子化规则也适用,因为只有一个单一的频率与跃迁有关,就像在式(6.30)中一样。因此类似的选择定则适用,但现在需要考虑所有三个量子数。

最简单的方法是由特哈尔(ter Haar)(1967)提出的。偶极矩可以被分解为沿 x,y 和 z 方向的分量,如下所示:

$$P_x = er\cos\varphi\sin\theta \tag{6.36}$$

$$P_y = er\sin\varphi\sin\theta \tag{6.37}$$

$$P_z = er\cos\theta \tag{6.38}$$

式中(r,θ,φ)为标准的球极坐标。θ 和 φ 项可以写成 $e^{\pm i\theta}$ 和 $e^{\pm i\varphi}$ 的形式。对于类氢原子的情况,这些因子作为时间 t 的函数可以写成以下形式:

$$e^{i\varphi(t)} = \sum_\tau A_\tau e^{\pm i\tau\omega_\varphi t} \propto e^{\pm i\omega_\varphi t} \tag{6.39}$$

$$e^{i\theta(t)} = \sum_\tau B_\tau e^{\pm i\tau\omega_\theta t} \propto e^{\pm i\tau\omega_\theta t} \tag{6.40}$$

其中 A_τ 和 B_τ 可以用与式(6.29)相同的傅里叶级数形式来写，并且 $\omega_\varphi = 2\pi\nu_\varphi = \omega_\theta = 2\pi\nu_\theta = 2\pi\nu_r$。就像在谐振子的情况中一样，傅里叶展开式中非零的只是那些 $\tau = \pm 1$ 的项，因此在 θ 坐标中，量子数的选择定则是

$$\Delta n_\theta = \pm 1 \tag{6.41}$$

类似的结果也适用于 φ 坐标，但此外，由于 p_z 对 φ 没有依赖性，$\nu_\varphi = 0$，所以选择定则 $\Delta n_\varphi = 0$ 也是允许的。因此，对于 φ 坐标，量子化条件是

$$\Delta n_\varphi = 0,\ \pm 1 \tag{6.42}$$

玻尔继续证明，这些量子化规则也适用于频率 ν_r，ν_θ 和 ν_φ 不同的情况，即条件周期轨道的情况。因此，通过使用对应原理，玻尔能够将定态之间可能的跃迁数量减少到满足上述电偶极跃迁选择定则的数量。

6.5 量子化辐射的偏振和选择定则

关于选择定则起源的进一步见解来自对量子跃迁中辐射偏振特性的思考。玻尔-索末菲原子模型的基本前提是定态的角动量以 $h/(2\pi)$ 为单位进行量子化。在最简单的圆轨道模型中，当跃迁发生时，原子中电子的能量和相应的角动量分别发生 $h\nu$ 和 $h/(2\pi)$ 的变化。角动量转移给发射辐射。玻尔和索末菲认识到，既然辐射是量子化的，就必须有选择定则，来决定哪些定态之间的跃迁会导致电偶极辐射。

索末菲的助手阿达尔伯特·鲁比诺维茨(Adalbert Rubinowicz)将对应原理应用于辐射发射的角动量守恒，并在1918年发表了一篇重要论文(Rubinowicz, 1918a)。索末菲在他的《原子结构与谱线》(1919)一书的第5章的论述中，对量子理论的先驱们所面临的协调原子辐射发射过程的经典与量子图像的问题进行了精彩的回顾。采用了鲁比诺维茨的方法，电子在绕原子核的一般椭圆轨道上发射。他们考虑了三维偶极子 $\boldsymbol{P}$ 的辐射，$\boldsymbol{P}$ 具有分量：

$$\boldsymbol{p}_x = a\exp(\mathrm{i}\alpha) \tag{6.43}$$

$$\boldsymbol{P} = \boldsymbol{p}\exp(\mathrm{i}\omega t), \quad \boldsymbol{p} = \boldsymbol{p}_x + \boldsymbol{p}_y + \boldsymbol{p}_z, \quad \boldsymbol{p}_y = b\exp(\mathrm{i}\beta) \tag{6.44}$$

$$\boldsymbol{p}_z = c\exp(\mathrm{i}\gamma) \tag{6.45}$$

偶极子在 x，y 和 z 方向的振幅分别为 a，b 和 c，振子的相位由量 α，β 和 γ 决定。如果 $\alpha = \beta = \gamma = 0$，则偶极子是轴朝 $\boldsymbol{P}$ 方向的线性振子。在 x-y 平面绕 z 轴旋转的偶极子可以用 $a = b$，$c = 0$，$\alpha = 0$，$\beta = \pm\pi/2$ 来描述。

振荡偶极子的辐射性质已经在2.3.1小节中阐述过。更具体地说，在远场极限下，辐射产生的瞬时电场为

$$E_\theta = \frac{|\ddot{\boldsymbol{p}}|\sin\theta}{4\pi\epsilon_0 c^2 r} \tag{6.46}$$

在距离 r 处,每秒流经单位面积的能量流率由坡印亭矢量 $\boldsymbol{S} = \boldsymbol{E} \times \boldsymbol{H} = (E_\theta^2 / Z_0)\boldsymbol{i}_r$ 的大小给出,其中 $Z_0 = (\mu_0/\epsilon_0)^{1/2}$ 是自由空间的阻抗。因此流经离电荷 r、角为 θ 处的立体角 $\mathrm{d}\Omega$ 所张面积 $r^2\mathrm{d}\Omega$ 的能量流率为

$$Sr^2\mathrm{d}\Omega = -\frac{\mathrm{d}E}{\mathrm{d}t}\mathrm{d}\Omega = \frac{|\ddot{\boldsymbol{p}}|^2\sin^2\theta}{16\pi^2 Z_0 \epsilon_0^2 c^4 r^2} r^2\mathrm{d}\Omega = \frac{|\ddot{\boldsymbol{p}}|^2\sin^2\theta}{16\pi^2\epsilon_0 c^3}\mathrm{d}\Omega \tag{6.47}$$

为了求总辐射速率 $-\mathrm{d}E/\mathrm{d}t$,我们对立体角积分。由于发射强度相对于加速度矢量的对称性,我们可以在由角度 θ 和 $\theta + \mathrm{d}\theta$ 之间的圆带定义的立体角上进行积分,$\mathrm{d}\Omega = 2\pi\sin\theta\mathrm{d}\theta$:

$$-\frac{\mathrm{d}E}{\mathrm{d}t} = \int_0^\pi \frac{|\ddot{\boldsymbol{p}}|^2\sin^2\theta}{16\pi^2\epsilon_0 c^3} 2\pi\sin\theta\mathrm{d}\theta \tag{6.48}$$

得到结果

$$-\frac{\mathrm{d}E}{\mathrm{d}t} = \frac{|\ddot{\boldsymbol{p}}|^2}{6\pi\epsilon_0 c^3} = \frac{q^2|\boldsymbol{a}|^2}{6\pi\epsilon_0 c^3} \tag{6.49}$$

这个结果有时称为拉莫尔公式,结果如式(2.1)所示。

这些结果说明了加速电荷辐射的典型特征,即辐射相对于加速度矢量是对称发射的,能量损耗率由径向的坡印亭矢量通量给出。这种能量也将波的动量转移到无穷远,每秒每单位面积的动量流速率为 $\boldsymbol{S}/c$。然而,由于发射辐射的对称性,粒子没有整体的动量损失。这些结果仍然适用于线性谐振子和旋转偶极子。

然而,对于辐射场的角动量或动量矩,是有区别的。距离偶极子 r 处单位体积的动量是 $\boldsymbol{S}/c^2$,所以发射辐射的动量矩是

$$\boldsymbol{M} = \boldsymbol{r} \times \frac{\boldsymbol{S}}{c^2} \tag{6.50}$$

这个物理量要在整个空间上积分。这个计算是由索末菲在他的书的附录9中完成的。在偶极子绕 x-y 平面上的 z 轴旋转的情况下,单位时间转移的辐射角动量为

$$\boldsymbol{N}_z = \frac{W}{\omega}\frac{2ab\sin\gamma}{a^2 + b^2} \tag{6.51}$$

其中 W 是轨道电子辐射的总能量,$\gamma = \beta - \alpha$ 是 x 和 y 方向的振荡之间的相位差。我们检查一下这个结果是否合理。在振子只有一个分量的情况下,例如 $b = 0$,显然辐射中没有净角动量,正如从发射辐射的对称性所预期的那样。同样地,如果 $\gamma = 0$,使 x 和 y 方向的振荡同相,就没有角动量,因为粒子是 x-y 平面上某个固定角度的线性振子。然而,如果相位差为 $\pm\pi/2$,且 $a = b$,则量 $2ab\sin\gamma/(a^2 + b^2)$ 的最大值和最小值为 ± 1,当沿 z 方向观察时,这些值对应于具有相反意义的圆偏振。请注意,这些结果不外乎是辐射发射的角动量守恒定律。例如,一个在圆轨道上的电子在辐射时失去了角动量,角动量被转移到辐射场中,而辐射场以圆偏振辐射的形式带走角动量。

索末菲现在将这些经典结果转化为量子辐射发射。在量子辐射发射中损失的

能量为 $W = h\nu$,由于 $\omega = 2\pi\nu$,因此

$$\boldsymbol{N}_z = \frac{h}{2\pi}\frac{2ab\sin\gamma}{a^2 + b^2} \tag{6.52}$$

现在,根据角动量量子化的规则 $J_\varphi = n_\varphi h/(2\pi)$,当量子跃迁 Δn_φ 发生时,

$$\Delta J_\varphi = \frac{h}{2\pi}\Delta n_\varphi \tag{6.53}$$

令式(6.52)和式(6.53)相等,得到

$$\Delta n_\varphi = \frac{2ab\sin\gamma}{a^2 + b^2} \tag{6.54}$$

现在,我们已经证明了式(6.53)右边的极值是±1,所以 Δn_φ 可能的积分值只有

$$\Delta n_\varphi = +1, \quad \Delta n_\varphi = -1, \quad \Delta n_\varphi = 0 \tag{6.55}$$

索末菲的分析为原子的量子辐射发射带来了两个关键结果:

- 态的选择定则:角量子数在原子构型的变化中一次最多只能改变一个单位。

- 偏振规律要求,如果角量子数改变±1,光就会发生圆偏振;如果量子数保持不变,则光会发生线偏振。

我们将在下一章讨论,鲁比诺维茨成功地将这些概念应用于理解氢原子和其他原子中的斯塔克效应和塞曼效应,并取得了一些成功(Rubinowicz, 1918b)。

因此,玻尔和鲁比诺维茨多少有些不同的方法导致了同样的结果,即必然存在着必要的选择定则决定原子中哪些跃迁是允许的。注意,他们的方法之间有一个重要的区别。玻尔专门研究了对应原理,其中态之间的跃迁服从量子规则,通过类比发现选择定则。在他的物理图像中,原子本身的辐射是由麦克斯韦方程决定的。相比之下,鲁比诺维茨认为原子和辐射都是单个量子系统的一部分,正如他在1921年的论文中描述的那样(Rubinowicz,1921)。他的分析赋予了发射光子以能量和角动量。

6.6 里德伯线系和量子亏损

玻尔原子模型可以成功地对氢原子的光谱特性作出相当详细的解释,但具有一个以上电子的原子是一个更大的挑战。尽管如此,里德伯线系的原子,如钠、钾、镁、钙和锌,具有与氢原子类似的形式,如里德伯线系公式(1.19)~(1.21)所示的那样,这一事实表明其中涉及了相同的一般原理。例如,引人注目的是,钠与氢的光谱相似。我们需要一个合适的形式,来表示电子在原子核和其他轨道电子的合场中所经历的静电势。

索末菲在他的著作《原子结构和谱线》(1919)中通过采用一种更普遍的形式描述电子所经历的静电势来解决这个问题。他写下

$$U = -\frac{eE}{4\pi\epsilon_0 r} + V,\quad V = \frac{e^2}{4\pi\epsilon_0 r}\left[c_1\left(\frac{a}{r}\right)^2 + c_2\left(\frac{a}{r}\right)^3 + \cdots\right] \tag{6.56}$$

其中 a 选择为第一圆玻尔轨道的半径，$a = h^2\epsilon_0/(\pi m_e e^2)$。假设电子在这个中心静电势中在由坐标 r,φ 定义的平面轨道上运动，分析与5.5节完全相同，但现在式(5.104)和类似公式中的势能项 k/r 被式(6.56)取代。因此，φ 的量子化条件采取通常的形式 $p_\varphi = n_\varphi h/(2\pi)$。在径向坐标中，索末菲证明，只包括第一个附加项 c_1，并进行导致式(5.116)这个结果的相同类型的积分，得到电子定态能量的表达式：

$$E = -\frac{R_\infty}{n_r + n_\varphi + d} \tag{6.57}$$

其中 $d = Zc_1/n^3$。因此，附加的项 d 取决于势能中附加项的性质。当下一项 c_2 被包含在静电势的表达式中时，也得到了类似的结果。显然，这些附加项的加入导致了能够解释里德伯公式(1.19)～(1.21)所需要的那种能级类型。

标准玻尔公式这种修改的起源可以从特哈尔(1967)提出的论证中加以理解。考虑钠原子的例子，玻尔-索末菲的图像涉及一个电荷为 $11e$ 的原子核，由11个轨道电子包围。如果单个电子是光谱线的原由，我们可以考虑它在原子核和其他10个电子的合场中运动。其他10个电子所产生的电势可以用一个球形对称的中心力场来表示，这个假设在原子中电子分布的壳层模型中找到了一定的理由。因此，当电子远离原子核时，它受到的电势是 $-e^2/(4\pi\epsilon_0 r)$，因为原子核被屏蔽，只有1/11的核电荷。另一方面，当电子靠近原子核时，电子会受到全部的核静电势，即 $-11e^2/(4\pi\epsilon_0 r)$。

势的具体形式尚不清楚，但我们可以从下面的推理中推导出解的一般特征。为了找到定态的能量，我们需要找到相当于式(5.110)的积分，这是对纯平方反比律静电势所求的数值。用一般电势项 $2mU(r)$ 代替 $2mk/r$，作用量积分变成

$$J_r = \oint\sqrt{2mE + 2mU(r) - \frac{\alpha_\theta^2}{r^2}}\,\mathrm{d}r \tag{6.58}$$

因为根据经典力学，电子的动量的径向分量由以下表达式给出：

$$p_r^2 = 2mU(r) - \frac{\alpha_\theta^2}{r^2} + 2mE \tag{6.59}$$

对于纯平方反比定律静电吸引的情况，$U(r) = k/r$，于是电子的运动可以用一个图来表示，图中画出径向动量的平方与离核距离的关系(图6.1(a))。束缚轨道的总能量为 E，是一个负数。在 $r_{\min}$ 和 $r_{\max}$ 这两个点上，动量的径向分量趋于零，因为此时所有的动量都在方位分量中，积分(6.58)就在这两个极限之间。相应地，电子的径向运动可以用图6.1(b)所示的 p_r-r 图来表示。

现在，量子化条件是

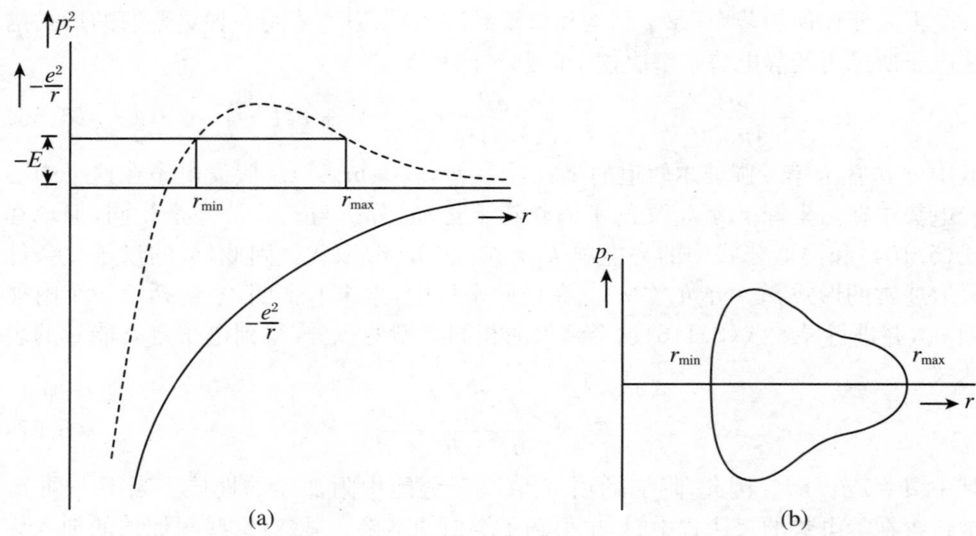

图 6.1 (a) p_r^2-r 图,展示了电子在平方反比律的静电引力下的运动。(b) p_r-r 图,画出了同样的运动(ter Haar,1967)

$$J_r = \oint p_r \mathrm{d}r = n_r h \tag{6.60}$$

所以这个积分对应于图 6.1(b)所示的 p_r-r 关系中轨迹所限定的面积。换句话说,无论 p_r-r 平面内的轨迹形状如何,其面积都是以 h 为单位量子化的。现在我们考虑钠原子的情况。在大半径下,该轨迹将具有与氢原子相同的形式,因为它只感受到一个净电子电荷。靠近原子核时,因为原子核的电荷是 $11e$,所以电势会更深。因此,我们预计 p_r^2-r 关系能够延伸到离核更近的地方,如图 6.2(a)中的 $U(r) \propto 1/r$ 势和钠原子中的电子感受到的电势的比较所示。图 6.2(b)显示了 p_r-r 平面内的对应量。现在,钠原子 J_r 的量子化条件是:图 6.2(b)中的轨迹所包围的面积等于 $n_r h$。这个面积等于氢原子的轨迹所包围的面积加上阴影面积,阴影面积必须是总面积的某个分数 α。因此我们可以写出量子化条件:

$$J_r = n_r h = \alpha h + \oint \sqrt{2mE + \frac{2mk}{r} - \frac{\alpha_\theta^2}{r^2}} \mathrm{d}r \tag{6.61}$$

因此

$$(n_r - \alpha) h = \oint \sqrt{2mE + \frac{2mk}{r} - \frac{\alpha_\theta^2}{r^2}} \mathrm{d}r \tag{6.62}$$

如果我们现在进行与导致式(5.120)的完全相同的分析,我们得到

$$E = -\frac{me^4}{2\epsilon_0^2 h^2} \frac{1}{(n-\alpha)^2} \tag{6.63}$$

其中 $n = n_r + n_\theta + n_\varphi$ 为主量子数。这是式(1.16)中引用的原子能级的里德伯

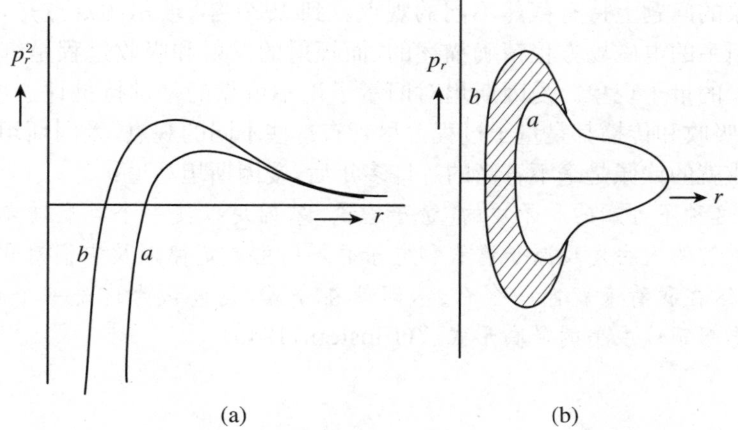

图 6.2　(a) p_r^2-r 图,展示了电子在一个类氢原子(a)和一个钠原子(b)势中的运动。(b) 在 p_r-r 图中画出了同样的运动 (ter Haar,1967)

公式。[④]

6.7　迈向更完备的原子量子理论

经过几年的时间,玻尔的氢原子理论获得了一个更可靠的理论基础。原子模型现在是完全三维的,对应原理为理解原子辐射发射的强度和偏振特性提供了一条途径。选择定则限制了定态之间允许的跃迁数目。尽管人们继续关注量子和经典图像之间的不相容性,但乐观地认为,这些想法为发展更完备的原子量子理论提供了基础。

对应原理的巧妙运用是该理论许多成功的背后原因。索末菲说,对应原理就像

> "一根魔杖,让经典波动理论的结果可以用于量子理论。"

引用贾默(1989)的话:

> "对应原理被证明是进一步发展旧量子论——甚至是建立现代量子力学——的一个最通用和最有成效的概念性方法……事实上,在物理学史上,很少有一个全面的理论像量子力学归功于玻尔对应原理那样,如此多地归功于一个原理。"

正如我们将在第 8 章中讨论的那样,玻尔对对应原理富有想象力的运用导致了他的原子结构理论和元素周期表的起源。玻尔和爱因斯坦在如何处理原子结构

和量子现象的问题上持有截然不同的观点。到1920年,玻尔的观点是,光的传播是由麦克斯韦的电磁场方程精确描述的,而辐射的发射和吸收过程是绑定在原子力学模型上的量子现象。爱因斯坦对旧量子论不可靠的基础持批评态度,认为辐射的发射、吸收和传播都是量子过程。尽管有这些不同的观点,爱因斯坦对玻尔的洞察力和成就的钦佩是毫不吝啬的。许多年后,爱因斯坦写道:

> “这种不可靠的和矛盾的[量子理论]基础足以使一个具有玻尔的本能和机智的人去发现原子谱线和电子壳层的主要定律以及它们对化学的意义,这在我看来就像一个奇迹,即使在今天,我也认为这是一个奇迹。这是思想领域中美的最高形式。”(Einstein,1949)

第 7 章　理解原子光谱——额外的量子数

7.1　光谱学、多重线和谱线的分裂

第 6 章描述的成就代表了对量子现象理解的显著进步，但仍然存在重大挑战，这些挑战最终将破坏旧量子论的成功。光谱学的不断发展使高分辨率光谱的获得成为可能，并且由于能够将发射源置于强电场和磁场中，原子和分子光谱明显变得复杂。原子光谱显示出规律性，例如钠和钙等元素的系列光谱，可以用里德伯公式描述(1.6 节)。但是，一些最显著的谱特征是由多重线组成的，这意味着一条线分裂成若干条具有相似波长的单独的线。图 7.1 显示了多重线的例子，这些线来自日中峰(Pic du Midi)天文台对太阳光球的观测。

最简单的线是单线，图 7.1(a)显示了氢巴耳末线系的 H_α 线。实际上，这条线是一个非常窄的双重线，索末菲将其归因于狭义相对论对具有相同主量子数的电子的圆形和椭圆形轨道的影响(5.3 节)。我们在这里感兴趣的是更大的分裂效应。双重线的典型例子是钠 D 线被分裂成两个明亮的部分，分别标为 D_1 (589.592 nm)和 D_2(588.995 nm)(图 7.1(b))。许多线是三重线，例如，图 7.1(c)所示的 516.7 nm，517.3 nm 和 518.4 nm 处的镁三重线。

除了多重线以外，在电场和磁场存在的情况下，单线将分裂成许多条，分别为斯塔克效应和塞曼效应。塞曼效应的发现和解释已经在 4.1 节中讨论过了。最简单的改变是正常塞曼效应，如图 7.2(a)所示。但是，通常情况下，分裂更为复杂。一个重要的例子就是钠 D_1 和 D_2 线的分裂，其中波长较长的 D_1 线被分成 4 条且没有中心线，而波长较短的 D_2 线被分裂成 6 条，同样没有中心线(图 7.2(b))。三重线锌谱线的塞曼分裂如图 7.2(c)所示，其中一条显示正常塞曼效应，而另两条谱线的分裂与钠 D 线的分裂相似。理解电场和磁场导致的谱线分裂的起源是一个重大挑战。

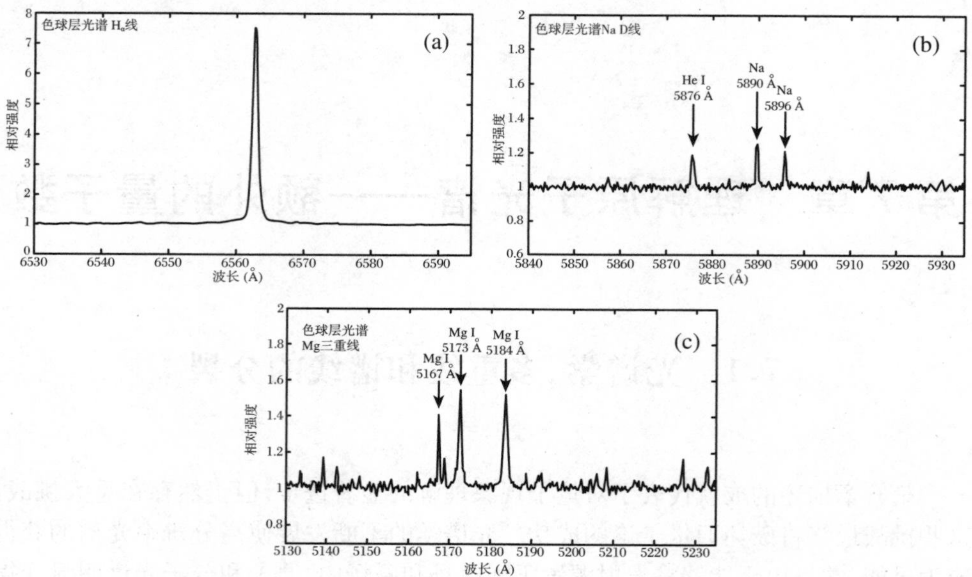

图 7.1 在太阳色球层的光谱中观察到的多重线。(a) H_α 的单线。(b) 钠的 D_1(589.592 nm)和 D_2(588.995 nm)线。光谱还包括 587.6 nm 处的中性氦线。(c) 镁的 516.7 nm, 517.3 nm 和 518.4 nm 处的三重线(由罗泽洛特(J-P. Rozelot)、戴斯诺克斯(V. Desnoux)和比伊(C. Buil)提供。这些观察结果是利用 eShel 光谱仪在日中峰卢奈特·让·罗施(Lunette Jean Rösch)望远镜上得到的)

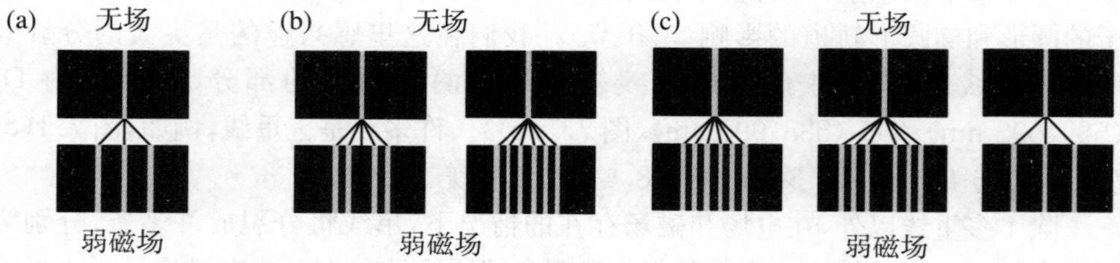

图 7.2 正常和反常塞曼效应的示意图。(a) 单线的塞曼分裂。(b) 钠双 D 线的塞曼分裂。(c) 锌三重线的塞曼分裂

7.2 斯塔克效应

继 1896 年塞曼发现磁场中发射谱的分裂之后,沃尔德玛·沃伊特在 1901 年预测,如果原子受到电场的作用,应该有类似的效应(Voigt,1901)。他从理论上估

计了原子中弹性束缚电子发生这种效应的大小,但发现预测的分裂太小而无法通过实验测量。尽管这一预测令人沮丧,但斯塔克还是在1913年使用“阳极射线”的发射对这个效应进行了实验研究,“阳极射线”是沿与电子束相反的方向穿过放电管有孔阴极的离子(图7.3(a))(Stark,1913)。该仪器是质谱仪的前身,由弗朗西斯·阿斯顿(Francis Aston)完善。斯塔克在他位于亚琛工业大学的实验室中,发现当阳极射线受到强电场作用时,氢巴耳末线系和氦气线会分裂成若干条。几乎同时,佛罗伦萨的安东尼奥·洛苏尔多(Antonino Lo Surdo)在放电管中也发现了类似的效应(Lo Surdo,1913)。斯塔克发现,当垂直于电场方向观察时,H_α 和 H_β 线被分裂成5条,中心线垂直于电场方向偏振,外部的线平行于电场偏振。沿电场方向观察时,观察到3条非偏振的谱线。谱线的分离关于中心线是对称的,在一阶近似下,正比于电场强度。在随后的实验中,斯塔克表明,H_α 谱线没有进一步分裂,但 H_β 在横向和纵向上分裂为13条,H_γ 分裂为15条,H_δ 分裂为17条(Stark,1914)。在氦气的情况下,观察到6条:3条平行于电场偏振方向,3条垂直于电场偏振方向。对于更大的电场强度,可观察到氦和更重元素发射谱更复杂的分裂(图7.3(b))。

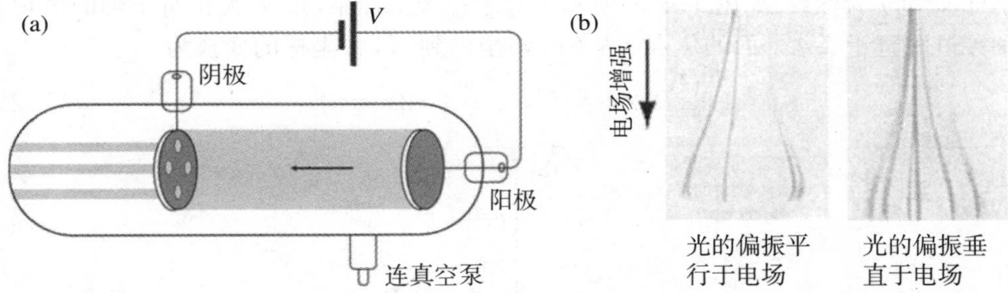

图7.3 (a) 产生阳极射线的实验装置的示意图。带正电的粒子从阳极加速到阴极,并穿过阴极上的孔。如图所示,结果是一组“阳极射线”撞击到放电管的壁上。(b) 斯塔克效应显示了氦线438.8 nm的分裂。电场强度沿图向下增加。在左图中,观察到的光的偏振与电场平行;而在右图中,观察到光的偏振垂直于电场(Foster,1930)

同年,瓦尔堡和玻尔意识到,玻尔的氢原子模型为斯塔克效应提供了一种解释(Warburg,1913;Bohr,1914)。假设电场沿 z 方向作用。那么除了原子核的静电力 $f=Ze^2/(4\pi\epsilon_0 r^2)$ 之外,由于电场对电子做功 $-eEz$,还有一个微扰的静电力作用在电子上,其中 z 可以看作是在 z 方向上离原子核的距离。假定原子核无限重,因此保持静止。定态能量的变化是通过对轨道上的 z 求平均而得到的,因此 $\Delta E \sim eE\bar{z}$。微扰场的影响显然取决于电子轨道的方向和偏心率,但是很显然,对于给定的主量子数(图5.2),由于其轨道的偏心率不同,其结果将消除类氢原子能级的简并。我们记得,具有相同半长轴且原子核处于一个焦点的椭圆轨道都具有相同的总能量。检查图5.2中的轨道表明,实际的分裂取决于量子数 n 和 n',并且$\overline{z}$具有$a = \epsilon_0 h^2 n^2/(\pi m_e e^2 Z)$，即主量子数为 n 的圆形玻尔轨道的半径的大小。因此，第 n 能级能量的变化大约为

$$\Delta E_n \sim \frac{\epsilon_0 h^2 E}{\pi m_e Ze} n^2 \tag{7.1}$$

玻尔对 ΔE_n 大小的估计很好地说明了氢中的斯塔克效应，但他明白，完整的解决方案需要确定均匀电场下原子中电子的微扰轨道。

保罗·爱泼斯坦(Paul Epstein)①(1916a)和卡尔·史瓦西②(1916)几乎同时解决了这个问题。他们使用了 5.4.4 小节和 5.5 节中介绍的作用-角变量，并遵循德劳尼(1860)在研究遥远行星对地-月系统的动力学微扰时发展的流程，索末菲(1919)很好地描述了这些计算。

这些作者从电子或卫星在两个引力中心的场中的运动这一更普遍的问题开始。天体物理学家证明，该问题可以还原为哈密顿-雅可比形式，其中坐标系由共焦椭圆和双曲线族组成，两个行星处于两个焦点上，作为引力中心。如果其中一个引力中心被带到无穷远，而另一个引力中心的吸引力保持恒定，这与另一个引力中心处于均匀场中的结果相同。在这种极限情况下，坐标系成为一组共焦抛物面，以坐标 ξ 和 η 为参数，如图 7.4(a)所示。对于三维坐标系，角 ψ 为相对于轴的极角，轴穿过垂直于 ξ-η 平面的焦点。从(x, y)坐标到(ξ, η)坐标的变换为

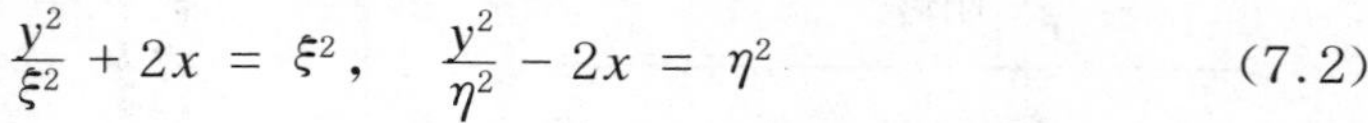

$$\frac{y^2}{\xi^2} + 2x = \xi^2, \quad \frac{y^2}{\eta^2} - 2x = \eta^2 \tag{7.2}$$

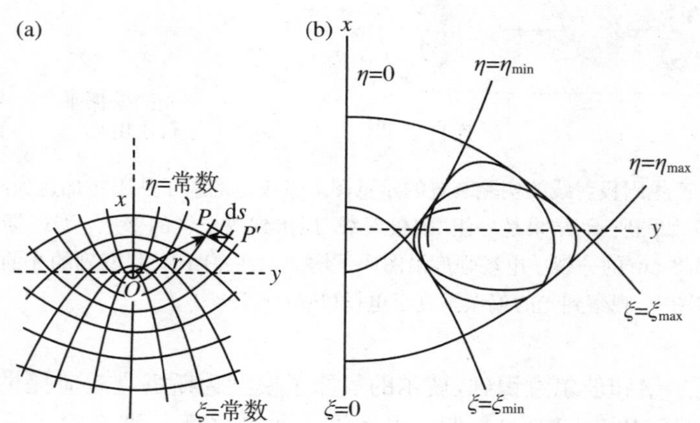

图 7.4 (a) 以坐标 ξ 和 η 为参数的共焦抛物线系统，该坐标形成了一组抛物线坐标，用于分析斯塔克效应。(b) 由抛物线 ξ_{max}，ξ_{min} 和 η_{max}，η_{min} 形成的边界四边形内的电子动力学(Sommerfeld, 1919)

现在，我们按照 5.5 节的哈密顿-雅可比方法，遵从在(ξ, η, ψ)坐标系中寻找电子轨道的步骤。发现电子的总能量 E_{tot} 或者说其哈密顿量 H 为

$$E_{\text{tot}} = H = \frac{1}{2m_e(\xi^2+\eta^2)}\left[p_\xi^2 + p_\eta^2 + \left(\frac{1}{\xi^2}+\frac{1}{\eta^2}\right)p_\psi^2 - \frac{Ze^2}{\pi\epsilon_0} + m_e eE(\xi^4-\eta^4)\right] \tag{7.3}$$

由哈密顿方程(5.69)，得到(ξ,η,ψ)坐标系中的速度和动量的方程：

$$\dot{\xi} = \frac{\partial H}{\partial p_\xi} = \frac{p_\xi}{m_e(\xi^2+\eta^2)},\quad \dot{\eta} = \frac{\partial H}{\partial p_\eta} = \frac{p_\eta}{m_e(\xi^2+\eta^2)},\quad \dot{\psi} = \frac{\partial H}{\partial p_\psi} = \frac{p_\psi}{m_e\xi^2\eta^2} \tag{7.4}$$

$$\dot{p}_\xi = -\frac{\partial H}{\partial \xi},\quad \dot{p}_\eta = -\frac{\partial H}{\partial \eta},\quad \dot{p}_\psi = -\frac{\partial H}{\partial \psi} = 0 \tag{7.5}$$

在抛物线坐标系中解决的重要性在于哈密顿量(7.3)是可分离的，此外，根据方程(7.5)中的最后一个方程，动量 p_ψ 是一个常数，对应于角动量的守恒。索末菲(1919)给出了求出 p_ξ 和 p_η 表达式的计算细节。结果是一个类似于图 5.4 所示的条件周期轨道系统，只不过现在是在抛物线坐标系中(图 7.4(b))。同样，轨道与抛物线 $\xi_{\max}$，$\xi_{\min}$ 和 $\eta_{\max}$，$\eta_{\min}$形成的边界四边形**切触**。轨道最终将穿过边界四边形内的每个点。

下一步是在(ξ,η,ψ)坐标系中应用玻尔-索末菲量子化条件(5.117)～(5.119)：

$$\oint p_\xi \mathrm{d}\xi = n_1 h,\quad \oint p_\eta \mathrm{d}\eta = n_2 h,\quad \int_0^{2\pi} p_\psi \mathrm{d}\psi = n_3 h \tag{7.6}$$

其中 n_1，n_2 和 n_3 是正整数。n_1 和 n_2 被称为抛物线量子数，而 n_3 被称为赤道量子数。在电场 E 中对类氢原子的能级进行一阶计算，爱泼斯坦和史瓦西发现了以下结果：

$$-W = \frac{m_e Z^2 e^4}{8\epsilon_0^2 h^2}\frac{1}{(n_1+n_2+n_3)^2} + \frac{3h^2\epsilon_0 E}{2\pi m_e Ze}(n_2-n_1)(n_1+n_2+n_3) \tag{7.7}$$

我们立即意识到，式(7.7)右侧的第一项与玻尔-索末菲原子能级的表达式(5.120)相同。另外，在电场存在的条件下把量子化条件应用于这些轨道将导致每个能级的分裂，如式(7.7)右边第二项所给出的。该项与我们的数量级计算式(7.1)中得出的形式相同，但是现在已经确定了能级分裂对量子数 n_1，n_2 和 n_3 的依赖关系。与初始定态(m_1,m_2,m_3)和末态(n_1,n_2,n_3)之间跃迁相关的频率分裂是

$$\Delta\nu = \frac{3h\epsilon_0 E}{2\pi m_e Z|e|}[(m_1-m_2)(m_1+m_2+m_3)-(n_1-n_2)(n_1+n_2+n_3)] \tag{7.8}$$

最后，索末菲的定态辐射跃迁选择定则可用于确定预测的氢巴耳末线系谱线分裂。爱泼斯坦发现，这些规则完整地描述了斯塔克关于巴耳末线系分裂的数据，并从经验上证明了 m_3-n_3 的偶数差会引起外场方向的偏振，而奇数差会引起垂直于电场方向的偏振。这些计算对于旧量子论的推广至关重要。特别是，从式(7.8)中可以看出，斯塔克效应中巴耳末线系的分裂取决于普朗克常量 h，与洛伦兹对正常塞

曼效应不依赖于 h 的解释相反。该论点为玻尔的假说提供了独立的支持,即在原子尺度上,量子化效应具有至关重要性。正如爱泼斯坦(1916b)所说:

> "我们相信报告的结果证明了玻尔原子模型的正确性,并提供了惊人的证据,甚至连我们的保守派同事也无法否认它的说服力。看来,应用于该模型的量子理论的潜力几乎是不可思议的,而且还远未穷尽。"

索末菲同样极尽溢美之词:

> "总而言之,我们可以将斯塔克效应理论视为原子物理学中量子理论最惊人的成就之一。"(Sommerfeld,1919)

7.3 塞曼效应

19 世纪 90 年代中期,洛伦兹和拉莫尔对塞曼在强磁场下谱线展宽和分裂的发现做出了解释(4.1 节),展宽和分裂是通过磁场作用于原子中振荡或回旋的"离子"而产生的。线的分裂由三个部分组成,即中心线和线的两边等距分布的两条线(4.1 节),位移为

$$\Delta\omega_0 = \pm \frac{eB}{2m_e} \quad \text{或} \quad \Delta\nu_0 = \pm \frac{eB}{4\pi m_e} \tag{7.9}$$

这种分裂称为正常塞曼效应。塞曼的幸运之处在于他仅观察到了钠 D 线的展宽,而他检测到镉和锌谱线典型的三重分裂,这些谱线是单线并显示出正常塞曼效应。当普雷斯顿(Preston)在都柏林皇家理工学院使用强大的电磁体对钠的塞曼效应进行实验时,他发现了一些截然不同的东西(Preston,1898)。用他的话来说:

> "有趣的是,钠的两重线和镉的蓝线 4800(Å)不属于三重线的那一类线系。实际上,蓝色镉线属于弱中带强的四重线类,而 D 线之一(D_2)显示为细亮线的六重线……另一条 D 线(D_1)显示为四重线……"

科尔努(Cornu)(1898)证实了 D 线的这些分裂,D_1 线为四重线,D_2 线为六重线(图 7.2(b))。这些现象被称为反常塞曼效应。

随着玻尔-索末菲原子量子模型的发展,理论物理学家面临的挑战是将这些概念应用于塞曼效应的描述,希望这能揭示反常塞曼效应。德拜(1916)和索末菲(1916b)对此进行了研究,他们采用了作用-角变量公式,这被证明是与量子理论的要求完美匹配的。电子的运动由原子核的静电场和与磁场 $\boldsymbol{B}$ 相关的洛伦兹力 $\boldsymbol{f}=e(\boldsymbol{v}\times\boldsymbol{B})$的共同影响确定的。如果磁场各向同性且沿 z 方向均匀,运动方程为(另见式(4.2)~式(4.4))

$$m_e\ddot{x} = eB\dot{y} - \frac{\partial V}{\partial x} \tag{7.10}$$

$$m_e\ddot{y} = -eB\dot{x} - \frac{\partial V}{\partial y} \tag{7.11}$$

$$m_e\ddot{z} = -\frac{\partial V}{\partial z} \tag{7.12}$$

这里 $B = |\boldsymbol{B}|$ 且 $V = -Ze^2/(4\pi\epsilon_0 r)$。为了将这些方程转换为适合哈密顿-雅可比方程应用的形式，我们需要系统的哈密顿量。因为 $\boldsymbol{v}\times\boldsymbol{B}$ 项，所以磁场对电子不做功，因此该系统的总能量为

$$\begin{aligned} E &= \frac{1}{2}m_e\dot{x}^2 + \frac{1}{2}m_e\dot{y}^2 + \frac{1}{2}m_e\dot{z}^2 + V \\ &= \frac{1}{2m_e}(p_x^2 + p_y^2 + p_z^2) + V \end{aligned} \tag{7.13}$$

为了将其转化为哈密顿量，我们需要用共轭动量 $p_i = m_e\dot{x}_i + eA_i$ 代替电子的三维动量，其中 A_i 是矢势 $\boldsymbol{A}$ 的三个分量之一，由 $\boldsymbol{B} = \mathrm{curl}\ \boldsymbol{A}$ 定义且 $i = 1,2,3$（参见5.4.3小节）。对于 z 方向上的匀强磁场，

$$\boldsymbol{A} = \frac{B}{2}(y\boldsymbol{i}_x - x\boldsymbol{i}_y) \tag{7.14}$$

所以

$$p_1 = p_x + \frac{eyB}{2},\quad p_2 = p_y - \frac{exB}{2},\quad p_3 = p_z \tag{7.15}$$

因此匀强磁场中电子的哈密顿量为

$$H = E = \frac{1}{2m_e}\left[\left(p_1 - \frac{eyB}{2}\right)^2 + \left(p_2 + \frac{exB}{2}\right)^2 + p_3^2\right] + V \tag{7.16}$$

下一步由德拜完成，是将哈密顿量从笛卡儿坐标系(x,y,z)变到球极坐标系(r,θ,φ)。进行这一变换，得

$$H = \frac{1}{2m_e}\left(p_r^2 + \frac{p_\theta^2}{r^2} + \frac{p_\varphi^2}{r^2\sin^2\theta} - eBp_\varphi\right) - \frac{Ze^2}{4\pi\epsilon_0 r} \tag{7.17}$$

该哈密顿量是可分离的，并且不依赖于 φ。因此 φ 是一个循环变量，我们可以将其写为 p_φ = 常数 = α_3。遵循5.5节中所描述的步骤，可以写出哈密顿-雅可比方程：

$$\left(\frac{\partial W}{\partial r}\right)^2 + \frac{1}{r^2}\left(\frac{\partial W}{\partial \theta}\right)^2 + \frac{\alpha_3^2}{r^2\sin^2\theta} - 2\omega m_e\alpha_3 - \frac{m_e e^2}{2\pi\epsilon_0 r} + 2m_e\alpha_1 = 0 \tag{7.18}$$

其中 $\omega = eB/(2m_e)$，α_1 为负的总能量常数。公式(7.18)在 r 和 θ 坐标中是可分离的，并且运动常量由下式给出：

$$p_\theta = \frac{\partial W}{\partial \theta} = \left(\alpha_2^2 - \frac{\alpha_3^2}{\sin^2\theta}\right)^{1/2} \tag{7.19}$$

$$p_r = \frac{\partial W}{\partial r} = \left(\omega m_e\alpha_3 + \frac{m_e e^2}{2\pi\epsilon_0 r} - 2m_e\alpha_1 - \frac{\alpha_2^2}{r^2}\right)^{1/2} \tag{7.20}$$

其中 α_2 是第三个运动常量。最后，我们应用玻尔-索末菲量子化条件：

$$\oint p_\varphi \mathrm{d}\varphi = 2\pi\alpha_3 = m_3 h,\quad 2\int_{\theta_1}^{\theta_2} p_\theta \mathrm{d}\theta = m_2 h,\quad 2\int_{r_1}^{r_2} p_r \mathrm{d}r = m_1 h \tag{7.21}$$

对式(7.21)的第二个和第三个式子积分，我们得到

$$2\pi(\alpha_2 - \alpha_3) = m_2 h, \quad \frac{e^2\sqrt{2m_e}}{4\epsilon_0\sqrt{\alpha_1 - \omega\alpha_3}} - 2\pi\alpha_2 = m_1 h \tag{7.22}$$

反解表达式(7.22)，把量子化的能级表示成 $E_n = \alpha_1$，如下所示：

$$E_n = \alpha_1 = \frac{m_e e^4}{8\epsilon_0^2 n^2 h^2} + \frac{m_3 h\omega}{2\pi} \tag{7.23}$$

其中 $n = m_1 + m_2 + m_3$。根据这个表达式，我们从玻尔频率条件得到

$$\nu = \frac{m_e e^4}{8\epsilon_0^2 h^3}\left(\frac{1}{n'^2} - \frac{1}{n''^2}\right) + \frac{\omega}{2\pi}(m'_3 - m''_3) \tag{7.24}$$

其中，带一个撇的量代表最终轨道，带两个撇的量代表初始轨道。这与氢原子巴耳末线系的玻尔的原始公式(4.28)完全相同，但是现在它涉及由参数 m_2 和 m_3 表示的椭圆轨道，并且包括磁场对轨道能量的影响。我们意识到 m_3 是 6.4 节中引入的角量子数 n_φ，遵从 6.5 节的考虑，m_3 的选择定则与式(6.55)相同，即

$$\Delta m_3 = +1, \quad \Delta m_3 = -1, \quad \Delta m_3 = 0 \tag{7.25}$$

这些分裂恰好对应于正常塞曼效应，其偏振特性与 6.5 节中描述的相同，即中心线 $\Delta m_3 = 0$ 是线偏振的，而 $\Delta m_3 = \pm 1$ 的线是圆偏振的。还可以观察到式(7.24)中的塞曼分裂项不包含普朗克常量，因此是一个完全经典的项。索末菲非常清楚：尽管使用了更复杂的工具，但分析只提供了洛伦兹和拉莫尔得出的经典结果。如索末菲所言：

> “在目前的状态下，对塞曼效应的量子处理取得了与洛伦兹理论相同的结果，但无法获得更多。它可以解释正常的三重线……但是到目前为止，它还无法解释复杂的塞曼类型。”

索末菲继续考虑相对论性情况，但这并没有提供任何更深的见解(Sommerfeld, 1916b)。

索末菲将 m_3 记为磁量子数，因为它在式(7.23)中以 $\omega = eB/(2m_e)$ 的形式出现，其中 m_e 是电子的质量。m_3 在量子力学的完备理论中重写为量子数 m。量子数 m_3 对应于量子数 k 表征的总角动量矢量在磁场方向上的投影，因此与磁场相关的能量项也可以写为

$$\frac{m_3 h\omega}{2\pi} = \frac{kh}{2\pi}\frac{eB}{2m_e}\cos\alpha \tag{7.26}$$

其中 $|\boldsymbol{L}| = kh/(2\pi)$ 是总角动量的大小，而 α 是磁场方向与总角动量矢量 $\boldsymbol{L}$ 之间的夹角。引入电子绕核轨道的磁矩 $\boldsymbol{\mu} = (e/(2m_e))\boldsymbol{L}$，其能量可以写为 $\boldsymbol{\mu} \cdot \boldsymbol{B}$，即磁偶极子和磁场之间的相互作用能。如果我们考虑最低能级玻尔轨道上的电子的磁矩，$k = 1$，我们得到 $|\boldsymbol{\mu}| = (e/(2m_e))(h/(2\pi)) = eh/(4\pi m_e)$。泡利引入了“玻尔磁子”一词来指代磁矩的自然单位，写为 $\mu_B = eh/(4\pi m_e) = e\hbar/(2m_e)$。

7.4 反常塞曼效应

尽管原子的玻尔-索末菲模型可以解释正常塞曼效应,但不能解释在反常塞曼效应中观察到的更为复杂的分裂。谱线多重性的起源显然与反常塞曼效应有关,因为单线显示出正常塞曼效应,而较高的多重线均表现出反常塞曼效应。尽管玻尔-索末菲模型可以解释类氢原子的性质,但是多电子系统被证明是难以处理的,甚至氦原子模型都与实验结果不一致,氦原子由两个电子和具有两个相反电荷的原子核组成。索末菲意识到,通过7.3节中讨论的塞曼分裂的分析,利用标准的作用-角变量和其他方法,他已经走得足够远了。他致力于寻找经验关系,从而可以洞悉反常塞曼效应的起源。

像钠和钙元素的里德伯线系可以通过改进的玻尔-索末菲模型来解释,在该模型中,静电势的表达式包含了轨道电子对核电荷的屏蔽,这在6.6节中已说明过。这个改进的模型还可以说明谱线的多重性,就像在斯塔克效应中,施加的电场解除了巴耳末线系相关的简并,因此与多电子系统相关的内电场可能导致能级简并的解除并改变其能量。我们记得类氢原子态的简并度与原子核的纯平方反比律静电势假设有关,额外电子的存在会导致靠近原子核的吸引力成非平方反比律。

这些考虑导致各个线系依据量子亏损大小的自然排序,量子亏损大小是由式(1.19)~式(1.21)中 s,p 和 d 来描述的。索末菲已经证明,椭圆的性质可以用两个量子数来表征,量子数 n 决定了定态的能量,而 k 决定了轨道的总角动量(5.5节)。发射谱被认为与原子最外层的“价电子”有关。因此有人认为,具有最小量子亏损的里德伯项可以与具有圆轨道的价电子有关,从而受到完全屏蔽的核电荷作用,而大偏心率的“贯穿”轨道具有最大的量子亏损。不同线系的量子亏损以 $s,p,d,f,\cdots$ 的顺序增加。因此,有人认为,具有最大量子亏损的线系应该有最“贯穿”的轨道,对应于给定主量子数的最大偏心率,即 $k=1$。另一方面,那些具有最小量子亏损的线系应与 $n=k$ 的圆轨道有关。这导致了量子数 $k=1,2,3,4,\cdots$ 与 $s,p,d,f,\cdots$项的关联,对应于锐线系、主线系、漫线系和基线系等相关的名称。

这引起一个问题,即量子数 n 和 k 以及 k 的选择定则是否足以解释原子光谱中观察到的所有特征。磁量子数的引入表明该特征必须融入定则中。索末菲还关切:根据里茨组合原理,一些允许的跃迁实际上并未观察到(Sommerfeld,1920a)。这表明还有其他选择定则在起作用,与一个额外的内量子数有关,在玻尔的建议下,将其命名为 j。因此,每个状态将由三个量子数 n,k 和 j 来表征。例如,对于 $n=5$,$k=1$ 和 $j=3$ 的状态,索末菲引入了记号 ${}^5s_3$,因为 $k=1$ 表示 s 态。通过对漫线系双重线和三重线的分析,索末菲能够指定 j 的值,使 j 的选择定则变为 $j=\pm 1$ 或 0。阿尔弗雷德·朗德(Alfred Landé)的进一步分析表明,还必须排除 $j=0$ 到 $j=0$ 的跃迁。索末菲很清楚这些都是经验法则,没有任何基础理论依据。

为了给予引入的额外量子数更多的物理意义,索末菲和朗德提出了他们的磁芯假说。根据该假说,由原子核和内部的非价带电子组成的原子实被赋予了一个角动量 $sh/(2\pi)$,s 取值 1,2,…。与 s 相应的磁矩 $\boldsymbol{\mu}=(e/(2m_e))\boldsymbol{L}$ 指向磁芯的角动量矢量方向(Sommerfeld,1923,1924;Landé,1921a,b,1923a,c)。这可以被认为是一种"内部塞曼效应",角动量服从量子化规则,因此矢量只能取相对于任何给定轴的特定量子化方向。这种假设已经被罗杰斯特文斯基(Roschdestwensky)引入了,与锂的主线系的第一条的双重线分离有关(Roschdestwensky,1920)。

我们回到一些早期的结果上,这些结果激发了朗德对反常塞曼效应的兴趣。塞曼分裂的图样逐渐显示出重要的规律性。1898 年,普雷斯顿总结了规律:

> "一种物质给定系列的所有谱线在磁场中均显示出相同的图样;而且,同一系列的相似谱线即使属于不同的元素,也具有相同的塞曼效应。"(Preston,1898)

所谓"系列"是指周期表中包含类似元素的列,例如碱金属钠、钾、铷序列(第 1 族)或碱土金属镁、钙、锶、钡序列(第 2 族)。接着是龙格(Runge)和帕邢(1900)发现的规则,大意是

> "同一类型(多重性)谱线的频率差是相同的。"

对于解释反常塞曼效应的性质特别有意思的是 1907 年龙格的分析,其中他对谱线分裂的频率或波长的依赖性提供了非常简单的表达式(Runge,1908)。正常塞曼效应可以写成

$$a=\Delta\nu_0=\frac{\Delta\lambda_0}{\lambda_0^2}=\frac{eB}{4\pi m_e} \tag{7.27}$$

用龙格的话来说:

> "迄今观察到的谱线在磁场中的复杂分裂表现出以下特点:各线到中心的距离仅是正常分离 a 的分数的整数倍……到目前为止,$a/2$,$a/3$,$a/4$,$a/6$,$a/7$,$a/11$ 和 $a/12$ 这几个分数已经被明确观察到。也就是说……频率差 $\delta\nu$ 是量 a/r 的整数倍,其中……分母 r 是 1(对应于正常塞曼效应)至 12 之间的整数。"

量 r 被称为龙格分母。

沃伊特和汉森(Hansen)在氦和锂中发现了反常塞曼效应的例外(Voigt 和 Hansen,1912)。特别是对锂,人们预测这些谱线将表现出与钠和钾中观测到的相同的反常塞曼效应,但相反,观察到的却是正常塞曼效应。随着更强磁场的出现,帕邢和巴克(Back)发现,在足够大的磁通密度下,反常塞曼效应被正常塞曼效应替代(Paschen 和 Back,1912)。因此,以氧三重线为例,在低于 0.6 T 的情况下,三条

线分裂成标准的反常塞曼效应。然而，在 0.6 T 时，强磁场的作用是不同的自然线型重叠，并且在更大的磁通密度下开始发生转变，直到在 4 T 的磁通密度下，线型分裂的图样恢复成正常塞曼效应，即标准的三条线。帕邢-巴克效应可以解释普雷斯顿定律的所有例外情况。

索末菲欣赏的是，对反常塞曼效应的解释有可能为量子物理学带来更多的见解。他的概念赋予反常塞曼效应的相关经验规则以更多的物理意义。1919 年，他从对龙格分母的分析开始，介绍他的分解法则(Sommerfeld，1920b)。索末菲从龙格规则开始，写成 $\Delta\nu_{an} = qa/r$ 的形式，其中 q 是整数分子，取值为 $0, \pm 1, \pm 2, \cdots$。单线、双重线和三重线的 r 特征值分别为 1，2 和 3。根据量子理论的原理，这些线必须起源于磁场中原子的定态，这些定态相对于非微扰的态 ΔW_1 和 ΔW_2 有能量位移，因此

$$\Delta\nu_{an} = \Delta\nu_1 - \Delta\nu_2 = \frac{\Delta W_1 - \Delta W_2}{h} \tag{7.28}$$

为了获得龙格规则，频移 $\Delta\nu_i$ 也必须满足该规则，因此

$$\Delta\nu_i = \frac{q_i a}{r_i} \quad (i = 1,2) \tag{7.29}$$

其中 q_i 和 r_i 是与单个能态相关的龙格分子和分母。因此，由式(7.28)，龙格规则可以写成以下形式：

$$\Delta\nu_{an} = \frac{qa}{r} = \frac{q_1 a}{r_1} - \frac{q_2 a}{r_2} = a\,\frac{q_1 r_2 - q_2 r_1}{r_1 r_2} \tag{7.30}$$

现在，索末菲将龙格分母与能级本身的属性联系在一起，而不仅仅是跃迁。用他的话来说：

> “我们将方程表示为 $r = r_1 r_2$，因为磁-光分解法则和在反常塞曼效应中观察到的龙格数可以分解为谱线中涉及的第一项和第二项的龙格数。”(Sommerfeld，1920b)

这是一个复杂故事的开始，由此开始发展经验规则以描述反常塞曼效应的许多特征。[③]这些发展的主要贡献者是朗德、索末菲和年轻的沃纳·海森堡。朗德迅速成为反常塞曼效应的权威，特别是在他于 1922 年以杰出理论物理学(副)教授的身份加入图宾根的帕邢研究组之后。当时，图宾根是反常塞曼效应实验研究的主要中心，而帕邢需要朗德的理论专长来理解实验结果。

1919 年，朗德引入了原子的矢量模型，通过与经典力学中的矢量表示形式相类比来表示角动量的相加(Landé，1919)。他用矢量 $\boldsymbol{R}$ 表示磁芯的角动量，该矢量 $\boldsymbol{R}$ 与导致光发射的电子的角动量 $\boldsymbol{K}$ 进行矢量合成，形成一个代表原子总角动量的合成矢量 $\boldsymbol{J}$(图 7.5)。与经典力学中的一样，单独的矢量 $\boldsymbol{R}$ 和 $\boldsymbol{K}$ 被假定围绕合成角动量矢量 $\boldsymbol{J}$ 进动。在存在磁场的情况下，$\boldsymbol{J}$ 本身将绕磁场方向进动。$\boldsymbol{R}$ 和 $\boldsymbol{K}$ 必须根据量子化规则进行组合起来，所以会以不同的角度组合，从而导致各种不同的定态，具有不同的总能量。由于磁芯的磁矩和外层电子发生磁相互作用，能级是不

同的,朗德将这种多重线的不同能量归因于这种相互作用。

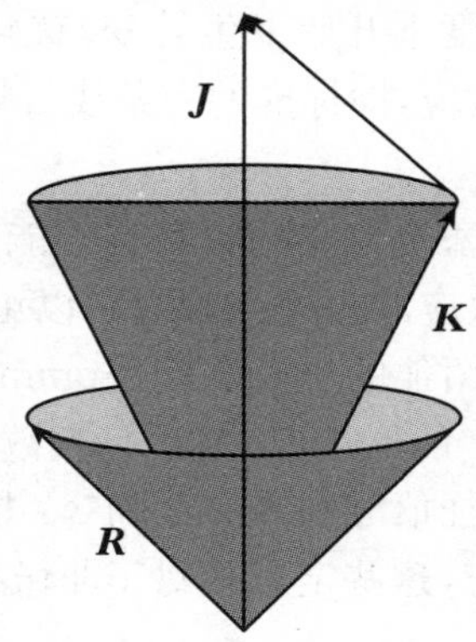

图 7.5 朗德构造了角动量 **R** 和 **K** 的矢量合成,以形成总角动量矢量 **J**。单独的角动量矢量 **R** 和 **K** 围绕合成矢量 **J** 进动

索末菲和朗德都发展了一系列经验规则来描述反常塞曼效应。具有整数量子数的原子矢量模型遇到一个难题,即单态将与核心量子数 $s=1$ 相关联,这意味着轨道量子数 $l=0$,这与根据玻尔-索末菲标准模型赋值的 $k=1$ 相反。朗德(1921a;1922)提出了另一种不同的量子数赋值方法,该方法被广泛采用。在这种方法中,引入了半整量子数,其赋值如下:$R=1/2,2/2,3/2,\cdots$用于单态、双重态、三重态……的系统,$K=1/2,3/2,5/2,\cdots$用于 $s,p,d,\cdots$的态,对于奇数个多重性,J 为半整数;对于偶数个多重性,J 为整数,作为与矢量 **R** 和 **K** 之和相关的量子数。在此方案中,$R=s+1/2$,$K=l+1/2$。这些方案的目的是同时考虑谱线的分裂数量、它们的偏振特性以及它们在没有磁场的情况下与谱线的分离。

为了考虑反常塞曼效应中谱线的间距,朗德通过与正常塞曼效应进行类比,其中的能级由式(7.23)给出:$\Delta E_n = m_3 h\nu_0$,其中 ν_0 是回旋频率。m_3 是磁量子数,与玻尔-索末菲原子模型中的角量子数相同。然后,朗德用量子数 m 写出了谱线的分裂,其分裂因子 g 决定了实际的分裂,由矢量 R,K 和 J 的组合表示,使得 $E=gmh\nu_0$。根据经验,他发现了以下公式:

$$g = 1 + \frac{J^2 - \frac{1}{4} + R^2 - K^2}{2\left(J^2 - \frac{1}{4}\right)} = 1 + \frac{\overline{J}^2 + \overline{R}^2 - \overline{K}^2}{2\,\overline{J}^2} \tag{7.31}$$

其中

$$\overline{J} = \sqrt{\left(J + \frac{1}{2}\right)\left(J - \frac{1}{2}\right)}$$

$$\overline{R} = \sqrt{\left(R + \frac{1}{2}\right)\left(R - \frac{1}{2}\right)}$$

$$\overline{K} = \sqrt{\left(K + \frac{1}{2}\right)\left(K - \frac{1}{2}\right)} \tag{7.32}$$

该公式非常类似于朗德 g 因子的现代表达式。

为了赋予理论更多的物理内涵，朗德接下来又回到原子的矢量模型，但现在使用$\overline{J}$，$\overline{R}$和$\overline{K}$代替J，R 和K。根据图 7.5 的几何形状，使用余弦规则来找到矢量 $\boldsymbol{J}$ 和$\boldsymbol{R}$ 之间的夹角，于是

$$g = 1 + \frac{\overline{R}\cos(J, R)}{\overline{J}} \tag{7.33}$$

如果 $\boldsymbol{H}$ 是磁场的方向，则与 J 相关的角动量矢量的量子化由磁量子数 m 给出，使得 $m = \overline{J}\cos(J, H)$，因此

$$mg = \overline{J}\cos(J, H) + \overline{R}\cos(J, R)\cos(J, H) \tag{7.34}$$

现在，式(7.34)最后一项中两个余弦的乘积即为 $\cos(R, H)$的平均值，因此可以写出 mg 的值：

$$mg = \overline{K}\cos(K, H) + 2\,\overline{R}\cos(R, H) \tag{7.35}$$

这是一个相当引人注目的结果，因为可以预料，如果将角动量矢量相加，那么它们在磁场方向上的投影将导致

$$mg = \overline{K}\cos(K, H) + \overline{R}\cos(R, H) \tag{7.36}$$

换句话说，与磁芯相关的第二项贡献了两倍，这可根据拉莫尔公式对矢量绕磁场方向的进动来获得。朗德提出这样的建议：可能存在与磁芯有关的反常磁矩，使得角动量与磁矩之比仅为拉莫尔值的一半，即反常旋磁比。值得注意的是，在爱因斯坦和德哈斯(de Haas)的实验中，有独立的实验证据证明了反常旋磁比，并为贝克(Beck)的审慎实验所证实，这将在下一节讨论。

朗德的成就相当了不起，但是还有很多需要解释，特别是引入$\overline{J} = [(J+1/2)(J-1/2)]^{1/2}$的意义是什么？索末菲对 J 使用了稍微不同的符号，使得 $J = j + 1/2$，因此量$\overline{J}$为

$$\overline{J} = \sqrt{j(j+1)} \tag{7.37}$$

对于现代读者来说，这是相当熟悉的结果，但是在 1924 年，它的重要性是很难理解的。朗德的成就是在量子力学发明之前，通过对反常塞曼效应的分析来推断出量子物理学的这些新特征。

7.5 巴尼特、爱因斯坦-德哈斯和斯特恩-格拉赫实验

7.5.1 反常旋磁比

原子的旋磁比值一直是各种实验的主题,这些实验起源于对材料磁化现象的理解,即与所谓的"安培电流"相关的单位体积的磁矩。为了重述这一论点,一个在圆形轨道上的电子对应于一个环电流 $I = e\nu$,其中 ν 是电子绕原子核旋转的频率。如果轨道的面积为 $A = \pi r^2$,则电子的磁矩为 $\mu = IA = e\nu A$。电子的角动量为 $L = m_e vr$,因此,既然 $\nu = v/(2\pi r)$,旋磁比定义为

$$\frac{L}{\mu} = \frac{2m_e}{e} \tag{7.38}$$

如果轨道排列整齐,则对于材料的体性质可以获得相同的结果。因此材料的磁化与其角动量之间应存在一种关系。从宏观上讲,

$$\frac{|\boldsymbol{L}|}{|\boldsymbol{\mu}|} = \frac{2m_e}{e} = 1.13 \times 10^{-10} \quad (\text{国际单位制}) \tag{7.39}$$

塞缪尔·杰克逊·巴尼特(Samuel Jackson Barnett)意识到,使用一个最初处于静止状态、磁化程度为零的铁圆柱体来测量这种效应是可能的。然后,如果圆柱体围绕其长轴获得角动量,它就会被磁化。在俄亥俄州立大学物理实验室进行了一系列认真的实验后,他最终发现了肯定的效果,并测量了其大小,这就是众所周知的巴尼特效应(Barnett,1915)。

爱因斯坦和万德尔·约翰内斯·德哈斯(Wander Johannes de Haas)提出了类似的实验,他们通过扭力丝把圆柱体悬挂起来,以扭力丝的频率来切换圆柱体的磁化方向,从而寻找"AC"效应(Einstein 和 de Haas,1915)。他们发现由式(7.39)给出的预期值,精确度约为10%,但这比巴尼特发现的值大2倍。在接下来的几年中,埃米尔·贝克(Emil Beck)、古斯塔夫·阿维德森(Gustav Arvidsson)和巴尼特重复了这些棘手的实验,得到旋磁比收敛于式(7.39)的一半的结果(Beck,1919a,b;Arvidsson,1920;Barnett 和 Barnett,1922)。这种现象被称为反常旋磁比。

7.5.2 空间量子化和斯特恩-格拉赫实验

索末菲对斯塔克效应的分析预测了空间量子化。尽管理论家对此持怀疑态度,认为空间量子化只是一套形式的工具,法兰克福大学的奥托·斯特恩(Otto Stern)仍计划用实验来验证其可能性。1920 年,斯特恩使用原子束方法测量了中

性银原子的平均速度，并发现实验值确实符合麦克斯韦运动理论的预期值(Stern，1920)。他还计划测量原子的速度色散，但这需要对实验装置进行许多改进。于是，他转向实验测量空间量子化的问题。瓦尔特・格拉赫(Walther Gerlach)，一位有天赋的实验人员，加入了他在法兰克福的实验，试图完成更困难的任务，以证明在强磁场梯度中谱线的分裂。直接的计算表明，虽然在匀强磁场中磁偶极子不受力，但是如果磁场不均匀，则存在净作用力。偶极子上的净作用力为

$$\boldsymbol{F} = (\boldsymbol{m} \cdot \nabla)\boldsymbol{B} = |\, \boldsymbol{m} \,| \cos\theta \frac{\partial B_z}{\partial z} \tag{7.40}$$

其中在最后一个表达式中，假定磁场梯度在 z 方向上，θ 是磁偶极子的轴与磁场方向(在这种情况下为 z 方向)之间的夹角。根据经典物理，磁矩可以取相对于磁场方向的任何角度，因此可以预期偏转角将是随机分布的。但是，如果空间量子化是一个真正的物理现象，偏转将只发生在特定的偏转角 θ。根据玻尔-索末菲模型，原子内的轨道电子具有方位角动量 $p_\varphi = h/(2\pi)$，并且相对于磁场方向仅取三个方向：

$$\cos\theta = \frac{n_1}{n_\varphi} = 0, \pm 1 \tag{7.41}$$

玻尔曾在 1918 年认为，$n_1 = 0$ 的情况将是不稳定的，电子的轨道平面位于磁场方向上，他认为这是一种不稳定的构型(Bohr，1918b)。因此预期原子束只会分成对应于 $\cos\theta = \pm 1$ 的两个分量。同样，由索末菲和朗德提出的精细结构分裂的磁芯理论预测，原子的 s 态仅分裂为两条没有中心线的精细结构线，对应于 $s = \pm 1/2$。

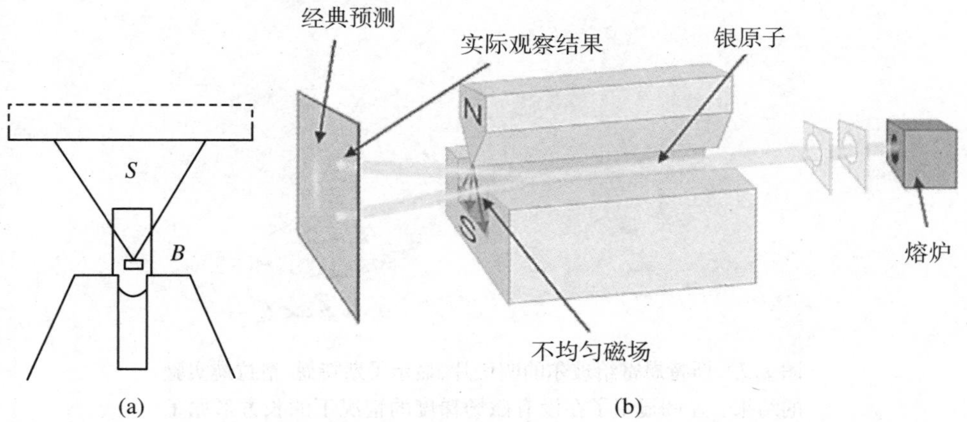

图 7.6　(a) 斯特恩和格拉赫在实验中所用磁铁的横截面，用来在垂直于 z 的方向上产生不均匀磁场分布(Gerlach 和 Stern，1922a)。(b) 展示银原子束通过不均匀磁场的偏转情况

该实验被证明是一个相当大的挑战(图 7.6)。原子束的偏转预计只达到

$$s = 1.12 \times 10^{-5} \frac{\partial B_z}{\partial z} \frac{l^2}{T} \text{ cm} \tag{7.42}$$

这里磁场梯度以 G/cm 为单位,温度以 K 为单位,长度 l 以 cm 为单位。对于 10^4 G/cm的磁场梯度和 3 cm 的磁场长度,在 1000 ℃(1273 K)的温度下,银原子的偏转仅约为 10^{-2} mm。依靠多家公司的支持(提供强大的电磁铁、冷冻剂和真空泵),他们在 1921 年夏至 1922 年 3 月不间断地进行这项工作。斯特恩于 1922 年 1 月初搬到罗斯托克大学,格拉赫自己继续进行实验。在其最初的装置中,通过将涂有银的铂条加热到 960 ℃,刚好略高于银的沸点温度,把产生的窄的银原子束通过小圆孔准直(图 7.6(b)),但格拉赫想到,最好用一条窄缝代替第二个孔,这样可以增加原子束的强度,并允许使用"微差"测量法观察分裂。到 1922 年 2 月,格拉赫观察到银原子束分裂成两个独立的束。经过进一步的实验,他们的论文于 1922 年 3 月发表(Gerlach 和 Stern,1922a)。在论文中,他们写道:

"原子束在磁场中分裂成两个不同的束。没有检测到未偏转的原子……

在这些结果中,我们看到了磁场中方向[空间]量子化的直接实验证明。"

图 7.7 显示了斯特恩给玻尔的著名明信片,展示了实验结果。他们还精确测量了银原子束通过的磁通密度梯度($\partial B_z/\partial z$),并且在复活节假期期间,他们继续证明,基态下的银原子磁矩是每克原子一个玻尔磁子(Gerlach 和 Stern,1922b)。此结果的重要性会在物理学界永远流传。正如帕邢写给格拉赫的那样:

"您的实验首次证明了玻尔定态的真实性。"(Gerlach,1969)

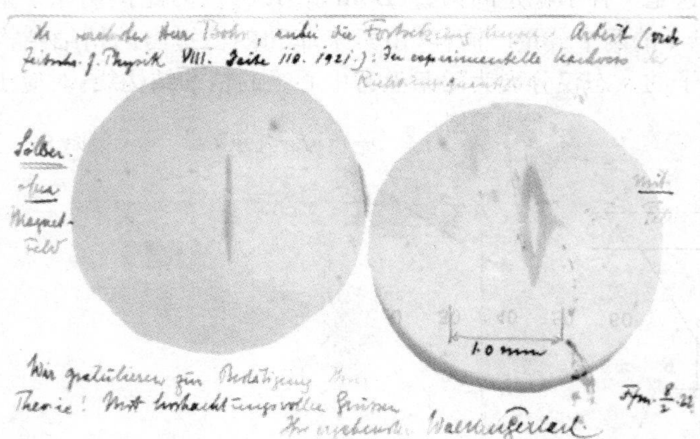

图 7.7 斯特恩寄给玻尔的明信片,显示了斯特恩-格拉赫实验的结果。左图显示了在没有磁场梯度的情况下的长方形原子束;右图显示了原子束分裂为两个部分。最大的磁场梯度出现在原子束的中心

斯特恩-格拉赫实验无疑是实验物理学的伟大成就之一,但它也提出了许多关于量子物理学基本原理的问题。斯特恩指出,如果空间量子化是真正的物理效应,它会引起材料中的双折射或复折射,因为沿着和垂直于磁场方向的折射率会有所

不同(Stern,1921)。这一现象从未观察到。此外,在理解轨道的排列是如何根据经典物理学产生的方面也存在问题。爱因斯坦和埃伦费斯特(1922)指出,初始随机角分布的磁矩对齐不会瞬时发生。从经典的角度来看,这种对齐将涉及原子之间的角动量交换。他们对这一过程时间尺度的估计是 10^{11} s,远远长于原子束通过磁铁的磁场分布所需的 10^{-4} s。由此推断,原子层面上的力学和动力学定律存在着严重的问题。这只是旧量子论所面临困难的开始。更糟糕的事接踵而来。

第 8 章　玻尔的元素周期表模型和自旋的起源

8.1　玻尔的第一个元素周期表模型

我们现在需要追随玻尔的脚步继续前进，从他 1913 年著名的三部曲到他 1922 年的元素周期表模型。1914 年，玻尔请求丹麦政府为他设立一个理论物理学教授的职位，两年后得到了批准。与此同时，他回到曼彻斯特，担任物理学的舒斯特(Schuster)讲师，之后于 1916 年在哥本哈根担任理论物理学教授。1917 年，玻尔成功地请求哥本哈根大学物理系成立一个理论物理研究所，玻尔担任创始所长。该研究所于 1921 年正式成立，但建立新研究所的压力，加上他对量子理论基本原理的持续、近乎强迫性的研究计划，使玻尔付出了沉重的代价。1921 年，他患上了一场严重的疾病。尽管如此，他仍然在非常广泛的前沿上保持解决量子理论问题的驱动力。由于他的努力和灵感，哥本哈根成为量子理论发展的两个主要中心之一(另一个是哥廷根)。在整个 20 世纪 20 年代，旧理论的基础被颠覆，并被完全新的概念取代。理论物理研究所(通常被称为“玻尔研究所”)在尼尔斯 · 玻尔去世 3 年后的 1965 年正式更名为尼尔斯 · 玻尔研究所。①

在 1913 年三部曲的第二篇论文中，玻尔不仅想要解释氢的光谱，而且想要解释元素周期表中所有原子的结构及其化学性质(Bohr，1913b)。他确信放射性衰变与卢瑟福原子的原子核有关，而化学性质则与绕核旋转的电子有关。海尔布隆(Heilbron)引人入胜地讲述了玻尔第一次尝试定义元素周期表中原子的电子结构(Heilbron，1977)。海尔布隆总结了玻尔在探索原子结构时所依据的四个假设：(i) 所有电子都位于通过原子核的同一平面的圆形轨道上；(ii) 最内层量子化环的数量随原子序数增加而增加；(iii) 每个电子，无论离原子核多远，其基态的角动量为 $h/(2\pi)$；(iv) 基态是在给定的总角动量中能量最低的状态。考虑到解释周期表的周期结构的需要，他提出了表 8.1 中不同壳层的电子数的分配。

表8.1　周期元素表中前24个元素的玻尔电子构型(Bohr,1913b)。括号中的数字表示 $n=1,2,3,\cdots$ 壳层中的电子数

1	H	(1)	7	N	(4,3)	13	Al	(8,2,3)	19	K	(8,8,2,1)
2	He	(2)	8	O	(4,2,2)	14	Si	(8,2,4)	20	Ca	(8,8,2,2)
3	Li	(2,1)	9	F	(4,4,1)	15	P	(8,4,3)	21	Sc	(8,8,2,3)
4	Be	(2,2)	10	Ne	(8,2)	16	S	(8,4,2,2)	22	Ti	(8,8,2,4)
5	B	(2,3)	11	Na	(8,2,1)	17	Cl	(8,4,4,1)	23	V	(8,8,4,3)
6	C	(2,4)	12	Mg	(8,2,2)	18	Ar	(8,8,2)	24	Cr	(8,8,4,2,2)

与那些偏重理论思维的物理学家不同，玻尔在理解原子的化学性质(例如，电子价以及元素周期表中不同列元素性质的相似性)方面有相当丰富的经验。随着电子数量的增加，圆形轨道的稳定性也在他的思想中发挥了作用，这受到了尼科尔森的启发，他分析了电子环相对垂直于电子轨道平面振动的稳定性(见4.4节)。由于假定电子都处于同一平面的圆形轨道上，最外层的“价电子”环被内部填满的壳层屏蔽，不受核电荷的影响。结果表明，碱金属锂、钠、钾等类似元素的价电子壳层具有相同的外层电子结构，碱土金属铍、镁、钙也是如此。这个模型几乎没有持久的吸引力，但它表明了玻尔的冒险精神，在他1913年伟大创新的背景下，他试图将广泛的量子和原子现象包含在一个单一的方案中。尽管玻尔很清楚，他给不同元素分配的量子数是临时的，但电子壳层的概念还是被引入了。这是许多理论家试图建立原子模型的开端，包括玻尔引入的量子概念。注意，电子轨道完全由单个量子数决定，即主量子数 n。因此，这个模型通常被称为单量子结构。

在涉足原子结构之后，玻尔把这方面的研究搁在一边。他在1913年给莫塞莱的信中写道:“目前我已经停止对原子的推测。”其他人包括拉登堡(Ladenburg)、维加德(Vegard)、朗缪尔(Langmuir)和布里(Bury)都提出了替代方案，但是这些方案都没有得到科学界的普遍接受。索末菲将玻尔原子扩展到椭圆轨道，并将谱线的精细结构分裂解释为狭义相对论对轨道的影响，这给玻尔留下了深刻的印象，这在第5、6章进行了描述。玻尔在1916年3月写给索末菲的信中说:

> “我非常感谢你的论文，它是如此美丽和有趣。我认为我从来没有读过能给我这么多乐趣的东西。”[②]

与此同时，史瓦西、爱泼斯坦、索末菲和德拜对斯塔克效应和塞曼效应的分析极大地提高了对原子内部量子效应本质的理解。玻尔曾计划在1916年写一篇关于量子现象的全面综述，试图以逻辑上一致的方式提出该理论，但由于这些进展，他推迟了综述文章的发表。事实上，直到1918年他才发表了他的思考结果，题为“关于线光谱的量子理论”的重要论文研究了所有已知的原子光谱，并主张用埃伦费斯特的绝热假设(5.6节)作为指导原则制定量子理论(Bohr,1918a,b)。这些论文包含了玻尔对应原理的第一个公式，以及量子跃迁的选择定则(见第6章)。

在接下来的几年里,玻尔在很大程度上专注于哥本哈根理论物理研究所的建设,发表的论文相对较少,但 1921 年,诺曼 · 坎贝尔(Norman R. Campbell)写给《自然》杂志的一封信促使他采取行动,信中提出路易斯(Lewis)和朗缪尔发展的原子和分子静态模型与玻尔-索末菲模型"并非真的不一致"(Campbell,1920)。玻尔完全不同意这一说法,并进一步倡导他的原子结构模型,该模型严格基于 1918 年的论文中阐明的量子原理和对应原理。用他的话说:

> "因此,通过对束缚过程的进一步研究,这个原理为以下结论提供了一个简单的论据,即这些电子以基团的方式排列,反映了元素的化学性质在不断增加的序列中所表现出的周期性。事实上,如果我们考虑一个带较高正电荷的原子核对大量电子的束缚,这种观点表明,前 2 个电子被束缚在单量子轨道上,接下来的 8 个电子将被束缚在两量子轨道上,接下来的 18 个电子被束缚在三量子轨道上,接下来的 32 个电子被束缚在四量子轨道上。"(Bohr,1921a)

这一声明引起了物理学界和化学界的极大兴趣,他们急切地想知道玻尔对原子结构和元素周期表性质的清楚的解决方案。同年晚些时候,玻尔在给《自然》杂志的信中进一步完善了他的建议(Bohr,1921b)。1922 年,他受邀在哥廷根做沃尔夫斯凯尔讲座,让我们有机会全面了解他对量子物理学和元素周期表理论的思考,这对量子理论的发展产生了深远的影响。

8.2 沃尔夫斯凯尔讲座和玻尔的第二个元素周期表理论

数学家保罗 · 沃尔夫斯凯尔(Paul Wolfskehl)于 1906 年去世,他将 10 万马克遗产赠送给哥廷根的 *Königliche Gesellschaft der Wissenschaften*,奖励给第一个提供费马大定理完整证明的人。[③] 这个定理表述如下:对于 $x, y, z \neq 0$ 和 $n > 2$,不存在整数 x, y, z, n 满足方程 $x^n + y^n = z^n$。在有人获奖之前,哥廷根学院应将遗产的利息用于推动数学科学的发展。在希尔伯特的指导下,每年举办一系列讲座,吸引数学和物理领域的杰出科学家就这些学科的前沿课题做一系列的讲座。第一个系列的讲座由庞加莱于 1909 年开展,随后的演讲者包括洛伦兹、索末菲、爱因斯坦、斯莫鲁霍夫斯基(von Smoluchowski)、米(Mie)和普朗克。对玻尔的邀请于 1920 年 11 月发出。在他的健康恢复后,他在 1922 年 6 月 12 日至 22 日间进行了 7 次演讲。这些讲座吸引了来自德国各地从事量子物理关键问题研究的人,还有莱顿的埃伦费斯特与哥本哈根玻尔研究所的克莱因和奥辛(Oseen)。索末菲从慕尼黑带来了 20 岁的沃纳 · 海森堡(Werner Heisenberg),而 22 岁的沃尔夫冈 · 泡利(Wolfgang Pauli)则来自汉堡。听众总共约有 100 名物理学家和数学家。玻尔非常认真地对待这个机会,并用它来展示他个人对整个量子和原子物理学领域的研究。这次活动被称为 Bohr Festspiele,或者说“玻尔节”,并对在座的从事量子物理研究的听众的研究方向产生了重大影响。

讲座内容在玻尔选集(Bohr,1977)第 4 卷中有描述。1922 年 6 月 12 日,13 日和 14 日的前三讲:第 1 讲:回顾量子和量子化的历史以及 1913 年的玻尔原子模型;第 2 讲:玻尔-索末菲原子模型,埃伦费斯特绝热假说,多重周期系统和电子轨道的相对论性理论;第 3 讲:频谱的解释,塞曼效应和斯塔克效应,对应原理,空间量子化和斯特恩-格拉赫实验。这些主题已经在前面的章节中讨论过了。第 4～7 讲介绍玻尔元素周期表的原子解释。在分析中,他使用了他的同胞尤利乌斯·汤姆森(Julius Thomsen)提供的元素周期表的形式,如图 8.1 所示,其中的线条连接了具有相似化学性质的元素(Thomsen,1895a,b)。与门捷列夫的方案(图 1.2)相比,汤姆森方案的重要创新之处在于将惰性气体氦(2)、氖(10)、氩(18)、氪(36)和氙(54)确定为零价元素,完成了元素周期表的各个周期。正如索普(Thorpe)在其《化学史(卷二):1850～1910》中所表述的那样:

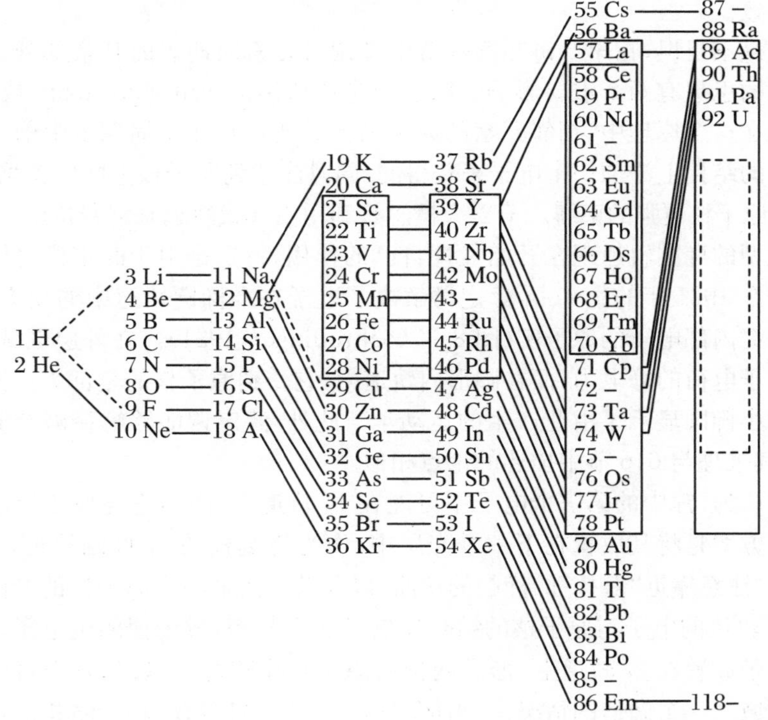

图 8.1　汤姆森提出的元素周期表,玻尔在分析原子的电子构型时采用了它(Thomsen,1895a,b)

“这种元素的价会是零,因此在这方面,它也代表了从第七族的单价负电性元素到第一族的单价正电性元素的过渡阶段。”(Thorpe,1910)

第4讲专门讲了周期表中的第一个周期,氢和氦原子。氢原子非常符合玻尔-索末菲理论,并在玻尔专门为这个场合准备的一套漂亮印版圆盘图的第一个中进行了展示(图8.2(a))。这些图使用一种符号,其中电子的态由主量子数 n 和角量子数 k 表示,并写成 n_k。如果有 x 个电子处于态 n_k,则使用 $(n_k)_x$ 表示。我们回想一下,根据玻尔-索末菲的原子模型,如果 $k=n$,这些轨道是圆形的;如果 $k\neq n$, $k=1$ 的轨道具有最大的偏心率。事实证明,氦的问题要多得多,讲座的大部分时间都用来描述这些困难。该理论必须解释氦光谱中出现的两个独立的谱线系统,被称为仲氦(由单线组成)和正氦(由三重线组成)(见图16.1)。玻尔和克拉默斯曾为理解氦原子的动力学和稳定性问题而绞尽脑汁,最终采用了一个模型,该模型由绕双电荷原子核的独立圆形轨道上的两个电子组成。他们的稳定性论证使他们得出结论,电子不能占据同一平面,两个轨道的平面必须相互倾斜,如图8.2(b)所示。请注意,氦原子的尺寸比氢原子小,因为它的双电荷原子核。与氢原子的情况不同(氢原子的电离势和能级是由量子理论精确预测的),氦原子不能达到令人满意的一致。

玻尔毫不畏惧,在第5讲和第6讲中继续对元素周期表的其余部分进行了研究。对他的思想有两个重要影响。第一个是他所说的 Aufbauprinzip,或者说“构筑原理”,在这个原理中,相邻元素的原子结构是通过在元素周期表中前一个元素预先存在的结构上添加一个电子来获得的,同时注意到原子核上的电荷增加,从而提供了与原子核更强的束缚。第二个概念是利用贯穿式轨道来解释价电子。玻尔-索末菲模型的椭圆轨道现在开始发挥自己的作用,特别是由于薛定谔对原子结构的探索。在1921年的论文中,薛定谔解决了电子在准椭圆轨道中的动力学问题,该轨道贯穿内部电子的原子实(图8.3)(Schrödinger,1921)。在外层区域,电子受到单个电子电荷的静电力,而在圆形内轨道内,它受到原子核的全部力。嵌入圆形轨道中的小椭圆显示了由此产生的运动学。此外,薛定谔能够解释碱金属的里德伯公式,其推理与6.6节中描述的论点相似。

玻尔认为,锂中的第三个电子不可能在 1_1 轨道上,因为它与原子核的结合太紧。解决方案是将其放置在下一个壳层中,作为绕氦核的 2_1 椭圆轨道,如图8.2(c)所示。注意靠近“氦核”的椭圆的扭曲,以及随之而来的绕原子核的椭圆轨道的进动。2_1 轨道的电子与原子核的结合显然没那么紧密,成为锂的价电子。玻尔将下一个电子放置在 2_1 轨道上,形成两价铍原子。在硼之后,玻尔发现自己处于不确定的领域。一个确信的情况是,当他到达下一个惰性气体氖时,结构应该是稳定的,我们现在称之为“满壳层”。他通过在 $n=2$ 的态下填充 2_1 和 2_2 轨道来实现这一目标,在每个轨道中放置4个电子,从而解释原子序数 $A=10$。他心目中的结构如图8.2(d)所示。该图由克拉默斯和黑尔格·霍尔斯特(Helge Holst)在他们的

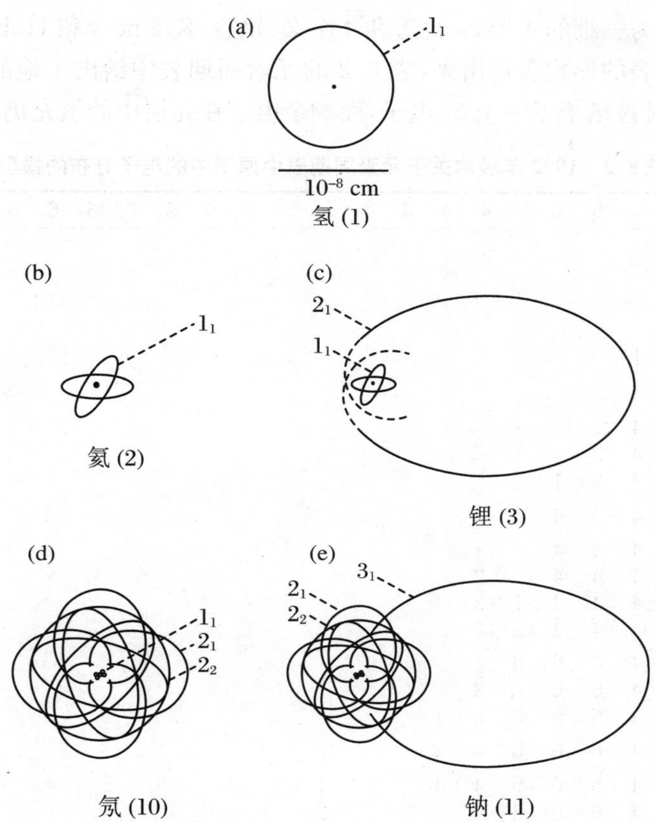

图 8.2　玻尔的(a) 氢、(b) 氦、(c) 锂、(d) 氖和(e) 钠原子的电子轨道模型。在这个图的原始彩色版本图 8.4 和图 8.5 中，奇数主量子数 $n=1,3,5,\cdots$ 是红色的，偶数 $n=2,4,6,\cdots$ 是黑色的(Kramers 和 Holst，1923)

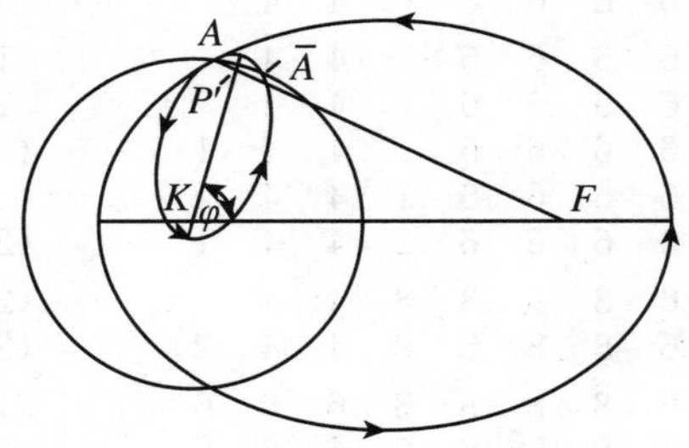

图 8.3　一个贯穿式轨道的例子，来自 1921 年薛定谔的论文(Schrödinger，1921)。圆圈代表原子实，而椭圆则表示原子实内外的轨迹。在原子实内，电子感受到核电荷的全部力；而在原子实外，核电荷被内层电子屏蔽

畅销书中解释为三维的 4 个 2_1 轨道和 4 个 2_2 轨道(Kramers 和 Holst,1923)。玻尔的困境以发表的形式表现出来,表 8.2 的元素周期表中给出了他的电子分配形式,其中硼暂时被赋予了一个 2_2 电子,而剩余电子在壳层中的填充仍不确定。

表 8.2　1922 年玻尔关于元素周期表中原子中的电子分布的模型

		1_1	2_1	2_2	3_1	3_2	3_3	4_1	4_2	4_3	4_4	5_1	5_2	5_3	5_4	5_5	6_1	6_2	6_3	6_4	6_5	6_6	7_1	7_2
1	H	1																						
2	He	2																						
3	Li	2	1																					
4	Be	2	2																					
5	B	2	2	(1)																				
10	Ne	2	4	4																				
11	Na	2	4	4	1																			
12	Mg	2	4	4	2																			
13	Al	2	4	4	2	1																		
18	Ar	2	4	4	4	4																		
19	K	2	4	4	4	4		1																
20	Ca	2	4	4	4	4		2																
21	Sc	2	4	4	4	4	1	(2)																
22	Ti	2	4	4	4	4	2	(2)																
29	Cu	2	4	4	6	6	6	1																
30	Zn	2	4	4	6	6	6	2																
31	Ga	2	4	4	6	6	6	2	1															
36	Kr	2	4	4	6	6	6	4	4															
37	Rb	2	4	4	6	6	6	4	4			1												
38	Sr	2	4	4	6	6	6	4	4			2												
39	Y	2	4	4	6	6	6	4	4	1		(2)												
40	Zr	2	4	4	6	6	6	4	4	2		(2)												
47	Ag	2	4	4	6	6	6	6	6	6		1												
48	Cd	2	4	4	6	6	6	6	6	6		2												
49	In	2	4	4	6	6	6	6	6	6		2	1											
54	Xe	2	4	4	6	6	6	6	6	6		4	4											
55	Cs	2	4	4	6	6	6	6	6	6		4	4				1							
56	Ba	2	4	4	6	6	6	6	6	6		4	4				2							
57	La	2	4	4	6	6	6	6	6	6		4	4	1			(2)							
58	Ce	2	4	4	6	6	6	6	6	6	1	4	4	1			(2)							
59	Pr	2	4	4	6	6	6	6	6	6	2	4	4	1			(2)							
71	Cp	2	4	4	6	6	6	8	8	8	8	4	4	1			(2)							
72	—	2	4	4	6	6	6	8	8	8	8	4	4	2			(2)							
79	Au	2	4	4	6	6	6	8	8	8	8	6	6	6			1							
80	Hg	2	4	4	6	6	6	8	8	8	8	6	6	6			2							
81	Tl	2	4	4	6	6	6	8	8	8	8	6	6	6			2	1						
86	Em	2	4	4	6	6	6	8	8	8	8	6	6	6			4	4						
87	—	2	4	4	6	6	6	8	8	8	8	6	6	6			4	4						
88	Ra	2	4	4	6	6	6	8	8	8	8	6	6	6			4	4	1				1	
89	Ac	2	4	4	6	6	6	8	8	8	8	6	6	6			4	4	1				(2)	
90	Th	2	4	4	6	6	6	8	8	8	8	6	6	6			4	4	2				(2)	
118	?	2	4	4	6	6	6	8	8	8	8	8	8	8	8		6	6	6				4	4

随着 $n=2$ 壳层充满，玻尔立即将第 11 个电子分配到 3_1 轨道，这使其具有与锂类似的价电子作用(图 8.2(e))，而第 12 个电子也被分配到 3_1 轨道，对应镁原子。在填充 $n=3$ 壳层的其余部分时，现在有椭圆 3_2 轨道可用。玻尔提出，氩原子 $n=3$壳层的填满应该由 4 个 3_1 轨道的电子和 4 个 3_2 轨道的电子组成(图 8.4(a))。下一步是继续 $n=4$ 壳层，是直接分配一个 4_1 电子的钾和两个 4_1 电子的钙。然而，现在他必须把从钪到镍的元素纳入其中。这些元素具有相似的化学性质，如果将 $n=3$ 的内壳层填满，包括圆 3_3 轨道，而不是将电子填充到 $n=4$ 壳层，就可以解释。玻尔提出，填充 $n=3$ 壳层而不是继续填充 $n=4$ 壳层时，这些原子的总能量将处于较低的状态。元素的构筑就是这样进行的，氪(图 8.4(c))和氙(图 8.4 (d))都是满壳层。从铈(58)到镱(70)的稀土元素与内壳层的填满有关，因此它们的化学性质非常相似。在 1922 年的诺贝尔奖演讲中，玻尔甚至表示：

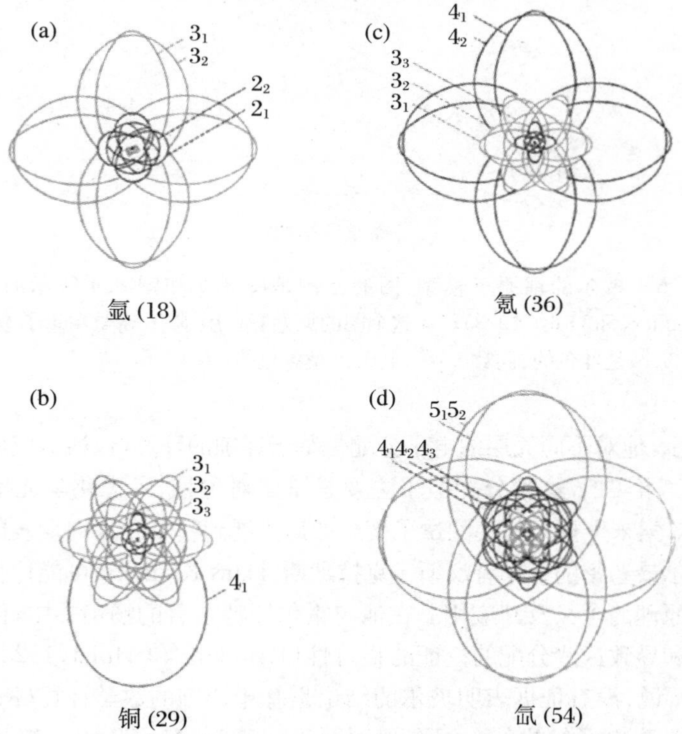

图 8.4　玻尔的(a) 氩、(b) 铜、(c) 氪和(d) 氙原子中的电子轨道模型。在这个图的原始彩色版本中，奇数主量子数 $n=1,3,5,\cdots$是红色的，偶数 $n=2,4,6,\cdots$是黑色的(Kramers 和 Holst，1923)

“事实上，几乎可以毫不夸张地说，如果稀土的存在没有被直接的实验调查证实，那么在元素自然系统的第六个周期内出现这种性质的元素

家族可能已经在理论上被预测了。”(Bohr,1922)

玻尔继续将电子分配给 $n=7$ 的周期,他的镭原子草图以早期比例的两倍绘制,清楚地显示了电子分布的壳层结构(图 8.5)。他甚至提出 $A=118$ 的未知元素应该是稳定的。

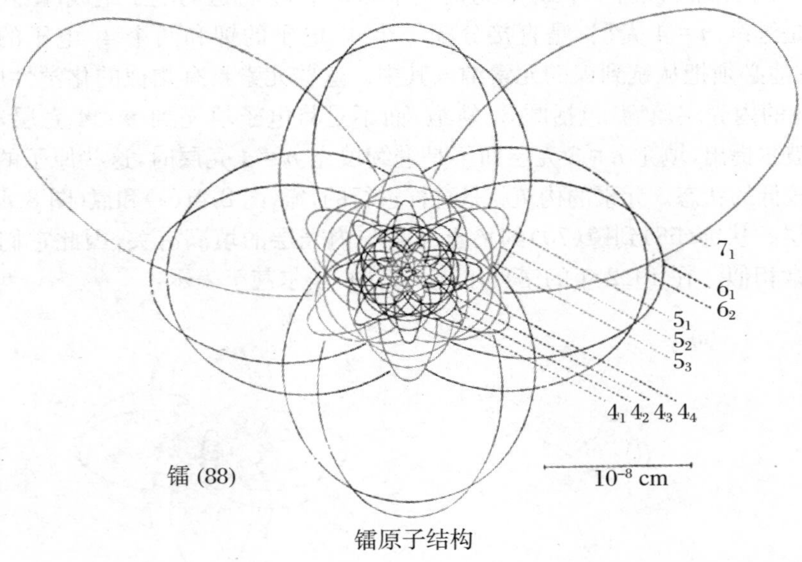

图 8.5 玻尔的镭原子模型,图的比例是图 8.2 和图 8.4 所示的两倍(Kramers 和 Holst,1923)。在这个图的原始彩色版本中,奇数主量子数 $n=1,3,5,\cdots$ 是红色的,偶数 $n=2,4,6,\cdots$ 是黑色的

玻尔暗示,他对不同壳层的电子分配是基于详细的计算,包括对应原理在原子结构中的应用。事实上,这种分配似乎主要是基于对称性、考虑化学元素相似性的需要、关于玻尔-索末菲模型相关的量子概念如何扩展到整个元素周期表的深刻思考以及直觉。玻尔最亲密的合作者汉斯・克拉默斯(Hans Kramers)可能比任何人都更了解玻尔对应原理的含义及其应用。在他与霍尔斯特合著的畅销书中,他强调了电子分布的分配和导致这些分配的论证的临时性(Kramers 和 Holst,1923)。正如克拉格(Kragh)所说,没有证据表明玻尔的结论是基于详细的数学计算(Kragh,1985)。

玻尔对元素电子结构的分配在预测原子序数为 $A=72$ 的未知元素的性质方面取得了重大成功。根据他的方案,其性质应与 $A=40$ 的锆相似(见表 8.2)。法国科学家在一份稀土样品中发现了一种 $A=72$ 的元素,并将其解释为一种新的元素,他们称之为 celtium,这就给工作带来了麻烦。他们推断该元素应属于稀土族的镧系元素,这与表 8.2 所示的玻尔分布相冲突。玻尔最终说服科斯特(Coster)对锆矿石进行检查,发现 $A=72$ 的元素确实在所有此类样品中都具有较高的丰度。这种元素被命名为铪,是以哥本哈根的拉丁名 Hafnia 命名的。玻尔在 1922

年的诺贝尔奖演讲中宣布了这一发现。[④]

玻尔的讲座产生了重大影响,尤其是对年轻的参与者。虽然玻尔的元素周期表模型是暂时的,但它尝试使用合理的量子物理学理顺化学元素周期表的方方面面。正如泡利后来所说:

> "这给我留下了深刻的印象,玻尔当时和后来的讨论都在寻找一个普遍的解释,它应该适用于每一个电子壳层的闭合,在这个解释中,数字2被认为和8一样重要。"(Pauli,1964)

玻尔模型为原子和分子的量子物理问题提供了一个关于许多不同解决方法的框架。

8.3　X射线标准和斯通纳修订的元素周期表

令人惊讶的是,玻尔只用了两个量子数,即主量子数 n 和角量子数 k,就取得了如此大的成就。没有提到由索末菲和朗德提出的为了解释反常塞曼效应而引入的内量子数 j 或 J。玻尔的大部分注意力都集中在解释光学数据和与原子外层电子结构有关的化学元素的价上。相比之下,X射线发射线和X射线吸收边提供了原子最内层壳的直接信息。玻尔在他第7次也是最后一次沃尔夫斯凯尔讲座中讨论了X射线测量的重要性,但没有提到内量子数。

在莫塞莱1913年和1914年开创性的X射线实验中,K和L的X射线被用来根据化学元素的原子序数来排列它们,如4.6节所述(Moseley,1913,1914)。科塞尔(Kossel)(1914,1916)采用了玻尔模型来解释莫塞莱的数据。他推论说,当一个电子从玻尔原子最内层的 $n=1$ 定态弹出时,这个空位会被一个从更高能量状态中跳出的电子重新填补,在这个过程中会发射出一个能量等于初态和末态能量差的光子。因此,预计会有一系列与源自 $n=2,n=3,\cdots$ 态的跃迁有关的谱线。这个模型解释了这样一个事实,即特征X射线发射线总是在发射中而不是在吸收中被观察到。在科塞尔的解释中,K和L壳层分别对应于主量子数为 $n=1$ 和 $n=2$ 的末态。尽管没有明确说明,但科塞尔假定可以占据每个壳层的电子有一个最大数量,当壳层被最大数量的电子填满时就变得特别稳定。

在随后的几年中,X射线光谱学技术得到了极大的发展,[⑤]测量结果的光谱分辨率至少提高了100倍。精密X射线光谱学的先驱之一曼内·西格巴恩(Manne Siegbahn)(1962)回顾了这些早期发展,指出X射线光谱学家可以获得0.1～20 Å范围的波长,远远超过光学光谱学家可以获得的波长范围。高光谱分辨率使各种X射线多重谱的细节得以详细研究。图8.6(a)所示的银的X射线谱说明了X射线在 K 壳层和 L 壳层的聚集情况。虽然有大量的精细结构,但分离成 K 壳层和 L 壳层是很明显的。除了这些发射谱外,X 射线还被原子吸收,但观察到的不是发射线,而是吸收边,正如银原子对 X 射线吸收系数的变化所示(图 8.6(b))。吸收边的波长比同系列发射线的波长短。这是由于 K 能级吸收 X 射线需要光子的能量 $\varepsilon \geqslant E_K$,$E_K$ 为来自 K 壳层的电离能。

由图 8.6(b)可以看出,K 系列为单线,只有一条吸收边,而 L 系列有 3 条吸收边。对原子序数更大的元素的更高能级进行分析发现,M 系列有 5 条边,N 系列有 7 条边。这些结果被自然地解释为原子不同壳层的多重态。虽然一个给定的能级有相同的主量子数 n,但不同的子能级与 k 的不同允许值相关。然而,这个解释与玻尔对 L 壳层子能级数的分配相矛盾,后者仅由两个量子数 $n=2$ 与 $k=2,1$ 定义。这些量子数只有两种可能的组合($n=2,k=2$)和($n=2,k=1$),它们具有不同的能量,因为前者是圆轨道,后者是椭圆。这与 L 态是三重态,相应地,M 系列是五重态而不是三重态的观察相冲突。显然,需要一个额外的量子数,而这由内量子数 J 提供。朗德提出了 K,L 和 M 能级之间的电子分布,如表 8.3 所示。伴随这些分配的是一组选择定则,其中 k 会改变 1,J 会改变 1 或 0。

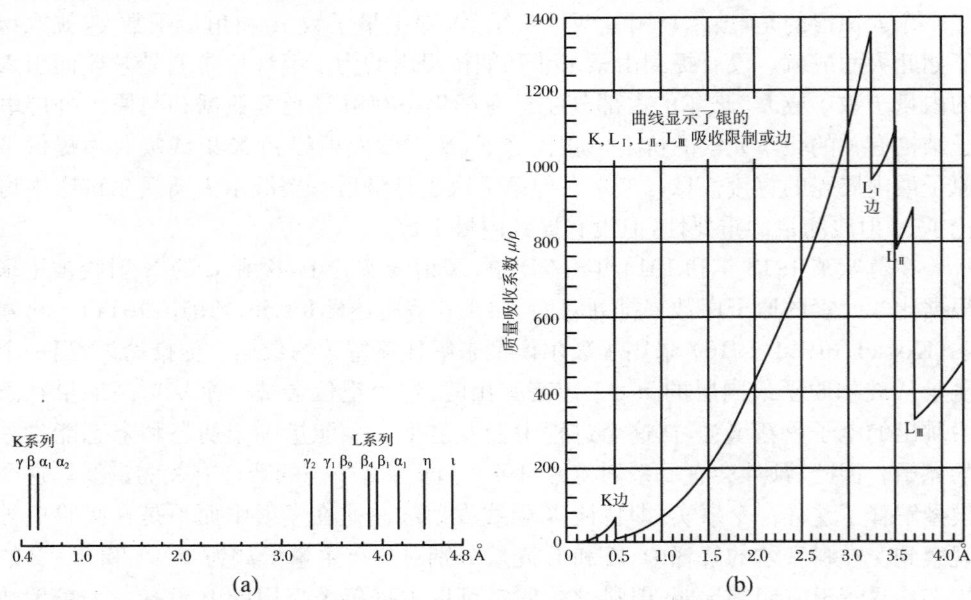

图 8.6 (a) 银的 X 射线发射谱示意图,清晰地分开了 K 线系与 L 线系。(b) 银的吸收系数作为波长的函数,显示与 K 和 L 能级吸收有关的 X 射线边 (Semat,1962)

1924 年,埃德蒙·斯通纳(Edmund Stoner)在剑桥大学跟随卢瑟福和福勒进行最后一年的研究生学习,利用表 8.3,他在确定原子的电子结构方面取得了下一个重大进展。他很清楚玻尔方案的困难,所以倾向于朗德的方案。此外,他还指出,这与根据朗德对反常塞曼效应的解释推断出的原子结构有很强的相似性。X

射线能级与从光谱分析中推断出的光学项有关。表 8.3 的最后一行显示了斯通纳符号表示的碱金属双重项对应的光学项。在论文中,斯通纳(1924)写道:

> “每个完成能级中的电子数等于所分配的内量子数之和的两倍,在 K,L,M,N 能级中,当完成时,有 2,8(=2+2+4),18(=2+2+4+6),…个电子。有人认为,与每个子能级分别相关的电子数也等于内量子数的两倍。”

因此,根据斯通纳的算法并参考表 8.3:

K 能级包含 2×1=2 个电子;

$L_{Ⅰ}$ 子能级包含 2×1=2 个电子;

$L_{Ⅱ}$ 子能级包含 2×1=2 个电子;

$L_{Ⅲ}$ 子能级包含 2×2=4 个电子。

表 8.3　朗德推断的 K,L 和 M X 射线能级中量子数的分布(Landé,1923b),包括从光学光谱中导出的等效光学项(Stoner,1924)。注意,为了符号的一致性,*J* 而不是斯通纳的 *j* 用作内量子数

能级	K	L			M				
子能级		$L_{Ⅰ}$	$L_{Ⅱ}$	$L_{Ⅲ}$	$M_{Ⅰ}$	$M_{Ⅱ}$	$M_{Ⅲ}$	$M_{Ⅵ}$	$M_{Ⅴ}$
n	1	2	2	2	3	3	3	3	3
k	1	1	2	2	1	2	2	3	3
J	1	1	1	2	1	1	2	2	3
光学项	1σ	2σ	$2\pi_2$	$2\pi_1$	3σ	$3\pi_2$	$3\pi_1$	$3\delta_2$	$3\delta_1$

通过这种方式,斯通纳建立了元素周期表,图 8.7 显示了惰性气体满壳层的电子分布。给定壳层的子能级用大写罗马数字表示,由角量子数 k 与取 k 和 $k-1$ 的内量子数 J 表征。因此,在斯通纳方案中,k 壳层的最大占据数为 $2\times[k+(k-1)]=4k-2$。对于给定的 n 值,这将导致子能级的填充为 2($k=1$),6($k=2$),

元素	原子序数	能级 (n)	子能级 (k,j)						
			Ⅰ	Ⅱ	Ⅲ	Ⅳ	Ⅴ	Ⅵ	Ⅶ
			1, 1	2, 1	2, 2	3, 2	3, 3	4, 3	4, 4
He	2	K (1)	2						
Ne	10	L (2)	2	2	4				
Ar	18	M (3)	2	2	4	(4	6)		
Kr	36	N (4)	2	2	4	(4	6)	(6	8)
Xe	54	O (5)	2	2	4	(4	6)		
Nt	86	P (6)	2	2	4				

图 8.7　斯通纳对惰性气体壳层中玻尔电子分布的修正(Stoner,1924)。给定原子的电子数由每个原子符号下面粗线的上面和左边的所有数字来表示(Heilbron,1977)

10($k=3$),14($k=4$),在主量子数 n 的完全填满的壳层中,电子数为2,8,18,32,50,…,也就是 $2n^2$。一个给定原子的电子总数是由在每个原子符号下面画的粗线的上面和左边的所有数字表示的。与玻尔的方案相比,在外部子群中电子更集中,在内部子群中壳层封闭发生在早期阶段。斯通纳的方案立即被索末菲采纳,他说:

> "基于X射线能级的数量和顺序的无可争辩的经验,以及量子数与这些能级的联系,斯通纳的方案比玻尔的更可靠。它有算术而不是几何力学的特征;在不假设任何轨道对称的情况下,它利用的不是一些,而是所有可用的X射线光谱学的数据。"(Sommerfeld,1925)

在回忆录中,斯通纳写道:

> "也许我的其他任何一篇论文都没有引起如此多的关注……然而,值得注意的是,对后来被称为泡利不相容原理的东西进行了明确的陈述,尽管它更多地是从实验结果中归纳得出的,而不是像泡利的论文中那样对电子分布进行演绎处理的基本公理……"(Bates,1969)

8.4 泡利不相容原理

斯通纳的见解,特别是他的发言,给沃尔夫冈·泡利留下了深刻印象:

> "内量子数的两倍确实给出了观测项的多重性,就像弱磁场中的光谱所揭示的那样……换句话说,(核+电子)系统可能态的数量等于内量子数的两倍,这些 $2J$ 个态总是可能的,也同等可能,但只有在外场存在时才单独表现出来。"(Stoner,1924)

泡利推断,对原子壳层结构的自然解释是假设原子中电子的态由4个量子数决定,n 为主量子数,k 为角量子数,J 为内量子数,m 为外加场方向的角动量分量,其中 $-J\leqslant m\leqslant J$,前提是只允许一个电子占据这些态中的一个。这些规则使泡利能够重现上一节描述的斯通纳的结果,但其意义更深远,并将对量子力学的未来发展产生深远影响。泡利阐明了不相容原理,即在一个原子内,最多一个电子可以占据用一组量子数标识的定态,即泡利不相容原理。用他的话说:

> "原子中从来不存在两个或更多的等价电子,在强磁场中,其所有量子数 n,k,J 和 m 都一致。如果原子中存在一个电子,而这些量子数(在外场中)对它来说有确定的值,那么这个状态就是'被占据的'。"(Pauli,1925)

泡利印象深刻的事实是，不相容原理可以解释某些态的缺失，例如，碱土金属，如钙，它将涉及两个具有相同量子数的电子。然而，内量子数 J 的物理意义和不相容原理本身的起源尚不清楚。泡利将量子数 J 与价电子本身相关联，而不是与磁芯相关联，并且在帕邢-巴克效应占主导地位的强磁场极限下，他证明了 J 的行为类似于轨道角动量。他将价电子的量子数 J 的性质称为“经典上不可描述的二值性”。他非常接近于发现电子的自旋和磁矩，但从这最后一步退缩了。[⑥]

8.5　电子的自旋

塞缪尔·古德施密特(Samuel Goudsmit)和乔治·乌伦贝克(George Uhlenbeck)发现电子的自旋和磁矩有一段有趣的历史。电子自旋的概念是由拉尔夫·克罗尼格(Ralph Kronig)在 1925 年首次提出的，当时他持有哥伦比亚大学的游学奖学金。在他访问当时是原子和分子光谱研究中心的图宾根期间，朗德给他看了一封泡利写的信，信中描述了他在不相容原理和 4 个量子数的必要性上的工作。克罗尼格突然想到了 J 量子数与电子的内禀自旋有关。如果电子的轨道像一个行星系统，他推断电子本身会像行星一样旋转。于是，他将一个玻尔磁子的磁矩与旋转的电子联系起来。这个概念立即暗示了钠的 D 线分裂为 D_1 和 D_2 组分的起源。电子感受一个磁场 $\boldsymbol{B}$，因为它在原子核的电场中运动，其大小为 $\boldsymbol{B}=(1/c^2)(\boldsymbol{v}\times\boldsymbol{E})$。因此，存在电子的磁矩和感应磁场之间的相互作用能 $\boldsymbol{\mu}\cdot\boldsymbol{B}$。由于 J 量子数相对于磁场方向有两个方向，它们的相互作用能是不同的，并且与观测到的钠 D 线的分裂非常吻合。此外，该模型也完全符合朗德的“半经验的”相对论性的分裂规则。

不过也有一些担忧。克罗尼格继续将磁耦合理论应用到氢原子上，并发现了一个与索末菲在对氢原子的相对论性处理中发现的类似的答案。令人担心的是，索末菲的模型很好地解释了所观察到的氢的精细结构分裂，因此，如果观察到的分裂是由各种效应的组合造成的，就必须进行一些显著的微调。事实上，克罗尼格总是获得一个 2 的补偿因子。还有一个问题就是经典电子表面的速度会远远超过光速。这可以用一个简单的经典计算来证明。斯特恩-格拉赫实验被解释为证明了价电子的角动量为 $\hbar/2$。因此电子表面的旋转速度将由关系式 $mvr=\hbar/2$ 给出。利用经典电子半径的表达式(将电子的静止能量等效为它的静电势能得到) $r=$

$e^2/(4\pi\epsilon_0 m_e c^2)$, $v=c/(2\alpha)$,其中精细结构常数 $\alpha=e^2/(2\epsilon_0 h)\approx 1/137$。因此电子表面的旋转速度将远远超过光速。克罗尼格与泡利、克拉默斯和海森堡讨论了这些想法,他们强烈反对这个提议,泡利对此尤其不屑一顾。克罗尼格让这件事搁置了。

在泡利发表关于不相容原理的论文之后,乌伦贝克和古德施密特(1925)又重新提出了这个观点。有两个因素给他们留下了深刻印象。第一个(由埃伦费斯特向他们指出)是亚伯拉罕(Abraham)的计算,如果旋转球体的电荷分布在其表面,则磁矩是电荷均匀分布在球体上的两倍(Abraham,1903)。第二个是泡利的论文,要求 4 个量子数来描述电子的运动。因为他们把量子数的数量等同于自由度的数量,他们可以把其中三个自由度与电子运动的运动学联系起来,但是第四个自由度呢?他们的猜测是,它与电子的内禀角动量有关,而不是与磁芯的轨道角动量有关。他们很清楚,这样做的结果是电子表面的旋转速度将远远超过光速。泡利的"经典上不可描述的二值性"是与电子自旋轴相对于所选轴的两个允许的方向相联系的。最后,他们提出电子的磁矩与角动量之比是电子轨道运动的两倍。埃伦费斯特鼓励他们为 *Die Naturwissenschaften* 杂志写一篇简短的论文,并建议他们把它寄给洛伦兹征求意见。接下来的一周,他们收到了洛伦兹关于旋转电子性质的长篇回复。它揭示了他们的物理图像的进一步缺陷,包括磁能将远远超过电子的静止能量,实际上会比质子的静止能量还要大。乌伦贝克和古德施密特决定不发表这篇文章,但埃伦费斯特已经把这篇文章寄给了 *Die Naturwissenschaften* 杂志并于 1925 年 11 月 20 日发表。

人们对这篇论文的反应褒贬参半。玻尔欢迎这一概念,并将其称为"对我们的原子结构思想是一个非常受欢迎的补充",作为乌伦贝克和古德施密特发表在《自然》上的论文版本的补充说明(Uhlenbeck 和 Goudsmit,1925b)。克罗尼格重申了他对电子自旋概念的关注,并引入了一个新问题,即电子自旋的影响,电子自旋被假设存在于原子核中(Kronig,1925)。然而,1926 年,卢埃林·托马斯(Llewellyn Thomas)解决了氢的精细结构分裂的因子 2 的问题时,人们的共识发生了改变。他指出,在计算自旋电子绕原子核的自旋-轨道耦合的大小时,忽略了一个二阶相对论性项,这种效应被称为托马斯进动。[⑦] 具体地说,与电子的磁矩 $\boldsymbol{\mu}$ 和它在瞬时静止坐标系中感受的磁通密度 $\boldsymbol{B}$ 之间的相互作用有关的能移是

$$\Delta E=-\boldsymbol{\mu}\cdot\boldsymbol{B}=\frac{2\mu_B}{\hbar m_e ec^2}\frac{1}{r}\frac{\partial U(r)}{\partial r}\boldsymbol{L}\cdot\boldsymbol{S} \tag{8.1}$$

其中 $U(r)$ 为电子在原子核场中的势能,矢量 $\boldsymbol{L}$ 和 $\boldsymbol{S}$ 分别为轨道角动量和自旋角动量。相应的托马斯进动项(它考虑了轨道电子的参考系和外部参考系之间的时

间延缓）等于

$$\Delta E = -\frac{\mu_{\mathrm{B}}}{\hbar m_{\mathrm{e}} ec^2}\frac{1}{r}\frac{\partial U(r)}{\partial r}\boldsymbol{L}\cdot\boldsymbol{S} \tag{8.2}$$

也就是说，正好是磁自旋-轨道相互作用的一半而且符号相反。这个计算说服了泡利，电子自旋必须认真对待，并导致他在第二年引入了泡利自旋矩阵。

量子力学的先驱们所揭示的理解电子自旋的问题是有充分根据的。事实证明，这一概念在理解原子光谱特征方面非常有效，并且可以很容易地被纳入朗德的原子矢量模型。然而，泡利强调，电子自旋具有“经典上不可描述的二值性”的性质——自旋是电子本身的内禀性质。它不是经典力学意义上的角动量，而是如泡利所说的“一种本质上的量子力学属性”。这可以从它在 $h\to 0$ 时为零的事实得到理解。我们将在 16.6 节中回到自旋的这些特性。

第 9 章　波粒二象性

尽管有爱因斯坦的倡导，以及密立根对爱因斯坦关于光电效应中入射辐射频率与光电子截止电压之间关系的生动验证(3.7节)，但光量子的概念并未受到大多数物理学家的重视。正如梅赫拉(Mehra)和雷兴伯格(Rechenberg)所说：[①]

> "……大多数从事量子理论研究的物理学家……赞成普朗克、能斯特、鲁本斯和瓦尔堡在1913年所写的关于爱因斯坦的评价：'例如，在他的光量子理论中，他有时可能在设想中错失目标。'在随后的10年中，几乎没有人认真对待光量子，直到一篇论文的出现完全解决了这个问题：这是亚瑟·霍利·康普顿(Arthur Holly Compton)在1922年12月提交的论文。"(Compton，1923)

康普顿证明了原子中的电子对高能X射线的散射规律正是基于光量子的能量 $\varepsilon = h\nu$ 和动量 $\boldsymbol{p} = (h\nu/c)\boldsymbol{i}_k$ 的假设。这是波-粒子二象性的无可辩驳的证据，它在量子理论的发展中起到了核心作用。

9.1　康普顿效应

故事始于汤姆孙对自由电子辐射散射的经典分析，这在4.3.1小节中进行了描述。汤姆孙散射的散射截面为

$$\sigma_{\mathrm{T}} = \frac{e^4}{6\pi\epsilon_0^2 m_{\mathrm{e}}^2 c^4} = \frac{8\pi r_{\mathrm{e}}^2}{3} = 6.653 \times 10^{-29}\ \mathrm{m}^2 \tag{9.1}$$

其中 $r_{\mathrm{e}} = e^2/(4\pi\epsilon_0 m_{\mathrm{e}} c^2)$ 是经典电子半径。汤姆孙散射的微分截面表达式给出辐射的角分布：

$$\mathrm{d}\sigma_{\mathrm{T}} = \frac{r_{\mathrm{e}}^2}{2}(1 + \cos^2\alpha)\mathrm{d}\Omega \tag{9.2}$$

其中 α 是入射流与散射辐射方向之间的夹角。对式(9.2)在立体角上积分得到式

(9.1)。[②]巴克拉和艾尔斯(Ayres)证明,该公式很好地描述了电子对软X射线的散射(Barkla和Ayres,1911)。但是,对于更高能的X射线和γ射线,特别是当散射的X射线和γ射线的能量低于入射辐射的能量时,吻合得不是很好(Gray,1913)。格雷(Gray)在1920年重复了这些实验,再次通过吸收特性来估计被散射X射线的能量。他得出的结论是:

> "如果我们始终把一束X射线或γ射线看成是具有确定频率的波的混合,并且如果具有确定频率的射线在散射过程中改变了波长,波长随着散射角的增加而增加,那么我们所得到的结果就可以得到解释。"(Gray,1920)

随着布拉格父子发明了X射线光谱仪,就有了更精确地研究高能X射线散射的工具(Bragg和Bragg,1913a,b)。

1921年,康普顿接受了这一挑战,他是第一位将布拉格光谱仪和"记录装置"结合来分析散射辐射波长的研究者。他很快证实了散射波长大于入射波长的结果,并指出:

> "除了散射辐射外,次级射线中还出现了一种荧光辐射,其波长几乎与用作辐射器的物质无关,仅取决于入射射线的波长和检查次级射线的角度。"(Compton,1922)

从一开始,挑战就是要理解辐射波长随散射而增加的机理。康普顿研究了如果"X射线能量的每一份都集中于一个粒子,并作为一个单元作用于一个电子上"会怎样。计算结果就是他的著名的X射线波长随散射角θ变化的公式:

$$\Delta\lambda = \frac{h}{m_e c}(1-\cos\theta) \tag{9.3}$$

在他的经典实验中,使用钼的K_α线作为主要源辐射,并使用石墨作为散射体。研究结果于1923年4月报告给美国物理学会,并在一个月后发表在*Physical Review*上(Compton,1923)。实际上,德拜已经得出了相同的关系,并在康普顿报告的前一个月提交给*Physikalische Zeitschrift*(Debye,1923)。波长和辐射强度随散射角θ的变化与爱因斯坦的光量子假设的预期值吻合得非常好(图9.1)。最初,并不是所有的实验者都可以重复康普顿的结果,但是到1924年底,人们普遍认为这些结果是对的,并且光量子的粒子性质得到了牢固的确立。1929年6月,沃纳·海森堡在一篇题为"1918～1928年量子理论的发展"的评论文章中写道:

> "在这一时期[1923],实验对理论有了帮助,实验中的一个发现对后来量子理论的发展具有重要意义。康普顿发现,随着自由电子对X射线的散射,散射射线的波长明显比入射光的波长要长。根据康普顿和德拜的说法,这种效应很容易用爱因斯坦的光量子假设来解释。相反,光的波动理论不能解释该实验。结果,自爱因斯坦1906年、1909年和1917年的著作问世以来,几乎没有进展的辐射理论问题出现了。"(Heisenberg,

1929）

在去世前一年的回忆中，康普顿说：

> “这些实验，至少对美国的物理学家来说，是第一次对量子理论的基本有效性的确证。”（Compton，1961）

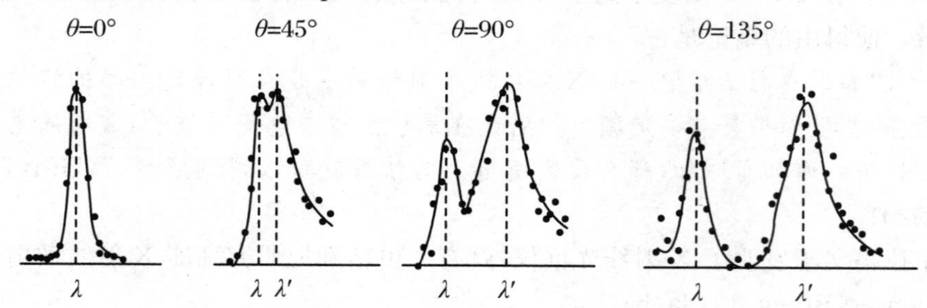

图 9.1　康普顿 X 射线散射实验的结果表明，随着偏转角 θ 的增加，钼 K_α 谱线的波长也会增加（Compton，1923）。未散射的 K_α 谱线波长 λ 为 0.7107 Å（0.07107 nm）

9.2　玻色-爱因斯坦统计

关于普朗克推导黑体能量分布的一个有趣的问题是，为什么他用“错误的”统计方式获得了正确的答案。一个答案是，他很可能是从他对一组处于热平衡状态的振子的熵的定义出发反推回去的，如 2.6 节中所讨论的。更深刻的答案是，普朗克偶然发现了正确的方法来估计不可区分粒子的统计。这些过程首先由印度数学物理学家萨特延德拉·纳特·玻色（Satyendra Nath Bose）在题为“普朗克定律和光量子假设”的手稿中得到证明，他于 1924 年将其寄送给爱因斯坦（Bose，1924）。爱因斯坦立刻意识到它的深远意义，他自己将它译成了德语，并安排在 *Zeitschrift für Physik* 上发表。玻色的论文及其与爱因斯坦的合作导致建立了一种统计不可区分粒子的方法，即玻色-爱因斯坦统计，这与经典的玻尔兹曼统计大不相同。

玻色并未真正意识到他对普朗克谱的推导所带来的深远意义。套用派斯（Pais）对其论文的描述，玻色为统计物理学引入了三个新特征：

（i）光子数不守恒。

（ii）玻色将相空间划分为粗粒化相格，并根据每个格子中的粒子数进行计算。因为光子被认为是全同的，计数显然就要求态的每种可能分布只应计数一次。因此玻尔兹曼的粒子可区分的公设就没有了。

（iii）由于这种计数方式，粒子的统计独立性消失了。

与经典的玻尔兹曼统计相比，差异是深远的。[3] 正如派斯所说：

> “令人惊讶的是，玻色在所有三个方面都是正确的（在他的论文中，他没有对任何一点进行评论）。我相信自从普朗克在1900年引入量子以来，还没有过如此成功的歪打正着。”（Pais，1985）

该论证开始于将相空间体积划分为基本格子。[4] 考虑其中一个格子，我们将其标记为 k，并且具有能量 ε_k 和简并度 g_k，后者表示该格子中具有相同能量 ε_k 的允许状态数。现在假设有 n_k 个粒子要分布在 g_k 个态上，并且这些粒子是全同的。于是，利用统计物理学的标准步骤计算 n_k 个粒子在这些态上不同分布的数量，是

$$\frac{(n_k + g_k - 1)!}{n_k!(g_k - 1)!} \tag{9.4}$$

这是论证中的关键步骤，与相应的玻尔兹曼结果明显不同。在标准的玻尔兹曼程序中，粒子在能态上的所有可能分布方式都包括在统计中，而在式(9.4)中，分母中的阶乘消除了相同分布的重复项。[5] 请注意，在这一点上，粒子的统计独立性被放弃了。由于不允许分布的重复，粒子不能被随机地放在所有的格子中。

结果式(9.4)仅涉及相空间中的单个相格，我们需要将其扩展到组成相空间的所有格子。将粒子分配在所有相格上可能方式的总数是所有式(9.4)的乘积，即

$$W = \prod_k \frac{(n_k + g_k - 1)!}{n_k!(g_k - 1)!} \tag{9.5}$$

我们尚未指定如何在 K 个相格中分配 $N = \sum_k n_k$ 个粒子。为此，我们像以前一样问：“使 W 取最大值的态的分布 n_k 是什么？”此时，我们返回建议的玻尔兹曼方法。首先，用斯特林定理简化 $\ln W$：

$$\ln W = \ln \prod_k \frac{(n_k + g_k - 1)!}{n_k!(g_k - 1)!} \approx \sum_k \ln \frac{(n_k + g_k)^{n_k + g_k}}{(n_k)^{n_k}(g_k)^{g_k}} \tag{9.6}$$

现在我们在约束 $\sum_k n_k = N$ 和 $\sum n_k \varepsilon_k = E$ 的情况下极大化 W。使用前面那种待定乘子法，

$$\delta(\ln W) = 0 = \sum_k \delta n_k \{[\ln(g_k + n_k) - \ln n_k] - \alpha - \beta\varepsilon_k\}$$

从而

$$[\ln(g_k + n_k) - \ln n_k] - \alpha - \beta\varepsilon_k = 0$$

最后

$$n_k = \frac{g_k}{e^{\alpha + \beta\varepsilon_k} - 1} \tag{9.7}$$

这就是所谓的玻色-爱因斯坦分布，它是对不可区分的粒子进行计数的正确统计。

在黑体辐射的情况下，我们不需要指定现有光子的数目。分布只由一个参数决定——总能量或系统的温度。因此，在待定乘子法中，我们可以取消对粒子总数的限制。分布会自动调整到现有的总能量值，所以 $\alpha = 0$。于是，

$$n_k = \frac{g_k}{e^{\beta\varepsilon_k} - 1} \tag{9.8}$$

对比普朗克谱的低频行为,我们得到 $\beta = 1/(kT)$,与经典的情形一样。

最后,对频率 $\nu \sim \nu + d\nu$ 范围内的辐射,相空间中格子里的简并度 g_k 已在讨论黑体辐射谱起源的瑞利方法中计算出来了(2.3.4 小节)。爱因斯坦之所以热衷于玻色的论文,原因之一是玻色不是诉诸普朗克或瑞利的方法(它们源自经典电磁学),而完全是通过考虑光子可用的相空间来推导这一因子的。普朗克的分析完全是电磁性质的,而瑞利的论证是让电磁波限制在有着完全导体壁的盒子里进行的。玻色考虑光子具有动量 $p = h\nu/c$,因此,利用标准程序,能量在 $h\nu \sim h(\nu + d\nu)$ 范围内,光子动量(相)空间的体积为

$$dV_p = V dp_x dp_y dp_z = V 4\pi p^2 dp = \frac{4\pi h^3 \nu^2 d\nu}{c^3} V \tag{9.9}$$

其中 V 是实际空间的体积。现在,玻色仿照普朗克在 1906 年的演讲中首次提出的想法,将该相空间的体积划分为体积为 h^3 的相格,因此相空间中的相格数为

$$dN_\nu = \frac{4\pi\nu^2 d\nu}{c^3} V \tag{9.10}$$

他需要考虑光子的两个偏振态,就重现了瑞利的结果:

$$dN = \frac{8\pi\nu^2}{c^3} d\nu, \quad \varepsilon_k = h\nu \tag{9.11}$$

我们立即得到辐射谱能量密度的表达式:

$$u(\nu) d\nu = \frac{8\pi\nu^2}{c^3} \frac{1}{e^{h\nu/(kT)} - 1} d\nu \tag{9.12}$$

这是普朗克黑体辐射谱的表达式,它是使用不可区分粒子的玻色-爱因斯坦统计推出来的。

爱因斯坦并没有止步于此,而是继续将这些新方法应用于理想气体的统计力学中(Einstein,1924,1925)。正如他所说,将这些统计应用于单原子分子理想气体会导致"辐射与气体之间意义深远的关系式"。尤其是,他意识到他在 1909 年值得注意的论文(3.6 节)中推导的黑体辐射涨落公式也必须同样适用于单原子分子气体的统计。回想一下,他关于黑体辐射涨落的表达式(3.43)包括两个部分:

$$\frac{\sigma^2}{\varepsilon^2} = \frac{h\nu}{\varepsilon} + \frac{c^3}{8\pi\nu^2 V d\nu} \tag{9.13}$$

这是一个惊人的结果。仅仅从不可区分粒子的统计中,涨落的表达式包括与无相互作用粒子统计相关的第一项(按照麦克斯韦-玻尔兹曼的规定)和与干涉现象相关的第二项(由于粒子的波动特性)。由于这些原因,爱因斯坦对路易斯·德布罗意(Louis de Broglie)的工作特别感兴趣,这是朗之万在 1924 年 4 月举行的第四届索尔维会议上报道的。德布罗意做了另一个"歪打正着",把波的特性赋予电子。这个猜测对量子力学的发展将产生深远的影响。

9.3 德布罗意波

量子物理学的实验和理论发展主要集中在德国的主要中心：哥廷根、慕尼黑和柏林，以及哥本哈根的玻尔研究所。第一次世界大战结束后，法国和德国之间的通信中断，直到20世纪20年代，成果和思想的迅速交流才有可能。巴黎在某种程度上偏离了量子理论发展的主要轨道，但在许多方面，这对路易斯·德布罗意的研究所产生的非凡见解是有利的。与大多数德国物理学家不同，德布罗意毫不犹豫地接受了爱因斯坦的光量子假设。从博士研究的一开始，他的目标就是找到调和光的行为的波和粒子描述的技术。但是他走得更远，单枪匹马地引入了物质波的概念，从而完成了物质与光的波粒二象性。让我们来跟随他的逻辑推理。

德布罗意的三篇重要论文于1923年在 *Comptes Rendus*（*Paris*）上发表，并于1924年在 *Philosophical Magazine* 上汇集成一篇英文论文（de Broglie，1923a，b，c，1924b）。他指出，有两种不同的方式将频率与移动的电子相联系。他首先通过普朗克关系 $h\nu_0 = m_0c^2$ 将频率与粒子的静止能量相联系。如果粒子以速度 v 移动，则在外部参考系中粒子的频率将更大，因为此时 $h\nu = \gamma m_0c^2$，其中 $\gamma = (1 - v^2/c^2)^{-1/2}$ 是洛伦兹因子。另一方面，由于运动粒子参考系和外部观察者之间的时间延缓，时间间隔增加，因此以更低的频率 $\nu_1 = m_0c^2/(\gamma h)$ 观察到“内部频率”。这些频率之间的关系是

$$\nu_1 = \nu/\gamma^2 \tag{9.14}$$

如何解释这些频率？他认为 ν 等同于一个和粒子运动有关的“虚拟波”，该波以“超光速” c^2/v 传播。由于该波的运动速度大于光速，因此它不能传输能量。在时间 $t=0$ 时，粒子和波的位置重合。在时间 t，粒子已移动到 $x = vt$ 的位置，并且将观察到其内部周期性运动的振幅为 $\sin(2\pi\nu_1 x/v)$。同时，“虚拟波”的振幅为 $\sin[2\pi\nu(t - xv/c^2)]$，因为其传播速度为 c^2/v。但是，由于式(9.14)，断定两个波的运动总是同相的。反过来说，如果两个波始终保持同相，则说明“虚拟波”必须以 c^2/v 的速度传播。

现在，德布罗意将虚拟波的速度 c^2/v 与波的相速度 v_{ph} 等同起来。于是，与波相关的能量包将以群速度 v_{g} 传播，用现代符号表示为

$$v_{\text{g}} = \frac{\mathrm{d}\omega}{\mathrm{d}k} \tag{9.15}$$

我们可以写成 $k = 2\pi/\lambda = 2\pi\nu/v_{\text{ph}}$，所以

$$v_{\text{g}} = \frac{\mathrm{d}\nu}{\mathrm{d}(\nu/v_{\text{ph}})},\quad \nu = \frac{1}{h}\frac{m_0c^2}{(1-\beta^2)^{1/2}},\quad v_{\text{ph}} = c^2/v = c/\beta \tag{9.16}$$

我们已将电子的速度写为 $\beta = v/c$。计算微分，我们得到 $v_g = v$，也就是说，虚拟波的群速度正好等于电子的速度。德布罗意在他的论文中写道(de Broglie，1923a)：

> "运动物体的速度是一组波的能量速度，这些波的频率为 $\nu = (1/h) \cdot m_0c^2/(1-\beta^2)^{1/2}$，速度为 c/β，对应于稍微不同的 β 值。"

这代表了对如何调和光量子的波和粒子特性的一个关键见解。但更多的东西还在后面。

接下来，德布罗意指出了一个进一步的提示性结果，他把根据光学中的费马最小时间原理得出的光线的路径与根据最小作用量原理得出的粒子的路径进行比较。费马原理是：在折射率可变的介质中，光线的路径是使两个固定点之间的传播时间最小的路径，即 $\delta\int \mathrm{d}s/v = 0$，其中 $\mathrm{d}s$ 是路程长度微元。由于频率是一个常数且 $v = \lambda\nu$，因此可以等效地写成

$$\delta\int \frac{\mathrm{d}s}{\lambda} = 0 \tag{9.17}$$

λ 是波长。现在，$\lambda = v_{\mathrm{ph}}/\nu$，且由于

$$\nu = \frac{1}{h}\frac{m_0c^2}{(1-\beta^2)^{1/2}} \quad 和 \quad v_{\mathrm{ph}} = c^2/v = c/\beta \tag{9.18}$$

我们得到

$$\delta\int \frac{\mathrm{d}s}{\lambda} = \delta\int \frac{\nu\mathrm{d}s}{v_{\mathrm{ph}}} = \delta\int \frac{m_0\beta c}{h\sqrt{1-\beta^2}}\mathrm{d}s = 0 \tag{9.19}$$

现在，德布罗意根据最小作用量原理处理粒子的运动，可以用以下形式表示：

$$\delta\int \sum_{r=1}^{n} \dot{q}_r \frac{\partial \mathcal{L}}{\partial \dot{q}_r}\mathrm{d}t = 0 \tag{9.20}$$

其中$\mathcal{L}$是粒子的拉格朗日量。[⑥]对于质量为 m_0 的相对论性粒子在静电势 $\varphi(\boldsymbol{r})$中移动，拉格朗日量为

$$\begin{aligned}\mathcal{L} &= -\frac{m_0c^2}{\gamma} - q\varphi(\boldsymbol{r}) = -m_0c^2\left(1-\frac{v^2}{c^2}\right)^{1/2} - q\varphi(\boldsymbol{r}) \\ &= -m_0c^2\left(\frac{\dot{x}^2+\dot{y}^2+\dot{z}^2}{c^2}\right)^{1/2} - q\varphi(\boldsymbol{r})\end{aligned} \tag{9.21}$$

其中 $\gamma = (1-v^2/c^2)^{-1/2}$是洛伦兹因子。[⑦]取 $q_1 = x, q_2 = y, q_3 = z$，式(9.20)变为

$$\delta\int \frac{m_0v^2}{(1-\beta^2)^{1/2}}\mathrm{d}t = \delta\int \frac{m_0\beta c}{(1-\beta^2)^{1/2}}\mathrm{d}s = 0 \tag{9.22}$$

该表达式与式(9.19)完全相同。德布罗意立即得出结论：

> "相波的光线与动力学可能的路径相同。"

现在，德布罗意做出了关键假设：

> "看来相波必须找到与其自身同相的电子。就是说'只有在相波与路径长度协调的情况下，运动才能稳定'。"

为此，绕轨道的波长必须是整数个。于是，式(9.19)可以写成

$$\int \frac{\mathrm{d}s}{\lambda} = \int_0^{T_r} \frac{m_0 \beta^2 c^2}{h\sqrt{1-\beta^2}} \mathrm{d}t = n \tag{9.23}$$

其中 n 是整数，T_r 是旋转周期。现在，我们可以用电子的动量来重写式(9.23)中的最后一个等式：

$$\int_0^{T_r} \frac{m_0 \beta^2 c^2}{h\sqrt{1-\beta^2}} \mathrm{d}t = \oint \frac{\gamma m_0 v}{h} \mathrm{d}s = n \tag{9.24}$$

所以

$$\oint p \mathrm{d}s = \oint p_\varphi \mathrm{d}\varphi = nh \tag{9.25}$$

正是玻尔-索末菲量子化条件。

还有另一种审视这个结果的方法。根据玻尔的氢原子模型，考虑电子的圆周运动及其相关波，如果 T_r 是电子轨道的周期，则"虚拟波"和电子将在时间 τ 之后在圆轨道上相遇。让虚拟波在轨道上的传播距离 $(c^2/v)\tau$ 等于电子移动的距离加上轨道的周长 $v\tau + vT_r$，从而得到时间 τ。因此，写下 $\mathrm{d}s = v\mathrm{d}t$，我们得到

$$\tau = \frac{v^2/c^2}{1 - v^2/c^2} T_r \tag{9.26}$$

因此电子内部的位相变为

$$2\pi\nu_1 \tau = 2\pi\nu_0 (1-\beta^2)^{1/2} \times \frac{\beta^2}{1-\beta^2} T_r = 2\pi \frac{m_0 c^2}{h} \frac{T_r \beta^2}{(1-\beta^2)^{1/2}} \tag{9.27}$$

应将其设置为 $2\pi n$，以使电子和虚拟波保持同相。因此，对于圆形轨道，我们再次重现关系式

$$\int_0^{T_r} \frac{m_0 \beta^2 c^2}{h\sqrt{1-\beta^2}} \mathrm{d}t = \oint \frac{\gamma m_0 v}{h} \mathrm{d}s = n \tag{9.28}$$

这是德布罗意著名的"虚拟波"的量子化公式，波绕电子轨道以 c^2/v 的相速度传播。波包的能量绕着轨道传播，传播的相关群速度恰好是粒子的速度 v。正如他后来在论文中所说的那样，"我认为这些想法可以被视为光学和动力学的一种合成"。第二篇论文也包含这样的预测：他的论文的结论适用于电子以及辐射量子，并且

> "电子流通过一个足够窄的孔时也应该会出现衍射现象。"(de Broglie，1923b)

他这篇伟大论文的最后一段显示了应有的谨慎和乐观，认为这些考虑代表了量子力学正确理论的重大进展：

> "其中许多想法可能会受到批评，甚至可能被改正，但现在看来，对于光量子的存在性应该没有疑问。此外，如果我们基于时间相对性的观点得到接受，那么'量子'的所有大量的实验证据都将支持爱因斯坦的观念。"

德布罗意于 1923 年 11 月向巴黎大学理学院提交了他的博士论文《量子理论

研究》(de Broglie,1924a)。由佩兰、嘉当(Cartan)、莫甘(Mauguin)和朗之万组成的审查委员会赞扬了德布罗意的研究的惊人原创性,但对与电子有关的波的物理实在表示怀疑。当被问及对这一假设的实验检验时,德布罗意提出了晶体对电子束的衍射。他当时还没有意识到,衍射效应的实验证据已经被发现了,我们将在下一节叙述。

第二个重要结果是,朗之万在 1924 年 4 月举行的第四届索尔维会议上,特别是与爱因斯坦,讨论了德布罗意的研究。当时,爱因斯坦正在研究上一节中描述的玻色论文的含义。他意识到了德布罗意的假设对于他的理想气体理论的意义,特别是对于能量涨落公式和由粒子波包引起的涨落部分。爱因斯坦在 1924 年 12 月收到了德布罗意论文的副本。他意识到这些想法的重要性,并指出:

> “我将更详细地讨论解释,因为我相信它所涉及的不仅仅是一个类比。”(Einstein,1925)

9.4 电子衍射

爱因斯坦与玻恩讨论了德布罗意的论文,玻恩又将其提请哥廷根实验物理系主任詹姆斯·弗兰克(James Franck)和玻恩的学生沃尔特·埃尔泽塞尔(Walter Elsasser)的注意。当埃尔泽塞尔建议可以尝试进行电子衍射实验时,弗兰克评论说:

> “由于戴维森的实验已经确定了预期的效果,因此将是不必要的。”

弗兰克所指的是戴维森(Davisson)和康斯曼(Kunsman)的实验,这些实验显示了从镍表面散射电子的角分布中极为丰富的结构(Davisson 和 Kunsma,1921)。他们用电子的散射解释了这些结果,电子的散射贯穿了晶体表面镍原子的一个或多个外电子壳层。埃尔泽塞尔和弗兰克则将散射电子的角分布中的结构解释为与镍晶体散射电子相关的峰。散射电子的特性与众所周知的晶体表面对 X 射线的散射现象相似,并且如果电子相关波的波长为 $\lambda = h/(mv)$,则符合德布罗意理论的预期值。埃尔泽塞尔还证明,干涉效应也可以解释冉绍尔-汤森(Ramsauer-Townsend)效应,即稀有气体(尤其是氩气)对慢电子的散射截面在电子能量低于 25 eV 时会降到一个非常低的值(Ramsauer,1921;Townsend 和 Bailey,1922)。埃尔泽塞尔对这些现象的解释说明发表于 1925 年 8 月的 *Die Naturwissenschaften* 中(Elsasser,1925)。

但是,戴维森并没有被说服,而是继续进行他对镍晶体散射电子的实验。他与革末(Germer)在 1927 年发表的论文(Davisson 和 Germer,1927)的开头几段叙述了导致他的著名发现的一系列非凡事件：

“本文所报告的研究是由于1925年4月在该实验室发生的事故而开始的。当时，我们正在继续进行一项研究，该研究最早报导于1921年(Davisson和Kunsman，1921)，是关于普通(多晶)镍靶散射的电子角分布。在此过程中，当靶处于高温时，液气瓶爆炸，实验管破裂，靶被涌入的空气严重氧化。氧化物最终被还原，靶的一层被蒸发掉，这是在氢气和真空中的不同温度下长期加热后才会得到的。

当继续进行实验时，发现散射电子的角分布已完全改变。”

发生的情况是，原始的镍样品由许多独立的晶体组成。独立的晶体被熔化成单一的镍晶体，其衍射能力大大改善。图9.2说明了这种改进，显示了使用原始晶体和较大的单晶体在50°角处的著名衍射极大值。如果加速电压发生明显变化，则该极大值消失。镍晶体中原子平面之间的间距 a，即光栅常数，是2.15 Å，因此X射线衍射的布拉格公式 $n\lambda = 2\pi a\sin\theta$ 可以用来估计入射射线的波长，其中 n 是整数，θ 是入射射线与散射平面之间的夹角。该公式得到的波长为 $\lambda = 1.65$ Å，与加速电压 $V = 54$ V时德布罗意公式 $\lambda = h/(mv) = (150/V)^{1/2}$ Å的预期值完全吻合。

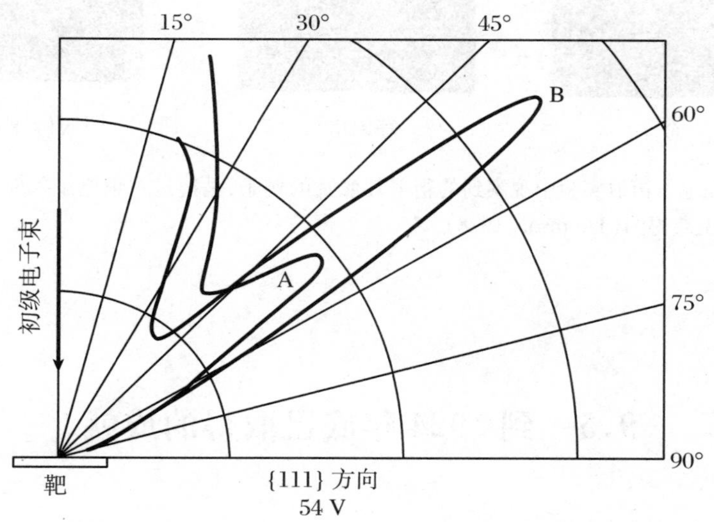

图9.2 戴维森和革末电子散射实验的结果。标为A和B的曲线显示了“54 V”电子束在镍晶体加热和再结晶之前(A)和之后(B)的衍射极大值(Davisson和Germer，1927)

实际上，这些结果直到1927年才发表，尽管1926年通过与玻恩、哈特里(Hartree)等人在牛津举行的英国科学促进协会会议上的讨论已经广为人知。决定性的实验是由J. J. 汤姆孙的儿子乔治·汤姆孙(George P. Thomson)和阿伯丁大学的安德鲁·里德(Andrew Reid)进行的。他们将准直的电子束穿过赛璐珞薄膜,所得的衍射图像和在与电子具有相同能量的 X 射线衍射中观察到的相似(Thomson 和 Reid,1927)。在随后的论文中,汤姆孙(1928)展示了电子通过金、赛璐珞和其他物质薄膜的衍射环(图 9.3)。随后有许多实验证明了电子束衍射的波的特性。1937 年诺贝尔物理学奖授予戴维森和汤姆孙。正如贾默所说的那样(1989):

> "……父亲汤姆孙因证明电子是粒子而获得诺贝尔奖,儿子汤姆孙因证明电子是波而获得了诺贝尔奖。"

这些电子衍射实验为德布罗意对光和物质波粒二象性的深刻见解的正确性提供了无可争议的证据。但是,我们现在已经远远超出了量子理论发展的时间节点。我们回顾一下 1924 年底旧量子论的地位。

图 9.3　在电子衍射实验中观察到的衍射环照片的例子,是通过一束电子入射到不同材料的薄膜上获得的(Thomson,1928)

9.5　到 1924 年底已取得的成就

前面 6 章的讨论表明,许多杰出的物理学家和数学家为应对把量子化和量子纳入经典物理学的框架所带来的挑战,做出了巨大努力。人们将认识到,一个成功的量子理论必须具备的大多数独特特征已经存在,但是还没有一个自洽的量子理论能够容纳所有这些特征,更不用说这些发现对理解物理世界的深层含义了。列举一下到 1924 年底为止所取得的成就是有帮助的。

- 玻尔原子模型和电子在绕原子核轨道上占据的定态概念(第 4 章)。
- 引入额外的量子数以解决原子光谱中的多重线以及允许跃迁的相关选择

定则(第 5 章以及 6.4 节和 6.5 节)。

• 玻尔对应原理,使经典物理的概念能够为旧量子论的规则提供依据(6.3 节)。

• 用电场和磁场中原子的量子化效应来解释斯塔克效应和塞曼效应(第 7 章)。

• 朗德的原子矢量模型可以解释谱线的分裂,即根据朗德的 g 因子公式的规定进行角动量相加(7.4 节)。

• 斯特恩-格拉赫实验对空间量子化的实验证明(7.5 节)。

• 原子中电子壳层的概念以及对元素周期表的电子结构的理解(第 8 章)。

• 泡利不相容原理的发现和要求 4 个量子数描述原子性质(8.3 节)。

• 发现电子自旋是这些粒子一个独特的量子属性。尽管是从角动量的概念推论出来的,但电子的内禀自旋不是旋转运动意义上的"角动量"(8.4 节)。

• 康普顿的 X 射线散射实验证实了光量子的存在(9.1 节)。

• 玻色-爱因斯坦统计的发现,与经典玻尔兹曼统计有显著差异(9.2 节)。

• 与电子动量相关的德布罗意波的引入,波粒二象性扩展到粒子和光量子(9.3 节)。

读者将立即认识到,以上列表是"事后诸葛亮"的产物,突出了必须纳入新的量子力学理论中的特征。旧量子论无法将这些内容纳入一个自洽的理论中。从本质上讲,旧量子论可以被认为是经典物理学加入了玻尔-索末菲量子化规则,即

$$\oint p_{\varphi} \mathrm{d}\varphi = nh \tag{9.29}$$

以及一组选择定则,以确保可以观察到的光学和 X 射线光谱特征能够被再现。

除了自洽的问题外,还有一个非常重要的问题是,尽管氢原子的性质可以通过玻尔-索末菲模型很好地解释,周期表中的下一个元素——氦带有两个而不是一个电子和两倍的正核电荷,尽管许多理论家付出了艰辛的努力,但仍解释不了。对于更重的元素,问题就更难了。

但是,从根本上说,原子的稳定性,特别是电磁辐射发射导致的电子轨道的衰减没有令人满意的解决方案。旧量子论绕过这个问题,只是要求原子层面的加速电子不辐射电磁辐射。最好的办法是坚持玻尔的定态确实是"静止的",并且在原子层面上没有发生能量的连续损失。能量损失仅发生在定态之间的跃迁中。爱因斯坦已经给出了公式化方法,在定态之间出色地引入了自发和受激跃迁概率。正如我们将要看到的,这将成为方法发展的试金石,这些方法最终将导致真正的量子力学理论的革命。原子层面的经典力学和动力学已经出现了严重的问题,解决该问题的方法被证明是真正革命性的。

第3部分　量子力学的发现

第10章　旧量子论的崩溃和再生

“尽管它的名字听起来很高端，而且成功地解决了原子物理学中的许多问题，但量子理论，特别是多电子系统的量子理论，在1925年之前，从方法论的角度来看，是一个可悲的假设、原理、定理和计算方法的大杂烩，而不是一个逻辑一致的理论。每一个量子理论问题都必须首先在经典物理学方面得到解决；然后它的经典解决方案必须通过量子条件的神秘筛子，或者，正如在大多数情况下发生的那样，经典解决方案必须按照对应原理翻译成量子的语言。通常，找到‘正确的解决方案’的过程是一个熟练的猜测和直觉的过程，而不是演绎或系统推理的过程。”(Jammer，1989)

尽管本书是在事后写的，但毫无疑问，到1924年底，试图创建一个“量子力学”[①]系统的努力出现了重大危机，该系统可以涵盖原子及其光谱的所有特征。问题的核心是1905年爱因斯坦首次阐明的波粒二象性，这一点被1924年德布罗意提出的“物质波”与电子的显著关联加强。正如贾默(1989)所记录的：

“威廉·布拉格爵士的话很好地描述了这种困境，他说：‘物理学家在周一、周三和周五使用经典理论，在周二、周四和周六使用辐射量子理论。’”

从旧量子论到完备量子力学理论的转变非常迅速，只花了几年时间，但这并不是一个简单的故事。玻恩说，这甚至不是“一段向上的直梯”，而是“错综复杂的小巷”。

故事从最棘手的问题之一开始，即理解光在介质中的色散。尽管这个问题的本质看起来很难解决，但试图解开它的努力将带来新的方法，这将很快导致在原子层面上对物理学进行全新的描述。

10.1 拉登堡、克拉默斯和色散理论

色散问题是物质与辐射相互作用的核心。经典地说,电磁波的色散是由波传播介质的折射率对频率的依赖性决定的。最简单的例子出现在连续介质中,其中介质的极化 $\boldsymbol{P}$ 与外加电场强度 $\boldsymbol{E}$ 呈线性关系:$\boldsymbol{P}=\chi\epsilon_0\boldsymbol{E}$,其中 χ 是介质的极化率。对于入射电磁波,求解麦克斯韦方程组中的前两个(1.5)和(1.6)是很简单的。

在线性介质中,

$$\boldsymbol{D}=\epsilon_0\boldsymbol{E}+\boldsymbol{P}=(1+\chi)\epsilon_0\boldsymbol{E}=\epsilon\epsilon_0\boldsymbol{E} \tag{10.1}$$

其中 ϵ 是材料的相对介电常数。通过标准步骤[2]将式(1.5)和式(1.6)简化为关于 $\boldsymbol{E}$ 或 $\boldsymbol{H}$ 的波动方程,波的传播速度为 $(\epsilon\epsilon_0\mu_0)^{-1/2}=c/\sqrt{\epsilon}$。材料的折射率 $n=\sqrt{\epsilon}$ 是一个容易测量的量。“色散”一词用于描述当折射率是频率的函数时发生的现象,即造成波包的频率成分“色散”或“模糊”。

在存在吸收线的情况下,χ 与频率有很强的相关性,经验证明,χ 随频率的变化可以写成

$$\chi_i=\frac{e^2}{m_{\mathrm{e}}}\frac{f_i}{\omega_i^2-\omega^2} \tag{10.2}$$

其中 ω_i 是吸收线的中心频率,f_i 是一个常数,其重要性很快就会显现出来。

这种形式的关系可以从经典电磁理论中推导出来,事实上,我们几乎已经在2.3.3小节推导出来了,即保罗·德鲁德(Paul Drude)(1900)阐述的经典色散理论。在形式上,极化 $\boldsymbol{P}$ 是介质内单位体积的偶极矩,[3]在这种情况下,是由入射电磁波的电场引起的。为方便起见,我们重复公式(2.9),该公式描述了固有角频率 ω_0 的振子在入射电磁波影响下的运动:

$$\ddot{x}+\gamma\dot{x}+\omega_0^2x=\frac{F}{m_{\mathrm{e}}} \tag{10.3}$$

为简单起见,我们把振子的约化质量作为电子质量 m_{e}。如果振子被入射波的电场 $\boldsymbol{E}$ 加速,$\boldsymbol{F}=eE_0\exp(\mathrm{i}\omega t)$。为了求出振子的响应函数,把 x 的试探解取为 $x=x_0\exp(\mathrm{i}\omega t)$。于是

$$x_0=\frac{eE_0}{m_{\mathrm{e}}(\omega_0^2-\omega^2+\mathrm{i}\gamma\omega)} \tag{10.4}$$

分母中的复因子意味着振子不与入射波同相振动。振子的偶极矩相对于其静止位置为 $p=ex$,因此,对于单个振子,乘以 e,我们得到

$$p=\frac{e^2E_0}{m_{\mathrm{e}}(\omega_0^2-\omega^2+\mathrm{i}\gamma\omega)} \tag{10.5}$$

乘以式(10.5)的复共轭并取平方根,我们得到感生偶极矩的振幅:

$$|p| = \frac{e^2 E_0}{m_e[(\omega_0^2 - \omega^2)^2 + \gamma^2\omega^2]^{1/2}} \tag{10.6}$$

因此,只要频率不太接近共振频率 ω_0,分母方括号中的第二项可以忽略,单个振子极化率 χ_0 的表达式为

$$\chi_0 = \frac{e^2}{m_e(\omega_0^2 - \omega^2)} \tag{10.7}$$

与关系式(10.2)完全相同。将单位体积中角频率为 ω_i 的所有振子相加,得到了德鲁德的极化率的公式:

$$\chi = \sum_i \frac{e^2}{m_e}\frac{f_i}{\omega_i^2 - \omega^2} \tag{10.8}$$

其中因子 f_i 被德鲁德解释为每个原子的"色散电子数"。泡利在 1926 年的重要综述文章中也推导出了同样的公式,其中 f_i 被称为振子的"强度"(Pauli,1926)。这种色散在吸收线附近的变化被称为反常色散。如果在远离线中心的地方测量反常色散,就可以测量振子的 f_i 值。

拉登堡的一篇论文(1921)中包含了波粒二象性的新方法,他将德鲁德的理论与 6.2 节中讨论的爱因斯坦的辐射发射和吸收的量子理论(Einstein,1916)相结合。考虑一个由 N 个振子组成的系统,每个振子的质量为 m_e,电荷为 e,振荡频率为 $\nu_0 = \omega_0/(2\pi)$,在一个封闭系统中处于热平衡。单个振子的经典平均能量损耗率由式(2.4)给出:

$$-\frac{dE}{dt} = \gamma E \tag{10.9}$$

式中 $\gamma = \omega_0^2 e^2/(6\pi\epsilon_0 c^3 m)$。拉登堡将振子系统的辐射损耗率 J_{cl} 写成以下形式:

$$J_{cl} = \frac{\overline{U}N}{\tau} \tag{10.10}$$

其中 $\tau = 1/\gamma$,$\overline{U}$是每个谐振子的平均能量。如普朗克所示,振子的平均能量与封闭系统内辐射的平均能量密度直接相关。在 2.3.3 小节中,这一关系是针对电子的运动可以由三个正交振子来模拟的情况而得出的,因此对于单个谐振子,式(2.20)可以写成

$$u(\nu_0) = \frac{8\pi\nu_0}{3c^3}\overline{U} = \frac{2\omega_0^2}{3\pi c^3}\overline{U} \tag{10.11}$$

注意,$u(\nu_0)$是每单位频率间隔的辐射的能量密度。因此代替公式(10.10)中的$\overline{U}$,可以写出封闭系统中振子的经典能量损失率:

$$J_{cl} = \frac{e^2}{4\epsilon_0 m_e} N u(\nu_0) \tag{10.12}$$

该表达式将能量损失率直接与频率为 ν_0 的辐射场的谱能量密度 $u(\nu_0)$联系起来。

现在,拉登堡利用在 6.2 节中讨论的爱因斯坦 A 和 B 系数,从量子理论的角度解决了同样的问题:

$$A_m^n = \frac{8\pi h\nu^3}{c^3}B_m^n \quad 和 \quad B_m^n = B_n^m \tag{10.13}$$

m 表示低能态 ε_m，n 表示高能态 ε_n，因此 $h\nu_0 = \varepsilon_n - \varepsilon_m$。于是，这组振子的能量吸收率是

$$J_{\mathrm{qu}} = h\nu_0 N_m B_m^n u(\nu_0) \tag{10.14}$$

拉登堡接下来使用玻尔对应原理将经典能量损耗率等同于量子理论能量吸收率：$J_{\mathrm{cl}} = J_{\mathrm{qu}}$。因此，由式(10.13)有

$$N = N_m \frac{\epsilon_0 m_e c^3}{2\pi\nu_0^2 e^2}A_m^n \tag{10.15}$$

玻尔认为，对应原理只适用于主量子数较大的态之间的跃迁，但拉登堡假设式(10.15)应适用于所有的量子跃迁。接下来，他把 f_i 等同于 N/N_m，f_i 是式(10.8)中导出的每个原子的振子数。我们记得德鲁德把 f_i 以经典的方式认定为每个原子的色散电子数。在拉登堡的论述中，N_m 被认为是处于基态的原子数。因此

$$f_i = \frac{\epsilon_0 m_e c^3}{2\pi\nu_0^2 e^2}A_m^n \tag{10.16}$$

这样，拉登堡用可测量量导出了爱因斯坦自发辐射系数 A_m^n 的表达式，因为可以从介质极化特性对频率的依赖性中得到 f_i。把式(10.16)代入式(10.8)，我们找到了极化和自发跃迁概率之间的关系：

$$P = \chi E = \frac{\epsilon_0 E c^3}{8\pi^3}\sum_i \frac{A_m^n}{\nu_0^2(\nu_0^2 - \nu^2)} \tag{10.17}$$

这个表达式可以被认为描述了介质中变化电偶极矩的振幅，这是为了解释色散现象。但是，拉登堡隐含地在概念上取得了重大进展，这在他的论文中没有明确说明。正如范德瓦尔登(1967)所指出的：

> “就原子与辐射场的相互作用而言，拉登堡用一组频率等于原子吸收频率 ν_0 的谐振子取代了原子。”

玻尔、克拉默斯和斯莱特(1924)明确承认了这一点，他们称该模型由一组虚振子组成。

克拉默斯(1924)将结果(10.17)推广到了低跃迁态不是基态的情况。在这种情况下，他认为式(10.17)应该包括能量 $\varepsilon < \varepsilon_n$ 的虚振子的贡献。为了将式(10.17)转换成更方便的形式，我们将感兴趣的态的能级记为 i，高能态记为 k，低能态记为 k'。那么，$\nu_0 = \nu_{ik} = (\varepsilon_k - \varepsilon_i)/h$，$\nu_{k'i} = (\varepsilon_i - \varepsilon_{k'i})/h$。因此式(10.19)变为

$$p = \chi E = \frac{\epsilon_0 E c^3}{8\pi^3}\sum_k \frac{A_i^k}{\nu_{ik}^2(\nu_{ik}^2 - \nu^2)} \tag{10.18}$$

克拉默斯证明，当跃迁不是到基态时，应该包含一个类似于式(10.17)中的附加项，以便极化的完整表达式为

$$P = \chi E = \frac{\epsilon_0 E c^3}{8\pi^3}\left[\sum_{\substack{k \\ E_k > E_i}} \frac{A_i^k}{\nu_{ik}^2(\nu_{ik}^2 - \nu^2)} - \sum_{\substack{k' \\ E_{k'} > E_i}} \frac{A_{k'}^i}{\nu_{k'i}^2(\nu_{k'i}^2 - \nu^2)}\right] \tag{10.19}$$

克拉默斯意识到,第二项有着某种奇怪的意义,但它必须存在。正如他在写给《自然》的论文中所说:

> "因此,原子对入射辐射的反应可以形式地与原子内部的一组虚振子的作用相比较,这些虚振子与到其他定态的不同可能跃迁相联系……我们可以引入以下术语:在跃迁的末态下,原子充当一个相对强度为 $+f$ 的'正虚振子';在初态下,它充当一个强度为 $-f$ 的'负虚振子'。无论从经典理论的角度看这种'负色散'是多么陌生,我们可以注意到,它与爱因斯坦提出的'负吸收'有着密切的相似性,后者是为了在量子理论的基础上解释温度辐射定律。"

在他的论文的最后一句话中,他揉进了与对应原理之间的联系:

> "然而,我们可能记得,如果经典理论可以应用于极限区域,其中连续稳态中的运动彼此之间只有少量差异,那么[式(10.19)]中第二项的存在是必要的。"

在 1924 年的论文中,克拉默斯没有给出式(10.19)的证明,但在他次年与海森堡的论文中详细推导了这一项(Kramers 和 Heisenberg,1925)。

我们不需要深入该证明的细节,就可以理解为什么式(10.19)右边的第二项是必要的。我们记得,在爱因斯坦用爱因斯坦 A 和 B 系数推导普朗克公式时,为了获得黑体辐射谱在长波或瑞利-金斯极限中的正确形式,必须加入诱导发射项。如果省略了这个项,得到的就是维恩分布,而不是普朗克分布。现在,根据对应原理,经典形式和量子形式应该在大量子数的极限下重合,这正好对应于普朗克谱的瑞利-金斯区域。这就解释了为什么在式(10.19)中需要包含"负虚振子"。约翰·范弗莱克(John van Vleck)(1924)在一篇论文中阐明了表达式的这一重要特征。同样,对应原理为量子条件的正确形式提供了指导。

10.2 斯莱特和玻尔-克拉默斯-斯莱特理论

约翰·斯莱特(John C. Slater)对"错综复杂的小巷"做出了下一个贡献,他于 1923 年在哈佛大学完成了博士学位,并于 1924 年以谢尔顿(Sheldon)研究员的身份抵达哥本哈根。斯莱特的灵感来源于调和经典的电磁波图像与爱因斯坦的光量子概念的困难。特别是当连续的电磁波与原子内的离散能级相互作用时,如何保持能量和动量的精确守恒?如贾默(1989)所述:

> "……很难理解,例如,在一个由电磁辐射场(只容许连续的能量变化)和原子的集合体(只发射和吸收离散的能量量子)组成的系统中,连续

的和离散的能量总量怎么可能是一个常数……但还有一个选择：人们可以拒绝将能量原理作为一个精确的定律，而仅仅将其视为一个统计定律。”

达尔文(Darwin)(1922)提出了这个概念，他说：

“……由于纯动力学无法解释许多原子现象，似乎没有理由保持精确的能量守恒，这只是动力学方程的结果之一。”

1922 年达尔文关于量子色散理论的论文中包含了一些观点，这些观点被斯莱特接受。特别是，根据达尔文的理论，当电磁波与原子相互作用时，原子有发射球形波列的概率，而波列与入射波干涉，这个概率是入射辐射强度的函数。

斯莱特(1924)走得更远，他认为，只要原子处于稳态，每个原子都可以通过虚振子产生的虚辐射场的作用与所有其他原子产生联系，虚振子的频率与稳态之间的量子跃迁有关——这些都是拉登堡和克拉默斯在其色散理论中引入的同一虚振子。以下是斯莱特自己的话：

“事实上，任何原子都可以通过具有可能量子跃迁频率的振荡产生的虚辐射场，在它处于稳态时一直与其他原子产生联系，其功能是通过确定量子跃迁的概率来提供能量和动量的统计守恒。来自给定原子本身的那部分场被认为会诱发该原子自发失去能量的概率，而来自外部的辐射被认为会诱发原子获得或失去能量的额外概率，就像爱因斯坦提出的那样。由这些概率最终产生的不连续跃迁除了简单地标记向一个新的稳态的转移以及从旧态到新态的连续辐射有关的变化外，没有其他意义。”

斯莱特的设想是，由此产生的虚拟场将决定光量子的路径，也决定它们在特定方向传播的概率。

玻尔和克拉默斯在斯莱特抵达哥本哈根时，与他深入讨论了这些想法。玻尔仍然不相信光量子的真实性，尽管有康普顿关于 X 射线非弹性散射的实验证据(9.1 节)。这些讨论的结果导致了玻尔、克拉默斯和斯莱特(1924)的合作论文，该论文采纳了斯莱特的许多观点，但没有涉及光量子。他们明确表示，能量和动量守恒定律只是指统计意义上的平均，而不是指个体之间的相互作用。两段话将有助于说明该建议的激进性质：

“此外，我们将假设，给定原子本身以及与之相互联系的其他原子的跃迁过程的发生是通过概率定律与这种机制联系在一起的，概率定律类似于爱因斯坦的理论中当受到辐射照射时稳态之间的诱导跃迁。一方面，这个理论中所说的自发跃迁在我们看来是由虚辐射场引起的，与原子运动本身有关的虚振子相连。另一方面，爱因斯坦理论的诱导跃迁是由周围空间中其他原子的虚辐射造成的。

关于跃迁的发生……我们放弃……任何试图在遥远原子的跃迁之间建立因果关系的尝试，尤其是直接应用能量和动量守恒原理，这是经典理论的特点。”

因此,不仅在微观层面上放弃了能量和动量守恒,因果关系也被抛弃了。在他们的论文中没有对这些想法进行正式的研究,派斯将其称为建议而非理论,而且也“风格晦涩”(Pais,1991)。

玻尔、克拉默斯和斯莱特的论文向物理学界提出了一些实验和理论挑战。首先,在微观原子层面上证明能量和动量守恒定律的有效性对实验者来说是一个挑战。正如玻尔、克拉默斯和斯莱特指出的那样,康普顿散射实验是基于统计学上的平均,而不是基于单个散射事件。关于守恒定律有效性问题的实验证据很快就会出现。波特(Bothe)和盖革利用早期的符合技术进行了康普顿散射实验,在实验中,他们测量了散射 X 射线和射出的 K 壳层电子的到达时间(Bothe 和 Geiger,1924)。他们观察到的符合可能性不到 $1/10^5$。随后不久,康普顿和西蒙(Simon)(1925)进行了云室实验,确定了电子从靶中射出的方向和时间。他们证实,每个散射的 X 射线光子平均产生一个反冲电子。偶尔,X 射线会产生一个次级电子轨迹,通过这些测量,可以确定碰撞的几何结构。他们找到了“明确的答案”,即康普顿碰撞完全符合原子层面能量和动量守恒定律的预期。正如他们所说:

> “……这些结果似乎与玻尔、克拉默斯和斯莱特关于反冲和光电子的统计学产生的观点不一致。另一方面,它们直接支持这样一种观点,即在辐射和单个电子的相互作用过程中,能量和动量是守恒的。”

因此,尽管经典动力学明显不能解释原子层面上的物理现象,但能量和动量守恒定律仍然适用。

尽管玻尔、克拉默斯和斯莱特的提议在很短的时间内被证明是不正确的,但这篇论文本身却很有影响力,因为它否定了许多经典物理学的基本原理。这篇论文得到了广泛讨论,说明了在原子尺度上对物理学采取完全不同的方法的必要性。范德瓦尔登将论文的三个基本要素总结如下(van der Waerden,1967):

(1) 斯莱特关于与原子虚振子有关的虚辐射场的概念;

(2) 能量和力矩的统计守恒;

(3) 辐射发射和吸收过程的统计独立性。

最终,这篇论文的第一个假设被证明是正确的,而第二个和第三个假设与实验相冲突。在这篇论文引发的激烈讨论之后,克拉默斯继续为理解色散现象的公式做出贡献,最终与海森堡发表了一篇重要论文,这篇论文在上一节进行了讨论(Kramers 和 Heisenberg,1925)。反过来,当海森堡在发展量子物理的全新方法方面取得第一个重大进展时,这些考虑被证明对他至关重要。

同样重要的是,在这些工作中,原子的概念正逐渐被更为抽象的概念取代,即如何在原子层面上想象物理过程。贾默指出虚振子和虚辐射场的引入

> “为后来的量子力学概念铺平了道路,即概率是一种被赋予物理实在而不仅仅是数学推理范畴的东西。”

原子被认为是由虚振子组成的系统,这些振子通过与振子相关的虚辐射场与其他原子耦合。在我们即将追溯的发展过程中,原子的概念本身变得更加抽象。这是在提出一套规则以取代经典动力学定律时必须付出的部分代价。

10.3　玻恩和"量子力学"

旧量子论不足以解释原子尺度上的物理学,这是主流理论研究组的一个中心议题,尤其是在哥廷根,马克斯・玻恩(Max Born)和他的同事们正在那里寻找新的方法来解决将经典物理的结构转换为原子领域的问题。这种态度的转变反映在玻恩 1924 年的重要论文(Born,1924)中。在这篇论文的导言中,他写道:

> "既然人们知道,在某些情况下,原子对光波的反应完全是'非机械的'(即它们是由量子跃迁激发的),那么不能指望一个原子的电子与同一个原子之间的相互作用符合经典力学定律。这就排除了使用经典微扰理论并辅以量子规则来计算静止轨道的任何尝试。"

玻尔、克拉默斯和斯莱特提出的大胆想法,以及克拉默斯推导色散公式的论文,给他留下了深刻印象。特别是,克拉默斯对色散关系的推导涉及光与虚振子之间的相互作用,并得出了色散过程的量子公式,同时满足长波极限下的对应原理。玻恩的论文的目的是将这种公式扩展到原子内电子相互作用的情况。这篇论文的目标是找出克拉默斯的量子化方法是否建立在量子层面上受扰动力学系统的一些更普遍的性质之上。用玻恩的话说:

> "我们要做的是把由内部耦合或外场引起的力学系统的微扰的经典定律转化成同一形式,这强烈地暗示了从经典力学到'量子力学'的正式过渡。"

这是"量子力学"这个术语第一次出现在文献中。

玻恩首先发展了 5.5 节中讨论的一类多重周期非简并系统的经典微扰理论。如 5.4 节所讨论的,作用-角变量为此类运动提供了自然坐标系。微扰哈密顿量是这样的:

$$H = H_0 + \lambda H_1 \tag{10.20}$$

微扰 H_1 由傅里叶级数给出。这些过程现在已经在文献中得到确立,尤其是因为旧量子论框架的成功。从天文系统动力学的角度来看,这也是很熟悉的,在天文系统中,多重周期系统(例如行星的轨道)都会受到小微扰。在建立了框架之后,玻恩证明,如果微扰与入射电磁波有关,则获得了色散的经典表达式。

现在玻恩做出了本文的关键创新,说明如何将经典力学的公式转化为"量子力学”的。这个论证取决于我们已经推导出的两个关系。第一个是使用作用-角变量作为描述多重周期运动(例如原子中电子的轨道)的自然坐标系统。正如5.5节所示,轨道频率由式(5.121)给出:

$$\nu_i = \frac{\partial H}{\partial J_i} \tag{10.21}$$

其中 H 是哈密顿量,在这种情况下是总能量。第二个是玻尔对应原理的应用,根据该原理,对于大量子数和主量子数 n 的微小变化,经典条件和量子条件应该一致。这一点在6.3节中对氢原子进行了证明。在这里,重要关系式(6.18)可以写成

$$\nu = \alpha\nu_e \tag{10.22}$$

其中 $\alpha = \Delta n$, ν_e 是主量子数为 n 的轨道上的电子的轨道频率, $\nu_e = m_e e^4/(4\epsilon_0^2 h^3 n^3)$。经典地,式(10.22)有一个自然的解释,即 $\alpha=1$ 对应于电子的轨道频率, $\alpha=2,3,4,\cdots$ 对应于轨道运动的傅里叶分量,它总是可以分解为一系列谐波。将式(10.21)和式(10.22)结合起来,谱线的频率公式变为

$$\nu_\alpha = \alpha\nu_e = \alpha\frac{dH}{dJ} \tag{10.23}$$

现在,我们把作用量 J 的玻尔量子频率条件写成如下形式: $J = nh$ 且

$$h\nu(n, n-\tau) = E[J(n)] - E[J(n-\tau)]$$

即

$$\nu(n, n-\tau) = \frac{H[J(n)] - H[J(n-\tau)]}{h} \tag{10.24}$$

在 n 非常大且 $\tau=1,2,3,\cdots$ 较小的极限下,式(10.24)右边最后一项的泰勒展开式为

$$\nu(n, n-\tau) = \frac{1}{h}\frac{dH}{dJ}\Delta J = \tau\frac{dH}{dJ} \quad (因\ \Delta J = h\tau) \tag{10.25}$$

因此,经典和量子公式(10.23)和(10.24)在大量子数极限下变得相同,满足玻尔对应原理。式(10.25)中的最后一项也可以写成

$$\nu(n, n-\tau) = \tau\frac{dH}{dJ} = \frac{\tau}{h}\frac{dH}{dn} \tag{10.26}$$

玻恩的关键洞见是,经典和量子方法的转换涉及用差 $H(n) - H(n-\tau)$ 取代微分 $\tau dH/dn$。玻恩接着假设,这种转换应该更普遍地适用于经典和量子公式之间的所有转换。因此,对于任何任意的函数 $\varphi(n)$,定义了稳态 n,微分 $\tau d\varphi/dn$ 应该被差 $\varphi(n) - \varphi(n-\tau)$ 取代。用符号表示:

$$\tau\frac{d\varphi(n)}{dn} \longleftrightarrow \varphi(n) - \varphi(n-\tau) \tag{10.27}$$

这将在理论结构的未来发展中发挥重要作用。为了方便起见,贾默(1989)将这种等价性称为玻恩对应原理。

玻恩接着展示了如何用这个公式推导出克拉默斯的量子色散公式(10.19)。

玻恩在撰写这篇论文时，海森堡是他在哥廷根的助手，他为论文中的计算做出了贡献。正如玻恩在脚注中承认的那样：

> "幸运的是，我与尼尔斯·玻尔先生讨论了这篇论文的内容，这对澄清这些概念大有帮助。我也非常感谢海森堡先生在计算方面提供的许多建议和帮助。"(Born，1924)

海森堡当时只有 22 岁，但凭借他对物理概念的快速掌握和技术专长，他从与玻恩的这些研究中获益良多。接下来，他在哥本哈根度过了 1924～1925 年的冬天，与玻尔和克拉默斯一起工作。正是在那里，他和克拉默斯研究出了散射和色散的全部量子理论，这在 10.1 节中进行了讨论(Kramers 和 Heisenberg，1925)。他们严谨的理论发展始于经典图像，然后根据玻恩对应原理，通过差商替换微分商实现了向量子公式的过渡。

他们在 i 态下的极化结果由一个类似于式(10.19)的表达式给出，引用自克拉默斯的论文(Kramers，1924)，但在符号上有显著差异。利用式(10.16)，用 f_{ki} 而不是 A_i^k 来写出极化，表达式如下：

$$P_i = \chi_i E = \frac{e^2 E}{4\pi^2 m_e}\left[\sum_{\substack{k \\ E_k > E_i}} \frac{f_{ki}}{\nu_{ki}^2 - \nu^2} - \sum_{\substack{k \\ E_{k'} > E_i}} \frac{f_{ik'}}{\nu_{ik'}^2 - \nu^2}\right] \tag{10.28}$$

在经典发展中，f_i 是态 i 中色散电子的数量，而在新公式中，f_{ik} 不一定是整数。它们最好描述为振子强度，这是泡利引入的术语。

尽管 f_{ik} 的意义已经从经典意义上发生了改变，但有一个重要的关系是由库恩(1925)和托马斯(1925)分别独立发现的，涉及一个给定稳态 i 的所有振子强度之和。我们再次使用对应原理。我们首先简化符号，用 f_a 表示 f_{ki}，意味着来自态 i 的吸收跃迁，用 f_e 表示 $f_{ik'}$，意味着诱导发射项，根据克拉默斯和范弗莱克的分析，其必须出现。现在考虑频率 ν 远远大于 ν_{ki} 和 $\nu_{ik'}$ 的极限。那么，处于态 i 的原子极化的量子表达式变成

$$P_i = \chi_i E = -\frac{e^2 E}{4\pi^2 m_e \nu^2}\left(\sum_k f_a - \sum_{k'} f_e\right) \tag{10.29}$$

振子的总能量损耗率由汤姆孙经典公式给出：

$$-\left(\frac{dE}{dt}\right)_{rad} = \frac{\omega^4 e^2 \mid x_0 \mid^2}{12\pi\epsilon_0 c^3} = \frac{\omega^4 \mid p_0 \mid^2}{12\pi\epsilon_0 c^3} \tag{10.30}$$

根据振子对入射电磁波响应的经典分析，在极限 $\omega \gg \omega_0$ 下(2.3.3 小节)，

$$\mid x_0 \mid^2 = \frac{e^2 E_0^2}{m_e^2 \omega^4} \tag{10.31}$$

因此

$$-\left(\frac{dE}{dt}\right)_{rad} = \frac{e^4 E_0^2}{12\pi\epsilon_0 c^3 m_e^2} \tag{10.32}$$

现在，我们用量子公式(10.29)计算出原子中单态 i 对应的色散损耗，其中极化为 $P_i \equiv p_0$：

$$-\left(\frac{\mathrm{d}E}{\mathrm{d}t}\right)_{\mathrm{rad}} = \frac{\omega^4 \mid p_0 \mid^2}{12\pi\epsilon_0 c^3} = \frac{e^4 E_0^2}{12\pi\epsilon_0 c^3 m_{\mathrm{e}}^2}\left(\sum_k f_{\mathrm{a}} - \sum_{k'} f_{\mathrm{e}}\right)^2 \tag{10.33}$$

库恩认为,根据对应原理,式(10.32)和式(10.33)在经典极限下应该是相同的。因此,原子在给定稳态 i 下的振子强度应该遵循以下规律:

$$\left(\sum_k f_{\mathrm{a}} - \sum_{k'} f_{\mathrm{e}}\right)^2 = 1 \tag{10.34}$$

这是库恩和托马斯的求和规则,在量子力学理论框架中起着重要作用。

10.4 哥廷根的数学和物理学

本章描述的发展是海森堡1925年的划时代论文之前的最后贡献,该论文最终将导致我们今天所知道的量子力学。理论工作主要是在哥廷根和哥本哈根,在一些著名的实验和理论物理学家的指导下进行的。哥本哈根理论物理研究所创立不久,由于玻尔的努力,很快就成为量子物理学各个领域的卓越国际中心。杰出的理论家经常造访玻尔,并对他们的研究进行最严格的检验,主要是由玻尔本人来检验。

哥廷根的数学、理论和实验研究的发展情况截然不同。[④] 自从18世纪中叶以来,哥廷根大学就一直有物理和数学教授。数学研究的伟大传统是由卡尔·弗里德里希·高斯(Carl Friedrich Gauss)建立的,他于1807年成为数学教授。这里不需要详细阐述高斯对数学的巨大贡献,只需要指出,他大力鼓励将数学应用于物理问题,并做出了许多重要贡献。1831年,威廉·韦伯(Wilhelm Weber)被任命为物理学教授,他在电磁学问题的理论研究中处于最前沿。

高斯的继任者是一群杰出的数学家,包括勒热纳·狄利克雷(Lejeune Dirichlet)、波恩哈德·黎曼(Bernhard Riemann)、阿尔弗雷德·克莱布什(Alfred Clebsch)和菲利克斯·克莱因(Felix Klein)。索末菲是克莱因的学生。在另一次任命中,大卫·希尔伯特(David Hilbert)于1895年成为数学研究所的所长。1905年成立了4个新的研究所,以补充现有的物理系、数学系和天文台,天文台台长由卡尔·史瓦西担任。新成立的机构是地球物理研究所、应用电学研究所、应用力学研究所和应用数学研究所,各自的主任是埃米尔·维舍特(Emil Weichert)、赫尔曼·西奥多·西蒙(Hermann Theodor Simon)、路德维希·普朗特(Ludwig Prandtl)和卡尔·龙格(Carl Runge)。

大卫·希尔伯特被任命为数学教授,这导致了数学研究的显著繁荣,梅赫拉和雷兴伯格将其描述为

> “一个具有非凡才华的学派,这在数学史上是前所未有的。”[⑤]

1900年,希尔伯特阐述了他的23个重大的数学问题,这些问题将挑战下个世纪最伟大的数学家(Hilbert,1900)。然而,希尔伯特不仅对纯数学感兴趣,而且对数学在物理学中的应用也感兴趣。1902年,他提出了将数学更紧密地融入物理学的计划。1903年,他吸引了来自哥尼斯堡的老朋友赫尔曼·闵可夫斯基(Hermann Minkowski)担任数学教授,但不幸的是,闵可夫斯基于1909年死于阑尾炎。这一事件打断了希尔伯特的物理学计划,但沃尔夫斯凯尔奖的捐赠极大地帮助了他,沃尔夫斯凯尔奖是为了证明费马大定理而设立的,它已经出现在我们的故事中,与玻尔1922年的沃尔夫斯凯尔讲座有关(8.2节)。虽然费马大定理仍未解决,但数学研究所被允许利用基金每年约5000马克的利息资助沃尔夫斯凯尔系列讲座。同事们鼓励希尔伯特提交费马大定理的解决方案,但希尔伯特拒绝了,他说:

“我为什么要杀下金蛋的鹅?”

希尔伯特和克莱因希望跟上物理学的发展,并指出“物理学对物理学家来说太难了”。如8.2节所述,希尔伯特用沃尔夫斯凯尔捐赠的利息,定期邀请杰出的物理学演讲者前往哥廷根。庞加莱于1909年、洛伦兹于1910年和索末菲于1912年发表了演讲。希尔伯特在他1900年的演讲中提出的23个问题中的第6个是“建立理论物理学的公理”。

为了追求这一目标,他在1915年夏天邀请爱因斯坦就广义相对论的发展进行演讲。1915年末,就在爱因斯坦1915年的伟大论文发表后的几周,希尔伯特独立导出了广义相对论的场方程(Hilbert,1915)。事实上,他走得更远。在他的公理化方法中,他假设,与广义相对论一样,在时空的每一点上,需要10个引力势 $g_{\mu\nu}$ $(\mu,\nu=1,2,3,4)$来描述引力场,以及4个电磁场势 A_μ $(\mu=1,2,3,4)$描写电磁场。从这些势出发,他建立了一个哈密顿量,一个“世界函数”H,它依赖于 $g_{\mu\nu}$ 及其一阶和二阶空间导数,以及 A_μ 及其空间导数。第一条公理断言,物理定律应该通过取积分 $\int H\sqrt{g}\,\mathrm{d}x^4$ 的变分来确定,其中 g 是度规张量$g_{\mu\nu}$ 的行列式。第二个公理是“一般不变性公理”,根据该公理,H 必须对任意坐标变换保持不变。从这些公理出发,希尔伯特证明了广义相对论和麦克斯韦方程组的广义形式是可以推导出来的。克莱因接着统一了爱因斯坦、希尔伯特和洛伦兹对广义相对论中能量-动量守恒的不同分析。在另一个精彩的分析中,希尔伯特和克莱因的学生埃米·诺特(Emmy Noether)建立了守恒定律和对称性之间的关系(Noether,1918)。

希尔伯特和克莱因认为这种场论方法解决了希尔伯特的第6个问题,并为理论物理学的未来发展提供了基础。尽管爱因斯坦非常钦佩希尔伯特对数学物理的深刻理解,但他并不热衷于希尔伯特的场论方法。尽管如此,他仍在继续发展场论方法,这导致他长期致力于寻找统一场论,最终徒劳无功。事实证明,这一突破并非来自爱因斯坦-希尔伯特方法,而是来自一条完全不同的路径。

1919年,克莱因因健康问题从数学教授的职位上退休,理查德·柯朗

(Richard Courant)接替了他的职务。柯朗不仅是一位杰出的数学家,而且还是一位出色的组织者。他开始撰写《数学科学基础问题单行本》系列。值得注意的是,该系列的第 12 卷是柯朗和希尔伯特(1924)的著名单行本《数学物理方法》的第 1 卷。这本书以希尔伯特讲座中的那些在理论物理学中的应用为基础。这本专著系统地阐述了处理量子理论中的数学物理问题所需的数学工具。柯朗还制定了雄心勃勃的计划,建立一个类似于实验科学研究所的数学研究所,他在这方面的成功促成了数学研究所在 1929 年的成立。

在物理学方面,老一代的代表人物是里希(Rieche)和沃伊特,但他们支持新一代物理学家的研究,包括马克斯·亚伯拉罕(Max Abraham)、约翰内斯·斯塔克(Johannes Stark)和瓦尔特·里茨。1920 年,里希退休,由波尔(Pohl)接替。同年,德拜前往苏黎世,幸运的是,同时任命詹姆斯·弗兰克和马克斯·玻恩为实验物理学教授和理论物理学教授被证明是可行的。

这个由数学家和物理学家组成的杰出团队即将研究海森堡的新见解所开启的完全不同的领域。一旦道路被指明,数学物理的力量意味着这一理论的发展迅速进行。辉煌的岁月一直持续到 1933 年,当时纳粹禁止犹太裔担任大学职务,对哥廷根数学和物理学的辉煌造成了严重的破坏。仅在哥廷根学院,赫尔曼·外尔(Hermann Weyl)、里查德·柯朗、埃德蒙·兰道(Edmund Landau)、埃米·诺特、马克斯·玻恩和詹姆斯·弗兰克都因纳粹的压迫而流亡。

第 11 章　海森堡的突破

11.1　海森堡在哥廷根、哥本哈根和黑尔戈兰

沃纳·海森堡在慕尼黑师从索末菲，并于 1922 年参加了在哥廷根举行的“玻尔节”(8.2 节)。尽管只有 20 岁，但他质疑玻尔对克拉默斯关于二次斯塔克效应的分析的支持，他在索末菲在慕尼黑的研讨会上详细研究了该论文。结果，海森堡与玻尔进行了长时间的散步，在此期间他们讨论了这个话题以及更一般的量子物理问题。这次邂逅给海森堡留下了深刻的印象。很久以后海森堡说：

> “那次讨论，我们在海因堡(Hainberg)的密林中来回走动，这是我记忆中关于现代原子理论的基本物理和哲学问题的第一次深入讨论，它无疑对我以后的职业生涯产生了决定性的影响。我第一次了解到，玻尔比当时的许多其他物理学家更加怀疑他的理论观点，例如，索末菲。那时，他对理论结构的洞察力不是对基本假设进行数学分析的结果，而是对实际现象深入研究的结果，这样他就有可能直觉地感受到这些关系，而不是从形式上推导出来。”

海森堡于 1922 年至 1923 年冬天在哥廷根工作，担任玻恩的助手。天文学家在经典动力学的作用-角变量公式中使用摄动技术研究行星轨道的引力微扰方面取得了长足的进步。玻恩和海森堡将这些过程调整为适合原子中电子轨道的情况，尤其是二电子氦原子的问题。尽管可以解释氦原子的一些定性特征，但定量结果与实验不一致(Born 和 Heisenberg，1923a，b)。

玻恩对海森堡的能力印象深刻，以至于泡利离开哥廷根之后，他问索末菲是否愿意让海森堡在慕尼黑完成博士论文后担任其助手。索末菲对此表示同意。海森堡在慕尼黑完成了关于湍流的博士学位论文，并于 1923 年 10 月回到哥廷根担任玻恩的助手。玻恩描述了当时的海森堡：

> “他看起来像一个朴实的农民男孩，有着短而金黄色的头发、清澈明亮的眼睛和迷人的表情。他比泡利更认真地对待助手的职责，对我有很大的帮助。他令人难以置信的敏捷度和敏锐度使他能够不费吹灰之力地

完成大量工作:他完成了流体力学论文,一方面独自研究原子问题,另一方面与我合作,并帮助我指导我的研究生。"(van der Waerden,1967)

海森堡在跟随慕尼黑的索末菲和哥廷根的玻恩研究的过程中,完善了对他们的方法和技术的使用。在这些方法和技术中,明确定义的力学问题是根据旧量子论的规则系统地解决的。在1922年的沃尔夫斯凯尔讲座中,他已经遇到了玻尔截然不同的方法。玻尔对海森堡的能力也印象深刻,并邀请他于1924年3月到哥本哈根进行访问。玻尔对海森堡的思想发展产生了个人兴趣,在为期三天的西兰徒步旅行中加深了这种兴趣。索末菲和玻恩对用严格数学解决的适定问题感兴趣,而玻尔对与实验结果相关的基本物理概念更感兴趣。在这方面,他更类似于爱因斯坦,因为爱因斯坦将物理概念作为理论的基础,然后使用适当的数学工具对其进行详细阐述。海森堡意识到,玻尔正在深入而哲学地思考那些必须被纳入量子力学新体系的潜在物理概念。海森堡对塞曼效应以及多电子原子问题的特殊兴趣在玻尔的更深层次的问题面前变得微不足道。

1924年初,玻尔专心研究玻尔-克拉默斯-斯莱特理论,该理论试图将光量子的概念纳入原子的玻尔-索末菲图像中,代价是物质和辐射相互作用中能量和动量的精确守恒(10.2节)(Bohr等,1924)。同时,克拉默斯正在发展他改进的拉登堡色散理论,方法是用一组虚振子代替原子(10.1节)(Kramers,1924)。在此期间,哥本哈根和哥廷根之间的合作得到了加强,在玻尔访问哥廷根期间,他邀请海森堡在1924年至1925年冬季学期进行更长时间的访问。海森堡于1924年9月按时到达哥本哈根。

克拉默斯比海森堡大五岁,自1916年以来一直是玻尔的合作者,并在1920年哥本哈根理论物理研究所成立时成为玻尔最重要的助手。最初,海森堡对克拉默斯的精明和技术能力深表敬畏,但他们很快成为好朋友。在这次漫长的访问中,海森堡充分吸收了"玻尔式"方法,特别是对应原理及其在解决量子物理学问题方面的完善性,海森堡是这个理论的追随者。正是在这一时期,克拉默斯和海森堡结合了玻恩对应原理发展了更为完备的光散射的量子图像(10.3节)(Kramers和Heisenberg,1925)。此外,海森堡在访问期间重新探讨了反常塞曼效应和复杂光谱解释的棘手问题。

1925年4月,海森堡回到德国,首先在德国南部度过应有的一段休息时间,然后在下一学期开始担任他在哥廷根的私人教师职位。玻恩与海森堡、帕斯卡尔·约当(Pascual Jordan)和弗里德里希·洪特(Friedrich Hund)组成了一支非常强大的团队,在哥廷根研究理论物理和光谱。

同时,玻尔对他最近的研究变得更加悲观。根据波特和盖革(1924)的实验,玻尔-克拉默斯-斯莱特的图像不再成立,他对多电子原子和复杂光谱的模型失去了信心,而这正是海森堡在哥本哈根研究的基础。结果,海森堡将他的研究方向改为氢原子谱线强度的研究。他的理由是,氢是一个单电子系统,因此不存在氦或多电子原子的困难。他的目的是将玻恩对应原理用于绕原子核的圆形和椭圆形轨道上的电子的辐射量子化。为了达到这个目的，他不得不为椭圆形轨道发展二维系统的傅里叶级数，这个步骤迅速变得异常复杂。他改为转向一个更简单的问题，即非线性振子的发射。正如我们将在 11.5 节中讨论的那样，非线性振子的特征是可以通过递推公式求出基频的高次谐波。其中一些想法是在 1922 年与克罗尼格的通信中暗示的。

到 1925 年，由于旧量子论似乎无法解释实验数据，海森堡受到拉登堡、克拉默斯和玻恩成功解决辐射与原子之间相互作用所采用的完全不同方法启发，决定采用更激进的方法。如第 10 章所述，原子中电子的轨道被抛弃并由虚振子取代，虚振子具有与原子光谱中观察到的谱线相对应的频率。在对应原理的启发性应用中，海森堡认为，玻恩的量子化方法不仅应应用于虚振子的频率之类的量，还应应用于电子本身的运动学。一个伟大而深刻的见解是电子的空间位置 $x(t)$ 应服从于玻恩对应原理。换句话说，伽利略和牛顿的经典运动学必须由它们的对应量子理论取代。突破发生在 1925 年 6 月，当时海森堡患上了一种严重的花粉症。为了恢复健康，他在北海贫瘠的德国黑尔戈兰岛休息了一段时间——由于近海气候，该岛几乎没有花粉。在他呆的 9 到 10 天的时间里，他研究了这些想法的数学原理。在返回哥廷根的途中，他在汉堡与泡利讨论了他的新想法，然后在哥廷根写了有关该主题的论文，并寄给泡利以供紧急考虑。尽管出名的爱挑剔，但泡利对此文印象深刻。玻恩意识到海森堡取得的成就的重要性，并将其提交给 *Zeitschrift für Physik* 发表。这篇文章标志着发展量子力学自洽理论的重大转变的开始。我们来调查一下海森堡到底做了什么。

11.2 《运动和力学关系的量子理论再解释》

海森堡于 1925 年发表的出色论文《运动和力学关系的量子理论再解释》(Heisenberg，1925)远非量子力学的最终完善理论，而是探索了一条解决旧量子论所面临的棘手问题的途径。梅赫拉和雷兴伯格(1982b)指出了与爱因斯坦 1905 年的伟大论文《关于动体的电动力学》(Einstein，1905c)的显著相似之处，该论文建立了狭义相对论的新框架，并废除了绝对时空的概念。爱因斯坦的论文完整地阐述了狭义相对论的物理机制，而海森堡的论文是一篇还在进行的工作。

海森堡在论文开头的总结如下：

“本文试图建立理论量子力学的基础，该基础完全建立在原则上可观测量之间的关系上。"

他首先回顾了旧量子论中众所周知的问题,并明确指出:

"爱因斯坦-玻尔频率条件(在所有情况下均有效)已经代表了与经典力学的完全背离,或者更确切地说……从这种力学所依据的运动学来看,即使对于最简单的量子理论问题,经典力学的有效性也无法维持。"

但是他还有进一步的担忧。旧量子论基于原子中电子轨道和轨道频率的计算,他认为这些是不可观测量。可观测量是发射和吸收线的频率和强度,原子中电子的位置原则上是不可观测的。很久以后,这个概念被纳入海森堡的不确定性原理中,但这在未来还有很长的路要走。他继续说:

"在这种情况下,似乎明智的做法是放弃观测迄今不可观测量的所有希望,例如电子的位置和周期,并承认量子规则与经验的部分契合或多或少是偶然的。相反,尝试建立类似于经典力学的理论量子力学似乎更合理,但在该理论量子力学中,只存在可观测量之间的关系。"

海森堡后来说,他受到爱因斯坦1905年有关狭义相对论的论文的强烈影响,因为他坚持只考虑可观测量。爱因斯坦论文至关重要的第一部分名为"运动学部分",并推翻了牛顿的绝对时空概念。空间和时间需要用可观测量来定义,结果是同时性成为相对的,这就是同时性的相对性这一关键概念(Rindler,2001)。通过使用相对论的两个原理,即物理学定律在惯性参考系之间应为形式不变的和光速在所有此类参考系中均是恒定的,爱因斯坦发现了空间和时间在操作上自洽的定义。用另一种方式表达这一点,即牛顿物理学的错误之处在于对粒子运动学的描述,也就是四维时空中点的描述方式。粒子和光波的新动力学完全来自爱因斯坦伟大论文开头的运动学部分,并体现在洛伦兹变换中。

海森堡即将在原子尺度上进行运动学概念上的类似革命。他将从克拉默斯、玻恩和他自己对色散现象的研究中得到启发。特别是,他将使用玻恩对应原理,创建一个仅允许可观察量之间有关系的量子力学。

海森堡的论文并不容易理解。正如我们将看到的,即使是像恩利克·费米(Enrico Fermi)和史蒂文·温伯格(Steven Weinberg)[①]这样的物理学家,也发现其中的内容很困难并且有些晦涩。海森堡在论文中采用的符号变化使问题变得更加复杂。[②]另一个问题是海森堡没有描述他呈现的结果是如何获得的。伊恩·艾奇逊(Ian Aitchison)和他的同事(2004)在一篇令人印象深刻的论文中阐述和解决了这些问题,这篇论文将在接下来的阐述中使用。在以下几节中,我将海森堡的论点变成一个自洽的符号,希望能公正评价这篇论文的革命性内容。

11.3　辐射问题以及从经典物理学到量子物理学的转变

在这篇论文的下一部分(第 1 节)中,提出了新方法的基本假设,特别是对应原理在经典物理学和量子物理学之间的变换方式。海森堡从经典电动力学中的发射强度公式开始。首先,他指出,偶极辐射的标准结果只是计算高阶项的第一步,高阶项与电子加速过程的四极子和更高多极子相关。这些都可以通过首先对电子运动进行傅里叶变换,然后计算出与每个傅里叶分量相关的辐射强度来确定。但是,他有深刻的洞察力——用他的话来说:

> "这一点与电磁无关,而是(这一点似乎特别重要)纯粹的运动学性质。因此我们可以以最简单的形式提出问题:如果不是经典量 $x(t)$ 而是量子理论量,那么什么量子理论量将代替 $x(t)^2$?"

通过回顾振子偶极辐射的表达式,我们可以欣赏他的思路。在偶极辐射的最简单情况下,辐射速率由式(2.1)给出,即

$$-\left(\frac{\mathrm{d}E}{\mathrm{d}t}\right)_{\mathrm{rad}}=\frac{|\ddot{\boldsymbol{p}}|^2}{6\pi\epsilon_0 c^3}=\frac{e^2|\ddot{\boldsymbol{r}}|^2}{6\pi\epsilon_0 c^3} \tag{11.1}$$

对于以角频率 ω_0,振幅为 x_0 进行简谐振荡的振子,$x=|x_0|\exp(\mathrm{i}\omega_0 t)$,则平均辐射损耗率由式(2.3)给出:

$$-\left(\frac{\mathrm{d}E}{\mathrm{d}t}\right)_{\text{平均}}=\frac{\omega_0^4 e^2|x_0|^2}{12\pi\epsilon_0 c^3} \tag{11.2}$$

我们注意该表达式的一些特征,这些特征对于量子力学的先驱者而言非常重要。在远场极限下,距离加速电荷 r 处的电场强度由下式给出:

$$E_\theta=\frac{|\ddot{\boldsymbol{p}}|\sin\theta}{4\pi\epsilon_0 c^2 r}=\frac{e|\ddot{\boldsymbol{x}}|\sin\theta}{4\pi\epsilon_0 c^2 r}=\frac{e\omega_0^2|x_0|\sin\theta}{4\pi\epsilon_0 c^2 r} \tag{11.3}$$

其中 $\boldsymbol{p}=e\boldsymbol{r}$ 是电子的偶极矩。辐射损耗率式(11.1)由式(11.3)对发射辐射的坡印亭矢量通量 $S=|\boldsymbol{E}\times\boldsymbol{H}|=E_\theta^2/Z_0$ 在 4π 立体角(即在 $\sin\theta\mathrm{d}\theta/2$)上积分得到,其中 $Z_0=(\mu_0/\epsilon_0)^{1/2}$ 是自由空间的阻抗。通过以下论点,总辐射速率可以与爱因斯坦自发发射系数 A_m^n 相关。我们记得 A_m^n 是为振子的各向同性发射定义的,而式(11.2)对应于单个振子的偶极发射。就像我们在 2.3.3 小节中讨论的那样,如果考虑总损耗率与三个相互垂直的振子有关,则可以得到各向同性结果。我们得到

$$h\nu_0 A_m^n=3\times\frac{\omega_0^4 e^2|x_0|^2}{12\pi\epsilon_0 c^3},\quad A_m^n=\frac{\omega_0^3 e^2|x_0|^2}{2\epsilon_0 c^3 h} \tag{11.4}$$

注意,关键结果是 A_m^n 是自发发射的概率,它取决于振子振幅的平方 $|x_0|^2$。这就是为什么海森堡问这个问题:"……什么量子理论量将代替 $x(t)^2$?"

在$|x_0|$和电动力学之间还有一个进一步的联系。在经典的电磁波发射理论中,从矢势 $\boldsymbol{A}$ 导出波的电场强度$\boldsymbol{E}$ 的最简单的方法是根据以下关系式:

$$\boldsymbol{A}=\frac{\mu_0}{4\pi}\frac{e\dot{\boldsymbol{r}}}{r}=\frac{\mu_0}{4\pi}\frac{e\boldsymbol{v}}{r},\quad \boldsymbol{E}=-\frac{\partial\boldsymbol{A}}{\partial t}=-\frac{e\ddot{\boldsymbol{r}}}{4\pi\epsilon_0c^2r}=-\frac{e\dot{\boldsymbol{v}}}{4\pi\epsilon_0c^2r} \tag{11.5}$$

因此,对于角频率为 ω_0 的振子,

$$|\boldsymbol{E}|=-\left|\frac{\partial\boldsymbol{A}}{\partial t}\right|=\omega_0|\boldsymbol{A}| \tag{11.6}$$

因此,比较式(11.3)和式(11.6),矢势的大小也与振子的最大位移$|x_0|$成正比。

在对经典电动力学作了轻微的迂回讨论之后,让我们回到海森堡论文的发展上来。他采取了激进的观点,认为旧量子论的错误在于空间坐标 x_0 应该被它们的量子对应取代。这是一个戏剧性的步骤。正如贾默(1989)所说:

> "海森堡受到索末菲和玻尔的影响,现在考虑的是根据对应原理进行'猜测'的可能性,不是特定的量子理论问题的解,而是针对一种新的力学理论的非常数学的方案。通过这种方式将对应原则一劳永逸地纳入该理论的基础,他希望在不损害其普遍有效性的情况下,消除将对应原理反复应用于每一个单独问题的必要性。"

必须纳入这个变换的一个关键的区别是:根据经典电动力学,辐射速率只取决于一个量子数——主量子数 n,其决定了电子的轨道频率。可能还存在更高轨道频率的谐波,但实质上辐射仅取决于轨道频率。这由公式(10.23)给出,其中经典的发射频率由

$$\nu(\alpha)=\alpha\nu_0=\alpha\frac{\mathrm{d}W}{\mathrm{d}J} \tag{11.7}$$

给出,其中 α 是整数,$\alpha=1,2,3,\cdots$。在旧量子论中,主量子数为 n 的轨道具有作用量$J=nh$,于是式(11.7)变为

$$\nu(n,\alpha)=\alpha\nu(n)=\alpha\frac{\mathrm{d}W}{\mathrm{d}J}=\alpha\frac{1}{h}\frac{\mathrm{d}W}{\mathrm{d}n} \tag{11.8}$$

相反,玻尔的频率关系必然通过关系

$$\nu(n,n-\tau)=\frac{1}{h}[W(n)-W(n-\tau)] \tag{11.9}$$

取决于两个态的性质。其中 W 代表定态的结合能,$\tau=1,2,3,\cdots$。

经典和量子理论中频率组合相加的方式也存在差异。经典地,对于与主量子数 n 相关的谐波α 和β 的辐射,组合规则为

$$\nu(n,\alpha)+\nu(n,\beta)=\nu(n,\alpha+\beta) \tag{11.10}$$

这种频率组合发生在谐波 α 和β 之间的非线性耦合中。对于虚振子,从定态 n 到 $n-\tau$ 然后到$n-\tau'-\tau$ 的跃迁,相应的量子组合规则是里茨组合原理(1.6 节),海森堡写下了

$$\nu(n,n-\tau')+\nu(n-\tau',n-\tau'-\tau)=\nu(n,n-\tau'-\tau) \tag{11.11}$$

$$\nu(n-\tau, n-\tau'-\tau) + \nu(n, n-\tau) = \nu(n, n-\tau'-\tau) \quad (11.12)$$

请注意,重要的一点是,在原子层面上,经典频率规则对应于电子轨道及其谐波的频率,而量子理论规则并不取决于轨道频率,而是取决于由 $n, n-\tau'$ 和 $n-\tau'-\tau$ 定义的三个态之间的能量差。式(11.11)和式(11.12)中的相关频率都是可观测量。这就完成了海森堡的工作计划中的第一部分:仅用可观测量操作。

第二部分是计算出量子跃迁中辐射的强度和偏振。在经典意义上,在主量子数为 n 的轨道上的电子运动可以用轨道频率谐波的傅里叶级数展开表示:

$$x(n,t) = \sum_{\alpha} x(n,\alpha) \mathrm{e}^{\mathrm{i}\omega(n)\alpha t} \quad (11.13)$$

其中求和扩展到 α 的所有正整数和负整数值,也就是说,$\sum_{\alpha}$ 表示 $\sum_{\alpha=-\infty}^{\alpha=+\infty}$。从 $x(n,t)$ 必须是实数的要求出发,可以得出 $x(n,-\alpha) = x^*(n,\alpha)$,其中 $x^*(n,\alpha)$ 是 $x(n,\alpha)$ 的复共轭。

为了在经典情况下找到 $|x^2|$ 的值,我们将 $x(n,t)$ 的傅里叶级数及其复共轭相乘,从而得到 $x(n,\alpha)$ 分量乘积的双重和。由于傅里叶级数从 $-\infty$ 到 $+\infty$,并且 α 是整数,如果写成

$$x(n,t) = \sum_{\alpha'} x(n,\alpha') \mathrm{e}^{\mathrm{i}\omega(n)\alpha' t} = \sum_{\alpha'} x(n,\alpha'-\alpha) \mathrm{e}^{\mathrm{i}\omega(n,\alpha'-\alpha)t} \quad (11.14)$$

会获得同样的结果。最后一个表达式的复共轭是 $\sum_{\alpha'} x(n,\alpha-\alpha') \mathrm{e}^{\mathrm{i}\omega(n,\alpha-\alpha')t}$,因此我们可以把 $|x^2|$ 写为对 α 和 α' 的双重和:

$$x^2(n,t) = \left[\sum_{\alpha'} x(n,\alpha') \mathrm{e}^{\mathrm{i}\omega(n)\alpha' t}\right] \times \left[\sum_{\alpha} x(n,\alpha-\alpha') \mathrm{e}^{\mathrm{i}\omega(n)(\alpha-\alpha')t}\right] \quad (11.15)$$

乘以分量,双重和可以重写为

$$x^2(n,t) = \sum_{\alpha}\left[\sum_{\alpha'} x(n,\alpha') x(n,\alpha-\alpha') \mathrm{e}^{\mathrm{i}\omega(n)\alpha' t} \mathrm{e}^{\mathrm{i}\omega(n)(\alpha-\alpha')t}\right] \quad (11.16)$$

根据规则(11.10),可以立即得出式(11.16)中的指数乘积为 $\mathrm{e}^{\mathrm{i}\omega(n)\alpha t}$,因此可以将双重和简化为以下形式:

$$x^2(n,t) = \sum_{\alpha} x^{(2)}(n,\alpha) \mathrm{e}^{\mathrm{i}\omega(n)\alpha t} \quad (11.17)$$

这里

$$x^{(2)}(n,\alpha) = \sum_{\alpha'} x(n,\alpha') x(n,\alpha-\alpha') \quad (11.18)$$

从海森堡的角度来看,这是关键的结果,因为 $x^2(n,t)$ 现在可以用对傅里叶分量或"虚振子"的和来表示,其频率 $\alpha\omega(n)$ 通过表达式(11.2)与辐射强度直接相关,换句话说,与"虚振子"的强度和极化直接相关。

海森堡现在寻求 $x(n,t)$ 的量子理论对应。根据玻尔对应原理,量子理论频率 $\nu(n,n-\tau)$ 对应于 $\nu(n,\alpha)$,因此通过类比,量 $x(n,n-\tau)$ 对应于傅里叶分量 $x(n,\alpha)$。该变换可以象征性地写成

$$\nu(n,\alpha) \leftrightarrow \nu(n,n-\tau), \quad x(n,\alpha) \leftrightarrow x(n,n-\tau) \quad (11.19)$$

注意,我在 α 和 τ 之间保持着明显的区别,α 表示基频 ω_0 的谐波,而 τ 表示原子中电子的不同定态。但是,此过程立即遇到一个问题,即对于 $x(t)$,没有一种唯一的方法可以用依赖于两个变量的量 $x(n, n-\tau)$ 之和来表示。尽管如此,海森堡坚持以下陈述:

> “但是,可以将量 $x(n, n-\tau)\exp[\mathrm{i}\omega(n, n-\tau)t]$ 的集合视为量 $x(t)$ 的表示,然后尝试回答上述问题:如何表示量 $x^2(t)$?”

因此,海森堡寻求式(11.17)的量子对应,可以写成

$$x^2(n, t) = \sum_{\tau} x^{(2)}(n, n-\tau)\exp[\mathrm{i}\omega(n, n-\tau)t] \tag{11.20}$$

下一步是找到式(11.18)中 $x^{(2)}(n, n-\tau)$ 的量子理论对应。这些是可以代入偶极辐射经典公式中的量,因此可以确定角频率为 $\omega(n, n-\tau)$ 的跃迁强度。

我们将式(11.19)代入式(11.16)。然后,外围求和的 τ 分量,即式(11.16)方括号中的量,变为

$$\sum_{\tau'} x(n, n-\tau')x[n, n-(\tau-\tau')]\exp[\mathrm{i}\omega(n, n-\tau')t] \cdot \exp[\mathrm{i}\omega(n, n-(\tau-\tau'))t] \tag{11.21}$$

这种替换的问题是它不会导致频率为 $\omega(n, n-\tau)$ 的项。由里茨组合原理得出的量子频率加法规则(11.11)为

$$\omega(n, n-\tau') + \omega(n-\tau', n-\tau'-\tau) = \omega(n, n-\tau'-\tau) \tag{11.22}$$

因此式(11.21)中的指数项之和

$$\omega(n, n-\tau') + \omega[n, n-(\tau-\tau')] \tag{11.23}$$

显然是不可接受的。因此,海森堡得出了一个“几乎令人信服”的结论,即频率因子之和必须满足关系

$$\omega(n, n-\tau) = \omega(n, n-\tau') + \omega(n-\tau', n-\tau) \tag{11.24}$$

因此,式(11.21)必须重写如下:

$$\begin{aligned}&\sum_{\tau'} x(n, n-\tau')x(n-\tau', n-\tau)\exp[\mathrm{i}\omega(n, n-\tau')t]\exp[\mathrm{i}\omega(n-\tau', n-\tau)t]\\ &= \left(\sum_{\tau'} x(n, n-\tau')x(n-\tau', n-\tau)\right)\exp[\mathrm{i}\omega(n, n-\tau)t]\end{aligned} \tag{11.25}$$

因此,$x^{(2)}(n, n-\tau)$ 的量子理论表达式必须为

$$x^{(2)}(n, n-\tau) = \sum_{\tau'} x(n, n-\tau')x(n-\tau', n-\tau) \tag{11.26}$$

而不是式(11.18)。这是取代经典表达式(11.18)的新量子理论乘法规则。可以将量 $x(n, n-\tau)$ 视为跃迁振幅,因为它们的模平方决定了态 n 和 $n-\tau$ 之间的跃迁概率。

海森堡立即用同样的方法求出了 $x^3(n)$,并且还写下了两个量 x_n 和 y_n 乘积的表达式。如果我们写下

$$\begin{aligned}x(n, \alpha) &\leftrightarrow x(n, n-\tau)\exp[\mathrm{i}\omega(n, n-\tau)t]\\ y(n, \alpha) &\leftrightarrow y(n, n-\tau)\exp[\mathrm{i}\omega(n, n-\tau)t]\end{aligned} \tag{11.27}$$

那么通常 $x_n y_n \neq y_n x_n$。这可以根据式(11.25)的方法将乘积写成对分量 τ 的和来理解。于是通常

$$\begin{aligned}&\sum_{\tau'} x(n, n-\tau')y(n-\tau', n-\tau)\\&\neq \sum_{\tau'} y(n, n-\tau')x(n-\tau', n-\tau)\end{aligned} \tag{11.28}$$

量子力学的新乘法规则是非对易的，这个结果使海森堡十分担心。但是，事实证明这是海森堡论文的一项关键创新。

11.4　新动力学

海森堡对非对易变量的困惑毫不畏惧，继续进行论文的第二部分，该部分讨论的是结合了新运动学的粒子力学。根据旧量子论的步骤，其分析从经典的运动方程开始，例如，

$$\ddot{x} + f(x) = 0 \tag{11.29}$$

这个方程以经典的方式解决了。引入相积分 $J = \oint p\mathrm{d}q = nh$ 以满足量子条件。在一维情况下，$p = m\dot{x}$，$\mathrm{d}q = \mathrm{d}x = \dot{x}\mathrm{d}t$，因此

$$J = \oint m\dot{x}^2 \mathrm{d}t = nh \tag{11.30}$$

海森堡现在根据经典物理学估算 J，然后使用新运动学将结果转换为量子物理学。首先，x 以经典的方式写为傅里叶级数，与式(11.13)完全相同：

$$x = x(n, t) = \sum_{\alpha} x(n, \alpha)\mathrm{e}^{\mathrm{i}\omega(n)\alpha t} \tag{11.31}$$

于是，

$$m\dot{x} = m\sum_{-\infty}^{+\infty} x(n, \alpha)\mathrm{i}\alpha\omega(n)\mathrm{e}^{\mathrm{i}\omega(n)\alpha t} \tag{11.32}$$

现在，我们通过将 $\dot{x}$ 乘以其复共轭并在一个运动周期 $t = 2\pi/\omega(n)$ 内积分来得到 $\dot{x}^2$。该级数的所有乘积，除那些涉及 $x(n, \alpha)x(n, -\alpha)$ 的乘积外，在一个周期内的积分均为零。我们还记得 $x(n, -\alpha)$ 是 $x(n, \alpha)$ 的复共轭，因此一个运动周期内的积分为

$$\begin{aligned}J = \oint m\dot{x}^2\mathrm{d}t &= 2\pi m\sum_{-\infty}^{+\infty} x(n, \alpha)x(n, -\alpha)\alpha^2\omega(n)\\&= 2\pi m\sum_{-\infty}^{+\infty} |x(n, \alpha)|^2\alpha^2\omega(n)\end{aligned} \tag{11.33}$$

现在应用了量子条件 $J = nh$,但是海森堡立即将 nh 对 n 求导,为玻恩对应原理的应用做准备:

$$\frac{\mathrm{d}}{\mathrm{d}n}(nh) = \frac{\mathrm{d}}{\mathrm{d}n}\oint m\dot{x}^2\mathrm{d}t \tag{11.34}$$

$$h = 2\pi m\sum_{-\infty}^{+\infty}\alpha\frac{\mathrm{d}}{\mathrm{d}n}[\alpha\omega(n)\mid x(n,\alpha)\mid^2] \tag{11.35}$$

玻恩对应原理(10.27)告诉我们,根据方法

$$\alpha\frac{\mathrm{d}\varphi(n)}{\mathrm{d}n}\leftrightarrow\varphi(n)-\varphi(n-\tau) \tag{11.36}$$

微分将被差分代替。克拉默斯和海森堡(1925)在其色散理论中对此进行了概括:

$$\alpha\frac{\mathrm{d}\varphi(n,\tau)}{\mathrm{d}n}\leftrightarrow\varphi(n+\tau,n)-\varphi(n,n-\tau) \tag{11.37}$$

在进行变换时,α 谐波的角频率和振幅 $x(n,\alpha)$ 被变换为

$$\varphi(n+\tau,n):\alpha\omega(n)\leftrightarrow\omega(n,n+\tau);x(n,\alpha)\leftrightarrow x(n,n+\tau) \tag{11.38}$$

$$\varphi(n-\tau,n):\alpha\omega(n)\leftrightarrow\omega(n,n-\tau);x(n,\alpha)\leftrightarrow x(n,n-\tau) \tag{11.39}$$

因此,式(11.35)变为

$$h = 4\pi m\sum_{0}^{+\infty}[\mid x(n,n+\tau)\mid^2\omega(n,n+\tau)-\mid x(n,n-\tau)\mid^2\omega(n,n-\tau)] \tag{11.40}$$

在这里,我们使用 x 是实数的事实,将 $-\infty$ 到 $+\infty$ 的求和变为从 0 到 $+\infty$ 的求和的两倍,因为 $\mid x(n,\tau)\mid^2=\mid x(n,-\tau)\mid^2$。此外,$x$ 的值可以确定,因为存在这样的要求,即在基态 n_0 时,不可能发射到更低的能态,换句话说,当 $\tau>0$ 时,$x(n_0,n_0-\tau)=0$。

正如海森堡意识到的那样,这些是非凡的计算:

> "方程[式(11.29)]和[式(11.40)],如果可解,不仅可以完全确定频率和能量值,还可以完全确定量子理论的跃迁概率。但是,目前只有在最简单的情况下才能获得实际的数学解。"

其概念是根据傅里叶分量求解运动方程,然后将这些值纳入包含了量子化条件的量子理论关系(11.40)。但是,由于量 $x(n_0,n_0-\tau)$ 与跃迁概率直接相关,因此可以得到更多的结果。海森堡在一个脚注中指出,式(11.40)可以通过将 $x(n_0,n_0-\tau)$ 的值与爱因斯坦的自发发射系数 A 和振子强度的值 f_i 联系起来,从而简单地还原为库恩-托马斯关系。这可以证明如下。

我们已经在式(10.16)中推导了爱因斯坦 A 系数和 f_i 之间的关系,即

$$f_i = \frac{\epsilon_0 m_e c^3}{2\pi\nu_0^2 e^2}A_m^n \tag{11.41}$$

我们还在式(11.4)中展示了 A_m^n 如何与 $\mid x_0\mid^2$ 相联系:

$$A_m^n = \frac{\omega_0^3 e^2\mid x_0\mid^2}{2\epsilon_0 c^3 h} \tag{11.42}$$

将这个 A_m^n 值代入式(11.41)中,我们得到

$$|x_0|^2\omega_0 = \frac{h}{\pi m_e}f_i \tag{11.43}$$

现在,我们利用对应原理来写下

$$[|x_0|^2\omega_0]_a \leftrightarrow |x(n,n+\tau)|^2\omega(n,n+\tau) = \frac{h}{\pi m_e}f_a \tag{11.44}$$

$$[|x_0|^2\omega_0]_e \leftrightarrow |x(n,n-\tau)|^2\omega(n,n-\tau) = \frac{h}{\pi m_e}f_e \tag{11.45}$$

海森堡将量子态 n 的吸收和诱导发射关系代入式(11.40)中,证明了新公式导致了库恩-托马斯公式(10.34)。[③]

这种简单的约化说明了新公式如何完全按照可观测量,即定态能量、发射频率和态之间的跃迁概率运算。

11.5 非线性谐振子

海森堡意识到他的新公式只适用于最简单的情况。他已经尝试过对氢原子中的电子轨道进行量子化,但即使是这种情况也被证明非常复杂。取而代之的是,在论文的第三部分中,他首先处理了非线性振子的情况,然后处理了一个转子,在该转子中,电子以恒定的距离 a 绕原子核运转。这是那篇文章最困难的部分,因为海森堡没有说明他是如何获得被引用的结果的。艾奇逊和他的同事(2004)的论文为海森堡可能遵循的路线提供了令人信服的论据,我们将对此进行说明。求解需要大量的代数运算,但正如我们已经指出的那样,玻恩评论说海森堡的

> "……令人难以置信的敏捷度和敏锐度使他能够不费吹灰之力地完成大量的工作。"(van der Waerden,1967)

初读时,读者可能更喜欢跳转到结果(11.93)~(11.97)。尽管不容易阅读,但以下计算却证明了海森堡的精湛技术。

可以写出非线性振子的经典运动方程:

$$\ddot{x} + \omega_0^2 x + \lambda x^2 = 0 \tag{11.46}$$

其中 λx^2 是非线性项,λ 是小量。将这个振子处理为纯谐振子的优点是表示其运动的傅里叶级数自动包含了一组完备基频 ω_0 的谐波。海森堡选择的傅里叶级数解的形式如下:

$$x = \lambda a_0 + a_1\cos\omega t + \lambda a_2\cos 2\omega t + \lambda^2 a_3\cos 3\omega t + \cdots + \lambda^{\tau-1}\alpha_\tau\cos\tau\omega t + \cdots \tag{11.47}$$

其中系数 $a_0, a_1, a_2, \cdots, a_\tau, \cdots$ 和 ω 也作为 λ 的幂级数展开:

$$a_0 = a_0^{(0)} + \lambda a_0^{(1)} + \lambda^2 a_0^{(2)} + \cdots \tag{11.48}$$

$$a_1 = a_1^{(0)} + \lambda a_1^{(1)} + \lambda^2 a_1^{(2)} + \cdots \tag{11.49}$$

$$\cdots$$

$$\omega = \omega^{(0)} + \lambda\omega^{(1)} + \lambda^2\omega^{(2)} + \cdots \tag{11.50}$$

非线性方程(11.46)通常无法求解,因此在小量 λ 的幂级数下寻求微扰解。将式(11.47)～式(11.49)代入式(11.46)中,$a_0, a_1, a_2, \cdots$的递归公式是通过令常数项和那些 $\cos \omega t$, $\cos 2\omega t$, $\cos 3\omega t$, $\cdots$ 的系数项分别为零来得到的。忽略 λ 项,可以直接重复海森堡的计算,得到经典非线性振子级数前几项的递归公式:

$$\begin{aligned}
&[\text{常数}] \quad \lambda\left\{\omega_0^2 a_0(n) + \frac{1}{2}a_1^2(n)\right\} = 0 \\
&[\cos\omega t] \quad -\omega^2 + \omega_0^2 = 0 \\
&[\cos 2\omega t] \quad \lambda\left\{[-(2\omega)^2 + \omega_0^2]a_2(n) + \frac{1}{2}a_1^2(n)\right\} = 0 \\
&[\cos 3\omega t] \quad \lambda^2\{[-(3\omega)^2 + \omega_0^2]a_3(n) + a_1(n)a_2(n)\} = 0
\end{aligned} \tag{11.51}$$

海森堡现在从经典力学过渡到量子力学。用 $x(n, n-\tau)\exp[i\omega(n, n-\tau)t]$代替 x 时,式(11.46)的前两项变为

$$[-\omega^2(n, n-\tau) + \omega_0^2]x(n, n-\tau)\exp[i\omega(n, n-\tau)t] \tag{11.52}$$

第三个非线性项必须用量子理论乘法规则(11.26)代替,因此该项变为

$$\lambda\sum_{\tau'} x(n, n-\tau')x(n-\tau', \tau'-\tau)\exp[i\omega(n, n-\tau)t] \tag{11.53}$$

将式(11.52)和式(11.53)代入式(11.46),我们获得跃迁振幅 $x(n, n-\tau)$的递推关系:

$$[-\omega^2(n, n-\tau) + \omega_0^2]x(n, n-\tau) + \lambda\sum_{\tau'} x(n, n-\tau')x(n-\tau', \tau'-\tau) = 0 \tag{11.54}$$

再一次,没有一般解,海森堡进行了与经典情况相同的微扰分析。他建议转换应采用以下形式:

$$\begin{aligned}
&\lambda a_0(n) \leftrightarrow \lambda a_0(n, n) \\
&a_1(n) \leftrightarrow a(n, n-1)\cos\omega(n, n-1)t \\
&\lambda a_2(n) \leftrightarrow \lambda a(n, n-2)\cos\omega(n, n-2)t \\
&\lambda^2 a_3(n) \leftrightarrow \lambda^2 a(n, n-3)\cos\omega(n, n-3)t \\
&\cdots \\
&\lambda^{\alpha-1} a_\alpha(n) \leftrightarrow \lambda^{\alpha-1} a(n, n-\alpha)\cos\omega(n, n-\alpha)t \\
&\cdots
\end{aligned} \tag{11.55}$$

在他的论文中,经过与经典情况完全相同的分析,海森堡简单地写出了结果。我们用量子语言写出式(11.47)～式(11.50)的合适转换。式(11.47)变为

$$x = \lambda a(n, n) + a(n, n-1)\cos\omega(n, n-1)t$$

$$+\lambda a(n,n-2)\cos\omega(n,n-2)t+\lambda^2 a(n,n-3)\cos\omega(n,n-3)t+\cdots$$
$$+\lambda^{\alpha-1}a(n,n-\alpha)\cos\omega(n,n-\alpha)t+\cdots \tag{11.56}$$

再次如式(11.48)～式(11.50)所示，用 λ 的幂级数展开 α 系数和 ω，因此对应的函数为

$$a(n,n)=a^{(0)}(n,n)+\lambda a^{(1)}(n,n)+\lambda^2 a^{(2)}(n,n)+\cdots \tag{11.57}$$
$$a(n,n-1)=a^{(0)}(n,n-1)+\lambda a^{(1)}(n,n-1)+\lambda^2 a^{(2)}(n,n-1)+\cdots \tag{11.58}$$
$$\cdots$$
$$\omega(n,n-\alpha)=\omega^{(0)}(n,n-\alpha)+\lambda\omega^{(1)}(n,n-\alpha)+\lambda^2\omega^{(2)}(n,n-\alpha)+\cdots \tag{11.59}$$

现在，将推导式(11.51)中涉及的相同形式的操作应用于式(11.46)，式(11.56)中涉及的操作应用于式(11.59)。换句话说，通过分别令常数项和 $\cos\omega t$，$\cos 2\omega t$，$\cos 3\omega t$，…的系数项为零找到 a_0，a_1，a_2，…的递推公式。艾奇逊等人(2004)在论文中提供了有关分析的更多细节，其中给出了到 λ 的二阶的跃迁振幅的递推关系。与以前完全一样，海森堡引用的未经证明的 λ 的零级递推关系如下：

$$[\text{常数}]\quad \lambda\left\{\omega_0^2 a_0(n,n)+\frac{1}{4}[a^2(n+1,n)+a^2(n,n-1)]\right\}=0 \tag{11.60}$$

$$[\cos\omega(n,n-1)t]\quad -\omega^2(n,n-1)+\omega_0^2=0 \tag{11.61}$$

$$[\cos\omega(n,n-2)t]\quad \lambda\left\{[-\omega^2(n,n-2)+\omega_0^2]a(n,n-2)+\frac{1}{2}a(n,n-1)a(n-1,n-2)\right\}=0 \tag{11.62}$$

$$[\cos\omega(n,n-3)t]\quad \lambda^2\left\{[-\omega^2(n,n-3)+\omega_0^2]a(n,n-3)+\frac{1}{2}a(n,n-1)a(n-1,n-3)+\frac{1}{2}a(n,n-2)a(n-2,n-3)\right\}=0 \tag{11.63}$$

接下来，我们回想一下，练习的目的是确定由式(11.26)给出的量 $x^{(2)}(n,n-\tau)$。因此我们需要将上面导出的量 $a(n,n-\tau)$与 $x(n,n-\tau)$相关联。在经典情况下，因为 $x(t)$是实数，所以 $x_\alpha(n)=x^*_{-\alpha}(n)$。这个关系的量子理论对应是

$$x(n,n-\tau)=x^*(n-\tau,n) \tag{11.64}$$

从以下事实可以理解这一点，即根据频率相加的量子规则，相关指数的乘积 $\exp[\mathrm{i}\omega(n,n-\tau)]\times\exp[\mathrm{i}\omega(n-\tau,n)]=1$。原则上，$x(n,n-\tau)$可以是复数，但是海森堡隐含假设通过使用简单的余弦展开，它们将成为实数。所以

$$x(n,n-\tau)=x(n-\tau,n) \tag{11.65}$$

现在，我们可以将其与 $x(t)$的级数展开式(11.56)进行比较，其中典型的项可

以写为

$$\lambda^{\tau-1} a(n, n-\tau) \cos\omega(n, n-\tau) t$$
$$= \frac{\lambda^{\tau-1}}{2} a(n, n-\tau)\{\exp[\mathrm{i}\omega(n, n-\tau) t]+\exp[-\mathrm{i}\omega(n, n-\tau) t]\} \tag{11.66}$$

由于玻尔的频率条件(11.9)要求 $\omega(n, n-\tau)=-\omega(n-\tau, n)$ 且 $x(n, n-\tau)=x(n-\tau, n)$,因此该表达式可以重写为

$$\frac{\lambda^{\tau-1}}{2} a(n, n-\tau) \exp[\mathrm{i}\omega(n, n-\tau) t]+\frac{\lambda^{\tau-1}}{2} a(n-\tau, n) \exp[\mathrm{i}\omega(n-\tau, n) t] \tag{11.67}$$

并不意外,余弦表达式对应于序列(11.20)中的两个指数之和。令 $\exp[\mathrm{i}\omega(n, n-\tau) t]$的项相等,可得

$$x(n, n-\tau)=\frac{\lambda^{\tau-1}}{2} a(n, n-\tau) \tag{11.68}$$

严格来说,该方程仅适用于 τ 的正值。通常,结果是

$$x(n, n-\tau)=\frac{\lambda^{|\tau|-1}}{2} a(n, n-\tau) \quad (\tau \neq 0) \tag{11.69}$$

已经根据 $a(n, n-\tau)$而不是 $x(n, n-\tau)$得到了运动方程的解,因此使用式(11.69)将式(11.40)转换为这种符号很方便。于是,④

$$h=\pi m \sum_{0}^{+\infty}\left[|a(n, n+\tau)|^2 \omega(n, n+\tau)-|a(n, n-\tau)|^2 \omega(n, n-\tau)\right] \tag{11.70}$$

现在,我们可以得到跃迁振幅、稳态能量和跃迁频率的解。我们从省去所有 λ 项的最低阶解中得到了许多关键结果。在这个近似下,所有 a 和ω 都用上标(0)标出:$a^{(0)}$ 和 $\omega^{(0)}$。在此极限下,对于所有 n,式(11.61)变为

$$\omega^{(0)}(n, n-1)=\omega_0 \tag{11.71}$$

这是有道理的,因为如果 λ 的微扰项为零,则非线性振子将变成角频率为 ω_0 的线性振子。现在我们用式(11.71)替换式(11.70)中的 $\omega^{(0)}(n, n+1)$和 $\omega^{(0)}(n, n-1)$。那么,

$$\frac{h}{\pi m \omega_0}=[a^{(0)}(n, n+1)]^2-[a^{(0)}(n, n-1)]^2 \tag{11.72}$$

通过检查,我们可以看到该差分方程的解为

$$[a^{(0)}(n, n-1)]^2=\frac{h}{\pi m \omega_0}(n+\text{常数}) \tag{11.73}$$

从海森堡的论证中可以得到该常数的值,该论证认为不应从基态跃迁到更低的态,也就是说,

$$[a^{(0)}(0,-1)]^2=0 \tag{11.74}$$

因此常数为零。这样可以写出 $a^{(0)}(n, n-1)$的解:

$$a^{(0)}(n,n-1)=\beta\sqrt{n},\quad \beta=(h/(\pi m\omega_0))^{1/2} \tag{11.75}$$

现在,我们对式(11.60)重复此过程:

$$a^{(0)}(n,n)=-\frac{1}{4\omega_0^2}\{[a^{(0)}(n+1,n)]^2+[a^{(0)}(n,n-1)]^2\} \tag{11.76}$$

因此使用式(11.75),有

$$a^{(0)}(n,n)=-\frac{\beta}{4\omega_0^2}(2n+1) \tag{11.77}$$

接下来,我们重复式(11.62)的步骤。则

$$\{-[\omega^{(0)}(n,n-2)]^2+\omega_0^2\}a^{(0)}(n,n-2)+\frac{1}{2}a^{(0)}(n,n-1)a^{(0)}(n-1,n-2)=0 \tag{11.78}$$

频率 $\omega^{(0)}(n,n-2)$ 必须遵守频率组合规则:

$$\omega^{(0)}(n,n-2)=\omega^{(0)}(n,n-1)+\omega^{(0)}(n-1,n-2) \tag{11.79}$$

并且因为对于所有 n,$\omega^{(0)}(n,n-1)=\omega_0$,所以 $\omega^{(0)}(n,n-2)=2\omega_0$。实际上,从频率组合规则可以明显看出,反复应用会得到结果

$$\omega^{(0)}(n,n-\tau)=\tau\omega_0 \tag{11.80}$$

又一次这个结果很有意义。非线性振子的谐波仅仅是最低阶近似中基频 ω_0 的整数倍。

利用导致式(11.75)和式(11.77)的相同推理,很容易证明

$$a^{(0)}(n,n-3)=\frac{\beta^3}{48\omega_0^4}\sqrt{n(n-1)(n-2)} \tag{11.81}$$

一般来说,在这个最低阶近似下,

$$a^{(0)}(n,n-\tau)=A_\tau\frac{\beta^\tau}{\omega_0^{2(\tau-1)}}\sqrt{\frac{n!}{(n-\tau)!}} \tag{11.82}$$

其中 A_τ 是取决于 τ 的数值因子。

最后的任务是计算振子稳态的能量。海森堡从非线性振子能量的经典表达式开始。按照常用方法,我们将式(11.46)乘以 $m\dot{x}$,并对时间进行积分,得到

$$W=\frac{1}{2}m\dot{x}^2+\frac{1}{2}m\omega_0^2x^2+\frac{1}{3}\lambda mx^3 \tag{11.83}$$

然后他根据经典物理学和量子物理学,引用了答案,但没有解释它们是如何得到的。艾奇逊和他的同事们完全合理地推测,海森堡的推理如下。海森堡现在有一个取跃迁振幅式(11.25)和式(11.26)乘积的公式,为方便起见,在此重复如下:

$$\sum_{\tau'}x(n,n-\tau')x(n-\tau',n-\tau)\exp[\mathrm{i}\omega(n,n-\tau')t]\exp[\mathrm{i}\omega(n-\tau',n-\tau)t]$$
$$=\Big(\sum_{\tau'}x(n,n-\tau')x(n-\tau',n-\tau)\Big)\exp[\mathrm{i}\omega(n,n-\tau)t] \tag{11.84}$$

因此 x^2 表示为

$$\Big(\sum_{\tau'}x(n,n-\tau')x(n-\tau',n-\tau)\Big)\exp[\mathrm{i}\omega(n,n-\tau)t] \tag{11.85}$$

相应地,$\dot{x}^2$ 可以被以下乘积代替:

$$\begin{aligned}&\sum_{\tau'}\mathrm{i}\omega(n,n-\tau')x(n,n-\tau')\mathrm{i}\omega(n-\tau',n-\tau)x(n-\tau',n-\tau)\\&\times\exp[\mathrm{i}\omega(n,n-\tau')t]\exp[\mathrm{i}\omega(n-\tau',n-\tau)t]\\&\quad=\sum_{\tau'}\omega(n,n-\tau')\omega(n-\tau,n-\tau')x(n,n-\tau')x(n-\tau',n-\tau)\\&\quad\cdot\exp[\mathrm{i}\omega(n,n-\tau)t]\end{aligned}\tag{11.86}$$

根据玻尔频率关系,我们使用了 $\omega(n,m)=-\omega(m,n)$的关系。因此非线性振子的能量表达式为

$$W=W(n,n-\tau)\exp[\mathrm{i}\omega(n,n-\tau)t]\tag{11.87}$$

海森堡充分认识到只有在 W 与时间无关的情况下能量才会守恒,这意味着 $\tau\neq0$ 的项必须为零:

$$W(n,n-\tau)=0\quad(\tau\neq0)\tag{11.88}$$

这为新量子框架的有效性提供了关键检验。

我们首先估计在给定条件(11.88)下的 W。我们对最低阶解感兴趣,因此我们可以忽略 λ 的项及其更高幂的项。从而我们可以忽略总能量表达式中 $\lambda mx^3/3$ 的项。同样,在展开式(11.56)中,仅有的不依赖 λ 的项是那些 $a(n,n-1)\cdot\cos\omega(n,n-1)t$的项,换句话说,是那些跃迁中 n 仅改变1的项。因此式(11.87)中剩下的是那些 $W(n,n)$,$W(n,n-2)$和 $W(n,n+2)$的项。实际上,艾奇逊及其同事证明 $W(n,n-2)$和 $W(n,n+2)$两者之和为零,因此仅剩的项是 $W(n,n)$的项。因此我们只需要估算 $\tau=0$ 时的 $W(n,n)$,故

$$\begin{aligned}W&=\frac{1}{2}m\dot{x}^2+\frac{1}{2}m\omega_0^2x^2\\&=\frac{1}{2}m\sum_{\tau'}\omega(n,n-\tau')\omega(n,n-\tau')x(n,n-\tau')x(n-\tau',n)\\&\quad+\frac{1}{2}m\omega_0^2\sum_{\tau'}x(n,n-\tau')x(n-\tau',n)\end{aligned}\tag{11.89}$$

为了找到总能量,对仅剩的 τ'项求和,$\tau'=\pm1$。现在可以将 ω 标上上标(0),因为 λ 及其更高阶的所有项均在最低阶中被省略。因此

$$\begin{aligned}W=&\frac{1}{2}m\{[\omega^{(0)}(n,n-1)\omega^{(0)}(n,n-1)x(n,n-1)x(n-1,n)]\\&+[\omega^{(0)}(n,n+1)\omega^{(0)}(n,n+1)x(n,n+1)x(n+1,n)]\}\\&+\frac{1}{2}m\omega_0^2\{x(n,n-1)x(n-1,n)+x(n,n+1)x(n+1,n)\}\end{aligned}\tag{11.90}$$

从式(11.65)开始,$x(n,n+1)=x(n+1,n)$,我们现在可以根据式(11.69)将 x 替换为$a^{(0)}$。同样,由于跃迁在频率上均等距,$\omega^{(0)}(n,n-1)=\omega^{(0)}(n,n+1)=\omega_0$。因此,

$$W = \frac{1}{2}m\omega_0^2\left\{\frac{1}{4}[a^{(0)}(n,n-1)]^2 + \frac{1}{4}[a^{(0)}(n,n+1)]^2\right\}$$
$$+ \frac{1}{2}m\omega_0^2\left\{\frac{1}{4}[a^{(0)}(n,n-1)]^2 + \frac{1}{4}[a^{(0)}(n,n+1)]^2\right\} \quad (11.91)$$

最后,我们代入式(11.75)中 $a^{(0)}$ 的解,其为

$$a^{(0)}(n,n-1) = \beta\sqrt{n},\quad a^{(0)}(n+1,n) = \beta\sqrt{n+1}\quad (\beta = (h/(\pi m\omega_0))^{1/2}) \quad (11.92)$$

最终结果是

$$W = \frac{h\omega_0}{2\pi}\left(n+\frac{1}{2}\right) \quad (11.93)$$

海森堡立即注意到,该谐振子能量的表达式与"经典"结果 $W = nh\omega_0/(2\pi)$ 不同,因为包含了现在称之为"零点能"的项 $h\omega_0/(4\pi)$。

上述分析仅至小参数 λ 的零阶。海森堡没有着手分析非线性振子式(11.46)的高阶修正,而是考虑了更简单的例子:

$$\ddot{x} + \omega_0^2 x + \lambda x^3 = 0 \quad (11.94)$$

原因是解中仅包含"奇数"项:

$$x = a_1\cos\omega t + \lambda a_3\cos 3\omega t + \lambda^2 a_5\cos 5\omega t + \cdots \quad (11.95)$$

保留至 λ^2 的项,他得到结果

$$W = \frac{h\omega_0}{2\pi}\left(n+\frac{1}{2}\right) + \lambda\frac{3\left(n^2+n+\frac{1}{2}\right)h^2}{32\pi^2\omega_0^2 m}$$
$$- \lambda^2\frac{h^3}{512\pi^3\omega_0^5 m^2}\left(17n^3 + \frac{51}{2}n^2 + \frac{59}{2}n + \frac{21}{2}\right) \quad (11.96)$$

他还作了重要的旁注:

> "(我不能一般地证明所有周期项实际上都变为零,但对所有计算的项,这是事实)"

但没有详细说明他试过哪些项。正如在式(11.87)和式(11.88)中讨论的那样,该理论的关键要求是确保能量守恒。艾奇逊和他的同事(2004)在他们论文的附录B中演示了如何使用海森堡方法进行这些计算,并证明了如果 $\alpha = 0$,则直到 λ 阶的 $W(n,n-\alpha)$ 项的确为零。艾奇逊和他的同事还对海森堡非线性项 λx^2 类似地分析,得到了式(11.96),并得到了一直到 λ^2 阶的结果:

$$W = \frac{h\omega_0}{2\pi}\left(n+\frac{1}{2}\right) - \frac{5\lambda^2 h^2}{48\pi^2 m\omega_0^4}\left(n^2+n+\frac{11}{30}\right) \quad (11.97)$$

11.6 简单旋子

海森堡的论文第3节最后一部分讨论了一个电子在半径为 a 的圆形轨道上绕原子核运动的情况。事实证明这是一个更简单的计算。经典的量子条件是 $\oint p\mathrm{d}q = nh$,在这种情况下,角动量 $p = mva$,$\mathrm{d}q = \mathrm{d}\theta$:

$$nh = \oint mva\,\mathrm{d}\theta = \oint m\omega a^2\,\mathrm{d}\theta \tag{11.98}$$

对 n 微分:

$$h = \frac{\mathrm{d}}{\mathrm{d}n}(2\pi ma^2\omega) \tag{11.99}$$

使用克拉默斯和海森堡版的玻恩对应原理,该表达式转化为

$$h = 2\pi m[a^2\omega(n+1,n) - a^2\omega(n,n-1)] \tag{11.100}$$

就像非线性振子一样,经检验解是

$$\omega(n,n-1) = \frac{h(n+\text{常数})}{2\pi ma^2} \tag{11.101}$$

同样,由于从基态到更低态不应有跃迁振幅,常数为零,因此

$$\omega(n,n-1) = \frac{hn}{2\pi ma^2} \tag{11.102}$$

电子的能量为 $W = mv^2/2$,因此,使用与11.5节相同的步骤,能量是

$$\begin{aligned} W &= \frac{m}{2}a^2\,\frac{\omega^2(n,n-1)+\omega^2(n+1,n)}{2} \\ &= \frac{h^2}{8\pi^2 ma^2}\left(n^2+n+\frac{1}{2}\right) \end{aligned} \tag{11.103}$$

正如海森堡指出的那样,该表达式再次满足条件 $\omega(n,n-1) = (2\pi/h)[W(n) - W(n-1)]$。此结果也可以写成提示性的形式:

$$W = \frac{h^2}{8\pi^2 I}\left[n(n+1)+\frac{1}{2}\right] \tag{11.104}$$

其中 $I = ma^2$ 是电子在绕核轨道上的惯性矩。⑤

这种计算对海森堡的重要性在于表达式(11.104)与阿道夫·克拉泽(Adolf Kratzer)(1922)测得的带状光谱非常吻合。克拉泽对氰化物带状光谱进行了详细分析,发现必须引入半整数量子数来解释这些旋转谱的细节。海森堡充分认识到他的新量子框架自动导致了半整数量子化。

海森堡的论文的最后一段内容如下:

> “从理论上讲，使用可观测量之间的关系确定量子理论数据的方法，正如这里建议的一样，原则上是否令人满意，或者这种方法是否对构建理论量子力学的物理问题来说过于粗糙，目前，这显然是一个非常复杂的问题，只能通过对应用在这里的非常肤浅的方法进行更深入的数学研究来决定。”

11.7 反　　思

海森堡在其总结段落中的谨慎态度与其革命性内容形成了鲜明的对比。就像我们将看到的那样，该理论被主流的理论家迅速接受，并转化为更易于使用的形式。毫无疑问，玻恩充分认识到海森堡所取得的成就的重要性，并做出了正确的决定，对其详细研究后立即转交给 *Zeitschrift für Physik* 发表。

海森堡对这篇论文不甚满意，这与他以前的论文形成了鲜明对比，他以前的论文是使用既定的数学过程来解决适定的问题的。在与泡利的讨论中，他认为论文的“积极”部分是“差劲的”。如梅赫拉和雷兴伯格(1982b)所述：

> “现在，海森堡认为，他不能给出一个自洽原子理论的完备公式，即未来的量子力学，他认为他只能提出建立基础的一步，但绝不是最终解决方案……他刚刚能够写下一些形式的方程，这些方程在数学上很难处理，甚至在物理上也难以解释。”

这篇文章的惊人之处在于，有这么多想法被证明是绝对正确的。我们来回顾一下这些成就：

(1) 迄今为止，最重要和最原创的想法是这样的观念，即旧量子论的错误之处在于它的运动学内容 。

(2) 这一观念与创新相结合，即量子理论必须根据原子系统的可测量性质来描述。

(3) 这导致了一个以经典电磁学为模型的观念，即用“跃迁振幅”代替空间坐标，“跃迁振幅”的平方确定发生这种跃迁的概率。

(4) 在对应原理的指导下，发现跃迁幅度的乘积定律是非对易的。

(5) 在把他的新公式应用于解决具体问题时，一个振子和一个简单转子的能级的量子表达式具有“零点能”$h\nu/2$。

(6) 与已发生了根本性变化的运动学相比，粒子和振子的动力学仍然是“牛顿式的”。

(7) 正如艾奇逊和他的同事(2004)指出的那样，海森堡得出的许多结果在量子力学的完备版本中都有其精确的对应。例如,式(11.54)说明了量子力学的基本规则,即通过所有可能的中间状态之和求出一个态到另一态的跃迁振幅。

尽管存在诸多问题,海森堡的论文无疑是理论物理学中最伟大的论文之一。它几乎立即为更强大的数学方法开辟了道路。只有在玻尔的直觉方法与玻恩和索末菲的数学方法的共同影响下,海森堡才能取得如此大的成就。

第 12 章 矩阵力学

12.1 玻恩的回应

在回忆录中，玻恩讲述了他对这些激动人心的日子的回忆(Born，1978)：

“与此同时，海森堡开展了自己的一些工作，其想法和目的有些昧昧而神秘。1925 年 7 月的第一天，那是夏季学期快结束时，他带着一份手稿来找我，让我读一读，然后决定是否值得发表。他补充说，尽管他努力了，但除了论文中包含的简单考虑之外，他无法取得任何进展，他让我自己试试，我答应了……

他最大胆的一步是建议在力学公式中引入坐标 q 和动量 p 的跃迁振幅……

海森堡的想法给我留下了最深刻的印象，这是我们所追求的研究向前迈出的一大步……

在把海森堡的论文投稿到 *Zeitschrift für Physik* 之后，我开始思考他的符号乘法，并很快就投入其中，我想了一整天，晚上几乎睡不着觉。因为它背后有一些基本的东西……一天早上……我突然看到了曙光：海森堡的符号乘法不过是矩阵演算，学生时代在布雷斯劳大学罗萨内斯(Rosanes)的讲课中，我就知道这些。”

当时，矩阵和矩阵代数被视为数学家的领域，在物理学中应用的例子很少。正如海森堡自己承认的那样，他肯定不知道矩阵。事实上，玻恩是为数不多的知道矩阵的物理学家之一，他在早期与冯・卡门(von Kármán)一起进行的晶格理论研究中使用了矩阵(Born 和 von Kármán，1912)。因此他熟悉矩阵代数、无限维矩阵以及将无限二次型转化为主轴的技术。玻恩已经远离了这些追求，但现在他回忆起了他早期的活动。

玻恩意识到，海森堡关于跃迁振幅的新乘法规则(11.26)对应于矩阵的乘法规则，即

$$x^{(2)}(n, n-\tau) = \sum_{\tau'} x(n, n-\tau')x(n-\tau', n-\tau) \tag{12.1}$$

此外，众所周知，矩阵的乘法规则是非对易的，这正是他的方案中引起海森堡极大关注的特点。玻恩所做的是稍微改变一下海森堡的符号，通过设置跃迁振幅 $q(n, n+\tau)\equiv q(n,m)$，然后将 $q(n,m)$ 视为 $\boldsymbol{q}$ 的矩阵元。接着，当取两个矩阵 $\boldsymbol{p}$ 和 $\boldsymbol{q}$ 的矩阵积 $\boldsymbol{pq}$ 时，它不一定等于 $\boldsymbol{qp}$。

玻恩进行的计算可以从海森堡的乘积规则(11.28)中理解为两个跃迁振幅 $x(n,n-\tau)$ 和 $y(n,n-\tau)$ 的乘积：

$$x(n,n-\tau)y(n,n-\tau)e^{i\omega(n,n-\tau)t}\equiv\sum_{\tau'}x(n,n-\tau')y(n-\tau',n-\tau)e^{i\omega(n,n-\tau)t} \tag{12.2}$$

玻恩通过类比海森堡的跃迁振幅的定义，立即迈出了定义量子化“动量振幅”的重要一步：

$$p\equiv p(n,n-\tau)=m\dot{x}(n,n-\tau) \tag{12.3}$$

这样，如果 $x=x(n,n-\tau)=\sum_{\tau}x(n,n-\tau)e^{i\omega(n,n-\tau)t}$，那么

$$p=m\dot{x}(n,n-\tau)=m\sum_{\tau}x(n,n-\tau)i\omega(n,n-\tau)e^{i\omega(n,n-\tau)t} \tag{12.4}$$

在这样做的过程中，玻恩立即以量子的形式引入了一对正则共轭的坐标和动量变量 p 和 q。因此，使用规则(12.2)，乘积 px 由下式给出：

$$px=m\sum_{\tau'}x(n,n-\tau')i\omega(n,n-\tau')e^{i\omega(n,n-\tau')t}x(n-\tau',n-\tau)e^{i\omega(n-\tau',n-\tau)t} \tag{12.5}$$

$$=m\sum_{\tau'}x(n,n-\tau')i\omega(n,n-\tau')x(n-\tau',n-\tau)e^{i\omega(n,n-\tau)t} \tag{12.6}$$

其中 $\sum_{\tau'}$ 表示“对从 $-\infty$ 到 $+\infty$ 的所有 τ' 的整数值求和”。现在，我们在 $\tau=0$ 的情况下计算这个和，这个情况对应于 p 和 q 的乘积的不随时间变换的值和矩阵乘积的对角元。于是

$$px=m\sum_{\tau'}x(n,n-\tau')i\omega(n,n-\tau')x(n-\tau',n) \tag{12.7}$$

因此

$$\begin{aligned}px-xp=&m\sum_{\tau'}x(n,n-\tau')i\omega(n,n-\tau')x(n-\tau',n)\\&-m\sum_{\tau'}x(n,n-\tau')i\omega(n-\tau',n)x(n-\tau',n)\end{aligned} \tag{12.8}$$

我们现在使用玻尔频率条件中的规则 $\omega(n,n-\tau')=-\omega(n-\tau',n)$ 和 $x(n,n-\tau)=x^*(n,n-\tau)$，因为 x 应该是实的。我们首先对 $\tau'>0$ 的所有值求和，则式(12.8)变成

$$px-xp=2mi\sum_{\tau'>0}\omega(n,n-\tau')\mid x(n-\tau',n)\mid^2 \tag{12.9}$$

如果我们对 $\tau'<0$ 的所有值求和，我们会得到类似的结果，但现在我们写为 $\tau'=-\tau'(+)$，其中 $\tau'(+)$ 为正整数。则

$$px - xp = 2m\mathrm{i}\sum_{\tau'<0}\omega(n,n-\tau')\mid x(n-\tau',n)\mid^2$$
$$= \sum_{\tau'(+)>0}\omega(n,n+\tau'(+))\mid x(n+\tau'(+),n)\mid^2 \qquad (12.10)$$

结合式(12.9)和式(12.10)，我们显然得到了结果

$$px - xp = 2m\mathrm{i}\sum_{\tau'>0}[\omega(n,n-\tau')\mid x(n-\tau',n)\mid^2 - \omega(n+\tau',n)\mid x(n+\tau',n)\mid^2] \qquad (12.11)$$

这个表达式现在与海森堡的量子条件(11.40)

$$h = 4\pi m\sum_{0}^{+\infty}[\mid x(n,n+\tau)\mid^2\omega(n,n+\tau) - \mid x(n,n-\tau)\mid^2\omega(n,n-\tau)] \qquad (12.12)$$

相比较，立即得到

$$px - xp = \frac{h}{2\pi\mathrm{i}} \qquad (12.13)$$

玻恩很欣赏这个结果的深刻意义——乘积 $px - xp$ 的非对易性通过式(12.13)中普朗克常量的出现与原子层面上的量子过程直接相关。

他很清楚规则(12.13)只适用于矩阵乘积的对角元，但他猜测所有非对角项都必须为零。这样，非对易性规则可以写为

$$\boldsymbol{px} - \boldsymbol{xp} = \frac{h}{2\pi\mathrm{i}}\boldsymbol{I} \qquad (12.14)$$

其中 $\boldsymbol{I}$ 是单位矩阵，但他无法证明这个猜想。他需要帮助。

12.2　玻恩和约当的矩阵力学

玻恩的第一反应是请求泡利与他合作，将矩阵代数的数学物理应用到量子力学中，但泡利对这一建议不屑一顾，他宁愿让海森堡继续他所开创的研究领域。他还反对玻恩的形式化的量子物理数学方法。他告诉玻恩：

> “是的，我知道，你喜欢繁琐复杂的形式。你会用你无用的数学来破坏海森堡的物理思想。”

玻恩只能转而求助于帕斯卡尔·约当(Pascual Jordan)，他是哥廷根数学物理学派另一个非常有才华的人。约当参加了柯朗的数学课程，并协助他与希尔伯特一起编写经典教科书《数学物理方法》(Courant 和 Hilbert，1924)。由于这项工作，他对矩阵理论有了一定的了解，尽管他没有声称在这个领域有任何特殊的专长。他已经帮助玻恩准备了晶格动力学的综述(Born，1923)，并与玻恩一起写了一篇论文，

其中范弗莱克(van Vleck)的色散理论被推广到了非周期运动(Born 和 Jordan, 1925b)。他立即接受了玻恩的挑战,并在几天内用矩阵方法证明了玻恩关于式(12.14)的非对易性的猜想。玻恩和约当现在接受了挑战,试图用矩阵方法建立一个完全自洽的量子力学系统。玻恩精疲力竭,甚至在接下来的一个月里出现了轻微的精神崩溃,因此大部分分析都是由约当一个人进行的。在极短的时间内,他们取得了巨大的进步,首次用矩阵方法完整地阐述了量子力学。他们的重要论文仅在海森堡发表 60 天后就提交(Born 和 Jordan,1925b)。

他们的工作计划在论文的导言中明确列出了:

> "……事实上,从海森堡给出的基本前提出发,建立一个封闭的量子力学理论是可能的,它与经典力学表现出惊人的相似性,但同时保留了量子现象的特征。"

玻恩的目标是用矩阵符号重写所有经典物理方程,这样非对易性的关键概念就会自动融入新的量子力学中。我们来回顾一下玻恩和约当的论文的精彩内容。

12.2.1 矩阵代数

矩阵和矩阵代数已经被数学家们高度发展,但迄今为止,它们在数学物理中的应用还很少。它们出现在柯朗和希尔伯特的《数学物理方法》的第 1 章和约当参考的博歇(Bôcher)的《代数》(Bôcher,1911)中。[①] 在玻恩和约当的论文的第 1 章中,回顾了矩阵的基本运算。我们只回顾这些计算的基本特征,强调玻恩和约当如何必须发展标准方法。

首先,他们使用了一种与通常使用的稍有不同的符号,足以识别矩阵元,目的是使这种符号与海森堡使用的相似,因此,如上所述,$x(n,n-\tau)\equiv x(n,m)$。我们将采用如下符号:

$$\boldsymbol{a}=[a(nm)]=\begin{bmatrix} a(00) & a(01) & a(02) & \cdots \\ a(10) & a(11) & a(12) & \cdots \\ a(20) & a(21) & a(22) & \cdots \\ \vdots & \vdots & \vdots & \end{bmatrix} \tag{12.15}$$

标准的课本表明许多运算与普通代数的运算相似,一个重要的例外是矩阵乘法规则。因此:

- 两个矩阵相等:

$$\boldsymbol{a}=\boldsymbol{b} \quad 即 \quad a(nm)=b(nm) \tag{12.16}$$

- 矩阵加法:

$$\boldsymbol{a}=\boldsymbol{b}+\boldsymbol{c} \quad 即 \quad a(nm)=b(nm)+c(nm) \tag{12.17}$$

- 矩阵乘法:

$$\boldsymbol{a}=\boldsymbol{bc} \quad 即 \quad a(nm)=\sum_{k=0}^{k=\infty} b(nk)c(km) \tag{12.18}$$

这是玻恩从海森堡关于跃迁振幅的新乘法规则中认识到的规则。幂由重复的矩阵乘法定义。

- 给出了矩阵乘法的结合律和矩阵乘法与加法组合的分配律：

$$(\boldsymbol{ab})\boldsymbol{c} = \boldsymbol{a}(\boldsymbol{bc}) \tag{12.19}$$

$$\boldsymbol{a}(\boldsymbol{b} + \boldsymbol{c}) = \boldsymbol{ab} + \boldsymbol{ac} \tag{12.20}$$

- 矩阵乘法的非对易性意味着，一般来说，

$$\boldsymbol{ab} \neq \boldsymbol{ba} \tag{12.21}$$

如果 $\boldsymbol{ab} = \boldsymbol{ba}$，则矩阵 $\boldsymbol{a}$ 和 $\boldsymbol{b}$ 是对易的。

- 单位矩阵 $\boldsymbol{I}$ 定义为

$$\boldsymbol{I} \equiv [\delta(n,m)] \quad \begin{cases} \delta(n,m) = 0 & (n \neq m) \\ \delta(n,n) = 1 & (n = m) \end{cases} \tag{12.22}$$

于是

$$\boldsymbol{aI} = \boldsymbol{Ia} = \boldsymbol{a} \tag{12.23}$$

- 假设 $\boldsymbol{a}$ 的行列式不是零，逆矩阵定义为

$$\boldsymbol{a}^{-1}\boldsymbol{a} = \boldsymbol{a}\boldsymbol{a}^{-1} = \boldsymbol{I} \tag{12.24}$$

如标准教科书所示，$\boldsymbol{a}^{-1}$的矩阵元是通过形成伴随矩阵(adj $\boldsymbol{a}$)而得到的，其矩阵元是 $a(nm)$的代数余子式的转置。则 $\boldsymbol{a}(\mathrm{adj}\ \boldsymbol{a}) = (\mathrm{adj}\ \boldsymbol{a})\boldsymbol{a} = |\boldsymbol{a}|\boldsymbol{I}$。

- 对参数 t 的微分。如果 $\boldsymbol{a}$ 和 $\boldsymbol{b}$ 的矩阵元是参数 t 的函数，那么乘积 $\boldsymbol{ab}$ 的元素的微分由下式给出：

$$\frac{\mathrm{d}}{\mathrm{d}t}\sum_k a(nk)b(km) = \sum_k \{\dot{a}(nk)b(km) + a(nk)\dot{b}(km)\} \tag{12.25}$$

这可以被重新写为

$$\frac{\mathrm{d}}{\mathrm{d}t}(\boldsymbol{ab}) = \dot{\boldsymbol{a}}\boldsymbol{b} + \boldsymbol{a}\dot{\boldsymbol{b}} \tag{12.26}$$

注意微分阶数的重要性，因为矩阵乘积是非对易的。

- 重复应用式(12.26)会导致如下规则：

$$\frac{\mathrm{d}}{\mathrm{d}t}(\boldsymbol{x}_1\boldsymbol{x}_2\cdots\boldsymbol{x}_n) = \dot{\boldsymbol{x}}_1\boldsymbol{x}_2\cdots\boldsymbol{x}_n + \boldsymbol{x}_1\dot{\boldsymbol{x}}_2\cdots\boldsymbol{x}_n + \cdots + \boldsymbol{x}_1\boldsymbol{x}_2\cdots\dot{\boldsymbol{x}}_n \tag{12.27}$$

- 最后，我们可以定义矩阵的函数，例如，

$$\begin{aligned} &\boldsymbol{f}_1(\boldsymbol{y}_1,\cdots,\boldsymbol{y}_m;\boldsymbol{x}_1,\cdots,\boldsymbol{x}_n) = \boldsymbol{0} \\ &\cdots \\ &\boldsymbol{f}_n(\boldsymbol{y}_1,\cdots,\boldsymbol{y}_m;\boldsymbol{x}_1,\cdots,\boldsymbol{x}_n) = \boldsymbol{0} \end{aligned} \tag{12.28}$$

这些结果都在文献中，约当很快就用它们证明了玻恩的猜想(12.14)的正确性。对于一维非线性谐振子的情况，约当将运动方程改写如下：

$$\ddot{\boldsymbol{q}} + \omega_0^2\boldsymbol{q} + \lambda\boldsymbol{q}^n = \boldsymbol{0} \quad (n = 2,3,\cdots) \tag{12.29}$$

将式(12.29)先右乘 $m\boldsymbol{q}$，再左乘 $m\boldsymbol{q}$，然后相减，约当得到

$$m(\ddot{\boldsymbol{q}}\boldsymbol{q} - \boldsymbol{q}\ddot{\boldsymbol{q}}) = \boldsymbol{0} \tag{12.30}$$

其中 $\mathbf{0}$ 是无限维的零矩阵。利用式(12.26),写出

$$m\frac{\mathrm{d}(\dot{\boldsymbol{q}}\boldsymbol{q})}{\mathrm{d}t}=m\frac{\mathrm{d}\dot{\boldsymbol{q}}}{\mathrm{d}t}\boldsymbol{q}+m\dot{\boldsymbol{q}}\dot{\boldsymbol{q}}=m\ddot{\boldsymbol{q}}\boldsymbol{q}+m\dot{\boldsymbol{q}}^2 \tag{12.31}$$

同样地,

$$m\frac{\mathrm{d}(\boldsymbol{q}\dot{\boldsymbol{q}})}{\mathrm{d}t}=m\dot{\boldsymbol{q}}^2+m\boldsymbol{q}\ddot{\boldsymbol{q}} \tag{12.32}$$

将式(12.31)和式(12.32)代入式(12.30),我们得到

$$m\frac{\mathrm{d}}{\mathrm{d}t}(\dot{\boldsymbol{q}}\boldsymbol{q}-\boldsymbol{q}\dot{\boldsymbol{q}})=\mathbf{0} \tag{12.33}$$

最后,根据玻恩将跃迁振幅的概念推广到动量上的精神,我们写出 $\boldsymbol{p}=m\dot{\boldsymbol{q}}$,因此

$$\frac{\mathrm{d}}{\mathrm{d}t}(\boldsymbol{pq}-\boldsymbol{qp})=\mathbf{0} \tag{12.34}$$

现在,乘积矩阵 $\boldsymbol{pq}$ 和 $\boldsymbol{qp}$ 的非对角项都包含 $\exp[(2\pi\mathrm{i}/h)(E_n-E_m)t]$ 形式的随时间变化的指数项,其中 E_n 和 E_m 分别是定态 n 和 m 的能量,因此满足式(12.34)的唯一方法是非对角项都为零。这个结果以及约当获得这个结果的速度让玻恩非常高兴。他们同意合作发展矩阵力学的完备理论。

正如贾默(1989)所说:

> “运动方程表明 $\boldsymbol{pq}-\boldsymbol{qp}$ 是对角矩阵。所有对角元都等于 $h/(2\pi\mathrm{i})$ 是对应原理的结果。此外,由于[式(12.14)](正如玻恩很快意识到的)是 h 出现的唯一基本方程,因此将普朗克常量引入量子力学也同样是对应原理的结果。”

玻恩(1978)后来对这些结果进行了评论:

> “我永远不会忘记,当我成功地将海森堡关于量子条件的思想浓缩成神秘的方程式 $\boldsymbol{pq}-\boldsymbol{qp}=(h/(2\pi\mathrm{i}))\boldsymbol{I}$ 时,我所经历的激动。”

12.2.2 矩阵动力学

有了这些新的见解,玻恩和约当开始以矩阵形式重写动力学定律。虽然上述结果可以从标准教科书中获得,但接下来的步骤涉及发展一种理论推导,对应于一个矩阵相对于另一个的微分。同样,因为变量在矩阵乘法下不对易,所以必须小心。因此,必须写出每个矩阵积,并保留正确的微分顺序。例如,如果 $\boldsymbol{y}$, $\boldsymbol{x}_1$, $\boldsymbol{x}_2$ 和 $\boldsymbol{x}_3$ 是矩阵,比如说,

$$\boldsymbol{y}=\boldsymbol{x}_1^2\boldsymbol{x}_2\boldsymbol{x}_1\boldsymbol{x}_3$$

那么

$$\frac{\partial\boldsymbol{y}}{\partial\boldsymbol{x}_1}=\boldsymbol{x}_1\boldsymbol{x}_2\boldsymbol{x}_1\boldsymbol{x}_3+\boldsymbol{x}_2\boldsymbol{x}_1\boldsymbol{x}_3\boldsymbol{x}_1+\boldsymbol{x}_3\boldsymbol{x}_1^2\boldsymbol{x}_2 \tag{12.35}$$

其中,我们使用了 $\boldsymbol{x}_1\boldsymbol{x}_1\boldsymbol{x}_2\boldsymbol{x}_1\boldsymbol{x}_3=\boldsymbol{x}_1\boldsymbol{x}_2\boldsymbol{x}_1\boldsymbol{x}_3\boldsymbol{x}_1=\boldsymbol{x}_1\boldsymbol{x}_3\boldsymbol{x}_1^2\boldsymbol{x}_2$ 的排列规则,将每个 $\boldsymbol{x}_1$ 放到队列前面进行微分。这些及进一步的矩阵操作规则在玻恩和约当论文的第 1

章第2节中完成。

第2章介绍了矩阵形式的动力学定律。他们立即声明，根据定义，动力学系统由空间坐标 $\boldsymbol{q}$ 和动量 $\boldsymbol{p}$ 定义：

$$\boldsymbol{q} = [q(nm)\mathrm{e}^{2\pi\mathrm{i}\nu(nm)t}], \quad \boldsymbol{p} = [p(nm)\mathrm{e}^{2\pi\mathrm{i}\nu(nm)t}] \tag{12.36}$$

尽管海森堡从牛顿运动定律出发发展了他的论点，但玻恩和约当用更强大的哈密顿量动力学方法取代了这些论点，哈密顿量动力学方法在旧量子论中取得了相当大的成功。和海森堡一样，他们只考虑了一个自由度的系统，他们的意图之一是证明这种更严格的形式化方法可以重现海森堡的结果，从而创建一个形式上自洽的量子力学理论，其中动力学实体是矩阵。

他们立刻注意到，一般来说，$q(nm)$和 $p(nm)$是复数。因此这些矩阵必须是厄米矩阵，即在转置时，每个矩阵元变成其复共轭。结果导致

$$q(nm)q(mn) = |q(nm)|^2, \quad \nu(nm) = -\nu(mn) \tag{12.37}$$

然后，在笛卡儿坐标系中，他们确定$|q(nm)|^2$ 来度量 $n \leftrightarrow m$ 的跃迁概率。

接下来，他们把我们在5.4.3小节中讨论过的经典力学的哈密顿方程转化为矩阵形式。哈密顿量(5.64)可以写成矩阵形式：

$$\boldsymbol{H} = \frac{1}{2m}\boldsymbol{p}^2 + \boldsymbol{U}(\boldsymbol{q}) \tag{12.38}$$

于是，运动方程可以写成正则形式：

$$\begin{cases} \dot{\boldsymbol{q}} = \dfrac{\partial \boldsymbol{H}}{\partial \boldsymbol{p}} \\ \dot{\boldsymbol{p}} = -\dfrac{\partial \boldsymbol{H}}{\partial \boldsymbol{q}} \end{cases} \tag{12.39}$$

然后他们证明，这个公式可以追溯到海森堡量子化规则(11.40)和托马斯-库恩表达式(10.34)。

阐述矩阵力学的基本原理之后，玻恩和约当接着写道：

> “前面几段的内容完全提供了新量子力学的基本规则。所有其他量子力学的定律(其普遍有效性有待证实)必须从这些基本原理推导出来。要证明这些定律，首先要考虑的是能量守恒定律和玻尔频率条件。”

能量守恒定律要求 $\dot{\boldsymbol{H}} = \boldsymbol{0}$，因此，正如我们所示，哈密顿矩阵 $\boldsymbol{H}$ 必须是对角的。于是，海森堡将对角元 $H(nn)$确定为量子数为 n 的定态能量，从而立即得到玻尔频率条件：

$$h\nu(nm) = H(nn) - H(mm) \tag{12.40}$$

第 n 个态的能量是

$$W_n = H(nn) + 常数 \tag{12.41}$$

玻恩和约当在这里正式展示了这是如何实现的。

他们论文的第3章讨论了他们的新方法在简谐振子和非简谐振子中的应用，目的是用新矩阵公式推导海森堡的结果。可以说他们成功了，但不需要引入海森

堡的一些假设。例如,海森堡曾隐含地假设跃迁只发生在相邻的态之间,而新矩阵公式要求量子跃迁对应于量子数 $n = \pm 1$ 的变化。他们论文的最后一章是关于这些概念在电磁辐射中的早期应用。最后一节的一个重要特点是证明了代表跃迁偶极矩的矩阵元的振幅平方决定了跃迁概率。

正如前面提到的,在阐述这些概念期间,玻恩从疲惫中恢复过来,虽然他是这个项目的发起人,并介绍了矩阵乘法规则和基本量子条件的概念(12.14),但矩阵力学和动力学规则的详细阐述主要是约当的工作。论文提交后,与海森堡的合作重新开始,形成了一篇权威性论文,描述了玻恩、海森堡和约当(1926)提出的完备的矩阵力学理论。

12.3 玻尔、海森堡和约当——三人论文

值得注意的是,虽然三位作者之间的面对面接触非常少,但是这篇"三人论文"最终变得如此连贯。在完成 1925 年的革命性论文后,海森堡在慕尼黑待了近一个半月,并在阿尔卑斯山徒步旅行。然后,他没有回到哥廷根,而是回到了哥本哈根,只是在 10 月底回到了哥廷根。玻恩在休养期结束后返回哥廷根,然后于 1926 年 8 月 31 日作为"外国讲师"前往麻省理工学院。1926 年 11 月 15 日,*Zeitschrift für Physik* 杂志收到了这篇论文并将其发表,而这篇论文的大部分工作都是通过书信进行的。同样值得注意的是,《关于量子力学Ⅱ》这篇长篇论文对应用于量子物理的矩阵力学理论进行了非常完整的阐述,并处理了海森堡、玻恩和约当早期论文中的许多不完整之处(Born 等,1926)。

这一理论发展的如此之快,可归因于许多因素。尽管海森堡承认,他没有意识到非对易性是矩阵数学的一个关键特征,但他一听说玻恩和约当的成功,就立刻转变了观念,很快学会了这些工具,并将其应用于他所研究的各种问题。玻恩和约当很高兴他加入了他们的合作,因为他为研究带来了与玻恩和约当完全不同的技能和方法。合作的第二个特点是,这三个人都是多周期系统的经典理论、微扰方法和正则变换理论方面的专家。这些经典技术现在必须翻译成矩阵力学的语言。第三个幸运之处是,无限二次型理论是 20 年前由玻恩的老师希尔伯特提出的。玻恩不仅对这些方法有着深刻的理解,而且意识到正则变换的矩阵理论与主轴变换理论是一致的,主轴变换理论将成为计算原子系统能级的途径。另一个好处是恩斯特·赫林格(Ernst Hellinger)扩展了希尔伯特的理论,使原子系统的离散态和连续态得以统一处理。

梅赫拉和雷兴伯格简要总结了三人论文的成就:

“玻恩、海森堡和约当的努力导致了矩阵力学理论的发展，该理论适用于所有类型的多周期系统，适用于非简并和简并系统，原则上甚至适用于非周期系统。此外，作者意识到矩阵方程具有比相应的经典方程更简单的结构。例如，经典力学的哈密顿-雅可比偏微分方程组被一组代数方程取代；他们的解建立了量子力学哈密顿矩阵到对角矩阵的幺正变换。现在，对守恒定律的讨论似乎也更加基本了。”(Mehra 和 Rechenberg，1982c)

正如范德瓦尔登(1967)与梅赫拉和雷兴伯格(1982c)所讨论的，这些想法是在三位作者之间和与泡利和玻尔之间的一系列通信中形成的。让我们对矩阵力学“终极”版本的内容有一些印象。

12.3.1　基础理论——单自由度系统

引言由海森堡撰写，他立即总结了自他的论文(Heisenberg，1925)与玻恩和约当的论文Ⅰ(Born 和 Jordan，1925b)以来的进展：

“本论文旨在进一步发展一种普适的量子理论力学，其物理和数学基础已在本论文的作者之前的两篇论文中讨论过。人们发现，可以将上述理论推广到具有多个自由度的系统(第2章)，并通过引入‘正则变换’来将运动方程的积分问题简化为一个已知的数学公式。由这个正则变换理论，我们可以导出一个微扰理论(第1章，第4章)，它与经典微扰理论非常相似。另一方面，我们能够追踪量子力学和高度发展的无穷多变量的二次型数学理论之间的联系(第3章)。”

但是，他们认识到，新量子力学并不像旧量子论那样直观：

“诚然，这样一个可观察量之间的量子理论关系体系，与迄今为止所采用的量子理论相比，其缺点是不能直接进行几何学上的可视化解释，因为电子的运动不能用熟悉的空间和时间概念来描述。”

尽管如此，

“如果我们回顾经典理论和量子理论之间的根本区别，这些区别源于基本的量子理论假设，那么所提出的理论……如果被证明是正确的，那么它所代表的量子力学系统就会如我们所期望的那样尽可能地接近经典理论。”

第1章首先阐述了单自由度系统矩阵演算的基本形式，并重新介绍了玻恩方程(12.14)：

$$\boldsymbol{p}\boldsymbol{x}-\boldsymbol{x}\boldsymbol{p}=\frac{h}{2\pi\mathrm{i}}\boldsymbol{I} \tag{12.42}$$

他们评论说这

“……是这里提出的量子力学基本公式中唯一一个包含普朗克常量

h 的公式。令人满意的是,在现阶段,常量 h 已经以如此简单的形式进入了这个理论的基本原理中。"

这种基本关系引出了一个更一般的表达式。它们表明,如果 $\boldsymbol{f}(\boldsymbol{pq})$是 $\boldsymbol{p}$ 和 $\boldsymbol{q}$ 的任意函数,那么

$$\boldsymbol{fq}-\boldsymbol{qf}=\frac{\partial \boldsymbol{f}}{\partial \boldsymbol{p}}\frac{h}{2\pi\mathrm{i}} \tag{12.43}$$

$$\boldsymbol{pf}-\boldsymbol{fp}=\frac{\partial \boldsymbol{f}}{\partial \boldsymbol{q}}\frac{h}{2\pi\mathrm{i}} \tag{12.44}$$

通过说明如果公式(12.43)和(12.44)对每一个函数 $\boldsymbol{\varphi}$ 和 $\boldsymbol{\psi}$ 有效,那么它们也必须对组合 $\boldsymbol{\varphi}+\boldsymbol{\psi}$ 和 $\boldsymbol{\varphi}\cdot\boldsymbol{\psi}$ 有效,他们证明了这一点。第一种情况是平庸的,而第二种情况是通过简单的计算得出的。设 $\boldsymbol{f}=\boldsymbol{\varphi}\cdot\boldsymbol{\psi}$,式(12.43)变为

$$\begin{aligned}(\boldsymbol{\varphi}\cdot\boldsymbol{\psi})\boldsymbol{q}-\boldsymbol{q}(\boldsymbol{\varphi}\cdot\boldsymbol{\psi})&=\boldsymbol{\varphi}(\boldsymbol{\psi q}-\boldsymbol{q\psi})+(\boldsymbol{\varphi q}-\boldsymbol{q\varphi})\boldsymbol{\psi}\\&=\left(\boldsymbol{\varphi}\frac{\partial\boldsymbol{\psi}}{\partial\boldsymbol{p}}+\frac{\partial\boldsymbol{\varphi}}{\partial\boldsymbol{p}}\boldsymbol{\psi}\right)\frac{h}{2\pi\mathrm{i}}=\frac{\partial(\boldsymbol{\varphi}\cdot\boldsymbol{\psi})}{\partial\boldsymbol{p}}\frac{h}{2\pi\mathrm{i}}\end{aligned} \tag{12.45}$$

对式(12.44)中的 $\boldsymbol{p}(\boldsymbol{\varphi}\cdot\boldsymbol{\psi})-(\boldsymbol{\varphi}\cdot\boldsymbol{\psi})\boldsymbol{p}$ 进行类似的处理。因此,由于式(12.43)和式(12.44)对 $\boldsymbol{p}$ 和 $\boldsymbol{q}$ 成立,它们也必须对每一个可以表示为 $\boldsymbol{p}$ 和 $\boldsymbol{q}$ 幂级数的函数 $\boldsymbol{f}$ 成立。

接下来,引入正则方程(12.39)及从基本假设导出的能量守恒和玻尔频率条件。推导的核心是频率组合原理,根据该原理

$$\nu(nm)+\nu(mk)=\nu(nk) \tag{12.46}$$

这就引出了下面这个表达式:

$$\nu(nm)=\frac{W_n-W_m}{h} \tag{12.47}$$

其中 W_n 是能级或"能量项"。根据定义,这些可以转换为对角矩阵 $\boldsymbol{W}$:

$$\boldsymbol{W}=[W(nm)]=[\delta_{nm}W_n]=\begin{cases}W_n & (n=m)\\0 & (n\neq m)\end{cases} \tag{12.48}$$

现在,对于任何量子理论矩阵 $\boldsymbol{a}$,矩阵元具有形式

$$\boldsymbol{a}=[a(nm)\mathrm{e}^{2\pi\mathrm{i}\nu(nm)t}] \tag{12.49}$$

所以 $\boldsymbol{a}$ 的时间导数是

$$\dot{\boldsymbol{a}}=[2\pi\mathrm{i}\nu(nm)a(nm)] \tag{12.50}$$

其中指数的时间依赖性已被消除,因为它通过所有的公式抵消了。我们现在可以用式(12.48)写出能量项如下:

$$\boldsymbol{Wa}=\left[\sum_k W(nk)a(km)\right]=\left[\sum_k\delta_{nk}W_ka(km)\right]=[W_na(nm)] \tag{12.51}$$

$$\boldsymbol{aW}=\left[\sum_k a(nk)W(km)\right]=\left[\sum_k a(nk)\delta_{km}W_m\right]=[W_ma(nm)] \tag{12.52}$$

将这些关系代入式(12.47)和式(12.50)中,我们可以得到任何量子理论量 $\boldsymbol{a}$ 的一

般结果：

$$\dot{a} = \frac{2\pi i}{h}(Wa - aW) \tag{12.53}$$

接下来，我们需要证明这种形式与矩阵形式的哈密顿方程是一致的。在式(12.53)中，我们依次设置 $a = q$ 和 $a = p$，并替换式(12.39)中的 $\dot{q}$ 和 $\dot{p}$。然后，我们使用式(12.43)和式(12.44)以及 $f = H$ 来确定 $\partial H/\partial q$ 和 $\partial H/\partial p$。结果就是一对方程

$$Wq - qW = Hq - qH, \quad Wp - pW = Hp - pH \tag{12.54}$$

可以重写为

$$(W - H)q - q(W - H) = 0, \quad (W - H)p - p(W - H) = 0 \tag{12.55}$$

因此，$W - H$ 与 p 和 q 对易，因此也可与其他 (p, q) 的函数对易。特别是，它与能量函数或者说哈密顿量 H 对易：

$$(W - H)H - H(W - H) = 0 \tag{12.56}$$

因此，由式(12.53)，我们得到

$$\dot{H} = 0 \tag{12.57}$$

这个结果证明了能量守恒，H 是对角矩阵：$H(nm) = \delta_{nm}H_n$。因此，由式(12.54)中的第一个表达式，有

$$q(nm)(H_n - H_m) = q(nm)(W_n - W_m), \quad \frac{H_n - H_m}{h} = \nu(nm) \tag{12.58}$$

现在，玻恩和他的同事们颠倒了这个变量，这对该理论的进一步发展产生了重要影响。如果现在他们假设能量守恒和频率条件(12.58)，并且能量函数 H 是变量 P 和 Q 的解析函数，那么

$$PQ - QP = \frac{h}{2\pi i}I \tag{12.59}$$

正则方程

$$\dot{Q} = \frac{\partial H}{\partial P}, \quad \dot{P} = \frac{\partial H}{\partial Q} \tag{12.60}$$

总是适用的。这自然而然地导致了他们的量子力学方案中最重要的特征之一——正则变换的概念。上述论点表明，可以写出从变量 (P, Q) 到 (p, q) 的正则变换：

$$pq - qp = PQ - QP = \frac{h}{2\pi i}I \tag{12.61}$$

海森堡和玻恩都研究了从变量 (P, Q) 到 (p, q) 的变换性质。玻恩的矩阵代数知识使他能够提出最普遍的变换形式，即

$$P = SpS^{-1}, \quad Q = SqS^{-1} \tag{12.62}$$

根据与上述相同的推理，这些变换也必须适用于 p 和 q 的和与积，更一般地，

$$f(P, Q) = Sf(p, q)S^{-1} \tag{12.63}$$

这一结果的重要性可以用作者自己的话最简单地解释:

> "正则变换的重要性是由于以下定理:如果给出满足[式(12.60)]的任何一对量 $\boldsymbol{p}_0,\boldsymbol{q}_0$,那么能量函数 $\boldsymbol{H}(\boldsymbol{p},\boldsymbol{q})$ 的正则方程的积分问题可以简化为以下问题:确定一个函数 $\boldsymbol{S}$:
>
> $$\boldsymbol{p} = \boldsymbol{S}\boldsymbol{p}_0\boldsymbol{S}^{-1},\quad \boldsymbol{q} = \boldsymbol{S}\boldsymbol{q}_0\boldsymbol{S}^{-1} \tag{12.64}$$
>
> 使得函数
>
> $$\boldsymbol{H}(\boldsymbol{p},\boldsymbol{q}) = \boldsymbol{S}\boldsymbol{H}(\boldsymbol{p}_0,\boldsymbol{q}_0)\boldsymbol{S}^{-1} = \boldsymbol{W} \tag{12.65}$$
>
> 变成一个对角矩阵。方程[式(12.65)]类似于哈密顿偏微分方程,在某种意义上代表了作用量函数。"

这是关键结果——矩阵 $\boldsymbol{W}$ 的对角元是系统的定态能量项。这个问题已被简化为确定 $\boldsymbol{H}(\boldsymbol{p},\boldsymbol{q})$到对角形式的转换,而这样做的步骤已经在数学文献中有了。他们论文第1章的其余部分致力于展示新公式如何处理微扰理论和能量函数 $\boldsymbol{H}$ 的时变性。

12.3.2 具有任意自由度数的系统与厄米形式

第2章讨论了将理论推广到多个自由度($f>1$),并将二维矩阵替换为与 $2f$ 维定态流形对应的 $2f$ 维矩阵:

$$\boldsymbol{q}_k = [q_k(n_1,\cdots,n_k,m_1,\cdots,m_f)],\quad \boldsymbol{p}_k = [p_k(n_1,\cdots,n_k,m_1,\cdots,m_f)] \tag{12.66}$$

对应于式(12.39)的运动方程可相应变为以下形式:

$$\dot{\boldsymbol{q}}_k = \frac{\partial \boldsymbol{H}}{\partial \boldsymbol{p}_k},\quad \dot{\boldsymbol{p}}_k = -\frac{\partial \boldsymbol{H}}{\partial \boldsymbol{q}_k} \tag{12.67}$$

此外,对易关系必须扩展如下:

$$\begin{cases} \boldsymbol{p}_k\boldsymbol{q}_l - \boldsymbol{q}_l\boldsymbol{p}_k = \dfrac{h}{2\pi \mathrm{i}}\delta_{kl} \\ \boldsymbol{p}_k\boldsymbol{p}_l - \boldsymbol{p}_l\boldsymbol{p}_k = 0 \\ \boldsymbol{q}_k\boldsymbol{q}_l - \boldsymbol{q}_l\boldsymbol{q}_k = 0 \end{cases} \tag{12.68}$$

他们演示了如何把12.3.1小节中描述的所有结果自然地扩展到 $2f$ 维情况。同样在第2章中,他们展示了该方案如何处理简并和非简并量子系统。

第3章是玻恩写的。与海森堡和约当相比,他对希尔伯特和赫林格的数学进展有着深入的了解,而这正是完成矩阵力学公式所需的工具。正如玻恩所说:

> "但在这种微扰理论的形式背后,隐藏着一种非常简单、纯粹的代数关系……除了对该理论的数学结构有了更深入的了解外,我们还因此获得了能够使用数学中较早发展出来的方法和结果的优势。"

玻恩的评论指的是他意识到矩阵的变换可以视为等价于双线性形式的线性变换系统。原因是对于每个矩阵 $\boldsymbol{a}=[a(nm)]$,都对应有一个双线性形式,定义为

$$A(xy) = \sum_{nm} a(nm) x_n y_m \qquad (12.69)$$

具有两个变量系列 $x_1, x_2, \cdots, x_n$ 和 $y_1, y_2, \cdots, y_n$。$\boldsymbol{a}$ 的矩阵元的特征之一是它们应该是厄米的，这样振幅的平方是实数。在标准理论中，厄米矩阵的定义是这样的：转置矩阵 $\boldsymbol{a}^*$ 等于它的复共轭 $\tilde{\boldsymbol{a}}$，即 $\tilde{\boldsymbol{a}} = \boldsymbol{a}^*$。对于双线性形式，它们的厄米性质由 $a(mn) = a^*(nm)$ 定义。那么，如果我们写下 $y_n = x_n^*$，就会得到

$$A(xx^*) = \sum_{nm} a(nm) x_n x_m^* \qquad (12.70)$$

是实的。

这些考虑的重要性在于：双线性形式的理论是由希尔伯特开创的，他的研究集中在他的著作 *Gründzuge einer allgemeinen Theorie der linearen Integralgleichungen*(Hilbert,1912)中。他特别指出，对于有限数量的变量，总是可以进行双线性形式到平方和的正交变换，特别地，这一过程被称为主轴变换：

$$A(xx^*) = \sum_{n} W_n y_n y_n^* \qquad (12.71)$$

用矩阵重写这个表达式，存在一个正交矩阵 $\boldsymbol{v}$，使得

$$\boldsymbol{v}\tilde{\boldsymbol{v}}^* = \boldsymbol{I}, \quad \boldsymbol{v}\boldsymbol{a}\tilde{\boldsymbol{v}}^* = \boldsymbol{v}\boldsymbol{a}\boldsymbol{v}^{-1} = \boldsymbol{W} \qquad (12.72)$$

其中 $\boldsymbol{W} = (W_n \delta_{nm})$ 是对角矩阵。玻恩知道厄米形式的对角化问题等价于“特征值问题”，他将 W_n 的解称为线性方程组

$$W x_k - \sum H(kl) x_l = 0 \qquad (12.73)$$

(一类特殊的本征值方程)的特征值。正如范德瓦尔登所说，对于玻恩来说，本征值是确定原子系统能级的数学工具。只有用薛定谔的稍微不同的方法，人们才意识到本征矢量$(x_1, x_2, \cdots)$决定了原子的定态的特性。

玻恩和他的同事们还认识到，除了能够确定原子系统的能级外，希尔伯特和赫林格的理论还能够处理连续光谱。连续谱是相同运动方程的解，但正交关系现在需要用微分谱而不是离散谱来表示。正如他们在论文中所写：

> “在我们看来，同时出现的连续谱和线光谱作为同一运动方程和同一对易关系的解，似乎代表了新理论的一个特别重要的特征……然而，连续谱和离散谱在数学上和物理上都有显著的区别，这与经典理论中傅里叶级数和傅里叶积分的区别相对应。”

他们通过考虑周期运动和非周期运动的经典对应来说明差异。在多周期系统的情况下，比如在旧量子论中考虑的那些系统，傅里叶级数 $a(\nu)$ 可以与 $\exp(2\pi i \nu t)$ 形式的振荡相关联。相比之下，对于非周期运动，有必要根据傅里叶积分进行计算，其中用 $\varphi(\nu)\mathrm{d}\nu$ 代替 $a(\nu)$。在量子力学的情况下，量 $q(kl)$ 被微分量 $q(k, W)\mathrm{d}W$ 或 $q(W, W')\mathrm{d}W\mathrm{d}W'$ 取代，这取决于一个或两个指标是否位于连续区域，在那里我们用 W 表示连续区域中的态。因此，受正交条件约束的量是微分能量，而不是总能量。

1907 年,在希尔伯特的指导下,玻恩的老朋友恩斯特·赫林格在哥廷根完成了他的博士论文,该论文的主题正是无法用离散量 $q(kl)$ 表示的双线性形式(Hellinger,1909)。当 $\sum_{mn} H(mn)x_m x_n^*$ 无法通过正交变换转换为表达式 $\sum_n W_n y_n y_n^*$ 时,假设存在一个包含连续谱的表示:

$$\sum_{mn} H(mn)x_m x_n^* = \sum_n W_n y_n y_n^* + \int W(\varphi)y(\varphi)y^*(\varphi)\mathrm{d}\varphi \tag{12.74}$$

其中变量 x_n 通过正交变换与变量 y_n 和 $y(\varphi)$ 相联系。赫林格已经证明,连续谱任意两个区间 Δ_1 和 Δ_2 的正交条件可写为

$$\sum_k \int_{\Delta_1} x_k(W')\mathrm{d}W' \int_{\Delta_2} x_k(W'')\mathrm{d}W'' = \int_{\Delta_{12}} \mathrm{d}\varphi(W) = \varphi(W^{(2)}) - \varphi(W^{(1)}) \tag{12.75}$$

其中 Δ_{12} 是 Δ_1 和 Δ_2 的公共区间,$W^{(2)}$ 和 $W^{(1)}$ 是 Δ_{12} 的端点。如果 Δ_1 和 Δ_2 之间没有重叠,则式(12.75)的右边 $\varphi(W^{(2)}) - \varphi(W^{(1)})$ 等于零。用于主轴变换的正交矩阵现在取以下形式:

$$\boldsymbol{S} = [x_{kn}, x_k(W)\mathrm{d}W] \tag{12.76}$$

如图 12.1(a)所示。

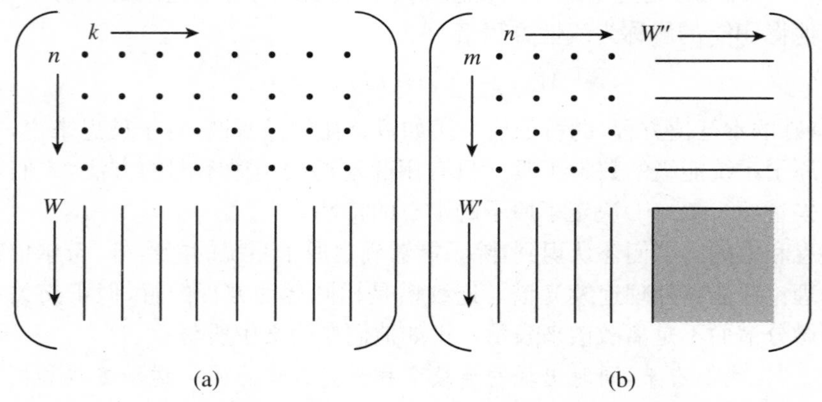

图 12.1 (a)“正交矩阵” $\boldsymbol{S}$ 的示意图,显示离散值 x_{kn} 和连续分布 $x_k(W)\mathrm{d}W$。(b) 根据矩阵力学(Born 等,1926),表示动量矩阵和坐标矩阵 $\boldsymbol{p}$ 和 $\boldsymbol{q}$ 的离散和连续值的矩阵

这些矩阵可以通过正交变换将动量矩阵和坐标矩阵简化为对角形式:

$$\boldsymbol{p} = \boldsymbol{S}\boldsymbol{p}_0\boldsymbol{S}^{-1}, \quad \boldsymbol{q} = \boldsymbol{S}\boldsymbol{q}_0\boldsymbol{S}^{-1} \tag{12.77}$$

从而得到 $\boldsymbol{p}$ 的 4 种类型的矩阵元,如图 12.1(b)的矩阵示意图所示:

$$\begin{cases} p(mn) = \sum_{kl} x_{km}^{*} p^{0}(kl) x_{ln} \\ p(m,W)\mathrm{d}W = \sum_{kl} x_{km}^{*} p^{0}(kl) x_{l}(W)\mathrm{d}W \\ p(W,n)\mathrm{d}W = \sum_{kl} x_{k}^{*}(W)\mathrm{d}W \cdot p^{0}(kl) x_{ln} \\ p(W',W'')\mathrm{d}W'\mathrm{d}W'' = \sum_{kl} x_{k}^{*}(W')\mathrm{d}W p^{0}(kl) x_{l}(W'')\mathrm{d}W'' \end{cases} \tag{12.78}$$

它们对应于4种类型的跃迁：左上角，从椭圆到椭圆；右上角，从椭圆到双曲线；左下角，从双曲线到椭圆；右下角，从双曲线到双曲线。用原子物理学的语言来说，它们对应于束缚-束缚、束缚-自由、自由-束缚和自由-自由跃迁。

12.3.3　角动量量子化

这篇三人论文的第4章，也是最后一章，涉及该理论的物理应用。此章的第一部分致力于动量守恒定律和角动量守恒定律，以及定态间跃迁的选择定则。

首先，通过与经典公式的类比，写出了系统总角动量 $\boldsymbol{M}$ 的分量 $\boldsymbol{M}_x,\boldsymbol{M}_y,\boldsymbol{M}_z$ 的矩阵表达式：

$$\boldsymbol{M}_x = \sum_{k=1}^{f/3}(\boldsymbol{p}_{ky}\boldsymbol{q}_{kz} - \boldsymbol{q}_{ky}\boldsymbol{p}_{kz}) \tag{12.79}$$

$$\boldsymbol{M}_y = \sum_{k=1}^{f/3}(\boldsymbol{p}_{kz}\boldsymbol{q}_{kx} - \boldsymbol{q}_{kz}\boldsymbol{p}_{kx}) \tag{12.80}$$

$$\boldsymbol{M}_z = \sum_{k=1}^{f/3}(\boldsymbol{p}_{kx}\boldsymbol{q}_{ky} - \boldsymbol{q}_{kx}\boldsymbol{p}_{ky}) \tag{12.81}$$

与经典情况一样，在没有外力矩的情况下，这些分量是守恒的，但这是由 $\boldsymbol{p}$ 和 $\boldsymbol{q}$ 的对易性质得出的。同样，在没有力的情况下，总的线性动量和线性动量的分量是守恒的：

$$\boldsymbol{p} = \sum_{k=1}^{f/3}\boldsymbol{p}_k = 常数,\quad \boldsymbol{p}_x = \sum_{k=1}^{f/3}\boldsymbol{p}_{kx} = 常数,\quad \cdots \tag{12.82}$$

从对易关系(12.68)，他们立即推导出基本的量子力学关系：

$$\boldsymbol{M}_x\boldsymbol{M}_y - \boldsymbol{M}_y\boldsymbol{M}_x = \frac{h}{2\pi\mathrm{i}}\boldsymbol{M}_z \tag{12.83}$$

总角动量 $\boldsymbol{M}$ 是一个对角矩阵，其平方与角动量的 z 分量对易：

$$\boldsymbol{M}^2\boldsymbol{M}_z - \boldsymbol{M}_z\boldsymbol{M}^2 = 0 \tag{12.84}$$

总角动量矩阵 $\boldsymbol{M}^2$ 的对角元为 $j(j+1)(h/(2\pi))^2$，其中 j 为整数或半整数。最后，跃迁的选择定则为

$$m \rightarrow m+1, m \text{ 或 } m-1 \tag{12.85}$$

$$j \rightarrow j+1, j \text{ 或 } j-1 \tag{12.86}$$

其中 j 和 m 是整数或半整数，$m \leqslant j$。这些正是朗德和他的同事们根据经验得出

的规则。该理论还可以确定谱线的强度和极化。

在简要讨论塞曼效应后,文章最后由约当分析了谐振子系综发射的波场的统计特性。使用新公式,他能够重复爱因斯坦关于黑体辐射涨落的表达式(3.41):

$$\overline{\Delta^2} = h\nu\overline{E} + \frac{\overline{E}^2}{z_\nu V} \tag{12.87}$$

其中 $z_\nu d\nu$ 是频率间隔 ν 至 $\nu + d\nu$ 内的本征振动数或简正模数。

12.3.4 反思

三人论文是一项相当了不起的成就。三位作者使用新的数学工具,进入了理论物理的全新领域。他们的工作的非凡之处在于他们成功地得出了非相对论性量子力学完备理论的所有基本特征。但这是有代价的——相对而言,只有很少的物理学家知道这种数学,而且该理论的物理内容还没有完全理解。作者很清楚这一点。在他的介绍中,海森堡尽了一切努力赋予这个理论以物理意义,但还有一段路要走。幸运的是,他们与他们的理论同事,特别是泡利和外尔,一直保持着通信联系。一旦提供了线索,他们就迅速进行独立分析,这些分析产生了相同的对易关系。尽管如此,在泡利使用新的矩阵方法推导出氢原子的能级和选择定则之前,广大物理学家团体大体上对新理论的复杂性持谨慎态度。

12.4 泡利的氢原子理论

泡利对矩阵力学持怀疑态度,他仍然反对玻恩在量子物理问题上过于形式化的数学方法。他觉得 43 岁的玻恩应该把量子物理学的问题留给新一代年轻物理学家去解决——在他看来,新物理学就是"青年人的物理学"("Knabenphysik")。即使到了 1925 年 10 月,他仍然反对哥廷根式的方法,他在给拉尔夫·克罗尼格的信中写道:

> "我们必须首先寻求将海森堡的力学从哥廷根泛滥的正规教育中解放出来,并更好地揭示其物理本质。"

海森堡不能就此罢休。看到泡利写给克罗尼格的信后,他回答说:

> "关于你最后的两封信,我必须给你说道一番,并请你原谅我用巴伐利亚语发言:你没完没了地谩骂,那真是肮脏。你对哥本哈根和哥廷根无休止的谩骂是一桩令人尖叫的丑闻……你责备我们是大傻瓜,从来没有在物理学上创造出任何新东西,这可能是真的。但是,你也是一个同样的笨蛋,因为你也没有完成它……"

这促使泡利采取行动，向哥廷根的物理学家表明，他可以以其人之道还治其人之身。玻恩、海森堡和约当都很清楚，“皇冠上的宝石”就是展示新理论矩阵力学可以解释氢原子的巴耳末谱。玻尔的氢原子理论现在甚至被玻尔本人视为一个“意外”——根据新的观点，谈论电子轨道是毫无意义的，因为它们不对应可观测量。这篇三人论文不管在多大程度上触及了量子力学的核心，都没有给出答案，这让他们非常沮丧。

他们遇到的问题是矩阵公式不能直接应用于角动量矩阵 $\boldsymbol{M}$ 的共轭。经典上，作用量 $\boldsymbol{J}$ 的共轭是角变量 φ，但没有与 φ 对应的矩阵。在论文的第二部分，泡利解释了这个问题：

> “……我们必须首先……发展必要的规则，以同时操作电子的笛卡儿坐标的矩阵 $\boldsymbol{x}$，$\boldsymbol{y}$ 和 $\boldsymbol{z}$……半径矢量大小的矩阵 $\boldsymbol{r}$，以及它们的时间导数。新量子力学定律的当前版本要求我们避免引入极角 φ。由于它没有被限制在有限的范围内，因此它不能，也就是说，以与上述坐标相同的方式，正式地表示为矩阵，而这些坐标在经典力学中执行平动[②]。”

泡利很快掌握了矩阵力学的技术，然后发现了一种巧妙的方法，可以绕过与极角 φ 有关的问题。他刚刚为 *Handbuch der Physik* 完成了一项重要的量子物理学研究，在那篇综述中，他描述了汉堡的同事威廉・楞次（Wilhelm Lenz）在平方反比律场中分析轨道的方法（Pauli，1926）。楞次通过引入另一个运动常数来避免使用角 φ，即矢量 $\boldsymbol{A}$，定义为

$$\boldsymbol{A} = \frac{4\pi\epsilon_0}{Ze^2 m_0}[\boldsymbol{M} \times \boldsymbol{p}] + \frac{\boldsymbol{r}}{r} \tag{12.88}$$

其中 m_0 是电子的质量，$\boldsymbol{p}$ 是它的线性动量，$\boldsymbol{M}$ 是它的角动量矢量，$\boldsymbol{r}$ 是从焦点到椭圆上一点的矢量。从下面的计算中可以看出 $\boldsymbol{A}$ 的重要性。取 $\boldsymbol{A}$ 与 $\boldsymbol{r}$ 的标量积：

$$\boldsymbol{A} \cdot \boldsymbol{r} = \frac{4\pi\epsilon_0}{Ze^2 m_0}[\boldsymbol{M} \times \boldsymbol{p}] \cdot \boldsymbol{r} + \frac{\boldsymbol{r} \cdot \boldsymbol{r}}{r}$$

$$|\boldsymbol{A}||\boldsymbol{r}|\cos\varphi = \frac{4\pi\epsilon_0}{Ze^2 m_0}[\boldsymbol{p} \times \boldsymbol{r}] \cdot \boldsymbol{M} + |\boldsymbol{r}|$$

$$\frac{4\pi\epsilon_0}{Ze^2 m_0}\frac{|\boldsymbol{M}|^2}{|\boldsymbol{r}|} = 1 - |\boldsymbol{A}|\cos\varphi \tag{12.89}$$

因为 $\boldsymbol{M} = \boldsymbol{r} \times \boldsymbol{p}$。这正是电子在平方反比静电场中的椭圆轨道的表达式，在形式如式（5.1）的垂直或（r，φ）坐标系中写为[③]

$$\frac{\lambda}{r} = 1 + \varepsilon\cos\varphi \quad \left(\lambda = \frac{4\pi\epsilon_0 |\boldsymbol{M}|^2}{Ze^2 m_0}\right) \tag{12.90}$$

ε 是椭圆的偏心率。该结果为矢量 $\boldsymbol{A}$ 的意义提供了物理解释。式（12.89）和式（12.90）的比较表明，$\boldsymbol{A}$ 的大小是椭圆的偏心率 ε，矢量从椭圆的一个焦点沿长轴指向另一个焦点，如图5.1的几何图形所示。

接下来，式（12.90）可以用轨道的能量 W 来表示。根据经典动力学理论，静电

平方反比律影响下的椭圆轨道的总能量为

$$W = T + U = -\frac{U}{2} = -\frac{Ze^2}{8\pi\epsilon_0 a} \quad \left(a = \frac{\lambda}{1-\varepsilon^2}\right) \tag{12.91}$$

T 和 U 分别是动能和静电势能,a 是椭圆半长轴的长度。在 5.2 节中这一结果导出为式(5.22)。将式(12.90)中 λ 的值代入,得

$$1-\varepsilon^2 = -W\,|\,\boldsymbol{M}\,|^2\,\frac{32\pi^2\epsilon_0^2}{Z^2e^4m_0} \tag{12.92}$$

即

$$1-|\,\boldsymbol{A}\,|^2 = -W\,|\,\boldsymbol{M}\,|^2\,\frac{32\pi^2\epsilon_0^2}{Z^2e^4m_0} \tag{12.93}$$

这一结果对泡利来说很重要,因为在旧量子论中,椭圆的轨道被限制在一个平面内,并由两个变量表征,即作用-角变量 $\boldsymbol{J}$ 和 φ。现在,他有两个独立的矢量,它们是运动常量 $\boldsymbol{M}$ 和 $\boldsymbol{A}$,它们没有角变量的问题。此外,式(12.93)仅取决于两个运动常量和轨道能量的值。泡利意识到,通过将这种经典公式转化为新矩阵力学,可以找到定态的能量,然后根据玻恩、海森堡和约当的程序确定氢原子的能级。

现在,他施展了非凡的绝技,开始将矢量 $\boldsymbol{M}$ 和 $\boldsymbol{A}$ 转化为矩阵形式,运用了他在"形式数学"方面的非凡能力,以及在解决氢原子问题方面的独创性和洞察力。他的计算大纲如下。④

首先,角动量矩阵被定义为 $\boldsymbol{M}=m_e(\boldsymbol{r}\times\boldsymbol{v})$,并被证明与单电子原子的哈密顿矩阵对易。因此角动量是运动常量。接下来,由式(12.88),他定义了 $\boldsymbol{A}$ 对应的矩阵:

$$\boldsymbol{A} = \frac{4\pi\epsilon_0}{Ze^2m_0}\,\frac{1}{2}[\boldsymbol{M}\times\boldsymbol{p}-\boldsymbol{p}\times\boldsymbol{M}]+\frac{\boldsymbol{r}}{r} \tag{12.94}$$

然后,他建立了 $\boldsymbol{M}$ 和 $\boldsymbol{A}$ 的对易关系:

$$(\boldsymbol{M}\times\boldsymbol{M}) = -\frac{h}{2\pi\mathrm{i}}\boldsymbol{M} \tag{12.95}$$

$$(\boldsymbol{A}\times\boldsymbol{M}) = -\frac{h}{2\pi\mathrm{i}}\boldsymbol{A} \tag{12.96}$$

$$(\boldsymbol{A}\times\boldsymbol{A}) = \frac{h}{2\pi\mathrm{i}}(Z^2e^4m_0)^{-1}2\boldsymbol{H}\cdot\boldsymbol{M} \tag{12.97}$$

其中 $\boldsymbol{H}$ 是系统的哈密顿量。式(12.93)对应的矩阵表达式为

$$1-\boldsymbol{A}^2 = -\frac{16\pi^2\epsilon_0^2}{Z^2e^4m_0}2\boldsymbol{H}\left(\boldsymbol{M}^2+\frac{h^2}{4\pi^2}\boldsymbol{I}\right) \tag{12.98}$$

现在的目标是找到与式(12.98)的解有关的本征值,但泡利很清楚它们会简并。同样的问题也出现在旧量子论中,其中具有相同半长轴的椭圆的能量都是相同的。然而,有一种标准的方法来消除简并,玻恩和泡利在 1922 年的一篇论文中已经使用了这种方法,那就是通过增加 $\lambda\boldsymbol{H}_1$ 的项来微扰哈密顿量,这将使简并能级分裂。为了实现能级的完全分离,泡利在 $\boldsymbol{H}_1$ 中加入了两种微扰,一种是非库仑

径向场，另一种是 z 方向的磁场。当小参数 λ 趋于零时，简并情况的解被恢复。

泡利知道 12.3.3 小节中描述的角动量量子化规则，并用它们得到了与玻恩、海森堡和约当(1926)相同的结果，即矩阵 $\boldsymbol{M}^2$ 的特征值为 $j(j+1)(h/(2\pi))$。确定 $\boldsymbol{A}$ 的矩阵元仍然是一个挑战，泡利利用之前由洪尔(Hönl)(1925)及古德施密特和克罗尼格(1925)推导的塞曼分量相对强度规则解决了这个问题。最后，泡利得到氢原子能级的绝对值为

$$W_n = H(j,m;j,m) = \frac{Z^2 e^4 m_0}{8\epsilon_0^2 h^2 (j_{\max}+1)^2} \tag{12.99}$$

令 $j_{\max}+1=n$，就重现了玻尔的氢原子能级公式(4.25)：

$$W_n = \frac{Z^2 e^4 m_0}{8\epsilon_0^2 h^2 n^2} \tag{12.100}$$

在得出这个惊人的结果时，泡利还获得了氢原子的其他关键特征。他证明了 j 和 m 的值必须是整数，角动量量子数的最大值 $j_{\max}=n-1$，其中 $n=1$ 是基态。因此，与旧量子论不同，氢原子的最低能态具有零角动量。这是一个纯量子力学的结果，与玻尔原子的最低能态截然不同。这消除了旧量子论对允许轨道的经验限制，例如，排除了电子通过原子核的线性轨道(5.2 节)。我们将认识到，泡利已经推导出了氢原子的量子力学模型的许多基本特征。

此外，同样的新量子条件解决了氢原子中的电子在交叉电场和磁场影响下的运动问题。根据旧量子论，在电场和磁场交叉作用下，态 W_n 的微扰能量为

$$\Delta W_{n_1,n_2} = \left(\frac{n}{2}-n_1\right)\omega_1 h + \left(\frac{n}{2}-n_2\right)\omega_2 h \tag{12.101}$$

其中 $\omega_1=\nu_L+\nu_s$，$\omega_2=|\nu_L-\nu_s|$，ν_L 是拉莫尔频率，而 ν_s 是与斯塔克效应相关的进动频率。泡利证明，根据新量子理论，量子数 n 应该被 $j_{\max}=n-1$ 取代，再次消除了电子通过原子核的线性轨道。在旧量子论中，这些轨道必须被人为排除，因为它们违反了绝热原理。

12.5 矩阵力学的胜利及其不完备性

泡利根据矩阵力学解决氢原子问题的成就被公认为新量子力学的胜利。泡利在短短三周内就完成了 12.4 节所述的计算，并将结果传达给了海森堡，后者在 1925 年 11 月 3 日写道：

> “我不需要告诉你们，我对氢的新理论感到多么高兴，对你们提出这一理论的速度感到多么惊喜。”

此后不久，玻尔从克拉默斯那里得知了泡利的新结果，并立即写信给泡利：

> “让我非常高兴的是,我从克拉默斯那里听说你成功地推导出了巴耳末公式。”

泡利给玻尔和他的同事们寄去了他的计算的细节,给他们留下了深刻印象。玻尔于 1925 年 12 月 5 日写信给泡利:

> “克拉默斯、克罗尼格和我刚刚又一次怀着极大的喜悦,因为你们对氢光谱的美丽计算,在梯斯维里(Tisvelde)向你们致以最友好的问候。”

这些了不起的计算使大多数物理学家相信,新矩阵力学有能力以自洽的方式解释量子现象。

然而,对于普通的物理学家来说,新量子力学是陌生的,相对而言,只有很少的问题能够被现有的框架成功解决。氦原子仍然太难,电子的自旋还必须纳入量子力学的方案中。

另一个显著的成功例子是双原子分子的矩阵力学,由在汉堡的威廉·楞次的研究生露西·门辛(Lucie Mensing)完成。玻恩、海森堡和约当(1925b;1926)的两篇论文已经考虑了量子力学中非线性谐振子和旋子的情况,因此她能够使用这些论文中已有的许多材料来解决双原子分子的振动量子化和旋转定态量子化问题(Mensing,1926)。她发现双原子分子能态的表达式为

$$W_{n,j} = U_0 + \frac{h^2}{8\pi^2 m_0 a^2} j(j+1) + h\left(n+\frac{1}{2}\right)[\nu_0 + \beta j(j+1)] + \alpha h^2\left[n(n+1)+\frac{11}{30}\right] + \cdots \quad (12.102)$$

该表达式的形式与双原子分子振动和旋转频率的经典表达式相似,但有一些重要区别:

· 右边的第二项表示分子的旋转状态,经典的 j^2 项被量子力学的 $j(j+1)$ 项取代。

· 第三项对应于经典项 $hn(\nu_0+\beta j^2)$,描述了原子核相对于质心的简谐振动和混合的旋转-振动模式。

· 第四项描述了振子的非简谐项,并取代了经典项 $h\alpha n^2$。

· 尤其重要的是在第三项中包含了因子 $n+1/2$。1/2 项对应于振子的零点能,它的存在解决了分子振动模式的实验值与经典理论之间的差异。为了解释这种差异,人们引入了半整数量子数,但门辛的计算表明这是不必要的。仅有的允许的跃迁与旋转项对应的 $\Delta j = \pm 1$ 和振动项对应的 $\Delta n = 0, \pm 1, \pm 2, \cdots$ 相联系。

矩阵力学的成功是不可否认的,但要将量子现象的丰富内容完全包含在一个完全自洽的理论中还有很长的路要走。矩阵力学只是通往现代量子力学理论的第一步。

第 13 章　狄拉克的量子力学

哥廷根和哥本哈根是量子力学新学科无可置疑的中心。实验、数学物理以及纯数学方面的专业知识使哥廷根成为了正在发生的量子数学物理革命的中心。在接下来的几年里，情况仍会如此，其他主角很快出场，为玻恩的“错综复杂的小巷”做出贡献。真正引人注目的是如何迅速发展出各种解决量子理论问题的方法，并将所有这些方法迅速融合为一个合乎逻辑且自洽的量子力学理论。尽管理论本身是相对较快完成的，但对其物理内容的理解还需要很多年。

当时的新参与者包括剑桥的保罗·狄拉克（Paul Dirac）、维也纳的埃尔温·薛定谔（Erwin Schrödinger）和麻省理工学院的诺伯特·维纳（Norbert Wiener）。他们每个人都为量子理论的发展带来了非常新颖的方法。他们的创新是要取代玻恩、海森堡和约当的矩阵力学，但是毫无疑问，该理论的成功清楚地指明了未来前进的道路。然而，他们将引入新的数学技术来描述量子现象。

13.1　狄拉克的量子力学方法

保罗·狄拉克在布里斯托大学受过电气工程师的训练，但他有非常强的数学天赋。他性格孤僻，出了名的安静和谦逊。他只是自己解决问题，感兴趣于能通过严格的数学基础解决的问题，并在描述自然所需的数学中寻找美。一方面，作为工程师所受的训练使他在处理任何特定问题时，在数学方面显得有些务实。正如他在 1967 年的回忆录中所写的那样：

> “我认为，如果我没有接受过这种工程培训，那以后的工作也许就不会取得任何成功，因为确实有必要摆脱那种观点：只处理精确方程，并且只处理从已知的确切规律中逻辑推导出来的结果，这些规律是人们所接受的，是人们深信不疑的。工程师只关心那些对描述自然有用的方程……

> 这当然使我认为这种观点确实是最好的观点。我们想要描写自然,我们想找到描述自然的方程,我们所期望的最好的方程通常是近似的方程,而且我们必须和严格逻辑的缺乏妥协……”(Dirac,1977)

另一方面,该理论必须是“美的”。在同一个回忆录中,他写了与薛定谔的会晤:

> “……在我遇到的所有物理学家中,我认为薛定谔是和我自己最相似的一位。我发现自己比其他人更容易与薛定谔获得共识。我相信这样一点的理由是我和薛定谔都强烈地欣赏数学之美,而对数学之美的欣赏主导了我们所有的工作。我们相信,描述自然基本定律的任何方程都必定蕴含着伟大的数学之美。这就像我们的宗教信仰。持有这种信仰是非常有益的,可以被视为我们成功的基础。”(Dirac,1977)

13.2 狄拉克和《量子力学基本方程》

从第11章的结尾讲起,海森堡将1925年的革命性论文留给玻恩决定是否发表,因为他必须到剑桥去,他将在7月28日在卡皮查俱乐部发表演讲。这些聚会是彼得·卡皮查(Piotr Kapitsa)组织的,卡文迪什实验室的工作人员、研究生以及其他相关部门的工作人员在会上讨论物理学的最新进展。狄拉克是俱乐部的一员。海森堡的演讲题目是*Termzoologie und Zeemanbotanik*,主要关注他最近对反常塞曼效应的研究。狄拉克对这次会议只有模糊的记忆,但是关于海森堡在量子力学基本原理上的最新工作的一些讨论是在演讲期间或之后的非正式讨论中进行的。狄拉克的导师拉尔夫·福勒(Ralph Fowler)对海森堡这一新研究成果的描述印象深刻,并要求海森堡在有了论文的校样之后把校样寄给他。几周后,论文收到了,福勒将这篇论文寄给了狄拉克,征询他对这篇工作的意见,狄拉克那时已经回到了布里斯托的家度假。

用狄拉克的话来说:

> “我是在8月底或9月初收到(校样)的……起初,我对它的印象并不深刻。在我看来,它太复杂了。我没有明白它的要点,对我来说,他对量子条件的确定似乎太过牵强,因此我把它放在一旁,没有兴趣。但是,一周或十天后,我重新看了海森堡的这篇论文,并对其进行了更深入的研究。然后我突然意识到,它确实提供了解决我们所关心的困难的关键。
>
> 我以前的工作都是研究个别的态……海森堡提出了一个非常新的观点,即必须考虑与两个定态而不是一个定态相关的量。”

但这很难公正地评价海森堡的论文对狄拉克产生的深远影响。他很快重点关注了海森堡的发现，即量子层面的变量不能交换。狄拉克在 1925 年的论文中最大的成就是将海森堡对哈密顿动力学语言的见解进行了重新诠释。正如贾默所说：

> "在几周内，他实现了自己的目标，从而在量子力学与经典的哈密顿-雅可比力学公式之间建立了最深刻和最有用的关系之一。"(Jammer, 1989)

13.2.1　重新表述非对易性

像玻恩一样，狄拉克认识到海森堡的论文的深刻见解在于引入了依赖于两个变量而不是一个变量的量，以及这些量是非对易的事实，这一特征极大地困扰了海森堡。玻恩的分析促成了矩阵力学的发展，这是第 12 章的主题。狄拉克完全独立地依靠自己发现了一种完全不同的、最终也更强大的方法来重新表述量子力学。狄拉克的研究方法的一个重要方面是：他坚信无论该理论的正确表述如何，它都应该源自哈密顿力学，而他已经是哈密顿力学的专家。像那时的大多数理论物理学家一样，他已经熟练使用哈密顿-雅可比理论的技术和旧量子论中的作用-角变量。正如他稍后所说的那样：

> "当时，我期望新力学与哈密顿动力学之间存在某种联系（因为在索末菲发展玻尔理论的过程中，经常用到哈密顿动力学），在我看来，这种联系应该出现在大量子数中。"

再次注意玻尔对应原理在起作用。

为了欣赏狄拉克所做的，我们回想一下海森堡方法，即取量 x 和 y 的乘积，狄拉克称之为"海森堡乘积"。跟随贾默(1989)，考虑一维经典情况，即一个自由度的系统，其中 x 和 y 是作用-角变量 J 和 w 的函数。与式(11.13)一样，对于多重周期的系统，$x(n,t)$ 和 $y(n,t)$ 可以写为傅里叶级数：

$$x = x(n,t) = x(J,w) = \sum_{\tau} x_{\tau}(J)\exp(2\pi i\tau w) \tag{13.1}$$

$$y = y(n,t) = y(J,w) = \sum_{\tau} y_{\tau}(J)\exp(2\pi i\tau w) \tag{13.2}$$

根据旧量子论，这里 $J = nh$。在海森堡的方案中，量 $x_{\tau}(J)$ 和 $y_{\tau}(J)$ 对应于量子物理量 $x(n,n-\tau)$ 和 $y(n,n-\tau)$。狄拉克对大量子数极限 $n \gg \tau$ 很感兴趣，期望在这个极限下他会得到 $xy - yx$ 的经典对应。$xy - yx$ 的 $(n, n-\tau-\sigma)$ 分量由海森堡乘积之差给出：

$$\begin{aligned}(xy - yx)_{n,n-\tau-\sigma} = &\left[x(n,n-\tau)y(n-\tau,n-\tau-\sigma)\right.\\ &\left.- y(n,n-\sigma)x(n-\sigma,n-\tau-\sigma)\right]\\ &\times \exp[i\omega(n,n-\tau-\sigma)t]\end{aligned} \tag{13.3}$$

专注于式(13.3)右边第一对方括号中的项，可以通过在每个项中减去和加上 $x(n-\sigma,n-\tau-\sigma)y(n-\tau,n-\tau-\sigma)$ 来重写此表达式，这样

$$\begin{aligned} & x(n,n-\tau)y(n-\tau,n-\tau-\sigma)-y(n,n-\sigma)x(n-\sigma,n-\tau-\sigma) \\ & \quad =[x(n,n-\tau)-x(n-\sigma,n-\sigma-\tau)]y(n-\tau,n-\tau-\sigma) \\ & \qquad -[y(n,n-\sigma)-y(n-\tau,n-\tau-\sigma)]x(n-\sigma,n-\tau-\sigma) \end{aligned} \tag{13.4}$$

现在,反推公式,利用等价性 $x(n,n-\tau)\rightarrow x_\tau(J)$ 和 $y(n,n-\sigma)\rightarrow y_\sigma(J)$,对于大量子数 $n\gg\tau+\sigma$,将海森堡乘积转换成经典对应。于是,

$$\begin{cases} x(n,n-\tau)-x(n-\sigma,n-\sigma-\tau)\rightarrow x_\tau(J)-x_\tau(J-h\sigma)=\dfrac{\partial x_\tau(J)}{\partial J}h\sigma \\ y(n,n-\sigma)-y(n-\tau,n-\tau-\sigma)\rightarrow y_\sigma(J)-y_\sigma(J-h\tau)=\dfrac{\partial y_\sigma(J)}{\partial J}h\tau \end{cases} \tag{13.5}$$

因此式(13.4)变为

$$\frac{\partial x_\tau(J)}{\partial J}h\sigma y_\sigma(J)-\frac{\partial y_\sigma(J)}{\partial J}h\tau x_\tau(J) \tag{13.6}$$

但是,根据 x 和 y 的 σ 和 τ 分量的定义,

$$\begin{cases} \dfrac{\partial}{\partial w}[y_\sigma(J)\exp(2\pi i\sigma w)]=2\pi i[\sigma y_\sigma(J)\exp(2\pi i\sigma w)] \\ \dfrac{\partial}{\partial w}[x_\tau(J)\exp(2\pi i\tau w)]=2\pi i[\tau x_\tau(J)\exp(2\pi i\tau w)] \end{cases} \tag{13.7}$$

结合式(13.6)和式(13.7),得出量子力学表达式 $xy-yx$ 的 nm 分量为

$$\begin{aligned} & \frac{h}{2\pi i}\sum_{\tau+\sigma=n-m}\left\{\frac{\partial}{\partial J}[x_\tau\exp(2\pi i\tau w)]\frac{\partial}{\partial w}[y_\sigma\exp(2\pi i\sigma w)]\right. \\ & \qquad \left.-\frac{\partial}{\partial J}[y_\sigma\exp(2\pi i\sigma w)]\frac{\partial}{\partial w}[x_\tau\exp(2\pi i\tau w)]\right\} \end{aligned} \tag{13.8}$$

我们省略了 x_τ 和 y_σ 中的参数(J)。$xy-yx$ 等同于

$$\frac{h}{2\pi i}\left(\frac{\partial y}{\partial J}\frac{\partial x}{\partial w}-\frac{\partial x}{\partial J}\frac{\partial y}{\partial w}\right) \tag{13.9}$$

这是量 x 和 y 的泊松括号的经典表达式,它们是正则变量 J 和 w 的函数。

这里有一个有趣的故事,狄拉克在1925年10月激动人心的日子里是如何意识到泊松括号的重要性的。狄拉克有一条铁律,周日下午在剑桥周围散步,以放松身心。他在回忆录中写道:

> "在1925年10月的一次周日散步中,尽管我想放松一下,但我一直在思考这个 $uv-vu$,于是我想到了泊松括号……我不太记得什么是泊松括号。我不记得泊松括号的精确公式,只有一些模糊的印象。但是那里有令人兴奋的可能性,我想我可能会有一些伟大的新想法。
>
> 当然,我没办法[找出泊松括号是什么],毕竟还在乡下。我只得赶快回家,看看我能找到关于泊松括号的什么信息。我仔细阅读了笔记,但没有任何地方提及泊松括号。我在家里所拥有的教科书太初级了,也没有提及。我无能为力,因为那时是星期天晚上,图书馆都关闭了。我只能不

耐烦地等一晚上，不知道这个主意是好是坏，但我觉得我的信心在那天晚上增强了。第二天早上，图书馆一打开我就急忙进去，然后在惠特克(Whittaker)的《分析动力学》[(1917)]中查找泊松括号，发现它们正是我所需要的。它们提供了对易子的完美类比。”

13.2.2　泊松括号

就像这个故事中出现的众多分析动力学主题一样，天文学中的 n 体问题，即存在 $n-1$ 个其他行星绕着太阳运动的问题，泊松在研究这个问题的过程中引入了现在所说的泊松括号。他的问题是：在存在其他行星引起的引力势的微扰下，引力势随时间变化，求解 $3n$ 个欧拉-拉格朗日运动方程(5.59)。直到19世纪后期，雅可比独立地发现了泊松括号的威力，泊松的开创性研究的全部意义才得到充分的认识。雅可比将泊松括号①中的泊松组合规则称为“泊松先生最深刻的发现”和“动力学中最重要的定理”(Jacobi, 1841)。

函数 g 和 h 的泊松括号②定义为

$$[g,h]=\sum_{i=1}^{n}\left(\frac{\partial g}{\partial p_i}\frac{\partial h}{\partial q_i}-\frac{\partial g}{\partial q_i}\frac{\partial h}{\partial p_i}\right)\tag{13.10}$$

其中 g 和 h 是 p_i 和 q_i 的函数，p_i 和 q_i 是 n 个自由度系统的广义或者说正则的动量和位置坐标。通常，我们可以将 g 的时间变化写为

$$\dot{g}=\sum_{i=1}^{n}\left(\frac{\partial g}{\partial q_i}\dot{q}_i+\frac{\partial g}{\partial p_i}\dot{p}_i\right)\tag{13.11}$$

哈密顿方程(5.69)使我们可以用哈密顿量对 p_i 和 q_i 的导数来替换 $\dot{q}$ 和 $\dot{p}$，于是

$$\dot{g}=\sum_{i=1}^{n}\left(\frac{\partial g}{\partial q_i}\frac{\partial H}{\partial p_i}-\frac{\partial g}{\partial p_i}\frac{\partial H}{\partial q_i}\right)=[H,g]\tag{13.12}$$

因此哈密顿方程可以被重写为

$$\dot{q}_i=[H,q_i],\quad \dot{p}_i=[H,p_i]\tag{13.13}$$

狄拉克意识到，泊松括号的对易性质恰好是描述海森堡乘积之差 $xy-yx$ 的非对易特征所需的。因此，在式(13.10)中，如果我们设 $g=q_i$ 和 $h=q_j$，或者 $g=p_i$ 和 $h=p_j$，我们可以获得结果

$$[q_i,q_j]=0,\quad [p_i,p_j]=0\tag{13.14}$$

因为 q_i 和 p_i 具有独立性。此外，如果 $j\neq k$，则

$$[p_j,q_k]=0\tag{13.15}$$

但是，如果 $g=p_k$ 且 $h=q_k$，则

$$[p_k,q_k]=1,\quad [q_k,p_k]=-1\tag{13.16}$$

泊松括号为零的一对物理量被认为是对易的，而泊松括号等于1的一对物理量是非对易的。泊松括号等于1的一对量被称为正则共轭的。从式(13.13)可知，任何与哈密顿量 H 对易的量都不随时间变化。特别地，H 与其自身对易，是运动常量。

但是泊松括号具有其他关键特性。最重要的是，所有通过一个正则变换从 q_k

和 p_k 得到的动力学变量 Q_k 和 P_k 的集合,其正则变换保持哈密顿运动方程不变,并且其泊松括号也保持不变。式(13.14)~式(13.16)可用以下表达式来总结:

$$[q_k, p_i] = \delta_{ki}, \quad [q_k, q_i] = [p_k, p_i] = 0 \tag{13.17}$$

其中 δ_{ki} 是克罗内克符号,如果 $k = i$,则 $\delta_{ki} = 1$,否则为零。于是,如果 Q_k 和 P_k 是通过正则变换从 q_k 和 p_k 获得的,则有

$$[Q_k, P_i] = \delta_{ki}, \quad [Q_k, Q_i] = [P_k, P_i] = 0 \tag{13.18}$$

此外,在所有这样的变换下,任意两个函数 F_1 和 F_2 的泊松括号都保持不变:

$$\sum_{i=1}^{n}\left(\frac{\partial F_1}{\partial p_i}\frac{\partial F_2}{\partial q_i} - \frac{\partial F_1}{\partial q_i}\frac{\partial F_2}{\partial p_i}\right) = \sum_{i=1}^{n}\left(\frac{\partial F_1}{\partial P_i}\frac{\partial F_2}{\partial Q_i} - \frac{\partial F_1}{\partial Q_i}\frac{\partial F_2}{\partial P_i}\right) \tag{13.19}$$

惠特克的《分析动力学》中包含了泊松括号的这些性质以及许多其他性质,狄拉克立即着手改写海森堡关于哈密顿动力学的见解。巨大的进步是,狄拉克现在可以使用海森堡乘积之差和泊松括号的等价性,根据经典的哈密顿动力学来写下量子化条件。由式(13.9),等价性可以写成

$$xy - yx = \frac{h}{2\pi i}\left(\frac{\partial x}{\partial w}\frac{\partial y}{\partial J} - \frac{\partial y}{\partial w}\frac{\partial x}{\partial J}\right) \equiv \frac{h}{2\pi i}[x, y] \tag{13.20}$$

这里是对正则坐标 J 和 w 进行微分。因此,对于正则坐标 p 和 q 的特殊情况,有

$$q_r q_s - q_s q_r = 0, \quad p_r p_s - p_s p_r = 0, \quad q_r p_s - q_s p_r = \delta_{rs}\frac{ih}{2\pi} \tag{13.21}$$

狄拉克的量子力学方法还有另一个关键特征。注意,该过程将量子力学嵌入到哈密顿动力学的核心。就像海森堡意识到将量子概念应用于空间本身一样,狄拉克做了同样的事情,以相同的立场处理动量和空间坐标,并将玻尔的量子化条件引进哈密顿力学的基本原理。正如贾默(1989)所说:

> “……可以说,狄拉克吸收了对应原理,将其作为其理论基础的重要组成部分,并且像海森堡一样,每当需要解决一个问题时,都必须诉诸玻尔原理。”

13.2.3 《量子力学的基本方程》

狄拉克很快用上面的标题写出了他的论文(Dirac,1925),并把它拿给福勒看,福勒充分认识到它的重要性。福勒将该论文提交给皇家学会,以便在 *Proceedings of the Royal Society* 上快速发表,论文于1925年11月7日收录,发表于1925年12月1日。论文的导言清晰地阐述了狄拉克的观点:

> “在最近的一篇论文中,海森堡[(1925)]提出了一个新的理论,该理论表明,这并非经典力学方程有任何错误,而是从中推导出的物理结果所需要的数学运算需要修改。因此经典理论提供的所有信息都可以在新理论中加以利用。”

总结海森堡的创新之后,狄拉克将海森堡乘积重写如下:

$$xy(nm) = \sum_k x(nk)y(km) \tag{13.22}$$

玻恩进行了相同的简化，并意识到式(13.22)表示矩阵乘法。狄拉克更普遍地认为式(13.22)应该是量子变量 x 和 y 的乘法规则，这个阶段并没有具体说明它们是什么。但是，它们必须遵守加法规则

$$\{x+y\}(nm)=x(nm)+y(nm) \tag{13.23}$$

就像矩阵加法一样。但是现在，狄拉克走了一条不同的路。他考虑了量子变量 x 和 y 的微分规则，x 和 y 是参量 v 的函数。正如梅赫拉和雷兴伯格所讨论的那样，他现在将他的投影几何知识应用于定义量子变量 x 的微分 $\mathrm{d}x/\mathrm{d}v$ 问题。他的主要见解是 $\mathrm{d}x/\mathrm{d}v$ 与 x 之间应存在线性关系。这与 $\mathrm{d}x/\mathrm{d}v$ 和 x 都可以用式(13.1)形式的傅里叶级数表示是一致的。因此他假设 $\mathrm{d}x/\mathrm{d}v$ 的(nm)分量可以写成

$$\frac{\mathrm{d}x}{\mathrm{d}v}=\sum_{n'm'}a(nm;n'm')x(n'm') \tag{13.24}$$

然后，他认为量子微分应满足以下条件：

$$\frac{\mathrm{d}}{\mathrm{d}v}(x+y)=\frac{\mathrm{d}}{\mathrm{d}v}x+\frac{\mathrm{d}}{\mathrm{d}v}y \tag{13.25}$$

$$\frac{\mathrm{d}(xy)}{\mathrm{d}v}=\frac{\mathrm{d}}{\mathrm{d}v}x\cdot y+x\cdot\frac{\mathrm{d}}{\mathrm{d}v}y \tag{13.26}$$

其中必须保留式(13.26)中变量的乘法顺序。狄拉克现在对关于 v 的量子微分过程的约束条件进行了分析，假设必须遵守规则式(13.24)和式(13.25)。从这一分析中，他得出量子微分的最普遍形式是

$$\frac{\mathrm{d}x}{\mathrm{d}v}=xa-ax \tag{13.27}$$

其中新的量子变量 a 具有分量$a(nm)$。因此量子变量 x 对于任何参数 v 的微分表示成量子变量x 和a 的海森堡乘积之差。这一关键结果表明，经典力学的微分方程被涉及量子变量加法和乘法的代数方程取代。狄拉克现在可以将经典哈密顿动力学的全部原理应用到量子力学中去了。

特别值得注意的是，他按照新公式推导了玻尔的量子化条件。就像矩阵力学一样，$C(nn)$形式的“对角”项对应于运动常数。因此哈密顿量 $H(nn)$对应于系统定态能量。由式(13.13)，得到

$$\dot{x}=[H,x] \tag{13.28}$$

结合基本关系(13.20)，

$$xH-Hx=\frac{\mathrm{i}h}{2\pi}[x,H] \tag{13.29}$$

于是，

$$\begin{aligned}x(nm)H(nm)-H(nm)x(nm)&=\frac{\mathrm{i}h}{2\pi}\dot{x}(nm)\\&=-\frac{h}{2\pi}\omega(nm)x(nm)\end{aligned} \tag{13.30}$$

因为 $x(nm)$的时间依赖性完全由项 $\exp[\mathrm{i}\omega(nm)t]$决定。因此

$$h\nu(nm) = \frac{h}{2\pi}\omega(nm) = H(nn) - H(mm) = E_n - E_m \tag{13.31}$$

其中 E_n 和 E_m 分别是定态 n 和 m 的能量。

福勒充分认识到狄拉克的论文的深远意义,而海森堡的回应证实了这一点,狄拉克曾把他的论文的手稿副本寄给海森堡。1925 年 11 月 20 日,海森堡写给狄拉克的信如下:

> "我怀着极大的兴趣阅读了您那篇关于量子力学的非常漂亮的论文,毫无疑问,您新提出理论的所有结论都是正确的……[狄拉克的论文]写得比我们[在哥廷根]的尝试要更好,更简练。"

海森堡特别喜欢玻尔频率条件的推导,该频率条件使用的是一般性原理,而不是原子系统的特定模型。狄拉克非常清楚,玻恩、海森堡和约当已经把他们的矩阵力学方法发展为量子力学,因此他立即将所有精力用于完善自己完全不同的方法。

13.3 量子代数、q 数和 c 数以及氢原子

狄拉克在 1925 年的论文中曾强调量子变量的形式代数性质,但现在他通过引入量子变量(称为 q 数)和普通算术数(称为 c 数)之间的区别来规范概念。正如他写的那样,"q 代表量子,或者也许是古怪(queer),c 代表经典,或者也许是对易"(Dirac,1977)。他在论文引言中明确指出了这一区别(Dirac,1926d):

> "用于描述动力学系统的变量不满足交换定律的事实当然意味着它们不是以前在数学中使用的一般意义上的数。为了区分这两种数,我们将量子变量称为 q 数,满足交换定律的经典数学中的数称为 c 数……
>
> 目前,还不能形成 q 数是什么样的图像。不能说一个 q 数大于或小于另一个 q 数……对数的形成过程一无所知,只知道数满足除了乘法交换律以外的所有普通代数定律……"

在回忆录中,他写道:

> "现在,我对 q 数的本质一无所知。我以为海森堡矩阵只是 q 数的一个例子;也许 q 数更一般……我继续发展一种理论,在其中我可以自由地做出我想做的任何假设,除非它们立即导致不一致。我根本没有为 q 数找到精确的数学性质或者在处理它们时的任何准确性而烦恼。"(Dirac,1977)

在这篇论文和 1926 年的三篇后续论文中(Dirac,1926b,c,e),狄拉克将重点放在满足海森堡量子乘法规则所必需的新代数上,最后一篇论文发表在 *Proceedings of the Cambridge Philosophical Society* 上，标题为“关于量子代数”(Dirac，1926b)。我们记得他在 1925 年发表的论文开头所说的话：

> “[这]并非经典力学方程有任何错误，而是从中推导出的物理结果所需要的数学运算需要修改。”

换句话说，有错的不是运动定律的形式，而是错误的代数被用于实施数学运算。

狄拉克受过正确的训练，可以做出富有想象力的冒险。从一开始，他就对几何学特别感兴趣，具有极高的数学天赋。在布里斯托大学获得工程学学位后，他攻读了第二个数学学位，并在两年而不是三年的时间内完成了学习。对他有特别重要影响的是彼得·弗雷泽(Peter Fraser)，一位杰出的数学讲师。狄拉克从他那里学到了严格数学的重要性，这与工程师和物理学家通常使用的非严格工具相反。他还学习了射影几何，这对他的思维有重要影响。

在剑桥，他的导师是剑桥领头的量子理论家拉尔夫·福勒，他激发了狄拉克对原子问题的兴趣。同时，他定期参加星期六下午由亨利·贝克(Henry Baker)举办的几何茶会，贝克当时是天文学与几何学洛恩丁(Lowndean)教授。贝克的所有学生都必须参加这些聚会，下午茶后还要进行有关几何主题的讲座和讨论。狄拉克的第一次演讲就是在这里。

贝克的杰作是他于 1922 年至 1925 年出版的六卷本《几何学原理》，其中第一册对狄拉克具有特殊意义(Baker，1922)。狄拉克在回忆录中写道：

> “……我对几何总是很感兴趣……您可以将所有数学家分为两类，一类的主要兴趣是几何，另一类的主要兴趣是代数……现在，一个好的数学家必须精通几何和代数，并且他必须能够根据他所研究问题的性质自由地从一个过渡到另一个……我的偏爱是几何学，并且一直如此。”

后来，他说：

> “[射影几何]是最有用的研究工具，但我在发表的作品中并未提及它……我觉得大多数物理学家都不熟悉它。当我得到一个特定的结果时，我把它翻译成解析的形式，并以方程的形式写下论证。这是一个任何物理学家都能理解的论证，而不需要经过这种特殊的训练。”

尽管射影几何学在相对论中得到了应用，但没有人认为它对量子论具有重要意义。但是，狄拉克赞赏贝克的书中的一项重要成果，那就是存在着一套与普通对易数相似的“非对易”数定律。

贝克的第 1 卷第 1 章第 3 节描述了表示几何运算所需的符号代数的要素(Baker，1922)。他使用术语符号而不是变量，因为代数规则应适用于广泛的数学实体，例如矢量、矩阵等。他在第 68～69 页上给出了各种类型的符号的示例。这些示例包括具有复数成分的 2×2 矩阵，这些矩阵最终成为狄拉克自旋矩阵。具体来说，他通过这些示例证明“等式 $ab - ba$ 通常不成立”。贝克提出了如下基本公理：

> “我们首先介绍的符号,一般来说,除乘法交换律外,服从普通代数的所有定律。它们没有必要,也不会最终按照大小排列,因此,在整体上,它们比算术的实数要更广泛。”

值得注意的是,狄拉克几乎是逐字逐句地继承了贝克的符号代数的基础,以此作为他的量子代数规则的基础。贝克的书中第62～69页清楚地表明了狄拉克的见解之源和将射影几何符号翻译为量子代数变量之源。

因此,如果 z_1,z_2 和 z_3 是 q 数,则它们遵循以下普通代数的规则:

$$z_1 + z_2 = z_2 + z_1$$

$$(z_1 + z_2) + z_3 = z_1 + (z_2 + z_3)$$

$$(z_1 z_2) z_3 = z_1 (z_2 z_3)$$

$$z_1(z_2 + z_3) = z_1 z_2 + z_1 z_3, \quad (z_1 + z_2) z_3 = z_1 z_3 + z_2 z_3$$

如果 $z_1 z_2 = 0$,则

$$z_1 = 0 \quad 或 \quad z_2 = 0$$

但是,通常

$$z_1 z_2 \neq z_2 z_1$$

除非 z_1 或 z_2 是 c 数。

在第2节中,泊松括号操作的规则适用于 q 数。特别地,可以将哈密顿力学的全部工具纳入他的 q 数量子代数中。因此,如果 Q_r 和 P_r 是正则变量,它们是 q 数的函数,则它们遵循泊松括号的规则:

$$[Q_r, P_s] = \delta_{rs}, \quad [Q_r, Q_s] = [P_r, P_s] = 0 \tag{13.32}$$

然后,就像哈密顿力学一样,可以通过以下形式的关系将 Q_r 和 P_r 转换为另一套正则变量 q_r 和 q_s:

$$Q_r = b q_r b^{-1}, \quad P_r = b p_r b^{-1} \tag{13.33}$$

其中 b 是 q 数。请注意,它与玻恩及其同事在量子代数的矩阵处理中引入的正则变换(12.64)极为相似。有趣的是,狄拉克指出“这些公式似乎没有很大的实用价值”,而它们是玻恩的主轴变换过程的核心,即通过矩阵的对角化确定定态能量。通过相同的论证,可以写出运动方程

$$\dot{x} = [x, H] \tag{13.34}$$

哈密顿量 H 现在是 q 数。直到理论遇到实验时,狄拉克才定义 q 数。然而,他承认,在多重周期运动的情况下,它们可以由一组 $x(nm)\exp(\mathrm{i}\omega(nm)t)$ 形式的谐波分量表示,其中 $x(nm)$ 和 $\omega(nm)$ 为 c 数。则 $\dot{x}$ 具有分量 $\mathrm{i}\omega(nm)x(nm) \cdot \exp(\mathrm{i}\omega(nm)t)$。

在将该代数应用于量子力学之前,狄拉克发展了许多代数定理,这些定理说明了在操作 q 数时必须要特别注意的事项,尤其是进行运算的顺序。例如,他确定了以下结果:

$$\frac{1}{xy} = \frac{1}{y} \cdot \frac{1}{x}, \quad \frac{\mathrm{d}}{\mathrm{d}t}\left(\frac{1}{x}\right) = -\frac{1}{x}\dot{x}\frac{1}{x} \tag{13.35}$$

$(1+x)^n$ 的二项式展开与普通代数相同，其中 n 是 c 数，并且指数级数可以定义为与普通代数相同的幂级数。但是，通常 $e^{x+y} \neq e^x e^y$，除非 x 和 y 对易。

狄拉克现在需要证明新公式可用来进行有用的计算，并且可与量子物理学中的已知结果进行比较。这并不是一件容易的事，因为在当时的量子代数的发展状况下，可以解决的问题相对较少。狄拉克在题为“量子力学和氢原子的初步研究”(Dirac，1926d)的论文中，着手确定氢原子的能级。为此，他必须将多重周期系统的经典理论转换为 q 数和量子代数的语言。他的优势在于他已经是作用-角变量数学技术及其在多重周期系统中应用方面的专家。论文的第 4 节进行了这个变换。在他的新量子代数的基础上，他提出了多重周期动力学系统量子理论的假设，其中作用-角变量 J_r 和 w_r 现在是 q 数，因此必须服从对易关系。

狄拉克证明，利用他的新公式，他可以算出氢原子中电子的轨道频率和玻尔量子条件，并指出所涉及的量是 q 数而不是旧量子论的 c 数。此外，他还推导了海森堡针对量 x 和 y 的乘法规则：

$$xy(n, n-\gamma) = \sum_{\alpha} x(n, n-\alpha) y(n-\alpha, n-\gamma) \tag{13.36}$$

第 5～7 节涉及解决氢原子中电子的轨道方程，但现在使用了量子代数的所有规则。该分析需要相当小心，会导致如下形式的哈密顿量：

$$H = \frac{1}{2m}\left(p_r^2 + \frac{k_1 k_2}{r^2}\right) - \frac{e^2}{4\pi\epsilon_0 r} \tag{13.37}$$

其中 k_1 和 k_2 是由 $k_1 = k + h/2$ 和 $k_2 = k - h/2$ 给出的 q 数，k 是描述角动量的 q 数，它是与角变量 θ 相关的共轭动量。

经过详细分析，狄拉克获得了氢原子定态能量和氢原子跃迁频率的表达式，其形式为③

$$\nu = \frac{H(P+nh) - H(P)}{h} = \frac{m_e e^4}{8\epsilon_0^2 h^3}\left[\frac{1}{P^2} - \frac{1}{(P+nh)^2}\right] \tag{13.38}$$

其中 $P = mh$，m 取整数值。这正是氢原子频谱中谱线的公式。

狄拉克的技巧不亚于泡利。他们都完成了非常复杂的计算，但是运用了完全不同的方法——泡利应用矩阵力学的概念，狄拉克则调用量子代数的规则——完成了与实验一致的相同结果。狄拉克在与海森堡的往来函中获悉，泡利已经使用矩阵力学解决了氢原子的问题，④但这并不使狄拉克特别担心。从他的角度来看，这只是一个“真实性检验”，量子代数不仅是一个理论构造，而且是一种可以解释实验结果的量子力学版本。

13.4 多电子原子、《关于量子代数》和博士学位论文

狄拉克一直以来的目标是使用量子代数的理论框架来解决多电子原子的问题,他接着着手进行这一工作,最终导致不起眼的题为“量子力学节点的消除”的论文。再次,灵感来自天体力学和在引力作用下点质量的轨道问题。正如狄拉克所说:

> “在对若干粒子或电子在中心力场中运动并相互干扰的动力学问题进行经典处理时,人们总是首先进行初始简化,即消除节点,这在于获得一个从电子的笛卡儿坐标和动量到一组正则变量的切触变换,除三个正则变量之外,其他的都与系统整体的方向无关,而这三个变量决定了系统的方向。在没有外部力场的情况下,用新变量表示的哈密顿量必须与这三个变量无关,从而简化了运动方程。”(Dirac,1926e)

论文的目的是确定必要的切触变换,以使方案得以执行。首先,狄拉克在其量子代数中推导了表示线性动量和角动量的 q 数的性质,并独立获得了玻恩、海森堡和约当(1926)已建立的角动量量子化规则(12.3.3 小节)。接下来,确定作用-角变量的适当形式。一旦实现了这一点,变换方程就可以确定了,首先是单个电子,然后是两个电子的系统,最后是两个以上电子的系统。在最后一种情况下,多电子原子是通过“核 + 价电子图像”来建模的,因此该问题被还原为“两电子”问题(见 7.4 节)。

这篇文章又是一次技术的杰作。特别让人感兴趣的是狄拉克在第 9 节中对反常塞曼效应的处理。他使用电子 + 核的标准原子模型,并基于旋磁比反常值的实验证据(7.5.1 小节),与标准的洛伦茨(Lorenz)值(7.39)相比,给出的核的磁矩与角动量之比是其两倍。基于这一假设,他得出了朗德 g 因子的表达式:

$$g = 1 + \frac{1}{2}\,\frac{j_1 j_2 - k_1 k_2 + k_1' k_2'}{j_1 j_2} \tag{13.39}$$

这恰恰与在 7.4 节中讨论的朗德经验表达式相吻合。最后,他证明了该理论还给出了克罗尼格关于弱磁场中多重线及其组分相对强度的结果。

第四篇论文是一篇短文《关于量子代数》,发表在 *Mathematical Proceedings of the Cambridge Philosophical Society* 上(Dirac,1926b)。这是对 q 数代数的规范描述,表述得公理化且简洁明了。它在一篇论文中总结了将量子代数应用到量子层面物理学的必要形式。

狄拉克于 1926 年 5 月提交了名为“量子力学”的博士学位论文,其中包括本章

中讨论的 4 篇论文(Dirac,1926a)。这是一项了不起的成就,因为它提供了完整且自洽的量子力学理论,所有这些理论都是在前九个月发现的。审查者包括亚瑟·爱丁顿(Arthur Eddington),他们对论文印象深刻。1926 年 6 月,爱丁顿一反常态,亲自写信给狄拉克,热烈祝贺他的非凡成就(Farmelo,2009)。

狄拉克在发展量子理论基本原理时第一次迸发出的创造力就这样结束了。不久,他又将埃尔温·薛定谔率先开创的截然不同的方法加入他的锦囊中,以解决量子理论的问题。

第 14 章　薛定谔与波动力学

1926 年 3 月 13 日，埃尔温・薛定谔(Erwin Schrödinger)的关于波动力学的 6 篇论文中的第一篇发表在 *Annalen der Physik* 上，标题为“量子化是本征值问题(第 1 部分)”[①] (Schrödinger, 1926b)。令人吃惊的第一段写道：

> “在本文中，我想首先考虑氢原子的简单情况(非相对论性的和无微扰的)，并表明通常的量子化条件可以用另一个假设代替，在这种假设中，‘整数’的概念，仅此而已，没有被引入。相反，当整数确实出现时，它会以与振动弦的节点数相同的自然方式出现。这一新概念可以推广，我相信，它非常深刻地揭示了量子规则的真正本质。”

这些论文是薛定谔在 1925 年下半年与爱因斯坦的交流中非凡创造力爆发的成果。这些交流的核心是德布罗意的杰出研究，这些研究在他著名的博士论文和 1924 年发表的论文中达到顶峰。这些事件已经在第 9 章中叙述过了。随后，薛定谔发现了以他的名字命名的方程，相关事态发展将在 14.2 节中讨论，但让我们首先了解一下薛定谔的背景。

14.1　薛定谔的物理学和数学背景

14.1.1　1925 年之前的教育和职业

与海森堡、约当、泡利和狄拉克不同，薛定谔并不是发展出“青年人的物理学”的少壮派之一。1926 年那年，他们的年龄都在 25 岁左右，而薛定谔是 38 岁，与比他大 5 岁的玻恩差不多是同一代人。薛定谔 1887 年出生于维也纳，19 世纪后期，维也纳已成为实验和理论物理的主要中心。1866 年，约瑟夫・斯特藩成为维也纳大学物理研究所所长，他的博士生包括路德维希・玻尔兹曼、马里安・斯莫鲁霍夫斯基(Marian Smoluchowski)和约翰・约瑟夫・洛施密特(Johann Josef Loschmidt)。然后，斯特藩和玻尔兹曼是弗里德里希·哈泽内尔(Friedrich Hasenöhrl)的老师，他接替玻尔兹曼成为维也纳大学理论物理教授。哈泽内尔是参加1911年索尔维量子会议的唯一一位奥地利人。恩斯特·马赫在布拉格担任物理学教授之后，于1895年回到维也纳大学担任哲学教授。玻尔兹曼和马赫就原子存在的真实性展开了激烈的辩论。

1906年，当维也纳的科学家们开始接受当年9月玻尔兹曼自杀的悲剧时，薛定谔开始了他的大学学习。1906年至1910年间，薛定谔在维也纳大学学习物理，在弗朗兹·埃克斯纳(Franz Exner)指导下学习实验物理，在哈泽内尔指导下学习理论物理。他被认为是一名优秀的学生，在服兵役一年后，于1911年成为埃克斯纳物理学院的助理。1914年1月获得大学教员资格后，他被任命为维也纳大学的私人教师，在那里他进行了大量的实验和理论物理研究。

第一次世界大战期间，作为奥地利炮台的一名委任军官，薛定谔参与了战争。可悲的是，1915年10月，哈泽内尔在战争中阵亡。后来，在1933年获得诺贝尔物理学奖时，薛定谔在自传中写道：

> “当时，哈泽内尔在战斗中阵亡，如果不是这样，我觉得今天他的名字将取代我的。”(Schrödinger，1935)

1917年，仍在执行军事任务的薛定谔回到维也纳，担任防空军官候选人的气象学讲师。在战争年代，他能够继续他的研究，发表了10篇不同主题的科学论文。1919年，他完成了最后一篇关于实验物理学的论文。从那时起，他的科学论文完全是理论性的。

随着第一次世界大战结束时奥匈帝国的崩溃和解体，以及在奥地利获得职位的前景渺茫，薛定谔认为他的未来在德国。1920年春天，他在耶拿大学成为马克斯·维恩(Max Wien)的助手，马克斯是威廉·维恩的兄弟。随着他在学术上的进步，他开始了一段不断在大学和大学之间周转的时期。1920年9月，他被任命为斯图加特技术大学的理论物理学临时教授，然后在1921年春被任命为布雷斯劳大学的普通教授。最后，1921年10月，他被苏黎世大学聘为理论物理学教授，并在那里呆了6年。在此期间，他在波动力学方面进行了开拓性的研究。

14.1.2 1925年以前的科学成就

薛定谔曾在维也纳大学接受过非常全面的实验和理论物理训练。他的老师中最有影响力的是哈泽内尔，他的优秀课程包括分析力学基础、可变形体动力学，特别关注偏微分方程和特征值问题的解，以及麦克斯韦方程组、电磁理论、光学、热力学和统计力学。令人惊讶的是，薛定谔对物理学的兴趣涵盖了非常广泛的主题，而量子物理问题在他的早期工作中占据了相对次要的地位。他发表了关于磁动力学理论、介电和反常色散、大气电学和贯穿辐射起源等论文。最后一个课题发生在1912年维克托·赫斯(Victor Hess)发现宇宙辐射之前，他是维也纳镭研究所所长斯特藩·迈尔(Stefan Meyer)的第一助理(Hess,1913)。薛定谔假设贯穿辐射起源于地球,研究了辐射的高度依赖性。赫斯在文章中引用了薛定谔的论文,并最终证明了辐射是地外辐射。

与本故事更密切相关的是薛定谔对固体原子结构的研究。继爱因斯坦和德拜对低温比热容的开创性研究之后,固体结构的晶格理论一直是玻恩和冯·卡门的论文的重要主题(Born 和 von Kármán,1912)。薛定谔在他的第一篇重要论文《关于弹性耦合点系统的动力学》(Schrödinger,1914)中对这项工作进行了理论阐述。该理论要求在无穷大系统的特征值理论中使用高等数学方法,但这对他来说没有什么困难,因为他在哈泽内尔的指导下接受了理论物理方面的训练。在哈泽内尔的课程中,已经处理过

> "力学的更高级理论方案以及连续介质物理中的本征值问题。"(Schrödinger,1935)

在战争年代,薛定谔研究了斯莫鲁霍夫斯基的涨落理论和广义相对论。战争快结束时,他写了一篇关于原子和分子比热的详实综述,其中必然涉及引入量子化来理解它们的低温行为(Schrödinger,1919)。他继续对物理学和其他学科,如色彩理论和色彩感知,有着广泛的兴趣。他对量子问题保持着兴趣,例如,8.2 节中讨论的关于贯穿轨道的论文,这篇论文可以追溯到他在斯图加特的短暂停留(Schrödinger,1921),但他并不是量子理论的主要倡导者之一。因此,当薛定谔发现波动力学时,人们十分惊讶于他开展的一种完全不同于在哥本哈根和哥廷根的复杂技术方法。让我们追溯一下导致薛定谔戏剧性地发现波动方程的步骤。

14.2 爱因斯坦、德布罗意和薛定谔

1924 年,爱因斯坦充分认识到玻色那篇著名论文的深刻意义。它描述了一种用于计算光子的新型统计方法,这种方法导致了对黑体辐射谱的精确推导。爱因斯坦认识到,对不可分辨粒子的计数方法同样适用于原子,就像适用于光子一样。9.2 节中描述的过程得到处于 k 态的粒子数的表达式(9.7):

$$n_k = \frac{g_k}{e^{\alpha+\beta\varepsilon_k} - 1} \tag{14.1}$$

其中常数 α 和 β 是待定系数,g_k 是能量为 ε_k 的光子或原子的能级简并度。根据热力学原理,$\beta=1/(kT)$,α 是通过固定光子或原子数来确定的。对于黑体辐射,α 设为零,这意味着光子数不守恒,但光子数密度与黑体辐射谱下的总能量相匹配,黑体辐射谱的性质由单一参数——辐射的热力学温度 T 唯一定义。

爱因斯坦独立地对单原子分子气体的原子进行了精确分析，但现在粒子数必须守恒，因此 α 必须是非零常数。使用的方法与 9.2 节中的统计过程相同(Einstein，1924)。动量空间中允许状态的总数由式(9.9)给出，但现在气体原子的动量由 $p^2=2mE$ 给出，而不是由 $p=h\nu/c$ 给出。因此单原子分子气体的相空间体积为

$$V\mathrm{d}p_x\mathrm{d}p_y\mathrm{d}p_z = V4\pi p^2\mathrm{d}p \tag{14.2}$$

其中 $p=(2mE)^{1/2}$，$\mathrm{d}p=(1/2)(2mE)^{-1/2}\times 2m\mathrm{d}E$，$V$ 是所含气体的物理体积。由于动量空间的体积元是 h^3，因此在体积 V 中，能量在 E 到 $E+\mathrm{d}E$ 区间内的允许状态数是

$$g_k = \frac{V4\pi p^2\mathrm{d}p}{h^3} \tag{14.3}$$

所以能量区间 E 到 $E+\mathrm{d}E$ 内的粒子数是

$$N(E)\mathrm{d}E = \frac{g_k}{\mathrm{e}^{\alpha+\beta E}-1} = \frac{4\pi V(2m^3E)^{1/2}}{h^3(\mathrm{e}^{\alpha+\beta E}-1)}\mathrm{d}E \tag{14.4}$$

在低密度和高温极限下，式(14.4)成为标准的玻尔兹曼分布，因此 $\beta=1/(kT)$。于是，我们可以得到

$$N(E)\mathrm{d}E = \frac{g_k}{B\mathrm{e}^{E/(kT)}-1} = \frac{4\pi V(2m^3E)^{1/2}}{h^3(B\mathrm{e}^{E/(kT)}-1)}\mathrm{d}E \tag{14.5}$$

其中 $B=\mathrm{e}^{\alpha}$。

爱因斯坦充分认识到这种新分布的显著特性(Einstein，1924，1925)。B 不能小于 1，否则粒子数可能变为负值，因此 $B\geqslant 1$。当 B 非常接近 1 时，低能态的粒子数可能会变得非常大。事实上，正如爱因斯坦在他的第二篇论文中所证明的那样，其效果要比这更显著。爱因斯坦的分析见尾注。② 现在的问题的是，用 $N(E)\mathrm{d}E$ 代替 g_i 的连续近似(14.3)没有考虑到零能量子化态可以包含有限数量的粒子。态的量子化导致基态具有零能，必须包括在计算中。在足够低的温度下，$T<T_B$，其中

$$T_B = \frac{2\pi\hbar^2}{mk}\left(\frac{N}{2.612V}\right)^{2/3} \tag{14.6}$$

粒子在零能态下聚集，当 $T\to 0$ 时，所有的粒子都会凝聚到相同的零能态。这就是玻色-爱因斯坦凝聚现象的起源。气体被分成两部分，一部分是“正常相”，其中粒子分布在激发态；另一部分是“凝聚相”，其中气体的所有剩余原子都处于量子化的基态。在足够低的能量下，基本上所有的粒子都会处于这个凝聚相。尽管当时没有人意识到这一点，但这是利用全同粒子的统计力学技术首次实现了相变。③

爱因斯坦充分认识到玻色统计与经典玻尔兹曼统计有很大的不同。关键的区别在于粒子不再被认为是统计上独立的。如 9.2 节所述，由于粒子难以区分，每种可能的构型只计算一次。在玻尔兹曼统计中，构型[A|B]和[B|A]被认为是可分辨粒子分布的独立实现，而根据玻色-爱因斯坦统计，如果 A 和 B 不可区分，它们

只被计算一次。这导致粒子之间存在统计相关性。在关于玻色-爱因斯坦气体的第二篇论文中，爱因斯坦非常清楚新统计学的奇特性质(Einstein，1925)：

> "因此，[它]间接地表达了一种关于分子相互依赖的某种假设，这种假设目前是一个完全神秘的性质，它只是为这里定义为配容的情况设计了相同的统计概率。"

爱因斯坦还注意到了另外两个具有启发性的分布特征。首先，新的分布符合能斯特热定理，即热力学第三定律，所有气体的熵在零温度下趋于零。这确实是玻色-爱因斯坦分布的情况，但不是经典的玻尔兹曼分布。

其次，就像黑体辐射一样，粒子数密度的涨落由两部分组成。光子的相对涨落由式(3.41)给出，对于单原子分子气体，也发现了类似的关系：

$$\overline{\left(\frac{\Delta_\nu}{n_\nu}\right)^2} = \frac{1}{n_\nu} + \frac{1}{z_\nu} \tag{14.7}$$

其中 n_ν 是原子的平均数，z_ν 是相空间中能量在 E 到 $E+\mathrm{d}E$ 区间的元胞数。第一项按照泊松分布是粒子数的正常统计涨落，$\Delta N/N \approx N^{-1/2}$。第二项如3.6.2小节所示，来自与随机波叠加相关的涨落，爱因斯坦再次充分认识到这个结果的重要性：

> "它是在干涉涨落的辐射情况下产生的。我们也可以用相应的方法来解释气体，把射线现象与气体联系起来，然后计算前者的干涉波动。"(Einstein，1925)

他接着说：

> "我进一步追求这种解释，因为我认为这里我们需要做的不仅仅是类比。"

1924年12月，朗之万给爱因斯坦寄去了一份德布罗意的博士论文的副本，朗之万是该论文的审查者之一。爱因斯坦对论文印象深刻，称之为"一本非常重要的出版物"。他在1925年的论文中提出，德布罗意提出的物质波使他能够解释式(14.7)中玻色-爱因斯坦气体的涨落项，并重复了德布罗意的建议，即可以进行实验来寻找粒子束中物质波的干涉，尽管他意识到这种干涉效应非常小。随后戴维森和乔治·汤姆孙发现电子衍射的故事已经在9.4节有所叙述。但当薛定谔开始认真对待物质波时，这些结果还没有建立起来。

薛定谔与爱因斯坦的通信始于1925年2月，当时他正在研究低温下理想气体的熵的各种表达式。在研究了爱因斯坦关于理想气体状态方程的第一篇论文后，他写信给爱因斯坦，表示他担心玻色-爱因斯坦统计的粒子分布与玻尔兹曼分布不一致。爱因斯坦回应说，他的担忧确实是正确的，但自己的计算没有错。爱因斯坦写道：

> "你的指责并不是没有道理的，尽管我的论文没有错。在我使用的玻色统计中，量子或分子不被认为是相互独立的对象。"

薛定谔迟迟没有回复，直到 1925 年 11 月，他才承认自己没有欣赏到爱因斯坦的论文的独创性。特别是，他对论文中关于量子简并性的新观点很感兴趣。

在同一封信中，薛定谔首次提到德布罗意的论文（de Broglie，1924a）。他对爱因斯坦在他的第二篇关于玻色-爱因斯坦统计的论文（Einstein，1925）中提到的这篇论文很感兴趣，直到 1925 年夏末才得到了一份副本。他与他在苏黎世的同事德拜讨论了这篇论文，后者建议薛定谔就德布罗意的观点举行一次座谈会。这在 1925 年 11 月底或 12 月初正式举行。据菲利克斯·布洛赫（Felix Bloch）说：

> "当他说完后，德拜随口说了一句，他认为这种看法相当幼稚。作为索末菲的学生，他了解到，要正确处理波，必须有一个波动方程。这听起来微不足道，似乎不会给人深刻印象，但薛定谔后来显然对这个想法有了更多的思考。"（Bloch，1976）

就在几周后，薛定谔举行了另一次座谈会，据报道，他以下面几句话开头：

> "我的同事德拜建议应该有一个波动方程。嗯，我找到了一个。"

这就是氢原子薛定谔波动方程的发现。

14.3　相对论性的薛定谔方程

在寻找描述德布罗意物质波的波动方程时，薛定谔首先试图找到一个合理的相对论性的波动方程。原因很清楚，正如 9.3 节所述，德布罗意使用了大量相对论性的论证，找到了物质波的相位关系和电子运动学的自洽描述。这些相对论性波动方程的推导的首次尝试从未发表过，但论点可以在薛定谔的笔记本和他写的一份关于氢原子本征振动的三页备忘录中找到。这第一次尝试被他的第一篇关于波动力学的非相对论性论文取代（Mehra 和 Rechenberg，1987）。

薛定谔正在寻找一个与时间无关的波动方程，它将具有标准形式

$$\Delta\psi + k^2\psi = 0 \tag{14.8}$$

其中 $k = 2\pi/\lambda$ 是波矢。$u = \omega/k$ 是波的相速度，在德布罗意的论文中，已经证明了 u 是超光速：$u = c^2/v$，其中 v 是电子的速度（9.3 节）。因此薛定谔做出了以下验证：

$$u = \frac{c^2}{v} = \frac{\gamma m_e c^2}{\gamma m_e v} = \frac{E}{p} = \frac{h\nu}{\gamma m_e v} \tag{14.9}$$

在德布罗意的关系式 $E = h\nu = \gamma m_e c^2$ 中，薛定谔加入了静电势能，因此

$$h\nu = \gamma m_e c^2 - \frac{e^2}{4\pi\epsilon_0 r} \tag{14.10}$$

这些表达式被重新整理,以消去电子的速度 v,从而

$$\frac{v}{c}=\left[1-\frac{m_e^2c^4}{\left(h\nu+\dfrac{e^2}{4\pi\epsilon_0 r}\right)^2}\right]^{1/2},\quad \gamma=\frac{h\nu+\dfrac{e^2}{4\pi\epsilon_0 r}}{m_e c^2} \tag{14.11}$$

那么电子的相速度是

$$u=c\frac{h\nu/(m_e c^2)}{\left[\left(\dfrac{h\nu}{m_e c^2}+\dfrac{e^2}{4\pi\epsilon_0 m_e c^2 r}\right)^2-1\right]^{1/2}} \tag{14.12}$$

利用关系式 $k=2\pi\nu/u$,并用式(14.11)将 u 代入波动方程(14.8),薛定谔得到了以下波动方程:

$$\Delta\psi+\frac{4\pi^2 m_e^2 c^2}{h^2}\left[\left(\frac{h\nu}{m_e c^2}+\frac{e^2}{4\pi\epsilon_0 m_e c^2 r}\right)^2-1\right]\psi=0 \tag{14.13}$$

正如我们将看到的,这个方程与非相对论性波动方程的形式相同。

现在是薛定谔非常熟悉的领域,他清楚地知道如何把方程(14.13)看成一个本征函数问题。他所要做的就是遵循球谐坐标中分离变量的标准程序,即 $\psi(r,\theta,\varphi)=R(r)\Theta(\theta)\Phi(\varphi)$,并应用适当的边界条件。函数 $\Theta(\theta)$和 $\Phi(\varphi)$可以用 $m\geqslant 0$ 的标准角函数表示为

$$Y_l^m(\theta,\varphi)=\Theta(\theta)\Phi(\varphi)=(-1)^m\left[\frac{(2l+1)}{4\pi}\frac{(l-m)!}{(l+m)!}\right]^{1/2}P_l^m(\cos\theta)\exp(\mathrm{i}m\varphi) \tag{14.14}$$

其中 $P_l^m(\cos\theta)$是标准球谐函数,l 是正整数。[④] 当 $m<0$ 时,球谐函数为

$$Y_l^{-|m|}(\theta,\varphi)=(-1)^{|m|}\left[Y_l^{|m|}(\theta,\varphi)\right]^* \tag{14.15}$$

其中星号表示 $Y_l^m(\theta,\varphi)$的复共轭。径向方程可以写成以下形式的常微分方程:

$$\frac{\mathrm{d}^2R}{\mathrm{d}r^2}+\frac{2}{r}\frac{\mathrm{d}R}{\mathrm{d}r}+\left(-A+\frac{2B}{r}-\frac{C}{r^2}\right)R=0 \tag{14.16}$$

经过一些努力,薛定谔解出了这个方程,发现了量子化能级,但这个解并不完全正确。他很清楚,旧量子论的成功之一是索末菲的氢原子相对论性模型,该模型在 5.3 节中讨论过。这个问题由梅赫拉和雷兴伯格(1987)的分析来说明,他们证明,对于索末菲和海森堡的解,常数 A 和 B 的解可以用 A' 和 B' 写成等价的形式,如下所示:

索末菲: $$\frac{2\pi}{h}\frac{B'}{\sqrt{-A'}}=n_r+\sqrt{k^2-\alpha^2}$$

薛定谔: $$\frac{2\pi}{h}\frac{B'}{\sqrt{-A'}}=n_r+\sqrt{\left(k+\frac{1}{2}\right)^2-\alpha^2}-\frac{1}{2}$$

常数 A'和 B'决定了氢原子中电子的定态能量,索末菲的表达式(5.36)与实验结果非常一致。薛定谔的表达式中的额外 1/2 因子破坏了这种一致性,需要引入半整数量子数。这对薛定谔来说是一种挫败,他把这个问题搁置了一小段时间,同时

完成了其他的写作。虽然当时还不清楚,但出错的原因在于:一旦采纳了氢原子的相对论性理论,就必须考虑电子的自旋。然而,这是一项重要的分析——这是第一次将原子中电子的波动方程引入量子物理学。请注意,德布罗意的波是行波,而薛定谔将这个问题转化为一种驻波,就像小提琴弦在张力作用下的振动。

14.4 《量子化是本征值问题(第 1 部分)》

14.4.1 序言

1925 年末至 1926 年初,薛定谔原本打算在阿罗萨(Arosa)的赫维希(Herwig)别墅度过圣诞假期,在那里放松并享受滑雪的乐趣。然而,他的心思被他最近的研究所消耗,牺牲了本该是放松的时期。正如他在 1925 年 12 月 27 日写给威廉·维恩的信中所指出的:

> "目前我被一种新的原子理论困扰……我相信我可以写下一个振动系统——以相对自然的方式构造,而不是通过特别的假设——它的本征频率是氢原子的频率。"

他的笔记本显示,氢原子非相对论性波动方程的第一个推导是在那个节日期间提出的。事实上,这个推导只不过是 14.3 节中讨论的相对论性波动方程在非相对论性情况下的一个直接简化,式(14.10)变成

$$h\nu = m_e c^2 + \frac{1}{2} m_e v^2 - \frac{e^2}{4\pi\epsilon_0 r} \tag{14.17}$$

波的相速度(14.9)变为

$$u = \frac{E}{p} = \frac{h\nu}{m_e v} \tag{14.18}$$

如前所述,消去式(14.17)和式(14.18)中的 v,得到相速度更简单的表达式:

$$u = \frac{h\nu}{m_e v} = \frac{h\nu}{\sqrt{2m_e\left(h\nu - m_e c^2 + \dfrac{e^2}{4\pi\epsilon_0 r}\right)}} \tag{14.19}$$

然后代入波动方程(14.8),得到

$$\Delta\psi + \frac{8\pi^2 m_e}{h^2}\left(h\nu - m_e c^2 + \frac{e^2}{4\pi\epsilon_0 r}\right)\psi = 0 \tag{14.20}$$

这个波动方程也可通过球坐标下的分离变量求解:$\psi(r,\theta,\varphi) = R(r)\Theta(\theta)\Phi(\varphi)$,如 14.3 节所示,得出与 $R(r)$ 形式相同的常微分方程:

$$\frac{d^2 R}{dr^2} + \frac{2}{r}\frac{dR}{dr} + \left(-A + \frac{2B}{r} - \frac{C}{r^2}\right)R = 0 \tag{14.21}$$

但现在系数 A,B 和 C 的表达式要简单得多:

$$A = \frac{8\pi^2 m_e}{h^2}(m_e c^2 - h\nu), \quad B = \frac{\pi m_e e^2}{\epsilon_0 h^2}, \quad C = l(l+1) \tag{14.22}$$

其中 l 是整数,对应于旧量子论中的方位角量子数。球谐解(14.14)要求 A,B 和 C 的下列表达式只能取整数值 n_r:

$$\frac{B}{\sqrt{A}} - \sqrt{C + \frac{1}{4}} + \frac{1}{2} = n_r \tag{14.23}$$

代入上述 A,B 和 C 的值,他得到

$$\frac{B}{\sqrt{A}} = \sqrt{\frac{m_e e^4}{8\epsilon_0^2 h^2 (m_e c^2 - h\nu)}} = n_r + l = n \tag{14.24}$$

将两边平方并代入 A 和 B 的值,我们得到

$$\frac{R_\infty h}{m_e c^2 - h\nu} = n^2 \tag{14.25}$$

可按如下方式进行重组:

$$E = h\nu = m_e c^2 - \frac{R_\infty hc}{n^2} \tag{14.26}$$

R_∞ 是里德伯常数,$R_\infty = m_e e^4/(8\epsilon_0^2 h^3 c)$。这是一个令人震惊的结果——驻波的能量正是氢原子定态的能量,它们之间的能量差将导致在氢光谱中观察到的玻尔的谱线公式。

薛定谔还有很多事情要做。特别是,他仍然需要解式(14.21)中 ψ 对半径的径向依赖性。他随身携带着施莱辛格(Schlesinger)的教科书《微分方程理论导论》(1900),并努力寻找解决方案。事实上,柯朗和希尔伯特的《数学物理方法:卷 1》出现在 1924 年,给出了一个类似的拉盖尔多项式的解,实际解是使用连带拉盖尔多项式得到的,它出现在薛定谔 1926 年的论文的第 3 部分,论文题目也是"量子力学是本征值问题"(Schrödinger,1926e)。

14.4.2 氢原子的非相对论性理论

几周之内,薛定谔完成了他的 6 篇伟大系列论文中的第一篇。1926 年 1 月 27 日,*Annalen der Physik* 收到了这篇论文。这些想法和方法都得到了完善,其显著特点是他将大部分论证用于他发现的波动方程的数学要求上,而不是将公式与氢原子物理或一般的量子现象联系起来。他在论文的第 3 部分解释了这种方法的原因:

"当然,有人强烈建议我们应该尝试将函数 ψ 与原子中的某些振动过程联系起来,这种振动过程将比电子轨道更接近现实,而电子轨道的真实存在目前正受到了极大的质疑。我最初打算以更直观的方式来建立新的量子条件,但最终给出了上述中性的数学形式,因为它更清楚地揭示了什么才是真正的本质。在我看来,最重要的一点是,'整数'的假设不再神秘

地进入量子规则，但是我们已经把事情往前追溯了一步，并发现‘整数性’起源于特定空间函数的有限性和单值性。”

薛定谔把更多的物理论证推迟到系列文章的第二篇。

他的第一步是以一种更正式的方式重新推导波动方程(14.20)，从哈密顿-雅可比微分方程(5.86)开始：

$$H\left(q,\frac{\partial S}{\partial q}\right)=E \tag{14.27}$$

这是在 5.4.4 小节推导的。他指出，S 的解通常是函数之和，每个函数都是一个自变量 q_i 的函数。这在 5.5 节索末菲用旧量子论对椭圆轨道的分析中得到了说明。在笛卡儿坐标系中，用当前符号重写式(5.98)：

$$H=\frac{1}{2m}\left[\left(\frac{\partial S}{\partial x}\right)^2+\left(\frac{\partial S}{\partial y}\right)^2+\left(\frac{\partial S}{\partial z}\right)^2\right]-\frac{Ze^2}{4\pi\epsilon_0 r}=E \tag{14.28}$$

现在，在对波动方程(14.20)的分析中，薛定谔已经表明，应该根据独立函数的乘积来寻求解决方案，就像分离变量得到式(14.21)所示的那样。相比之下，5.5 节的分析表明，解可以写为正交坐标 r,θ,φ 的独立函数之和。在笛卡儿符号中，式(5.99)应该写成

$$S=S_x(x)+S_y(y)+S_z(z) \tag{14.29}$$

解决方案是将 S 写成某个函数 ψ 的对数，使得 $S=K\ln\psi$。于是，式(14.27)可以写为

$$H\left(q,\frac{K}{\psi}\frac{\partial\psi}{\partial q}\right)=E \tag{14.30}$$

他表示，他将把这种理论推导应用于氢原子的非相对论性情况。然后是新方法的关键：

“我们现在求函数 ψ，对于它的任意变化，在整个坐标空间中所述二次型的积分都是稳定的，ψ 处处都是实的、单值的、有限的，并且直到二阶连续可微。量子条件被这个变分问题所取代。”

现在，式(14.28)可以重写为

$$H=\frac{K^2}{2m}\left[\left(\frac{1}{\psi}\frac{\partial\psi}{\partial x}\right)^2+\left(\frac{1}{\psi}\frac{\partial\psi}{\partial y}\right)^2+\left(\frac{1}{\psi}\frac{\partial\psi}{\partial z}\right)^2\right]-\frac{Ze^2}{4\pi\epsilon_0 r}=E \tag{14.31}$$

或者把它转换成一个合适的形式，来得到 ψ 的定态解：

$$J=\left(\frac{\partial\psi}{\partial x}\right)^2+\left(\frac{\partial\psi}{\partial y}\right)^2+\left(\frac{\partial\psi}{\partial z}\right)^2-\frac{2m}{K^2}\left(E+\frac{Ze^2}{4\pi\epsilon_0 r}\right)\psi^2=0 \tag{14.32}$$

这是一个二次型，在整个坐标空间中可以任意变化。通过令 $\delta J=0$ 得到定态解，即

$$\delta J=\delta\iiint \mathrm{d}x\mathrm{d}y\mathrm{d}z\left[\left(\frac{\partial\psi}{\partial x}\right)^2+\left(\frac{\partial\psi}{\partial y}\right)^2+\left(\frac{\partial\psi}{\partial z}\right)^2-\frac{2m}{K^2}\left(E+\frac{Ze^2}{4\pi\epsilon_0 r}\right)\psi^2\right]=0 \tag{14.33}$$

此处对整个空间进行积分。薛定谔接着说：

“由此，我们用通常的方式发现，”

$$\frac{1}{2}\delta J = \oint_S \left(\frac{\partial\psi}{\partial n}\right)\delta\psi \mathrm{d}A - \iiint \mathrm{d}x\mathrm{d}y\mathrm{d}z\delta\psi\left[\nabla^2\psi + \frac{2m}{K^2}\left(E + \frac{Ze^2}{4\pi\epsilon_0 r}\right)\psi^2\right] = 0 \tag{14.34}$$

其中,dn 是垂直于面元 dA 的距离微元。我们在尾注中概述了如何使用 5.4.2 小节[5]中发展的工具导出该表达式。对于任意变化 $\delta\psi$,两项都必须为零,由此得到

$$\nabla^2\psi + \frac{2m}{K^2}\left(E + \frac{e^2}{4\pi\epsilon_0 r}\right)\psi = 0 \tag{14.35}$$

要求式(14.34)的第一个积分在无穷远处的 4π 立体角上取值时应该为零:

$$\oint_S \left(\frac{\partial\psi}{\partial n}\right)\delta\psi \mathrm{d}A = 0 \tag{14.36}$$

薛定谔已经从他对德布罗意物质波概念的解释出发,导出了一个类似形式的方程,即式(14.20)。比较式(14.20)和式(14.35),可以立即得出 $K = h/(2\pi)$。因此

$$\nabla^2\psi + \frac{8\pi^2 m}{h^2}\left(E + \frac{e^2}{4\pi\epsilon_0 r}\right)\psi = 0 \tag{14.37}$$

这是薛定谔不含时氢原子波动方程的最终版本。[6]论文其余大部分内容都与波动方程(14.37)的数学性质的仔细分析有关。

首先,薛定谔认识到,由于问题具有球面对称性,球极坐标系是采用的自然系统。他通过分离变量 $\psi = R(r)\Theta(\theta)\Phi(\varphi)$,在这些坐标系中寻找解,函数 $Y(\theta,\varphi) = \Theta(\theta)\Phi(\varphi)$是式(14.14)和式(14.15)给出的常用球谐函数。这些函数的关键特征是:为了使球谐函数是单值的,l 只能取正整数值:$l \geqslant 0$,而 m 只能取 $-l \leqslant m \leqslant l$ 范围内的整数值。球谐函数形成一个完备的正交函数集,因此球面上的任何分布都可以分解为球谐函数的和。

分离变量导致 $R(r)$的如下方程:

$$\frac{\mathrm{d}^2 R}{\mathrm{d}r^2} + \frac{2}{r}\frac{\mathrm{d}R}{\mathrm{d}r} + \left[\frac{8\pi^2 m_e E}{h^2} + \frac{8\pi^2 m_e e^2}{h^2 r} - \frac{l(l+1)}{r^2}\right]R = 0 \tag{14.38}$$

其中 $l = 0,1,2,3,\cdots$。薛定谔现在对这个方程的可接受解的性质进行详细分析,特别注意 $r = 0$ 和 $r = \infty$处的奇异问题。这些解是根据拉普拉斯变换得到的,由量

$$\frac{m_e e^2}{\sqrt{-8\epsilon_0^2 h^2 m_e E}} \tag{14.39}$$

表征。

然后,他建立了以下结果——在原始文本中薛定谔用斜体标注:

1. 对于每个正的 E,[式(14.38)]处处有单值的、有限的和连续的解;在连续振荡下,在无穷远处以 $1/r$ 的方式趋于零。

2. 对于不满足条件[即式(14.39)取整数值]的负的 E,我们的变分问题没有解。

3. 对于负的 E，我们的变分问题有解，当且仅当 E 满足条件

$$\frac{m_e e^2}{\sqrt{-8\epsilon_0^2 h^2 m_e E}} = n \tag{14.40}$$

时，其中 $n=1,2,3,4,\cdots$。

4. 如果 $l \geqslant n$，问题无解。只有小于 n 的值（我们总是有一个这样的值）才能被赋予整数 l，它表示方程中出现的表面谐波的阶数。

定态的能量现在可以从式(14.40)中得到，为

$$E_n = -\frac{m_e e^4}{8\epsilon_0^2 n^2 h^2} \tag{14.41}$$

这些正是氢原子中电子的定态能量。

薛定谔充分理解了这些计算的重要性。在推导出氢原子的定态能量之后，他立即解释了量子数的意义——我已经将量子数转化为现代用法：

"我们的 n 是主量子数。$l+1$ 类似于角量子数。通过对表面谐波更精确的定义，这个数的拆分可以与角量子数被分解为'赤道'和'极性'量子相比较。这里的这些数定义了球体上的节点-线系统。还有'径向量子数' $n-l-1$ 正好给出了'节点球体'的确切数量，因为很容易确定，函数 $[R(r)]$ 正好有 $n-l-1$ 个正实根。正的 E 值对应于双曲轨道的连续，在某种意义上，可以将其归因于径向量子数∞。"

他还指出，$R(r)$ 的驻波解的振幅在半径大于 a_n/n 时趋于零，其中 a_n 是经典椭圆轨道半长轴对应的玻尔-索末菲值。

14.4.3　反思

薛定谔意识到这些计算在洞察量子化本质方面的重要性。在论文接近尾声时，他写道：

"几乎没有必要强调，在量子跃迁时，想象能量从一种形式的振动变成另一种形式的振动要比想象一个跳跃的电子更为合适。振动形式的变化可以在空间和时间上连续发生，凭经验，只要发射过程持续，振动形式的变化就很容易持续。"

他有了一个惊人的发现，即通过波函数 ψ 处处都是实的、单值的、有限的，并且直到二阶都是连续可微的基本要求，可以将量子化引入到量子现象的描述中。正如他所强调的，旧量子论中那些任意的量子条件被对这些波函数性质的约束取代。

这篇论文给人的印象是在灵感的白热化中写作——薛定谔意识到还有许多未尽事宜需要解决，但他被迫以几乎不加修饰的形式发表了他的发现。他充分认识到德布罗意的论文的重要性：

"最重要的是，我想提出，我最初是被路易斯·德布罗意先生的一些具有启发性的论文(de Broglie，1924a)引导进行这些讨论的……"

完全可以理解的是,他应该把发表他的波动方程放在首位,而不是对他的思想的突破进行更彻底的研究。他仍然以极快的速度工作。1926 年 2 月 23 日,*Annalen der Physik* 收到了他的下一篇论文《量子化是本征值问题(第 2 部分)》。第 2 部分在第 1 部分之前发表可能更符合逻辑,因为它对波动方程如何表述为费马和哈密顿原理的扩展提供了更深刻的见解。对该论文的分析是我们的下一个任务。

14.5 《量子化是本征值问题(第 2 部分)》

薛定谔的第二篇论文关注于为他的波动方程提供更一个正式的基础,并提供更多的应用实例(Schrödinger,1926c)。哈密顿率先尝试将拉格朗日力学和物理光学置于同一形式基础上,他受到拉格朗日对经典力学的方法和菲涅耳(Fresnel)在发展光学的波动理论以描述衍射和干涉现象方面的成功启发。哈密顿的目标不亚于提供一个统一的理论,既能描述粒子的运动,又能描述粒子的传播(Hamilton,1833)。他通过展示他的特征函数 S 既可以应用于粒子的动力学,也可以应用于光线的路径实现了这一点,该函数在 5.4 节中介绍过。

14.5.1 波动力学的基本原理

对于光线,费马最小时间原理指出,光线的路径是指通过折射率 n 随位置变化的介质,使光源和探测器之间的时间最小的路径:

$$\delta\int \frac{n}{c}\mathrm{d}l = 0 \tag{14.42}$$

其中 c 是光速,$\mathrm{d}l$ 是距离元。斯涅耳(Snell)折射定律 $n_1\sin\theta_1 = n_2\sin\theta_2$ 立即从该原理的几何应用中得出,其中 n_1 和 n_2 是介质的折射率,角度 θ_1 和 θ_2 是光线相对于表面法线的入射角和折射角。

力学系统中的费马原理可以很容易地从莫佩尔蒂(Maupertuis)原理中类比得到,莫佩尔蒂原理是历史上第一个变分原理,也是最小作用原理的一个变体。在目前的情况下,我们只对不显含时间的情况感兴趣,即拉格朗日量和哈密顿量都不依赖于时间,换句话说,系统涉及保守力场。就一般坐标而言,哈密顿量 $H(p,q)=E=$ 常数。

朗道(Landau)和栗弗希兹(Lifshitz)(1976)证明,在这些条件下,莫佩尔蒂原理可以写为

$$\delta S_0 = 0, \quad S_0 = \int \sum_i p_i \mathrm{d}q_i \tag{14.43}$$

其中 p_i 和 q_i 是 5.4.3 小节中介绍的广义坐标,$p_i = \partial\mathcal{L}/\partial\dot{q}_i$。薛定谔以最简单的

形式使用该原理，其中 p_i 是笛卡儿动量 $p = mv$，q 为位置坐标。那么粒子的轨迹是由最小化条件给出的那条路径：

$$\delta\int \boldsymbol{p} \cdot \frac{\mathrm{d}\boldsymbol{l}}{\mathrm{d}t}\mathrm{d}t = \delta\int \boldsymbol{p} \cdot \boldsymbol{v}\mathrm{d}t = \delta\int 2T\mathrm{d}t = 0 \tag{14.44}$$

式中 T 是动能。[7] 表达式(14.44)是薛定谔下一次解决他在文中所说的波动力学基本原理的起点。

从莫佩尔蒂原理(14.44)开始，$\mathrm{d}t$ 可以用 $\mathrm{d}l/v$ 代替，其中 v 是粒子的速度。由于粒子的动能为 $mv^2/2$，因此莫佩尔蒂原理变为

$$\delta\int mv\mathrm{d}l = 0 \tag{14.45}$$

但是，我们可以用能量 E 和势能 U 来写出 v，即 $mv^2/2 + U = E$，所以最小化程序就变成了

$$\delta\int [2m(E - U)]^{1/2}\mathrm{d}l = 0 \tag{14.46}$$

根据哈密顿，最小化程序(14.46)应与费马的最小时间原理(14.42)相同。因此波的相速度 v 和粒子运动之间的等价关系可以象征性地写为

$$v_{波} = \frac{c}{n} \quad \Rightarrow \quad \frac{C}{[2m(E - U)]^{1/2}} \tag{14.47}$$

其中 C 是常数。贾默(1989)将这种等价性称为哈密顿的光力类比。

哈密顿进一步进行类比。哈密顿的作用量函数定义为 $S = \int_{t_0}^{t} \mathcal{L}\,\mathrm{d}t$，其中$\mathcal{L} = T - U$ 是拉格朗日量，定义了作用面 $S(x, y, z, t) =$ 常数。作用面的性质与系统中粒子的动力学直接相关。从作用量函数可以导出以下关系，如尾注所示。[8] 粒子的动量和总能量由下式给出：

$$\boldsymbol{p} = \nabla S, \quad \frac{\partial S}{\partial t} = \mathcal{L} - pv = -E \tag{14.48}$$

其中 E 是在保守力作用下运动的总能量。波 $\exp(\mathrm{i}\varphi) = \exp[\mathrm{i}(\boldsymbol{k} \cdot \boldsymbol{r} - \omega t)]$相应的波前方程为

$$\boldsymbol{k} = \nabla\varphi, \quad \frac{\partial\varphi}{\partial t} = -\omega \tag{14.49}$$

其中 φ 是波的相位因子，$\omega = 2\pi\nu$。比较式(14.48)和式(14.49)，粒子系统的恒定作用面完全相似于光波的恒定相位面。此外，波矢 $\boldsymbol{k}$ 与动量 $\boldsymbol{p}$ 类似，角频率 ω 与粒子能量E 类似。这些见解由哈密顿于 1828～1837 年出版(Hamilton, 1931)，远远领先于他所处的时代。形式上的类比是明显的，但是对于速度 v 作为波速没有明显的解释。除了菲利克斯・克莱因(Felix Klein)等少数理论家外，哈密顿的光力类比一直被忽视，直到 1926 年薛定谔将这一概念引入量子理论的前沿。

在他的第二篇论文中，薛定谔强调光学中的费马原理和力学中的哈密顿原理提供了光学和力学的经典等价性。费马原理没有提到光的波动性质。相比之下，

波动的变分过程深深嵌入了菲涅耳的波动光学方法中,因此粒子运动应该有一个平行的波的等价结果。只要系统的尺度与光的波长相比很大,经典的光学就会非常有效。然而,当波长与系统的尺度相当时,它就会失效,产生特有的衍射和干涉现象。薛定谔假设,粒子的力学也应该如此。只要系统的尺度远远大于观察到的量子现象的特征尺寸,经典力学就能很好地起作用。然而,在原子尺度上,如果系统的尺度与德布罗意波长 $\lambda = h/p$(其中 p 是粒子的动量)相同,那么物质的波动特性就不能被忽视了。

薛定谔首先从作用面运动的角度讨论了粒子的动力学,并表明其法向速度为

$$v = \frac{E}{\sqrt{2m(E-U)}} \tag{14.50}$$

他对作用面运动的图示如图 14.1 所示。我们可以直接从哈密顿发现的作用面速度(14.49)与波前速度(14.50)之间的等价关系推导出这种关系。因此,波或作用面的相速度为

$$v_{\mathrm{ph}} = \left|\frac{\omega}{k}\right| = \frac{\partial\varphi/\partial t}{\nabla\varphi} \equiv \frac{\partial S/\partial t}{\nabla S} = \frac{E}{p} = \frac{E}{\sqrt{2m(E-U)}} \tag{14.51}$$

哈密顿和 19 世纪的理论家面临的问题是,粒子的速度不是式(14.50),而是

$$v_{\mathrm{part}} = \frac{\sqrt{2m(E-U)}}{m} \tag{14.52}$$

这是哈密顿的见解被忽略的主要原因。

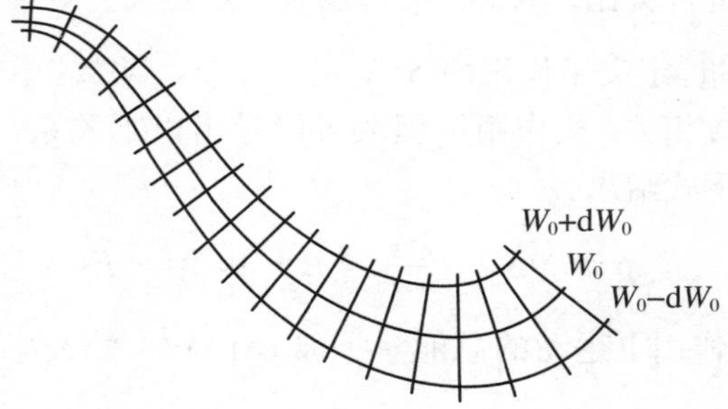

图 14.1 薛定谔对由 $S = \int_{t_0}^{t} \mathcal{L}\,\mathrm{d}t$ 定义的作用面的运动的可视化,其中 $\mathcal{L} = T - U$ 是拉格朗日量(Schrödinger,1926c)

然而,薛定谔意识到,根据波动力学,表达式(14.51)对应于与原子中电子的定态相关的驻波色散关系。定态的能量为 $E = \hbar\omega$,因此式(14.52)变为

$$\frac{\omega}{k} = \frac{\hbar\omega}{\sqrt{2m(\hbar\omega - U)}}, \quad k = \frac{1}{\hbar}\sqrt{2m(\hbar\omega - U)} \tag{14.53}$$

因此群速度 $v_{\mathrm{gr}} = \mathrm{d}\omega/\mathrm{d}k$,即波包的速度,由下式给出:

$$\frac{\mathrm{d}k}{\mathrm{d}\omega} = \frac{1}{v_{\mathrm{gr}}} = \frac{m}{\sqrt{2m(\hbar\omega - U)}}, \quad v_{\mathrm{gr}} = \frac{\sqrt{2m(E-U)}}{m} \tag{14.54}$$

这正是粒子速度的表达式。还要注意 $v_{\mathrm{ph}} v_{\mathrm{gr}} = E/m$。

这一推理与德布罗意的论点相似，后者在9.3节中详细阐述过。特别是，在表达式(9.15)和(9.16)中说明了区分德布罗意波的重要性，德布罗意波随相速度移动，粒子速度随波叠加的群速度移动。薛定谔明确承认，这正是德布罗意的见解。薛定谔写道：

> “我们在这里再次发现了一个关于电子‘相波’的定理，这是德布罗意先生在那些出色的研究[(de Broglie，1924b)]中推导出来的，我这项工作的灵感源于此。”

薛定谔根据哈密顿-雅可比的规则，对波动力学的形式基础给予了相当的关注和注意，然后采用最简单的方法来建立波动方程。ψ 的标准波动方程可以写成

$$\nabla^2 \psi - \frac{1}{v_{\mathrm{ph}}^2}\ddot{\psi} = 0 \tag{14.55}$$

寻求与时间无关的解，其中波函数 ψ 对时间的依赖关系为 $\exp(\mathrm{i}\omega t) = \exp(\mathrm{i}2\pi\nu t)$，因此

$$\nabla^2 \psi + \frac{\omega^2}{v_{\mathrm{ph}}^2}\psi = 0 \tag{14.56}$$

现在用式(14.52)代替 v_{ph}，已知 $E = h\nu$，我们得到

$$\nabla^2 \psi + \frac{8\pi^2 m}{h^2}(E-U)\psi = 0, \quad 或 \quad \nabla^2 \psi + \frac{8\pi^2 m}{h^2}(h\nu - U)\psi = 0 \tag{14.57}$$

这些方程与他在第一篇论文中推导的波动方程(14.37)完全相同。薛定谔对这个方程的唯一性持谨慎态度，但基于简单性的理由，他认为它将被用作描述量子现象的波动方程。他还指出，作为一个偏微分方程，可能有大量的解。虽然引入了量子关系 $E = h\nu$，但原子系统能级的量子化不是任意确定的，而是由边界条件决定的，边界条件满足函数 ψ 在整个组态空间中必须是单值的、有限的和连续的要求。他在第1部分中应用了这些概念，现在他进一步举例说明了这些方法的威力。

14.5.2　应用

求解氢原子的薛定谔波动方程是一个令人印象深刻的壮举，现在他将这些概念扩展到了玻恩、海森堡和约当(1926)已经成功解决的问题。在他撰写系列论文的第2部分时，他已经发现了柯朗和希尔伯特的《数学物理方法》(1924)，并被其内容折服。在1926年2月22日给维恩的一封热情的信中，他写道：

> “时间飞逝。每过两天或三天，它都会带来一点新奇感——它确实有效，而不是我，这个‘它’就是宏伟的经典数学和希尔伯特的数学，特征值的奇妙大厦。这一切都清晰地展现在我们面前，我们所要做的就是接受它，不需要任何劳动和烦恼；因为正确的方法是及时提供的，只要你需要，

完全自动。我很高兴能摆脱可怕的力学,包括它的作用量和角变量,以及微扰理论,我从来没有真正理解过这些。现在,一切都变成了线性的,一切都可以叠加;人们的计算就像老式音响一样轻松舒适。即使是[新力学中的]微扰理论也不比[考虑]弦的受迫振动更复杂。”

柯朗和希尔伯特的书的出现,以及本征函数和本征值在波动力学中的直接应用,这一惊人的巧合,是 1926 年薛定谔取得惊人迅速进步的原因之一。

普朗克振子

第一个新的应用是谐振子,称为普朗克振子,因为它在普朗克 1900 年的开创性论文中起着基础性作用。将一维谐振子的动能和势能项写成 $T = m\dot{x}^2/2$ 和 $U = m\omega_0^2 x^2/2$,波动方程变为

$$\frac{d^2\psi}{dx^2} + \frac{8\pi^2 m}{h^2}\left(E - \frac{1}{2}m\omega_0^2 x^2\right)\psi = 0 \tag{14.58}$$

将符号改为 $a = 8\pi^2 mE/h^2$ 和 $b = 4\pi^2 m^2\omega_0^2/h^2$,该方程变为

$$\frac{d^2\psi}{dx^2} + (a - bx^2)\psi = 0 \tag{14.59}$$

将变量改为 $y = xb^{1/4}$,方程简化为标准形式

$$\frac{d^2\psi}{dy^2} + \left(\frac{a}{\sqrt{b}} - y^2\right)\psi = 0 \tag{14.60}$$

该方程的本征函数解已在柯朗和希尔伯特的《数学物理方法》中给出。特征值只能取 $a/\sqrt{b} = 1,3,5,\cdots,2n+1,\cdots$。本征函数是

$$\psi(y) = e^{-y^2/2}H_n(y) \tag{14.61}$$

其中 $H_n(y)$是正交厄米多项式,其中前几个是

$$H_0(y) = 1,\quad H_1(y) = 2y$$
$$H_2(y) = 4y^2 - 2,\quad H_3(y) = 8y^3 - 12y$$
$$H_4(y) = 16y^4 - 48y^2 + 12,\quad \cdots$$

根据 a 和 b 的定义,特征值是

$$\frac{a}{\sqrt{b}} = \frac{2E}{h\nu_0} = 1,3,5,\cdots,2n-1,\cdots \tag{14.62}$$

即

$$E = \left(n + \frac{1}{2}\right)h\nu_0 = \left(n + \frac{1}{2}\right)\hbar\omega_0 \tag{14.63}$$

这个惊人的关系与海森堡从量子现象的矩阵力学方法得到的结果是一致的。薛定谔也能够导出本征函数的形式,我们将在下一节中回到这一点。他清楚地意识到,该解包含零点能 $h\nu_0/2$,并且可在带边频率的测量中观察到(见 11.5 节和 12.5 节)。

定轴转子

在这种情况下，能量完全在转子的转动动能中，唯一的变量是旋转角的相位 φ。对于这种旋转运动，与谐振子中电子的线性运动的等价结果为

$$\frac{1}{2}m\dot{x}^2 \equiv \frac{1}{2}I\dot{\varphi}^2, \quad m \equiv I, \quad x \equiv \varphi \tag{14.64}$$

因此波动方程为

$$\frac{\mathrm{d}^2\psi}{\mathrm{d}\varphi^2} + \frac{8\pi^2 I}{h^2}E\psi = 0 \tag{14.65}$$

这是一个有解的简谐方程，解为

$$\psi(\varphi) = \frac{\sin}{\cos}\left[\left(\frac{8\pi^2 I}{h^2}\right)^{1/2}\varphi\right] \tag{14.66}$$

量子化产生于波函数单值连续的要求，因此 $(8\pi^2 I/h^2)^{1/2} = 1,2,3,\cdots$，转子的量子化能级是

$$E_n = \frac{n^2 h^2}{8\pi^2 I} \tag{14.67}$$

与之前的量子论点一致。

自由刚性转子

在这种情况下，转子的运动受到约束，使得任何直径的端点都位于球体的表面上。因此波动方程必须用球极坐标表示。θ 和 φ 方向上的动能用 $\boldsymbol{i}_\theta$ 和 $\boldsymbol{i}_\varphi$ 方向上的角动量表示。由于 $T = m(v_\theta^2 + v_\varphi^2)/2$，这些轴的角动量分别是 $L_\theta = mrv_\theta$，$L_\varphi = mr\sin\theta v_\varphi$，因此

$$T = \frac{1}{2I}\left(L_\theta^2 + \frac{L_\varphi^2}{\sin^2\theta}\right) \tag{14.68}$$

所以波动方程变为

$$\nabla^2\psi = \frac{1}{\sin\theta}\frac{\partial}{\partial\theta}\left(\sin\theta\frac{\partial\psi}{\partial\theta}\right) + \frac{1}{\sin^2\theta}\frac{\partial^2\psi}{\partial\varphi^2} + \frac{8\pi^2 IE}{h^2}\psi = 0 \tag{14.69}$$

由于转子的周长被限制在固定球体的表面上，因此不存在径向依赖性——拉普拉斯算子只依赖于极角 θ 和 φ。采用分离变量的常用方法，$\psi = \Theta(\theta)\Phi(\varphi)$，然后从函数 $\Theta(\theta)$ 和 $\Phi(\varphi)$ 在球面上连续和单值的要求得到量子化条件。这些条件导致只有角量子数的离散值是可能的，所以能量本征值是

$$E_l = \frac{l(l+1)h^2}{8\pi^2 I} \tag{14.70}$$

其中 $l = 0,1,2,3,\cdots$。请注意，我们使用的是角动量量子数 l 的现代标准表示法，而不是薛定谔的 n。这个表达式将被视为诸如双原子分子量子化能级的标准表达式。[9]

非刚性转子——双原子分子

在这篇论文的最后部分,薛定谔讨论了分子的转动和振动问题。这个问题涉及6个自由度以及双原子分子的两个原子之间的谐波耦合。我们简单地引用薛定谔关于量子化能级的最终结果:

$$E = E_{\mathrm{t}} + \frac{l(l+1)h^2}{8\pi^2 I}\left(1 - \frac{\epsilon}{1+3\epsilon}\right) + \left(n + \frac{1}{2}\right)h\nu_0\sqrt{1+3\epsilon} \tag{14.71}$$

其中 $n=0,1,2,\cdots,l=0,1,2,\cdots$。小量

$$\epsilon = \frac{l(l+1)h^2}{16\pi^4\nu_0^2 I^2} \tag{14.72}$$

是分子的转动能与振动能之比。E_{t} 是分子的平动能。第二项和第三项对应于量子化的转动能和振动能,是熟悉的具有小修正的项,由模间耦合的小量表示。薛定谔认识到,对于更真实的原子间力模型,这种计算没有考虑到与谐振势的重要偏差。为此,需要波动方程的微扰解,相应的步骤将在薛定谔的系列论文的第3部分中展开。

14.6 波 包

薛定谔的第三篇论文发表于1926年7月9日,是给 *Die Naturwissenschaften* 写的一篇短文,涉及波动力学中谐振子的波包表示,波包由谐振子的本征函数的叠加定义(Schrödinger,1926a)。他将谐振子波函数的计算结果总结如下:

$$\psi_n = \mathrm{e}^{-y^2/2}H_n(y)\mathrm{e}^{\mathrm{i}\omega_n t} \tag{14.73}$$

其中 $\omega_n=(n+1/2)\omega_0$,另外我们用了14.5.2小节中的符号。$H_n(y)$是厄米多项式,$y=x\sqrt{2\pi m\omega_0/h}$。函数(14.73)通过乘以$(2n!)^{-1/2}$进行归一化,这些被称为厄米正交函数,前5个归一化波函数在$-3\leqslant y\leqslant +3$区间上的图像显示在图14.2(a)中,摘自薛定谔的论文。在这个范围之外,波函数呈指数下降到零。

为了构造波包,薛定谔采用了本征函数的完备集,并假设本征函数具有较大的振幅 $A\gg 1$。然后,他选择以下函数描述的波包:

$$\psi = \sum_{n=0}^{\infty}\left(\frac{A}{2}\right)^n\frac{\psi_n}{n!} = \mathrm{e}^{\mathrm{i}\omega_0 t/2}\sum_{n=0}^{\infty}\left(\frac{A}{2}\mathrm{e}^{\mathrm{i}\omega_0 t}\right)^n\frac{1}{n!}\mathrm{e}^{-y^2/2}H_n(y) \tag{14.74}$$

式(14.74)的意义在于厄米正交函数 $(2^n n!)^{-1/2}\psi_n$ 是由因子 $A^n/\sqrt{2^n n!}$加权的。后一个函数可以与函数 $z^n/n!$ 进行比较,对于较大的 n 值,在 $n=z$ 处有一个尖锐的最大值。因此,通过使用该因子对本征函数进行加权,在值 $n=A^2/2$ 附近选择一个较窄的 n 值范围。这种加权的选择还有一个优点,即序列(14.74)可以精

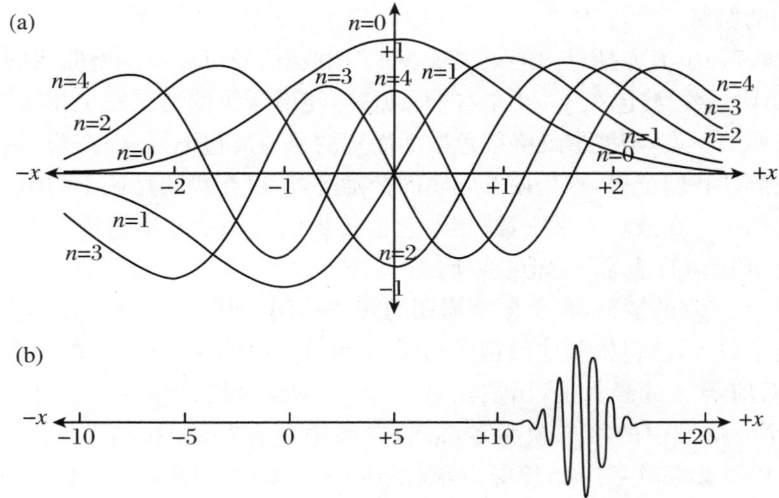

图 14.2　(a) 谐振子的前 5 个本征函数 $\psi_n = e^{x^2/2} H_n(x)$。波函数在 $-3 \leqslant x \leqslant 3$范围外呈指数衰减。(b) 普朗克振子或谐振子的波包，由波函数 $\psi_n(x)$ 的叠加而成(Schrödinger, 1926a)

确求和，这是因为

$$\sum_{n=0}^{\infty} \frac{s^n}{n!} e^{-y^2/2} H_n(y) = \exp\left(-s^2 + 2sy - \frac{y^2}{2}\right) \tag{14.75}$$

所以

$$\psi(y,t) = \exp\left(\frac{i\omega_0 t}{2} - \frac{A^2}{4} e^{i2\omega_0 t} - \frac{y^2}{2}\right) \tag{14.76}$$

取式(14.77)的实部，波包的演化为

$$\psi = \exp\left[\frac{A^2}{4} - \frac{1}{2}(y - A\cos\omega_0 t)^2\right]\cos\left[\frac{\omega_0 t}{2} + (A\sin\omega_0 t)\left(y - \frac{A}{2}\cos\omega_0 t\right)\right] \tag{14.77}$$

这是薛定谔的计算的一个引人注目的最终结果，它开创了一种在量子层面上理解物理本质的新方法。解如图 14.2(b)所示。薛定谔仔细解释了式(14.77)中每项的意义。大方括号中的第一项是高斯误差曲线，其中心位置为 $y = A\cos\omega_0 t$。分布宽度具有 1 的量级，因此与沿 y 轴的误差曲线的振幅相比很小。如果我们现在回到 x 坐标系，振荡的振幅是

$$a = A\sqrt{h/(2\pi m\omega_0)} \tag{14.78}$$

所以如果假设粒子质量为 m，振子的经典能量为

$$E_{\text{vib}} = \frac{1}{2}\omega_0^2 a^2 m = \frac{A^2}{2}\hbar\omega_0 = n\hbar\omega_0 \tag{14.79}$$

这就是振子的平均能量，它的平均量子数是 n。因此波包代表量子态 n 中质量为

m 的粒子的振荡。

式(14.77)中大方括号内的第二项表示“载波”信号对高斯误差曲线的调制,如图 14.2(b)所示。波包在 $y=0$ 左右来回振荡,与谐振子的情况完全相同。薛定谔注意到重要的一点,与波形最终因色散而展宽的普通波包不同,根据式(14.77),波包没有色散。我们记得,和是振子问题的精确解,所以在普朗克振子的情况下没有更高阶的修正。在波动力学中,波包非色散传播的另一个基本例子发生在质点以恒定速度 v 运动的情况下,如尾注所示。[10]

对于 $A=20$ 的情况,半个振荡周期的解(14.78)如图 14.3 所示。该图说明了对于大量子数 n,波包精确地模拟了质量为 m 的谐振子的行为。在该表示中,时间 $t=0$ 对应于 x 的最大值,出现在 $\cos\omega_0 t=1$ 处,因此 $\sin\omega_0 t=0$。在这种情况下,第二个方括号中的第二项为零,波包轮廓中没有“差拍振动”。另一方面,当 $\cos\omega_0 t=0$ 和 $\sin\omega_0 t=1$ 时,轮廓由函数 $\cos Ax=\cos 20x$ 调制。图 14.3 中波包的整体平均轨迹是以 $t=0$ 为中心的半个余弦波。与经典力学完全类似,薛定谔认为:

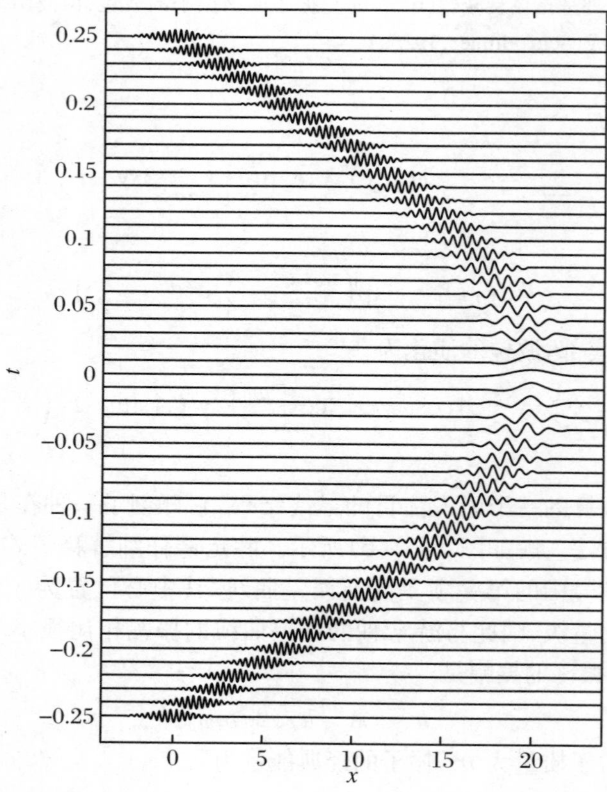

图 14.3 根据式(14.77),在量子化谐振子的半个振荡周期内,$A=20$ 的波包的形式的演化(Schrödinger,1926a)。这张图是大卫·格林(David Green)博士好心绘制的

“波纹的可变性取决于速度，因此从波动力学的所有普遍性质完全可以理解，但我现在不想进一步讨论这个问题。”

14.7 《量子化是本征值问题(第 3 部分)》

在发现柯朗和希尔伯特的《数学物理方法》后，薛定谔加倍努力。下一个任务是发展微扰理论，主要目标是应用这些技术来解释氢的巴耳末谱线的斯塔克展宽。由于爱波斯坦(1916a，b)和史瓦西(1916)的工作，这是旧量子论的伟大胜利之一。

14.7.1 柯朗和希尔伯特

柯朗和希尔伯特的《数学物理方法》这本出色的教科书完整地总结了薛定谔寻找其波动方程的解所需的所有工具。其章节的标题本身就表明了这些数学方法对于波动方程的解是多么合适——Ⅲ线性积分方程，Ⅳ变分法，Ⅴ振动和本征值问题，Ⅵ变分法在本征值问题中的应用，Ⅶ由特征值问题定义的特殊函数。对大多数场合，薛定谔只需将柯朗和希尔伯特的语言翻译成他现在所说的波动力学。正如他在本系列文章的第 3 部分引言中所说的：

> “该方法在本质上与瑞利勋爵在其《声学理论》[(Rayleigh，1894)]中研究具有弱不均匀性的弦振动时使用的方法相同。这是一个特别简单的例子，因为非微扰问题的微分方程具有常系数，只有微扰项是沿弦的任意函数。不仅在这些点上，而且对于特别重要的几个独立变量的情况，即对于偏微分方程，在非微扰问题中出现多个[特征值]的情况下，一个微扰项的加入会导致这些值的分裂，并且在众所周知的光谱问题(塞曼效应、斯塔克效应、多重线)中最感兴趣，一个完全的推广是可能的。”

关键的数学工具是使用厄米算符与斯图姆(Sturm)和刘维尔(Liouville)发展的技术来处理特殊类型的二阶微分方程的微扰解。本征函数和本征值的概念已经广为人知，正如在声波情况下提到的瑞利的分析，但现在它们必须应用于薛定谔波动方程。量子力学教科书中描述了量子力学本征函数的关键数学特征，如下所示：

(1) 如果 L 是微分算符，则本征值方程为

$$Lu(x) = \lambda u(x) \tag{14.80}$$

必须确定解决问题的区域 Ω，并采用适当的边界条件。量子力学所需的解的关键特征是 L 应该是厄米的，这意味着

$$\int_\Omega u^*(\boldsymbol{x})Lv(\boldsymbol{x})\mathrm{d}^3x = \left[\int_\Omega v^*(\boldsymbol{x})Lu(\boldsymbol{x})\mathrm{d}^3x\right]^* \tag{14.81}$$

其中星号表示复共轭，u 和 v 是满足边界条件的任意函数。波函数的厄米行为与12.3 节中讨论过的厄米矩阵的性质完全等价。在矩阵的情况下，确定特征值的过程是将矩阵转换成对角形式的操作的一部分。

（2）如果 L 是厄米算符，则本征值是实的，就像厄米矩阵的情况一样。

（3）与不同本征值相关的厄米微分算符的本征函数是正交的，这意味着

$$uv = \int_{\Omega} u^*(\boldsymbol{x}) v(\boldsymbol{x}) \mathrm{d}^3 x = 0 \quad (u \neq v) \tag{14.82}$$

（4）在非常普遍的条件下，本征函数解集形成一个正交、归一的完备集，或者说正交归一完备集，因此就像在傅里叶级数的情况下一样，任何 $\boldsymbol{x}$ 的好函数都可以由这些本征函数的无穷级数合成。因此

$$f(\boldsymbol{x}) = \sum_n c_n u_n(\boldsymbol{x}) \tag{14.83}$$

因为 u_n 是正交归一的，所以可以很容易地找到系数 c_n，

$$u_m \cdot f = \sum_n c_n u_m \cdot u_n = \sum_n c_n \delta_{mn} = c_m \tag{14.84}$$

一个特别重要的微分算符与斯图姆-刘维尔方程有关。这个算符是

$$L(y) = p\frac{\mathrm{d}^2 y}{\mathrm{d}x^2} + \frac{\mathrm{d}p}{\mathrm{d}x}\frac{\mathrm{d}y}{\mathrm{d}x} - qy = \frac{\mathrm{d}}{\mathrm{d}x}\left[p\frac{\mathrm{d}y}{\mathrm{d}x}\right] - qy \tag{14.85}$$

$y \equiv y(x)$是 x 的函数，$p \equiv p(x)$，$\mathrm{d}p/\mathrm{d}x$ 和 $q \equiv q(x)$是 x 和 $p \geqslant 0$ 的连续函数。如果 $L(y) = 0$，这将成为一个线性、齐次的二阶微分方程，可以很容易地证明它是厄米的。对于任意加权函数 $\rho(x)$（它是 x 的连续函数，且永远不会变为负或零），通过令 $L(y) = E\rho(x)y(x)$并满足边界条件得到的本征函数集是完备和正交的。齐次方程的解导致了本征函数 u_k 和本征值 E_k，例如在氢原子中的情况。请注意，包含加权函数后，本征函数的归一化条件为

$$\int \rho(x) u_i(x) u_k(x) \mathrm{d}x = \delta_{ik} = \begin{cases} 1 & (i = k) \\ 0 & (i \neq k) \end{cases} \tag{14.86}$$

下一步是在系统受到小微扰时找到解。我们首先假设本征函数 u_k 和本征值的非微扰解 E_k 是已知的，然后问，当一个小的微扰项 $-\lambda r(x)y$ 加到波动方程中，使其成为

$$L[y] - \lambda r(x) y + E\rho(x) y(x) = 0 \tag{14.87}$$

时，本征函数和本征值如何变化。λ 被假定为一个小量，而 $r(x)$是 x 的任意连续函数。因此预计解只会导致式(14.85)中系数 q 的微小变化。解的连续性是薛定谔方程的一个关键特征。在论文的引言中，他写道：

> “[微扰法]是基于[本征值]和[本征函数]所具有的重要的连续性特性，对于我们的目的来说，主要是基于它们对微分方程系数的连续依赖性，而不是基于域的范围，因为在我们的情况下，域……和……边界条件……对于非微扰和微扰的问题来说通常是相同的。”

柯朗和希尔伯特再次提供了完整的解决方案。对于小的 λ 值，微扰本征态的能量和本征函数与非微扰的值略有不同，因此薛定谔写下

$$E_k^* = E_k + \lambda\epsilon_k, \quad u_k^* = u_k(x) + \lambda v_k(x) \tag{14.88}$$

将这些关系代入方程(14.87)，回忆非微扰本征函数 u_k 满足非微扰的波动方程，我们得到

$$L[v_k] = E_k\rho v_k = (r - \epsilon_k\rho)u_k \tag{14.89}$$

这是 v_k 的非齐次方程。柯朗和希尔伯特证明，当式(14.89)的右边与齐次方程相应的解正交时，v_k 的本征函数方程才有解。因此

$$\int(r - \epsilon_k\rho)u_k^2\mathrm{d}x = 0, \quad \epsilon_k = \frac{\int ru_k^2\mathrm{d}x}{\int\rho u_k^2\mathrm{d}x} \tag{14.90}$$

如果函数 u_i 被归一化，则

$$\epsilon_k = \int ru_k^2\mathrm{d}x \tag{14.91}$$

因此本征态 k 的微扰能量已经找到，而不需要确定微扰本征函数 v_k。这一结果与经典力学中的结果完全等价，即能量微扰在一级近似下等于微扰函数对非微扰运动的平均。

最后，为了找到函数 v_k，非齐次方程用完备的本征函数集 $u_i(x)$来求解：

$$v_k(x) = \sum_{i=1}^{\infty}\gamma_{ki}u_i(x) \tag{14.92}$$

结果为

$$\gamma_{ki} = \frac{c_{ki}}{E_k - E_i} = \frac{\int ru_ku_i\mathrm{d}x}{E_k - E_i} \quad (i \neq k) \tag{14.93}$$

在这个表达式中，

$$c_{ki} = \int(r - \epsilon_k\rho)u_ku_i\mathrm{d}x = \begin{cases}\int ru_ku_i\mathrm{d}x & (i \neq k)\\ 0 & (i = k)\end{cases} \tag{14.94}$$

因此微扰态的微扰本征函数和能量本征值是

$$u_k^*(x) = u_k(x) + \lambda\sum_{i=1}^{\infty}{}'\frac{u_i(x)\int ru_ku_i\mathrm{d}x}{E_k - E_i}, \quad E_k^* = E_k + \lambda\int ru_k^2\mathrm{d}x \tag{14.95}$$

其中求和号上的一撇意味着应从总和中忽略 $i = k$。

薛定谔在仔细阐述微扰理论的基本原理之后，将方法扩展到了几个独立变量，得到了一组偏微分方程，而不是常微分方程。

14.7.2 斯塔克效应

薛定谔立即将新公式应用于斯塔克效应,其中微扰项与均匀电场 F 对原子中电子的影响有关。因此微扰薛定谔波动方程变为

$$\nabla^2 \psi + \frac{8\pi^2 m}{h^2}\left(E + \frac{e^2}{4\pi\epsilon_0 r} - eFz\right)\psi = 0 \tag{14.96}$$

在这里,我们保留了薛定谔的符号,其中电场强度被写为 F,以避免与稳态的能量 E 混淆。他现在用两种不同的方法解决了微扰问题。

他首先使用爱泼斯坦和史瓦西的方法,将其转换为天体力学中使用的抛物线坐标,并在该坐标系中求解波动方程(见 7.2 节和关系式(7.2))。薛定谔采用的坐标变换是

$$x = \sqrt{\lambda_1\lambda_2}\cos\varphi, \quad y = \sqrt{\lambda_1\lambda_2}\sin\varphi, \quad z = \frac{1}{2}(\lambda_1 + \lambda_2) \tag{14.97}$$

通过转换到 $\lambda_1,\lambda_2,\varphi$ 坐标,薛定谔波动方程可以写成自伴随形式,或者说厄米形式,并通过分离变量 $\psi = \Lambda_1(\lambda_1)\Lambda_2(\lambda_2)\Phi(\varphi)$ 找到解。首先,利用薛定谔在柯朗和希尔伯特的书中发现的连带拉盖尔多项式来描述定态的波函数,找到了非微扰解。然后,得到了均匀电场下微扰波函数的解。微扰定态具有能量

$$E = -\frac{m_e e^4}{8\epsilon_0^2 h^2 n^2} - \frac{3h^2\epsilon F}{2\pi m_e e} n(k_2 - k_1) \tag{14.98}$$

其中 k_1 和 k_2 是抛物线量子数,与旧量子论中经典的爱泼斯坦-史瓦西结果(7.7)中引入的量子数 n_1 和 n_2 完全对应。主量子数为 $n = n_1 + n_2 + n_3$,如 7.2 节所示。此外,薛定谔指出,正如海森堡理论一样,存在轨道量子数为零的定态,因此摆轨道不存在,而在旧量子论中,必须根据摸索式方法把摆轨道排除在外。

但薛定谔并没有就此罢休。他想估计斯塔克效应中观察到的谱线的强度。在这里,他利用了他发现的波动力学和矩阵力学之间的等价性,使他所证明的可以从波动力学推导出的矩阵元被确认为定态跃迁相关的偶极矩(见第 15 章)。

最后,他回到了电场下的定态计算,并用 (r,θ,φ) 坐标重新进行了整个计算,他称之为玻尔方法。经过冗长的计算,他证明得到了与式(14.98)完全相同的结果,并指出:

> “总的来说,我们必须承认,在目前的情况下,长期摄动法[第二种方法]比直接应用分离系统[第一种方法]麻烦得多。”

14.8 《量子化是本征值问题(第 4 部分)》

1926 年 6 月 21 日，*Annalen der Physik* 收到了该系列的第 4 篇论文，该论文涉及薛定谔波动方程随时间变化形式的发展。在本系列的前三篇论文中，薛定谔成功地发展了与时间无关的波动现象的波动力学公式，但现在他需要将方法扩展到与时间相关的现象，例如，粒子的散射和定态之间的跃迁，即本征值从初态到末态的变化。他的方法是回到波动方程的原始形式，并理解例如在势能项随时间变化的情况下，如何对其进行修正。

与时间无关时，波动方程

$$\nabla^2 \psi - 2m \frac{E - V}{E^2} \frac{\partial^2 \psi}{\partial t^2} = 0$$

变成

$$\nabla^2 \psi + \frac{8\pi^2 m}{h^2}(E - V)\psi = 0 \tag{14.99}$$

其中波函数的时间依赖性假定为

$$\psi \propto (\mathrm{e}^{\pm 2\pi \mathrm{i} Et/h}) \text{ 的实数部分} \tag{14.100}$$

且 $E = h\nu = \hbar\omega$。从这个关系可以得出

$$\frac{\mathrm{d}\psi}{\mathrm{d}t} = \pm \frac{2\pi \mathrm{i} E}{h}(\mathrm{e}^{\pm 2\pi \mathrm{i} Et/h}) = \pm \frac{2\pi \mathrm{i} E}{h}\psi, \quad \frac{\mathrm{d}^2 \psi}{\mathrm{d}t^2} = -\frac{4\pi^2 E^2}{h^2}(\mathrm{e}^{\pm 2\pi \mathrm{i} Et/h}) = -\frac{4\pi^2 E^2}{h^2}\psi \tag{14.101}$$

薛定谔的目标是从波动方程中消去本征态能量 E，使之成为随时间变化的。他指出，式(14.101)中的 ψ 的第一个微分决定了用 $\mathrm{d}\psi/\mathrm{d}t$ 表示的量 $E\psi$，因此他把这个替换用于式(14.99)：

$$\nabla^2 \psi - \frac{8\pi^2 m}{h^2} V\psi = \pm \frac{4\pi \mathrm{i} m}{h} \frac{\partial \psi}{\partial t} \tag{14.102}$$

薛定谔认识到，通过这种替换，他要求波函数是复的，但他有一个解决这个问题的诀窍：

> “我们需要复波函数 ψ 来满足这两个方程［方程(14.102)］中的一个。由于共轭复函数 $\overline{\psi}$ 将满足另一个方程，我们可以取 ψ 的实部作为实波函数(如果我们需要的话)。”

在量子力学中引入复数来描述波函数的时间依赖性的必要性可以从德布罗意关系开始的基本论点中理解，如尾注所述。[11]

建立含时波动方程后，薛定谔能够解决量子物理中的各种各样的问题。在第

4 部分的剩余部分中,他集中讨论了色散理论的问题,这已被克拉默斯和海森堡(1925)成功解决(见 10.3 节)。他将入射辐射描述为与入射波电场有关的势 V 的微扰。因此势可以写成

$$V = V_0 + A(x)\cos(2\pi\nu t) \tag{14.103}$$

其中 $A(x)$ 是光波的入射电场 F 对电势的微扰,可以写成 $-F\sum_i e_i z_i$。那么含时薛定谔方程变成

$$\nabla^2\psi - \frac{8\pi^2 m}{h^2}(V_0 + A\cos 2\pi\nu t)\psi = \pm\frac{4\pi \mathrm{i} m}{h}\frac{\partial\psi}{\partial t} \tag{14.104}$$

薛定谔继续求解这个方程,首先找到非微扰解,然后将随时间变化的入射场视为该解的微扰。我们不细看那个分析,只需注意微扰波函数的形式:

$$\psi = u_k(x)\exp\left(\frac{2\pi \mathrm{i} E_k t}{h}\right) + \frac{1}{2}\sum_{n=0}^{\infty} a'_{kn}u_n(x)\left[\frac{\exp(2\pi \mathrm{i}t/h)(E_k + h\nu)}{E_k - E_n + h\nu} + \frac{\exp(2\pi \mathrm{i}t/h)(E_k - h\nu)}{E_k - E_n - h\nu}\right] \tag{14.105}$$

表达式右侧的第一项是系统的自由振动,第二项显示了由入射辐射引起的微扰效应。注意,该公式不包括 $h\nu = E_k - E_n$ 的共振情况。重要的是,同克拉默斯和海森堡的分析一样,有两项对应于从能量 $E_k - E_n$ 偏移 $h\nu$ 的态的诱导吸收和辐射发射的情况。

计算的目的是确定在入射辐射场的影响下介质的电偶极矩或偏振,薛定谔采用了

> "启发式假设,如果 x 只代表三个空间坐标,即如果我们处理的是一个电子的问题,则场标量 ψ 表示电子密度,作为空间坐标和时间的函数。"

然后,用 $\psi\bar{\psi}$ 乘以粒子的电荷在系统的所有坐标上的积分来表示电荷的分布。对系统的所有粒子进行积分,可以得到与入射辐射有关的诱导电偶极矩。具体来说,如果偶极矩的经典表达式为 $M_y = \sum e_i y_i$,则合成的电偶极矩为

$$\int M_y \psi\bar{\psi}\rho\,\mathrm{d}x \tag{14.106}$$

其中 ρ 是加权函数,确保波函数是自伴随的。薛定谔发现,他关于介质色散的表达式与克拉默斯和海森堡推导的表达式形式相似,但也是他们的表达式的一个改进。在论文的后面部分,他继续考虑共振和简并的情况。

薛定谔意识到,这些革命性的新方法为处理原子物理学中广泛的问题开辟了道路。用他的话说:

> "把恒定电场或磁场和光波引起的微扰叠加,我们得到了磁和电的双折射,以及极化平面的磁旋转。磁场中的共振辐射也属于这个主题……此外,我们可以用这种方式来处理一个 α 粒子或电子飞过原子的行为,前

提是碰撞不是太近，两个系统中的每一个微扰都可以从另一个系统的非微扰运动中计算出来。所有这些问题都只是计算问题，只要非微扰系统的[本征值]和[本征函数]已知。”

14.9　反　　思

薛定谔的成就相当惊人。引用贾默(1989)的话：

“薛定谔的精彩论文无疑是科学史上最有影响力的贡献之一。它加深了我们对原子现象的理解，为原子物理、固体物理以及某种程度上核物理中问题的数学解决提供了便利的基础，并最终开辟了新的思路。事实上，后来非相对论性量子理论的发展在很大程度上只是对薛定谔的工作的阐述和应用。”

对物理学家群体的影响是立竿见影的，因为波动力学系统是建立在久经考验的分析动力学方法之上。本征值和本征函数是经典理论家的惯用手段，在这里，它们在原子层面的物理中发现了新的应用。这些技术立即被恩利克·费米和其他许多物理学家采用，他们发现玻恩、海森堡和约当的矩阵力学以及狄拉克的 q 数晦涩难懂，难以应用于实际物理问题。相比之下，他们对薛定谔的波动力学理论感到很亲切。

但是，还有很长的路要走。在薛定谔 1926 年发表的 6 篇论文中，我们只讨论了 5 篇。我们漏掉了他的一篇论文，是关于波动力学和通过矩阵力学应用到量子问题的玻恩-海森堡-约当方法之间的调和，这是下一章的主题。此外，自旋还没有被纳入量子力学的框架中。薛定谔充分认识到，自旋必须包含在他的波力学方案中，这将涉及他迄今为止成功运用的方法的扩展。对线性算符作用的深入理解将起到核心作用。

第 15 章　统一矩阵力学和波动力学

现在，物理学界面临着两种截然不同的量子现象理论，然而在解释相同的物理现象方面，两者都取得了显著的成功——氢原子的谱线、量子系统的零点能、谐振子的量子化、量子旋子和斯塔克效应。此外，与旧量子论的预测不同，两种理论都可以解释实验数据。当人们认识到矩阵力学和波动力学是从波粒二象性的完全不同的两极开始时，也许这些截然不同的方法并不那么令人惊讶。

海森堡方法[①]的核心是量子变量的非对易行为与动量和空间变量的量子化所起的根本作用。为了满足这些特征，人们意识到矩阵恰好遵循正确的代数规则，从而发明了一种新的数学计算方法。对该方案的阐述导致了量子系统能级的概念与用特征值法对矩阵进行对角化相关联。正如贾默所说，该理论

> "……无视任何形象化的表述。这是一种代数方法，从观察到的谱线不连续性出发，强调不连续性的因素。尽管放弃了时空上的经典描述，但它最终还是一种以粒子为基本概念的理论。"

与之形成鲜明对比的是，薛定谔方法牢牢地基于德布罗意对粒子波动性质的洞察力，以及基于波动方程来描述粒子性质的需要。再次引用贾默的话：

> "薛定谔的[方法]……基于熟悉的微分方程工具，类似于经典的流体力学，并暗示了一种非常直观的表示形式：这是一种分析方法，从运动定律的推广出发，强调了连续性的要素，顾名思义，这是一种理论，其基本概念就是波。"

最初，海森堡和薛定谔都没有对对方的方法留下特别深刻的印象。海森堡写信给泡利说：

> "我对薛定谔理论的物理部分的思考越多，似乎就越感到不快。"

而薛定谔则表示：

> "这种相当困难的超越代数方法无视任何直观性，使我感到沮丧(如果不是抵触的话)。"

尽管有这些保留，包括薛定谔在内的许多作者还是试图理解如何统一不同的方法。不同的方法之间存在普遍的相似之处，例如，在矩阵代数和薛定谔波动方程的解中使用特征值。薛定谔是这一调和的先锋，因为他发现了所谓的波动力学和矩阵力

学的“一种形式化的数学一致性”。但这只是将两种理论统一起来所必需的数学见解之一。兰乔斯、玻恩、维纳、泡利和埃卡特都为两种方法的统一做出了重要贡献。这些努力加深了对新理论内容的理解，并为现代量子力学理论的发展奠定了基础。其中许多发展几乎是同时并独立发生的，它们都是玻恩的“错综复杂的小巷”中的一部分。我们从薛定谔开始，然后介绍其他先驱的见解。

15.1　薛　定　谔

薛定谔在第 2 部分和第 3 部分之间中断了他的《量子化是本征值问题》系列论文，以撰写《海森堡、玻恩和约当的量子力学与薛定谔的量子力学之间的关系》，该论文于 1926 年 3 月 18 日被 *Annalen der Physik* 接收(Schrödinger，1926d)。他一直在寻求两种理论之间的统一，但直到 1926 年 2 月 22 日，他仍然未能找到解决方案。然后，突然之间，在几个星期内，他找到了自己想要的答案。薛定谔的论文除了论证理论的等价性之外，还是对量子物理波动力学方法的坚定辩护，声称它包含了解释矩阵力学所得结果需要的所有数学工具，并具有额外的直观的优点。

薛定谔直接从玻恩的基本关系式(12.14)开始，直指矩阵力学的核心，其他的一切都是从这里开始的：

$$\boldsymbol{pq} - \boldsymbol{qp} = \frac{h}{2\pi \mathrm{i}}\boldsymbol{I} \tag{15.1}$$

其中 $\boldsymbol{p}$ 和 $\boldsymbol{q}$ 分别是与动量和位置变量相关的矩阵，$\boldsymbol{I}$ 是单位矩阵。

薛定谔立即将式(15.1)转换为算子微积分的语言。我们将发现，协调矩阵力学和波动力学的所有方法都涉及对量子力学中算符作用的深刻认识。它们的意义在于在数学文献中已经知道算子微积分是非对易的。因此，如果 $\hat{A}$ 和 $\hat{B}$ 是算符，则算符 $\widehat{AB}$ 通常与算符 $\widehat{BA}$ 不同，换言之，这种算符不对易。萨尔瓦多·平凯莱(Salvatore Pincherle)1906 年发表在 *Encyclopadie der mathematischen Wissenschaften* 上的重要文章《泛函算符和方程》(Pincherle，1906)中对算符的许多关键性质做了概述。我们将发现，所有寻求协调量子力学不同方法的人都开始认识到算子微积分的重要性，必要工具在平凯莱的综述文章中的《算子微积分的要素》一节做了阐述。

值得引用薛定谔的话来理解他如何实现两种理论的统一：

> “通过简单的观察，可以给出矩阵构造的出发点：对两组 n 个变量 $q_1, q_2, \cdots, q_n; p_1, p_2, \cdots, p_n$(位置和正则共轭动量坐标)的函数，海森堡的特殊计算法则与线性微分算符在一组 n 个变量 $q_1, q_2, \cdots, q_n$ 中遵守

> 的规则完全吻合。因此必须以这样一种方式进行协调,即函数中的每个 p_l 将被算符 $\partial/\partial q_l$ 取代。实际上,算符 $\partial/\partial q_l$ 与 $\partial/\partial q_m$ 可交换,其中 m 是任意的,但只有在 $m \neq l$ 时才可与 q_m 交换。当 $m = l$ 时,通过互换和相减得到的算符即
>
> $$\frac{\partial}{\partial q_l}q_l - q_l\frac{\partial}{\partial q_l} \tag{15.2}$$
>
> 应用于 q 的任意函数时,将仍然得到该函数,即算符是幺正的。这个简单的事实将作为海森堡的交换规则反映在矩阵领域。"

这是论证中的关键点。如果我们将 q_i 的任意函数写成 $\psi(q_1, q_2, \cdots, q_n) \equiv \psi(q)$,则

$$\left[\frac{\partial}{\partial q_l}q_l - q_l\frac{\partial}{\partial q_l}\right]\psi(q) = \frac{\partial}{\partial q_l}[q_l\psi(q)] - q_l\frac{\partial\psi(q)}{\partial q_l}$$

$$= \psi(q) + q_l\frac{\partial\psi(q)}{\partial q_l} - q_l\frac{\partial\psi(q)}{\partial q_l} = \psi(q) \tag{15.3}$$

证实了薛定谔算符是个幺正算符的说法。

用这些陈述,薛定谔开始了自己对算子微积分规则的发展。他以一个例子说明了规则,在这个例子中,函数由 p 和 q 的幂级数描述,其中的一项可能是

$$F(q_k, p_k) = f(q_1, \cdots, q_n)p_r p_s p_t g(q_1, \cdots, q_n)p_{r'} h(q_1, \cdots, q_n)p_{r''}p_{s''}\cdots \tag{15.4}$$

然后,为了换成算符形式,他用算符 $K\partial/\partial q_r$ 替换了含 p 的项,例如 p_r,同时强调变量需要"妥善安排"。他的意思是,就像矩阵乘法一样,必须小心遵守算符乘积的顺序——相应的微分必须按严格的顺序执行。因此式(15.4)转换为以下算符,薛定谔写为$[F, \cdot]$:

$$[F, \cdot] = f(q_1, \cdots, q_n)K^3\frac{\partial^3}{\partial q_r\partial q_s\partial q_t}g(q_1, \cdots, q_n)K\frac{\partial}{\partial q_{r'}}h(q_1, \cdots, q_n)K^2\frac{\partial^2}{\partial q_{r''}\partial q_{s''}}\cdots \tag{15.5}$$

如果算符$[F, \cdot]$作用于函数 $u(q_1, \cdots, q_n)$,则会产出新函数$[F, u]$。算符必须遵守乘法规则,如果 G 是另一个妥善安排的算符,则将 G 作用于$[F, u]$,会产生一个新函数$[GF, u]$,这意味着首先要把算符$[F, \cdot]$作用到 u,然后把$[G, \cdot]$作用到$[F, u]$。通常,$[GF, u]$与$[FG, u]$不同。

接下来,对于 $1 \leqslant k, l \leqslant \infty$,薛定谔通过引入正交归一完备函数集,将算符$[F, \cdot]$与矩阵 F^{kl} 相联系。将变量 $q_1, q_2, \cdots, q_n$ 表示为x,并对所有 q 空间进行积分 $\int \mathrm{d}x$,则归一化的正交函数集为

$$u_1(x)\sqrt{\rho(x)}, \quad u_2(x)\sqrt{\rho(x)}, \quad u_3(x)\sqrt{\rho(x)}, \quad \cdots \tag{15.6}$$

具有归一化条件

$$\int \rho(x)u_i(x)u_k(x)\mathrm{d}x = \begin{cases} 0 & (i \neq k) \\ 1 & (i = k) \end{cases} \tag{15.7}$$

其中 $\rho(x)$是引入的权重函数，用于确保归一化函数是自共轭的。薛定谔通过以下积分[②]定义矩阵元 F^{kl}：

$$F^{kl} = \int \rho(x) u_k(x) [F, u_l(x)] \mathrm{d}x \tag{15.8}$$

用他的话来说：

"……矩阵元的计算方法是将行指标表示的正交系统的函数(我们总是理解成 u_i，而不是 $u_i\sqrt{\rho}$)乘以'密度函数'ρ，再乘以算符作用在列指标表示的正交函数上得到的结果，然后对整个域进行积分。"

薛定谔用"标量算符" q_l 来标记q_l，并用微分算符 $K\partial/\partial q_l$ 来标记p_l。因此矩阵元可以与 q_l 和p_l 关联如下：

$$q_l^{ik} = \int \rho(x) u_i(x) q_l u_k(x) \mathrm{d}x \tag{15.9}$$

$$p_l^{ik} = K \int \rho(x) u_i(x) \frac{\partial u_k(x)}{\partial q_l} \mathrm{d}x \tag{15.10}$$

接下来，使用这个公式推导玻恩量子条件(15.1)。可用规则(15.8)导出与算符$[F, \cdot] = p_l q_l - q_l p_l$ 相关矩阵的ik 分量：

$$(p_l q_l - q_l p_l)^{ik} = \int \rho(x) u_i(x) [F, u_k(x) \mathrm{d}x] \tag{15.11}$$

$$= K \int \left\{ \rho(x) u_i(x) \frac{\partial}{\partial q_l} [q_l u_k(x)] - \rho(x) u_i(x) q_l \frac{\partial}{\partial q_l} u_k(x) \right\} \mathrm{d}x \tag{15.12}$$

$$= K \int \rho(x) u_i(x) u_k(x) \mathrm{d}x = \begin{cases} 0 & (i \neq k) \\ K & (i = k) \end{cases} \tag{15.13}$$

这是因为式(15.2)是一个幺正算符，并且因为根据式(15.7)，函数集 $u_i(x)$具有正交性。如果我们设 $K = h/(2\pi \mathrm{i})$，这正是玻恩的量子关系式(15.1)。该计算将动量算符

$$p_i \equiv \frac{h}{2\pi \mathrm{i}} \frac{\partial}{\partial q_i} \tag{15.14}$$

引入了量子物理。

薛定谔指出，每个函数 $F(p, q)$都可以转换为算符$[F, \cdot]$，而算符$[F, \cdot]$可以使用式(15.8)转换为矩阵 F^{kl}。此外，这些矩阵遵守玻恩、海森堡和约当(1926)要求的所有矩阵力学的规则。正如贾默(1989)所说：

"因此任何波动力学方程都可以一致地转换为矩阵方程，即 F 对波函数ψ 的运算，对应于矩阵(F^{ij})作用在列矢量(a_k)上，列矢量的分量是傅里叶系数 ψ。"

薛定谔再次全力以赴。接下来，他将整套正交函数作为波动方程的本征函数，可以将其写为算符方程

$$[H, \psi] = E\psi \tag{15.15}$$

其中$[H,\cdot]$是与系统的哈密顿量相关的算符。实际上，方程(15.15)正是他的波动方程，可以由如下看出：

$$H=\frac{1}{2m}(p_x^2+p_y^2+p_z^2)+U(x,y,z)$$

$$\equiv\frac{1}{2m}(p_xp_x+p_yp_y+p_zp_z)+U(x,y,z) \tag{15.16}$$

利用 $p_x\equiv(h/(2\pi\mathrm{i}))\partial/\partial x$，$p_y\equiv(h/(2\pi\mathrm{i}))\partial/\partial y$，$p_z\equiv(h/(2\pi\mathrm{i}))\partial/\partial z$，将这个排列好的函数转化成算符方程，然后代入式(15.16)，我们得到

$$-\frac{h^2}{8\pi^2 m}\left(\frac{\partial^2\psi}{\partial x^2}+\frac{\partial^2\psi}{\partial y^2}+\frac{\partial^2\psi}{\partial z^2}\right)+U(x,y,z)\psi=E\psi$$

$$\nabla^2\psi+\frac{8\pi^2 m}{h^2}[E-U(x,y,z)]\psi=0 \tag{15.17}$$

正是薛定谔与时间无关的波动方程(14.37)。该计算是使用算符技术推导薛定谔波动方程的“标准”方法。

接下来，薛定谔还要建立关于算符 F 的微分规则，算符 F 是位置 q_l 和动量 p_l 坐标的函数。就像玻恩、海森堡和约当的矩阵力学一样，定义需要谨慎。薛定谔用他的算符符号表明，合适的形式是

$$\left[\frac{\partial F}{\partial q_l},\cdot\right]=\frac{1}{K}[p_lF-Fp_l,\cdot] \tag{15.18}$$

$$\left[\frac{\partial F}{\partial p_l},\cdot\right]=\frac{1}{K}[Fq_l-q_lF,\cdot] \tag{15.19}$$

其中 p_l 和 q_l 是变量，而不是算符。玻恩、海森堡和约当证明哈密顿的运动方程(12.67)可以写成矩阵形式，矩阵元 ik 是

$$\left(\frac{\partial q_l}{\partial t}\right)^{ik}=\left(\frac{\partial H}{\partial p_l}\right)^{ik},\quad\left(\frac{\partial p_l}{\partial t}\right)^{ik}=-\left(\frac{\partial H}{\partial q_l}\right)^{ik} \tag{15.20}$$

其中 $l=1,2,3,\cdots,n$；$i,k=1,2,3,\cdots,\infty$。现在，根据式(12.50)，与一对定态 i 和 k 相关的矩阵元 q_l^{ik} 的时间导数为

$$2\pi\mathrm{i}\nu(ik)q_l^{ik}=2\pi\mathrm{i}(\nu_i-\nu_k)q_l^{ik} \tag{15.21}$$

其中频率 ν_i 和 ν_k 分别与状态 i 和 k 相关联。现在用式(15.19)，把$[F,\cdot]$换成哈密顿算符$[H,\cdot]$，并使用式(15.20)的第一个方程，我们得到

$$(\nu_i-\nu_k)q_l^{ik}=\frac{1}{h}(Hq_l-q_lH)^{ik} \tag{15.22}$$

薛定谔现在选择与其波动方程(15.15)相关的本征函数完备集作为基来确定矩阵元，因此

$$H^{ik}=E_l\int\rho(x)u_k(x)u_l(x)\mathrm{d}x=\begin{cases}E_i & (i=k)\\ 0 & (i\neq k)\end{cases} \tag{15.23}$$

然后使用该表达式计算出$(Hq_l)^{ik}$和$(q_lH)^{ik}$。记得我们需要对所有可能的中间态 m 求和，以求得比如$(Hq_l)^{ik}$的值。注意，此过程可以追溯到海森堡规则(11.18)，

即"经典"的傅里叶项 $x^{(2)}(n,\alpha)=\sum_{\alpha'}x(n,\alpha')x(n,\alpha-\alpha')$ 应转换为玻恩、海森堡和约当(1926) 的矩阵格式,如 $x^{ik}=\sum_m x^{im}x^{mk}$。从而

$$(Hq_l)^{ik}=\sum_m H^{im}q_l^{mk} \tag{15.24}$$

但是,根据规则(15.23),无限级数的唯一非零元素是 $i=m$ 的元素,在这种情况下,$H^{ii}=E_i$。因此

$$(Hq_l)^{ik}=E_i q_l^{ik} \tag{15.25}$$

对$(q_lH)^{ik}$执行相同的分析:

$$(q_lH)^{ik}=\sum_m q_l^{im}H^{mk}=E_k q_l^{ik} \tag{15.26}$$

立即根据式(15.25)和式(15.26),将这些值代入式(15.22),得

$$\nu_i-\nu_k=\frac{1}{h}(E_i-E_k) \tag{15.27}$$

将跃迁频率与定态能量差相关联。薛定谔有种胜利的喜悦:

> "因此海森堡、玻恩和约当的矩阵方程组的解简化为线性偏微分方程的自然边值问题。如果我们已经解决了边值问题,那么使用[式(15.8)],我们可以通过微分和求积分来计算我们感兴趣的每个矩阵元。"

这些都是相当大的成就,证明了矩阵力学和波动力学的等价性。严格来讲,薛定谔证明了他可以将波动力学转换为矩阵力学,并获得玻恩、海森堡和约当推导的所有结果。反过来,这种转换是否完全对称地起作用就不那么明显。也就是说,矩阵力学是否一定意味着波动力学,或者它是否包含波动力学所能描述特征之外的其他特征?许多作者都在追问。

15.2 兰　乔　斯

实际上,薛定谔并不是第一个从连续函数的角度重新表述玻恩和约当的矩阵力学(1925b)的人。他们 1925 年的论文发表后,科内尔·兰乔斯(Kornel (Cornelius) Lanczos)立即证明,他们的量子力学的矩阵表述可以用积分方程中的积分核来表示(Lanczos,1926)。正如贾默(1989)所指出的,这并不一定会在物理学家中推动新量子力学的产生:

> "……物理学家对微分方程——现在仍然——要比积分方程熟悉得多,积分方程缺少任何具体的例子或新的结果,另外发表时间几乎与薛定谔的第一篇通讯重叠,这解释了为什么兰乔斯的论文获得了相对冷淡的

反应。"

兰乔斯在研究弱场极限的广义相对论中已经使用了积分方程,并通过希尔伯特1912年的开创性研究(Hilbert,1912)以及柯朗和希尔伯特的《数学物理方法》(1924)的相关章节来熟悉这些技术。

海森堡1925年发表的论文的一个主要特点是函数依赖于成对的变量,比如说 m 和 n。兰乔斯意识到在积分方程中找到的核函数 $K(s,\sigma)$ 也取决于任意维坐标空间中的两个点 s 和 σ。如果核是对称的,那么一个由本征函数 $\varphi^i(s)(s=1,2,3,\cdots)$ 组成的系统可以与积分方程的解联系起来:

$$\varphi(s) = \lambda\int K(s,\sigma)\varphi(\sigma)\mathrm{d}\sigma \tag{15.28}$$

其中 λ 是相应的特征值。本征函数系统是正交的、完备的且满足条件

$$\int\varphi^i(s)\varphi^k(s)\mathrm{d}s = \begin{cases}1 & (i = k)\\ 0 & (i \neq k)\end{cases} \tag{15.29}$$

因此函数 $f(s,\sigma)$ 可以用 $\varphi^i(s)$ 展开为

$$f(s,\sigma) = \sum_i a_i(\sigma)\varphi^i(s) \tag{15.30}$$

然后,可以用本征函数 $\varphi^k(\sigma)$ 的相同无限序列来展开 $a_i(\sigma)$,因此

$$f(s,\sigma) = \sum_{i,k} a_{ik}\varphi^i(s)\varphi^k(\sigma) \tag{15.31}$$

兰乔斯认为玻恩和约当的矩阵力学的矩阵等同于矩阵 $\boldsymbol{a}\equiv[a_{ik}]$。他进一步证明了玻恩和约当的论文中矩阵力学的完备系统是如何用线性积分方程的核来表示的。他总结道:

> "由于矩阵和我们的表示中使用的核函数之间存在相互独立的关系,对于[量子力学]问题的形式化处理,无论是以积分方程的形式写下基本方程——正如我们在这里所做的——还是立即从构成系数开始并应用矩阵方程,这都无关紧要。"

与薛定谔的论文的相似之处显而易见,他在其论文的脚注中承认了兰乔斯的贡献。但是,毫无疑问,薛定谔的论文有更大的影响,该论文蕴含着更容易理解的数学术语,也是对新量子力学本质的一系列开创性见解的一部分。

15.3 玻恩和维纳的算符形式

在12.3节的叙述中,玻恩在麻省理工学院与海森堡和约当一起完成了"三人论文"。玻恩于1924年与诺伯特·维纳(Norbert Wiener)见面,当时后者是哥廷根的访问学者。柯朗和维纳制定了一项交流计划,这次合作的最初成果之一是玻

恩被任命为 1925～1926 年秋季学期麻省理工学院的“外国讲师”。玻恩的讲座集中在新矩阵力学上，但是他很清楚自己、海森堡和约当所取得成就中的缺点。他们发现不可能处理非周期性运动，包括直线运动在内，并且如 12.4 节所述，与作用-角变量没有简单的对应，而作用-角变量是旧量子论的自然语言。此外，玻恩关于无限矩阵性质的假设存在真正的数学问题。尽管存在这些顾虑，该理论仍与实验结果非常吻合，并消除了旧量子论中的棘手问题。玻恩充分意识到需要扩展矩阵力学，而维纳正是能做到这一点的人。

维纳是一位数学天才，他为随机过程做出许多基本贡献，尤其是对电子工程、电子通信和控制系统中基础问题的数学阐述。在玻恩到达马萨诸塞州剑桥市之前，维纳写了一部关于算子微积分的全面著作，特别是对算符的概念进行了严格的研究，包括沃尔泰拉（Volterra）的积分变换和平凯莱的从一个幂级数到另一个幂级数的变换（Wiener，1926）。维纳在自传中写道：

> “当玻恩教授来到美国时，他对海森堡刚刚提出的原子量子理论的新基础感到非常兴奋。玻恩想要一个能概括这些矩阵的理论……这项工作是技术性很高的工作，他指望我提供帮助……我已经掌握了矩阵的一般化形式，也就是所谓的算符。玻恩对我的方法的正确性有很多顾虑，并一直想知道希尔伯特是否会赞成我的数学。实际上，希尔伯特对此表示赞同，自那以后，算符就一直是量子理论的重要组成部分。”（Wiener，1956）

正如贾默（1989）所指出的那样，与新量子力学的表述有关的数学问题在纯数学家和物理学家之间培养了协作精神，其中最早的成果是玻恩和维纳的联合论文，由 *Zeitschrift Physik* 于 1926 年 1 月 5 日收到（Born 和 Wiener，1926）。贾默清晰地描述了玻恩和维纳所遵循的路线，从而正式将算符引入量子力学。我们将在这里遵循他的介绍。维纳 1926 年的论文的主题是对傅里叶积分的推广，这使得可以将积分算符应用于解析函数和非解析函数，并且这在玻恩和维纳的矩阵力学扩展中得到了立即应用。

考虑时间 t 的两个函数 $y(t)$ 和 $x(t)$ 的傅里叶级数：

$$y(t) = \sum_m y_m \exp(2\pi i W_m t/h) \tag{15.32}$$

$$x(t) = \sum_n x_n \exp(2\pi i W_n t/h) \tag{15.33}$$

计算的目的是发展一个与 $y(t)$ 和 $x(t)$ 有关的算符表达式，用符号 $y(t) = qx(t)$ 表示，其中 q 将被证明是一个积分算符。x_n 通过将式（15.33）乘以 $\exp(-2\pi i W_k t/h)$ 并对 t 从 $-\infty$ 到 $+\infty$ 积分得到。然后，唯一的非零项是 $k = n$ 的项，因此

$$x_n = \lim_{T=\infty} \frac{1}{2T}\int_{-T}^{+T} x(s)\exp(-2\pi i W_n s/h)\mathrm{d}s \tag{15.34}$$

现在，我们采用矩阵变换

$$y_m = \sum_n q_{mn} x_n \tag{15.35}$$

于是,$y(t)$的表达式变为

$$y(t) = \sum_m y_m \exp(2\pi i W_m t/h) = \sum_{m,n} q_{mn} x_n \exp(2\pi i W_m t/h) \tag{15.36}$$

$$= \lim_{T=\infty} \frac{1}{2T}\int_{-T}^{+T} \sum_{m,n} q_{mn} x(s) \exp[2\pi i(W_m t - W_n s)/h] ds \tag{15.37}$$

如果我们现在用

$$q(t,s) = \sum_{m,n} q_{mn} \exp[2\pi i(W_n t - W_n s)/h] \tag{15.38}$$

可以得到

$$y(t) = \lim_{T=\infty} \frac{1}{2T}\int_{-T}^{+T} q(t,s) x(s) ds \tag{15.39}$$

因此 $x(s)$被积分算符

$$q = \lim_{T=\infty} \frac{1}{2T}\int_{-T}^{+T} ds q(t,s) \cdots \tag{15.40}$$

转换为 $y(t)$。大家知道,函数 $x(s)$应取在积分内部。然后,他们介绍了线性算符的定义:

"算符是一个规则,根据该规则,我们可以从一个函数 $x(t)$获得另一个函数 $y(t)$……如果

$$q[x(t) + y(t)] = qx(t) + qy(t) \tag{15.41}$$

则其是线性的。"

建立获得关系 $y(t) = qx(t)$的方法后,玻恩和维纳接下来考虑算符 $Dq \equiv \partial q/\partial t$。由式(15.39),我们得到

$$y(t) = Dqx(t) = \lim_{T=\infty} \frac{1}{2T}\int_{-T}^{+T} \frac{\partial q(t,s)}{\partial t} x(s) ds \tag{15.42}$$

现在,对关系(15.38)求 $q(t,s)$的微分得

$$\frac{\partial q(t,s)}{\partial t} = \frac{2\pi i}{h} \sum_{m,n} q_{mn} W_m \exp[2\pi i(W_m t - W_n s)/h] \tag{15.43}$$

就像式(15.38)定义了算符 q 和矩阵 q_{mn}之间的关系一样,式(15.43)提供了算符 Dq 和矩阵元$(Dq)_{mn}$之间的关系,即

$$(Dq)_{mn} = \left(\frac{2\pi i}{h} W_m q_{mn}\right) \tag{15.44}$$

接下来,考虑算符 $qD = q\partial/\partial t$。则

$$y = q\frac{\partial x(t)}{\partial t} = \lim_{T=\infty} \frac{1}{2T}\int_{-T}^{+T} q(t,s) \frac{\partial x(s)}{\partial t} ds \tag{15.45}$$

执行分部积分,该积分变为

$$y = q\frac{\partial x(t)}{\partial t} = -\lim_{T=\infty} \frac{1}{2T}\int_{-T}^{+T} x(t) \frac{\partial q(t,s)}{\partial s} ds \tag{15.46}$$

现在,对关系(15.38)求 $q(t,s)$的微分得

$$\frac{\partial q(t,s)}{\partial s}=-\frac{2\pi i}{h}\sum_{m,n}q_{mn}W_n\exp[2\pi i(W_m t-W_n s)/h] \tag{15.47}$$

我们得到算符 qD 和矩阵元$(qD)_{mn}$之间的关系,即

$$(qD)_{mn}=\left(\frac{2\pi i}{h}W_n q_{mn}\right) \tag{15.48}$$

因此与算符 $Dq-qD$ 相关的矩阵元mn 为

$$(Dq-qD)_{mn}=\frac{2\pi i q_{mn}}{h}(W_m-W_n) \tag{15.49}$$

由于 $h\nu_{mn}=W_m-W_n$,可得

$$(Dq-qD)_{mn}=2\pi i\nu_{mn}q_{mn} \tag{15.50}$$

玻恩和维纳认识到,式(15.50)的右侧对应于矩阵的 mn 分量对时间的导数,如式(12.49)和式(12.50)所示,因此他们把右侧确定为 $\dot{q}_{mn}$。相应的算符方程变为

$$Dq-qD=\dot{q} \tag{15.51}$$

可以将该算符方程与相应的矩阵方程(12.53)进行比较。考虑到矩阵和算符形式之间的明确对应关系,玻恩和维纳继续确定了对易关系的算符形式为

$$pq-qp=\frac{h}{2\pi i}1 \tag{15.52}$$

其中1是单位算符,以及正则方程

$$\dot{q}=\frac{\partial H(pq)}{\partial p},\quad \dot{p}=-\frac{\partial H(pq)}{\partial q} \tag{15.53}$$

作为算符方程,其中算符 p 和 q 是厄米的。这在算符和矩阵力学公式之间提供了完全等价的关系。

通过这种新的公式,他们确定了能量算符$(h/(2\pi i))D$。另外,他们解决了量子化谐振子和线性运动的问题,从而证明了该方案处理周期性运动和非周期性运动的能力。

令人感兴趣的是,他们没有通过关系 $p=(h/(2\pi i))\partial/\partial q$ 来简单地确认动量算符p,这直接导致了波动力学和薛定谔的波动方程。正如玻恩所叹息的那样:③

> “我们将能量表示为 d/dt,并通过将$[t(d/dt)-(d/dt)t]$应用于 t 的函数,将能量和时间的对易写为恒等式。q 和 p 绝对相同。但是我们没有看出这一点。我永远不会原谅自己,因为如果我们这样做了,我们就会在薛定谔之前的几个月一下子从量子力学得到整个波动力学。”

15.4 泡利给约当的信

1926年1月,玻恩将他与维纳的论文的副本寄给了海森堡。海森堡随后将其副本和一本兰乔斯的论文寄给了泡利。泡利按惯例严厉地批评这些作者发展的形式数学并发展了自己版本的算符方法,在此不再赘述。更重要的是,2月初,索末菲要求他注意薛定谔发表的关于波动力学的论文,索末菲描述该论文涉及"完全疯狂的方法",但该论文再现了许多矩阵力学的结果。

泡利在复活节假期期间访问哥本哈根时,一直在研究薛定谔的文章。到4月初,他已经实现了后来所说的"彻底阐明薛定谔理论与量子力学之间的联系"。1926年4月12日致约当的信中阐明了这一点。[④]薛定谔能够准确地重复他对氢原子的结果,以及这两种理论似乎基于完全不同的假设和数学技术,这给泡利留下了深刻的印象。给约当的信的第一部分只是重新阐述了德布罗意的见解和薛定谔波动方程的推导。这封信的后半部分涉及泡利对两种理论的统一。

为简单起见,泡利仅考虑了薛定谔波动方程的一维情况,写为

$$\frac{\mathrm{d}^2\psi}{\mathrm{d}x^2}+\frac{8\pi^2 m_0}{h^2}[E-E_{\text{pot}}(x)]\psi=0 \tag{15.54}$$

如薛定谔所示,对于 $E<E_{\text{pot}}$,该方程仅具有特定能量本征值 $E_1,E_2,E_3,\cdots$ 的解及相应的本征函数 $\psi_1,\psi_2,\cdots$,这构成了一个正交归一完备集:

$$\int_{-\infty}^{\infty}\psi_n\psi_m\mathrm{d}x=\begin{cases}0 & (n\neq m)\\ 1 & (n=m)\end{cases} \tag{15.55}$$

用泡利自己的话来概括这封信的重要见解是最简单的:

"现在,我们特别考虑 $x\psi_n$ 的展开:

$$x\psi_n(x)=\sum_m x_{nm}\psi_m(x),\quad x_{nm}=\int_{-\infty}^{+\infty}x\psi_n\psi_m\mathrm{d}x \tag{15.56}$$

同样,

$$(p_x)_{nm}=\frac{\mathrm{i}h}{2\pi}\int_{-\infty}^{+\infty}\frac{\partial\psi_n}{\partial x}\psi_m\mathrm{d}x_i,\quad \frac{\mathrm{i}h}{2\pi}\frac{\partial\psi_n}{\partial x}=\sum_m(p_x)_{nm}\psi_m(x) \tag{15.57}$$

……现在,如果 $x_{nm}=x_{mn}$ 是实的,则 $(p_x)_{nm}=-(p_x)_{mn}$ 是纯虚的。可以毫不费力地证明,如此定义的矩阵 x 和 p_x 满足哥廷根力学方程,即

$$\boldsymbol{p}_x\boldsymbol{x}-\boldsymbol{x}\boldsymbol{p}_x=\frac{h}{2\pi\mathrm{i}}\boldsymbol{I},\quad \boldsymbol{H}=\frac{1}{2m_0}\boldsymbol{p}_x^2+\boldsymbol{E}_{\text{pot}}(x) \tag{15.58}$$

其中 $\boldsymbol{H}$ 代表对角哈密顿矩阵,其矩阵元 E_n 给出了能量本征值。从乘法规则可以得出,属于 x 的任何函数 $\boldsymbol{F}(x)$ 的矩阵仅由如下系数给出:

$$F_{nm} = \int_{-\infty}^{+\infty} F(x)\psi_n\psi_m \mathrm{d}x \tag{15.59}$$

我不详细写出计算细节。大家将能轻松地验证断言。”

泡利充分认识到薛定谔方法的强大力量，该方法可以直接扩展到包含微扰理论，从而解决包括塞曼效应中谱线强度在内的众多问题。这封信的另外两段引文特别值得注意：

“原则上，在哥廷根理论以及德布罗意关于量子问题的陈述中，没有给出原子中的电子在空间上和时间上的描述。

似乎现在人们也看到了，从量子力学的角度来看，‘点’和‘系列波’之间的矛盾如何逐渐消失，而倾向于更普遍的东西。”

到1926年4月18日，薛定谔已了解了泡利的成就，并于当天写信给索末菲：

“我与泡利交换了几封信。他确实是一个了不起的人。他是怎么发现一切的？在我需要的时间的十分之一内！”

15.5　埃卡特和算子微积分

1925年，23岁的卡尔·埃卡特(Carl Eckart)获得了一项在加州理工学院工作的奖学金。他很幸运能参加玻恩与维纳关于量子力学中算符方法最新研究的讲座。这些被证明是他将波动力学和矩阵力学的方法综合到量子理论中的灵感。在玻恩的讲座之后，他对算符公式进行了深入研究，用他的话说：

“结果是我……早在薛定谔的论文出现在帕萨迪纳之前，就对所谓的薛定谔算符(能量算符)完全熟悉。”

后来，兰乔斯和薛定谔的论文于1926年3月发表。埃卡特意识到这些与玻恩-维纳算符方法完全一致。他所意识到的是以下几点：

“兰乔斯量子理论需要正交函数集，通过它们可以确定玻恩和约当的矩阵……薛定谔发表了量子原理，直接导致正交函数集……如果将这些解释为进入兰乔斯理论的函数，那么就很容易获得玻恩-约当理论的矩阵。”(Eckart，1926b)

埃卡特在*Proceedings of the National Academy of Sciences*上发表了他的论文，确立了他的思想的优先地位，并在同年晚些时候发表在*Physical Review*上的论文中对这些思想进行了更详细的阐述(Eckart，1926a)。

这些研究的动机基于这样一个事实，即尽管算符动力学的新玻恩-维纳方案为量子力学提供了更为严格的基础，但仍然很难找到几个更简单的原子物理问题的解决方案。埃卡特的目标是将玻恩和维纳、狄拉克和薛定谔的方法合成一种单一的算子微积分，其中方程中出现的所有量都是算符。同样，所有必要的工具在平凯莱的评论文章中都已经存在(Pincherle，1906)，但是现在必须重新表述，以用于原子物理学中。

在 *Physical Review* 的论文的第一部分中，埃卡特完全用算符的语言重写了经典力学方程。这样，哈密顿方程就变成了

$$\frac{\mathrm{d}P_j}{\mathrm{d}T}=-\frac{\partial H(P,Q)}{\partial Q_j},\quad \frac{\mathrm{d}Q_j}{\mathrm{d}T}=\frac{\partial H(P,Q)}{\partial P_j} \tag{15.60}$$

其中 P,Q,T 和 H 均为算符。埃卡特在第一篇论文中指出：

> “在将普通方程转换为算符符号时，没有引入任何新内容。这种转换仅涉及注意力的改变。它没有把注意力集中在数值上，而是把注意力集中在组合这些数值的运算上。”

这些话与狄拉克已经引用过的那些话相似：

> “……经典方程在形式上将被保留，而不作任何改动……只有将所涉及的量结合起来的运算才会被改变。”

我们概述一下埃卡特所做的。他的算子微积分利用了狄拉克与玻恩和维纳已经获得的结果。为此，他采用了一般的线性算符，它们遵循玻恩条件(15.41)，并通过以下公式定义了算符 D_x：

$$D_xX-XD_x=[1\otimes] \tag{15.61}$$

其中右侧表示单位算符。此表达式确保算符是非对易的。然后，遵循玻恩和约当的矩阵演算规则与狄拉克的 q 数演算规则，建立了以下算符的代数规则：

$$\frac{\mathrm{d}Q}{\mathrm{d}X}=D_xQ-QD_x \tag{15.62}$$

$$\frac{\mathrm{d}}{\mathrm{d}X}(Q+P)=\frac{\mathrm{d}Q}{\mathrm{d}X}+\frac{\mathrm{d}P}{\mathrm{d}X} \tag{15.63}$$

$$\frac{\mathrm{d}}{\mathrm{d}X}(QP)=\frac{\mathrm{d}Q}{\mathrm{d}X}P+Q\frac{\mathrm{d}P}{\mathrm{d}X} \tag{15.64}$$

定义(15.61)和微分规则(15.62)可以推广到若干独立的算符变量 $Q_1,Q_2,\cdots,Q_n$，这样

$$D_jQ_i-Q_iD_j=[\delta_{ij}\otimes] \tag{15.65}$$

$$\frac{\mathrm{d}F}{\mathrm{d}Q_i}=D_jF-FD_j \tag{15.66}$$

然后，可以写出量子算符的对易关系：

$$\begin{cases}P_iQ_j-Q_jP_i=\left[\dfrac{h}{2\pi\mathrm{i}}\delta_{ij}\otimes\right]\\ Q_iQ_j-Q_jQ_i=0\\ P_iP_j-P_jP_i=0\end{cases} \tag{15.67}$$

动力学方程(15.60)变为

$$\begin{cases} \dfrac{dP_j}{dT} = \dfrac{d}{dt}P_j - P_j\dfrac{d}{dt} = -\dfrac{\partial H(P,Q)}{\partial Q_j} \\ \dfrac{dQ_j}{dT} = \dfrac{d}{dt}Q_j - Q_j\dfrac{d}{dt} = -\dfrac{\partial H(P,Q)}{\partial P_j} \end{cases} \tag{15.68}$$

接下来，该方案必须换一种形式，使得数值与实验可以进行比较。埃卡特使用了可以从玻恩和维纳的论文中得到的结果，即

$$\frac{1}{\psi}P_j\psi = p_i, \quad \frac{1}{\psi}Q_j\psi = q_i \tag{15.69}$$

或更一般而言

$$\frac{1}{\psi}F\psi = f \tag{15.70}$$

其中 F 是 P_j 和 Q_j 的任意函数。对于定态，玻恩和维纳利用了本征函数的时间依赖性采用 $W_n \propto \exp(2\pi i W_n t/h)$ 的形式的结果，因此把哈密顿算符 $H(P_jQ_j)$ 应用于式(15.70)，可得

$$\frac{1}{\psi_n}H(P_jQ_j)\psi_n = W_n \tag{15.71}$$

埃卡特立即指出：

> “[式(15.71)]将被看作[是]薛定谔以另一种形式发表的方程……它除了定义 ψ_n 之外，还用于将 W 的某些离散序列值与所有其他值区分开。”

为了完成论证，埃卡特必须定义与 Q_i 和 P_i 相关的算符，他选择了位置算符 Q_j 来表示与标量 q_j 相乘，P_j 则是正则共轭动量算符：

$$P_j = \frac{h}{2\pi i}\frac{\partial}{\partial q_i} \tag{15.72}$$

将这些定义代入式(15.71)中，可直接得到薛定谔的波动方程，因此可以求解氢原子定态的能量。为了使图像完整，埃卡特展示了如何找到与一般算符 F 相关的矩阵元 $Q_j(nk)$：

$$Q_jf = \sum F_n Q_j(nk)\psi_k \tag{15.73}$$

他在论文结束时说：

> “刚刚概述的求得矩阵的方法与兰乔斯对矩阵演算的解释几乎没有什么不同，因此在目前的演算中包含了矩阵演算。”

这项工作于 1926 年 6 月 7 日提交给 *Physical Review*，但直到 1926 年 10 月才发表，它完成了矩阵力学和波动力学的形式统一，并证明了算符技术在量子力学中的威力。

15.6 调和量子力学和玻尔角动量量子化——WKB 近似

困扰玻尔和他的同事的一个问题是:为什么简单的玻尔原子模型如此成功,现在看来,轨道的量子化与边界条件相关,而边界条件必须施加在无穷远处薛定谔波动方程的容许解上? 格雷格尔·文策尔(Gregor Wentzel)(1926a)、克拉默斯(1926)和里昂·布里渊(Léon Brillouin)(1926)的独立分析很快就给出了答案,他们使用了现在称为 WKB 近似的方法。⑤

除少数特殊情况外,尚无薛定谔方程的解析解,但是 WKB 近似可在势能随位置 x 缓慢变化的情况下找到近似解。"缓慢"意味着势能变化在德布罗意波长的尺度内很小。这些情况是由文策尔、克拉默斯和布里渊独立讨论的。在势函数没有空间变化的情况下,可以找到对应于经典力学解的结果。在势能缓慢变化的情况下,小量 $h/(2\pi i)$ 一阶近似的解导致索末菲的量子条件

$$\oint p\,dx = nh \tag{15.74}$$

后来的克拉默斯及其同事的分析(Niessen,1928;Kramers 和 Ittmann,1929)表明这种关系实际上是

$$\oint p\,dx = \left(n + \frac{1}{2}\right)h \tag{15.75}$$

恩利克·珀西科(Enrico Persico)(1938)从薛定谔方程出发,对结果(15.75)进行了简单推导,得出的近似值与文策尔(1926a)、克拉默斯(1926)和布里渊(1926)的论文完全相同。首先,珀西科用通常的形式写出了振子的一维薛定谔波动方程:

$$\frac{d^2\psi}{dx^2} + \frac{8\pi^2 m}{h^2}(E - U)\psi = 0 \tag{15.76}$$

势 U 和薛定谔波动方程的解作为 x 的函数在图 15.1 中进行了说明,均摘自珀西科的论文。可以看出,波函数的振荡比势能 U 的变化要快得多。作为一个好的逼近,在远离 A 点和 B 点(由 $E = U$ 给出)附近的 AB 区域,振荡的角频率为

$$\omega(x) = \sqrt{\frac{8\pi^2 m}{h^2}(E - U)} \tag{15.77}$$

为

$$\frac{d^2\psi}{dx^2} + \omega^2(x)\psi = 0 \tag{15.78}$$

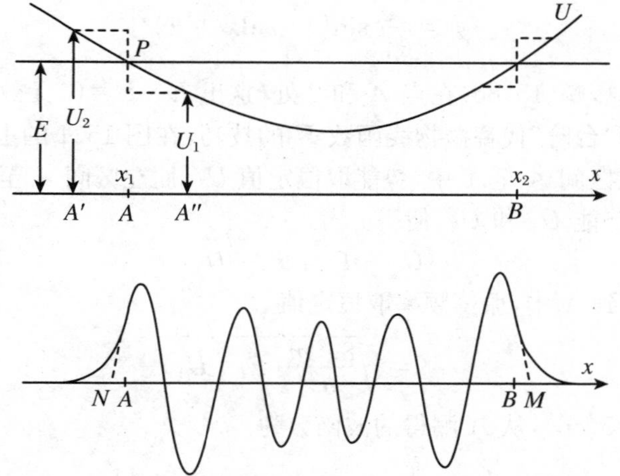

图 15.1　上图显示了文中所述的具有不同 U 和 E 值的谐波子势能函数。下图显示了主量子数 $n=8$ 的谐振子的薛定谔波动方程的解。这两幅图均来自珀西科(1938)

的解。如果 U 确实不依赖于 x，则 $\psi(x)$ 的解为

$$\psi(x) = C\sin(\omega x + \theta) \tag{15.79}$$

更好的近似方法是寻求以下形式的解：

$$\psi(x) = F(x)\sin[S(x)] \tag{15.80}$$

其中 $F(x)$ 是 x 的一个缓变函数。将此试验解代入式(15.78)，我们得到

$$(F'' - FS'^2 + \omega^2 F)\sin S + (2F'S' + FS'')\cos S = 0 \tag{15.81}$$

撇号表示对 x 的微分。为了满足该方程，正弦和余弦项前面的表达式必须为零，因此我们得到两个条件：

$$F'' - FS'^2 + \omega^2 F = 0,\quad 2F'S' + FS'' = 0 \tag{15.82}$$

如果 F 是 x 的一个缓变函数，则 $|F''| \ll \omega^2 |F|$，因此式(15.82)中的第一个表达式变为

$$\omega^2 = S'^2 \tag{15.83}$$

那么 S 的解是

$$S = \int_{x_1}^{x} \omega \mathrm{d}x + \theta \tag{15.84}$$

其中 θ 是一个常数。

利用结果(15.83)，式(15.82)中的第二个表达式可以立即积分为

$$F = \frac{c}{\sqrt{S'}} = \frac{c}{\sqrt{\omega}} \tag{15.85}$$

因此振荡区域内的波函数可以近似为

$$\psi = \frac{c}{\sqrt{\omega}}\sin\left(\int_{x_1}^{x} \omega \mathrm{d}x + \theta\right) \tag{15.86}$$

现在，很明显，解(15.86)在点 A 和 B 处(这里 $E - U = 0$)无效。首先处理 A，珀西科引入了用“台阶”代替抛物线函数 U 的技巧，在图 15.1 的上图中由 A 附近的虚线表示。在区间 A 至 A'' 中，势能取恒定值 U_1，而在区间 A 至 A' 中，势能取恒定值 U_2。选择势能 U_1 和 U_2，使得

$$U_2 - E = E - U_1 \tag{15.87}$$

因此，在区间 A 到 A'' 中，振荡频率取恒定值

$$\omega_1 = \sqrt{\frac{8\pi^2 m}{h^2}(E - U_1)} \tag{15.88}$$

将此值代入式(15.86)，从 A 测得的波函数为

$$\psi = \frac{c}{\sqrt{\omega_1}}\sin[\omega_1(x - x_1) + \theta] \tag{15.89}$$

现在考虑区间 A' 到 A 的波函数。在该区域中，$U_2 > E$，因此波动方程变为

$$\psi'' - \frac{8\pi^2 m}{h^2}(U_2 - E)\psi = \psi'' - \frac{8\pi^2 m}{h^2}(E - U_1)\psi = \psi'' - \omega_1^2\psi = 0 \tag{15.90}$$

第一个等式是由于我们选择了式(15.87)中的 U_1 和 U_2 值而产生的。方程(15.90)的解为 AA' 区间内的指数递减函数，指数为 ω_1：

$$\psi(x) = a\mathrm{e}^{\omega_1 x} \tag{15.91}$$

现在我们需要将 A 处的解(15.89)和(15.91)连接在一起。像往常一样，对于任何波，该函数及其一阶导数在 A 处必须是连续的，因此

$$a\mathrm{e}^{\omega_1 x_1} = \frac{c}{\sqrt{\omega_1}}\sin\theta, \quad a\omega_1\mathrm{e}^{\omega_1 x_1} = \frac{c}{\sqrt{\omega_1}}\omega_1\cos\theta \tag{15.92}$$

将式(15.92)中的第一个方程除以第二个方程，我们得出 $\tan\theta = 1, \theta = \pi/4$。因此在区间 A 到 B 中 ψ 的近似解为

$$\psi(x) = \frac{c}{\sqrt{\omega}}\sin\left(\int_{x_1}^{x} \omega \mathrm{d}x + \frac{\pi}{4}\right) \tag{15.93}$$

这是克拉默斯及其同事得到的 WKB 解。注意，重要的一点是，波函数的第一个最大值出现在正 x 方向上相位为 $\pi/4$ 的 x_1 处。

类似的考虑也适用于 B 附近的波函数，即位于最后一个极大值之外 $\pi/4$ 处的点 x_2。因此，A 和 B 或者说 x_1 和 x_2 之间的总相位差是

$$\int_{x_1}^{x_2} \omega \mathrm{d}x = n\pi + \frac{\pi}{2} = \left(n + \frac{1}{2}\right)\pi \tag{15.94}$$

其中 n 是通过计算 A 和 B 之间的节点数得到的。

现在，经典地讲，电子的动量为 $p = \pm\sqrt{2m(E - U)}$，因此通过式(15.77)与波函数的角频率直接相关：$p = h\omega/(2\pi)$。现在，如果我们取谐振子的一个完整振荡，即从 x_1 到 x_2 再回到 x_1，对 $p\mathrm{d}x$ 积分，得到

$$\oint p\mathrm{d}x = 2\int_{x_1}^{x_2} p\mathrm{d}x = \frac{h}{\pi}\int_{x_1}^{x_2} \omega\mathrm{d}x \tag{15.95}$$

因此，由式(15.94)，

$$\oint p\mathrm{d}x = \left(n + \frac{1}{2}\right)h \tag{15.96}$$

同玻尔-索末菲量子化条件精确相符，包含 $h/2$ 项。

我们回顾一下，根据波动力学或矩阵力学，没有提到电子在原子中的运动，这一点在 15.4 节末段泡利的引文中得以强调："没有给出原子中的电子在空间上和时间上的描述。"似乎最好把玻尔的角动量量子化视为一个幸运的巧合，它开辟了通往旧量子物理学和新量子物理学的路线。

15.7　反　思

到 1926 年中期，很明显，在玻恩、狄拉克、埃卡特、海森堡、约当、薛定谔和维纳（仅提及本章中强调了其工作的人）的卓越见解的刺激下，算子微积分已成为研究量子问题的未来方向。玻恩对薛定谔的成就不吝赞美之词。他在薛定谔的讣告中将其 1926 年的论文称为"理论物理学中无与伦比的宏伟"(Born，1961b)。普朗克的赞美同样溢于言表：

> "[薛定谔的波动方程]在现代物理学中的作用与牛顿、拉格朗日和哈密顿在经典力学中建立的方程相同。"(Planck，1931b)

在接下来的几年中，随着算子微积分的框架越来越充实，量子力学迎来了非凡的繁荣。

第 16 章　自旋与量子统计

乌伦贝克和古德施密特对电子自旋的发现是在原子层面上理解物理学的一个重大进步。它的发现与矩阵力学和波动力学的发展同时发生，它与量子力学和统计的结合使人们对量子力学的基本结构有了更深的理解。几乎就在同时，海森堡和约当利用矩阵力学的新框架，推导出了朗德从对反常塞曼效应非常仔细的研究中凭经验得出的 g 因子表达式。这些发展的一个重要结果是将矩阵力学和波动力学的不同方法结合在一起。特别是，自旋作为一个新的量子数的发现，表明有可能理解包含不止一个电子的系统。海森堡对氦原子的分析为把自旋完全纳入量子力学和量子统计铺平了道路。

16.1　自旋与朗德 g 因子

在 8.5 节中，已经讲述了乌伦贝克和古德施密特(1925a)发现电子自旋的故事。正如那一节所讨论的，他们的发现是基于对反常塞曼效应中观察到的规律的经验研究，受朗德的复杂分析启发。虽然最初基于旋转电子的经典概念，但电子自旋是电子内禀的纯量子力学性质。对于这个概念的有效性，意见分歧很大，泡利持强烈的否定态度，而玻尔、海森堡和约当持更积极的观点。海森堡所面临的挑战是：在最近完成的矩阵理论的背景下，利用自旋 1/2 粒子的概念，找到反常塞曼效应的量子力学解。

乌伦贝克和古德施密特的创新点是：假设电子具有内禀自旋，自旋量子数为 $s=\pm 1/2$；与电子自旋相关的旋磁比应该是与电子轨道运动相关的两倍。我们知道，电子轨道运动的旋磁比 $\boldsymbol{\mu}_e$(轨道)是与该运动相关的磁矩与其角动量的比值。对于电子自旋，旋磁比 $\boldsymbol{\mu}_e$(自旋)被假定为该值的两倍。因此

$$\boldsymbol{\mu}_e(\text{轨道}) = \frac{e}{2m_e}\boldsymbol{L};\quad \boldsymbol{\mu}_e(\text{自旋}) = \frac{e}{m_e}\boldsymbol{s} \tag{16.1}$$

其中 $\boldsymbol{L}$ 和 $\boldsymbol{s}$ 分别是与轨道运动和电子自旋相关的角动量矢量。于是，可以写出均匀磁场 $\boldsymbol{B}$ 中电子的哈密顿量 H：

$$H = H_0 + H_1 + H_2 + H_3 \tag{16.2}$$

海森堡指出对 H 有贡献的各项如下：

• H_0 是指在没有外磁场的情况下，无自旋电子绕原子核做非相对论性运动的相关能量。

• 第二项 H_1 表示电子的轨道角动量 $\boldsymbol{L}$ 和自旋 $\boldsymbol{s}$ 与外磁场 $\boldsymbol{B}$ 之间的相互作用能：

$$H_1 = \frac{e}{2m_e}\boldsymbol{B}\cdot(\boldsymbol{L} + 2\boldsymbol{s}) \tag{16.3}$$

• H_2 表示在电子运动参考系中观察到的感应磁场 $\boldsymbol{B}_i$ 与电子磁矩之间的耦合的相关能量，即所谓的自旋-轨道耦合。对于一个电子绕着电荷为 Ze 的原子核旋转，距核半径 r 处的电场强度为

$$\boldsymbol{E} = \frac{Ze}{4\pi\epsilon_0 r^3}\boldsymbol{r} \tag{16.4}$$

因此在静止坐标系中电子感受到的感应或者说内部的磁通密度是

$$\boldsymbol{B}_i = -\frac{\boldsymbol{v}\times\boldsymbol{E}}{c^2} = -\frac{Ze(\boldsymbol{v}\times\boldsymbol{r})}{4\pi\epsilon_0 c^2 r^3} = \frac{Ze\boldsymbol{L}}{4\pi\epsilon_0 m_e c^2}\frac{1}{r^3} \tag{16.5}$$

因此自旋-轨道耦合具有如下形式：

$$H_2 = -\boldsymbol{\mu}_e\cdot\boldsymbol{B}_i = \frac{Ze^2}{4\pi\epsilon_0 m_e^2 c^2}\overline{\left(\frac{1}{r^3}\right)}(\boldsymbol{L}\cdot\boldsymbol{s}) \tag{16.6}$$

其中上划线表示 r^{-3} 的值在电子轨道上取平均值。请注意，更一般地说，当考虑到原子中其他电子的屏蔽效应时，电场不是平方反比形式，而是可以写为

$$E = -\frac{\mathrm{d}V(r)}{\mathrm{d}r} \tag{16.7}$$

式中 $V(r)$ 是平均径向静电势能。与相互作用能有关的是电子磁矩轴绕内部磁场的进动，就像塞曼效应的经典分析一样(4.1节)：

$$\boldsymbol{\Omega}_{LS} = \frac{e\boldsymbol{B}}{m_e} = \frac{Ze^2}{4\pi\epsilon_0 m_e^2 c^2}\overline{\left(\frac{1}{r^3}\right)}\boldsymbol{L} \tag{16.8}$$

然而，与式(4.10)相比，式(16.8)包含了与电子自旋的旋磁比相关的因子2。还要注意，进动频率与相互作用能成正比：$\Omega_{LS}\propto H_2$。

• 最后一项 H_3 代表哈密顿量的相对论性修正，来自索末菲对经典相对论性氢原子的分析(Sommerfeld，1916a)。

尽管泡利的观点并不那么令人鼓舞，但1925年11月，海森堡开始将上述哈密顿量通过他所说的“矩阵磨”，以找到与反常塞曼效应有关的定态和谱线分裂。令人失望的是，他几乎重复了朗德的反常塞曼效应公式，但关键的自旋-轨道耦合项导致与朗德的表达式有2倍的差异，这一结果使人对整个方案产生怀疑。

1926年1月初，海森堡知晓玻恩和维纳(1926)对量子力学的新的算符表述，

这为将矩阵力学扩展到更一般的算符形式开辟了道路。于是,他能够使用作用-角变量重新评估这个问题的值,但尽管如此,顽固的因子 2 仍然存在,导致电子自旋的支持者普遍失望。

然而,解决方案就在眼前,这要归功于卢埃林·托马斯的洞察力,他最近作为一名访问研究生来到了哥本哈根的玻尔研究所。托马斯重新审视了电子参考系和外部参考系之间的相对论性变换,发现表达式(16.6)并不是全部。托马斯意识到,根据狭义相对论,矢量的轨道运动(比如电子的自旋矢量)存在一个额外的动力学效应。托马斯意识到了这样一种进动,这是德西特(de Sitter)在月球的相对论性进动的背景下得出的,并在爱丁顿的《相对论的数学理论》(Eddington,1924)一书中进行了分析。正如托马斯在他写给《自然》的短文(Thomas,1926)中所表达的:

> “[根据上述论点,]自旋轴的进动……是它在一个坐标系(2)中的进动,在这个坐标系中,电子的中心暂时处于静止状态。系统(2)由系统(1)得到,在系统(1)中,电子在运动,原子核静止,由速度为 $\boldsymbol{v}$ 的洛伦兹变换得到。如果电子的加速度为[$\boldsymbol{a}$],系统(3)由系统(1)通过速度为 $\boldsymbol{v}+\boldsymbol{a}\mathrm{d}t$ 的洛伦兹变换得到,那么一个相对于原子核静止的观测者将观测到并将其求和以得到久期进动的是那个将(2)中时间 t 的自旋轴方向变成(3)中时间 $t+\mathrm{d}t$ 的方向的进动(如果这两个方向都被看作是(1)中的方向的话)。通过速度为 $\boldsymbol{a}\mathrm{d}t$ 和旋转为 $(1/(2c^2))[\boldsymbol{v}\times\boldsymbol{a}]\mathrm{d}t$ 的洛伦兹变换,在一阶近似下,由系统(2)得到系统(3)。”

这种纯粹的运动学效应导致了对进动的额外贡献,因此电子的相互作用能相当于

$$\boldsymbol{\Omega}_{\mathrm{T}}=-\frac{1}{2c^2}[\boldsymbol{v}\times\boldsymbol{a}] \tag{16.9}$$

由于在一级近似下,$m_{\mathrm{e}}\boldsymbol{a}=e\boldsymbol{E}$,于是

$$\boldsymbol{\Omega}_{\mathrm{T}}=-\frac{1}{2}\frac{Ze^2}{4\pi\epsilon_0 m_{\mathrm{e}}^2c^2}\overline{\left(\frac{1}{r^3}\right)}\boldsymbol{L} \tag{16.10}$$

因此有效内场只有式(16.6)给出的值的一半,可以完全解释相差的因子 2。经过相当多的争论,就连泡利也改变了看法,1926 年 6 月,海森堡和约当发表了关于反常塞曼效应的量子力学解释的论文(Heisenberg 和 Jordan,1926)。雷兴伯格在他对量子和量子力学历史的总结中写道,对反常塞曼效应的解释是矩阵力学最伟大的成就之一(Rechenberg,1995)。

16.2　海森堡与氦原子

1926 年 5 月，克拉默斯离开哥本哈根到乌得勒支担任理论物理教授后，海森堡接受了哥本哈根大学讲师和玻尔助理的职务。众所周知，旧量子论在处理多个电子的原子时存在无法克服的问题，海森堡非常清楚这些问题，他已经在玻尔-索末菲原子结构理论的基础上研究了氦原子理论。然而，到了 1926 年，重新解决这个问题的时机已经成熟。乌伦贝克和古德施密特(1925a)对电子自旋的发现和泡利不相容原理(1925)的发现，以及海森堡和约当利用矩阵力学的算符解释反常塞曼效应的成功，为氦原子问题提供了一种新的方法。与此同时，海森堡迅速吸收了薛定谔的波动力学，它提供了一种计算相关矩阵元更简单的方法。

与氦和碱土金属(如镁和钙)光谱相关的众所周知的问题是它们的光谱中存在两组明显独立的谱线。在氦的情况下，相应的独立谱项图被称为仲氦和正氦(图 16.1)。这两组能级与氢谱项图中出现的谱项没有太大区别。仲氦谱线都是单态，而正氦谱线由非常窄的三重态组成——正氦谱线的能级比相应的仲氦谱线的能级结合得更紧密。最初，人们认为氦实际上是仲氦和正氦两种气体的混合物。

根据古德施密特的回忆，[①]1926 年 2 月，在发现自旋后不久，他在哥本哈根访问期间，与玻尔讨论了氦光谱的问题。他回忆说：

> “通过观察氦光谱，玻尔立刻明白，如果你把[氦原子中电子的]两个自旋中的一个翻转过来，能量会突然完全不同。”

古德施密特试图用两个电子磁矩之间的磁相互作用来解释正氦和仲氦基态之间的巨大能量差异，但未能得到观察到的那么大的差异。

海森堡意识到，解决这个问题的办法在于将泡利不相容原理应用于氦原子(见 8.4 节)。在 1926 年 4 月底写给泡利的一张明信片上，海森堡写道：

> “我们发现了一个相当决定性的论点，即你对[原子中两个电子的]等效轨道的排除与单态-三重态分离有关……考虑把能量写成跃迁概率的函数。然后，如果一个……能跃迁到 1S，或者，根据你的禁令[不相容原理]，把它们设为零，就产生一个巨大的差异。也就是说，正和仲[氦]确实有不同的能量，这与磁体之间的相互作用无关。”

这促使海森堡开始计算。根据泡利不相容原理，两个自旋相反的电子可以占据基态，并对应于仲氦线系。另一方面，如果自旋是平行的，则其中一个电子可以保持基态，但另一个必须占据一个束缚不那么紧密的轨道，远高于基态。分析的核心是氦原子中的两个电子是全同粒子，这一点不容忽视。在矩阵力学方案中，忽略了电

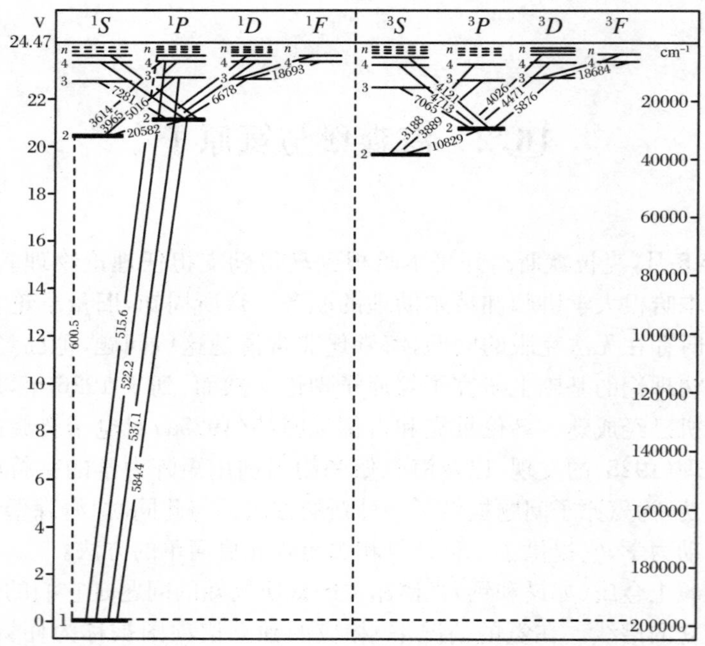

图 16.1　氦的谱项图(Herzberg,1944)。左边的谱项图代表仲氦,其特征是两个电子自旋相反,因此 $S=0$,对应于单态。右边的谱项图代表正氦,在正氦中,两个电子自旋平行,因此 $S=1$,态是三重态。单态和三重态之间的跃迁是禁戒的

子磁矩之间的弱相互作用,海森堡采用了一种模型,其中哈密顿量矩阵 $\boldsymbol{H}^0$ 由两项组成,即 $\boldsymbol{H}^a$ 和 $\boldsymbol{H}^b$,每一项都是指电子在原子核和两个电子的联合库仑场影响下的运动。一个电子在核的无屏蔽库仑场中所感受的电荷是 $2e$,如果核电荷被另一个电子屏蔽,则为 e。海森堡意识到的关键点是电子 a 和 b 的交换将使定态的能量保持不变。

海森堡继续计算氦原子的定态,将电子之间的库仑斥力视为一阶微扰。结果发现了定态的两个独立的对称和反对称解,在每一组独立能级内跃迁是允许的,但在它们之间的跃迁不允许。最初,海森堡将对称解确定为要采用的解,并认为这一选择符合泡利不相容原理和玻色-爱因斯坦统计。很久以后,在 1963 年的一次采访中,他承认自己在 1926 年对与原子中电子有关的统计性质感到困惑。他说:

“很长一段时间以来,我一直在混淆玻色-爱因斯坦统计和费米-狄拉克统计。当时我不知道费米-狄拉克统计,我只知道泡利不相容原理。我总是混淆玻色-爱因斯坦统计和泡利不相容原理,它们导致了不同的状态计数方法。当我写下两个全同电子的方程时,有两个解,一个是对称的,另一个是反对称的。起初我认为我必须采用反对称解来获得玻色统计,

这一定是给出泡利原理的那个。后来，我发现情况正好相反。必须取对称解才能得到玻色统计，取反对称解才能得到泡利不相容原理。”(Heisenberg，1963)

为了得到氦原子的能级，海森堡继续进行分析，并在此过程中利用薛定谔的波动力学来计算微扰项。氦原子的哈密顿量可以写成

$$H = \frac{p_1^2}{2m_e} + \frac{p_2^2}{2m_e} - \frac{2e^2}{4\pi\epsilon_0 r_1} - \frac{2e^2}{4\pi\epsilon_0 r_2} + \frac{e^2}{4\pi\epsilon_0 r_{12}} \tag{16.11}$$

其中 r_1 和 r_2 是电子与原子核的距离，r_{12} 是电子之间的距离。对于未微扰的氦原子，省略了式(16.11)中最后一项所表示的电子之间的相互作用。薛定谔方程是可以分离的，可以找到形式为 $\psi = \varphi_n^1 \varphi_m^2$ 的波函数解，其中 φ_n^1 和 φ_m^2 分别是电子 1 和 2 的波函数。海森堡发现，当他对包括电子之间静电斥力的两个电子系统进行微扰分析时，对称和反对称的解分别是

$$\psi^{\cdot} = \frac{1}{\sqrt{2}}(\varphi_n^1\varphi_m^2 + \varphi_m^1\varphi_n^2), \quad \psi^{\times} = \frac{1}{\sqrt{2}}(\varphi_n^1\varphi_m^2 - \varphi_m^1\varphi_n^2) \tag{16.12}$$

海森堡用“层层推进”的方法得到氦原子的能级，用以下函数来近似电子势能的径向分布：

$$V(r) = -\frac{Ze^2}{4\pi\epsilon_0 r} + f(r), \quad f(r) = \begin{cases} \dfrac{e^2}{4\pi\epsilon_0 r_0} & (0 \leqslant r \leqslant r_0) \\ \dfrac{e^2}{4\pi\epsilon_0 r} & (r_0 \leqslant r \leqslant \infty) \end{cases} \tag{16.13}$$

通过这种近似，海森堡能够为氦原子的仲态和正态能级找到一个合理的定量解释。在论文的第二部分，他加入了与电子自旋有关的小的额外变化，其中包括了单态和三重态的正确分裂。海森堡的论文发表于 1926 年 8 月和 10 月(Heisenberg，1926a，b)。在第二篇论文中，海森堡承认薛定谔方法在计算能级和跃迁概率方面的价值。他写道：

“我用了薛定谔的理论框架。我很清楚，为了计算氦原子的能移，需要矩阵元，而且它们可以很好地从薛定谔的方案中计算出来。在矩阵力学中进行这样的计算是很困难的。”

许多作者对理解氦原子特性的这一重大进展进行了改进，最终导致凯尔纳(Kellner)(1927)对氦原子的电离势进行了准确估计。这些计算还导致交换力概念的发展，交换力是一种量子力学力，与两个全同电子不能占据相同的量子态这一事实有关。这将最终导致海森堡将交换力的概念应用于铁磁理论(Heisenberg，1928)，但首先我们需要掌握自旋 1/2 粒子的统计特性，即费米-狄拉克统计。

16.3 费米-狄拉克统计——费米的方法

1923~1925年,年轻的恩利克·费米以研究员的身份访问了哥廷根和莱顿,熟悉了量子物理学的问题。1925年,他被任命为佛罗伦萨大学物理讲师,然后于1926在罗马大学成为理论物理学的新教授。他早期对量子物理学的兴趣在于理想气体的状态方程,尤其是能斯特热定理,根据该定理,所有物质的热容随着温度趋于零而趋于零,这与经典统计力学的预期相反。玻色和爱因斯坦的论文出现在1924年和1925年(见9.2节),费米当然知道它们(Bose,1924;Einstein,1924,1925)。他们将光量子和理想气体的原子视为不可区分的粒子,并认为,只要粒子是不可区分的,将这些实体分配到相空间中允许状态的过程应该避免重复。

泡利最近对原子中电子的不相容原理的阐述(Pauli,1925)给费米留下了更深刻的印象,即在给定的原子量子数集合中,只有一个电子可以占据一个特定的量子态(8.4节)。在统计力学的标准公式中,通过计算动量空间中的允许状态来列举封闭系统中的允许状态,这相当于在封闭系统的反射壁中匹配有限但非常大量的波长数目,结果是粒子的能量和动量基本上是连续分布的。费米现在提议缩小封闭系统的尺寸,使其只包含一个原子,然后将泡利不相容原理应用于该体积。但与泡利将他的规则应用于原子中的电子不同,费米提出将同样类型的不相容原理应用于理想气体的原子。费米写道:

> "……如果选择容器小到平均只包含一个分子,那么就可以得到预期数量级的[气体]简并度……我们将证明,泡利规则的应用使我们能够提出一个完备的、自洽的理想气体简并理论。"(Fermi,1926b)

1926年2月7日,费米在意大利的*Rendiconti del Reale Accademia Lincei*上首次发表了他的新量子统计,随后1926年5月11日以德语在*Zeitschrift für Physik*上发表。费米的模型由N个质量为m的气体分子组成,位于中心"弹性"势U内,其表达式为

$$U = 2\pi^2\nu^2 mr^2 \tag{16.14}$$

其中ν是分子围绕中心$r=0$振荡的频率。仅考虑原子或分子在x,y和z方向的平动,三个独立坐标中的能量被量子化,因此每个分子的能量为

$$\omega = h\nu(s_1 + s_2 + s_3) = sh\nu \tag{16.15}$$

其中s_1,s_2和s_3取整数值,$0\leqslant s_i\leqslant s$。我们可以很直观地看出,在$s_1$,$s_2$和$s_3$的范围内,获得$s$的不同方式的数量是

$$Q_s = \frac{(s+1)(s+2)}{2} \tag{16.16}$$

在绝对零度下，所有态都被占据，1个分子的能量为零，3个分子的能量为 $h\nu$，6个分子的能量为 $2h\nu$，依此类推。

在高于绝对零度的温度下，原子或分子在允许态中分布，爱因斯坦在其关于玻色-爱因斯坦分布的论文(Einstein，1924，1925)中展示了这种计算是如何进行的。如果有 N 个分子，总能量 E 在它们之间分布，那么

$$\sum_s N_s = N, \quad h\nu \sum_s sN_s = E \tag{16.17}$$

要求 $N_s \leqslant Q_s$。这成为了变分法的一个练习，与爱因斯坦的分析完全一致。把 N 个原子分布于 Q 个可能位置的排列组合公式为 $\begin{pmatrix} Q_s \\ N_s \end{pmatrix}$。因此粒子可能分布方式的总数是在式(16.17)约束下所有能态阶乘的乘积：

$$P = \begin{pmatrix} Q_0 \\ N_0 \end{pmatrix}\begin{pmatrix} Q_1 \\ N_1 \end{pmatrix}\begin{pmatrix} Q_2 \\ N_2 \end{pmatrix}\cdots \tag{16.18}$$

用大阶乘的斯特林公式 $N! \approx N^N$，并取对数，问题可简化为在约束条件(16.17)下寻找

$$\ln P = \sum_s \ln\begin{pmatrix} Q_s \\ N_s \end{pmatrix} = -\sum_s \left(N_s \ln \frac{N_s}{Q_s - N_s} + Q_s \ln \frac{Q_s - N_s}{Q_s} \right) \tag{16.19}$$

最可能的值。使用待定乘子法的标准程序，结果是

$$\frac{N_s}{Q_s - N_s} = \alpha \exp(-\beta s) \quad 或 \quad N_s = \frac{Q_s}{\exp(A + \beta s) + 1} \tag{16.20}$$

其中 α，β 和 A 是常数。这个结果可以与爱因斯坦的表达式(9.7)相比较：

$$n_k = \frac{g_k}{e^{\alpha + \beta\varepsilon_k} - 1} \tag{16.21}$$

显示了费米-狄拉克统计和玻色-爱因斯坦统计之间的特征差异，前者分母中是加号而后者是减号。

虽然常数 A 和 β 可以通过统计公式 $S = k\ln P$ 和热力学关系 $T = \mathrm{d}S/\mathrm{d}S$ 确定，但费米不确定热力学定律在极低温度下的普适性，因此从距原点非常远的粒子分布的渐近值推导出常数。在这些距离处，粒子的密度变得非常低，能量分布趋于麦克斯韦速度分布。就这样，他发现常数 $\beta = h\nu/(kT)$，并确定了 A 的值。特别重要的是，他确定了极端低温极限下的气体压强，在该极限下，压强与温度无关：

$$p = \frac{1}{20}\left(\frac{6}{\pi}\right)^{2/3} \frac{h^2 n^{5/3}}{m} \tag{16.22}$$

它的形式可以从基本的物理参数推导出来。[②] 此外，每个粒子有一个零点能，等于

$$E = \frac{3}{40}\left(\frac{6}{\pi}\right)^{2/3} \frac{h^2 n^{2/3}}{m} \tag{16.23}$$

最后，低温下的比热容是

$$C_V = \left(\frac{2\pi^2}{\sqrt{3}}\right)^{4/3} \frac{mk^2 T}{h^2 n^{2/3}} \tag{16.24}$$

因此,根据能斯特热定理的要求,当温度趋于零时,C_V 变为零。

16.4 费米-狄拉克统计——狄拉克的方法

与此同时,回到剑桥后,狄拉克继续他个人的、相当孤独的量子力学发展工作计划,但他从与哥廷根和哥本哈根的同事的通信中获益,尤其是与海森堡的通信。后者认识到狄拉克的量子代数是一种比矩阵力学更强大的方法。他提请狄拉克注意薛定谔的文章,并寻求他的建议和帮助,以调和矩阵力学和波动力学的截然不同的方法。海森堡很清楚狄拉克的卓越数学技能,他对结果并不失望。狄拉克的量子力学规则的 q 数表述有一个优点,即他不需要明确说明 q 数是什么,他可以用理论来研究任何最适合他的数学对象,解决手头的问题。正如他在论文《量子力学原理》(Dirac,1926f)导言中所说:

> "人们可以建立一个[原子系统]理论,而不需要知道任何动力学变量的相关知识,除了它们所遵循的代数定律,并且可以证明,只要存在一组动力学系统的统一变量,它们就可以用矩阵来表示……然而,可以证明……对于一个包含多个电子的系统来说,没有一套统一变量,因此理论无法在这些方面取得很大进展。"

在给狄拉克的信中,海森堡描述了矩阵力学和波动力学的统一,狄拉克充分理解了薛定谔理论的优点。他开始对波动力学进行系统的探索,用自己的语言重铸它。[③]他的理论中的 q 数可以被视为微分算符,定义如下的位置变量 q_r 和动量变量 p_r,时间变量 t 和能量变量 W 的正则共轭对:

$$q_r,\quad p_r = -\mathrm{i}\frac{h}{2\pi}\frac{\partial}{\partial q_r} \tag{16.25}$$

$$t,\quad W_r = -\mathrm{i}\frac{h}{2\pi}\frac{\partial}{\partial t} \tag{16.26}$$

此外,他还证明,通过这些定义,经典的哈密顿-雅可比方程简化为薛定谔波动方程,因此整个波动力学自然地从他的量子力学方案派生出来。还阐明了薛定谔本征函数与矩阵元之间的关系:

> "……动力系统的任何积分常数……可由矩阵元为常数的矩阵表示,每个特征函数 ψ_n 对应矩阵的一行和一列。"

狄拉克对量子力学基本原理的清晰而简洁的阐述完整地证明了矩阵力学和波动力学不同方法的等价性和优点。他毫不犹豫地将薛定谔的方法运用到自己的思维方式中。

狄拉克长期以来一直对发展多电子系统的量子力学感兴趣。他论文的第三部分集中在氦原子的情况，然后是全同粒子的统计(Dirac，1926f)。他的思想要点包含在他的论文的以下引文中：

> “现在考虑一个包含两个或更多类似粒子的系统，比如说，为了明确起见，一个原子有两个电子。用(mn)表示原子的状态，其中一个电子在标记为 m 的轨道上，另一个在标记为 n 的轨道上。问题在于，(mn)和(nm)这两个态在物理上是不可区分的，因为它们仅因两个电子的交换而不同，它们是被计为两个不同的态还是仅计为一个？如果第一种选择是正确的，那么该理论将使人们能够分别计算$(mn)\to(m'n')$和$(mn)\to(n'm')$两种跃迁的强度，因为对应于任何一个跃迁的振幅将由代表总极化的矩阵中的一个确定的矩阵元给出。然而，这两种跃迁在物理上是无法区分的，只有两种跃迁的强度之和才能通过实验确定。因此，为了保持理论的基本特征，即只计算可观测量，必须采用第二种选择，即(mn)和(nm)视为一种态。”

这一段概括了他发展的费米-狄拉克统计的关键概念。

这种对粒子不可分辨性的要求导致了纯矩阵力学方案中的不一致性，但它在氦原子定态本征函数的表示方面有一个直接的解释。就像海森堡对氦原子的分析一样，如果忽略电子之间的相互作用项，哈密顿量(16.11)是可分离的，因此可以写出两个电子的波函数：

$$\psi_m(x_1,y_1,z_1,t)\psi_n(x_2,y_2,z_2,t)=\psi_m(1)\psi_n(2) \tag{16.27}$$

然而，本征函数 $\psi_m(2)\psi_n(1)$对应于完全相同的态。因此矩阵中必须只有一行和一列对应于(mn)和(nm)，这可以通过将波函数 ψ_{mn}写成以下形式来实现：

$$\psi_{mn}=a_{mn}\psi_m(1)\psi_n(2)+b_{mn}\psi_m(2)\psi_n(1) \tag{16.28}$$

其中 a_{mn}和b_{nm}是常数，这些集合只包含一个 ψ_{mn}，同时对应于(mn)和(nm)。此外，必须选择 a_{mn}和b_{nm}，以便该矩阵能够代表两个电子的任何对称函数 A。因此用本征函数的完备集展开波函数 ψ_{mn}必定是可能的，使得

$$A\psi_{mn}=\sum_{m'n'}\psi_{m'n'}A_{m'n',mn} \tag{16.29}$$

其中 $A_{m'n',mn}$为常数或仅为时间的函数。

那么有两种方法可以选择满足这些条件的函数集 ψ_{mn}。要么 $a_{mn}=b_{mn}$，导致ψ_{mn}是两个电子的对称函数，因此所有本征函数都是对称的；要么 $a_{mn}=-b_{mn}$，导致 ψ_{mn}是两个电子的反对称函数，所有本征函数都是反对称的。狄拉克总结道：

> “当两个电子处于同一轨道时，反对称本征函数为零。这意味着，在求解反对称本征函数问题时，不可能存在两个或更多电子处于同一轨道的定态，这就是泡利不相容原理。另一方面，具有对称本征函数的解允许任意数量的电子处于同一轨道，因此这个解不可能是原子中电子问题的正确解。”

在这篇令人印象深刻的论文的下一节中，狄拉克阐明了对称和反对称波函数

在光和粒子中的应用:

"当应用于光量子时,对称本征函数的解必须是正确的,因为众所周知,爱因斯坦-玻色统计力学导致了黑体辐射的普朗克定律。不过,对于气体分子来说,具有反对称本征函数的解可能是正确的,因为已知它对于原子中的电子来说是正确的,而且人们期望分子比光量子更接近电子。"

狄拉克继续确定气体的状态方程,其假设是与一个给定的波或本征函数相关的电子只能有一个或零个。这些波被分为若干组 A_s,每组都具有相同的能量 E_s。于是,N_s 个分子在 A_s 个波中的不同分布方式的数量由标准关系给出:

$$p_s = \frac{A_s!}{N_s!(A_s - N_s)!} \tag{16.30}$$

分母中的阶乘除掉了相同占据或空位带来的重复项。然后,将所有可能态的概率相乘,得到总概率,并满足约束条件 $N = \sum_s N_s$ 和 $E = \sum_s E_s N_s$。狄拉克写出

$$W = \prod_s \frac{A_s!}{N_s!(A_s - N_s)!} \tag{16.31}$$

这就把问题简化为相同的变分标准计算,该计算由费米(1926a,b)进行,并在16.3节中讨论过。结果是标准的费米-狄拉克分布,用狄拉克的符号表示,为

$$N_s = \frac{A_s}{e^{\alpha + E_s/(kT)} + 1} \tag{16.32}$$

它与费米的表达式(16.20)完全相同。粒子的总数和它们在体积 V 中的压强的表达式遵循计算相空间中状态数的标准程序。

$$N = \sum N_s = \frac{2\pi V(2m)^{3/2}}{h^3}\int_0^\infty \frac{E_s^{1/2}\mathrm{d}E_s}{e^{\alpha + E_s/(kT)} + 1} \tag{16.33}$$

$$E = \sum E_s N_s = \frac{2\pi V(2m)^{3/2}}{h^3}\int_0^\infty \frac{E_s^{3/2}\mathrm{d}E_s}{e^{\alpha + E_s/(kT)} + 1} \tag{16.34}$$

狄拉克指出,由于 $pV = 2E/3$,通过消去式(16.33)和式(16.34)中的 α,可以找到气体的状态方程。他还指出,根据能斯特热定理的要求,气体的比热在零温度下稳定地趋于零。玻色-爱因斯坦凝聚现象并不存在。

很久以后,在 1963 年的一次采访中,狄拉克回忆说,他看过费米的论文,但并没有太注意它。直到费米写信给他,狄拉克才回忆起这篇论文,并充分承认费米已经独立发现了现在所说的费米-狄拉克分布。[4]尽管费米的开创性论文的优先性是毋庸置疑的,但狄拉克的论文产生了更大的影响,因为它更普遍地解决了量子统计问题,并很快被吸收到量子力学的框架中。

16.5　将自旋引入量子力学——泡利自旋矩阵

尽管海森堡和约当成功地解释了反常塞曼效应(16.1 节),但该分析只是磁场中旋转电子经典表达式的量子力学扩展。自旋由一个自旋矢量 $\boldsymbol{s}$ 来表示,它以矢量的方式加到轨道角动量 $\boldsymbol{L}$ 上。泡利充分认识到,由于一个简单的原因,自旋并没有被适当地纳入量子力学的方案中。虽然自旋被称为"角动量",但不能以与轨道角动量相同的方式表示,因为轨道角动量有三个独立的方向,分别对应于绕 x 轴、y 轴和 z 轴的旋转,即 $\boldsymbol{M}_x$,$\boldsymbol{M}_y$ 和 $\boldsymbol{M}_z$,而乌伦贝克和古德施密特的假设只要求两个自旋状态,即 $s=+1/2$ 和 $s=-1/2$。达尔文(1927a)充分认识到这一困难的重要性,他写道:

> "当需要的是将电子的状态数增加一倍时,引入三个额外的自由度,然后做出一个任意(尽管不是不自然的)假设,将三个无穷大减少到两个。事实上,电子被赋予了一整套欧拉角,即使它可能没有必要这样明确地表达这个问题。现在我们认为电子是自然界中最原始的东西,因此,如果不经过如此详尽的阐述就能获得二元性,那就更令人满意了。"

达尔文详细阐述了他的提议,即把泡利所说的电子的"经典上不可描述的二值性"视为一个矢量,它涉及两个单独的薛定谔型方程来描述不同的极化(Darwin, 1927b,c)。他将方程的数量增加了一倍,这样,四个新变量就可以被视为相对论中的四维矢量分量。该方案复杂且不完备,被泡利发明的自旋矩阵取代,后者可以被纳入量子力学,但这涉及一种完全不同的方法来解决这个问题。林赛和马格诺(Lindsay 和 Margenau,1957)在论述中愉快地总结了泡利(1927b)所做事情的本质,他们对这个问题的描述如下:

> "……与这个新的自由度相对应的算符,我们将继续隐喻地称之为'自旋',必须只有两个本征值,与想象中的外场所处的任何一个方向上的角动量值 $\pm h/(4\pi)$ 相对应……长话短说,我们发现很难得到一个微分算符……它作用于一个连续变量的函数,只有两个特征值。"

泡利的方法与之前在量子力学中使用的方法大不相同。他选择了一个自旋变量,该变量只在两个点上有有限的值。变量 s 测量自旋,比如说 z 方向的自旋。相关的自旋状态函数是 $\varphi(s)$。现在我们假设 s 的范围只有 1 和 -1 这两个点。为了直观起见,可以将 s 视为电子自旋轴与空间中某个方向之间夹角的余弦,因此 $s=+1$ 对应于平行所选方向的排列,$s=-1$ 对应于反平行排列。状态函数 $\varphi(s)$ 在 $s=+1$处只能有有限值 a,在 $s=-1$ 处有有限值 b,所以最一般的函数 $\varphi(s)$ 是

$$\varphi(s) = a\delta_{s,+1} + b\delta_{s,-1} \tag{16.35}$$

其中 δ 是 δ 函数。态函数必须归一化,因此

$$\int \varphi^*(s)\varphi(s)\mathrm{d}s$$
$$= \int (a^* a\delta_{s,+1}\delta_{s,+1} + a^* b\delta_{s,+1}\delta_{s,-1} + b^* a\delta_{s,-1}\delta_{s,+1} + b^* b\delta_{s,-1}\delta_{s,-1})\mathrm{d}s \tag{16.36}$$

$$= a^* a + b^* b = 1 \tag{16.37}$$

将 $\varphi^*(s)\varphi(s)$解释为系统处于状态 s 的概率,我们可以在不知道算符的情况下找到状态函数。如果描述系统肯定处于状态 $s = +1$ 的本征函数是 $\psi_+(s)$,那么 $\psi_+^*(s)\psi_+(s) = \delta_{s,+1}$。现在将这个结果代入式(16.35),得出 $a = 1, b = 0$,所以

$$\psi_+(s) = \delta_{s,+1} \tag{16.38}$$

同样,如果系统肯定处于状态 $s = -1$,本征函数为

$$\psi_-(s) = \delta_{s,-1} \tag{16.39}$$

就电子的自旋特性而言,式(16.38)和式(16.39)构成一个正交归一完备集。

现在我们可以直接确定自旋算符 $\sigma_x, \sigma_y, \sigma_z$。假设我们想要确定沿 z 轴的自旋角动量σ_z。于是,根据假设,本征值为 $\pm h/(4\pi)$,而本征函数由式(16.38)和式(16.39)给出。为了简单起见,我们可以写为

$$\sigma_{x,y,z} = \frac{h}{4\pi}S_{x,y,z} \tag{16.40}$$

$S_{x,y,z}$的特征值为±1。于是,算符 S_z 必须满足这些方程:

$$S_z\psi_+ = \psi_+, \quad S_z\psi_- = -\psi_- \tag{16.41}$$

这是论证中的一个关键点。S_z 不可能是微分算符,因为函数 ψ 是不可微的。相反,式(16.41)定义了算符 S_z。当它作用于 ψ_+ 时,它使 ψ_+ 保持不变;当它作用于 ψ_- 时, 它改变了 ψ_- 的符号.

将 S_z 视为矩阵是很方便的。这样,ψ_+ 和 ψ_- 可以写成列向量 ψ:

$$\psi = \begin{bmatrix} \psi_+ \\ \psi_- \end{bmatrix} \tag{16.42}$$

这样我们才能写出

$$S_z\psi = s_z\psi, \quad S_z = \begin{bmatrix} 1 & 0 \\ 0 & -1 \end{bmatrix} \tag{16.43}$$

为了找到对应于 S_x 和S_y 的自旋算符,角动量各分量之间关系的矩阵方程由式(12.83)给出,我们假设它们等价于算符关系,例如,

$$\sigma_y\sigma_x - \sigma_x\sigma_y = \frac{h}{2\pi\mathrm{i}}\sigma_z \tag{16.44}$$

使用符号(16.40),自旋算符之间的关系成为

$$\left.\begin{aligned}S_xS_y - S_yS_x &= 2\mathrm{i}S_z\\ S_yS_z - S_zS_y &= 2\mathrm{i}S_x\\ S_zS_x - S_xS_z &= 2\mathrm{i}S_y\end{aligned}\right\} \tag{16.45}$$

给定式(16.43),这些方程很容易求解,以找到所谓的泡利自旋矩阵:

$$S_z = \begin{bmatrix}1 & 0\\ 0 & -1\end{bmatrix},\quad S_y = \begin{bmatrix}0 & -\mathrm{i}\\ \mathrm{i} & 0\end{bmatrix},\quad S_x = \begin{bmatrix}0 & 1\\ -1 & 0\end{bmatrix} \tag{16.46}$$

请注意这些矩阵的一些重要特征。只有 S_z 是对角的,因此决定了自旋算符 S_z 的特征值。其他的不是对角矩阵,这是必须的,因为对角矩阵是对易的,式(16.45)表明自旋矩阵是不对易的。请注意,自旋矩阵只是下列算符方程的简写:

$$\left.\begin{aligned}S_z\psi_+ &= \psi_+\\ S_z\psi_- &= -\psi_-\end{aligned}\right\}\quad \left.\begin{aligned}S_y\psi_+ &= -\mathrm{i}\psi_-\\ S_y\psi_- &= \mathrm{i}\psi_+\end{aligned}\right\}\quad \left.\begin{aligned}S_x\psi_+ &= \psi_-\\ S_x\psi_- &= \psi_+\end{aligned}\right\} \tag{16.47}$$

显然,ψ_+ 和 ψ_- 只是算符 S_z 的本征态,而算符 S_y 和 S_x 代表 ψ 的混合态。

自旋算符现在可以用在薛定谔方程中,遵循用算符替换变量的一般规则。例如,考虑最简单的情况,在均匀磁场 $\boldsymbol{B}$ 中的电子。能量方程是 $H\psi = E\psi$,我们用自旋算符代替哈密顿量 H 中的自旋项。涉及电子磁矩 $\boldsymbol{\mu}$ 与磁场相互作用的能量项为

$$H = \mu_zB_z + \mu_yB_y + \mu_xB_x \tag{16.48}$$

利用矢量关系 $\boldsymbol{\mu} = (he/(m_ec))\boldsymbol{s}$,电子磁矩相应的算符为 $(he/(m_ec))S$,因此薛定谔方程变为

$$\frac{eh}{4\pi m_ec}(S_zB_z + S_yB_y + S_xB_x)\psi = E\psi \tag{16.49}$$

在磁场沿着 z 方向的最简单情况下,式(16.49)变为

$$\frac{eh}{4\pi m_ec}S_zB_z\psi = E\psi \quad 或 \quad |\mu|BS_z\psi = E\psi \tag{16.50}$$

ψ 由列向量(16.42)给出,然后得到磁矩与磁场方向平行和反平行的两个解[⑤],能量分别为 $+|\mu|B$ 和 $-|\mu|B$。因此,自旋算符虽然不是微分算符,但很自然地符合算符形式的方案。请注意,自旋算符的性质是将薛定谔方程直接转换为代数方程,而不是微分方程。

将自旋纳入原子物理学遵循与电子在均匀磁场中完全相同的程序。例如,对于原子中的电子在均匀磁场存在下的情况,我们可以写出 $H\psi = E\psi$,哈密顿量现在由两部分组成,H_0 与原子的薛定谔方程中出现的算符有关,第二项表示电子与磁场的相互作用:

$$H = H_0 + |\mu|BS_z \tag{16.51}$$

假设我们用乘积 $\psi(q)\psi(s)$ 表示波函数,其中 q 代表三个空间坐标,s 代表自旋坐标。H_0 仅作用于空间坐标,$\psi(q)$ 是波动方程的标准解。S_z 只作用于波函数 $\psi(s)$ 的自旋部分,因此,通过分离变量,可以通过分别求解方程得到解:

$$H_0\psi(q) = E_q\psi(q),\quad |\mu|Bs_z\psi(s) = E_s\psi(s) \tag{16.52}$$

其中 $E=E_q+E_s$。对于任何给定的定态,存在两个与电子自旋有关的解,能量相对于没有磁场的情况为 $\pm|\mu|B$。这个结果还有另一个令人愉快的结论。如果磁场减小,当 $B\rightarrow 0$ 时,两个自旋态将在零场极限下趋向简并,实际上,这两个自旋态确实在零场极限下简并。然而,事实上,由于自旋轨道耦合的影响,电子会感受到磁场,如 16.1 节所述。因此实际上简并被解除,这种耦合解释了原子能级的精细结构。

这些计算的重要结果是泡利成功地将自旋纳入了量子力学的方案。这一成就对物质量子性质的未来研究有着深远的影响,因为这为将自旋完全纳入许多不同类型的量子力学问题,特别是为多电子的系统开辟了道路。这些研究导致了量子力学中自旋自洽方案的发展,并能够解释原子和凝聚态物理中的大量现象。然而,对电子自旋的起源没有更深入的理解——泡利所取得的成就是,一旦假定电子是半自旋粒子,就找到了在量子计算中包含自旋的正确形式。狄拉克的量子力学的相对论性表述给出了解决方案。

16.6 狄拉克方程与电子理论

从一开始,将相对论纳入量子力学就有困难。根据旧量子论,索末菲利用相对论解释氢谱线的分裂,这是一个了不起的成就,但量子力学的先驱们认识到,将相对论纳入量子和波动力学是不简单的。我们记得,薛定谔一开始就有一个完全相对论版本的波动方程,但他不得不放弃,因为它导致了氢原子的错误能级。随着矩阵和波动力学毫无疑问的成功,以及将自旋纳入量子力学的理论框架,迫切需要找到一条通往薛定谔方程相对论版本的道路。这个故事的主人公无疑是狄拉克,他继续追求自己的个人工作计划,发展完全相对论性的量子力学理论。他在 1928 年发表的两篇杰出论文中实现了这一目标,其中他推广了薛定谔方程,得到了线性狄拉克方程(Dirac,1928a,b)。

泡利在发现自旋矩阵方面的优先权是毫无疑问的,1926 年 11 月他曾与海森堡讨论过这个问题。狄拉克独立研究了电子自旋问题,并在 1927 年的前几个月推出了他自己版本的自旋矩阵。1928 年夏天,当他准备在剑桥大学 1927～1928 学年的秋季和春季学期讲授现代量子力学的时候,他当然知道泡利的论文。如 13.3 节所述,狄拉克也意识到贝克在其《几何原理》(1922)中描述的一组 2×2 矩阵是 q 数,因此自然适用于他的量子力学方法。[6] 根据狄拉克的回忆,当他在 1927 年秋发展出相对论性量子力学理论时,他对将自旋纳入相对论性量子力学理论并不感兴趣。用他的话说:

"我对把电子的自旋引入波动方程不感兴趣，根本没有考虑这个问题，也没有利用泡利的工作。其原因是，我的主要兴趣是使相对论性理论与我的一般物理解释和变换理论相一致。我认为，这个问题首先应该在最简单的情况下解决，这大概是一个无自旋的粒子，只有在这之后，才应该继续考虑如何引入自旋。当我后来发现最简单的可能情况确实涉及自旋时，我感到非常惊讶。"(Dirac，1977)

泡利在引入自旋矩阵中所起的关键作用被克罗尼格生动地描绘了出来，他在泡利纪念册中写道(Kronig，1960)：

"在迄今为止报道的量子力学理论框架中，材料粒子被认为仅由位置坐标来表征。现在，将'自旋'一词所指的现象纳入事物的新方案中已成为一项紧迫的任务。泡利本人迈出了第一步[(1927b)]，他提出电子的波函数除了由连续可变的位置坐标确定外，还应被视为取决于一个自旋变量，只能有两个值……因此，泡利为电子和类氢原子的相对论性理论铺平了道路，而相对论性理论要归功于狄拉克(1928a)。"

泡利的进展是通过引入态矢量 $\psi(s)$，将电子的自旋自洽地纳入量子力学方案中，如式(16.42)所示，态矢量 $\psi(s)$ 有两个分量。正如范德瓦尔登所说：

"从单组分到双组分，迈的步子很大，而从双组分到四组分，迈的步子很小。"(van der Waerden，1960)

16.6.1　狄拉克的自由电子方程

我们在不涉及太多技术细节的情况下概述一下狄拉克方程是如何推导出来的。我们的目标是为薛定谔方程的相对论性对应找到一种算符形式，它在非相对论性极限下正确地还原为标准方程。相对论性理论的要求必须是这些方程在洛伦兹变换下不变。薛定谔、奥斯卡·克莱因(Oskar Klein)和戈尔登(Gordon)都将量子力学的算符形式"自然延伸"到了电磁场中电子的相对论性的拉格朗日量。

我们首先考虑一个自由粒子的情形，其中能量方程是

$$\frac{\boldsymbol{p}^2}{2m_e} = E \tag{16.53}$$

为了找到薛定谔方程，我们把 $\boldsymbol{p}$ 和 E 用微分算符代替：

$$\boldsymbol{p} \to -\frac{\mathrm{i}h}{2\pi}\nabla, \quad E \to \frac{\mathrm{i}h}{2\pi}\frac{\partial}{\partial t} \tag{16.54}$$

立即得到下列含时薛定谔方程：

$$-\frac{h^2}{8\pi^2 m_e}\nabla^2\psi = \frac{\mathrm{i}h}{2\pi}\frac{\partial\psi}{\partial t} \tag{16.55}$$

在自由相对论性粒子的情况下，通过令电子在外部坐标系中的动量四维矢量和电子的静止坐标系中的动量四维矢量的模方与能量的模方相等，动量和能量之间的关系由以下表达式给出：

$$p^2c^2 + m_e^2c^4 = E^2 \tag{16.56}$$

使用定义(16.54),此表达式变为

$$-\frac{h^2c^2}{4\pi^2}\nabla^2\psi + m_e^2c^4\psi = \frac{h^2}{4\pi^2}\frac{\partial^2\psi}{\partial t^2} \tag{16.57}$$

这是克莱因-戈尔登方程的最简单形式,由薛定谔、克莱因和戈尔登各自独立推导出。很明显,它只能用于自旋为零的粒子。正如薛定谔在他为德布罗意波寻找满足的波动方程的最早尝试中发现的那样,这些解给出了氢原子能级的错误答案。还要注意一个问题,即该方程涉及波函数对时间的二阶导数,而标准薛定谔方程的一大优点是它是线性的,只涉及波函数对时间的一阶导数。

另一种方法是用 E 而不是 E^2 来表示式(16.56),在这种情况下,我们会得到

$$E = \sqrt{p^2c^2 + m_e^2c^4}, \quad \frac{h}{2\pi}\frac{\partial\psi}{\partial t} = \sqrt{-\frac{h^2c^2}{4\pi^2}\nabla^2\psi + m_e^2c^4\psi} \tag{16.58}$$

这种方法遇到了困难,因为方程右侧的空间微分算符位于平方根内。狄拉克对这种发现正确的薛定谔方程相对论性公式的方法有很深的疑虑。具体来说,他发现,尽管克莱因-戈尔登方程可以重现非相对论性情况下粒子位置坐标的相同结果,但动量和角动量等动力学变量的情况并非如此。狄拉克相信,他的基本量子过程的变换理论方法应该建立在量子力学的一个适当的相对论性公式的基础上,这对如何实现从相对论性力学转换到相对论性量子力学产生了影响。他在 1928 年的一篇重要论文中写道:

> "非相对论性量子力学的一般解释是基于变换理论的,并通过以下形式的波动方程成为可能:
>
> $$(H - W)\psi = 0 \tag{16.59}$$
>
> 也就是说,对 W 或 $\partial/\partial t$ 是线性的,因此任何时刻的波函数都决定了以后任何时刻的波函数。如果一般解释是可能的,相对论性的波动方程也必须对 W 是线性的。"(Dirac,1928a)

狄拉克通过使用 q 数来研究量子力学定律的方法有一个巨大的优势,那就是他不需要确切地说明 q 数是什么,重要的是,无论 q 数是什么,非对易性质都确保了量子力学核心的非对易性得以保留。具体来说,所涉及的波函数不必是单个变量的标量函数,而可以是矢量、矩阵、张量等。他和泡利已经证明,自旋矩阵为将自旋纳入非相对论性量子力学的问题提供了解决方案,因此他处于有利的位置,可以将这些见解扩展到电子的相对论性理论的发展中。

用他自己的话说,他通过"玩弄数学"找到了解决方案。具体的洞察来自他对寻找相对论性不变量的考虑,这些相对论性不变量可以被纳入他的量子力学方案。他需要相当于四维矢量的东西,对于这些东西,其范数或四维矢量的四个分量的平方和是不变量。同样,用他的话说:

> "我花了很长时间研究这个难题,才突然意识到没有必要拘泥于量 σ[自旋矩阵],它可以用只有两行和两列的矩阵来表示……为什么不转到

四行和四列呢？从数学上讲，对此根本没有异议。用四行和四列矩阵代替 σ 矩阵，可以很容易地取四个平方之和的平方根，如果愿意的话，甚至可以取五个平方之和。”(Dirac，1977)

狄拉克在 1927 年圣诞节期间，利用对贝克的《几何原理》(Baker，1922)的深入理解，提出了电子量子力学的新相对论性理论。在第 69 页，贝克写道：

“另一个具有相同的组合［非对易］规律的符号……可以用以下方式表示：

$$\begin{bmatrix} \delta, & \gamma, & -\alpha, & -\beta \\ -\gamma, & \delta, & \beta, & -\alpha \\ \alpha, & -\beta, & \delta, & -\gamma \\ \beta, & \alpha, & \gamma, & \delta \end{bmatrix}\text{”} \tag{16.60}$$

为了说明狄拉克方程的推导过程及其后果，我们沿用林赛和马格诺(1957)的介绍。在狭义相对论中，有另一种书写自由电子能量的方法。我们写下与电子的动量和速度相关的四维矢量，分别是 $\boldsymbol{P}$ 和 $\boldsymbol{U}$：

$$\boldsymbol{P} = \left[\frac{E}{c}, p_x, p_y, p_z\right], \quad \boldsymbol{U} = [\gamma c, \gamma v_x, \gamma v_y, \gamma v_z] \tag{16.61}$$

其中 $\gamma = (1 - v^2/c^2)^{-1/2}$ 是洛伦兹因子。[⑦] 四维矢量 $\boldsymbol{P}$ 和 $\boldsymbol{U}$ 的标量积是不变量，所以

$$\boldsymbol{P} \cdot \boldsymbol{U} = \gamma E - \gamma(\boldsymbol{p} \cdot \boldsymbol{v}) = \text{常数} = m_e c^2 \tag{16.62}$$

因为在电子的静止坐标系内，$\boldsymbol{P} \cdot \boldsymbol{U} = m_e c^2$。注意，$\boldsymbol{p}$ 是电子的相对论性三维动量，$\boldsymbol{p} = \gamma m_e \boldsymbol{v}$，$\boldsymbol{v}$ 是三维速度。因此，由于 $H = E$，相对论性电子的哈密顿量也可以写为

$$H = \boldsymbol{p} \cdot \boldsymbol{v} + \frac{m_e c^2}{\gamma} = \boldsymbol{p} \cdot \boldsymbol{v} + \sqrt{1 - \frac{v^2}{c^2}} m_e c^2 \tag{16.63}$$

这是 H 的一阶表达式。

我们现在将以下内容转变成算符的语言：

$$\boldsymbol{p} \to \frac{h}{2\pi \mathrm{i}} \nabla, \quad v_x \to c\alpha_x, \quad v_y \to c\alpha_y, \quad v_z \to c\alpha_z, \quad \sqrt{1 - \frac{v^2}{c^2}} \to \alpha_4$$

$$H \equiv \frac{h}{2\pi \mathrm{i}} c \left(\alpha_x \frac{\partial}{\partial x} + \alpha_y \frac{\partial}{\partial y} + \alpha_z \frac{\partial}{\partial z}\right) + \alpha_4 m_e c^2 \tag{16.64}$$

动量算符与之前的微分算符类型相同，但 α 算符的性质尚未定义。可以方便地使用贝克的语言将其称为“符号”，其性质尚待确定。它们的代数性质可以通过两次应用算符(16.64)，然后与算符替换的结果进行比较，从而得出克莱因-戈尔登方程(16.57)。这是描述 H 的两种不同方式。因此我们要求

$$\left[\frac{h}{2\pi \mathrm{i}} c \left(\alpha_x \frac{\partial}{\partial x} + \alpha_y \frac{\partial}{\partial y} + \alpha_z \frac{\partial}{\partial z}\right) + \alpha_4 m_e c^2\right]$$
$$\cdot \left[\frac{h}{2\pi \mathrm{i}} c \left(\alpha_x \frac{\partial}{\partial x} + \alpha_y \frac{\partial}{\partial y} + \alpha_z \frac{\partial}{\partial z}\right) + \alpha_4 m_e c^2\right]$$

$$= -\frac{h^2c^2}{4\pi^2}\nabla^2 + m_e^2c^4 \tag{16.65}$$

现在,我们的期望是 α 将对应于一些类似于自旋矩阵的东西,它与坐标 x,y,z 无关,因此它们将与 $\partial/\partial x,\partial/\partial y,\partial/\partial z$ 对易,例如,使得 $\alpha_x\partial/\partial x-(\partial/\partial x)\alpha_x=0$。然后,把式(16.65)中的标量乘出来,并保留算符应用的顺序,我们得到

$$\begin{aligned}
&-\frac{hc^2}{4\pi^2}\left[\alpha_x^2\frac{\partial^2}{\partial^2 x}+\alpha_y^2\frac{\partial^2}{\partial^2 y}+\alpha_z^2\frac{\partial^2}{\partial^2 z}\right]\\
&-\frac{hc^2}{4\pi^2}\left[(\alpha_x\alpha_y+\alpha_y\alpha_x)\frac{\partial}{\partial x}\frac{\partial}{\partial y}+(\alpha_y\alpha_z+\alpha_z\alpha_y)\frac{\partial}{\partial y}\frac{\partial}{\partial z}+(\alpha_z\alpha_x+\alpha_x\alpha_z)\frac{\partial}{\partial z}\frac{\partial}{\partial x}\right]\\
&+\frac{hm_ec^2}{2\pi\mathrm{i}}c\left[(\alpha_4\alpha_x+\alpha_x\alpha_4)\frac{\partial}{\partial x}+(\alpha_4\alpha_y+\alpha_y\alpha_4)\frac{\partial}{\partial y}+(\alpha_4\alpha_z+\alpha_z\alpha_4)\frac{\partial}{\partial z}\right]\\
&+\alpha_4^2m_e^2c^4\\
&\quad=-\frac{h^2c^2}{4\pi^2}\nabla^2+m_e^2c^4
\end{aligned} \tag{16.66}$$

我们可以立即得到 α 符号必须遵守的对易关系。具体来说,我们需要

$$\begin{aligned}
&\alpha_x^2=\alpha_y^2=\alpha_z^2=\alpha_4^2=1\\
&\alpha_x\alpha_y+\alpha_y\alpha_x=\alpha_y\alpha_z+\alpha_z\alpha_y=\alpha_z\alpha_x+\alpha_x\alpha_z=0\\
&\alpha_4\alpha_x+\alpha_x\alpha_4=\alpha_4\alpha_y+\alpha_y\alpha_4=\alpha_4\alpha_z+\alpha_z\alpha_4=0
\end{aligned} \tag{16.67}$$

这些结果告诉我们,两次应用 α 算符,结果就是单位算符,即简单地乘以 1。其次,注意算符 α 是反对易的——换句话说,对于对易变量,$ab-ba=0$;对于反对易变量,$ab+ba=0$。因此,回到哈密顿方程(16.63)和变换(16.64),ψ 的能量方程变为

$$\left[\frac{hc}{2\pi\mathrm{i}}\left(\alpha_x\frac{\partial}{\partial x}+\alpha_y\frac{\partial}{\partial y}+\alpha_z\frac{\partial}{\partial z}\right)+\alpha_4m_ec^2\right]\psi=E\psi \tag{16.68}$$

其中符号 $\alpha_x,\alpha_y,\alpha_z,\alpha_4$ 的性质由对易关系(16.67)决定。方程(16.68)是狄拉克的自由电子方程。

泡利的自旋矩阵是 2×2 的矩阵,描述了电子的两个自旋态。现在我们有四个具有对易性质(16.67)的 α。满足这些特性的最简单方法是使用狄拉克推导的 4×4 矩阵。事实证明,为了我们目前的目的,没有必要把这些写出来。重要的是,波函数 ψ 也必须是一个矩阵,其最简单的形式是一个具有四个元的列矩阵:

$$\psi=\begin{bmatrix}\psi_1\\ \psi_2\\ \psi_3\\ \psi_4\end{bmatrix} \tag{16.69}$$

因此狄拉克方程(16.68)实际上是四个方程,对应于 ψ 的每个分量。为了归一化波函数,我们引入行矢量 ψ^*,其分量是 ψ 的复共轭。那么 $\psi^*=[\psi_1^*,\psi_2^*,\psi_3^*,\psi_4^*]$,因此归一化条件是

$$\int(\psi_1^*\psi_1+\psi_2^*\psi_2+\psi_3^*\psi_3+\psi_4^*\psi_4)\mathrm{d}\tau=1 \tag{16.70}$$

现在我们根据狄拉克方程(16.68)计算出自由电子本征态的能量。为了简单起见,只考虑 x 方向的运动。那么方程(16.68)简化为

$$(E-\alpha_4 m_e c^2)\psi-\frac{hc}{2\pi i}\alpha_x\frac{\mathrm{d}\psi}{\mathrm{d}x}=0 \tag{16.71}$$

我们注意到方程(16.71)是一个矩阵方程,因此 E 表示 E 乘以单位矩阵,α_4 是一个 4×4 矩阵,$\mathrm{d}\psi/\mathrm{d}x$ 的分量是$(\mathrm{d}\psi_1/\mathrm{d}x,\mathrm{d}\psi_2/\mathrm{d}x,\mathrm{d}\psi_3/\mathrm{d}x,\mathrm{d}\psi_4/\mathrm{d}x)$。式(16.71)的解是一个指数函数,我们可以写出:

$$\psi=A\exp\left(\frac{2\pi i}{h}px\right) \tag{16.72}$$

其中 p 是一个数,它将被证明是电子的相对论性三维动量,A 是一个列矩阵,矩阵元为(A_1,A_2,A_3,A_4)。现在把这个解代回方程(16.71),我们得到

$$(E-m_e c^2\alpha_4-cp\alpha_x)A=0 \tag{16.73}$$

现在,我们可以用 A 左边的同一个算符对方程两边进行运算:

$$(E-m_e c^2\alpha_4-cp\alpha_x)\cdot(E-m_e c^2\alpha_4-cp\alpha_x)A=0 \tag{16.74}$$

回想一下,我们需要保持算符的阶,并且 E 是一个对角矩阵乘以 E,我们得到

$$[E^2+m_e^2c^4\alpha_4^2+c^2p^2\alpha_x^2-2E(mc^2\alpha_4+cp\alpha_x)+pmc^3(\alpha_4\alpha_x+\alpha_x\alpha_4)]A=0 \tag{16.75}$$

现在,因为对易关系,该表达式左边最后一项圆括号中的 $\alpha_4\alpha_x+\alpha_x\alpha_4$ 为零;因为式(16.73),倒数第二项圆括号中的式子为 E。这样,由于 $\alpha_x^2=\alpha_4^2=1$,

$$(-E^2+m_e^2c^4+c^2p^2)A=0 \tag{16.76}$$

请注意,所发生的情况是与每一项相关的算符是一个单位矩阵,因此圆括号内的项构成一个代数表达式。由于 A 不能为零,因此可以得出

$$E^2=m_e^2c^4+c^2p^2 \tag{16.77}$$

所以和狄拉克方程相关的能量本征值是

$$E=\pm\sqrt{m_e^2c^4+c^2p^2} \tag{16.78}$$

我们可以用薛定谔公式和狄拉克方程的解(16.72)证明 p 是电子的平均动量。动量算符是$(h/(2\pi i))\partial/\partial x$,因此

$$\frac{\int\psi^*\frac{h}{2\pi i}\frac{\partial}{\partial x}\psi\mathrm{d}x}{\int\psi^*\psi\mathrm{d}x}=p\frac{\int A^*A\mathrm{d}x}{\int A^*A\mathrm{d}x}=p \tag{16.79}$$

根据狄拉克方程,电子本征态的能量是它最显著的特征之一。根据经典物理学,负能量解可以被认为是没有意义的。但在量子力学中,情况并非如此,它允许离散能级之间的不连续跃迁,而离散能级是波动方程的解。这些负能量解是一个悖论,我们将回到这个问题。

我们的介绍包含了狄拉克在其论文第二部分中所阐述的内容。在第三部分,

他证明了理论框架是完全洛伦兹不变的。然而,该理论的真正胜利是在论文的第四部分,其中讨论了电子在电场和磁场中的运动。

16.6.2 任意电磁场的狄拉克方程

按照狄拉克的箴言,经典力学方程没有错,只是代数的解释,该方案的自然扩展是使用电磁场中哈密顿量的经典表达式,但现在用相对论性量子力学的新规则武装起来。根据经典哈密顿力学,我们需要进行以下替换:

$$\boldsymbol{p} \rightarrow \boldsymbol{p} + \frac{e}{c}\boldsymbol{A}, \quad H \rightarrow H + e\varphi \tag{16.80}$$

其中 $\boldsymbol{A}$ 是矢势,φ 是标度势。应该记得,$[\varphi/c, A_x, A_y, A_z]$形成了电磁四势。则式(16.68)变成

$$\begin{aligned} H\psi = & \left\{ c\left[\alpha_x \left(\frac{h}{2\pi \mathrm{i}} \frac{\partial}{\partial x} + \frac{e}{c} A_x \right) + \alpha_y \left(\frac{h}{2\pi \mathrm{i}} \frac{\partial}{\partial y} + \frac{e}{c} A_y \right) \right. \right. \\ & \left. \left. + \alpha_z \left(\frac{h}{2\pi \mathrm{i}} \frac{\partial}{\partial z} + \frac{e}{c} A_z \right) \right] + \alpha_4 m_{\mathrm{e}} c^2 - e\varphi \right\} \psi \\ = & E\psi \end{aligned} \tag{16.81}$$

如前所述,方程(16.81)是一组关于 ψ_1,ψ_2,ψ_3 和 ψ_4 的四个微分方程。在氢原子的情况下,势由库仑公式给出:$\varphi = Ze/(4\pi\epsilon_0 r)$,没有磁场:$\boldsymbol{A} = \boldsymbol{0}$。氢原子方程的解与实验测量值精确吻合,包括能级精细结构的细节,如索末菲的《原子结构与谱线》第四版(Sommerfeld,1929)所示,其中包括薛定谔波动力学和狄拉克 1928 年论文中的补充材料。注意,由于 4×4 矩阵自动考虑了电子的自旋,并且新公式是完全相对论性的,因此精细结构计算包括了自旋和相对论的所有影响。索末菲的精细结构常数自然出现在这些计算中。

我们稍微简化一下符号。我们可以写下

$$\boldsymbol{p}' = \boldsymbol{p} + \frac{e}{c}\boldsymbol{A}, \quad H' = H + e\varphi \tag{16.82}$$

那么式(16.81)可以用更简洁的形式写成

$$(c\boldsymbol{\alpha} \cdot \boldsymbol{p}' + \alpha_4 m_{\mathrm{e}} c^2 - e\varphi)\psi = E\psi \tag{16.83}$$

这被写成了一个矢量方程,但我们可以这样理解:"矢量"$\boldsymbol{\alpha}$ 的分量是 4×4 的 $\boldsymbol{\alpha}$ 矩阵,该方程实际上是一个矩阵方程。如果我们在方程(16.81)的两边加上 $e\varphi$,我们得到

$$H'\psi = E'\psi \tag{16.84}$$

其中 $E' = E + e\varphi$。注意,这不再是一个本征函数方程,因为 E 不再是一个常数。

我们现在需要对方程进行一些简单的处理,将能量方程简化为薛定谔方程的形式。首先,我们将式(16.84)左乘以 E',这样,

$$E'H'\psi = E'^2\psi \tag{16.85}$$

我们可以把式(16.85)的左边改写为 $H'E'\psi + (E'H' - H'E')\psi$。然后,因为式

(16.84),这个表达式的第一项是 H'^2。因此

$$[H'^2+(E'H'-H'E')]\psi=E'^2\psi \tag{16.86}$$

请注意,算符 H' 只是式(16.81)中第一个等式或式(16.83)中去掉 $-e\varphi$ 项之后的表达式。现在的目标是计算式(16.86)中方括号内的项。

我们先来讨论 $H'^2\psi$ 项。我们可以把这项写成

$$H'^2\psi=[c(\alpha_x p'_x+\alpha_y p'_y+\alpha_z p'_z)+\alpha_4 m_e c^2][c(\alpha_x p'_x+\alpha_y p'_y+\alpha_z p'_z)+\alpha_4 m_e c^2]\psi \tag{16.87}$$

我们利用 α 矩阵的交换性质(16.67)和 p' 算符将式(16.87)简化为表达式

$$\begin{aligned}H'^2\psi=\{c^2[p'^2&+\alpha_x\alpha_y(p'_xp'_y-p'_yp'_x)+\alpha_y\alpha_z(p'_yp'_z-p'_zp'_y)\\&+\alpha_z\alpha_x(p'_zp'_x-p'_xp'_z)]+m_e^2c^4\}\psi\end{aligned} \tag{16.88}$$

接下来,我们需要计算公式(16.88)中的项$(p'_xp'_y-p'_yp'_x)\psi$,将 $\boldsymbol{p}'$ 算符展开为 $\boldsymbol{p}'=\boldsymbol{p}+(e/c)\boldsymbol{A}$:

$$\begin{aligned}(p'_xp'_y-p'_yp'_x)\psi&=\left(\frac{h}{2\pi\mathrm{i}}\frac{\partial}{\partial x}+\frac{e}{c}A_x\right)\left(\frac{h}{2\pi\mathrm{i}}\frac{\partial}{\partial y}+\frac{e}{c}A_y\right)\psi\\&\quad-\left(\frac{h}{2\pi\mathrm{i}}\frac{\partial}{\partial y}+\frac{e}{c}A_y\right)\left(\frac{h}{2\pi\mathrm{i}}\frac{\partial}{\partial x}+\frac{e}{c}A_x\right)\psi\\&=\frac{he}{2\pi\mathrm{i}c}\left[\frac{\partial}{\partial x}(A_y\psi)+A_x\frac{\partial\psi}{\partial y}-\frac{\partial}{\partial y}(A_x\psi)-A_y\frac{\partial\psi}{\partial x}\right]\\&=\frac{he}{2\pi\mathrm{i}c}\left(\frac{\partial A_y}{\partial x}-\frac{\partial A_x}{\partial y}\right)\psi=\frac{h}{2\pi\mathrm{i}}(\nabla\times\boldsymbol{A})_z\psi\end{aligned} \tag{16.89}$$

但磁通密度 $\boldsymbol{B}=\nabla\times\boldsymbol{A}$,因此

$$(p'_xp'_y-p'_yp'_x)\psi=\frac{he}{2\pi\mathrm{i}c}B_z\psi \tag{16.90}$$

$(p'_yp'_z-p'_zp'_y)\psi$ 和 $(p'_zp'_x-p'_xp'_z)\psi$ 的相应表达式可通过指标 x,y,z 的循环互换而得到。

为了完成式(16.88)的简化,我们引入一组新的矩阵,定义为

$$\sigma_z=-\mathrm{i}\alpha_x\alpha_y,\quad\sigma_y=-\mathrm{i}\alpha_z\alpha_x,\quad\sigma_x=-\mathrm{i}\alpha_y\alpha_z \tag{16.91}$$

则式(16.88)可以写成简单的形式:

$$H'^2\psi=\left[c^2\left(p'^2+\frac{he}{2\pi c}\boldsymbol{\sigma}\cdot\boldsymbol{B}\right)+m_e^2c^4\right]\psi \tag{16.92}$$

接下来,我们必须处理式(16.86)中的$(E'H'-H'E')\psi$ 项。我们利用式(16.82),式(16.83)和 $E'=E+e\varphi$ 的关系把这项写为

$$\begin{aligned}(E'H'-H'E')\psi&=e(\varphi H'-H'\varphi)\psi=ce(\varphi\boldsymbol{\alpha}\cdot\boldsymbol{p}'-\boldsymbol{\alpha}\cdot\boldsymbol{p}'\varphi)\psi\\&=\frac{hce}{2\pi\mathrm{i}}(\varphi\boldsymbol{\alpha}\cdot\nabla\psi-\boldsymbol{\alpha}\cdot\nabla(\varphi\psi))\\&=-\frac{hce}{2\pi\mathrm{i}}\boldsymbol{\alpha}\cdot(\nabla\varphi)\psi=\frac{hce}{2\pi\mathrm{i}}\boldsymbol{\alpha}\cdot\boldsymbol{E}\psi\end{aligned} \tag{16.93}$$

$\boldsymbol{E}$ 是电场强度,假定由 $\boldsymbol{E}=-\nabla\varphi$ 给出,换句话说,没有感应电场,所以 $\boldsymbol{A}=\boldsymbol{0}$。现在

将式(16.92)和式(16.93)代入式(16.86)，我们得到

$$\left(c^2 p'^2 + m_e^2 c^4 + \frac{hec}{2\pi}\boldsymbol{\sigma}\cdot\boldsymbol{B} + \frac{hce}{2\pi i}\boldsymbol{\alpha}\cdot\boldsymbol{E}\right)\psi = E'^2\psi \tag{16.94}$$

为了与非相对论性的薛定谔方程进行比较，我们使用以下表达式：

$$\boldsymbol{p}' = \frac{h}{2\pi i}\nabla + \frac{e}{c}\boldsymbol{A}, \quad E' = E + e\varphi = m_e c^2 + W + e\varphi \tag{16.95}$$

将电子的能量表达式写成 $m_e c^2 + W$ 的原因是：在本节的整个分析过程中，E 一直是电子的总能量，因此为了与薛定谔方程进行比较，我们需要将静止能量分离出来。根据非相对论性物理学，W 代表电子的能级。进行这些替换并除以 $2m_e c^2$，我们得到

$$\left[\left(-\frac{h^2}{8\pi^2 m_e}\nabla^2 - e\varphi\right) + \left(\frac{he}{2\pi i c m_e}\boldsymbol{A}\cdot\nabla + \frac{e^2}{2m_e c^2}A^2\right)\right.$$
$$\left. + \left(\frac{he}{4\pi m_e c}\boldsymbol{\sigma}\cdot\boldsymbol{B} + \frac{he}{4\pi i m_e c}\boldsymbol{\alpha}\cdot\boldsymbol{E}\right)\right]\psi = \left[W + \frac{(W + e\varphi)^2}{2m_e c^2}\right]\psi \tag{16.96}$$

将该方程与薛定谔非相对论性波动方程(14.37)进行比较是很方便的：

$$\left(-\frac{h^2}{8\pi^2 m_e}\nabla^2 - e\varphi\right)\psi = W\psi \tag{16.97}$$

其中我们取 $\varphi = e/(4\pi\epsilon_0 r)$ 和 $E = W$。如果我们从式(16.96)中去掉 $1/c$ 的所有项，我们会发现它与薛定谔方程(16.97)是相同的。在这种情况下，ψ 的四个分量 $[\psi_1, \psi_2, \psi_3, \psi_4]$ 都满足相同的薛定谔方程，因此狄拉克方程正确地还原为非相对论性情况。

式(16.96)中出现的附加项是纯粹的相对论效应。方程左边第二个圆括号中的矢量势项是包括 $1/c$ 的项时出现的一般项，右边的 $(W + e\varphi)^2/(2m_e c^2)$ 是对能量 W 的相对论性修正。值得注意的特点是式(16.96)左边第三个圆括号内出现的项

$$\frac{he}{4\pi m_e c}\boldsymbol{\sigma}\cdot\boldsymbol{B} + \frac{he}{4\pi i m_e c}\boldsymbol{\alpha}\cdot\boldsymbol{E} \tag{16.98}$$

假设电子有磁偶极矩 $\boldsymbol{\mu}$ 和电偶极矩 $\boldsymbol{\mu}_e$。那么，经典地说，电子将有额外的能量贡献，与磁场和电场的相互作用有关，这将是

$$\Delta W = \boldsymbol{\mu}\cdot\boldsymbol{B} + \boldsymbol{\mu}_e\cdot\boldsymbol{E} \tag{16.99}$$

因此式(16.98)中的项对应于具有以下磁矩和电矩的电子：

$$\boldsymbol{\mu} = \frac{he}{4\pi m_e c}\boldsymbol{\sigma}, \quad \boldsymbol{\mu}_e = \frac{he}{4\pi i m_e c}\boldsymbol{\alpha} \tag{16.100}$$

请注意，在式(16.98)中被写成矢量乘积的实际上是 4×4 矩阵。然而，它们与泡利自旋矩阵密切相关。从狄拉克的论文中直接推导出矩阵 $\boldsymbol{\sigma}$ 和 $\boldsymbol{\alpha}$ 的形式，这些形式在尾注中给出。[8] 自旋矩阵 $\boldsymbol{\sigma}$ 特别值得关注。作为例子，在尾注⑧中，自旋矩阵 σ_z 为

$$\sigma_z = -i\alpha_x\alpha_y = \begin{bmatrix} 0 & 1 & 0 & 0 \\ 1 & 0 & 0 & 0 \\ 0 & 0 & 0 & 1 \\ 0 & 0 & 1 & 0 \end{bmatrix} \tag{16.101}$$

这只是将式(16.46)的 2×2 自旋矩阵 S_z 扩展为相应的 4×4 矩阵,狄拉克通过复制 2×2 矩阵并用零填充剩余的矩阵元而创建。事实上,在对其方程的分析中,狄拉克认识到,使用 4×4 矩阵重复了电子自旋态的解。

结果(16.100)是狄拉克那篇伟大论文的显著结果。它表明,在量子力学的相对论性表述中,必然存在一个与电子自旋有关的磁矩,其大小为 $eh/(4\pi m_e c)$。这正是乌伦贝克和古德施密特根据经验得出的结果,与自旋角动量相关的磁矩必须是与轨道角动量相关的磁矩的两倍。

此外,式(16.100)表明,还有一个与电子有关的电偶极矩,但它是虚的。狄拉克意识到了这个问题,但他的观点是这样的:

> "这个磁矩只是在旋转电子模型中假设的。电矩是一个纯粹的虚数,我们不应该期望它出现在模型中。电矩是否有任何物理意义是值得怀疑的,因为我们的出发点[式(16.81)]中的哈密顿量是实数,虚数部分只在我们人为地将其相乘,以使它类似于以前理论的哈密顿量时才会出现。"(Dirac,1928a)

为了产生这些非凡的结果,正式证明量子力学中电子自旋的起源,所有的努力都是值得的。林赛和马格诺的话揭示了它的非凡之处:

> "因此狄拉克的理论在没有特殊假设的情况下产生了自旋特性,这是其主要成就……但方程[(16.96)]也警告我们不要把电子自旋看得太重。这个方程只是以正式的方式表明,如果把电子放在一个场中,它有一个额外的能量部分,可以用电子旋转来解释……此外,[式(16.96)]中没有任何项可以被解释为由于机械旋转而产生的能量。因此,总的来说,情况比简单的经典陈述更为复杂:电子在旋转。"(Lindsay 和 Margenau,1957)

16.7　正电子的发现

16.7.1　狄拉克对正电子和反物质的预测

根据狄拉克的理论,$E=-m_e c^2$ 的负能态的存在是一个主要的问题。根据量子力学,这些态不能被忽略。事实上,如果狄拉克的相对论性量子理论要正确地还原为经典结果,就必须把它们包括在内。在 1928 年 7 月 31 日写给泡利的一封信中,海森堡指出,如果要得到色散公式的正确表达式,就必须包括这些负能量项。此外,奥斯卡·克莱因和仁科芳雄在推导电子散射高能辐射的相对论性量子理论时发现,为了解释电子在 $h\nu \gtrsim m_e c^2$ 能量下的康普顿散射特性,必须包含负能态(Klein 和 Nishina,1928,1929)。

狄拉克利用泡利的不相容原理,巧妙地解决了这个问题。他提出了一个物理图像,宇宙中充满了负能态的电子,因此电子无法从正能态跃迁到负能态。当时的提议是"真空"中充满了电子,后来被称为"狄拉克海"。但狄拉克海中很可能存在空位或"空穴",这种情况类似于电子从比如说原子的 K 壳层中移除时产生 X 射线的情况。1929 年 11 月 26 日,狄拉克写信给玻尔:

> "这样一个空穴……会在实验中表现为具有正能量的东西,因为要使空穴消失(即填满它),必须向其中注入负能量。此外,我们可以很容易地看到,这样一个空穴会在电磁场中移动,就好像它带有正电荷一样。我相信这些空穴是质子。当一个正能量的电子落入一个空穴并填满它时,我们会看到一个电子和一个质子同时消失,并以辐射的形式发出辐射。"

这些想法由狄拉克于 1930 年 1 月 1 日发表在 *Proceedings of the Royal Society of London* 上(Dirac,1930b),论文题目为"电子和质子理论"。这一理论立即受到了多方面的质疑,其中最重要的是由伊戈尔·塔姆(Igor Tamm)、罗伯特·奥本海默(Robert Oppenheimer)和赫尔曼·外尔(Hermann Weyl)等人独立证明的结论,即狄拉克的理论预测了电子和空穴应该具有相同的质量。最终,狄拉克撤回了他的提议,取而代之的是空穴是"反电子"的观点。用他的话说:

> "看来,我们必须放弃用质子来确定空穴的做法,必须为它们找到其他解释。继奥本海默(1930)之后,我们必须假设,在我们所知的世界中,所有而不是几乎所有的电子的负能态都被占据了。空穴,如果有的话,将是一种新的粒子,是实验物理学所不知道的,与电子具有相同的质量和相反的电荷。我们可以把这种粒子称为反电子。"(Dirac,1931)

狄拉克进一步指出,质子必须与电子无关,电子和质子都应该具有负能态,因此引入了反电子和反质子的概念(Dirac,1931)。这代表着将反物质的概念引入物理学。

这一著名的预测只是他的论文主要内容的前奏,该论文题为"电磁场中的量子化奇点",涉及磁单极子存在的理论可能性(Dirac,1931)。他很清楚,这个概念涉及"电和磁之间的对称性,这在当前的观点中是很陌生的"。他预测磁单极子的基本单位为 $\mu = hc/(4\pi e)$。尽管进行了许多研究,但磁单极子从未被发现。

16.7.2 正电荷电子的发现——正电子

20 世纪 20 年代末和 30 年代是原子和核物理学前所未有的发现时期。这些将在第 18 章中总结。可以说，正电子、中子、人工诱导的核相互作用、介子等的发现都迅速纳入了以量子力学为核心的新物理学的殿堂。这里我们只关心正电子的发现。

我们需要稍微回顾一下发现宇宙射线的过程，宇宙射线是非常高能粒子的天然来源。[9] 在 20 世纪初，人们知道，在靠近地球表面的大气中有少量残余电离，这可能是由于岩石中天然放射性的影响。维克托・赫斯和维尔纳・科尔霍斯特（Werner Kolhörster）在他们开创性的实验中，用高空气球观测了大气的电离程度，结果表明，在大约 2 km 高度以上时，电离程度随海拔升高而增加。这种现象归因于某种形式的宇宙辐射，这种辐射起源于地球大气层上方（Hess，1913；Kolhörster，1913）。他们证明，宇宙辐射的强度随着高度的增加呈指数增长：$n(l)\propto \exp(\alpha l)$，$\alpha \sim 10^{-3}\ \mathrm{m}^{-1}$。与在放射性衰变中观察到的贯穿性最强的 γ 射线相比，这种不断增加的电离对应于更多贯穿辐射的程长。正如赫斯在论文中所说：

> “目前的观察结果似乎可以很容易地用这样一个假设来解释：有一种贯穿力很强的辐射从上方进入大气层，并且在较低层仍然产生在密闭容器中所观察到的一部分电离作用。”

最初，人们认为宇宙射线（密立根在 1925 年命名）是高能 γ 射线，其贯穿力比在天然放射性中观察到的要大。1929 年，德米特里・斯科别利岑（Dmitri Skobeltsyn）在他父亲位于列宁格勒的实验室工作，他建造了一个云室，放置在一块强磁铁的钳口中，以便测量带电粒子轨迹的曲率。在这些轨迹中，他注意到一些几乎没有偏转，看起来像是能量大于 15 MeV 的电子。他确定它们为“赫斯超 γ 辐射”产生的次级电子。

这些研究的一项关键技术发展是亨德里克・盖革（Hendrik (Hans) Geiger）和瓦尔特・穆勒（Walther Müller）于 1928 年发明的盖革-穆勒探测器。这使得可以探测到单个宇宙射线，并精确测量它们到达的时间（Geiger 和 Müller，1928，1929）。1929 年，波特和科尔霍斯特进行了宇宙射线物理学中的一项关键实验，他们在实验中引入了符合计数的概念，以消除假的背景事件（Bothe 和 Kolhörster，1929）。通过使用两个计数器，一个放在另一个上面，他们发现两个探测器同时放电的频率非常高，即使在探测器之间放置了一个强吸收体也是如此。在其中一个关键实验中，在计数器之间放置了 4 cm 厚的铅和金板，发现质量吸收系数与大气中宇宙辐射的衰减系数非常接近。实验证明宇宙辐射由高能带电粒子组成。

从 20 世纪 30 年代到大约 1960 年，宇宙辐射提供了一种非常高能粒子的自然来源，其能量比放射性衰变产生的能量大得多。1930 年，密立根和安德森使用了一个比斯科别利岑强 10 倍的电磁铁来研究粒子通过云室的轨迹。安德森（1932）观察到与电子相同的曲线轨迹，但带有正电荷（图 16.2）。

1933 年，帕特里克・布莱克特（Patrick Blackett）和朱塞佩・奥基亚利尼（Guiseppe Occhialini）用一种改进的技术证实了这一发现。在这种技术中，云室

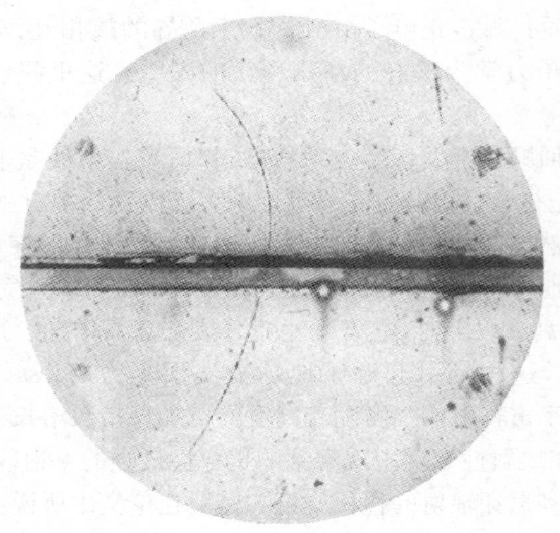

图 16.2　正电子的发现记录之一。这张云室照片显示,一个 63 MeV 的正电子穿过一个 6 mm 的铅板,形成一个 23 MeV 的正电子。根据安德森的说法,后一条路径的长度至少是该曲率下质子路径可能长度的 10 倍(Anderson,1933)

只在有确定的宇宙射线穿过云室内的过饱和蒸汽后才被触发(图 16.3)(Blackett 和 Occhialini,1933)。他们获得了许多优秀的正电子照片,在许多情况下,正电子和负电子的数量相等,这些正电子和负电子是由被观测仪器内的宇宙射线相互作用产生的。布莱克特和奥基亚利尼的分析比安德森的分析要深入得多,因为他们将正、负电子解释为在入射宇宙射线粒子与腔室材料的相互作用中同时产生的。他们说:

图 16.3　布莱克特和奥基亚利尼的自动云室,他们用它进行了 1933 年的论文中描述的实验(Blackett 和 Occhialini,1933)

> “通过这种方式，我们可以想象，在轻原子核的蜕变过程中，负电子和正电子可能成对产生。如果正电子的质量与负电子的质量相同，这样的电子对的产生需要能量 $2m_e c^2 \sim 1$ M[e]V，这远远低于它们在电子海中的一般平动能量。”(Blackett 和 Occhialini，1933)

他们用狄拉克的计算表明，正电子的湮灭会非常迅速地发生，从而形成一对高能光子。因此他们的论文引入了电子和正电子对产生和湮灭的概念。这些实验是狄拉克电子理论预测的正电子的确凿证据，也是反物质存在的第一个例子。

第 17 章　量子力学的解释

在讲完自旋的故事后，我们对量子力学的矩阵、算符和波动力学方法不断发展的理解取得了长足的进步。第 15 章已介绍了这些方法的统一。但仍然存在波函数的解释和理论的深层含义的问题。这种理解是通过玻恩对波函数的解释、埃伦费斯特对经典和量子图像的等价性的证明以及海森堡对不确定性原理的阐明而逐渐形成的。这些导致了后来众所周知的量子力学的哥本哈根诠释。同时，在希尔伯特等人的努力下，处理量子现象不同方法的形式化数学基础也牢固建立了。这些发展导致了所谓的量子力学的完备性，从这个意义上说，它为所有未来原子和亚原子层面上的物理学发展奠定了基础，其中一些成就将在第 18 章中进行总结。

17.1　薛定谔的解释

薛定谔认为，对量子物理来说，波动力学优于矩阵力学方法，这不仅是因为它基于经典物理学中众所周知的本征函数技术，而且还因为它更直观。他首次解释波函数的尝试出现在他的系列论文第 4 部分(Schrödinger，1926f)的最后第 7 节中，题为“关于场标量的物理意义”。在那里，他将量 $\psi\psi^*$ 确定为电荷分布的“权重函数”，因此 $\rho_e = e\psi\psi^*$ 是电荷密度。为了支持这个图像，他使用含时波动方程(14.102)进行分析，以根据该方案计算电荷密度的变化率。电荷密度的变化率是

$$\frac{\partial}{\partial t}\int e\psi\psi^* \rho \mathrm{d}V = e\int\left(\psi \frac{\partial\psi^*}{\partial t} + \psi^* \frac{\partial\psi}{\partial t}\right)\rho \mathrm{d}V \tag{17.1}$$

使用 $\partial\psi/\partial t$ 和 $\partial\psi^*/\partial t$ 的薛定谔方程(14.102)，得到

$$\frac{\partial}{\partial t}\int e\psi\psi^* \rho \mathrm{d}V = \int \frac{he\rho}{4\pi \mathrm{i} m_e}(\psi^* \nabla^2 \psi - \psi \nabla^2 \psi^*)\mathrm{d}V \tag{17.2}$$

现在，我们使用格林定理将右侧的积分转换为面积分：

$$\frac{\partial}{\partial t}\int e\psi\psi^* \rho \mathrm{d}V = -\int_A \frac{he\rho}{4\pi \mathrm{i} m_e}(\psi^* \nabla\psi - \psi \nabla\psi^*) \cdot \mathrm{d}\boldsymbol{A} \tag{17.3}$$

其中 d$\boldsymbol{A}$ 是表面积元。接下来，我们将矢量 $\boldsymbol{S}$ 定义为

$$\boldsymbol{S} = \frac{he}{4\pi i m_e}(\psi^* \nabla\psi - \psi\nabla\psi^*) \tag{17.4}$$

然后使用散度定理将面积分变回体积分：

$$\frac{\partial}{\partial t}\int e\psi\psi^* \rho \mathrm{d}V = -\int \rho \mathrm{div}\boldsymbol{S}\mathrm{d}V \tag{17.5}$$

将时间微分移到积分内，式(17.5)就是经典电动力学中电荷守恒的连续性方程：

$$\frac{\partial \rho_e}{\partial t} + \mathrm{div}\boldsymbol{S} = 0 \tag{17.6}$$

这里利用了上述电荷密度的定义 $\rho_e = e\psi\psi^*$。$\boldsymbol{S}$ 是电流密度，对应于出现在经典电动力学麦克斯韦方程中的量 $\boldsymbol{J}$。

薛定谔的解释被他根据波动力学对谐振子的分析加强，这在 14.6 节中进行了介绍，并在图 14.3 中进行了说明。他的解释是，粒子是由无限个波函数集叠加而成的波群表示的，图 14.3 表示谐振子中电荷的振荡。因此，就像在经典物理学中一样，振荡电荷以振子的频率发射偶极辐射。薛定谔认为，氢原子中电子的运动可以用相同的方式解释：

> “我们可以肯定地预见到，以类似的方式，可以构建波群，这些波群绕着高度量子化的开普勒椭圆运动，并且是氢原子电子的波动力学表示。但是计算的技术困难比我们在这里已经处理过的特别简单的情况要大。”(Schrödinger，1926a)

但是正如海森堡和玻恩所指出的那样，这种解释是不正确的。通常，波包确实会在空间中扩散。海森堡证明，谐振子的情况非常特殊，因为相邻能级的间隔相等。此外，通常波函数 ψ 是多维空间中的函数，因此将电子的运动解释为三维空间中的波包是不可行的。海森堡特别反对薛定谔的解释，该解释似乎忽略了量子物理学的许多非常重要的成就。正如他在 1926 年 6 月写信给泡利所说的：

> “我对薛定谔理论的物理部分的思考越多，我就发现它越可怕。可以想象一下旋转的电子，它的电荷分布在整个空间中，在第四维和第五维空间中都有一个轴。薛定谔写了什么关于他的理论的直观性……我发现是毫无价值的。”

此后不久，他抱怨说，虽然他很欣赏薛定谔方程在简化量子力学矩阵元计算中的威力，但薛定谔的解释

> “将所有属于‘量子理论’的东西都抛在一边，即光电效应、弗兰克[-赫兹]碰撞、斯特恩-格拉赫效应……”

另外，存在理解晶体中的电子衍射实验和涉及电子的碰撞现象的问题。在解释这些实验时，必须假设波是弥散的，其经典类似物是惠更斯对光波干涉的构造，因此，薛定谔的图像如何解释粒子作为一个离散实体的稳定性？这种新的解释来自玻恩关于原子对电子散射的研究。

17.2 玻恩对波函数 ψ 的概率解释

在 1954 年的诺贝尔奖演说中,玻恩解释说,他反对薛定谔的阐释:

> "……在这一点上,我无法追随他。这与我的研究所和詹姆斯·弗兰克研究所设在哥廷根大学的同一栋楼里有关。在我看来,弗兰克及其助手进行的每一次(第一类和第二类)电子碰撞实验,都是对电子微粒特性的新证明。"(Born,1961a)

玻恩开始使用波动力学技术,对带电粒子(例如 α 粒子或电子)被原子的散射进行量子力学计算。正如他所说:

> "……在各种形式的理论中,只有薛定谔的理论框架证明其适合于此目的。因此我倾向于将其视为量子定律最深刻的表述。"(Born,1926a)

这些评论是在他的计算的初步报告中做出的,另外两篇论文对此进行了更详尽的解释(Born,1926b,d)。该分析涉及所谓的玻恩近似,其中入射粒子由从正 z 方向入射到散射中心的平面波函数表示。散射的出射波由无限远处的平面波表示。玻恩把散射中心和入射粒子的联合波函数作为非微扰波函数,将散射波视为联合波函数的一阶微扰。如果原子的非微扰波函数为 $\psi_n^0(q)$,入射电子的能量 $E = p^2/(2m_e) = h^2/(2m_e\lambda^2)$,则他将非微扰系统的本征函数取为

$$\psi_{nE}^0(q,z) = \psi_n^0(q)\sin(2\pi z/\lambda) \tag{17.7}$$

其中 n 表示第 n 个波函数,q 为相对于散射中心的空间坐标。于是如果 $V(x,y,z,q)$是带电粒子与原子之间的相互作用势能,则他可以应用微扰理论的技术来计算无穷远处的散射平面波的振幅:

$$\psi_{nE}^{(1)}(x,y,z,q) = \sum_m \iint \mathrm{d}\omega \psi_{nm}^{(E)}(\alpha,\beta,\gamma)\sin k_{nm}^{(E)}(\alpha x + \beta y + \gamma z + \delta)\psi_m^0(q) \tag{17.8}$$

该方程具有以下含义。上标(1)表示散射波的一阶微扰解。双重积分是在立体角 $\mathrm{d}\omega$ 上,该立体角是在单位矢量方向上的立体角元,其分量为 α,β 和 γ;δ 是附加的标量相位因子。$\psi_{nm}^{(E)}(\alpha,\beta,\gamma)$是波函数,决定了散射到$(\alpha,\beta,\gamma)$方向上的(现在称之为)微分散射截面。由于所有关于电子散射的实验都表明散射的电子具有"微粒特性",因此玻恩推断$|\psi_{nm}^{(E)}(\alpha,\beta,\gamma)|^2$ 表达式的唯一可能解释是它代表了沿 z 轴接近的电子在 α,β,γ 方向被散射的概率。于是,波函数 $\psi_{nE}^{(1)}(x,y,z,q)$与电子被原子散射的总截面有关。

玻恩的计算的意义是深远的。他得出的结论是,量子力学并没有回答"碰撞后

系统的态到底是什么?”这个问题,而是回答了“碰撞后特定态的概率是多少?”的问题。因此玻恩引入了这样的概念,即波函数 ψ 及其振幅的平方 $|\psi^2|$ 决定了量子力学中发生事件的概率。玻恩的思想受到爱因斯坦对电磁波和光量子之间关系解释的强烈影响,而这个解释正是波粒二象性的核心。根据玻恩的说法,爱因斯坦将电磁场 $E(x,y,z,t)$ 解释为“幻影”或“幽灵”场,即 Gespensterfeld,用于引导光量子。强度以及光量子的密度由电磁场振幅的平方确定。在玻恩的解释中,通过比较能量 E 和动量 p 的粒子的波函数以及电磁波振幅的表达式,加强了波函数和电磁波特性的严格等价关系:

$$\underbrace{\exp\left[2\pi i\nu\left(t-\frac{x}{c}\right)\right]}_{\text{电磁波}} \equiv \underbrace{\exp\left[\frac{2\pi i}{h}(Et-px)\right]}_{\text{德布罗意波}} \tag{17.9}$$

其中 $\nu = E/h$, $\lambda = h/p$。第一个表达式与电磁波的振幅成正比,第二个表达式与电子相关的德布罗意波的振幅成正比。由于光波的能量密度取决于波振幅的平方,因此玻恩将其转换为以下陈述:

“……把 $|\psi|^2$ 看作粒子的概率密度,这几乎是不言而喻的。”

人们很快意识到,这些概率不同于经典统计力学和高斯统计理论中使用的概率。爱因斯坦在其 1909 年的伟大论文中已经了解了波和粒子统计之间的差异,该论文在 3.6 节中进行了分析[①](Einstein,1909)。根据经典统计,如果 p_1 和 p_2 分别是某项实验中发生结果 1 和 2 的概率,则其中一个或另一个发生的组合概率为 p_1+p_2。将其转化为波函数的玻恩解释,这意味着概率将与 $|\psi_1|^2+|\psi_2|^2$ 相对应,其中 ψ_1 和 ψ_2 是与 p_1 和 p_2 相关的波函数。但这不是波叠加的正确规则。我们首先需要形成两个波函数的和 $\psi_1+\psi_2$,然后概率由联合波函数的模平方给出:

$$p_{12} = |\psi_1+\psi_2|^2 = |\psi_1|^2 + |\psi_2|^2 + \psi_1\psi_2^* + \psi_2\psi_1^* \tag{17.10}$$

最后两项是“干涉项”,它们引起电子衍射现象和波粒二象性中“波”的一面。注意,它们在形式上与出现在电磁波统计特性中的项相似(见 3.6 节)。

贾默对玻恩所取得的成就的评论很有启示意义:

“对于爱因斯坦来说,概率的概念,即使他应用它来调和他的光量子假说和麦克斯韦的电磁波理论,也是经典物理学的传统概念,是人类对完整或精确知识不足的数学客观化,但最终还是人类思想的创造……就玻恩概率而言,就其与波函数的关系而言,它不仅是一种数学虚构,而且还是一种具有物理实在的东西,因为它随时间演化并按照薛定谔方程在空间中传播。但是,它在一个基本方面与普通物理媒介不同:它不传递能量或动量。由于在经典物理学中,无论是牛顿力学还是麦克斯韦电动力学,只有传递能量或动量(或两者)的东西才被认为是物理上的‘实在’,因此必须将 ψ 的本体论状态视为某种中间的东西。”(Jammer,1989)

玻恩认识到,波函数 ψ 可以表示为本征函数的完备、正交集的展开,该本征函数是相关薛定谔方程的解:

$$\psi = \sum_n c_n \psi_n \tag{17.11}$$

由本征函数的正交关系得到完备关系:

$$\int |\psi(q)|^2 \mathrm{d}q = \sum_n |c_n|^2 \tag{17.12}$$

然后,玻恩将$\int |\psi(q)|^2 \mathrm{d}q$解释为粒子总数,而$|c_n|^2$解释为薛定谔方程解的第$n$个本征态出现的统计概率。

这种解释立即取得了许多成功。文策尔(1926b)使用玻恩的波动力学方法来推导卢瑟福散射公式,而法希恩(Faxén)和赫鲁兹马克(Holtsmark)(1927)、贝特(Bethe)(1930)和莫特(Mott)(1928)使用玻恩的方法来研究快速和慢速粒子通过物质的过程。这些论文的成功之处包括对冉绍尔-汤森效应的解释,这是低能电子在稀有气体氩气、氪气和氙气中散射截面的最小值(Ramsauer,1921;Townsend和Bailey,1922)。这一现象在经典物理学中没有解释,但在电子散射的量子理论中却被自然发现。

玻恩(1926c)接下来使用含时的薛定谔波动方程解决了含时波函数的解释:

$$\nabla^2 \psi - \frac{8\pi^2 m_e}{h^2} U(x)\psi - \frac{4\pi i m_e}{h}\frac{\partial \psi}{\partial t} = 0 \tag{17.13}$$

假设波函数$\psi_n(x)$是归一的,一般解取为

$$\psi(x,t) = \sum_n c_n \psi_n(x) \exp\left(\frac{2\pi i}{h} W_n t\right) \tag{17.14}$$

其中W_n是第n个本征态的能量。因此,在时间$t=0$时,波函数为

$$\psi(x,0) = \sum_n c_n \psi_n(x) \tag{17.15}$$

玻恩考虑了仅在时间间隔$0 \leqslant t \leqslant T$内对系统施加力$F(x,t)$的结果。他将此力的作用视为对势$U(x)$的小微扰,因此$U(x)$可被$U(x) + \chi F(x,t)$取代,其中因子$\chi$随后被用作小的展开参数。通过使用薛定谔在其系列论文的第4部分(Schrödinger,1926f)中描述的微扰技术,玻恩证明了$\psi(x,t)$仅由一个本征函数$\psi_n(x)$组成的简单情况,当$t \geqslant T$时,含时问题的解为

$$\psi_n(x,t) = \sum_m b_{nm} \psi_m(x) \exp\left(\frac{2\pi i}{h} W_m t\right) \tag{17.16}$$

系数b_{nm}由$0 \leqslant t \leqslant T$间隔内力$F(x,t)$的作用确定。本着对波函数进行概率解释的精神,他立即将量$|b_{nm}|^2$解释为系统从初态n变到末态m的概率,换句话说,量$|b_{nm}|^2$表示态n和m之间的跃迁概率。

处理单个波函数$\psi_n(x)$之后,玻恩可以推广到初始态由式(17.15)给出的情况,因此,对于$t \geqslant T$,

$$\psi(x,t) = \sum_n c_n \psi_n(x,t) \tag{17.17}$$

现在,他解出从态n的总跃迁概率,方法是对于时间$t \geqslant T$,写出波函数

$$\psi(x,t)=\sum_n C_n\psi_n(x) \tag{17.18}$$

利用波函数 $\psi_n(x)$的正交性，他推导出了关键表达式：

$$C_n=\int\psi(x,T)\psi^*(x)\mathrm{d}x=\sum_m b_{mn}c_m\exp\left(\frac{2\pi\mathrm{i}}{h}W_mT\right) \tag{17.19}$$

因此

$$|C_n|^2=\left|\sum_m c_m b_{mn}\right|^2 \tag{17.20}$$

在进行此计算时，玻恩发现了确定量子力学中概率的规则，这些规则与经典对应截然不同。因此，就经典而言，如果从态 m 到态 n 的跃迁概率为 $P_1=|b_{nm}|^2$，并且出现态 m 的概率为 $P_2=|c_m|^2$，则联合概率将为 $P=P_1P_2=|b_{nm}|^2|c_m|^2$，这与将波函数的振幅相加以生成概率(17.20)的量子规则完全不同——注意这一经典概率和量子概率之间的差异与式(17.10)所述相同。正如贾默(1989)所说：

> "……玻恩提出了两个定理，这两个定理注定要在量子理论的进一步发展中、解释和测量理论中发挥根本性的作用：
>
> 1. 谱分解定理，据此定理，在 ψ 的展开或叠加中，每个分量 ψ_n 相应于可能的运动状态；
>
> 2. 概率干涉定理，根据该定理，展开系数的各个相位，而不仅是它们的绝对值，在物理上都是重要的。"

这些是对量子力学计算的物理意义的深刻见解。波函数的振幅和相位在描述量子现象中都至关重要，因此包含振幅和相位的复数是量子力学的自然语言。这些结果是狄拉克在他的重要论文《关于量子力学理论》中使用他相当不同的量子力学方法独立发现的(Dirac，1926f)。

17.3　狄拉克-约当变换理论

玻恩对波函数的概率解释是一个关键的进展，随着量子力学理论框架的发展，这一进展将得到深化。同时，虽然已经证明矩阵力学和波动力学方法是等价的，但玻恩在 1926 年发表论文时，还没有统一的数学理论。在第 13 章中，我们先讲述了狄拉克的量子力学理论框架和他的氢原子问题解的故事，然后跳到第 16 章他发现的相对论性形式的薛定谔方程、狄拉克方程、电子磁矩以及对正电子和反物质的预测。

我们接着 13.3 节讲故事，在那里介绍了 q 数及其代数背景下描述的所谓的变换理论(transformation theory)的要素。在那里，我们遇到了正则变量 Q_r 和 P_r

的转换规则,它们是 q 数的函数,在泊松括号中遵循以下规则:

$$[Q_r, P_s] = \delta_{rs}, \quad [Q_r, Q_s] = [P_r, P_s] = 0 \tag{17.21}$$

于是,可以通过以下形式的关系将 Q_r 和 P_r 转换为另一套正则变量 q_r 和 q_s:

$$Q_r = bq_rb^{-1}, \quad P_r = bp_rb^{-1} \tag{17.22}$$

其中 b 是 q 数。我们观察到与玻恩和他的同事在量子代数的矩阵处理中引入的正则变换(12.64)有着很强的相似性。正如玻恩所说:

> "要确定一个函数 $\boldsymbol{S}$,使得当
>
> $$\boldsymbol{p} = \boldsymbol{S}\boldsymbol{p}_0\boldsymbol{S}^{-1}, \quad \boldsymbol{q} = \boldsymbol{S}\boldsymbol{q}_0\boldsymbol{S}^{-1} \tag{17.23}$$
>
> 时,函数
>
> $$\boldsymbol{H}(\boldsymbol{p}, \boldsymbol{q}) = \boldsymbol{S}\boldsymbol{H}(\boldsymbol{p}_0, \boldsymbol{q}_0)\boldsymbol{S}^{-1} = \boldsymbol{W} \tag{17.24}$$
>
> 变成对角矩阵。"(Born 等,1926)

这一结果的严格证明由约当(1926)给出,他发展了作用量和角变量理论。尽管取得了这些进步,但是该理论的实用性有限,因为一般而言,很难找到逆矩阵 $\boldsymbol{S}^{-1}$。此外,矩阵力学方法无法处理常数 p 的情况。薛定谔演示了量子现象中矩阵力学和波动力学方法的等价性,伦敦(London)(1926)将矩阵力学的概念带入了薛定谔的波动力学框架。直到这项工作完成后,人们才意识到,伦敦阐述这个问题时使用的方法与在泛函空间中利用线性算符时所使用的方法非常相似,有关这些问题的详细讨论,请参阅第 15 章。贾默(1989)总结了伦敦的成就以及狄拉克在几周后发表的内容,如下:

> "[伦敦的论文]首先将正则变换应用于离散本征值问题的波动力学,最后得到了离散变换矩阵。几周后,狄拉克(1926g)发表了一篇论文,在狄拉克的连续和离散本征值问题的矩阵力学中,开始对连续或离散矩阵应用正则变换。因此狄拉克的工作在两个方面对伦敦进行了补充:可以说,它显示了所讨论的概念过程的可逆性,并将其推广到连续变换。"

狄拉克毫不怀疑量子力学变换理论的核心重要性。正如他在经典著作《量子力学原理》(Dirac,1930a)第一版的序言中所写的那样:

> "……变换理论使用的增长……是理论物理学中新方法的精髓。"

狄拉克的论文包含了一些创新,这些创新的灵感来自他对用兰乔斯积分方程重写矩阵力学的理解(Lanczos,1926)(见 15.2 节)。狄拉克意识到矩阵元现在是连续函数,而矩阵是连续矩阵。

17.3.1 离散和连续矩阵

通过比较傅里叶级数和傅里叶积分,我们可以说明离散矩阵和连续矩阵之间的异同(Bohm,1951)。在傅里叶级数展开的情况下,波函数 $\psi(x)$ 可以写为傅里叶级数:

$$\psi(x) = \sum_n a_n \psi_n(x) \tag{17.25}$$

其中 $\psi_n(x)$可以取为例如正交简谐函数的完备集 $\exp(2\pi i n x/L)$，其中 $0\leqslant n\leqslant\infty$。因此，如果函数 $\psi_n(x)$形成一个正交归一完备集，则任何波函数都可以表示为 n 的所有离散值的和(17.25)。现在考虑将算符 A 应用于 $\psi_m(x)$获得的新波函数 $\varphi_m(x)$：

$$A\psi_m(x) = \varphi_m(x) \tag{17.26}$$

由于 $\psi_n(x)$形成一个正交归一完备集，因此 $\varphi_m(x)$可以表示为该集合所有分量的和：

$$A\psi_m(x) = \sum_n a_{nm}\psi_n(x) \tag{17.27}$$

可以使用波函数 ψ_n 的正交特性来找到 a_{nm}的值：

$$a_{nm} = \int \psi_n^*(x)A\psi_m(x)\mathrm{d}x \tag{17.28}$$

现在，对任意函数 $\psi(x)$进行运算的结果可以写为

$$A\psi(x) = A\sum_m C_m\psi_m(x) = \sum_m C_m A\psi_m(x) = \sum_n\sum_m C_m a_{nm}\psi_n(x) \tag{17.29}$$

在以上阐述中，矩阵元 a_{nm}与离散本征函数ψ 有关。

在傅里叶变换的情况下，离散函数 $\varphi_n(x)$被连续函数代替。因此用傅里叶积分表示函数 ψ：

$$\psi(\boldsymbol{x}) = \frac{1}{\sqrt{2\pi}}\int \varphi(\boldsymbol{k})\mathrm{e}^{\mathrm{i}\boldsymbol{k}\cdot\boldsymbol{x}}\mathrm{d}\boldsymbol{k} \tag{17.30}$$

正交归一函数现在是函数 $\mathrm{e}^{\mathrm{i}\boldsymbol{k}\cdot\boldsymbol{x}}$的连续集合，而 $\varphi(\boldsymbol{k})$是相应的连续展开系数。现在可以通过与式(17.28)类比找到矩阵元 $a_{kk'}$：

$$a_{kk'} = \frac{1}{2\pi}\int \mathrm{e}^{-\mathrm{i}\boldsymbol{k}\cdot\boldsymbol{x}}A\mathrm{e}^{\mathrm{i}\boldsymbol{k}'\cdot\boldsymbol{x}}\mathrm{d}\boldsymbol{x} \tag{17.31}$$

主要区别在于 k 和k'现在是连续函数，而不是与傅里叶分量 n 和m 相关的离散函数。因此，对于任何一组连续矩阵 ψ_p，我们可以定义矩阵元 $a_{pp'}$：

$$a_{pp'} = \int \psi_p^* A\psi_{p'}\mathrm{d}\boldsymbol{x} \tag{17.32}$$

下列表达式与离散矩阵的表达式类似，自然而然地就会出现。任何 $\psi(x)$都可以表示为

$$\psi(x) = \int C_p\psi_p\mathrm{d}p \tag{17.33}$$

因此，如果算符 A 作用于$\psi(x)$，

$$A\psi(x) = \iint C_p a_{pp'}\psi_{p'}(x)\mathrm{d}p'\mathrm{d}p \tag{17.34}$$

连续矩阵的乘积规则变为

$$(AB)_{pp'} = \int a_{pp''}b_{p''p'}\mathrm{d}p'' \tag{17.35}$$

17.3.2 狄拉克对量子力学的解释

狄拉克现在将动力学变量 g 到 G 的正则变换(17.22)转换为连续矩阵语言(Dirac,1926f)。变换

$$G = bgb^{-1} \tag{17.36}$$

用连续矩阵上的积分写成

$$g(\xi'\xi'') = \iint \left(\frac{\xi'}{\alpha'}\right) \mathrm{d}\alpha' g(\alpha'\alpha'') \mathrm{d}\alpha'' \left(\frac{\alpha''}{\xi''}\right) \tag{17.37}$$

遵循17.3.1小节中描述的规则。带一撇和两撇的量是连续参量,是 c 数,对矩阵元素的行和列进行编号;(ξ'/α') 和 (α''/ξ'') 分别表示变换函数 $b(\xi'/\alpha')$ 和 $b^{-1}(\alpha''/\xi'')$;$g(\xi'\xi'')$ 和 $g(\alpha'\alpha'')$ 是动力学变量,是 q 数。

狄拉克的论文的目的之一是发现计算变换函数 $b(\xi'/\alpha')$ 和 $b^{-1}(\alpha''/\xi'')$ 的方法。在分析过程中,他引入了著名的狄拉克 δ 函数。他在电气工程方面的训练被证明是无价的,正如他所说:

> "所有电气工程师都熟悉脉冲的概念,而 δ 函数只是脉冲的一种数学表达方式。"

δ 函数由基尔霍夫引入,并在奥利弗·赫维赛德(Oliver Heaviside)对电磁理论的开创性研究中被广泛使用。δ 函数通常定义为

$$\delta(x) = 0 \quad (x \neq 0), \quad \text{且} \quad \int \delta(x)\mathrm{d}x = 1 \tag{17.38}$$

狄拉克非常清楚 δ 函数就是贾默所说的"便捷的数学技巧",并且对它的数学地位直言不讳:

> "当然,严格来说,$\delta(x)$ 不是 x 的好函数,而只能视为某些函数序列的极限。同样,人们可以使用 $\delta(x)$,就好像它是一个适用于几乎所有量子力学目的的函数,而不会得到不正确的结果。我们也可以使用 $\delta(x)$ 的微分系数,即 $\dot{\delta}(x)$,$\ddot{\delta}(x)$,…,它们甚至比 $\delta(x)$ 本身更不连续和更不恰当。"

狄拉克继续证明 $\delta(x)$ 的 n 阶导数可以写成

$$\int_{-\infty}^{\infty} f(x)\delta^{(n)}(a - x)\mathrm{d}x = f^{(n)}(a) \tag{17.39}$$

需要此结果来定义由连续参量 α' 和 α'' 标记的单位连续对角矩阵元 $I(\alpha',\alpha'')$:

$$I(\alpha',\alpha'') = \delta(\alpha' - \alpha'') \tag{17.40}$$

因此可以写出广义连续对角矩阵元:

$$f(\alpha',\alpha'') = f(\alpha')\delta(\alpha' - \alpha'') \tag{17.41}$$

在他的论文的后续分析中需要这些结果。

狄拉克的分析的惊人结果是他证明了函数 (ξ'/α') 恰好是薛定谔方程的合适解,只需作替代 $\xi \to q$,$\eta \to p$,$(\xi'/\alpha') \to \psi_E(q)$ 和 $f(\alpha') \to E$。用狄拉克自己的话

来说：

> “薛定谔波动方程的本征函数只是变换函数(或先前表示为 b 的变换矩阵的矩阵元)，使人们能够从矩阵表示的(q)方案转换为哈密顿量为对角的方案。”

实际上，狄拉克的分析是对薛定谔波动方程的推广，他接着对波函数的玻恩解释进行推广。玻恩的结果可以写成

$$\psi(q,t) = \sum_n c_n(t)\psi_n(q) \tag{17.42}$$

其中 $|c_n(t)|^2$ 被解释为跃迁到态 n 的概率。现在，狄拉克将这个结果推广到他的新公式描述的连续能量范围，使得式(17.42)等价于

$$\psi(q,t) = \int c(E,t)\mathrm{d}E\psi_E(q) \tag{17.43}$$

其中 $|c(E,t)|^2\,\mathrm{d}E$ 解释为跃迁到能量在 $E \sim E+\mathrm{d}E$ 范围内的态的概率。他将玻恩关于原子对电子的散射重新表述为他的新公式，发现了完美的一致性，只要

> “从一组矩阵转换为另一组矩阵的系数就是那些决定跃迁概率的系数。”

泡利在有关费米统计论文的脚注中也概括了玻恩的统计解释(Pauli，1927a)。他指出，若系统处于 ψ 表征的态，在构型空间的体积元 $\mathrm{d}q_1\mathrm{d}q_2\cdots\mathrm{d}q_f$ 中找到 N 个粒子系统的位置坐标为 $q_1,q_2,\cdots,q_f$ 的概率由 $|\psi(q_1,q_2,\cdots,q_f)|^2\mathrm{d}q_1\mathrm{d}q_2\cdots\mathrm{d}q_f$ 给出。正如泡利写给海森堡的信中所说：

> “玻恩的解释可能被视为更一般解释的特例。因此例如 $|\psi(p)|^2\cdot\mathrm{d}p$ 可以解释为粒子动量在 $p \sim p+\mathrm{d}p$ 之间的概率。”

他进一步断言，对于每对量子力学量 q 和 β，都存在一个函数 $\varphi(q,\beta)$，即“概率幅”，如果 β 具有固定值 β_0，$|\varphi(q_0,\beta)|^2\,\mathrm{d}q$ 是 q 位于 $q_0 \sim q_0+\mathrm{d}q$ 之间的概率。这些见解将被约当用来阐明统计变换理论的第一个公理方法。

17.3.3　约当统计变换理论的公理化综合

受到泡利的概率幅概念的启发，约当为变换理论开发了一种公理化的方法，该方法独立于伦敦和狄拉克的公式(Jordan，1927)。根据贾默的说法，他的方法的三个主要公理是：

> “(1) [概率幅] $\varphi(q,\beta)$ 与系统的力学性质(哈密顿函数)无关，并且仅取决于 q 和 β 之间的运动学关系。
>
> (2) 对于 β 的固定值 β_0，量子力学量 q 具有值 q_0 的概率(密度)与对于 q 的固定值 q_0，β 具有值 β_0 的概率(密度)相同。
>
> (3) 概率通过叠加组合，即如果 $\varphi(x,y)$ 是 q 的值 x 在 β 的固定值 y 处的概率幅，而 $\chi(x,y)$ 是 Q 的固定值 x 在 q 的固定值 y 处的概率幅，则 Q 的值 x 在 β 的固定值 y 处的概率幅由下式给出：

$$\Phi(x,y)=\int\chi(x,z)\varphi(z,y)\mathrm{d}z \tag{17.44}$$

在特定情况下,$Q=\beta$,约当的 $\Phi(x,y)$ 变成狄拉克的 $\delta(x-y)$。在约当的公理化方法中,如果 p 的每个可能值 x 在 q 的固定值 y 处的概率幅 $\rho(x,y)$ 由以下公式给出:

$$\rho(x,y)=\exp\left(\frac{2\pi xy}{\mathrm{i}h}\right) \tag{17.45}$$

则 p 被定义为与 q 正则共轭的动量。约当推断,对于每一个 q 的固定值,p 的所有可能值都是同等概率的,反之亦然。

除了变换理论的专家以外,约当有点形式化的数学方法并不容易为人所理解,但它有一些显著的特点。人们将会注意到,式(17.45)是一个以恒定动量运动的粒子的时间无关薛定谔波动方程的解。因此,如果精确地知道了动量,所有的 q 值都是同样可能的,这是海森堡不确定性原理的前身。约当的伟大成就是:通过采用厄米算符的完整工具,他能够证明他的理论不仅包括薛定谔的波动方程和海森堡的矩阵力学,还包括玻恩-维纳的算子微积分和狄拉克的 q 数演算。所有这些方法的综合将在函数分析应用于量子力学理论框架中找到其最终表达。

17.3.4 新视角

值得回顾一下,按照贾默的仔细阐述,由于玻恩对波函数的概率解释和狄拉克-约当统计变换理论,已经取得了哪些成就。薛定谔和海森堡的成就可归纳如下。薛定谔波动方程的发现是确定量子力学系统的能量本征值的途径。同样,在海森堡的矩阵力学中,p 和 q 的解可在对角矩阵中找到,对角矩阵的对角项为能量本征值。非对角项被解释为跃迁概率。稳态的能量和跃迁概率是可观测量。但是矩阵力学无法处理自由电子的运动,位置变量在该方案中也没有被赋予任何地位,掩藏在傅里叶变换的过程中。

相反,变换理论,用贾默(1989)的话说:

> "通过假设,原则上,任何厄米矩阵 A 都代表一个可观测量 a(与能量等同),并且 A 的特征值是测量 a 的可能结果,从而包含了实验所需的结果。通过狄拉克对连续矩阵的引入和玻恩对薛定谔波动方程的概率解释,位置的概念得以恢复。"

17.4 量子力学的数学完备性

1926 年,海森堡呼吁数学家应对所提出的数学挑战,为量子力学的不同方法奠定基础。他很幸运，这次应战的领导者是大卫·希尔伯特，他已经精通量子力学的数学问题，并且是玻恩在海德堡的近邻。1926 年下半年，他开始在助手洛塔尔·诺德海姆(Lothar Nordheim)和约翰·冯·诺依曼(John von Neumann)的支持下，对量子力学的数学基础进行系统研究。在 1926 年至 1927 年冬天，希尔伯特在每个星期一和星期四上午作两小时的关于量子力学基础数学的演讲，并于 1927 年发表了这些演讲的总结(Hilbert 等，1927)。

要完全描述希尔伯特和他的同事所取得的成就会使我们在纯数学领域走得太远，但只需说，正如对几何学基本原理进行公理化的数学家所期望的那样，他着手为量子力学中概率幅的应用提供一个自洽的和数学上严格的公理基础。他们建立了振幅必须满足的 6 条公理。希尔伯特将一个算符与每个动力学变量联系起来，由此产生的算子微积分是与每个算符相关的概率幅的数学。然而，希尔伯特认识到，仅严格的数学严谨性不能涵盖量子物理学的需求。正如他所说：

> “如果形式化及其物理解释没有严格分开，就很难理解这种理论。即使在理论发展的现阶段仍未实现完全公理化，也应坚持这种分离。但是，现在确定的是，分析工具在其纯数学方面不允许有任何变化。能够而且很可能会修改的是它的物理解释，因为它允许一定的选择自由。”

希尔伯特在他 1912 年的论文(Hilbert，1912)中率先采用了积分方程的方法来处理算符形式。希尔伯特和他的同事总结了他们的分析结果，发现相对概率密度是实数且非负的条件是算符必须是厄米的。此外，通过引入狄拉克的 δ 函数，他们可以导出能量和位置坐标的不含时和含时的薛定谔波动方程。他们的变换理论与玻恩的波函数概率解释完全一致，即函数 $|\psi_n(x)|^2$ 是发现原子在第 n 个态并且在该态下位于 x 的概率。狄拉克和约当变换理论的希尔伯特-诺依曼-诺德海姆重新表述既包含了波动力学又包含了矩阵力学，并为量子力学奠定了严格的数学基础。

但是，狄拉克的 δ 函数的尴尬性质仍然存在，它表现在以积分方程描述的形式算符还原为薛定谔的波动方程中。狄拉克的 δ 函数的合法化在很久以后才发生。[②]因此，冯·诺伊曼采用了一种不同的方法，其中涉及由希尔伯特发展的线性方程的概念，并用这些概念为量子力学提供了新的数学框架(von Neumann，1927)。这为阐述量子力学及其随后扩展到相对论性量子力学和量子场论提供了最合适的框架。这涉及引入冯·诺依曼所谓的希尔伯特空间，这是具有正定度规的无限维可分离的完备线性空间。在此空间内，他发展了线性算符理论。在一种实现中，算符成为泛函分析中所研究的泛函。同样，伴随算符和厄米算符自然出现在理论中，并且成为玻恩对量子力学的统计和概率解释的最一般的描述。

冯·诺依曼方案的技术细节的正式阐述是一项令人生畏的成就，尽管总体方案是在他的 1927 年的论文中提出的，但直到 1929 年他才解决了所有涉及的形式问题(von Neumann，1929)。量子力学的现代公理化论述最终建立在冯·诺依曼的开创性论文之上。如果不付出巨大的努力,这些都是无法理解的,这种定性的总结对他的杰出成就来说是不公平的。贾默提供了更多的数学细节,但即使是他,也必须让感兴趣的读者参考原始论文,以全面了解它们的数学内容。

17.5 海森堡的不确定性原理

当量子力学的工具接近完备时,对量子力学算符和变量的解释仍不清楚。海森堡的最初反应是拒绝原子内部的位置和速度的概念,它们既然无法观察到,那么就没有意义。对于海森堡来说,在原子层面上唯一可观测到的是原子的发射和吸收特性:其辐射的频率、强度和偏振。当然,鉴于基本的量子不可对易关系 $pq - qp = h/(2\pi i)$,位置、速度和动量的概念在原子层面上没有其经典意义。然而,量子力学理论框架植根于经典物理学,而经典物理学对宏观物体当然是非常有效的。玻恩对波函数的概率解释提供了令人信服的方法,表明原子层面的实验结果具有内禀的不确定性。量子力学的这一特征当然得到了狄拉克(1926g)的赞赏,他指出:

> "关于量子理论,它不能同时回答 p 和 q 的数值。然而,人们期望能够回答只给出 q 的数值或只给出 p 的数值的问题……"

约当(1927)同样指出,"对于给定的 q 的值,p 的所有值都是同等可能的"。海森堡和他的同事们充分认识到,根据量子力学,

> "……谈论一个具有确定速度的粒子的位置是毫无意义的……如果人们在使用速度和位置的概念时不太重视其准确性,那么它就很有意义。"(Heisenberg,1960)

海森堡在 1926 年 10 月 28 日给泡利的信中断言,在确定的瞬间或极短的时间内谈论单色波毫无意义。在对这些问题进行了四个月的思考之后,他提出了一个自洽的解决方案,以协调非对易变量的经典解释和量子解释,特别是在定义位置和动量的经典概念的适用范围方面。这些体现在后来所说的海森堡不确定性原理中。这些概念包含在一封 14 页的致泡利的信中,泡利对其中的内容做出了积极而热情的反应。这封信的内容构成了海森堡有关不确定性原理的著名论文的大部分内容,该论文于 1927 年 3 月底提交给 *Zeitschrift für Physik*(Heisenberg,1927)。

海森堡使用了狄拉克和约当最新发展的统计变换理论,例如,以 p 和 q 值的统计分布来精确定义 q 和 p 等非交换变量的理论允许值。如 17.3 节所述,该理论的优势在于能够处理连续函数的矩阵元。海森堡使用了约当在他的狄拉克-约当变换理论(Jordan,1927)中得出的结果。约当将 q 的概率幅取为以下形式:

$$S(\eta,q)\propto\exp\left[-\frac{(q-q')^2}{2q_1^2}-\frac{2\pi i p'(q-q')}{h}\right] \tag{17.46}$$

该表达具有以下含义。η 是某个固定参数,不会出现在自变量中。如果位置的平均值为 q' 且不确定度为 q_1,$S(\eta,q)$是电子在位置 q 处的概率幅。通过取概率幅的模平方来找概率,因此

$$|S(\eta,q)|^2=SS^*\propto\exp\left[-\frac{(q-q')^2}{q_1^2}\right] \tag{17.47}$$

这种表述的优势在于它会导致 q 的可能值的高斯概率分布,该 q 具有"不确定度"q_1。

接下来,海森堡使用变换理论的规则,通过关系式

$$S(\eta,p)=\int S(\eta,q)S(q,p)\mathrm{d}q \tag{17.48}$$

写下 p 相应的概率幅。函数 $S(q,p)$由式(17.45)给出,因此,在进行积分时,海森堡发现 p 的概率幅为

$$S(\eta,p)\propto\exp\left[-\frac{(p-p')^2}{2p_1^2}+\frac{2\pi i q'(p-p')}{h}\right] \tag{17.49}$$

以及 p 对应的概率分布

$$|S(\eta,p)|^2=SS^*\propto\exp\left[-\frac{(p-p')^2}{p_1^2}\right] \tag{17.50}$$

这里

$$p_1q_1=\frac{h}{2\pi} \tag{17.51}$$

这就是海森堡的不确定性原理,描述了可以被确定的 p 和 q 的内禀不确定性,并提供了基本不可对易关系 $pq-qp=h/(2\pi i)$的统计解释。正如海森堡所说:

"位置确定的越准确,对动量的了解就越不准确,反之亦然。"

实际上,正如达尔文(1927d)所证明的那样,从高斯分布的积分傅里叶变换的性质中最容易理解海森堡的计算的本质,本章的尾注中提供了使用该方法的简单分析。③令人惊讶的是,傅里叶变换方法清楚地表明了约当和海森堡的分析中概率幅(17.46)和(17.49)中复数项的来源。

我们以适当的规范化形式重写高斯分布(17.49)和(17.50),将式(17.51)转换为常规符号。为了使分布为标准高斯分布,它们的标准差 Δp 和 Δq 与 p_1 和 q_1 的关系为 $\Delta p=p_1/\sqrt{2}$和 $\Delta q=q_1/\sqrt{2}$。因此式(17.51)可以写成

$$\Delta p\Delta q=\frac{h}{4\pi} \tag{17.52}$$

迪奇伯恩(Ditchburn)(1930)证明,事实上,由于选择了 p 和 q 的高斯分布,不确定性关系(17.52)表示 p 和 q 的最小不确定性,适用于所有非高斯分布的不等式为

$$\Delta p\Delta q\geqslant\frac{h}{4\pi} \tag{17.53}$$

海森堡撰写的关于不确定性原理的出色论文对于理解量子物理学的许多不同方面以及整个物理学都至关重要。我们仅强调其中一些结果。

(1) 在最基本的层面上,该原理告诉我们经典和量子理论的适用尺度。例如,将该原理应用于原子玻尔模型中的电子,其在基态 $n=1$ 时的速度为 2.2×10^6 m/s,因此其动量为 $p=m_e v=2\times10^{-24}$ kg · m/s。取 $\Delta p=p$ 并令 $\Delta p\Delta x=h/(4\pi)$,我们得到 $\Delta x=h/(4\pi\Delta p)=0.3\times10^{-10}$ m,大约是第一玻尔轨道的大小。这并非偶然。这种计算告诉我们,在原子尺度上,我们无法精确地知道任何时刻电子的位置,只能非常准确地描述电子的可能位置。

(2) 更一般而言,该原理告诉我们,在任何时候,我们都无法绝对精确地定义任何系统在微观层面上的态。因此,用一套完美定义的初始条件建立一个系统,然后精确地跟踪系统的未来演变,这种概念是不可行的。

(3) 表达这种关注的另一种方式是,微观层面的因果关系变得毫无意义,因为内禀的不确定性意味着我们无法准确预测任何过程的结果。我们可以对各种实验的可能结果做出准确的预测,但是我们不能绝对肯定地说出哪一种结果发生了。

(4) 该原理对测量理论有深远的影响,该话题成为量子过程理论的主要关注点。

(5) 该原理对哲学产生了重大影响,从许多方面摧毁了古典哲学和逻辑学的许多基本原理。例如,在量子力学中计算概率幅和概率的方式告诉我们,可能发生但未发生的事件会影响实验的结果。在经典物理学中,这种构造没有存在的余地,但是它们是我们所生活的宇宙不可分割的一部分。

(6) 也许最值得注意的是,统计概念并未明确地纳入该理论的基本假设和结构中,但预测都是概率幅和概率。海森堡应该对这个问题有最后的发言权:

> "与经典物理学不同,我们并没有假设量子理论本质上是一种统计理论,从某种意义上说,由精确数据只能推断出统计数据。例如,波特和盖革的众所周知的实验就反驳了这种假设。但是,在因果律的强表述中,'如果我们确切知道现在,就可以预测未来',与其说是结论,更确切地说前提是错误的。从原则上来说,我们不能知道现在的所有细节。"

人们花了一段时间才完全认识到海森堡的计算的全部意义,这也许并不令人惊讶,因为它们与许多最珍视的经典物理学信条相悖。也许这些计算中最重要的结论是经典物理学和量子物理学的适用领域之间的明显区别。

17.6　埃伦费斯特定理

埃伦费斯特提供了经典图像和量子图像之间的一个重要联系,他进行了"没有近似的简短基本计算”(Ehrenfest,1927)。用现代语言,他根据量子力学证明动量的时间导数的期望值等于势函数负梯度的期望值,这是牛顿第二运动定律的量子对应。在仅一页半的篇幅中,埃伦费斯特引用了他的计算结果,但没有给出数学推导,他认为这是“基本的”。论证如下。

为简单起见,考虑一维随时间变化的薛定谔波动方程及其复共轭,如与式(14.102)有关的讨论:

$$-\frac{h^2}{8\pi^2 m_e}\frac{\partial^2 \psi}{\partial x^2}+V(x)\psi=\frac{\mathrm{i}h}{2\pi}\frac{\partial \psi}{\partial t} \tag{17.54}$$

$$-\frac{h^2}{8\pi^2 m_e}\frac{\partial^2 \psi^*}{\partial x^2}+V(x)\psi^*=-\frac{\mathrm{i}h}{2\pi}\frac{\partial \psi^*}{\partial t} \tag{17.55}$$

根据薛定谔的方法,我们定义粒子位置和动量的平均值$\langle x\rangle$和$\langle p\rangle$(现在将其称为期望值)如下:

$$\langle x\rangle=\int_{-\infty}^{\infty}\psi^* x\psi\,\mathrm{d}x \tag{17.56}$$

$$\langle p\rangle=\int_{-\infty}^{\infty}\psi^* p\psi\,\mathrm{d}x=-\frac{\mathrm{i}h}{2\pi}\int_{-\infty}^{\infty}\psi^*\frac{\partial \psi}{\partial x}\mathrm{d}x \tag{17.57}$$

其中 x 是标量位置算符,p 是动量算符 $-(\mathrm{i}h/(2\pi))\partial/\partial x$。现在我们得到$\langle x\rangle$关于时间的导数:

$$\frac{\mathrm{d}}{\mathrm{d}t}\int_{-\infty}^{\infty}\psi^* x\psi\,\mathrm{d}x=\int_{-\infty}^{\infty}\left(\frac{\partial \psi^*}{\partial t}(x\psi)+\psi^* x\frac{\partial \psi}{\partial t}\right)\mathrm{d}x \tag{17.58}$$

分别对 $\partial\psi/\partial t$ 和 $\partial\psi^*/\partial t$ 使用表达式(17.54)和(17.55),我们得到

$$\frac{\mathrm{d}}{\mathrm{d}t}\int_{-\infty}^{\infty}\psi^* x\psi\,\mathrm{d}x=\frac{\mathrm{i}h}{4\pi m_e}\int_{-\infty}^{\infty}\left[\psi^* x\frac{\partial^2 \psi}{\partial x^2}+\frac{\partial^2 \psi^*}{\partial x^2}(x\psi)\right]\mathrm{d}x \tag{17.59}$$

现在,

$$\frac{\partial^2(x\psi)}{\partial x^2}=2\frac{\partial \psi}{\partial x}+x\frac{\partial^2 \psi}{\partial x^2} \tag{17.60}$$

因此,替代式(17.59)中的 $x\partial^2\psi/\partial x^2$:

$$\frac{\mathrm{d}}{\mathrm{d}t}\int_{-\infty}^{\infty}\psi^* x\psi\,\mathrm{d}x$$

$$=\frac{\mathrm{i}h}{4\pi m_e}\int_{-\infty}^{\infty}\left[\psi^*\frac{\partial^2(x\psi)}{\partial x^2}+\frac{\partial^2 \psi^*}{\partial x^2}(x\psi)\right]\mathrm{d}x-\frac{\mathrm{i}h}{2\pi m_e}\int_{-\infty}^{\infty}\psi^*\frac{\partial \psi}{\partial x}\mathrm{d}x \tag{17.61}$$

$$=\frac{\mathrm{i}h}{4\pi m_e}\int_{-\infty}^{\infty}\frac{\partial}{\partial x}\left[\psi^*\frac{\partial(x\psi)}{\partial x}+\frac{\partial \psi^*}{\partial x}(x\psi)\right]\mathrm{d}x+\frac{1}{m_e}\int_{-\infty}^{\infty}\psi^*\left(-\frac{\mathrm{i}h}{2\pi}\right)\frac{\partial \psi}{\partial x}\mathrm{d}x \tag{17.62}$$

式(17.62)右侧的第一个积分变为

$$\frac{\mathrm{i}h}{4\pi m_e}\left[\psi^*\frac{\partial(x\psi)}{\partial x}+\frac{\partial \psi^*}{\partial x}(x\psi)\right]_{-\infty}^{\infty} \tag{17.63}$$

并且它必须为零,因为波函数 ψ 和 ψ^* 在 $\pm\infty$ 处为零。式(17.62)的最后一个积分中的项 $-(\mathrm{i}h/(2\pi))\partial/\partial x$ 是动量算符,因此由式(17.56)和式(17.57)得到

$$m_{\mathrm{e}}\frac{\mathrm{d}\langle x\rangle}{\mathrm{d}t}=\langle p\rangle \tag{17.64}$$

因此,在量子力学中,动量的平均值或期望值等于电子质量乘以速度的平均值或期望值。这与经典力学中动量的定义完全相同。注意,尽管动量的定义是纯量子力学的,但普朗克常量已从该表达式中消失了。

现在,我们对 x 关于时间的平均值再求时间导数。我们遵循与上面完全相同的过程。从式(17.57),我们得到

$$m_{\mathrm{e}}\frac{\mathrm{d}^2\langle x\rangle}{\mathrm{d}t^2}=-\frac{\mathrm{i}h}{2\pi}\int_{-\infty}^{\infty}\frac{\partial}{\partial t}\left[\psi^*\frac{\partial\psi}{\partial x}\right]\mathrm{d}x \tag{17.65}$$

进行偏微分,然后用一对薛定谔方程(17.54)和(17.55)替换 $\partial/\partial t$ 的项,我们得到

$$\begin{aligned}m_{\mathrm{e}}\frac{\mathrm{d}^2\langle x\rangle}{\mathrm{d}t^2}=&\left(-\frac{h^2}{8\pi^2 m_{\mathrm{e}}}\right)\int_{-\infty}^{\infty}\left[\frac{\partial^2\psi^*}{\partial x^2}\frac{\partial\psi}{\partial x}-\psi^*\frac{\partial}{\partial x}\left(\frac{\partial^2\psi}{\partial x^2}\right)\right]\mathrm{d}x\\&-\int_{-\infty}^{\infty}\psi^*\frac{\partial V(x)}{\partial x}\psi\mathrm{d}x\end{aligned} \tag{17.66}$$

利用 ψ 和 ψ^* 在 $\pm\infty$ 处趋于零的事实,在对偏导数进行一番操作之后,式(17.66)右侧的第一个积分为零。第二项只是势能 $V(x)$ 梯度的期望值,它是力 $\langle f\rangle$ 的期望值。因此

$$m_{\mathrm{e}}\frac{\mathrm{d}^2\langle x\rangle}{\mathrm{d}t^2}=\frac{\mathrm{d}\langle p\rangle}{\mathrm{d}t}=\int_{-\infty}^{\infty}\psi^*\left(-\frac{\partial V(x)}{\partial x}\right)\psi\mathrm{d}x=\langle f\rangle \tag{17.67}$$

这就是埃伦费斯特定理,该定理指出动量期望值的变化率等于作用力的期望值。这与牛顿第二运动定律完全相同,但纯粹是由量子力学的规则推导出来的。再次注意,普朗克常量已从表达式中消失。埃伦费斯特定理为物理学家提供了力的作用的量子描述与经典物理学世界之间的自然连续性。

埃伦费斯特的简短论文只介绍了他的计算结果,但对于实践中的物理学家推动量子力学的发展具有重要意义。尽管经典理论和量子理论是建立在完全不同的基础上的,但牛顿第二定律的等价性可以从纯量子力学的一系列操作中推导出来,这一事实使物理学家更容易接受该理论。

17.7 量子力学的哥本哈根诠释

到 1927 年,非相对论性量子力学的大多数要素都已具备,但是它们的解释成为新学科的主要贡献者之间激烈辩论的主题。这些辩论的中心是玻尔,他继续从海森堡、约当、玻恩、薛定谔、泡利、维纳、冯·诺依曼等人的出色分析中继续思考新图景的含义。被玻尔邀请到哥本哈根访问是一项殊荣,也是对个人品格的一项考

验，以应付玻尔在数小时或数日内绵绵不休的智力辩论。薛定谔应玻尔的邀请，于1926年9月访问哥本哈根，讨论他关于波动力学的出色论文。讨论通常会持续一整天，使薛定谔处于疲惫状态。辩论涉及玻尔对"量子跃迁"概念的坚持是否合理。薛定谔认为"量子跃迁"是非物理的，并认为应由他的连续波函数取代。据报道，薛定谔一度愤怒地声明道：

> "如果必须坚持这种令人讨厌的量子跃迁，那么我很遗憾曾经参与到这一件事中。"

玻尔以一种安抚的态度回答道：

> "但我们其他人非常感谢您所做的，因为您的工作为促进这一理论做出了巨大贡献。"

关于量子力学的解释的变迁有大量文献，许多主要人物持不同观点。爱因斯坦在反对波函数的概率解释方面表现得特别强势，他对新量子力学不完备的信念使他在1926年12月4日给玻恩的一封信中发表了一句名言：

> "我，无论如何，坚信他（上帝）不会掷骰子。"

17.7.1　玻尔与互补性

玻尔仍然是量子力学新学科的教父，对新生事物的解释感到苦恼。他坚持反对波粒二象性的现实，特别是爱因斯坦的光量子概念，但最终由于波特-盖革实验的决定性结果以及随之而来的对玻尔-克拉默斯-斯莱特图像的抛弃，他屈服了（见10.2节）。对于玻尔来说，辐射的波粒二象性是量子力学新概念的核心：辐射如何同时拥有波的特性（如干涉和衍射现象）和粒子特性（如光电效应和康普顿效应）？为了解决这种明显的悖论，他引入了互补性的概念，该概念被贾默称为解释经典现象和量子现象的"新逻辑工具"。贾默给出的"互补性"一词的定义与文献中的描述非常接近：

> "[玻尔]称其为'互补性'，从而表示了两个描述或概念集合之间的逻辑关系，尽管它们相互排斥，但对于一种情形的详尽描述来说，两者都是必要的。在海森堡的互反的不确定性关系中，他看到了一个数学表达式，该表达式定义了互补的概念可以重叠的程度，也就是可以同时应用，但是，当然，并不严格。玻尔认为，不确定性关系告诉我们必须为违反严格的不相容概念付出代价，也就是说，用于描述一种物理现象的两类概念，严格地说，相互矛盾的两类概念，的代价。"(Jammer，1989)

玻尔接着将互补性的概念与量子力学中的测量问题联系起来。按照他的解释，现在不可能将观察到的东西与观察到的手段分开。他主张，测量仪器会产生用经典术语表示的结果，并且通过以不同方式观察系统，可以确定互补变量，但是只能根据海森堡不确定性原理施加的限制来确定和协调互补变量。

在多年很少发表关于量子力学的论文之后，玻尔在1927年于科莫举行的国际物理学大会上首次描述了他的新认识,以纪念亚历山德罗·伏特(Alessandro Volta)逝世一百周年,伏特在科莫出生并去世(Bohr,1928)。玻尔在他的演讲《量子假设和量子理论的最新进展》中首次提出了他的概念,这些概念可能是后来所说的量子力学的哥本哈根诠释的原始形式。玻尔的论点并没有立即给听众留下深刻的印象,但是他强调实验在界定初级水平可测量内容方面所起的作用具有持久的重要性。

玻尔在对互补原理这个概念的各种阐述中没有给出确切的定义,实际上,后来确实利用了其定义的灵活性,将物理以外的领域包括在内,这在派斯的玻尔传记中有描述(Pais,1991)。泡利强化了这一概念,赋予该原理确切的操作意义(Pauli,1933)。他说:

> "如果一个概念(例如位置坐标)的适用范围与另一个概念(例如动量)处于对立的位置,[两个经典概念——而不是两种描述方式——是]互补的。"

随之而来的是诸如魏茨泽克(von Weizsäcker)和费耶阿本德(Feyerabend)等理论物理学家就玻尔的互补性的确切含义进行了辩论,这主要是由于玻尔对概念的定义含糊不清。对于某些理论学家来说,正是它的含糊之处才有价值,因为它允许灵活地解释非交换变量与测量和观察之间的关系。

17.7.2 狄拉克符号

狄拉克在他的经典著作《量子力学原理》中首次对量子力学的形式基础进行了完整的阐述,该书的第一版于 1930 年出版(Dirac,1930a)。狄拉克的著作是一项非凡的成就,详尽地阐述了量子力学的数学基础。他的论述的显著特征是统计变换理论的形式结构与解释观察到的物理现象的需要之间的不断相互作用。在第一版中,狄拉克使用了他在 1925 年至 1930 年的论文中采用的相同符号。量子力学原理的阐述使用了统计变换理论的语言和技术,这些理论和技术是从他开创性的几何代数方法中发展而来的,这在第 14 章中讨论并在 17.3 节中发展。前面 8 章中发展的对算符和波函数的各种操作方法是狄拉克在 1930 年的阐述中使用的工具。

1939 年,狄拉克发明了左矢和右矢符号,从而为该理论的基本代数结构提供了更为优雅的符号(Dirac,1939)。这种新公式被纳入第三版(Dirac,1947),并在随后的第四版和最终版(Dirac,1958)中基本上保持不变。我们总结一下从 1930 年版本的符号到 1939 年后版本的转变。这也完成了理论的转变,从一组或多或少自洽的假设和规则转变为现代量子力学的公理式论述。狄拉克的符号如下:

• 波函数 $\Psi(x,t)$包含系统演化的所有信息。通常,它定义在无限维函数空间中,称为希尔伯特空间。$\Psi(x,t)$可以看作是该空间中的矢量。$\Psi(x,t)$可以包括空间坐标和时间的函数以及自旋坐标。它称为系统的态或态矢量,写为$|\Psi\rangle$,意

思是“具有状态函数 $\Psi(x,t)$ 的态”。在与时间无关的情况下，使用小写希腊符号，因此 $|\psi\rangle$ 表示“具有状态函数 $\psi(x)$ 的与时间无关的态”。

- 在对本征函数的完备集进行积分计算时，我们需要波函数的复共轭才能形成积分，例如

$$\int_{-\infty}^{\infty} \varphi^*(x)\psi(x)\mathrm{d}x \tag{17.68}$$

狄拉克引入了符号 $\langle\varphi|$，将积分(17.68)重写为

$$\int_{-\infty}^{\infty} \varphi^*(x)\psi(x)\mathrm{d}x = \langle\varphi \mid \psi\rangle \tag{17.69}$$

这样 $|\psi\rangle$ 和 $\langle\varphi|$ 分别是波函数 ψ 和波函数 φ 的复共轭的简写形式，并且两者的组合记为 $\langle\varphi|\psi\rangle$，是积分(17.69)的简写。如果波函数 ψ 是归一的，则 $\langle\psi|\psi\rangle = 1$。用狄拉克 1939 年的语言：

○ $|\psi\rangle$ 称为右矢；

○ $\langle\psi|$ 称为左矢，即 ψ 的复共轭；

○ $\langle\varphi|\psi\rangle$ 称为狄拉克括号或态矢量的内积。

- 通常用在符号上加“帽子”表示算符，即将算符 A 写成 $\widehat{A}$。然后，$\widehat{A}$ 对 ψ 进行运算得到的态表示为 $|\widehat{A}\psi\rangle$。我们还可以通过关系 $\varphi^*(x)\to\langle\varphi|$ 来定义与此态相对应的左矢，使得

$$(\widehat{A}\psi)^* = \langle\widehat{A}\psi| \tag{17.70}$$

因此相应的积分

$$\int_{-\infty}^{\infty} \varphi^* \widehat{A}\psi\mathrm{d}x \tag{17.71}$$

可以用狄拉克符号表示为

$$\int_{-\infty}^{\infty} \varphi^* \widehat{A}\psi\mathrm{d}x = \langle\varphi \mid \widehat{A} \mid \psi\rangle \tag{17.72}$$

量 $\langle\varphi|\widehat{A}|\psi\rangle$ 被称为与态矢量 $|\psi\rangle$ 和 $|\varphi\rangle$ 相关的矩阵元。由于形成态的复共轭和 $\widehat{A}$ 的伴随性质的规则，

$$\langle\varphi \mid \widehat{A} \mid \psi\rangle^* = \langle\psi \mid \widehat{A}^\dagger \mid \varphi\rangle \tag{17.73}$$

其中 $\widehat{A}^\dagger$ 是与 $\widehat{A}$ 相关的伴随算符。因此可得 $\widehat{A}^\dagger\widehat{A}\equiv\widehat{I}$，其中 $\widehat{I}$ 是恒等算符。

- 可以写出在态为 $|\psi\rangle$ 的情况下，由算符 $\widehat{A}$ 表示的可观测量的期望值：

$$\langle A\rangle = \int_{-\infty}^{\infty} \psi^*(x)\widehat{A}\psi(x)\mathrm{d}x = \langle\psi \mid \widehat{A} \mid \psi\rangle \tag{17.74}$$

这个公式的积分部分是算符 $\widehat{A}$ 应该是厄米的或者说自伴随的，以便与本征函数相关的本征值是实数。对于厄米算符，$\widehat{A} = \widehat{A}^\dagger$，因此

$$\langle A\rangle^* = \langle\psi \mid \widehat{A} \mid \psi\rangle^* = \langle\psi \mid \widehat{A}^\dagger \mid \psi\rangle = \langle\psi \mid \widehat{A} \mid \psi\rangle = \langle A\rangle \tag{17.75}$$

• 用狄拉克符号写出本征值方程:

$$|\widehat{A}|\psi\rangle = a|\psi\rangle \tag{17.76}$$

因此$|\psi\rangle$是对应于算符 $\widehat{A}$ 的本征态,而 a 是相关的本征值;$\psi(x)$是相应的 $\widehat{A}$ 的本征函数。作为狄拉克符号中算符的例子,一维动量算符为 $\widehat{p}\equiv(h/(2\pi\mathrm{i}))\partial/\partial x$,而哈密顿算符为

$$\widehat{H} = \widehat{T} + \widehat{V} = \frac{h^2}{8\pi^2 m_e}\nabla^2 + V(x) \tag{17.77}$$

其中两项对应于动能算符 $\widehat{T}$ 和标量势算符 $\widehat{V}$。因此系统定态的本征值方程由本征函数方程的解给出:

$$\widehat{H}\psi = \widehat{T}\psi + \widehat{V}\psi = \frac{h^2}{8\pi^2 m_e}\nabla^2\psi + V(x)\psi = E\psi \tag{17.78}$$

这就是具有能量本征值 E 的与时间无关的薛定谔方程。

狄拉克的伟大著作值得细读。获得新的理解绕开了各种复杂途径,其结构不再依赖于对应原理之类的概念。正如牛顿力学首先需要发展微分和积分,然后需要拉格朗日和哈密顿方法来完善数学结构一样,狄拉克的著作也论述了算符的非对易代数。初次阅读时,它似乎是量子力学的一种有些形式化的数学方法,但仔细阅读可以看出,狄拉克在每个阶段都只需要考虑到数量相对较少的现象,这些现象包含了代数必须包含的本质,狄拉克的思想在很大程度上受此支配。这是一本伟大的物理学书籍。

17.7.3 哥本哈根诠释

在适当的时候,量子力学的规则被锤炼成一套自洽的假设,这些假设构成了可称为量子力学公理化方法的基础。它通常被称为"哥本哈根诠释",基于前面 7 章中描述的许多不同分析的结果。不得不说,究竟什么构成了哥本哈根解释是一个争论不休的问题,但以下几组规则完全符合玻尔和他的合作者最终达成的一致:④

• 系统的最完备的知识由态矢量$|\Psi\rangle$表示。

• 厄米算符 $\widehat{A}$ 对应于每个可观测量 A。A 的测量结果必须是 $\widehat{A}$ 的本征值之一。

• 如果相应于本征态$|\varphi\rangle$的本征值为 a,则当系统处于态 Ψ 时,获得结果 a 的概率为$|\langle\varphi|\Psi\rangle|^2$。

• 测量 A,得到结果 a 后,系统的态变成相应的本征态$|\varphi\rangle$。

• 测量之间,态矢量$|\Psi\rangle$按照含时薛定谔方程随时间演化:

$$\frac{\mathrm{i}h}{2\pi}\frac{\partial}{\partial t}|\Psi\rangle = \widehat{H}|\Psi\rangle \tag{17.79}$$

这些规则的后果是深远的。例如,我们在 17.2.2 小节中描述了在与时间无关的情

况下，如何为处于态矢量 $|\psi\rangle = \sum_j c_j |\varphi_j\rangle$ 中的可观测量 A 找到任意测量的期望值。任何特定测量的结果是系统以特征值 a_j 处于本征态 $|\varphi_j\rangle$ 中，并且获得该值的概率为 $|c_j|^2 = |\langle\varphi_j|\psi\rangle|^2$。因此，就大量实验的平均值而言，期望值是 $\langle A\rangle = \sum_j a_j |c_j|^2$。但是，一旦进行了测量，系统便处于一个特定状态 $|\varphi_j\rangle$。测量可观测量 A 的后果是迫使系统变成 $\widehat{A}$ 的本征态之一，结果 c_j 现在为 1，而所有其他 $i \neq j$ 的 c_i 为 0。这是量子力学工作方式的关键特征。这个迫使系统成为一种可能态函数的过程称为波函数的塌缩或还原。

这是量子力学理论框架最显著的结果之一。从振幅的角度，该理论是线性的。仅当进行实验时，系统才被迫进入本征态之一，并且发生这种情况的先验概率由概率幅的模平方给出。

第18章　余　　波

我们已经达到了写作计划开始时我为自己设定的目标。大约从1927年开始，非相对论性量子力学的量子理论的现代形式基本上是完整的，只是仍然存在一些解释问题，这些问题花了若干年时间才解决，其中一些问题仍在激烈辩论中。但大部分工具已经就位，随后的发展彻底改变了物理学的面貌。贾默(1989)总结了这些成就如下：

> "自1927年以来，量子力学的发展及其在分子物理、固体物理、液体和气体、统计力学以及核物理中的应用证明了其方法和结果具有压倒性的普适性。事实上，从来没有一个物理理论能像量子力学那样，为解释和计算这样一组多样化的现象提供了方法，并与经验达成如此完美的一致。"

正如梅赫拉和雷兴伯格(2001)所指出的那样，20世纪30年代也见证了物理学被划分为不同量子学科的开始。20世纪30年代，随着量子力学的普遍接受和成功，量子物理学家开始专注于原子物理、分子物理、固体物理(包括金属和半导体物理)、凝聚态物理和低温物理等学科，而在高能领域，核物理、粒子和宇宙射线物理学则作为独立的学科发展起来。虽然量子力学的先驱们把整个量子物理领域视为他们的领域，但量子物理的各个分支被分割成了这些专门的领域，与当今任何物理系中遇到的专业没有太大区别。

第二次世界大战爆发前的几年是理论和实验物理学的黄金时代。我们简要概述一下理论、实验、观测和对这些数据的解释方面的一些主要成就。这些主题现在是现代物理基础框架的一部分，实验和计算的细节可以在标准教科书中找到。

18.1　理论的发展

理论量子力学发展成上述各个分支学科，但理论和实验的一个关键优先事项是发展一种理论框架，它可以包括电磁场的量子化以及粒子的力学和动力学。事实上，将电磁场量子化纳入矩阵力学方案的第一次尝试出现在玻恩和约当(1925b)的开创性论文的最后部分以及三人论文(Born 等，1926)中。在这种方法中，电磁波被视为谐振子系统。接下来，辐射和物质的相互作用出现在狄拉克对康普顿散射的处理中，他使用的是量子力学的 q 数方法的相对论版本(Dirac，1926c)。在对辐射量子理论的下一次冲击中，狄拉克拓展了辐射发射和辐射吸收理论，要求描述辐射特征的 q 数是能量 E_r 及其共轭"相位" θ_r 的傅里叶分量，并且它们应该满足对易关系

$$\theta_r E_r - E_r \theta_r = \frac{\mathrm{i}h}{2\pi} \tag{18.1}$$

他在这篇论文中的成就是证明了这一过程导致了爱因斯坦 A 和 B 系数的值的确定(Dirac，1927)。根据贾默(1989)的说法，狄拉克的量子化电磁场的过程标志着量子电动力学的开始。狄拉克方程的推导以及对电子和正电子磁矩的预测是了不起的成就(Dirac，1928a，b，见 16.6 节)，但电磁场本身仍然必须纳入相对论性量子力学的自洽理论中。在随后的几年里，狄拉克、海森堡、约当、克莱因和泡利在量子电动力学的理论框架上取得了重大进展，一步一步地将这些特征纳入它们的现代语言中。

仅提及其中的几个步骤。1928 年，约当和泡利发表了他们关于自由电场量子电动力学的论文，其中他们通过为电磁场引入非对易的 q 数并以相对论不变的形式来扩展狄拉克的理论框架(Jordan 和 Pauli，1928)。1929 年初，海森堡和泡利回到了量子理论发展的主战场。他们已经引入了相对论拉格朗日量，在这个拉格朗日量中，量子场变量以类似于经典力学中的形式给出。他们面临的问题是，这种理论框架导致场的共轭动量等于零。海森堡发现了一个"诀窍"，即在拉格朗日量中增加一个额外的项，并与小量 ε 相乘。这解决了共轭动量为零的问题，并导致在极限 $\varepsilon \to 0$ 时的合理结果。这些努力的结果是海森堡和泡利(1929)的一篇长篇重要论文，其开头写道：

> "到目前为止，还不可能在量子理论中以统一的观点将力学和电动力学定律、静电和静磁相互作用以及辐射介导的相互作用联系起来。特别是人们还没有正确地考虑到电磁力作用的有限传播速度。"

他们的论文旨在提供这种统一的观点，并考虑辐射问题中的延迟效应。这三章描述了"一般方法"、"电磁场和物质场理论的基本方程"的推导以及"方程积分和物理应用的近似方法"。新的相对论性量子场论包含费米-狄拉克统计和玻色-爱因斯坦统计。

泡利和海森堡试图沿着他们的 1929 年的论文的思路继续下去，并受到外尔的《群论与量子力学》(*Gruppentheorie und Quantenmachik*)(1928)启发，将外尔的群论的方法推广到波场情况。这简化了相对论性量子场论的表述，消除了海森堡

在他们的第一篇论文(Heisenberg 和 Pauli,1930)中介绍的 ε 为零的“诀窍”。

在经典力学中,力学系统的对称性与守恒定律有着密切的关系。[①]群论为解决不同数学运算下的对称性问题提供了一种更一般的方法。在 1926 年 6 月的论文中,海森堡已经利用群论结果研究了量子力学中的多体问题和共振(Heisenberg,1926a)。这些想法被年轻的尤金·维格纳(Eugene Wigner)发扬光大。1927 年,他发表了一篇雄心勃勃的论文,题为“薛定谔的光谱项结构理论的一些结果”(Wigner,1927),其中群论概念被应用于薛定谔波动方程。基于这些考虑,维格纳能够推导出角量子数的选择定则,以及原子受电场和磁场影响时的光谱项结构和选择定则。他得意地总结道,他能够

> “证明,通过薛定谔方程中相当简单的对称性考虑,已经可以解释定性光谱经验的一个重要部分。”

在他后来将群论的全部威力应用于量子力学问题中时,他的同事约翰·冯·诺依曼也加入了他的行列。维格纳的创新的全部意义可以从范德瓦尔登的评论中体会到,他本人就是一个群论专家,他说:

> “维格纳的论文似乎是群论应用于[量子]物理的第一篇论文。在这篇论文中,推导出了一些术语学的规则,但忽略了自旋问题。在诺依曼和维格纳的论文[(Neumann 和 Wigner,1928a,b,c)]中,群特征和表征的全部方法都已发展,完整的术语学系统,包括选择定则、强度公式[和]斯塔克效应也已开发出来。”(van der Waerden,1960)

例如,在冯·诺依曼和维格纳的第三篇论文中,朗德 g 因子的表达式完全来自群论,特别是群论乘法公式,这导致了

$$g = 1 + \frac{j(j+1) - l(l+1) + s(s+1)}{2j(j+1)} \tag{18.2}$$

维格纳和冯·诺依曼的作品被纳入了外尔的《群论与量子力学》(1928),外尔说他独立得出了许多关键结果。

群论方法为解决化学键的起源问题开辟了新的途径。洪特利用了海森堡和维格纳的 1927 年的论文中群论方面的对称性论点来解释分子中原子的结合(Hund,1927c)。这些论点为分子中原子的波函数组合提供了一种更直观的方法。沃尔特·海特勒(Walter Heitler)和弗里茨·伦敦(Fritz London)采用了纯群论方法,他们利用海森堡交换积分研究了两个中性原子之间的作用力。这一结果解释了分子化学中发现的同极共价键(Heitler 和 London,1927)。

在这一进展之后,海特勒在他的下一篇论文中继续探索量子化学中群论的全部功能(Heitler,1927)。他所做的最好用他自己的话来解释:

> “伦敦没有加入我的行列,他认为这太复杂了。当时维格纳的论文已经发表了,我立刻发现它可能对化学键理论的进一步发展有用,但伦敦想以他自己的更直观的方式继续下去。

所以我开始学习群论。我首先读了斯派泽(Speiser)的书……后来我读了舒尔(Schur)和其他人的论文。非常好的是,数学家们在不知情的情况下为物理学家们使用群论做了很好的准备,以至于有时我可以从群论的论文中一字不差地复制几页,并将其用于我的目的。"(海特勒访谈:《量子物理史档案》,1963)

这篇论文的成就之一是他证明了原子的满壳层不会导致能级的新分裂,而只会导致能级的偏移。正如他所说:

"[这一结论]完全解释了具有同源序列的周期系统的存在,其中元素表现出同源的光谱和化学性质。"

这些事件反映了一个事实,即量子力学理论在数学上越来越复杂,涉及的数学往往超出了普通物理学家的能力范围。斯莱特是对这些发展感到不满的人之一,他将群论方法称为 Gruppenpest,即"群论的害虫"(Slater,1975)。但斯莱特并不是简单地抱怨,而是将多电子原子的理论框架转化为一种可行的方案,用于确定原子的能级和结构。他意识到,包括自旋特性在内的原子特性完全可以用反对称波函数来书写,因此明确地包含了泡利不相容原理(Slater,1929)。将这些概念与道格拉斯·哈特里(Douglas Hartree)确定原子结构的"自洽场"方法(Hartree,1927a,b)相结合,在理解原子及其光谱方面产生了许多重要结果。例如,他能够重现海特勒的结果,即满壳层对原子能级的分裂没有贡献。斯莱特带着些许自豪回忆道:

"这篇论文一问世,很明显,许多其他物理学家和我一样,对这个问题的群论方法感到厌恶。正如我后来听到的那样,有人说'斯莱特杀死了"群论的害虫"'。我相信,我的其他作品都没有如此普遍地受欢迎。"(Slater,1975)

尽管这些话有些保守,但群论仍然是用来解决量子力学问题的武器。

为了结束到1940年为止对自旋的理解的故事,拼图的最后一块是粒子的自旋与其统计特性的关系。这种联系是在马库斯·菲尔兹(Markus Fierz)的研究中发现的,他在1936年至1940年期间担任泡利的助手。菲尔兹分析了量子场论的性质,并利用范德瓦尔登(1932)的旋量演算,发现:

"具有整数自旋的粒子必须始终满足玻色统计,具有半整数自旋的粒子必须满足费米统计。"(Fierz,1939)

这些结果在1939年和1940年与泡利的联合论文中得到了巩固(Fierz 和 Pauli,1939;Pauli 和 Fierz,1940)。弗里德里克·约瑟夫·贝林凡特(Frederick Joseph Belinfante)提出了一种更普遍的方法,给出了相同的结果,他引入了"undon"。这些物体可以描述整数和半整数的自旋粒子(Pauli 和 Belinfante,1940)。

18.2 量子隧穿理论

量子力学最早的成功之一是量子力学隧穿理论,它应用于分子和放射性衰变中的 α 粒子发射。[②] 弗里德里希·洪特(Friedrich Hund)的目标是了解双原子分子的稳态性质。为了计算分子的本征态,他用双阱势(图 18.1)模拟了分子中电子所感受的势阱(Hund,1927a,b,d)。他发现,图 18.1(b)所示的偶的基态和奇的第一激发态的叠加导致了一种非稳态,其中电子在两个势阱之间来回振荡,振荡周期 T 为

$$\frac{T}{\tau} \approx \sqrt{\frac{h\nu}{V}} \exp \frac{V}{h\nu} \tag{18.3}$$

其中 $\tau = 1/\nu$ 是两个势阱隔得很开时电子在其中一个势阱中的振荡周期,V 是势垒的高度。注意振荡频率与势垒高度的指数关系。

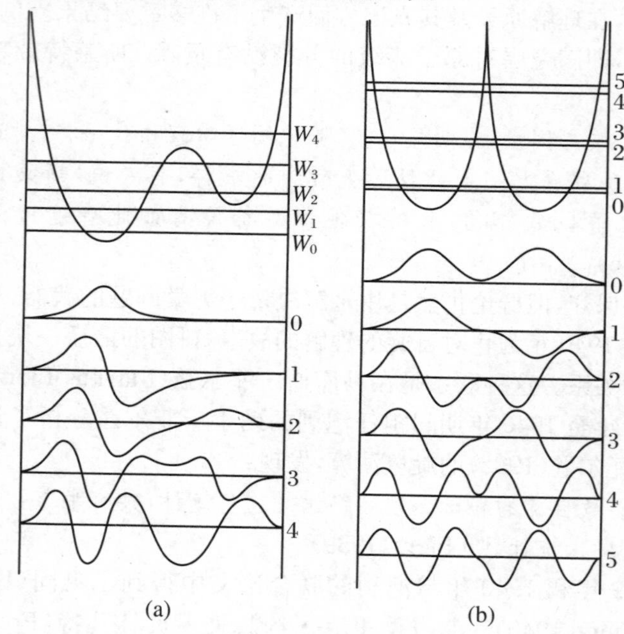

图 18.1 洪特在确定双原子分子本征态时考虑的双势阱的例子。(a) 不对称的双势阱,显示了前 5 个本征函数。对于 W_2 和 W_3 态,根据经典物理学,通过势垒的跃迁是不允许的。(b) 具有有限势垒的对称双势阱,也显示了前 6 个本征函数。对于所示的所有状态,经典上不允许通过势垒的跃迁(Hund,1927a)

同年，洛塔尔·诺德海姆发表了一篇关于从热金属表面发射热电子的势垒穿透的论文(Nordheim，1927)。在他的计算中，他引入了矩形势垒的概念，现在这张图在每一本量子力学教科书中都很熟悉(图 18.2)。

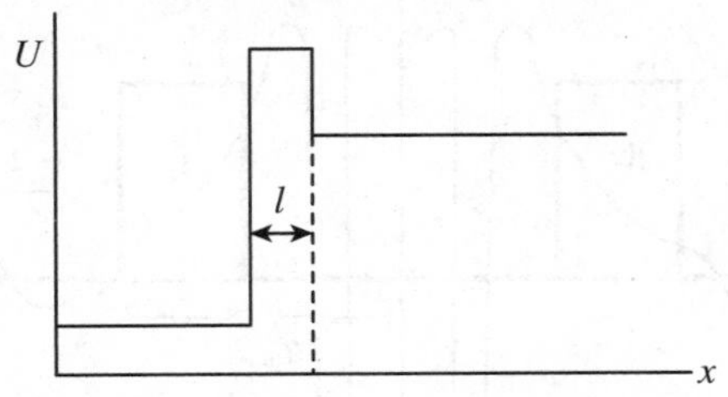

图 18.2　诺德海姆用来估计金属表面热电子势垒穿透率的矩形势垒(Nordheim，1927)

也许应用势垒穿透的最著名例子是 α 衰变过程，这是量子力学首次应用于原子核。1927 年，乔治·伽莫夫(George Gamow)从苏联来到哥廷根，他阅读了卢瑟福 1927 年的论文，该论文的主题是理解钍 C′或钋 212(^{212}Po)中的 α 衰变。盖革的 α 散射实验表明，核子被限制在其中的静电势垒的高度至少为 8.57 MeV，但在钍 C′的 α 衰变中观察到的 α 粒子的能量不到该值的一半，即 4.2 MeV。伽莫夫意识到这是量子力学中势垒穿透的一个例子。核势可以用深的矩形势阱来模拟，如图 18.3(a)所示。于是，根据势垒穿透的量子计算，虽然经典物理学认为势垒是不可穿透的，但由于粒子的波动特性，α 粒子有一个有限的概率，可以到达另一侧。伽莫夫的论文中的图(图 18.3(a))说明了这一点，该图显示了势垒两侧及其内部的波函数振幅，这是所有标准教科书中出现的另一张图。事实上，伽莫夫与罗纳德·格尼(Ronald Gurney)和爱德华·康登(Edward Condon)几乎同时独立地求解了图 18.3(a)所示的核势下的薛定谔方程，并得出了核抵抗 α 粒子衰变的衰变常数 λ 与 α 粒子能量之间的关系(Gamow，1928；Gurney 和 Condon，1928，1929)。这种 α 衰变理论可以很自然地解释 α 粒子非常窄的能量范围和巨大的衰变常数范围，正如汉斯·盖革和约翰·努塔尔(John Nuttall)在 1911 年发现的那样。定律可以写成

$$\ln\lambda = -A\frac{Z}{\sqrt{E}} + B \tag{18.4}$$

其中 $\lambda = \ln 2/$半衰期，Z 是原子序数，E 是 α 粒子和剩余核的总动能，A 和 B 是常数(Geiger 和 Nuttall，1911)。盖革-努塔尔定律的现代版本见图 18.3(b)。

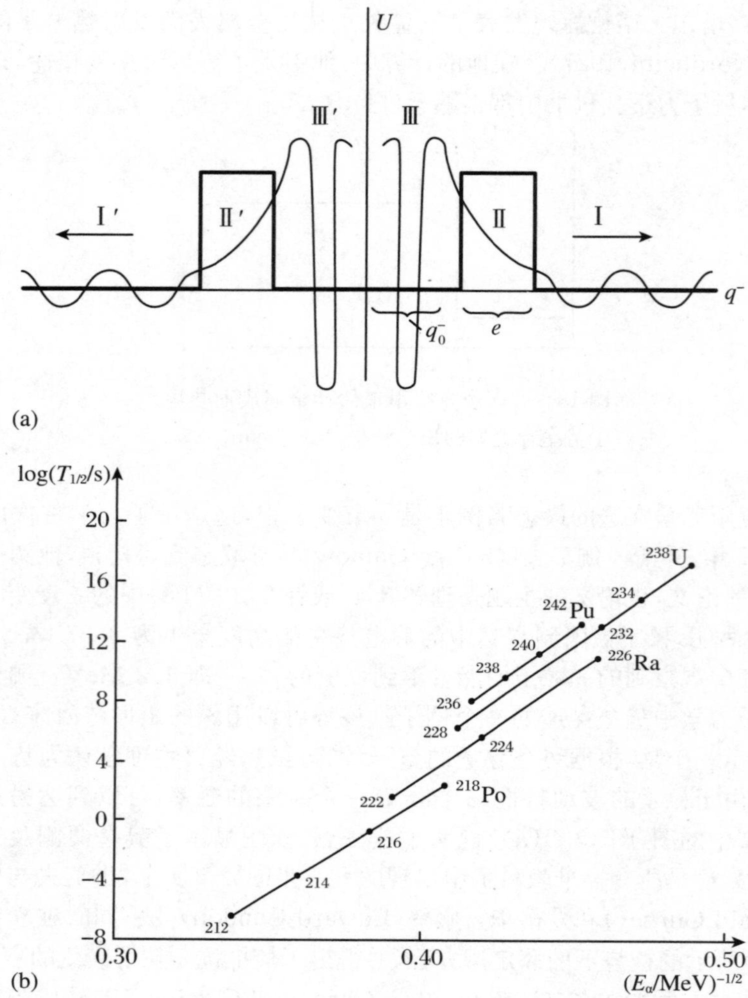

图 18.3 (a) 伽莫夫在其关于 α 粒子势垒穿透的论文中使用的一维模型,显示了核内振荡波函数的振幅,通过势垒时衰减,然后作为波在势垒外传播(Gamow,1928)。(b) 盖革-努塔尔定律显示了 α 衰变核的半衰期与发射的 α 粒子的能量之间的关系。请注意,纵坐标上对数刻度上显示了半衰期的巨大范围,横坐标上线性刻度显示了能量的小范围。这些测量值严格遵循势垒穿透理论的预期,特别是表达式(18.4)(由知识共享(Creative Commons)提供)

18.3　原子分裂与科克罗夫特和沃尔顿实验

在担任曼彻斯特大学物理系主任的最后几年里，卢瑟福进行了一项关键实验，用镭-C放射性衰变过程中产生的α粒子轰击氮原子（图18.4）。令人惊讶的结果是探测到了高能粒子的发射，经过一系列仔细的进一步实验，卢瑟福得出结论，这些粒子必须是在α粒子和氮原子核之间的碰撞中释放出来的质子。正如他在论文的结论中所写：

> "从目前获得的结果来看，很难避免这样一个结论：α粒子与氮碰撞产生的长程原子不是氮原子，而是氢原子，或质量为2的原子。如果是这样的话，我们必须得出结论，氮原子在与快速α粒子的近距离碰撞中产生的强大作用力下解体，而被释放的氢原子形成了氮原子核的组成部分。"
> （Rutherford，1919）

我们现在知道，快质子的起源是核相互作用

$$^{14}\mathrm{N} + \alpha \rightarrow {}^{17}\mathrm{O} + \mathrm{p} \tag{18.5}$$

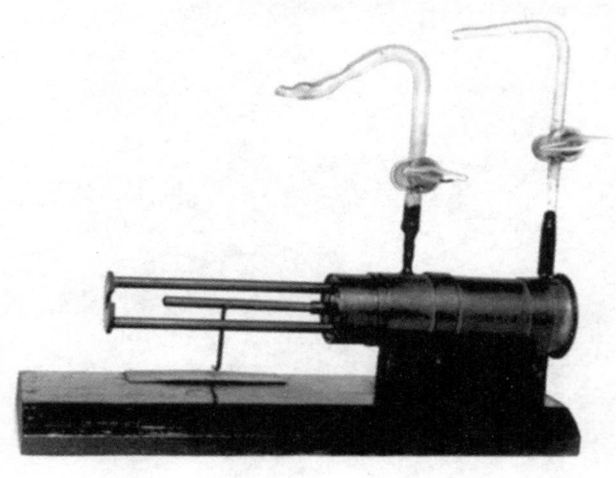

图18.4　卢瑟福演示氮原子核蜕变的仪器（Rutherford，1919，1920）

卢瑟福和詹姆斯·查德威克（James Chadwick）进行了进一步的实验，他们在其他原子被α粒子轰击时发现了类似的快质子。一个问题是α粒子的能量被限制在自然产生的放射性核素中。在理想情况下，需要更可控的入射粒子束。问题在于,如图 18.3(b)所示,粒子的能量必须在 MeV 能量范围内,在实验室中产生这种静电势是一个严重的技术挑战。

伽莫夫意识到,他的势垒穿透理论可以解释卢瑟福实验中 α 粒子贯穿氮原子核的现象。他在 1929 年 12 月发给卢瑟福和他的同事约翰·科克罗夫特(John Cockcroft)的手稿中解释了这一理论。科克罗夫特重复了伽莫夫的计算,结果表明,由于势垒穿透的过程,加速到 300 keV 的质子可以以约 0.6% 的概率贯穿硼核。科克罗夫特推断,只要 300 keV 的加速电位就足以贯穿硼核并诱发核嬗变。到 1932 年,经过大量的努力,科克罗夫特和欧内斯特·沃尔顿(Ernest Walton)已经开发出静电粒子加速技术,可以维持 700 keV 的电势,将质子加速到这些能量(图 18.5)。他们用高能质子轰击锂原子核,成功地诱发了第一次人工核蜕变(Cockcroft 和 Walton,1932)。所涉及的过程为

$$^{7}\mathrm{Li} + \mathrm{p} \rightarrow {}^{4}\mathrm{He} + {}^{4}\mathrm{He} \tag{18.6}$$

加速质子的能量以及锂原子和氦原子的静止能量都是精确已知的。可以测量相互作用(18.6)中喷射出的氦核的动能。因此这一核相互作用为爱因斯坦的质量-能量关系 $E = m_e c^2$ 提供了第一个直接的实验测试,结果与爱因斯坦的预测精确一致。这一实验标志着高能物理实验的开始,在高能物理实验中,粒子被加速到高能,并被用作原子核结构的探针和发现新粒子的工具。③

图 18.5 科克罗夫特和沃尔顿人工分解锂原子核的装置(Cockcroft 和 Walton,1932)。沃尔顿正坐在小帐篷里,在荧光屏上观察衰变产物。科克罗夫特在左边

18.4　中子的发现

1920年，卢瑟福在向伦敦皇家学会发表的贝克尔(Bakerian)演讲中生动地描述了当时对原子核特性的认识状况(Rutherford，1920)。原子核的质量约为带正电的质子质量的两倍或更多。通常的解释是，原子核由电子和质子组成，"内部"电子中和了额外的质子。某些原子核在放射性β衰变中喷出电子的事实支持了这种观点。卢瑟福在他的评论中推测，原子核中的中性质量可能是以某种新型粒子的形式存在的，类似于质子，但不带电荷。正如他所写的：

> "……与普通氢原子相比，电子与氢原子核的结合可能更紧密。作者的意图是检验[这个想法]。这些原子的存在似乎几乎是解释重元素形成的必要条件。"(Rutherford，1920)

在20世纪20年代，卢瑟福和他的同事们，尤其是詹姆斯·查德威克，为寻找这些粒子存在的证据进行了多次失败的尝试，这些粒子后来被称为中子。卢瑟福的提议几乎没有受到关注。

1930年，瓦尔特·博特(Walther Bothe)和赫伯特·贝可(Herbert Becker)发现，当铍等轻元素被α粒子轰击时，会发出贯穿性很强的辐射(Bothe 和 Becker，1930)。因为贯穿粒子不会引起电离，他们假设中性粒子是高能γ射线。1932年，法国的伊伦·约里奥-居里(Irène Joliot-Curie)和她的丈夫弗雷德里克·约里奥(Frédéric Joliot)进行了一系列类似的实验，在这些实验中，贯穿性的中性辐射击中了一块石蜡，发现石蜡释放出高能质子。如果高能质子是由康普顿散射产生的，那么γ射线的能量必须非常高：~50 Mev(Curie 和 Joliot，1932)。查德威克猜测，贯穿性辐射相当于难以捉摸的中子流。在几周内，他完成了一项关键实验，在实验中用α粒子轰击铍靶，释放出中子，然后与一块石蜡碰撞(图18.6)。在电离室中检

图18.6　查德威克发现中子的仪器(Chadwick，1932)

测到石蜡中的质子和中子之间发生碰撞,释放出高能质子,从而估算出不可见的中子的质量。由此推断中性粒子的质量与质子的质量大致相同(Chadwick,1932)。他将核相互作用解释为以下过程:

$$\alpha + {}^{9}Be \rightarrow {}^{12}C + n \tag{18.7}$$

这就是中子的发现。

18.5 核裂变的发现

中子的发现对实验核物理学有直接的影响。与电子或 α 粒子不同,中子是电中性的,因此可以贯穿原子核的库仑势垒。核物理学发生了转变,因为铀等重原子核可以被中子轰击,从而形成新的同位素。1934 年,费米和他的同事在罗马发起了这样的实验。他们认为,他们已经证明了一种原子序数为 94 的新元素的形成(Fermi 等,1934),但人们对这一结果持怀疑态度。

奥托·哈恩(Otto Hahn)、莉泽·迈特纳(Lise Meitner)和弗里茨·斯特拉斯曼(Fritz Strassmann)重复了这些实验。1938 年,在因德奥合并事件失去公民身份之后,迈特纳逃到瑞典,通过邮件继续与哈恩合作。在这封信中,哈恩告诉迈特纳,当铀被中子轰击时,他发现了微量钡。这完全出乎意料,因为钡的原子量只有铀的 40%。迈特纳很快说服了自己和哈恩,钡是铀核裂变的结果。研究结果由哈恩和斯特拉斯曼(1939)发表。迈特纳和她的侄子奥托·弗里施(Otto Frisch)也在瑞典工作,他们发表了他们的计算结果,表明在哈恩和斯特拉斯曼的实验中观察到了一种新型的核反应(Meitner 和 Frisch,1939)。

利奥·西拉德(Leo Szilard)非常清楚这些实验对核能产生的重要性。1933 年,在查德威克发现中子后,西拉德意识到,如果在科克罗夫特和沃尔顿的实验所涉及的相互作用类型中释放的中子可以用来引发进一步的核相互作用,那么自维持的核链式反应是可能的。他为这一概念申请了专利,还进行了不成功的实验,用中子轰击轻元素以证明其效果。哈恩和斯特拉斯曼的实验结果一公布,他立即意识到这提供了一条通往核链式反应的途径,既可用于产生核动力,也可用于制造核武器。由于战争迫在眉睫,他敦促限制发表这些结果,但约里奥和他在巴黎的同事们毫不犹豫。核链式反应理论于 1939 年由两个小组发表(von Halban 等,1939;Szilard 和 Zinn,1939)。罗兹(Rhodes)的经典著作《原子弹的制造》(1986)生动地讲述了这个故事的细节以及随后核武器的发展。

18.6 泡利、中微子和费米的弱相互作用理论

与 α 衰变过程(其中放射性核素的衰变会导致发射的 α 粒子具有确定的能量)不同的是,β 衰变过程导致电子能量的广谱。图 18.7 显示了在镭-E(^{210}Bi)衰变中发现的电子的连续能谱的例子(Neary,1940)。发射电子的能量有一个略高于 1 MeV的上限,但能量分布延伸到该值的 4%以下,最大值出现在略低于 300 keV 的位置,平均能量为 390 keV。在 20 世纪 20 年代,关于宽的连续电子能谱是否可以归因于所谓的"普通"过程,有一场持续的辩论,这意味着电子是由一个单一的能量产生的,然后通过康普顿散射等"普通"过程重新分配。

经过两年富有挑战性的实验,查尔斯·埃利斯(Charles Ellis)和威廉·阿尔弗雷德·伍斯特(William Alfred Wooster)完成了量热实验,实验表明,在他们的量热计中,每次蜕变储存的平均能量约为 350 keV,而不是预期的 1 MeV,如果所有能量都以 1 MeV 的最大能量注入,然后通过"普通"的过程耗散的话(Ellis 和 Wooster,1927)。实验表明,测得的电子能谱确实是 β 衰变过程的内禀能谱。问题是这个过程似乎违反了能量守恒定律。此外,随着对角动量叠加的量子力学规则的理解,原子谱线的超精细分裂可以用来确定磁矩,从而确定核自旋。β 衰变过程似乎违反了原子核层面的角动量守恒定律。因此能量守恒和角动量守恒都处于危险中。

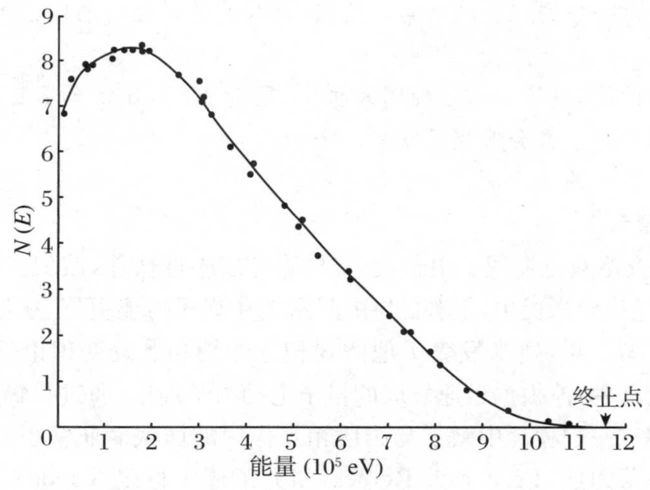

图 18.7 β 衰变过程中发射的电子能谱的一个例子。该能谱显示了在镭-E(^{210}Bi)的放射性衰变中发现的连续电子能谱(Neary,1940)

一段时间以来,玻尔回到了他过去对原子层面上能量守恒定律有效性的担忧。1930年,无奈之下,泡利提出,这个问题可以通过引入一种中性粒子的存在来解决,他称之为“中子”。请注意,到目前为止,已知的“亚原子粒子”只有质子、电子和光子。泡利在一封充满激情的信中提出了激进的建议,这封信是写给在图宾根开会的从事放射性工作的专家同事的。[④]

“尊敬的放射性女士们,先生们:

关于N和 Li^6 原子核的‘错误’统计,以及连续β谱,我找到了一条克服绝望的出路,以拯救统计的‘交替定律’和能量定律。也就是说,原子核中可能存在电中性粒子,我称之为中子,它们的自旋为1/2,满足不相容原理,与光量子的区别在于它们不以光速运动。中子的质量应与电子质量具有相同的数量级,并且在任何情况下都不大于质子质量的0.01倍……这样一来,连续的β谱就可以从以下假设中得到理解:在β衰变中,一个中子与电子一起被发射出去,其方式是中子与电子的能量之和为常数……

亲爱的放射性学家们,我暂时不敢发表任何关于这个想法的文章,我私下向你们提出这样一个问题:如果有相当于或大约是γ射线10倍的贯穿力,那么这样一个中子的实验证明会如何?

我承认,我的方法在先验上似乎不太可能,因为如果中子存在的话,人们可能早就看到了。但是,只有敢于挑战的勇士,以及关注连续β谱情形严重性的思考者,才会被我尊敬的前任德拜先生启发,他最近在布鲁塞尔对我说:‘哦,最好不要去想这个问题,就像新税一样。’因此,我们必须认真讨论每一条通往救赎之路。所以,亲爱的放射性的朋友们,请检查和判断。

不幸的是,我不能亲自到图宾根来,因为12月6日至7日晚上在苏黎世举行的一个舞会使我必须到场……

你最卑微的仆人,

W.泡利”

1932年,查德威克发现了中子,也就是质子的中性伙伴,改变了这一局面。在接下来的一年里,费米提出,泡利的“中子”称为中微子可能更好,从那时起,这一用法就确立了。第二年,费米发表了他的弱相互作用和β衰变理论(Fermi,1934)。在他的著名论文中,他根据迅速发展的量子电动力学理论,通过与辐射发射过程进行类比来处理这一过程。中微子与物质相互作用的横截面非常小,直到1956年,弗雷德里克·莱因斯(Frederick Reines)和克莱德·科温(Clyde Cowan)才通过实验检测到中微子,他们使用裂变反应堆作为中微子源(Reines 和 Cowan,1956)。这一发现是在泡利去世前两年半才得到的。他在收到这一消息后发来了贺电:

“谢谢你的信息。知道如何等待的人会得到一切。泡利。”

18.7 宇宙射线与基本粒子的发现

从20世纪30年代到50年代初,宇宙辐射为非常高能粒子提供了天然来源,这些粒子的能量足以贯穿原子核。直到20世纪50年代初,这一直是发现新粒子的主要技术。正如已经在16.7.2小节中描述的那样,1930年,密立根和安德森使用了一个比斯科别利岑强10倍的电磁铁来研究粒子通过云室的轨迹。安德森观察到的曲线轨迹与电子轨迹相同,但对应于带正电荷的粒子(Anderson,1932)。1933年,帕特里克·布莱克特和朱塞佩·奥基亚利尼通过一种改进的技术证实了正电子的发现,在这种技术中,云室只有在确定宇宙射线穿过后才被触发(Blackett和Occhialini,1933)。他们获得了许多优秀的正电子照片,在许多情况下,宇宙射线相互作用产生的正电子和负电子数量相等。

然而,还有更多的惊喜。安德森指出,在云室照片中,通常有更多贯穿性强的正负粒子轨迹。这些粒子几乎没有显示出与室内气体相互作用的迹象。到1936年,安德森和塞斯·尼德迈耶(Seth Neddermeyer)对他们的结果有足够的信心,宣布发现了质量介于电子和质子之间的粒子(Anderson和Neddermeyer,1936)。这些介子的质量大约是电子质量的50到400倍。这一发现与汤川秀树关于在原子核中将中子和质子结合在一起的强力性质的理论预测相当吻合。根据汤川秀树的理论,这种强短程力可以通过粒子交换来理解,粒子的质量大约是电子的250倍(Yukawa,1935)。事实上,安德森和尼德迈耶发现的粒子(现在被称为μ子)并不是将原子核结合在一起的粒子。这个验证结果有些不尽如人意,因为中子与室中的核子几乎没有显示出相互作用,而交换粒子预计会显示出与核子的强相互作用。

第二次世界大战结束后,乔治·罗切斯特(George Rochester)和克利福德·巴特勒(Clifford Butler)立即采用了同样的方法,他们建造了一个新的云室,与布莱克特在战前获得的一个大型电磁铁一起使用。1947年,他们报告发现了两例V形粒子轨迹,显然没有入射粒子(Rochester和Bulter,1947)。他们正确地指出,V形是由一个未知粒子的自发衰变引起的,其质量可以通过衰变产物来估计。两者的质量约为质子的一半。为了获得更高的宇宙辐射通量,这些实验在更高的海拔重复进行。两年后,布莱克特的团队在比利牛斯山脉的日中峰天文台工作,安德森和科温在加利福尼亚州的白山进行了这些实验。发现了更多的V形例子,这类粒子被称为奇异粒子。中性和带电的奇异粒子都被发现了。它们中的大多数的质量约为质子的一半,现在被称为带电和中性K介子(K^+,K^-,K^0)。然而,也有一些中性粒子的例子,它们的质量大于质子的质量,这些粒子现在被称为 Λ 粒子。让物理学家们困惑的是它们的长寿命——10^{-8} s 和 10^{-10} s,比与强相互作用相关的时间尺度大很多数量级。

与此同时,布里斯托大学的塞西尔·鲍威尔(Cecil Powell)开发了另一个研究粒子碰撞和相互作用的强大工具。19 世纪 90 年代,照相底板在发现 X 射线和放射性方面发挥了关键作用。鲍威尔与伊尔福(Ilford)公司合作,开发了一种特殊的"核"乳剂,这种乳剂足够灵敏,可以记录质子、电子和已发现的所有其他类型带电粒子的轨迹。鲍威尔和他的同事们掌握了通过一层一层地堆积乳液来制造厚层乳液的技术,从而获得了乳液中发生的相互作用的三维图像。在使用这种高精度技术的第一批发现中,有一个是 1947 年发现的 π 介子,这是汤川秀树在 1936 年预测的粒子(Lattes 等,1947)。

到 1953 年,加速器技术已经发展到可以在实验室中以已知的能量产生出与宇宙射线相当的能量,并精确地对准选定的目标。大约在 1953 年之后,高能物理的未来在于加速器实验室,而不是利用宇宙射线。

18.8 天体物理中的应用[⑤]

解决太阳中的能量产生问题是量子力学发现的首批成果之一。在爱丁顿早期的论文中,他主张将物质的湮灭作为恒星取之不尽的能量来源,但 1920 年,他意识到,尽管没有已知的机制可以释放核能,但至少从能量上来说,这提供了一种有吸引力的为恒星提供动力的方法。他在加的夫举行的英国科学促进会数学和物理分会年会上发表的主席讲话中,有一段非常有预见性。他说(Eddington,1920):

> "过去一年的某些物理研究……使我认为,亚原子能的某些部分实际上在恒星中被释放了。F. W. 阿斯顿的实验似乎毫无疑问地表明,所有元素都是由氢原子与负电子结合在一起而构成的。例如,氦原子核由 4 个氢原子和 2 个电子组成。但阿斯顿进一步确凿地证明,氦原子的质量小于进入其中的 4 个氢原子的质量之和。在这一点上,化学家们至少同意他的观点。在合成过程中,质量损失约为 1/120,氢的原子量为 1.008,氦的原子量为 4……现在质量不能被消灭,亏损只能代表蜕变中释放的电能的质量。因此我们可以立即计算出当氦由氢制成时释放的能量数量。如果恒星质量的 5%最初由氢原子组成,这些氢原子正逐渐结合形成更复杂的元素,那么释放出来的总热量将足以满足我们的需求,我们不需要进一步寻找恒星的能量来源。"

爱丁顿有幸在剑桥大学的天文台工作，离卡文迪什实验室只有 20 分钟的步行路程，弗朗西斯·阿斯顿(Francis Aston)正在那里进行原子和同位素质量的精确测量。当时，核能发电不过是一种假设，但爱丁顿确实找到了太阳能源的正确解决方案。爱丁顿的论点的美妙之处在于，它并不取决于原子核的精确性质，而只取决于能量守恒和质能关系 $E=mc^2$。

问题是，即使在恒星内部的高温下，质子和原子核之间的库仑斥力也是如此之大，根据经典物理学，以至于质子无法贯穿原子核，因此无法开发这种能源。这个问题的解决必须等到量子力学隧穿理论的出现(Gamow，1928；Gurney 和 Condon，1928)。一年后，罗伯特·阿特金森(Robert Atkinson)和弗里茨·豪特曼斯(Fritz Houtermans)提出了将伽莫夫理论应用于恒星高温中心区的核反应物理学(Atkinson 和 Houtermans，1929)。通过考虑麦克斯韦分布的质子的势垒穿透过程，他们建立了恒星中核能产生过程的两个关键特征。首先，最有效的能源涉及与小电荷核的相互作用，因为库仑势垒低于大电荷核的势垒。其次，可以贯穿库仑势垒的粒子是麦克斯韦分布的高能尾部中的少数粒子。因此核反应可以在远低于预期的温度下发生。这些想法也说明了为什么恒星的光度应该是温度的敏感函数。随着温度的升高，势垒穿透率呈指数增长，因此温度越高、质量越大的恒星应该比质量越小的恒星更亮。

阿特金森的目标是通过向原子核依次添加质子来解释化学元素的起源。他认为，通过 4 个质子的组合形成氦的过程是不太可能的，相反，他提出，可以通过将质子依次添加到较重的原子核中来形成氦，当这些原子核变得太大而不利于核稳定性时，会喷射出 α 粒子，从而产生氦(Atkinson，1931a，b)。这一提议是碳氮氧(CNO)循环的前身，该循环由卡尔·冯·魏茨泽克(Carl von Weizsäcker)和汉斯·贝特(Hans Bethe)于 1938 年独立发现(Weizsäcker，1937，1938；Bethe，1939)。在这个循环中，碳作为催化剂，通过依次添加质子并伴随两次 β^+ 衰变形成氦，如下所示：

$$^{12}C+p\rightarrow{}^{13}N+\gamma,\quad {}^{13}N\rightarrow{}^{13}C+e^++\nu_e,\quad {}^{13}C+p\rightarrow{}^{14}N+\gamma$$

$$^{14}N+p\rightarrow{}^{15}O+\gamma,\quad {}^{15}O\rightarrow{}^{15}N+e^++\nu_e,\quad {}^{15}N+p\rightarrow{}^{4}He+{}^{12}C$$

同时，对最简单的核反应的反应速率进行估计已成为可能，这是一对质子组合形成氘核，然后氘核可以与其他氘结合形成 ^3He 和 ^4He。第一次计算是由阿特金森在 1936 年进行的(Atkinson，1936)，并在 1938 年由贝特和克里奇菲尔德(Critchfield)进行了改进(Bethe 和 Critchfield，1938)，他们将费米的弱相互作用理论与伽莫夫的势垒穿透理论相结合。质子-质子(或 p-p)链中的主要反应系列如下：

$$p+p\rightarrow{}^{2}H+e^++\nu_e,\quad {}^{2}H+p\rightarrow{}^{3}He+\gamma,\quad {}^{3}He+{}^{3}He\rightarrow{}^{4}He+2p$$

链中至关重要的第一个反应涉及一个弱相互作用，其中正电子和中微子被释放，这可能被认为是其中一个质子转化为中子。这一反应解释了 p-p 链中能量释放的大部分，但从未对太阳核合成相关的能量进行过实验测量。贝特和克里奇菲尔德证明，这一系列反应可以解释太阳的光度。此外，他们发现 p-p 链的能量产生速率 ε 按 $\varepsilon \propto T^4$ 取决于恒星的中心温度。1939 年，贝特计算出了 CNO 循环的相应能量生产率，并发现了一个非常强的依赖性：$\varepsilon \propto T^{17}$（Bethe，1939）。他得出结论：CNO 循环在大质量恒星中占主导地位，而 p-p 链是质量大致小于太阳质量 $M_\odot$ 的恒星的主要能量来源。

白矮星理论是统计力学的新量子理论应用于天体物理学的最初成功之一。1926 年，拉尔夫·福勒利用费米-狄拉克统计推导了冷简并电子气的状态方程（Fowler，1926），并发现了重要的结果：

$$p = \frac{(3\pi^2)^{2/3}}{5}\frac{\hbar^2}{m_e}\left(\frac{\rho}{\mu_e m_u}\right)^{5/3} \tag{18.8}$$

其中 μ_e 是恒星材料中单位电子的平均分子量，m_u 是统一的原子质量常数。这个状态方程的重要方面是它与温度无关，因此白矮星的结构可以直接从恒星结构的莱恩-埃姆登（Lane-Emden）方程推导出来。⑥ 在主序星中，压力由热气体的热压提供，而白矮星则由电子简并压提供。它们光度的来源是它们在形成时被赋予的内部热能。根据福勒的描述，白矮星只是简单地辐射它们的内部热能，最终成为惰性冷星，所有的核和电子都处于基态。

1929 年，威廉·安德森（Wilhelm Anderson）证明，质量与太阳大致相同的白矮星中心的简并电子变成相对论性的（Anderson，1929）。在极端相对论性极限下，简并电子气的状态方程变为

$$p = \frac{(3\pi^2)^{1/3}\hbar c}{4}\left(\frac{\rho}{\mu_e m_u}\right)^{4/3} \tag{18.9}$$

再一次，结果与温度无关，但压强对密度的依赖从 $p \propto \rho^{5/3}$ 变到 $p \propto \rho^{4/3}$，这具有深远的意义。安德森和埃德蒙·斯通纳（Edmund Stoner）意识到，结果是质量约大于太阳质量的简并恒星不存在平衡构型（Anderson，1929；Stoner，1929）。对这一结果最著名的分析是由苏布拉马尼扬·钱德拉塞卡（Subrahmanyan Chandrasekhar）进行的，他于 1930 年来到剑桥三一学院（Trinity College）接受奖学金之前就开始研究这个问题了。他发现了一个至关重要的结果，在极端相对论性极限下，稳定白矮星的质量有一个上限：

$$M_{Ch} = \frac{(3\pi)^{3/2}}{2}\left(\frac{\hbar c}{G}\right)^{3/2} \times \frac{2.01824}{(\mu_e m_u)^2} = \frac{5.836}{\mu_e^2} M_\odot \tag{18.10}$$

这个质量被称为钱德拉塞卡质量（Chandrasekhar，1931）。临界质量取决于恒星材料的化学成分，通过 μ_e 值，即恒星材料单位电子的平均分子量来决定。除此之外，钱德拉塞卡质量只取决于基本常数。对于致密恒星的物质，$\mu_e \approx 2$，钱德拉塞卡质量通常取 $M_{Ch} = 1.46 M_\odot$。不稳定性的原因是，在极端相对论性极限下，恒星的内部热能 U_{th} 和引力势能 U_{grav} 以同样的方式取决于半径：$U_{th} = (1/2) U_{grav} \propto R^{-1}$。现在，引力势能与 M^2 成正比，而热能与恒星的质量成正比，因此，对于足够大的恒星，引力能项占主导地位，导致坍缩，而坍缩不能通过简并气体的压力来稳定，因为

这两种能量总是以同样的方式依赖于半径。推论是没有什么能阻止质量比 M_{Ch} 更大的简并恒星坍缩到非常高的密度,甚至可能达到完全引力坍缩的状态。

1932 年,列夫·朗道相当独立地得出结论,认为应认真对待奇点的引力坍缩(Landau,1932)。1938 年,罗伯特·奥本海默和哈特兰·斯奈德(Hartland Snyder)首次对无压球体引力坍缩的最后阶段所观察到的情况进行了广义相对论性分析(Oppenheimer 和 Snyder,1939)。在他们的论文中,他们描述了现在被称为黑洞的主要观测特征。

在查德威克于 1932 年发现中子后(Chadwick,1932),第一次提到中子星的可能性是沃尔特·巴德(Walter Baade)和弗里茨·兹威基(Fritz Zwicky)在 1934 年的一篇论文中著名的"补充评论"(Baade 和 Zwicky,1934b)。那一年,他们发表了两篇关于他们所谓的"超新星"能量学的论文。在他们的第一篇论文中,巴德和兹威基提出,新星由两种类型组成:普通新星,这是相对常见的现象,被伦德马克(Lundmark)用作螺旋星云的距离指标;超新星,非常罕见,但确实能量非常高(Baade 和 Zwicky,1934a)。他们在第二篇论文中提出,这些事件可能是维克托·赫斯在 1912 年发现的宇宙射线的来源(Hess,1913)。这两个提议都非常接近事实。作为第二篇论文(Baade 和 Zwicky,1934b)的附录,他们写道:

> "带着所有保留意见,我们提出这样的观点:超新星代表着一颗普通的恒星过渡到一颗主要由中子组成的中子星。这样的恒星可能拥有非常小的半径和极高的密度。由于中子可以比普通核子和电子更紧密地堆积,冷中子星中的'引力堆积'能量可能变得非常大,在某些情况下,可能远远超过普通核子的堆积率。因此中子星将代表最稳定的物质结构。这一假设的后果将在另一处得到发展,其中也将提到一些观察结果,这些观察结果倾向于支持主要由中子组成的恒星体的观点。"

最好用兹威基在他 1968 年的《致密星系选集和后爆发星系目录》(Zwicky,1968)的特别序言中引用的一段话来描述一下这些想法是如何被接受的:

> "在 1934 年 1 月 19 日的《洛杉矶时报》上,有一篇题为'与 Ol'Doc Dabble 一起做科学研究'的连环画插页,引用我的话说'宇宙射线是由爆炸的恒星引起的,这些恒星的燃烧火焰相当于 1 亿个太阳,然后从直径 1/2百万英里缩小到 14 英里厚的小球',这是瑞士物理学家弗里茨·兹威基教授说的。恕我直言,这是科学史上最简洁的三重预测之一。30 多年后,这一说法在各个方面都被证明是正确的。"

与此同时,伽莫夫在 1937 年证明,中子气体可以被压缩到比原子核和电子气体高得多的密度,并估计这类恒星的可能密度约为 10^{17} kg/m^3(Gamow,1937,1939)。朗道在 1938 年讨论了中子星的最大质量问题(Landau,1938),奥本海默、罗伯特·塞伯尔(Robert Serber)和乔治·沃尔科夫(George Volkoff)更详细地讨论了这个问题(Oppenheimer 和 Serber,1938;Oppenheimer 和 Volkoff,1939)。

物理原理与白矮星的情况相同,但现在中子简并压支撑着这颗恒星。由于有必要考虑核密度下中子物质状态方程的细节和广义相对论效应,因此出现了复杂的情况。他们发现质量上限约为 $0.7M_\odot$。这一结果与现代的最佳估计没有太大区别,后者大约相当于 $2\sim3M_\odot$。

这项工作引起了一些理论上的兴趣,但探测者热情不高。典型中子星的半径预计约为 10 km,因此没有可能探测到这种小恒星的明显的热辐射通量。巴德和兹威基认为中子星可能是超新星爆炸后留下的残留物的想法在 33 年后被证明是正确的,1987 年,安东尼·休伊什(Antony Hewish)、乔瑟琳·贝尔(Jocelyn Bell)及其同事发现了脉冲星(Hewish 等,1968)。

注　释

第1章

① 皮帕德的评论提供了关于1900年实验和理论物理学家职业的具有启发性的描述(Pippard,1995)。同样重要的是海尔布隆(1977)的文章中有关世纪之交的欧洲物理学家,尤其是德国物理学家的重要作用的统计数据。

② 关于这些主题和问题的更多细节,载于我的《物理学中的理论概念(第2版)》(TCP2)(Longair,2003)中描述的各种案例研究。这里参考TCP2的相关部分,只对各种主题进行总结。

③ 我很喜欢重温我以前的本科化学课本,杜兰特(P. J. Durrant)(1952)所著的《通用和无机化学》。我使用了杜兰特所表述的定律。

④ 在现代SI系统中,用碳12原子作为原子量的标准。1 mol定义为包含与12 g碳12正好相同数量化学单位(原子或分子)的物质的质量。例如,由于氧气的分子量为31.9988,因此1 mol氧气的质量为31.9988 g。

⑤ 参见TCP2,第257～263页(中文版第237～242页)。麦克斯韦的推导概述如下。分子总数为N,其速度的x,y和z分量为v_x,v_y和v_z。麦克斯韦认为,在发生大量碰撞后,三个正交方向上的速度分布必须相同,即

$$Nf(v_x)\mathrm{d}v_x = Nf(v_y)\mathrm{d}v_y = Nf(v_z)\,\mathrm{d}v_z$$

其中f是相同的函数。速度的三个垂直分量是完全独立的,因此速度在$v_x \sim v_x + \mathrm{d}v_x$,$v_y \sim v_y + \mathrm{d}v_y$和$v_z \sim v_z + \mathrm{d}v_z$范围内的分子数量为

$$f(v_x)f(v_y)f(v_z)\mathrm{d}v_x\mathrm{d}v_y\mathrm{d}v_z$$

但是,任何分子的总速度v为$v^2 = v_x^2 + v_y^2 + v_z^2$。由于发生了大量碰撞,因此总速度$v$的概率分布$\varphi(v)$必须是各向同性的,并且仅取决于$v$,也就是说,

$$f(v_x)f(v_y)f(v_z) = \varphi(v) = \varphi[(v_x^2 + v_y^2 + v_z^2)^{1/2}] \tag{1}$$

我们已经对函数$\varphi(v)$进行了归一化,使得

$$\int_{-\infty}^{\infty}\int_{-\infty}^{\infty}\int_{-\infty}^{\infty}\varphi(v)\mathrm{d}v_x\mathrm{d}v_y\mathrm{d}v_z = 1$$

方程(1)是泛函。经检查,一个合适的解是

$$f(v_x) = Ce^{Av_x^2}, \quad f(v_y) = Ce^{Av_y^2}, \quad f(v_z) = Ce^{Av_z^2}$$

其中 C 和 A 是常数。当 $v \to \infty$ 时,分布必须收敛,因此 A 必须为负。归一化后获得式(1.1)。

⑥ 见 TCP2,10.5 节。

⑦ 见 TCP2,第 266 页(中文版第 245 页),解释了名词“麦克斯韦妖”的由来。

⑧ 见 TCP2,第 4 章。

⑨ 为了清楚地说明问题,我在本书中采用了国际单位。在麦克斯韦 1861 年和 1865 年的伟大论文中,这些方程是以比式(1.5)~式(1.8)更长的形式写出来的,涉及 7 个方程。麦克斯韦的方程在随后的几年里被赫维赛德(Heaviside)、亥姆霍兹(Helmholtz)和赫兹重新组织成他们更熟悉的形式。

⑩ 见 TCP2,第 289~297 页(中文版第 266~273 页)。

⑪ 见 TCP2,第 400~403 页(中文版第 367~369 页)。

⑫ 恩斯特(Ernst)和徐(Hsu)(2001)讨论了忽视沃伊特的分析的原因。他们指出,一般的标度不变变换是

$$\begin{cases} t' = \kappa\gamma\left(t - \dfrac{Vx}{c^2}\right) \\ x' = \kappa\gamma(x - ct), \quad \gamma = \left(1 - \dfrac{V^2}{c^2}\right)^{-1/2} \\ y' = \kappa y \\ z' = \kappa z \end{cases} \tag{2}$$

沃伊特设定了常数 $\kappa = \gamma^{-1}$。之后,在洛伦兹和爱因斯坦发表论文很久之后,洛伦兹、维舍特、闵可夫斯基、玻恩和索末菲都承认,沃伊特在 1887 年发现了洛伦兹变换的形式。该方程不仅是标度不变的,而且也是共形不变的。

⑬ 这在我的《高能天体物理学(第 3 版)》第 149~151 页和图 5.4 中得到了证明。

⑭ 见 TCP2,第 404,405 页(中文版第 369~371 页)。

⑮ 见 TCP2,11.2 节。

⑯ 巴耳末 1885 年发表在 *Annalen der Physik und Chemie* 上的论文是对最初发表在 *Verhandlungen der Naturforschenden Gesellschaft in Basel* 卷 7 第 548~560 页和第 750~752 页的两篇论文的综合。

⑰ 见 TCP2,A9.2 节。麦克斯韦关系提供了四个热力学坐标 p, V, S 和 T 之间的偏微分关系。

⑱ 这个关系是在 TCP2,第 297~300 页(中文版第 274~276 页)中推导的。

第 2 章

① 派斯(1985)在他的优秀著作《内界》中详细介绍了实验物理学的发展及其发现，贯穿了本书所涵盖的整个时期。

② 如 1.7.2 小节所述，在微观层面上，无论容器的壁的性质如何，由于细致平衡原理，系统都会进入热平衡状态。

③ 引自克莱因(1967)，第 3 页。

④ 这个论点也适用于完全吸收的壁，因为根据基尔霍夫定理，一个完全吸收体也是一个完全辐射发射体。普朗克使用的是完全反射壁的情况，因此该论点是纯电动力学的。

⑤ 注意，这个强度是单位面积的总功率，由 4π 立体角得来的。强度的通常定义的单位是 $\mathrm{W/(m^2 \cdot Hz \cdot sr)}$。相应地，在式(2.19)中，$I(\omega)$和 $u(\omega)$的关系是 $I(\omega)=u(\omega)c$，而非通常的 $I(\omega)=u(\omega)c/(4\pi)$。

⑥ 关于强度和能量密度之间的关系，见上面的注释⑤。

⑦ 我在 TCP2，12.6 节中对瑞利的论文进行了详细的分析，这里只总结关键的结果。

⑧ 见 TCP2，12.4 节。维恩定律(2.29)可以写成

$$u(\nu) = \frac{8\pi\alpha}{c^3}\nu^3 \mathrm{e}^{-\beta\nu/T}$$

将此式与 $u(\nu)$和 E 之间的关系(2.26)($u(\nu)=(8\pi\nu^2/c^3)E$)结合起来，得到

$$E = \alpha\nu \mathrm{e}^{-\beta\nu/T}$$

熵 S、内能 U、压力 p 和体积 V 之间的热力学关系是

$$T\mathrm{d}S = \mathrm{d}U + p\mathrm{d}V$$

因此，将振子放在一个固定的体积 V 中，

$$\left(\frac{\partial S}{\partial U}\right)_V = \frac{1}{T} \tag{3}$$

U 和 S 是状态的相加函数，因此上述关系指的是单个振子的性质，也可看作它们系综的性质。因此

$$\frac{1}{T} = \left(\frac{\partial S}{\partial E}\right)_V = -\frac{1}{\beta\nu}\ln\frac{E}{\alpha\nu} \tag{4}$$

对 E 进行积分，我们得到普朗克对振子熵的定义：

$$S = -\frac{E}{\beta\nu}\ln\frac{E}{\alpha\nu\mathrm{e}} \tag{5}$$

⑨ 见 TCP2，12.5 节。

⑩ 见 TCP2，13.3 节。

⑪ 见 TCP2，10.7 节。

⑫ 推导这种关系的最简单的方法出现在我们的故事之前，认为封闭系统内的辐射是由在随机方向上以光速运动的粒子组成的。那么，根据经典的气体动理论，在单位时间内到达封闭系统单位面积的数量是 $nc/4$。因此到达单位面积的粒子总能量是 $nc\varepsilon/4 = uc/4$。在热力学平衡中，这也必须等于单位表面积的辐射能量。

⑬ 见克莱因(1967)，第 17 页。

第 3 章

① 这些论文的英译本可方便地在《爱因斯坦的奇迹年》中找到，该书由约翰·施塔赫尔(John Stachel)(1998)编辑和介绍。译本摘自《爱因斯坦选集(卷二)：瑞士岁月，1900～1909》(Stachel 和 Cassidy，1999)，这本书也强烈推荐。

② 见 TCP2，14.4 节。

第 4 章

① 关于塞曼和洛伦兹的贡献的更多细节由考克斯(Kox)(1997)给出。

② 见 2.3.1 小节中的电偶极辐射定则。

③ 见《高能天体物理学》(Longair，2011)9.2.1 小节。

④ 汤姆孙公式与从宇宙射线电子与热电子相互作用中推导的公式类似。该公式是在《高能天体物理学》(Longair，2011)6.1 节中得到的。

⑤ 卢瑟福散射公式的推导载于 TCP2(Longair，2003)第 2 章的附录中。

第 5 章

① 不同的作者使用不同的量子数符号。为了保持一致，我将尽力在整个过程中使用一致的符号，但是它将与主要文献中出现的符号不同。我们将发现，在量子力学的最终版本中，量子数的含义略有不同，因此在旧量子论中使用 n_φ，n_r 和 n_θ 不会引起问题，并应阐明新旧理论之间的差异。

② 原始文本中这里用了斜体和粗体字体。

③ 参见例如戈尔德施泰因(1950)。

④ p_i，q_i，P_i 和 Q_i 之间有四个变换。式(5.75)和式(5.76)给出了其中两个。其他两个是

$$q_i = -\frac{\partial S}{\partial p_i}, \quad P_i = -\frac{\partial S}{\partial Q_i}, \quad K = H + \frac{\partial S}{\partial t} \tag{6}$$

和

$$q_i = -\frac{\partial S}{\partial p_i}, \quad Q_i = \frac{\partial S}{\partial P_i}, \quad K = H + \frac{\partial S}{\partial t} \tag{7}$$

⑤ 这里采用了戈尔德施泰因(1950)的符号,他在哈密顿-雅可比方程的含时版本中使用 S,而在不含时版本中使用 W。W 被称为哈密顿特征函数。

⑥ 在海森堡和薛定谔的量子力学中,主量子数用 n 表示,而不是 $n_r + n_\theta + m$。显而易见的是,在量子力学的最终理论中,在定义稳态时 n 的意义与玻尔-索末菲图像中的意义不同。其他量子数具有相应的对应,将在适当时候进行描述。

第 6 章

① 术语"光子"的意思是光量子,由吉尔伯特·路易斯(Gilbert N. Lewis)在 1926 年引入(Lewis,1926)。

② 例如,见《高能天体物理学》(Longair,2011)9.2.2 小节。

③ 请注意,在玻尔的用法中,ω 是轨道运动的频率,而不是角频率。这个用法在式(6.25)和式(6.26)中被采用。

④ 请注意,式(1.18)~式(1.21)中的量子亏损是用加号写的。这些与式(6.63)之间的差异可以通过对主量子数 n 采用不同的初始值来解释。

第 7 章

① 爱泼斯坦是索末菲的学生。由于他是波兰公民,因此在慕尼黑作为敌国公民被捕。在拘留期间,他进行了这些开创性的计算。

② 史瓦西的论文于 1916 年 5 月 11 日他去世的那一天发表,当时他因在俄罗斯境内的东线服兵役而患上天疱疮。

③ 梅赫拉和雷兴伯格描述了这些想法的孕育细节(Mehra 和 Rechenberg,1982a)(卷 1,Ⅳ.4 节),贾默对其进行了总结(Jammer,1989)。

第 8 章

① 尼尔斯·玻尔的生活和时代的细节包含在以下书中:《尼尔斯·玻尔:百年纪念册》(French 和 Kennedy,1985)和《尼尔斯·玻尔时代:物理、哲学和政治》(Pais,1991)。

② 见梅赫拉和雷兴伯格(1982a),卷 1,第 230 页。

③ 沃尔夫斯凯尔奖于 1997 年 6 月 28 日颁发给了安德鲁·怀尔斯(Andrew Wiles),此时沃尔夫斯凯尔已去世近一个世纪。怀尔斯在 1995 年完成了他的证明,但又经过专家两年的分析,才确认该定理最终得到了证明。

④ 关于铪的发现,法国和丹麦物理学家之间发生了优先权的争论。这给玻尔带来了相当大的困扰(例如,见克拉格的讨论(Kragh,1985))。

⑤ X 射线光谱学的历史在《X 射线衍射五十年》(Ewald,1962)一书中有所介绍。这本书的 PDF 文件可从国际晶体学协会的网站获得:http://www.iucr.org/publ/50yearsofxraydiffraction。

⑥ 范德瓦尔登仔细研究了为什么泡利在非常接近电子自旋和磁矩的发现时没有继续推进并提出它们(van der Waerden,1960)。

⑦ 关于这一事件及其背景的更多细节,见 16.1 节。

第 9 章

① 参见梅赫拉和雷兴伯格(1982a),第 511 页。

② 这些结果在我的《高能天体物理学》(Longair,2011)的第 9 章中推导。

③ 差别是为了找到量子力学的解释,并且与不同自旋粒子的波函数的对称性有关(见第 16 章和 18.1 节)。

④ 黄克逊在他的《统计物理学导论》(Huang,2001)中对玻色-爱因斯坦分布给出了简洁的推导。

⑤ 在量子力学方面,黄克逊巧妙地总结了这种区别,他说:"实际上,经典的计数方法接受所有波函数,而不管它们在坐标交换下的对称性如何。可接受的波函数集合远大于两种量子情况[费米-狄拉克情形和玻色-爱因斯坦情形]的并集。"

⑥ 德布罗意在论文中使用了最小作用量原理的莫佩尔蒂形式,该原理可应用于粒子在稳定势场中运动的情况(de Broglie,1924b)。在 14.5.1 小节中将对此进行更详细的讨论。

⑦ 有关此结果的说明,请参阅《物理学中的理论概念》7.3 节(Longair,2003)。

第 10 章

① "量子力学"一词最早出现在玻恩(1924)的论文中,本章后面将讨论这篇论文。贾默(1989)讨论了这个术语的起源及其意义。

② 例如,见《物理学中的理论概念》(Longair,2003),5.3.2 小节。

③ 例如,这一结果在《物理学中的理论概念》(Longair,2003)6.11 节中得到证明。

④ 梅赫拉和雷兴伯格(1982a)详细介绍了哥廷根的数学和物理学教席的任命历史(见第 262~313 页)。他们的讨论追踪了学术界的各种路线,从博士生到大学教员资格(Habilitation),到私人教师(Privatdozent),到杰出教授,最后成为最负盛名的普通教授。由于禁止从私人教师内部晋升为教授职位,赢得教授职位通常意味着从一所大学转到另一所大学。这就解释了物理学家和数学家在大学里获得职位时所经历的复杂流动。

⑤ 梅赫拉和雷兴伯格,同上,卷 1,第 1 部分,第 275 页。

第 11 章

① 范德瓦尔登(1967)描述了费米对海森堡的论文的质疑。温伯格在他的《终极理论之梦》(Weinberg,1992)一书中表达了这种担忧。他写道:

> "如果读者对海森堡的成果感到迷惑,那么他或她并不孤单。我已经尝试过几次阅读海森堡从黑尔戈兰归来时写的论文,尽管我认为我了解量子力学,但我一直无法理解海森堡在其论文中使用数学步骤的动机。理论物理学家在最成功的工作中往往扮演两个角色之一:贤哲或魔术师……通常不难理解贤哲类物理学家的论文,但是魔术师类物理学家的论文通常是难以理解的。从这个意义上讲,海森堡在 1925 年发表的论文是纯粹的魔术。"

② 范德瓦尔登(1967)讨论了海森堡所使用的符号问题,展示了它们与克拉默斯和海森堡在论文(1925)中使用的符号及其与克罗尼格和泡利使用的符号之间的关系。

③ 如果设 $|x_0| = |x_0|/2$,则得到完全一致的结果(参见梅赫拉和雷兴伯格(1982b),第 301 页)。这一步的理由见 11.5 节中的公式(11.70)。

④ 艾奇逊等人(2004)指出海森堡在式(11.40)和式(11.70)中令人迷惑地使用了术语 $a(n,n-\tau)$,而没有解释为什么因子 4 从后者的表达中消失了。

⑤ 表达式(11.104)与旋子量子理论中的结果相同,其中 n 被角动量量子数 j 代替。因此

$$W = \frac{h^2}{8\pi^2 I}\left[j(j+1)+\frac{1}{2}\right] \tag{8}$$

第 12 章

① 我喜欢重温艾特肯(A. C. Aitken)的初级教科书《行列式和矩阵》(1959),我就是从这本书中学习矩阵代数的。

② "平动"一词是指天体力学中行星椭圆轨道的周期性微扰和旧量子论中电子椭圆轨道的周期性微扰。

③ 我在《物理学中的理论概念》(Longair,2003)一书的附录 A4 中给出了这个关系的基本证明。

④ 在系列著作第 3 卷《量子理论的历史发展:矩阵力学公式及其改进,1925~1926》,Ⅳ.5 节,梅赫拉和雷兴伯格(1982c)对泡利的重要论文的内容进行了清晰的总结。

第13章

① 泊松定理表示,对于任意函数 F_1, F_2 和 F_3,

$$[[F_1, F_2], F_3] + [[F_2, F_3], F_1] + [[F_3, F_1], F_2] = 0 \tag{9}$$

方括号表示泊松括号。

② 我使用的惯例是泊松括号包含在方括号内。在文献中,它们通常用圆括号括起来。

③ 在狄拉克的论文中,他用 h 来表示我们现在所说的 $\hbar = h/(2\pi)$。同样,当他使用"频率"一词时,他的意思是我们所说的角频率 ω。我已经在本书中做了这些变换,还转换为国际单位制。

④ 泡利的论文于1926年1月17日被 *Zeitschrift für Physik* 接收,并于1926年3月27日发表。狄拉克的论文于1926年1月22日被 *Philosophical Transactions of the Royal Society* 接收,并于1926年3月1日发表。

第14章

① 这些论文和其他论文以英文发表在《波动力学选集》(Schrödinger,1928)一书中。

② 从以下论点可以理解玻色-爱因斯坦凝聚的起源。玻色-爱因斯坦分布可以写成

$$n_k = \frac{g_k}{e^{\alpha + \beta \varepsilon_k} - 1} \tag{10}$$

其中常数 α 和 β 有待确定。在热力学的基础上,$\beta = 1/(kT)$,α 是通过固定光子数、原子数或分子数来决定的。对于黑体辐射,光子数不受限制,因此 $\alpha = 0$。光子数与普朗克分布中的总能量相匹配——辐射的所有性质仅由温度 T 决定。

对于单原子分子理想气体中的原子,如14.2节所示,$g_k = 4\pi p^2 \mathrm{d}p$,$E = p^2/(2m)$。因此,转换为连续的能量分布,得到

$$N(E)\mathrm{d}E = \frac{g_k}{Be^{E/(kT)} - 1} = \frac{4\pi V(2m^3 E)^{1/2}}{h^3(Be^{E/(kT)} - 1)}\mathrm{d}E \tag{11}$$

其中 $B = e^{\alpha}$。常数 B 不能小于1,否则粒子数密度可能是负的。因此 $B \geqslant 1, \alpha \geqslant 0$。这个表达式可以改写如下:

$$N(E)\mathrm{d}E = \frac{V}{4\pi^2}\left(\frac{2m}{\hbar^2}\right)^{3/2} \frac{E^{1/2}}{Be^{E/(kT)} - 1}\mathrm{d}E \tag{12}$$

其中 $\hbar = h/(2\pi)$。因此粒子的总数由以下公式给出:

$$N = \frac{V}{4\pi^2}\left(\frac{2m}{\hbar^2}\right)^{3/2}\int_0^\infty \frac{E^{1/2}}{Be^{E/(kT)} - 1}\mathrm{d}E = \frac{V}{4\pi^2}\left(\frac{2mkT}{\hbar^2}\right)^{3/2}\int_0^\infty \frac{y^{1/2}\mathrm{d}y}{Be^y - 1}$$

$$= V\left(\frac{mkT}{2\pi\hbar^2}\right)^{3/2} F(B) \tag{13}$$

其中 $y = E/(kT)$，

$$F(B) = \frac{2}{\sqrt{\pi}}\int_0^\infty \frac{y^{1/2}\mathrm{d}y}{B\mathrm{e}^y - 1} \tag{14}$$

图 1 显示了 $F(B)$ 与 B 的函数关系图。对于大的 B 值，函数 $F(B)$ 趋于 $1/B$，粒子分布趋于玻尔兹曼分布。该图还显示，当 $B\to 1$ 时，$F(B)$ 趋向于一个有限的极限。对于 $B=1$，$F(B)$ 的积分为

$$F(B) = \frac{2}{\sqrt{\pi}}\int_0^\infty \frac{y^{1/2}\mathrm{d}y}{\mathrm{e}^y - 1} = \zeta(3/2) = 2.612 \tag{15}$$

其中 ζ 是 ζ 函数。因此，有一个临界温度 T_B，在这个温度下，$F(B)$ 达到了这个有限值，其数值为

$$T_B = \frac{2\pi\hbar^2}{mk}\left(\frac{N}{2.612V}\right)^{2/3} \tag{16}$$

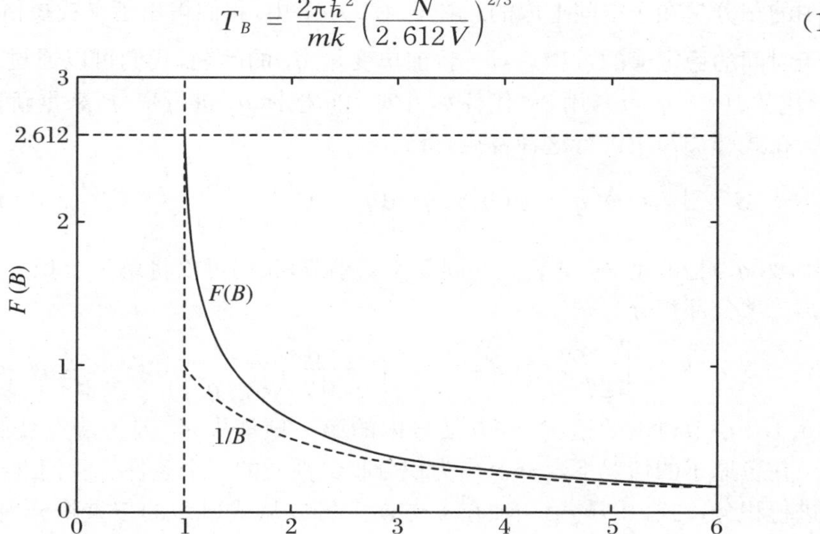

图 1　函数 $F(B)$ 作为 B 的函数

爱因斯坦认为，这一结果导致了温度低于 T_B 时粒子分布的奇怪行为。根据式 (11)，如果 N 是固定的，我们会期望，随着温度的降低，$F(B)$ 会增加，但玻色-爱因斯坦统计表明，这种增加在 T_B 以下不会持续。如果 $F(B)$ 达到极限值 2.612，在温度低于 T_B 时，粒子数 N 必须减少。

爱因斯坦意识到，问题出在我们用 $N(E)\mathrm{d}E$ 代替 g_i 的连续近似中，在那里没有考虑到量子化的零能态可以包含有限数量的粒子这一事实。解决的办法是，在温度低于 T_B 时，粒子在零能态中聚集，在足够低的温度下，所有的粒子都会凝聚到该状态。这就是玻色-爱因斯坦凝聚的发现。尽管当时没有意识到这一点，但这

是第一次利用全同粒子的统计力学方法对相变的演示。

③ 1927 年,威廉·基索姆(Willem Keesom)和米克兹斯洛·沃夫克(Mieczyslaw Wolfke)发现氦的比热容在 2.19 K 的 λ 点有奇怪的变化,这被确定为 He Ⅰ和 He Ⅱ的相变(Keesom 和 Wolfke,1928)。1938 年,弗里茨·伦敦提议将这一相变解释为玻色-爱因斯坦凝聚的出现(London,1938)。然而,由于 T_B 的表达式(14)是针对理想气体得出的,而相变是在液氦中观察到的,因此人们对这一确认表示担忧。

④ 在本章中,我将薛定谔的量子数符号转换为现代用法。因此,在薛定谔的符号中,角量子数 l 被写成 n。

⑤ 我们需要估计

$$\delta J = \delta\iiint \mathrm{d}x\mathrm{d}y\mathrm{d}z\left[\left(\frac{\partial\psi}{\partial x}\right)^2 + \left(\frac{\partial\psi}{\partial y}\right)^2 + \left(\frac{\partial\psi}{\partial z}\right)^2 - \frac{2m}{K^2}\left(E + \frac{Ze^2}{4\pi\epsilon_0 r}\right)\psi^2\right] = 0 \quad (17)$$

其中的积分是在全空间上取的。在 5.4.2 小节中,我们得出了寻找拉格朗日量$\mathcal{L}$相对于时间的稳定值的过程。对于目前单变量 q_i 的问题,我们可以通过用 $J(\dot{\psi},\psi,q_i)$代替$\mathcal{L}(\dot{q}_i,q_i,t)$,用 $\delta\psi$ 代替 η,并对空间坐标 q_i 进行变分,来重新表述这些过程。在式(5.57)中进行这种替换,得到

$$S = \int_{q_1}^{q_2} J[\dot{\psi}(q_i),\psi(q_i),q_i]\mathrm{d}q_i + \int_{q_1}^{q_2}\left[\frac{\partial J}{\partial\dot{\psi}(q_i)}\delta\dot{\psi} + \frac{\partial J}{\partial\psi}\delta\psi\right]\mathrm{d}q_i \quad (18)$$

其中 $\dot{\psi}(q_i)$指的是 $\partial\psi/\partial q_i$。如同 5.4.2 小节,我们可以将第一个积分设为 S_0,并将第二项分部积分。则

$$S = S_0 + \left[\frac{\partial J}{\partial\dot{\psi}(q_i)}\delta\psi\right]_{q_i(1)}^{q_i(2)} - \int_{\psi_1}^{\psi_2}\left[\frac{\mathrm{d}}{\mathrm{d}q_i}\left(\frac{\partial J}{\partial\dot{\psi}(q_i)}\right)\delta\psi - \frac{\partial J}{\partial\psi}\delta\psi\right]\mathrm{d}q_i \quad (19)$$

在 5.4.2 小节讨论的情况下,方括号内的第一项消失了,因为端点被假设为固定的。在氢原子的情况下,$r\to\infty$成为积分收敛性质的一个条件。我们继续在 x 方向上进行积分。式(19)的第一项在 x 方向上可以从式(17)的三重积分内的项获得,计算如下:

$$\left[\frac{\partial J}{\partial\dot{\psi}(x)}\delta\psi\right]_{x_1}^{x_2} = 2\iint\mathrm{d}x\mathrm{d}y\left(\frac{\partial\psi}{\partial x}\right)\delta\psi = 2\iint_{y,z}\mathrm{d}A\left(\frac{\partial\psi}{\partial n}\right)\delta\psi \quad (20)$$

其中 $\mathrm{d}n$ 是垂直于面元 $\mathrm{d}A$ 的距离微元。将这个计算扩展到三维,这一项变成

$$2\oint\mathrm{d}A\left(\frac{\partial\psi}{\partial n}\right)\delta\psi \quad (21)$$

将式(19)的最后一个积分扩展到三维:

$$\iiint\mathrm{d}x\mathrm{d}y\mathrm{d}z\delta\psi\left[\frac{\partial}{\partial x}\left(\frac{\partial J}{\partial\dot{\psi}(x)}\right) + \frac{\partial}{\partial y}\left(\frac{\partial J}{\partial\dot{\psi}(y)}\right) + \frac{\partial}{\partial z}\left(\frac{\partial J}{\partial\dot{\psi}(z)}\right) - \frac{\partial J}{\partial\psi}\right] \quad (22)$$

因此稳定函数 $\psi(x,y,z)$是从最小化以下表达式的函数得到的:

$$\frac{1}{2}\delta S = \oint\mathrm{d}A\left(\frac{\partial\psi}{\partial n}\right)\delta\psi$$

$$+\iiint \mathrm{d}x\mathrm{d}y\mathrm{d}z\delta\psi\left[\frac{\partial}{\partial x}\left(\frac{\partial J}{\partial\dot{\psi}(x)}\right)+\frac{\partial}{\partial y}\left(\frac{\partial J}{\partial\dot{\psi}(y)}\right)+\frac{\partial}{\partial z}\left(\frac{\partial J}{\partial\dot{\psi}(z)}\right)-\frac{\partial J}{\partial\psi}\right] \quad (23)$$

两项必须分别为零，第一项是 $r\to\infty$ 时在球面上的积分，第二项必须对稳定解的所有小变化 $\delta\psi$ 都成立。因此这些条件简化为以下要求：

$$\frac{\partial J}{\partial\psi}=\frac{\partial}{\partial x}\left(\frac{\partial J}{\partial\dot{\psi}(x)}\right)+\frac{\partial}{\partial y}\left(\frac{\partial J}{\partial\dot{\psi}(y)}\right)+\frac{\partial}{\partial z}\left(\frac{\partial J}{\partial\dot{\psi}(z)}\right) \quad (24)$$

和

$$\oint \mathrm{d}A\left(\frac{\partial\psi}{\partial n}\right)\delta\psi=0 \quad (25)$$

将式(17)中的 J 的表达式代入式(24)，我们立即发现

$$\frac{\partial^2\psi}{\partial x^2}+\frac{\partial^2\psi}{\partial y^2}+\frac{\partial^2\psi}{\partial z^2}+\frac{2m}{K^2}\left(E+\frac{e^2}{4\pi\epsilon_0 r}\right)\psi=0 \quad (26)$$

或

$$\nabla^2\psi+\frac{2m}{K^2}\left(E+\frac{e^2}{4\pi\epsilon_0 r}\right)\psi=0 \quad (27)$$

表达式(25)和(27)是薛定谔在其第一篇关于波动力学的论文中得出的表达式(Schrödinger，1926b)。

⑥ 在薛定谔的论文中，他使用式(14.37)形式的波动方程，直到他得出氢原子的能级，然后推断 $K=h/(2\pi)$。他当然知道这个关系从论文的一开始就必须成立。

⑦ 莫佩尔蒂原理在一维中的起源可以从欧拉-拉格朗日方程(5.59)得到一个简单的证明，该方程的推导过程与求两个不动点之间的稳态函数完全相同。在式(5.59)中把$\mathcal{L}$写成 $2T$，并只考虑 x 方向的运动，

$$\frac{\partial T}{\partial x}-\frac{\mathrm{d}}{\mathrm{d}t}\left(\frac{\partial T}{\partial\dot{x}}\right)=0 \quad (28)$$

在一个保守力场中，$T=m\dot{x}^2/2=E-U(x)$，E 是粒子恒定的总能量。将这些关系代入式(14.44)，我们立即得到

$$m\frac{\mathrm{d}^2x}{\mathrm{d}t^2}=-\frac{\mathrm{d}U(x)}{\mathrm{d}x}=f_x \quad (29)$$

这就是牛顿运动定律，从而证明了莫佩尔蒂原理。

⑧ 哈密顿作用量函数被定义为 $S=\int_{t_0}^{t}\mathcal{L}\,\mathrm{d}t$，其中$\mathcal{L}=T-U$是拉格朗日量，并定义一个作用面 $S(x,y,z,t)=$常数。作用面的性质与系统中粒子的动力学直接相关。这些可以从朗道和栗弗希兹(1976)的论述中得到最简单的理解。使用他们的符号，δS 的表达式(5.58)可以改写为

$$\delta S=\left[\frac{\partial\mathcal{L}}{\partial\dot{q}_i}\mathrm{d}q\right]_{t_1}^{t_2}-\int_{t_1}^{t_2}\left[\frac{\mathrm{d}}{\mathrm{d}t}\left(\frac{\partial\mathcal{L}}{\partial\dot{q}}\right)-\frac{\partial\mathcal{L}}{\partial q}\right]\mathrm{d}q\mathrm{d}t \quad (30)$$

因为拉格朗日运动方程(5.59)，式(30)右边的积分为零，所以

$$\delta S = \left[\frac{\partial \mathcal{L}}{\partial \dot{q}_i}\mathrm{d}q\right]_{t_1}^{t_2} \tag{31}$$

我们现在设 $\delta q(t_1)=0$,让 $\delta q(t_2)=\delta q$。然后,由于 $\partial \mathcal{L}/\partial \dot{q}_i = p$,我们得到

$$\delta S = p\delta q \tag{32}$$

或者对所有自由度求和:

$$\delta S = \sum_i p_i \delta q_i \tag{33}$$

于是,

$$p_i = \frac{\delta S}{\delta q_i} \tag{34}$$

因此动量的分量是作用面 S 在不同方向上的梯度。一般来说,我们可以写出

$$\boldsymbol{p} = \nabla S \tag{35}$$

从本尾注开头给出的作用量的定义来看,总的时间导数为

$$\frac{\mathrm{d}S}{\mathrm{d}t} = \mathcal{L} \tag{36}$$

我们现在可以通过式(34)将 S 的总导数与关于时间和坐标 q_i 的偏导数联系起来:

$$\frac{\mathrm{d}S}{\mathrm{d}t} = \frac{\partial S}{\partial t} + \sum_i \frac{\partial S}{\partial q_i}\dot{q}_i = \frac{\partial S}{\partial t} + \sum_i p_i \dot{q}_i = \mathcal{L} \tag{37}$$

因此

$$\frac{\partial S}{\partial t} = \mathcal{L} - \sum_i p_i \dot{q}_i \tag{38}$$

或

$$\frac{\partial S}{\partial t} = -H \tag{39}$$

对于单个粒子,使用式(14.48)中的符号重写这个表达式,我们得到

$$\frac{\partial S}{\partial t} = \mathcal{L} - \boldsymbol{p}\cdot\boldsymbol{v} = -E \tag{40}$$

方程(35)和(40)是哈密顿在比较粒子动力学和光线路径时使用的方程。

⑨ 事后来看,推导这个结果的简单方法就是认识到角动量的量子化导致了表达式 $J^2 = l(l+1)\hbar^2$。利用定态能量的表达式在量子力学和经典力学中相同这一事实,得到

$$E = \frac{J^2}{2I} = \frac{l(l+1)\hbar^2}{2I} = \frac{l(l+1)h^2}{8\pi^2 I} \tag{41}$$

⑩ 在色散介质中波包传播的数学描述中,脉冲形状 $A(x)$ 由波矢为 K 的"载波"调制。因此波包的轮廓是 $f(x,t=0)=A(x)\mathrm{e}^{\mathrm{i}Kx}$。对波包进行傅里叶变换,我们可以写成

$$A(x)\mathrm{e}^{\mathrm{i}Kx} = \left(\int_{-\infty}^{\infty} B(q)\mathrm{e}^{\mathrm{i}qx}\mathrm{d}q\right)\mathrm{e}^{\mathrm{i}Kx} \tag{42}$$

如果波的色散关系是 $\omega(k)$,那么通过简单的计算就可以看出,如果 $q \ll K$,在以后

的时间 $t>0$ 时，波包具有以下形式：

$$\left[\int_{-\infty}^{\infty}\underbrace{B(q)\mathrm{e}^{\mathrm{i}q(x-\omega' t)}}_{\text{(ii)}}\underbrace{\exp\left(-\frac{1}{2}q^2\omega'' t+\cdots\right)}_{\text{(iii)}}\mathrm{d}q\right]\underbrace{\mathrm{e}^{\mathrm{i}(Kx-\omega t)}}_{\text{(i)}} \tag{43}$$

其中 $\omega'=\mathrm{d}\omega/\mathrm{d}k$ 是群速度，$\omega''=\mathrm{d}^2\omega/\mathrm{d}k^2$ 是角频率对波数 k 的二次导数。

我们用波包来表示匀速运动粒子的运动。波包的包络由载波频率调制，载波频率以相速度 $v_{\mathrm{ph}}=\omega/k$ 在 x 正方向移动，即式(43)中的项(i)。式(43)中的项(ii)表明，波形的所有傅里叶分量以群速度 $v_{\mathrm{gr}}=\mathrm{d}\omega/\mathrm{d}k$ 在 x 正方向上移动。对于一个自由粒子，在尾注⑪中说明，色散关系是 $\omega=\hbar k^2/(2m)$，因此 $v_{\mathrm{gr}}=\mathrm{d}\omega/\mathrm{d}k=\hbar k/m=p/m=v$，其中 v 是粒子的恒定速度。因此波包的传播速度与它所代表的粒子的速度相同。

项(iii)代表波的弥散，因为一般来说，在经典物理学中，波包前缘和后缘的群速度略有不同。然而，对于一个根据德布罗意假说以匀速运动的粒子，我们已经证明 $\mathrm{d}\omega/\mathrm{d}k=v=$ 常数，因此 $\mathrm{d}^2\omega/\mathrm{d}k^2=0$。换句话说，在 x 方向匀速运动的粒子对应的波包没有色散。

⑪ 德布罗意假定，与粒子动量相关的波矢 k 应该是 $p=\hbar k$，而粒子的能量 E 和角频率 ω 之间的关系应该类似于光子的关系 $E=\hbar\omega$。对于一个自由粒子，能量是动能 $E=mv^2/2=p^2/(2m)$。因此

$$E=\hbar\omega=\frac{p^2}{2m}=\frac{\hbar^2k^2}{2m},\quad \omega=\frac{\hbar k^2}{2m} \tag{44}$$

这个色散关系一定是关于自由粒子的量子力学波动方程的解。$\omega=\hbar k^2/(2m)$ 的表达式与光波的色散关系 $\omega=ck$ 明显不同。然而，群速度 $v_{\mathrm{g}}=\mathrm{d}\omega/\mathrm{d}k$ 是

$$v_{\mathrm{g}}=\frac{\mathrm{d}\omega}{\mathrm{d}k}=\frac{\hbar k}{m}=\frac{p}{m}=v$$

即粒子的速度，正如在 14.5.1 小节中所讨论的。

假设自由粒子的波函数是一个正弦波：$\psi(x,t)=A\sin(kx-\omega t)$。取 ψ 关于 x 的二阶导数，$\sin(kx-\omega t)$ 的表达式乘以 k^2：

$$\frac{\partial^2\psi(x,t)}{\partial x^2}=-Ak^2\sin(kx-\omega t) \tag{45}$$

为了得到一个包含 ω 的因子，我们取对 t 的一阶导数：

$$\frac{\partial\psi(x)}{\partial t}=-\omega A\cos(kx-\omega t) \tag{46}$$

如果方程的解是 $\sin(kx-\omega t)$ 形式的正弦波，我们就找不到一个方程，它包含了对 x 的二阶导数和对 t 的一阶导数。如果一个自由粒子的解是 $\psi(x,t)=A\exp[\mathrm{i}(kx-\omega t)]$ 形式的复数波，那么对 x 求两次偏导，对 t 求一次偏导，我们得到

$$\frac{\partial^2\psi}{\partial x^2}=-k^2A\mathrm{e}^{\mathrm{i}(kx-\omega t)}=-\frac{p^2}{\hbar^2}\psi,\quad \frac{\partial\psi}{\partial t}=-\mathrm{i}\omega A\mathrm{e}^{\mathrm{i}(kx-\omega t)}=-\frac{\mathrm{i}E}{\hbar}\psi \tag{47}$$

我们也可以写成 $E\psi=(p^2/(2m))\psi$,所以

$$-\frac{\hbar^2}{2m}\frac{\partial^2\psi}{\partial x^2}=\mathrm{i}\hbar\frac{\partial\psi}{\partial t},\quad E\psi=\mathrm{i}\hbar\frac{\partial\psi}{\partial t}\tag{48}$$

这些关系与式(14.102)对于波函数的时间依赖性具有完全相同的形式。

第15章

① 我用“海森堡方法”一词来指代由玻恩、海森堡和约当在1925年和1926年的开创性论文中发展的矩阵力学(Born 和 Jordan,1925b;Born 等,1926)。

② 请注意,薛定谔在这个发展过程中并未使用一套一致的满足此使用的矩阵元。我在很大程度上保留了薛定谔的论文中的用法。

③ 这句话是1962年10月17日对玻恩的录音采访的一部分。该访谈保存在《量子物理学史档案》中(见贾默(1989))。

④ 这封信由范德瓦尔登翻译,并在他的论文《从矩阵力学和波动力学到统一的量子力学》(van der Waerden,1973)中附有评论和分析。

⑤ 数学物理学家早就知道这个方法,其中最著名的是哈罗德·杰弗里(Harold Jeffreys)。因此通常会在WKB中添加字母“J”,并且首字母的顺序可能因国家而异。

第16章

① 见梅赫拉和雷兴伯格(1987),第736页。

② 我在《高能天体物理学》(Longair,2011)13.2.1小节中给出了这个简单的物理推导。

③ 请注意,狄拉克在他的论文中把普朗克常量看作是现在的 $\hbar$。我把他的符号翻译成了当代的标准用法。

④ 狄拉克的这番话是在1963年5月7日进行的一次录音采访中说的。该访谈被保存在《量子物理学史档案》。另见梅赫拉和雷兴伯格(1987),第767页。

⑤ 泡利在论文中(1927b)将非相对论性的薛定谔方程写成一对方程,每个自旋态一个方程:

$$\left.\begin{aligned}H\left(\frac{h}{2\pi\mathrm{i}}\frac{\partial}{\partial q_k},q_k,\sigma_x,\sigma_y,\sigma_z\right)\psi_{E,\alpha}&=E\psi_\alpha\\H\left(\frac{h}{2\pi\mathrm{i}}\frac{\partial}{\partial q_k},q_k,\sigma_x,\sigma_y,\sigma_z\right)\psi_{E,\beta}&=E\psi_\beta\end{aligned}\right\}\tag{49}$$

ψ_α 和 ψ_β 对应于我们的 ψ_+ 和 ψ_-。

⑥ 具体来说,在贝克的《几何学原理》(1922)的第69页,给出了一组4个2×2的矩阵作为例子,它可以构成自洽的非对易几何的基础。引用贝克的话:“用0,1,i

……我们考虑这 4 个符号:

$$U=\begin{bmatrix}1&0\\0&1\end{bmatrix},\quad I=\begin{bmatrix}0&-1\\1&0\end{bmatrix},\quad J=\begin{bmatrix}0&\mathrm{i}\\\mathrm{i}&0\end{bmatrix},\quad K=\begin{bmatrix}-\mathrm{i}&0\\0&\mathrm{i}\end{bmatrix}\tag{50}$$

那么就很容易计算出

$$JK=-KJ=I,\quad KI=-IK=J,\quad IJ=-JI=K\tag{51}$$

$$I^2=J^2=K^2=-U\text{”}\tag{52}$$

显然,狄拉克必须找到相应的矩阵 σ_x,σ_y 和σ_z,以代表三个正交的自旋方向。

⑦ 我使用林德勒(Rindler)(2001)的约定,其中洛伦兹变换是这样写的:

$$\left.\begin{aligned}ct'&=\gamma(ct-Vx/c)\\x'&=\gamma(x-Vt)\\y'&=y\\z'&=z\end{aligned}\right\}\tag{53}$$

其中 $\gamma=(1-V^2/c^2)^{-1/2}$是洛伦兹因子。最初形态的位移四维矢量为 $\boldsymbol{R}=[ct,x,y,z]$,位移四维矢量的范数为 $\mathrm{norm}(\boldsymbol{R})=c^2t^2-x^2-y^2-z^2$。

⑧ 4×4 α 矩阵的形式可以很容易地从狄拉克的论文(Dirac,1928a)中得到。它们是

$$\alpha_1=\alpha_x=\begin{bmatrix}0&0&0&1\\0&0&1&0\\0&1&0&0\\1&0&0&0\end{bmatrix},\quad \alpha_2=\alpha_y=\begin{bmatrix}0&0&0&-\mathrm{i}\\0&0&\mathrm{i}&0\\0&-\mathrm{i}&0&0\\\mathrm{i}&0&0&0\end{bmatrix}$$

$$\alpha_3=\alpha_z=\begin{bmatrix}0&0&1&0\\0&0&0&-1\\1&0&0&0\\0&-1&0&0\end{bmatrix},\quad \alpha_4=\begin{bmatrix}1&0&0&0\\0&1&0&0\\0&0&-1&0\\0&0&0&-1\end{bmatrix}$$

式(16.91)中介绍的自旋矩阵立即从上述定义中得到:

$$\sigma_z=-\mathrm{i}\alpha_x\alpha_y\begin{bmatrix}0&1&0&0\\1&0&0&0\\0&0&0&1\\0&0&1&0\end{bmatrix},\quad \sigma_y=-\mathrm{i}\alpha_z\alpha_x=\begin{bmatrix}0&-\mathrm{i}&0&0\\\mathrm{i}&0&0&0\\0&0&0&-\mathrm{i}\\0&0&\mathrm{i}&0\end{bmatrix}$$

$$\sigma_x=-\mathrm{i}\alpha_y\alpha_z=\begin{bmatrix}1&0&0&0\\0&-1&0&0\\0&0&1&0\\0&0&0&-1\end{bmatrix}$$

⑨ 关于宇宙射线的历史的更多细节可以在我的《宇宙世纪》(Longair,2006)7.2 节中找到。

第17章

① 在我的《物理学中的理论概念》(Longair，2003)15.3节中，对该主题进行了更详细的讨论。

② 参见贾默(1989)的讨论，第328～329页。

③ 海森堡的分析的精髓可以用薛定谔的波包表示粒子与德布罗意的动量和波长之间的关系来理解。局域化的波包可以表示成无数个波的叠加。按照约当和海森堡的方法，我们选择一个波的连续分布，其振幅在某个中心波数 k' 附近呈高斯分布：

$$A(k) = \exp\left[-\frac{(k-k')^2}{2k_1^2}\right] \tag{54}$$

k_1 是不同 k 值的波幅关于平均值 k' 的标准差。当处理离散的 k_n 值时，我们将该函数描述为正弦或余弦波的和。为了方便起见，我们考虑余弦波：

$$\psi(x) = \sum_n A_n(k_n)\cos k_n x \tag{55}$$

将其转换为波数的连续分布，ψ 变为

$$\psi(x) = \int_{-\infty}^{+\infty} A(k)\cos kx\,\mathrm{d}x \tag{56}$$

我们对上述高斯分布 $A(k)$ 进行积分。积分变为

$$\int_{-\infty}^{\infty} \exp\left[-\frac{(k-k')^2}{2k_1^2}\right]\cos kx\,\mathrm{d}x \tag{57}$$

把余弦函数写成 $\cos kx = \Re(\mathrm{e}^{\mathrm{i}kx})$，其中符号 $\Re$ 表示“取实部”。因此积分变为

$$\Re\left\{\int_{-\infty}^{\infty} \exp\left[-\frac{(k-k')^2}{2k_1^2} + \mathrm{i}kx\right]\mathrm{d}k\right\} \tag{58}$$

请注意，此表达式与式(17.49)具有完全相同的形式，并解释了约当的概率幅表达式中复数项的起源。现在，我们处理指数内的表达式。为了积分出表达式，我们把平方项写成

$$\begin{aligned}
-\frac{(k-k')^2}{2k_1^2} + \mathrm{i}kx &= -\frac{k^2 - 2kk' + k'^2 - 2\mathrm{i}kxk_1^2}{2k_1^2} \\
&= -\frac{k^2 - 2k(k' + \mathrm{i}xk_1^2) + (k' + \mathrm{i}xk_1^2)^2}{2k_1^2} + \frac{2\mathrm{i}k'xk_1^2 - x^2k_1^4}{2k_1^2} \\
&= -\frac{(k - k' - \mathrm{i}xk_1^2)^2}{2k_1^2} + \mathrm{i}k'x - \frac{x^2k_1^2}{2}
\end{aligned} \tag{59}$$

因此我们必须求积分

$$\int_{-\infty}^{\infty} \exp\left[-\frac{(k-k'-\mathrm{i}xk_1^2)^2}{2k_1^2}\right] \times \exp(\mathrm{i}k'x)\exp\left(-\frac{x^2k_1^2}{2}\right)\mathrm{d}k \tag{60}$$

请注意，“时间”符号后面的项不包含变量 k，因此可以将这些项拿到积分之外。现

在，我们将变量更改为

$$y = \frac{k - k' - \mathrm{i}xk_1^2}{\sqrt{2}k_1}, \quad \mathrm{d}k = \sqrt{2}k_1\mathrm{d}y \tag{61}$$

因此积分约化为

$$\exp(\mathrm{i}k'x)\exp\left(-\frac{x^2k_1^2}{2}\right)\sqrt{2}k_1\int_{-\infty}^{\infty}\mathrm{e}^{-y^2}\mathrm{d}y \tag{62}$$

但是，积分

$$\int_{-\infty}^{\infty}\mathrm{e}^{-y^2}\mathrm{d}y = \sqrt{\pi}$$

因此，将表达式的实部放在定积分之前，我们得到如下结果：

$$\psi(x) = \Re\left[\exp(\mathrm{i}k'x)\exp\left(-\frac{x^2k_1^2}{2}\right)\sqrt{2\pi}k_1\right] \tag{63}$$

$$= A\cos k'x\exp\left(-\frac{x^2}{2x_1^2}\right) \tag{64}$$

其中 $x_1 = k_1^{-1}$。因此函数 $\psi(x)$有一个高斯包络，其标准差为 x_1，这与波数 k_1 的分布有关，关系为 $x_1 = k_1^{-1}$。根据德布罗意关系 $k = 2\pi/\lambda = 2\pi h/p_1$，因此

$$x_1 p_1 = \frac{h}{2\pi} \tag{65}$$

正是海森堡关系(17.51)。

④ 这些是我们对学生第一次认真地介绍量子力学时教给他们的规则。我要感谢我的同事迈克尔·佩恩(Michael Payne)教授和霍华德·休斯(Howard Hughes)博士允许我重复这些声明，这些声明是他们的量子力学讲座课程的核心内容。

第 18 章

① 我在我的《物理学中的理论概念》(Longair，2003)的 7.5 节中，从欧拉-拉格朗日方程开始，给出了一些对称性和守恒定律的简单例子。

② 梅茨巴赫(Merzbacher)(2002)对量子隧穿的早期历史做了很好的总结。

③ 布赖恩·卡斯卡特(Brian Cathcart)的《飞翔于大教堂：一小群剑桥科学家如何赢得原子裂变的竞赛》(Cathcart，2005)中，对科克罗夫特和沃尔顿的实验历史作了令人愉快的描述。

④ 本译文摘自派斯的《内界》，其中叙述了这个复杂故事的许多细节(Pais，1985)。

⑤ 本节是我的《宇宙世纪》(2006)第 3 章和第 4 章部分内容的缩略版。

⑥ 这个方程在我的《高能天体物理学》(Longair，2011)的 13.2.2 小节中推导过，在那里用于推导表达式(18.10)。

参 考 文 献

Abraham M，1903．Principien der Dynamik des Elektron［J］．Annalen der Physik，10：105-179．

Aitchison I J R，MacManus D A，Snyder T M，2004．Understanding Heisenberg's 'magical' paper of July 1925：A new look at the calculational details［J］．American Journal of Physics，72：1370-1379．

Aitkin A，1959．Determinants and Matrices［M］．9th ed．Edinburgh and London：Oliver and Boyd Limited．第 1 版出版于 1939 年。

Allen H S，Maxwell R S，1952．A Text-book of Heat．Vol．Ⅱ［M］．London：MacMillan and Co．

Anderson C，Neddermeyer S，1936．Cloud chamber observations of cosmic rays at 4300 metres elevation and near sea-level［J］．Physical Review，50：263-271．

Anderson C D，1932．The apparent existence of easily deflected positives［J］．Science，76：238-239．

Anderson C D，1933．The positive electron［J］．Physical Review，43：491-494．

Anderson W，1929．Gewöhnliche Materie und Strahlende Energie als Verschiedene "Phasen" eines und Desselben Grundstoffes（Ordinary matter and radiation energy as different phases of the same underlying matter）［J］．Zeitschrift für Physik，54：433-444．

Andrade E N d C，1964．Rutherford and the Nature of the Atom［M］．New York：Doubleday．引文在第 111 页。

Arvidsson G，1920．Eine Untersuchung über die Ampéreschen Molecularströme nach der Methode von A．Einstein und W．J．de Haas［J］．Physikalische Zeitschrifte，21：88-91．

Atkinson R d，1931a．Atomic synthesis and stellar energy Ⅰ［J］．Astrophysical Journal，73：250-295．

Atkinson R d，1931b．Atomic synthesis and stellar energy Ⅱ［J］．Astrophysical Journal，73：308-347．

Atkinson R d，1936．Atomic synthesis and stellar energy Ⅲ［J］．Astrophysical Journal，84：73-84．

Atkinson R d，Houtermans F，1929．Zur Frage der Aufbaumöglichkeit der Elemente in Sternen（On the possible synthesis of the elements in stars）［J］．Zeitschrift für Physik，54：

656-665.

Baade W, Zwicky F, 1934a. On super-novae[J]. Proceedings of the National Academy of Sciences, 20: 254-259.

Baade W, Zwicky F, 1934b. Cosmic rays from super-novae[J]. Proceedings of the National Academy of Sciences, 20: 259-263.

Baker H F, 1922. Principles of Geometry. Vol. 1. Foundations[M]. Cambridge: Cambridge University Press.

Balmer J J, 1885. Note on the spectral lines of hydrogen[J]. Annalen der Physik und Chemie, 25: 80-87.

Barkla C G, 1906. Polarisation of secondary Röntgen radiation[J]. Proceedings of the Royal Society of London, A77: 247-255.

Barkla C G, 1911a. Note on the energy of scattered X-radiation[J]. Philosophical Magazine, 21(6): 648-652.

Barkla C G, 1911b. The spectra of the fluorescent Röntgen radiations[J]. Philosophical Magazine, 22(6): 396-412.

Barkla C G, Ayres T, 1911. The distribution of secondary X-rays and the electromagnetic pulse theory[J]. Philosophical Magazine, 21(6): 275-278.

Barkla C G, Sadler C A, 1908. Homogeneous secondary Röntgen radiations[J]. Philosophical Magazine, 16(6): 550-584.

Barnett S J, 1915. Magnetization by rotation[J]. Physical Review, 6 (2): 239-270.

Barnett S J, Barnett L H, 1922. Improved experiments on magnetization by rotation[J]. Physical Review, 20(2): 90-91.

Bates L F, 1969. Edmund Clifton Stoner[J]. Biographical Memoirs of Fellows of the Royal Society, 15: 201-237.

Beck E, 1919a. Zum experimentellen Nachweis der Ampèreschen Molekularströme[J]. Annalen der Physik, 60(4): 109-148.

Beck E, 1919b. Zum experimentellen Nachweis der Ampèreschen Molekularströme[J]. Physikalische Zeitschrift, 20: 490-491.

Becquerel H, 1896. Sur les Radiations Invisibles émises par les corps phosphorescents (On the invisible radiation emitted by phosphorescent bodies)[J]. Comptes Rendus de l'Academie des Sciences, 122: 501-503.

Bethe H, 1930. Zur Theorie des Durchgangs schneller Korpuskularstrahlen durch Materie[J]. Annalen der Physik, 5: 375-400.

Bethe H, 1939. Energy production in stars[J]. Physical Review, 55: 434-456.

Bethe H, Critchfield C, 1938. The formation of deuterons by proton combination[J]. Physical Review, 54: 248-254.

Blackett P M S, Occhialini G P S, 1933. Some photographs of the tracks of penetrating radiation[J]. Proceedings of the Royal Society of London, A139: 699-722.

Blatt F, 1992. Modern Physics[M]. New York: McGraw-Hill.

Bloch F, 1976. Reminiscences of Heisenberg and the early days of quantum mechanics[J].

Physics Today，29：23-27.

Bôcher M，1911. Introduction to Higher Algebra[M]. New York：Macmillan Publishing Company. 英文版出版于1907年，德文版由莱比锡的B.G. Teubner出版社于1911年出版。

Bohm D，1951. Quantum Theory[M]. New York：Prentice-Hall. 本书由多佛出版社(Dover Publications)于1989年再版。

Bohr N，1912. Unpublished memorandum for Ernest Rutherford[M]//Rosenfeld L. On the Constitution of Atoms and Molecules. Copenhagen：Munksgaard，1963.

Bohr N，1913a. On the constitution of atoms and molecules (Part Ⅰ) [J]. Philosophical Magazine，26(6)：1-25.

Bohr N，1913b. On the constitution of atoms and molecules. Part Ⅱ. Systems containing only a single electron[J]. Philosophical Magazine，26(6)：476-502.

Bohr N，1913c. On the constitution of atoms and molecules. Part Ⅲ. Systems containing several nuclei[J]. Philosophical Magazine，26(6)：857-875.

Bohr N，1913d. On the spectra of helium and hydrogen[J]. Nature，92：231-232.

Bohr N，1914. On the effect of electric and magnetic fields on spectral lines[J]. Philosophical Magazine，27(6)：506-524.

Bohr N，1915. On the quantum theory of radiation and the structure of the atom[J]. Philosophical Magazine，30(6)：394-415.

Bohr N，1918a. On the quantum theory of line spectra. Part Ⅰ. On the general theory[J]. Mathematisk-Fysiske Meddelelser，Det Kgl. Danske Videnskabernes Selskab：Skrifter 8，4. 1：1-36. 转载至Collected Works，3：67-102。

Bohr N，1918b. On the quantum theory of line spectra. Part Ⅱ. On the hydrogen spectrum [J]. Mathematisk-Fysiske Meddelelser，Det Kgl. Danske Videnskabernes Selskab：Skrifter 8，4.1：37-100. 转载至Collected Works，3：103-166。

Bohr N，1921a. Atomic structure[J]. Nature，107：104-107.

Bohr N，1921b. Atomic structure[J]. Nature，108：208-209.

Bohr N，1922. The structure of the atom[M]//Nobel Lectures 1922-1941. Amsterdam：Elsevier Publishing Company，1965：7-43.

Bohr N，1928. The quantum postulate and the recent development of quantum theory[C]//Atti del Congresso Internazionale dei Fisica，Como-Pavia-Roma，2. Bologna：Zanichelli：565-588. 论文的要点发表于Nature，1928，121：580-590。

Bohr N，1963. Introduction by L. Rosenfeld[M]//Rosenfeld L. On the Constitution of Atoms and Molecules. Copenhagen：Munksgaard.

Bohr N，1977. Wolfskehl lectures[M]//Nielsen J R. Niels Bohr Collected Works，Vol. 4. The Periodic System (1920-1923). Amsterdam：North Holland Publishing Company：341-419.

Bohr N，Kramers H A，Slater J C，1924. The quantum theory of radiation[J]. Philosophical Magazine，47(6)：785-822.

Boltzmann L，1884. Ableitung des Stefan'schen Gesetzes，betreffend die Abhängigkeit der Wärmestrahlung von der Temperatur aus der electromagnetischen Lichttheorie[J]. Annalen der Physik，22(3)：291-294.

Born M, 1923. Atomtheorie des festen Zustandes (Dynamik der Kristallgitter) [J]. Encyklopädie der Mathematischen Wissenschaften mit Einschluss ihrer Anwendungen, 3: 527-781.

Born M, 1924. Über quantenmechanik (On quantum mechanics) [J]. Zeitschrift für Physik, 26: 379-395.

Born M, 1926a. Zur quantenmechanik der Stossvorgänge[J]. Zeitschrift für Physik, 37: 863-867.

Born M, 1926b. Quantenmechanik der Stossvorgänge[J]. Zeitschrift für Physik, 38: 803-827.

Born M, 1926c. Das Adiabatenprincip in der Quantenmechanik[J]. Zeitschrift für Physik, 40: 167-192.

Born M, 1926d. Zur Wellenmechanik der Stossvorgänge[J]. Göttinger Nachrichten: 146-160.

Born M, 1961a. Bemerkungen zur statistischen Deutung der Quantenmechanik[M]//Hermann A. Werner Heisenberg und die Physik seiner Zeit. Stuttgart: Deutsche Verlags-Anstalt: 103-108.本书出版于 1977 年,但包含了一份玻恩 1961 年的评论的复印件。

Born M, 1961b. Erwin Schrödinger[J]. Physikalische Blatter, 17: 85-86.

Born M, 1978. My Life: Recollections of a Nobel Laureate[M]. London: Taylor and Francis; New York: Charles Scribner's Sons.

Born M, Heisenberg W, 1923a. Über Phazenbeziehungen bei den Bohrschen Modellen von Atomen und Molekeln[J]. Zeitschrift für Physik, 14: 44-55.

Born M, Heisenberg W, 1923b. Die Elektronenbahnen im angeregten Heliumatom[J]. Zeitschrift für Physik, 16: 229-243.

Born M, Heisenberg W, Jordan P, 1926. Zur Quantenmechanik. II[J]. Zeitschrift für Physik, 35: 557-615.

Born M, Jordan P, 1925a. Zur Quantentheorie aperiodischer Vorgänge[J]. Zeitschrift für Physik, 33: 479-505.

Born M, Jordan P, 1925b. Zur Quantenmechanik[J]. Zeitschrift für Physik, 34: 858-888.

Born M, von Kármán T, 1912. Über Schwingungen von Raumgittern[J]. Physikalische Zeitschrift, 13: 297-309.

Born M, Wiener N, 1926. Eine neue Formulierung der Quantumgesetze für periodische und nichtperiodische Vorgänge[J]. Zeitschrift für Physik, 36: 174-187. 本文以 A new formulation of the laws of quantization of periodic and aperiodic phenomena 为标题以英文同时发表于 MIT Journal of Mathematics and Physics, 5: 84-98。

Bose S N, 1924. Planck's Gesetz und Lichtquantenhypothese (Planck's law and the hypothesis of light quanta) [J]. Zeitschrift für Physik, 26: 178-181.

Bothe W, Becker H, 1930. Künstliche Erregungen von Kern γ-Strahlen[J]. Zeitschrift für Physik, 66: 289-306.

Bothe W, Geiger H, 1924. Ein Weg zur experimentellen Nachprürung der Theorie von Bohr, Kramers und Slater[J]. Zeitschrift für Physik, 26: 44-44.

Bothe W, Kolhörster W, 1929. The nature of the high-altitude radiation[J]. Zeitschrift für Physik, 56: 751-777.

Bragg W H, Bragg W L, 1913a. The reflection of X-rays from crystals[J]. Proceedings of the Royal Society of London (A), 88: 428-438.

Bragg W H, Bragg W L, 1913b. The reflection of X-rays from crystals[J]. Proceedings of the Royal Society of London (A), 89: 246-248.

Brillouin L, 1926. La méchanique ondulatoire de Schrödinger; une méthod générale de résolution par approximations successives[J]. Comptes Rendus, 183: 24-26.

Burgers J M, 1916. Adiabatische invarienten bij mechanische systemen (Adiabatic invariants of mechanical systems) [J]. Verslag van de gewone Vergadering der wis-en natuurdige Afdeeling, Koniklijle Akadamie van Wetenschappen te Amsterdam, 25: 849-857, 918-922, 1055-1061. 英文版发表于 Proceedings of the Amsterdam Academy, 20: 149-157, 158-162, 163-169。

Campbell N R, 1920. Atomic structure[J]. Nature, 106: 408-409.

Cathcart B, 2005. The Fly in the Cathedral: How a Small Group of Cambridge Scientists Won the Race to Split the Atom[M]. London: Viking.

Chadwick J, 1932. The existence of a neutron[J]. Proceedings of the Royal Society of London, A136: 692-708.

Chandrasekhar S, 1931. The maximum mass of ideal white dwarfs[J]. Astrophysical Journal, 74: 81-82.

Charlier C V L, 1902. Die Mechanik des Himmels[M]. Liepzig: Veit.

Clausius R, 1857. Über die Art der Bewegung, die wir Wärme nennen (On the nature of the motion, which we call heat) [J]. Annalen der Physik, 176: 353-380.

Clausius R, 1858. Ueber diemittlere Länge der Wege, welche bei der Molecularbewegung gasförmiger Körper von den einzelnen Molecülen zurückgelegt werden; nebst einigen anderen Bemerkungen über die mechanische Wärmetheorie. (On the average length of paths which are traversed by single molecules in the molecular motion of gaseous bodies) [J]. Annalen der Physik, 181: 239-258.

Cockcroft J D, Walton E T S, 1932. Experiments with high velocity positive ions. Ⅱ. The disintegration of elements by high velocity protons[J]. Proceedings of the Royal Society of London, A137: 229-242.

Compton A H, 1922. The spectrum of secondary rays[J]. Physical Review, 19(2): 267-268.

Compton A H, 1923. A quantum theory of the scattering of X-rays by light elements[J]. Physical Review, 21(2): 483-502.

Compton A H, 1961. The scattering of X rays as particles[J]. American Journal of Physics, 29: 817-820.

Compton A H, Simon A W, 1925. Directed quanta of scattered X-rays[J]. Physical Review, 26(2): 289-299.

Cornu A, 1898. Sur queques résultats nouveaux relatifs au phénomène découvert par M. le Dr. Zeeman[J]. Comptes Rendus (Paris), 126: 181-186.

Courant R, Hilbert D, 1924. The Methods of Mathematical Physics, Vol. 1[M]. Berlin: Springer-Verlag.

Curie I, Joliot F, 1932. The emission of high energy photons from hydrogenous substances irradiated with very penetrating alpha rays[J]. Comptes Rendus (Paris), 194: 273-275.

Curie M P, Skłodowska-Curie M, 1898. On a new radioactive substance contained in pitchblende[J]. Comptes Rendus (Paris), 127: 175-178.

Curie M P, Skłodowska-Curie M, Bémont G, 1898. On a new, strongly radioactive substance, contained in pitchblende[J]. Comptes Rendus (Paris), 127: 1215-1217.

Dalton J, 1808. A New System of Chemical Philosophy[J]. Manchester: R. Bickerstaff.

Darwin C G, 1922. A quantum theory of optical dispersion[J]. Nature, 110: 841-842.

Darwin C G, 1927a. The electron as a vector wave[J]. Nature, 119: 282-284.

Darwin C G, 1927b. The Zeeman effect and spherical harmonics[J]. Proceedings of the Royal Society of London, A115: 1-19.

Darwin C G, 1927c. The electron as a vector wave[J]. Proceedings of the Royal Society of London, A116: 227-233.

Darwin C G, 1927d. Free motion in wave mechanics[J]. Proceedings of the Royal Society of London, A117: 258-293.

Davisson C, Germer L H, 1927. Diffraction of electrons by a crystal of nickel[J]. Physical Review, 30: 705-740.

Davisson C, Kunsman C H, 1921. The scattering of electrons by nickel[J]. Science, 54: 522-524.

de Broglie L, 1923a. Ondes et Quanta[J]. Comptes Rendus (Paris), 177: 507-510.

de Broglie L, 1923b. Quanta de lumière, diffraction et interférence[J]. Comptes Rendus (Paris), 177: 548-550.

de Broglie L, 1923c. Les quanta, la théorie cinétique de gaz et la principe de Fermat[J]. Comptes Rendus (Paris), 177: 630-632.

de Broglie L, 1924a. Recherches sur la théorie des quanta: doctoral dissertation[M]. Paris: Masson et Cie.

de Broglie L, 1924b. A tentative theory of light quanta[J]. Philosophical Magazine, 47: 446-458.

Debye P, 1912. Zur Theorie der spezifischen Wärme (On the theory of specific heats)[J]. Annalen der Physik, 39(4): 789-839. 英文版: Collected Papers of Peter J. W. Debye. New York: Interscience Publishers, 1954: 650-696.

Debye P, 1916. Quantenhypothese und Zeeman-Effekt[J]. Physikalische Zeitschrift, 17: 507-512.

Debye P, 1923. Zerstreuung von Röntgenstrahlen und Quantentheorie[J]. Physikalische Zeitschrift, 24: 161-166.

Delaunay C-E, 1860. Théorie du mouvement de la lune[J]. Memóires de l'Académie des Sciences (Paris), 28.

Delaunay C-E, 1867. Théorie du mouvement de la lune[J]. Memóires de l'Académie des Sciences (Paris), 29.

Dirac P A M, 1925. The fundamental equations of quantum mechanics[J]. Proceedings of the

Royal Society of London，A109：642-653.

Dirac P A M，1926a. Quantum mechanics[D]. Cambridge：Cambridge University.

Dirac P A M，1926b. On quantum algebra[J]. Mathematical Proceedings of the Cambridge Philosophical Society，23：412-418.

Dirac P A M，1926c. Relativity quantum mechanics with an application to Compton scattering [J]. Proceedings of the Royal Society of London，A110：405-423.

Dirac P A M，1926d. Quantum mechanics and a preliminary investigation of the hydrogen atom [J]. Proceedings of the Royal Society of London，A110：561-579.

Dirac P A M，1926e. The elimination of nodes in quantum mechanics[J]. Proceedings of the Royal Society of London，A111：281-305.

Dirac P A M，1926f. On the theory of quantum mechanics[J]. Proceedings of the Royal Society of London，A112：661-677.

Dirac P A M，1926g. The physical interpretation of the quantum dynamics[J]. Proceedings of the Royal Society of London，A113：621-641.

Dirac P A M，1927. The quantum theory of emission and absorption of radiation[J]. Proceedings of the Royal Society of London，A114：243-265.

Dirac P A M，1928a. The quantum theory of the electron[J]. Proceedings of the Royal Society of London，A117：610-624.

Dirac P A M，1928b. The quantum theory of the electron[J]. Proceedings of the Royal Society of London，A118：351-361.

Dirac P A M，1930a. Principles of Quantum Mechanics[M]. Oxford：Clarendon Press.

Dirac P A M，1930b. A theory of electrons and protons[J]. Proceedings of the Royal Society of London，A126：360-375.

Dirac P A M，1931. Quantized singularities in the electromagnetic field[J]. Proceedings of the Royal Society of London，A133：60-72.

Dirac P A M，1939. A new notation for quantum mechanics[J]. Proceedings of the Cambridge Philosophical Society，35：416-418.

Dirac P A M，1947. Principles of Quantum Mechanics[M]. 3rd ed. Oxford：Clarendon Press.

Dirac P A M，1958. Principles of Quantum Mechanics[M]. 4th ed. Oxford：Clarendon Press.

Dirac P A M，1977. Recollections of an exciting era[C]//Weiner C. History of Twentieth Century Physics：57th Varenna International School of Physics，'Enrico Fermi'. New York and London：Academic Press：109-146.

Ditchburn R W，1930. The uncertainty principle in quantum mechanics[J]. Proceedings of the Royal Irish Academy，39：73-80.

Drude P，1900. Zur Geschichte der elektromagnetischen Dispersionsgleichungen[J]. Annalen der Physik，1(4)：437-440.

Durrant P J，1952. General and Inorganic Chemistry[M]. London：Longman，Green and Co.

Dyson F，1999. Why is Maxwell's theory so hard to understand? [M]//James Clerk Maxwell Commemorative Booklet. Edinburgh：James Clerk Maxwell Foundation：8-13.

Eckart C，1926a. Operator calculus and the solution of the equations of quantum dynamics[J].

Physical Review，28(2)：711-726.

Eckart C，1926b. The solution of the problem of the simple oscillator by a combination of the Schrödinger and the Lanczos theories[J]. Proceedings of the National Academy of Sciences of the USA，12：473-476.

Eddington A，1920. The internal constitution of the stars[J]. Observatory，43：341-358.

Eddington A S，1924. The Mathematical Theory of Relativity[M]. Cambridge：Cambridge University Press.

Ehrenfest P，1913. Een mechanische theorema van Boltzmann en zinje betrekking tot de quanta theorie（A mechanical theorem of Boltzmann and its relation to the theory of quanta）[M]//Verslag van de gewone Vergadering der wis-en natuurdige Afdeeling，Koniklijle Akadamie van Wetenschappen te Amsterdam.

Ehrenfest P，1916. Over adiabatische veranderingen van stelsel in verband met de theorie der quanta（On adiabatic changes of a system in connection with the quantum theory）[M]//Verslag van de gewoneVergadering der wis-en natuurdige Afdeeling，Koniklijle Akadamie van Wetenschappen te Amsterdam.

Ehrenfest P，1927. Bemerkung über die angenäherte Gültigkeit der klassischen Mechanik innerhalb der Quantenmechanik[J]. Zeitschrift für Physik，45：455-457.

Einstein A，1905a. Über einen die Erzeugung und Verwandlung des Lichtes betreffenden heuristischen Gesichtspunkt（On a heuristic point of view concerning the production and transformation of light）[J]. Annalen der Physik，17(4)：132-148.

Einstein A，1905b. Über die von dermolekularkinetischen Theorie der Wärme geforderte Bewegung von in ruhenden Flüssigkeiten suspendierten Teilchen（On the motion of small particles suspended in stationary liquids required by the molecular-kinetic theory of heat）[J]. Annalen der Physik，17(4)：549-560.

Einstein A，1905c. Zur Elektrodynamik bewegter Körper（On the electrodynamics of moving bodies）[J]. Annalen der Physik，17(4)：891-921.

Einstein A，1906a. Zur Theorie der Brownschen Bewegung（On the theory of Brownian motion）[J]. Annalen der Physik，19(4)：371-381.

Einstein A，1906b. Zur Theorie der Lichterzeugung und Lichtabsorption（On the theory of light emission and absorption）[J]. Annalen der Physik，20(4)：199-206.

Einstein A，1906c. Die Plancksche Theorie der Strahlung und die Theorie der spezifischen Wärme[J]. Annalen der Physik，22(4)：180-190.

Einstein A，1909. Zum gegenwärtigen Stand des Strahlungsproblems[J]. Physikalische Zeitschrift，10：185-193.

Einstein A，1910. Letter to Laub of 16 March 1910[M]//Kuhn T S. Black-Body Theory and the Quantum Discontinuity 1894-1912. Oxford：Clarendon Press. 另见普林斯顿的爱因斯坦档案馆。

Einstein A，1912. L'Etat Acutal du Probléme des Chaleurs Spécifiques[C]//Langevin P，de Broglie M. The Theory of Radiation and Quanta：Proceedings of the First Solvay Conference. Paris：Gautier-Villars：407-437. 爱因斯坦和洛伦兹的交流记录在第 450 页爱因斯坦

的论文的讨论中。

Einstein A, 1916. Quantentheorie der Strahlung[J]. Mitteilungen der Physikalischen Gesellschaft Zürich, 16: 47-62. 同时发表于 Physikalische Zeitschrift, 1917, 18: 121-128。

Einstein A, 1924. Quantentheorie des einatomigen idealen Gases[J]. Sitzungberichte der (Kgl.) Preussischen Akademie der Wissenschaften (Berlin): 261-267.

Einstein A, 1925. Quantentheorie des einatomigen idealen Gases[J]. Sitzungberichte der (Kgl.) Preussischen Akademie der Wissenschaften (Berlin): 3-14.

Einstein A, 1949. Autobiographisches-Autobiographical Notes[M]//Schilpp P A. Albert Einstein: Philosopher Scientist. New York: Tudor Publishing Company: 1-95. 引文在第 45～47 页。

Einstein A, 1979. Autobiographical Notes[M]. La Salle, Illinois: Open Court. 这是谢尔普(P. A. Schilpp)编辑的爱因斯坦的《自传注记》(*Autobiographical Notes*)的第 4 版。

Einstein A, 1993. Letter to Conrad Habicht of May 1905: item No. 27[M]//Klein M J, Kox A J, Schulman R. The Collected Papers of Albert Einstein: Vol. 5. The Swiss Years: Correspondence, 1902-1914 (English translation supplement). Princeton: Princeton University Press.

Einstein A, de Haas W J, 1915. Experimenteller Nachweis der Ampéreschen Molekularströme [J]. Verhandlungen der Deutschen Physikalischen Gesellschaft, 17(2): 152-170.

Einstein A, Ehrenfest P, 1922. Quantentheoretische Bemerkungen zum Experiment von Stern und Gerlach[J]. Zeitschrift für Physik, 11: 31-34.

Ellis C D, Wooster W A, 1927. The average energy of disintegration of radium E[J]. Proceedings of the Royal Society, A117: 109-123.

Elsasser W, 1925. Bemerkungen zur Quantenmechanik freier Elektronen[J]. Die Naturwissenschaften: 13, 711.

Epstein P S, 1916a. Zur Theorie des Starkeffektes (On the theory of the Stark effect) [J]. Annalen der Physik, 50(4): 489-520.

Epstein P S, 1916b. Zur Theorie des Starkeffektes (On the theory of the Stark effect) [J]. Physikalische Zeitschrift, 17: 148-150.

Ernst A, Hsu J, 2001. First proposal of the universal speed of light by Voigt in 1887[J]. Chinese Journal of Physics, 39: 211-230.

Everitt C W F, 1975. James Clerk Maxwell: Physicist and Natural Philosopher[M]. New York: Charles Scribner's Sons. 另见 Dictionary of Scientific Biography, Vol. 9[M]. New York: Charles Scribner's Sons: 198-230。

Ewald P P, 1962. Fifty Years of X-ray Diffraction[M]. Utrecht, The Netherlands: N. V. A. Oosthoek's Uitgeversmaatschappij. 本卷由埃瓦尔德(Ewald)编辑。它包括许多 X 射线光谱学先驱的文章和传记。

Farmelo G, 2009. The Strangest Man: The Hidden Life of Paul Dirac, Quantum Genius[M]. London: Faber and Faber.

Faxén H, Holtsmark J, 1927. Beitrag zur Theorie des ganges langsamer Elektronen durch Gase [J]. Zeitschrift für Physik, 45: 307-324.

Fermi E, 1926a. Sulla quantizzazione del gas perfetto monatomico[J]. Rendiconti del Reale Accademia Lincei, 3(3): 145-149.

Fermi E, 1926b. Zur Quantelung des idealen einatomigen Gases[J]. Zeitschrift für Physik, 36: 902-912.

Fermi E, 1934. Versuch einer Theorie der β-Strahlen. I [J]. Zeitschrift für Physik, 88: 161-177.

Fermi E, Amaldi E, D'Agostino O, et al, 1934. Radioattivitò provocata da bombardamento di neutroni Ⅲ[J]. La Recherca Scientifica, 5: 452-453.

Fierz M, 1939. Über die relativistische Theorie kräftefreier Teilchen mit beliebigen Spin[J]. Helvetica Physica Acta, 12: 3-37.

Fierz M, Pauli W, 1939. On relativistic wave equations for particles of arbitrary spin in an electromagnetic field[J]. Proceedings of the Royal Society of London, A173: 211-232.

Fitzgerald G F, 1889. The aether and the Earth's atmosphere[J]. Science, 13: 390.

Fitzgerald G F, 1902. On Ostward's energetics [1896][M]//Larmor J. Scientific Writings. Dublin: Hodges, Figges; London: Longman, Green: 388.

Foster J S, 1930. Some leading features of the Stark effect[J]. Journal of the Franklin Institute, 209: 585-588.

Foucault L, 1849. Lumière électrique (Electric light) [J]. L'Institut, Journal Universal des Sciences, 17: 44-46.

Fowler A, 1912. Observations of the principal and other series in the spectrum of hydrogen [J]. Monthly Notices of the Royal Astronomical Society, 73: 62-71.

Fowler A, 1913a. The spectra of hydrogen and helium[J]. Nature, 92: 95-96.

Fowler A, 1913b. The spectra of hydrogen and helium[J]. Nature, 92: 232-233.

Fowler R, 1926. On dense matter[J]. Monthly Notices of the Royal Astrono-mical Society, 87: 114-122.

Franck J, Hertz G, 1914. Über Zussammenstösse zwischen Elektronen und den Molekülen des Quecksilberdampfes und die Ionisierungsspannung desselben[J]. Verhandlungen der Deutschen Physikalischen Gesellschaft, 16(2): 457-467.

Fraunhofer J, 1817a. Bestimmung des Brechungs- und des Farbenzerstreuungs-Vermögens Verschiedener Glasarten, in Bezug auf die Vervollkommnung Achromatischer Fernröhre (On the refractive and dispersive power of different species of glass in reference to the improvement of achromatic telescopes, with an account of the lines or streaks which cross the spectrum) [J]. Denkschriften der königlichen Akademie der Wissenschaften zu München: 5, 193-226. 翻译: Edinburgh Philosophical Journal, 1823, 9: 288-299; 1824, 10: 26-40。

Fraunhofer J, 1817b. Bestimmung des Brechungs- und des Farbenzerstreuungs- Vermögens Verschiedener Glasarten, in Bezug auf die Vervollkommnung Achromatischer Fernröhre (On the refractive and dispersive power of different species of glass in reference to the improvement of achromatic telescopes, with an account of the lines or streaks which cross the spectrum) [J]. Gilberts Annalen der Physik, 56: 264-313.

French A P, Kennedy P J, 1985. Niels Bohr: A Centenary Volume[M]. Cambridge, Mass:

Harvard University Press.

Friedrich W, Knipping P, Laue M v, 1912. Interferenz-Erscheinungen bei Röntgenstrahlen (Interference effects with Röntgen rays)[J]. Sitzberichte der Königlich Bayerischen Akademie der Wissenschaften: 303-312.

Gamow G, 1928. Zur Quantentheorie des Atomkernes[J]. Zeitschrift für Physik, 51: 204-212.

Gamow G, 1937. Atomic Nuclei and Nuclear Transformations[M]. Oxford: Oxford University Press.

Gamow G, 1939. Physical possibilities of stellar evolution[J]. Physical Review, 55: 718-725.

Geiger H, Marsden E, 1913. The laws of deflexion of α-particles through large angles[J]. Philosophical Magazine, 25: 604-623.

Geiger H, Müller W, 1928. Das Electronenzählrohr (The electron-counting tube)[J]. Physikalische Zeitschrift, 29: 839-841.

Geiger H, Müller W, 1929. Technische Bermerkungen zum Electronenzählrohr (Technical remarks on the electron-counting tube)[J]. Physikalische Zeitschrift, 30: 489-493.

Geiger H, Nuttall J M, 1911. The ranges of the α-particles from various radioactive substances and a relation between range and period of transformation[J]. Philosophical Magazine, 22: 613-621.

Gerlach W, 1969. Zur Enddeckung des "Stern-Gerlach-Effektes" [J]. Phy-sikalische Blätter, 25: 472-472.

Gerlach W, Stern O, 1922a. Der experimentelle Nachweis der Richtungsquantelung im Magnetfeld[J]. Zeitschrift für Physik, 9: 349-352.

Gerlach W, Stern O, 1922b. Das magnetische Moment des Silberatoms[J]. Zeitschrift für Physik, 9: 353-355.

Gibbs J W, 1902. Elementary Principles of Statistical Mechanics[M]. New York: Charles Scribner's Sons.

Goldstein H, 1950. Classical Mechanics[M]. Reading, Mass: Addison-Wesley.

Goudsmit S, Kronig R, 1925. Dir Intenstität der Zeemancomponenten[J]. Die Naturwissenschaften, 12: 90.

Gray J A, 1913. The scattering and the absorption of the gamma rays of radium[J]. Philosophical Magazine, 26: 611-623.

Gray J A, 1920. The scattering X-rays and γ-rays[J]. Journal of the Frankin Institute, 190: 633-655.

Gurney R W, Condon E U, 1928. Quantum mechanics and radioactive disintegration[J]. Nature, 122: 439.

Gurney R W, Condon E U, 1929. Quantum mechanics and radioactive disintegration[J]. Physical Review, 33: 127-140.

Haas A E, 1910a. Der Zusammenhang des Planckschen elementarenWirkungsquantums mit den Grundgrössen der Elektronentheorie[J]. Jahrbuch d. Radioaktivität und Elektronik, 7: 261-268.

Haas A E, 1910b. Über die electrodynamische bedeutung des Planck'schen Strahlungsgesetzes und über eine neue Bestimmung des elektrischen Elementarquantums unde der Dimensionen des Wasserstoffatoms[J]. Sitzberichte der Kaiserlichen Akademie der Wissenschaften (Wien). Abteilung Ⅱ, 119: 119-144.

Haas A E, 1910c. Über eine neue theoretische Methode zur Bestimmung des elektrischen Elementarquantums unde des Halbmessers des Wasserstoffatoms[J]. Physikalische Zeitschrift, 11: 537-538.

Hahn O, Strassmann F, 1939. Über den Nachweis und das Verhalten der bei der Bestrahlung des Urans mittels Neutronen entstehenden Erdalkalimetalle[J]. Naturwissenschaften, 27: 11-15.

Hamilton W, 1833. On a general method of expressing the path of light, and of the planets, by the coefficients of a characteristic function[J]. Dublin University Review 1833: 795-826.

Hamilton W R, 1931. Essay on the theory of the systems of rays[M]//Conway A W, Synge J L. The Mathematical Papers of Sir William Rowan Hamilton. 1-294. 这4篇论文最初发表于 Transactions of the Royal Irish Academy, 1828, 15: 69-174; 1830, 16: 1-61; 1931, 16: 93-125; 1837, 17: 1-144。

Hartree D R, 1927a. The wave mechanics of the atom with a non-Coulomb central field. Part Ⅰ. Theory and methods[J]. Mathematical Proceedings of the Cambridge Philosophical Society, 24: 89-110.

Hartree D R, 1927b. The wave mechanics of the atom with a non-Coulomb central field. Part Ⅱ. Some results and discussion[J]. Mathematical Proceedings of the Cambridge Philosophical Society, 24: 111-132.

Heilbron J, 1977. Lectures on the history of atomic physics 1900-1922[C]//Weiner C. History of Twentieth Century Physics: 57th Varenna International School of Physics, 'Enrico Fermi'. New York and London: Academic Press: 40-108.

Heisenberg W, 1925. Über die quantentheoretische Umdeutung kinematischer undmechanischer Beziehungen (Quantum-theoretical re-interpretation of kinematic and mechanical relations) [J]. Zeitschrift für Physik, 33: 879-893.

Heisenberg W, 1926a. Mehrkörperproblem und Resonanz in der Quantenmechanik[J]. Zeitschrift für Physik, 38: 411-426.

Heisenberg W, 1926b. Über die Spektra von Atomsystemen mit zwei Electronen[J]. Zeitschrift für Physik, 39: 499-518.

Heisenberg W, 1927. Über den anschaulichen Inhalt der quantentheoretischen Kinematik und Mechanik[J]. Zeitschrift für Physik, 43: 172-198. 英文版见 Wheeler J A, Zurek W H. Quantum Theory and Measurement[M]. Princeton: Princeton University Press, 1983: 62-84。

Heisenberg W, 1928. Zur Theorie des Ferromagnetismus[J]. Zeitschrift für Physik, 49: 619-636.

Heisenberg W, 1929. Die Entwicklung der Quantentheorie 1918-1928 (The development of the quantum theory 1918-1928) [J]. Naturwissenschaften, 17: 490-496.

Heisenberg W，1960. Erinnerungen an die Zeit der Entwicklung der Quantenmechanik[M]// Fierz M，Weisskopf V F. Theoretical Physics in the Twentieth Century. New York：Interscience Publishers：40-47.

Heisenberg W，1963. Archive for the History of Quantum Physics Interview with Heisenberg. Archived interview. 这次采访于 1963 年 2 月 27 日进行。

Heisenberg W，Jordan P，1926. Anwendung der Quantenmechanik auf das Problem der anomalen Zeemaneffekte[J]. Zeitschrift für Physik，37：263-277.

Heisenberg W，Pauli W，1929. Zur Quantendynamik der Wellenfelder[J]. Zeitschrift für Physik，56：1-61.

Heisenberg W，Pauli W，1930. Zur Quantentheorie der Wellenfelder. Ⅱ[J]. Zeitschrift für Physik，59：168-190.

Heitler W，1927. Störungsenergie und Austausch beim Mehrkörperproblem[J]. Zeitschrift für Physik，46：47-72.

Heitler W，London F，1927. Wechselwirkung neutraler Atome und homöopolare Bindung nach der Quantenmechanik[J]. Zeitschrift für Physik，44：455-472.

Hellinger E，1909. Neue Begründung der Theorie quadratischer Formen von unendlichvielen Ver änderlichen[J]. Journal für die reine und angewandte Mathematik（Crelle's Journal），136：210-271.

Hertz H，1893. Electric Waves[M]. London：Macmillan and Company. 原著 *Untersuchungen über die Ausbreitung der elektrischen Kraft* 由莱比锡的Johann Ambrosius Barth 出版社于 1892 年出版。

Herzberg G，1944. Atomic Spectra and Atomic Structure[M]. New York：Dover Publications.

Hess V F，1913. Über Beobachtungen der durchdringenden Strahlung bei sieben Freiballonfahrten（Concerning observations of penetrating radiation on seven free balloon flights）[J]. Physikalische Zeitschrift，13：1084-1091.

Hewish A，Bell S，Pilkington J，et al，1968. Observations of a rapidly pulsating radio source [J]. Nature，217：709-713.

Hilbert D，1900. Mathematische Probleme[C]//Nachrichten von der Königl. Gesellschaft der Wissenschaften zu Göttingen：253-297. 希尔伯特的演讲译为英文后发表于 Bulletin of the American Mathematical Society，1902，8：437-479。

Hilbert D，1912. Grundzüge einer allgemeinen Theorie der linearen Integralgleichungen[M]. Leipzig：Teubner.

Hilbert D，1915. Die Grundlagen der Physik（The Foundations of Physics）[M]//Nachrichten von der Königl. Gesellschaft der Wissenschaften zu Göttingen：395-407.

Hilbert D，von Neumann J，Nordheim L，1927. Über die Grundlagen der Quantenmechanik [J]. Mathematische Annalen，98：1-30.

Honl H，1925. Die Intensitäten der Zeemancomponenten[J]. Zeitschrift für Physik，34：340-354.

Huang K，2001. Introduction to Statistical Physics[M]. London：Macmillan and Company.

Hund F，1927a. Zur Deutung der Molekelspektren. Ⅰ[J]. Zeitschrift für Physik，40：

742-764.

Hund F, 1927b. Zur Deutung der Molekelspektren. Ⅱ[J]. Zeitschrift für Physik, 42: 93-120.

Hund F 1927c. Symmetriecharaktere von Termen bei Systemen mit gleichen Partikeln in der Quantenmechanik[J]. Zeitschrift für Physik, 43: 788-804.

Hund F, 1927d. Zur Deutung der Molekelspektren. Ⅲ[J]. Zeitschrift für Physik, 43: 805-826.

Jacobi G J, 1841. Sur un théorème de Poisson[J]. Comptes rendus (Paris), 11: 529.

Jammer M, 1989. The Conceptual Development of Quantum Mechanics[M]. 2nd ed. New York: American Institute of Physics and Tomash Publishers. 贾默的这本重要著作的第1版于1966年由麦格劳-希尔(McGraw-Hill)图书公司作为国际纯物理和应用物理系列之一出版。1989年版是第1版的扩展和修订版,我将其作为贾默的历史的主要参考。

Jones B, 1870. The Life and Letters of Faraday (in two volumes)[M]. London: Longmans, Green and Company. 这套两卷本图书已由剑桥大学出版社于2010年作为单卷本再版。

Jordan P, 1926. Über kanonische Transformationen in der Quantenmechanik[J]. Zeitschrift für Physik, 37:383-386. 另见 Zeitschrift für Physik, 38: 513-317。

Jordan P, 1927. Über eine neue Bergründung der Quantenmechanik[J]. Zeitschrift für Physik, 40: 809-838.

Jordan P, Pauli W, 1928. Zur Quantenelektrodynamik ladungsfreier Felder[J]. Zeitschrift für Physik, 47: 151-173.

Kaufmann W, 1902. Die Elektromagnetische Masse des Elektrons [J]. Physikalische Zeitschift, 4: 54-56.

Keesom W H, Wolfke M, 1928. Two different liquid states of helium[J]. Proceedings of the Koniklijle Akadamie van Wetenschappen te Amsterdam, 30: 90-94.

Kellner G W, 1927. Die Ionisierungsspannung des Heliums nach der Schrödingerschen Theorie [J]. Zeitschrift für Physik, 44: 91-109.

Kirchhoff G, 1859. Ueber den Zusammenhang zwischen Emission und Absorption von Licht und Wärme (On the connection between emission and absorption of light and heat) [M]// Berlin Monatsberichte: 783-787.

Kirchhoff G, 1861. Untersuchungen über das Sonnenspektrum und die Spectren der Chemischen Elemente (Investigations of the solar spectrum and the spectra of the chemical elements), Part 1[M]//Abhandlungen der königlich Preussischen Akademie der Wissenschaften zu Berlin: 62-95.

Kirchhoff G, 1862. Untersuchungen über das Sonnenspektrum und die Spectren der Chemischen Elemente (Investigations of the solar spectrum and the spectra of the chemical elements), Part 1 (continued)[M]//Abhandlungen der königlich Preussischen Akademie der Wissenschaften zu Berlin: 227-240.

Kirchhoff G, 1863. Untersuchungen über das Sonnenspektrum und die Spectren der Chemischen Elemente (Investigations of the solar spectrum and the spectra of the chemical elements), Part 2[M]//Abhandlungen der königlich Preussischen Akademie der Wissenschaften zu Berlin: 225-240.

Klein M J, 1967. The beginnings of the quantum theory[C]//Weiner C. History of Twentieth Century Physics: 57th Varenna International School of Physics, 'Enrico Fermi', volume 57. New York and London: Academic Press: 1-39.

Klein M J, 1970. Paul Ehrenfest: The Making of a Theoretical Physicist[M]. Amsterdam-London: North-Holland.

Klein O, Nishina Y, 1928. The scattered light of free electrons according to Dirac's new relativistic dynamics[J]. Nature, 122: 398-399.

Klein O, Nishina Y, 1929. Über die Streuung von Strahlung durch freie Elektronen nach der neuen relativischen Quantendynamik von Dirac[J]. Zeitschrift für Physik, 52: 853-868.

Kolhörster W, 1913. Messungen der Durchdringenden Strahlung im Freiballon in Grösseren Höhen (Measurements of penetrating radiation in free balloon flights at great altitudes)[J]. Physikalische Zeitschrift, 14: 1153-1156.

Kossel W, 1914. Bemerkung zur Absorption homogener Röntgenstrahlen[J]. Verhandlungen der Deutschen Physikalischen Gesellschaft, 16(2): 898-909, 953-963.

Kossel W, 1916. Bemerkung zum Seriencharakter der Röntgenspektren[J]. Verhandlungen der Deutschen Physikalischen Gesellschaft, 18(2): 339-359.

Kox A J, 1997. The discovery of the electron: Ⅱ. The Zeeman effect[J]. European Journal Physics, 18: 139-144.

Kragh H, 1985. Bohr and the Periodic Table[M]//French A P, Kennedy P J. Niels Bohr: A Centenary Volume. Cambridge, Mass. and London: Harvard University Press: 50-67.

Kramers H A, 1924. The law of dispersion and Bohr's theory of spectra[J]. Nature, 113: 673-674. 也发表于 van der Waerden, 1967. Sources of Quantum Mechanics[M]. New York: Dover Publications: 177-180。

Kramers H A, 1926. Wellenmechanik und halbzahlige Quantisierung[J]. Zeitschrift für Physik, 39: 828-840.

Kramers H A, Heisenberg W, 1925. Über die Streuung von Strahlung durch Atome (On the dispersion of radiation by atoms) [J]. Zeitschrift für Physik, 31: 681-708. 英文版发表于 van der Waerden, 1967. Sources of Quantum Mechanics[M]. New York: Dover Publications: 223-252。

Kramers H A, Holst H, 1923. The Atom and the Bohr Theory of its Structure: An Elementary Presentation[M]. London and Copenhagen: Gyldendal.

Kramers H A, Ittmann G P, 1929. Zur Quantelung des symmetrischen Kreisels Ⅱ[J]. Zeitschrift für Physik, 58: 217-231.

Kratzer B A, 1922. Störungen und Kombinationsprinzip in System der violetten Cyanbanden [M]//Sitzungsberichtle der (Kgl.) Bayerischen Akademie der Wissenschaften (München), Mathematisch-physikalische Klasse: 107-118.

Kronig R d, 1925. Spinning electrons and the structure of spectra[J]. Nature, 117: 555-555.

Kronig R d, 1960. The turning point[M]//Fierz M, Weisskopf V F. Theoretical Physics in the Twentieth Century. New York: Interscience Publishers: 5-39.

Kuhn T S, 1978. Black-Body Theory and the Quantum Discontinuity 1894-1912[M]. Oxford:

Clarendon Press.

Kuhn W,1925. Über die Gesamtstärke der von einem Zustande ausgehenden Absorptionslinien (On the total intensity of absorption lines emanating from a given state) [J]. Zeitschrift für Physik，33：408-412. 英文版见 van der Waerden，1967. Sources of Quantum Mechanics [M]. New York：Dover Publications：253-257。

Ladenburg R，1921. Der quantentheoretische Deutung der Zahl der Dispersionselectronen (The quantum-theoretical interpretation of the number of dispersion electrons) [J]. Zeitschrift für Physik，4：451-468.

Lanczos C，1926. Über eine feldmässige Darstellung der neuen Quantenmechanik [J]. Zeitschrift für Physik，35：812-830.

Landau L，1932. On the theory of stars[J]. Physicalische Zeitschrift der Sowjetunion，1：285-288.

Landau L，1938. Origin of stellar energy[J]. Nature，141：333-334.

Landau L D，Lifshitz E，1976. Mechanics，Course of Theoretical Physics，Vol. 1[M]. 3rd ed. Amsterdam：Elsevier.

Landé A，1919. Eine Quantenregel für die räumliche Orientierung von Elektron-ringen[J]. Verhandlungen der Deutschen Physikalischen Gesellschaft，21：585-588.

Landé A，1921a. Über den anomalen Zeemaneffekt[J]. Zeitschrift für Physik，5：231-241.

Landé A，1921b. Über den anomalen Zeemaneffekt[J]. Zeitschrift für Physik，7：398-405.

Landé A，1922. Zur Theorie der anomalen Zeeman- und magnetomechanischen Effekte[J]. Zeitschrift für Physik，11：353-363.

Landé A，1923a. Termstruktur und Zeemaneffekt der Multipletts[J]. Zeitschrift für Physik，15：189-205.

Landé A，1923b. Zur Theorie der Röntgenspektren[J]. Zeitschrift für Physik，16：391-395.

Landé A，1923c. Termstruktur und Zeemaneffekt der Multipletts[J]. Zeitrschrift für Physik，19：112-123.

Langevin P，de Broglie M，1912. La Théorie du rayonnement et les quanta：Rapports et discussions de la réunion tenue ɑ̀ Bruxelles，du 30 octobre au 3 novembre 1911[M]. Paris：Gautier-Villars.

Larmor J，1897. On the theory of the magnetic influence on spectra; and on the radiation of moving ions[J]. Philosophical Magazine，44(5)：503-512.

Lattes C，Occhialini G，Powell C，1947. Observations on the tracks of slow mesons in photographic emulsions[J]. Nature，160：453-456.

Laue M v，1912. Eine quantative Prüfung der Theorie für die Interferenz Erscheinungen bei Röntgenstrahlung (A quantitative test of the theory of X-ray interference phenomena) [M]//Sitzberichte der Königlich Bayerischen Akademie der Wissenschaften：363-373.

Lénɑ́rd P，1902. Über die lichtelektrische Wirkung (The photoelectric effect) [J]. Annalen der Physik，8(4)：149-198.

Lewis G N，1926. The conservation of photons[J]. Nature，118：874-875.

Lindsay R B，Margenau H，1957. Foundations of Physics[M]. New York：Dover Publications.

Lo Surdo A，1913. Sul fenomeno analogo a quello di Zeeman nel campo elettrico[J]. Atti del Accademia Reale dei Lincei，22(5)：664-666.

London F，1926. Winkelvariable und kanonische Transformationen in der Undulationsmechanik [J]. Zeitschrift für Physik，40：193-210.

London F，1938. The lambda-phenomenon of liquid helium and the Bose-Einstein degeneracy [J]. Nature，141：643-644.

Longair M S，2003. Theoretical Concepts in Physics：An Alternative View of Theoretical Reasoning in Physics[M]. Cambridge：Cambridge University Press.

Longair M S，2006. The Cosmic Century：A History of Astrophysics and Cosmology[M]. Cambridge：Cambridge University Press.

Longair M S，2011. High Energy Astrophysics[M]. 3rd ed. Cambridge：Cambridge University Press.

Lorentz H A，1892a. De relatieve beweging van de aarde en den aether（The relative motion of earth and aether）[J]. Verslag van de gewone Vergadering der wisen natuurdige Afdeeling，Koniklijle Akadamie van Wetenschappen te Amsterdam，1：74-79. 英文版见 Zeeman P，Fokker A D. Lorentz's Collected Papers，Vol. 4[M]. The Hague：Martinus Nijhoff：219-223。

Lorentz H A，1892b. La théorie électromagnétique de Maxwell et son application aux corps mouvants（The electromagnetic theory of Maxwell and its application to moving bodies）[J]. Archives néerlandaises des Sciences Exactes et Naturelles，25：363-551.

Lorentz H A，1904. Electromagnetic phenomena in a system moving with any velocity less than that of light[J]. Proceedings of the Academy of Science of Amsterdam，6：809-831.

Lorentz H A，1909. Letter to W. Wien of 12 April 1909[M]//Hermann A. The Genesis of Quantum Theory（1899-1913）. Cambridge，Mass：MIT Press，1971：56.

Lyman T，1914. An extension of the line spectra to the extreme violet[J]. Physical Review，3（2）：504-505.

Maxwell J C，1860a. Illustrations of the dynamical theory of gases. Part 1. On the motions and collisions of perfectly elastic spheres[J]. Philosophical Magazine，19：19-32. 同时发表于 Niven W D，1890. The Scientific Papers of James Clerk Maxwell，Vol. 1[M]. Cambridge：Cambridge University Press：377-391。

Maxwell J C，1860b. Illustrations of the dynamical theory of gases. Part 2. On the process of diffusion of two or more kinds of moving particles among one another[J]. Philosophical Magazine，20：21-33. 同时发表于 Niven W D，1890. The Scientific Papers of James Clerk Maxwell，Vol. 1[M]. Cambridge：Cambridge University Press：392-405。

Maxwell J C，1860c. Illustrations of the dynamical theory of gases. Part 3. On the collision of perfectly elastic bodies of any form[J]. Philosophical Magazine，20：33-37. 同时发表于 Niven W D，1890. The Scientific Papers of James Clerk Maxwell，Vol. 1[M]. Cambridge：Cambridge University Press：405-409。

Maxwell J C，1861a. On physical lines of force. Ⅰ. The theory of molecular vortices applied to magnetic phenomena[J]. Philosophical Magazine, 21: 161-175. 同时发表于 Niven W D, 1890. The Scientific Papers of James Clerk Maxwell, Vol. 1[M]. Cambridge: Cambridge University Press: 451-466。

Maxwell J C, 1861b. On physical lines of force. Ⅱ. The theory of molecular vortices applied to electric currents[J]. Philosophical Magazine, 21: 281-291, + plate, 338-348. 同时发表于 Niven W D, 1890. The Scientific Papers of James Clerk Maxwell, Vol. 1[M]. Cambridge: Cambridge University Press: 467-488。

Maxwell J C, 1862a. On physical lines of force. Ⅲ. The theory of molecular vortices applied to statical electricity[J]. Philosophical Magazine, 23: 12-24. 同时发表于 Niven W D, 1890. The Scientific Papers of James Clerk Maxwell, Vol. 1[M]. Cambridge: Cambridge University Press: 489-502。

Maxwell J C, 1862b. On physical lines of force. Ⅳ. The theory of molecular vortices applied to the action of magnetism on polarised light[J]. Philosophical Magazine, 23: 85-95. 同时发表于 Niven W D, 1890. The Scientific Papers of James Clerk Maxwell, Vol. 1[M]. Cambridge: Cambridge University Press: 502-512。

Maxwell J C, 1865. A dynamical theory of the electromagnetic field[J]. Philosophical Transactions of the Royal Society of London, 155: 459-512. 同时发表于 Niven W D, 1890. The Scientific Papers of James Clerk Maxwell, Vol. 1[M]. Cambridge: Cambridge University Press: 526-597。

Maxwell J C, 1867. On the dynamical theory of gases[J]. Philosophical Transactions of the Royal Society of London, 157: 49-88. 同时发表于 Niven W D, 1890. The Scientific Papers of James Clerk Maxwell, Vol. 2[M]. Cambridge: Cambridge University Press: 26-78。

Maxwell J C, 1873. A Treatise on Electricity and Magnetism[M]. Oxford: Clarendon Press.

Maxwell J C, 1890. Introductory lectures on experimental physics[J]. Scientific Papers, 2: 241-255. 这是 1871 年 10 月麦克斯韦作为第一位实验物理卡文迪什教授的就职演讲。引文见第 244 页。

Mehra J, Rechenberg H, 1982a. The Historical Development of Quantum Theory. Vol. 1, The Quantum Theory of Planck, Einstein, Bohr and Sommerfeld: Its Foundation and the Rise of its Difficulties[M]. Berlin: Springer-Verlag. 卷 1 包括两本独立的书:第 1 部分和第 2 部分。

Mehra J, Rechenberg H, 1982b. The Historical Development of Quantum Theory. Vol. 2, The Discovery of Quantum Mechanics[M]. Berlin: Springer-Verlag.

Mehra J, Rechenberg H, 1982c. The Historical Development of Quantum Theory. Vol. 3, The Formulation of Matrix Mechanics and its Modifications 1925-1926[M]. Berlin: Springer-Verlag.

Mehra J, Rechenberg H, 1982d. The Historical Development of Quantum Theory. Vol. 4, (Part 1) The Fundamental Equations of Quantum Mechanics 1925-1926. (Part 2) The Reception of the New Quantum Mechanics[M]. Berlin: Springer-Verlag.

Mehra J, Rechenberg H, 1987. The Historical Development of Quantum Theory. Vol. 5 (Parts 1 and 2), Erwin Schrödinger and the Rise of Wave Mechanics[M]. Berlin: Springer-

Verlag. 本卷分为两部分出版，第 1 部分标题为“Schrödinger in Vienna and Zurich，1887-1925”，第 2 部分为“The Creation of Wave Mechanics；Early Response and Applications 1925-1926”。

Mehra J，Rechenberg H，2000. The Historical Development of Quantum Theory. Vol. 6（Part 1），The Completion of Quantum Mechanics 1926-1941[M]. Berlin：Springer-Verlag. 第 1 部分标题为“The Probability Interpretation and Statistical Transformation Theory，the Physical Interpretation and the Empirical and Mathematical Foundations of Quantum Mechanics”。

Mehra J，Rechenberg H，2001. The Historical Development of Quantum Theory. Vol. 6（Part 2），The Completion of Quantum Mechanics 1926-1941[M]. Berlin：Springer-Verlag. 第 2 部分标题为“The Conceptual Completion and the Extensions of Quantum Mechanics 1932-1941 and Epilogue：Aspects of the Further Development of Quantum Theory 1942-1999”。

Meitner L，Frisch O R，1939. Disintegration of uranium by neutrons：a new type of nuclear reaction[J]. Nature，143：239-240.

Mendeleyev D I，1869. On the relationship of the properties of the elements to their atomic weights[J]. Zhurnal Russkoe Fiziko-Khimicheskoe Obshchestvo，1：60-77.

Mensing L，1926. Die Rotations-Schwingungsbanden nach der Quantummechanik [J]. Zeitschrift für Physik，36：814-823.

Merzbacher E，2002. The early history of quantum tunneling[J]. Physics Today，55(8)：080000-50.

Michelson A A，1891. On the application of interference-methods to spectroscopic measurements-Ⅰ[J]. Philosophical Magazine，31(4)：338-346.

Michelson A A，1892. On the application of interference-methods to spectroscopic measurements-Ⅱ[J]. Philosophical Magazine，34(4)：280-299.

Michelson A A，1897. Radiation in a magnetic field[J]. Philosophical Magazine，44(4)：109-115. 另见 Astrophysical Journal，7：131-138。

Michelson A A，1903. Light Waves and their Uses[M]. Chicago：Chicago University Press. 引文出现于第 24 页。

Michelson A A，1927. Studies in Optics[M]. Chicago：Chicago University Press.

Michelson A A，Morley E W，1887. On the relative motion of the Earth and the luminiferous ether[J]. American Journal of Science，34：333-345.

Millikan R A，1916. Adirect photoelectric determination of Planck's h[J]. Physical Review，7：355-388.

Moseley H G J，1913. The high frequency spectra of the elements[J]. Philosophical Magazine，26(6)：1024-1034.

Moseley H G J，1914. The high frequency spectra of the elements. Part Ⅱ[J]. Philosophical Magazine，27(6)：703-713.

Mott N F，1928. The solution of the wave equation for the scattering of particles by a Coulombian centre of force[J]. Proceedings of the Royal Society of London，A118：542-549.

Nagaoka H，1904a. Kinematics of a system of particles illustrating the line and band spectrum and the phenomenon of radioactivity[J]. Philosophical Magazine, 7: 445-455.

Nagaoka H, 1904b. Kinematics of a system of particles illustrating the line and band spectrum and the phenomenon of radioactivity[J]. Nature, 69: 392-393.

Neary G J, 1940. The β-ray spectrum of radium-E[J]. Proceedings of the Royal Society of London, A175: 71-87.

Nicholson J W, 1911. A structural theory of chemical elements[J]. Philosophical Magazine, 22 (6): 864-889.

Nicholson J W, 1912. The spectrum of nebulium[J]. Monthly Notices of the Royal Astronomical Society, 72: 49-64.

Niessen K F, 1928. Über die annähernden komplexen Lösunden der Schrödingerschen Differentialgleichung für den harmonischen Oszillator[J]. Annalen der Physik, 85: 497-514.

Noether E, 1918. Invariante Variationsprobleme (Invariant variation problems)[M]// Nachrichten von der Königl. Gesellschaft der Wissenschaften zu Göttingen: 235-257.

Nordheim L, 1927. Zur Theorie der thermische Emission und der Reflexion von Elektronen an Metallen[J]. Zeitschrift für Physik, 46: 833-855.

Oppenheimer J, Snyder H, 1939. On continued gravitational contraction[J]. Physical Review, 56: 455-459.

Oppenheimer J, Volkoff G, 1939. On massive neutron cores[J]. Physical Review, 55: 374-381.

Oppenheimer J R, 1930. On the theory of electrons and protons[J]. Physical Review, 35(2): 562-563.

Oppenheimer J R, Serber R, 1938. On the stability of stellar neutron cores[J]. Physical Review, 54: 540-540.

Pais A, 1985. Inward Bound[M]. Oxford: Clarendon Press.

Pais A, 1991. Niels Bohr's Times, in Physics, Philosophy and Polity[M]. Oxford: Clarendon Press.

Paschen F, 1908. Zur Kenntnis ultraroter Linienspektra (Normalwellenlängen bis 27 000 A° - E) [J]. Annalen der Physik, 27(4): 537-570.

Paschen F, Back E, 1912. Normale und anomale Zeemaneffekte[J]. Annalen der Physik, 39 (4): 897-932.

Pauli W, 1925. Über den Zussamenhang des Abschlusses der Elektronengruppen im Atom mit der Komplexstrucktur der Spektren[J]. Zeitschrift für Physik, 31: 765-785.

Pauli W, 1926. Quantentheorie[J]. Handbuch der Physik, 23: 1-278.

Pauli W, 1927a. Über Gasentartung und Paramagnetismus[J]. Zeitschrift für Physik, 41: 81-102.

Pauli W, 1927b. Zur Quantenmechanik des magnetischen Elektrons[J]. Zeitschrift für Physik, 43: 601-623.

Pauli W, 1933. Die allgemeinen Prinzipien der Wellen Mechanik[M]//Geiger H, Scheel K. Handbuch der Physik, volume 24. Berlin: Springer-Verlag: 83-272.

Pauli W, 1964. Wolfgang Pauli: Collected Scientific Papers, Vols. 1 and 2[M]. New York:

Interscience Publishers.

Pauli W, Belinfante F J, 1940. On the statistical behaviour of known and unknown elementary particles[J]. Physica, 7: 177-192.

Pauli W, Fierz M, 1940. Über relativistische Feldgreichlungnen von Teilchen mit beliebigen Spin[J]. Helvetica Physica Acta, 12: 297-301.

Perrin J B, 1901. Les hypothèses molèculaires[J]. Revue Scientifique, 15: 449-461.

Perrin J B, 1909. Mouvement brownien et réalité moléculaire[J]. Annales de Chemie et de Physique (Ⅷ), 18: 5-114.

Perrin J B, 1910. Brownian Movement and Molecular Reality[M]. London: Taylor and Francis. 佩兰的著作由索迪(F. Soddy)翻译。

Persico E, 1938. Dimostrazione elementare del metodo di Wentzel e Brillouin[J]. Il Nuovo Cimento, 15: 133-138.

Pickering E C, 1896. Stars having peculiar spectra. New variable stars in Crux and Cygnus[J]. Astrophysical Journal, 4: 369-370. 这份资料也是哈佛大学天文台的第12号通告。

Pincherle A, 1906. Funktionaloperationen und-gleichungen[J]. Encyclopädie der mathematischen Wissenschaften, Ⅱ/Ⅰ: 761-817.

Pippard A B, 1995. Physics in 1900[M]//Brown L M, Pais A, Pippard A B. Twentieth Century Physics. Bristol: Institute of Physics Publishing; New York: American Institute of Physics: 1-41.

Planck M, 1899. Über irreversible Strahlungsvorgänge. 5. Mitteilung[M]//Sitzungberichte der (Kgl.) Preussischen Akademie der Wissenschaften (Berlin): 440-480. 同时发表于普朗克的论文集 Physikalische Abhandlungen und Vortrage, 1[M]. Braunschweig: Friedr. Vieweg und Sohn: 560-600。

Planck M, 1900a. Entropie und Temperatur strahlender Wärme[J]. Annalen der Physik, 1 (4): 719-737. 同时发表于普朗克的论文集 Physikalische Abhandlungen und Vortrage, 1 [M]. Braunschweig: Friedr. Vieweg und Sohn:668-686。

Planck M, 1900b. Über eine Verbesserung der Wien'schen Spektralgleichung (On an improvement of Wien's spectral distribution)[J]. Verhandlungen der Deutschen Physikalischen Gesellschaft, 2: 202-204. 同时发表于普朗克的论文集 Physikalische Abhandlungen und Vortrage, 1[M]. Braunschweig: Friedr. Vieweg und Sohn: 687-689。英文版见 Planck's Original Papers in Quantum Physics[M]. London: Taylor and Francis, 1972: 38-45, 由坎格罗(H. Kangro)注释。

Planck M, 1900c. Zur Theorie des Gesetzes der Energieverteilung im Normalspektrum[J]. Verhandlungen der Deutschen Physikalischen Gesellschaft, 2: 237-245. 同时发表于普朗克的论文集 Physikalische Abhandlungen und Vortrage, 1[M]. Braunschweig: Friedr. Vieweg und Sohn: 698-706。英文版见 Hermann A, 1971. The Genesis of Quantum Theory (1899-1913)[M]. Cambridge, Mass: MIT Press: 10。

Planck M, 1902. Über die Natur des weisen Lichtes[J]. Annalen der Physik, 7(4): 390-400. 同时发表于普朗克的论文集 Physikalische Abhandlungen und Vortrage, 1[M]. Braunschweig: Friedr. Vieweg und Sohn: 763-773。

Planck M，1906．Vörlesungen über die Theorie der Wärmstrahlung（Lectures on the Theory of Thermal Radiation）[M]．Leipzig：Barth．

Planck M，1907．Letter to Einstein of 6 July 1907[M]//Hermann A，1971．The Genesis of Quantum Theory（1899-1913）．Cambridge，Mass：MIT Press：56．此信保存于普林斯顿的爱因斯坦档案馆。

Planck M，1910．Letter to W．Nernst of 11 July 1910[M]//Kuhn T，1978．Black-Body Theory and the Quantum Discontinuity 1894-1912．Oxford：Clarendon Press：230．

Planck M，1925．A Survey of Physics[M]．London：Methuen and Company．

Planck M，1931a．Letter to R．W．Wood of 7 October 1931[M]//Hermann A，1971．The Genesis of Quantum Theory（1899-1913）．Cambridge，Mass：MIT Press：37-38．

Planck M，1931b．The Universe in the Light of Modern Physics[M]．New York：Norton．评论位于第 30 页。

Planck M，1950．Scientific Autobiography and Other Papers[M]．London：Williams and Norgate．

Poincaré H，1912．Sur la théorie des quanta（On the theory of quanta）[J]．Journal de physique théorique et appliquée（Paris），2(5)：5-34．

Preston T，1898．Radiative phenomena in a strong magnetic field[J]．Scientific Transactions of the Royal Dublin Society，6：385-391．

Ramsauer C，1921．Über den Wirkungsquerschnitt der Gasmoleküle gegenüber langsamen Elektronen[J]．Annalen der Physik，64(4)：513-540．

Rayleigh J W，1900．Remarks upon the law of complete radiation[J]．Philosophical Magazine，49：539-540．瑞利的论文也载于 Scientific Papers by John William Strutt，Baron Rayleigh，1892-1901．Vol．4[M]．Cambridge：Cambridge University Press。

Rayleigh J W，1902．Scientific Papers by John William Strutt，Baron Rayleigh，1892-1901，Vol．4[M]．Cambridge：Cambridge University Press．

Rechenberg H，1995．Quanta and quantum mechanics[M]//Brown L M，Pais A，Pippard A B．Twentieth Century Physics．Bristol：Institute of Physics Publishing；New York：American Institute of Physics：143-248．

Reines F，Cowan C L，1956．The neutrino[J]．Nature，178：446-449．

Rhodes R，1986．The Making of the Atomic Bomb[M]．New York：Simon and Schuster．

Rindler W，2001．Relativity：Special，General and Cosmological[M]．Oxford：Oxford University Press．

Ritz W，1908．Magnetische Atomfelder und Serienspektren[J]．Annalen der Physik，25(4)：660-696．里茨的一篇较短的论文 *On a new law of series spectra* 于 1908 年发表于 Astrophysical Journal，28：237-243。

Rochester G，Bulter C，1947．Evidence for the existence of new unstable elementary particles [J]．Nature，160：855-857．

Röntgen W C，1895．Üer eine neue Art von Strahlen（On a new type of ray．Preliminary communication）[M]//Erste Mittheilung：Sitzungsberichte der Physikalisch-Medizinische Gesellschaft，Würzburg：137．伦琴的论文发表于 1895 年 12 月，英文版发表于 Nature，1896，

53:274。

Roschdestwensky D, 1920. Das innere Magnetfeld des Atoms erzeugt die Dublette und Triplette der Spektralserien[J]. Transactions of the Optical Insitute in Petrograd, 1: 1-20.

Rubens H, Kurlbaum F, 1901. Über die Emission langwelliger Lichtwellen durch den schwarzen Körper bei verschiedenen Temperaturen[J]. Annalen der Physik, 4: 649-666. 这篇论文由科尔劳施(F. Kohlrausch)在 1900 年 10 月 25 日的普鲁士科学院会议上提交。

Rubinowicz A, 1918a. Bohrsche Frequenzbedingnug und Erhaltung des Impulsmomentes Ⅰ. Tiel[J]. Physikalische Zeitschrift, 19: 441-445.

Rubinowicz A, 1918b. Bohrsche Frequenzbedingnug und Erhaltung des Impulsmomentes Ⅱ. Tiel[J]. Physikalische Zeitschrift, 19: 465-474.

Rubinowicz A, 1921. Zur Polarisation der Bohrschen Strahlung[J]. Zeitschrift für Physik, 4: 343-346.

Runge C, 1908. Über die Zerlegung von Spektrallinien im magneteschen Felde[J]. Physikalische Zeitschrift, 8: 232-237.

Runge C, Paschen F, 1900. Studium des Zeeman-Effekts im Quecksilberspektrum[J]. Physikalische Zeitschrift, 1: 480-481.

Rutherford E, 1899. Uranium radiation and the electrical conduction produced by it[J]. Philosophical Magazine, 47(5): 109-163.

Rutherford E, 1903. The electric and magnetic deviation of the easily absorbed rays from radium[J]. Philosophical Magazine, 5(5): 177-187.

Rutherford E, 1911. The scattering of α and β particles by matter and the structure of the atom [J]. Philosophical Magazine, 21(6): 669-688.

Rutherford E, 1913. The structure of the atom[J]. Nature, 92: 423.

Rutherford E, 1919. Collisions of α particles with light atoms, Ⅳ. An anomalous effect in nitrogen[J]. Philosophical Magazine, Series 6, 37: 581-587.

Rutherford E, 1920. Bakerian Lecture. Nuclear constitution of atoms[J]. Proceedings of the Royal Society of London, A97: 374-400.

Rutherford E, Andrade E N d C, 1913. The reflection of γ -rays from crystals[J]. Nature, 92: 267.

Rutherford E, Royds T, 1909. The nature of the α particle from radioactive substances[J]. Philosophical Magazine, Series 6, 15: 281-286.

Schlesinger L, 1900. Einführung in die Theorie der Differentialgleichungen mit einer unabhängigen Variablen[M]. Leipzig: G. J. Göschensche Verlagshandlung.

Schmidt G C, 1898. Ueber die von den Thorvebindungen und einigen anderen Substanzen ausgehende Strahlung[J]. Annalen der Physik und Chemie (Wiedemanns Annalen), 65: 141-151.

Schrödinger E, 1914. Zur Dynamik elastisch gekoppelter Puncktsysteme[J]. Annalen der Physik, 44(4): 961-934.

Schrödinger E, 1919. Der Energieinhalt der Festkörper im Lichte der neueren Forschung[J]. Physikalische Zeitschrift, 20: 420-428, 450-455, 474-480, 497-503, 523-526.

Schrödinger E, 1921. Versuch zur modelmässigen Deutung des Terms der scharfen Nebenserien [J]. Zeitschrift für Physik, 4: 347-354.

Schrödinger E, 1926a. The continuous transition from micro- to macro-mechanics[J]. Die Naturwissenschaften, 28: 664-666.

Schrödinger E, 1926b. Quantisierung als Eigenwertproblem. (Erster Mitteilung) (Quantisation as an eigenvalue problem (Part 1))[J]. Annalen der Physik, 79(4): 361-376.

Schrödinger E, 1926c. Quantisierung als Eigenwertproblem. (Zweite Mitteilung) (Quantisation as an eigenvalue problem (Part 2))[J]. Annalen der Physik, 79(4): 489-527.

Schrödinger E, 1926d. Über das Verhältnis der Heisenberg-Born-Jordanschen Quantenmechanik zu der meinen[J]. Annalen der Physik, 79(4): 734-756.

Schrödinger E, 1926e. Quantisierung als Eigenwertproblem. (Dritte Mitteilung: Störungstheorie, mit Anwendung auf den Starkeffekt der Balmerlinien) (Quantisation as an eigenvalue problem (Part 3). Perturbation theory, with application to the Stark effect in the Balmer lines) [J]. Annalen der Physik, 80(4): 437-490.

Schrödinger E, 1926f. Quantisierung als Eigenwertproblem. (Vierte Mitteilung) (Quantisation as an eigenvalue problem (Part 4)) [J]. Annalen der Physik, 81(4): 109-139.

Schrödinger E, 1928. Collected Papers on Wave Mechanics[M]. London: Blackie and Sons.

Schrödinger E, 1935. Biographical Notes [M]//Les Prix Nobel en 1933. Stockholm: Imprimérie Royale P. A. Norstedt & Soener: 361-363.

Schwarzschild K, 1916. Zur Quanten Hypothese[M]//Sitzungberichte der (Kgl.) Preussischen Akademie der Wissenschaften (Berlin): 548-568.

Semat H, 1962. Introduction to Atomic and Nuclear Physics[M]. London: Chapman and Hall.

Siegbahn M, 1962. X-ray spectroscopy[M]//Ewald P P. Fifty Years of X-ray Diffraction. Utrecht, The Netherlands: N. V. A. Oosthoek's Uitgeversmaatschappij: 265-276.

Slater J C, 1924. Radiation and atoms[J]. Nature, 113: 307-308.

Slater J C, 1929. The theory of complex spectra[J]. Physical Review, 34: 1293-1322.

Slater J C, 1975. Solid State and Molecular Theory. A Scientific Biography[M]. New York: John Wiley.

Sommerfeld A, 1915a. Zur Theorie der Balmerschen Serie[J]. Münchener Berichte: 425-458.

Sommerfeld A, 1915b. Die Feinstruktur der Wassensttoff- und Wasserstoff-ähnlichen Linien [J]. Münchener Berichte: 459-500.

Sommerfeld A, 1916a. Zur Quantentheorie der Spektrallinien[J]. Annalen der Physik, 51: 1-94, 125-167.

Sommerfeld A, 1916b. Zur Theorie des Zeeman-Effekts der Wasserstofflinien, mit einem Anhang über den Stark-Effekt[J]. Physikalische Zeitschrift, 17: 491-507.

Sommerfeld A, 1919. Atombau und Spektrallinien[M]. Braunschweig: Vieweg. 第3版以英文出版，名为 *Atomic Spectra and Spectral Lines*(布罗泽(H. L. Brose)译. London: Methuen, 1923)。

Sommerfeld A, 1920a. Allgemeine spektroskopische Gesetze, insbesonderenein magnetooptischer Zerlegungssatz[J]. Annalen der Physik, 63: 221-263.

Sommerfeld A, 1920b. Ein Zahlenmysterium in der Theorie des Zeeman-Effekts[J]. Naturwissenschaften, 8: 61-64.

Sommerfeld A, 1923. Über die Deutung verwickelter Spektren (Manga, Chrom, usw) nach der Methode der inner Quantenzahlen[J]. Annalen der Physik, 70: 32-62.

Sommerfeld A, 1924. Zur Theorie der Multipletts und ihre Zeemaneffekte[J]. Annalen der Physik, 73: 209-227.

Sommerfeld A, 1925. Zur Theorie des periodischen Systems[J]. Physikalische Zeitschrift, 26: 70-74.

Sommerfeld A, 1929. Atombau und Spektrallinien, Wellenmechanischer Ergäzungsband[J]. Braunschweig: Vieweg. 这是索末菲的著作的第4版。

Stachel J, 1998. Einstein's Miraculous Year: Five Papers That Changed the Face of Physics [M]. Princeton: Princeton University Press.

Stachel J, Cassidy D C, 1999. The Collected Papers of Albert Einstein: Vol. 2. The Swiss Years: Writings, 1900-1909 (English translation supplement)[M]. Princeton: Princeton University Press.

Stark J, 1913. Beobachtungen über den Effekt des elektrischen Feldes auf Spektrallinien[M]// Sitzungberichte der (Kgl.) Preussischen Akademie der Wissenschaften (Berlin): 932-946. 同时发表于 Annalen der Physik, 43(4): 1914。

Stark J, 1914. Betrachtungen über den Effekt des elektrischen Feldes auf Spektrallinien. Ⅴ. Feinzerlegung der Wasserstoffserie[M]//Nachrichten von der Kgl. Gesellschaft der Wissenschaften zu Göttingen: 427-444.

Stefan J, 1879. Über die Beziehung zwischen der Wärmestrahlung und der Temperatur[J]. Sitzungberichte der Kaiserlichen Akademie der Wissenschaften (Wien), 79: 391-428.

Stern O, 1920. Eine direkte Messung der thermischen Molekulargeschwindigkeit [J]. Zeitschrift für Physik, 2: 49-56.

Stern O, 1921. Ein Weg zur experimentellen Prüfung der Richtungsquantelung im Magnetfeld [J]. Zeitschrift für Physik, 7: 249-253.

Stoner E, 1929. The limiting density in white dwarf stars[J]. Philosophical Magazine, 7: 63-70.

Stoner E C, 1924. The distribution of electrons among atomic levels[J]. Philosophical Magazine, 48(6): 719-736.

Stoney G J, 1891. On the cause of double lines and of equidistant satellites in the spectra of gases[J]. Scientific Transactions of the Royal Dublin Society, 4: 563-608. 对"电子"一词的引用出现在第583页。

Strutt J W(Lord Rayleigh), 1894. The Theory of Sound, two volumes[M]. London: MacMillan.

Szilard L, Zinn W H, 1939. Instantaneous emission of fast neutrons in the interaction of slow neutrons with uranium[J]. Physical Review, 55: 799-800.

ter Haar D, 1967. The Old Quantum Theory[M]. Oxford: Pergamon Press.

Thomas L H, 1926. The motion of the spinning electron[J]. Nature, 117: 514.

Thomas W, 1925. Über die Zahl der Dispersionselectronen, die einam stationären Zustande zugeordnet sind[J]. Naturwissenschaften, 13: 627.

Thomsen J, 1895a. Classification des corps simple[M]//Oversigt over det Kongelige Danske Videnskabernes Selskaps Forhandlingar: 132-136.

Thomsen J, 1895b. Om den sandsynlige Forekomst af en Gruppe uvirksomme Grundstoffer (On the probability of the existence of a group of inactive elements)[M]//Oversigt over det Kgl. Danske Videnskabernes Selskaps Forhandlingar: 137-43.

Thomson G P, 1928. Experiments on the diffraction of cathode rays[J]. Proceedings of the Royal Society of London (A), 117: 600-609.

Thomson G P, Reid A, 1927. Diffraction of cathode rays by thin films[J]. Nature, 119: 890.

Thomson J J, 1897. Cathode rays[J]. Philosophical Magazine, 44: 293-316.

Thomson J J, 1906. On the number of corpuscles in an atom[J]. Philosophical Magazine, 11: 769-781.

Thomson J J, 1907. Conduction of Electricity through Gases[M]. Cambridge: Cambridge University Press.

Thorpe G, 1910. History of Chemistry, Vol. 2. From 1850 to 1910[M]. London: G. P. Putnam's Sons.

Townsend J S, Bailey V A, 1922. The motion of electrons in argon[J]. Philosophical Magazine, 43: 593-600.

Uhlenbeck G E, Goudsmit S, 1925a. Ersetzung der Hypothese vomunmechanischen Zwang durch eine Forderung bezüglich des inneren Verhaltens jedes einzelnen Elektrons[J]. Die Naturwissenschaften, 13: 953-954.

Uhlenbeck G E, Goudsmit S, 1925b. Spinning electrons and the structure of spectra[J]. Nature, 117: 264-265.

van den Broek A J, 1913. Die Radioelemente, das Periodische System und die Konstitution der Atome[J]. Physikalische Zeitschrift, 14: 32-41.

van der Waerden B L, 1932. Die gruppentheoretische Methode in der Quantenmechanik[M]. Berlin: Springer-Verlag.

van der Waerden B L, 1960. Exclusion principle and spin[M]//Fierz M, Weisskopf V F. Theoretical Physics in the Twentieth Century. New York: Interscience: 199-244.

van der Waerden B L, 1967. Sources of Quantum Mechanics. Amsterdam: North-Holland Publishing Company. 经北荷兰出版公司(North-Holland Publishing Company)特别许可,本书由多佛出版社(Dover Publications)于 1968 年再版。

van der Waerden B L, 1973. From matrix mechanics and wave mechanics to unified quantum mechanics[M]//Mehra J. The Physicist's Conception of Nature. Dordrecht: D. Reidel: 276-293.

van Vleck J H, 1924. The absorption of radiation by multiply periodic orbits and its relation to the correspondence principle and the Rayliegh-Jeans law[J]. Physical Review, 24: 330-365.

Villard P, 1900a. Sur la Réflection et la Réfraction des Rayons Cathodique et les Rayons

Déviables de Radium (On the reflection and refraction of cathode rays and the deviable rays of radium)[J]. Comptes Rendus de L'Academie des Sciences, 130: 1010-1012.

Villard P, 1900b. Sur le Rayonnement du Radium (On the radiation of radium) [J]. Comptes Rendus de L'Academie des Sciences, 130: 1178-1179.

Voigt W, 1887. Über das Dopplersche Princip (On Doppler's principle) [J]. Göttingen Nachrichten, 7: 41-51. 此论文转载至 Physikalische Zeitschrift, 1915, 16: 381-386,增加了沃伊特的补充说明。

Voigt W, 1901. Über das Elektrische Analogon des Zeemaneffectes[J]. Annalen der Physik, 4 (4), 197-208.

Voigt W, Hansen H M, 1912. Das neue Gitterspektroskop des Göttinger Institutes und seine Verwendung zur Beobachtung der manetischen Doppelbrechung im Gebiete der Absorptionslinien[J]. Physikalische Zeitschrift, 13: 217-224.

von Halban H, Joliot F, Kowarski L, 1939. Number of neutrons liberated in the nuclear fission of uranium[J]. Nature, 143: 680.

von Neumann J, 1927. Mathematische Begründung der Quantenmechanik [M]//Göttinger Nachrichten: 1-57.

von Neumann J, 1929. Allgemeine Eigenwerttheorie Hermitischer Funktionaloperatoren[J]. Mathematische Annalen, 102: 49-131.

von Neumann J, Wigner E, 1928a. Zur Erklärung einiger Eigenschaften der Spektren aus der Quantenmechanik des Drehelektrons. Erster Teil[J]. Zeitschrift für Physik, 47: 203-220.

von Neumann J, Wigner E, 1928b. Zur Erklärung einiger Eigenschaften der Spektren aus der Quantenmechanik des Drehelektrons. Zweiter Teil[J]. Zeitschrift für Physik, 49: 73-97.

von Neumann J, Wigner E, 1928c. Zur Erklärung einiger Eigenschaften der Spektren aus der Quantenmechanik des Drehelektrons. Drittern Teil[J]. Zeitschrift für Physik, 51: 844-858.

Warburg E, 1913. Bemerkung zu der Aufspaltung der Spektallinien im electrischen Feld[J]. Verhandlungen der Deutschen Physikalischen Gesellschaft, 15(2): 1259-1266.

Weinberg S, 1992. Dreams of a Final Theory[M]. New York: Pantheon.

Weizsäcker C v, 1937. Element transformation inside stars. Ⅰ[J]. Phy-sikalische Zeitschrift, 38: 176-191.

Weizsäcker C v, 1938. Element transformation inside stars. Ⅱ[J]. Phy-sikalische Zeitschrift, 39: 633-646.

Wentzel G, 1926a. Eine Verallgemeinerung der Quantenbedingungen für die Zwerke der Wellemmechanik[J]. Zeitschrift für Physik, 38: 518-529.

Wentzel G, 1926b. Zwei Bemerkungenüber die Zerstreuung korpuscularer Strahlung als Beugungserscheinung[J]. Zeitschrift für Physik, 40: 590-593.

Weyl H, 1928. Gruppentheorie und Quantenmechanik[M]. Leipzig: S. Hirzel.

Whittaker E T, 1917. A Treatise on the Analytic Dyanamics of Particles and Rigid Bodies[M]. Cambridge: Cambridge University Press. 第 1 版出版于 1904 年，第 2 版出版于 1917 年，第 3 版出版于 1927 年,第 4 版出版于 1939 年。

Wien W, 1894. Temperatur und Entropie der Strahlung[J]. Annalen der Physik, 52: 132-165.

Wien W, 1896. Über die Energieverteilung im Emissionspektrumeines scharzen Körpers[J]. Annalen der Physik, 58: 662-669.

Wiener N, 1926. The operational calculus[J]. Mathematische Annalen, 95: 557-584.

Wiener N, 1956. I am a Mathematician[M]. New York: Doubleday. 引文位于第 108 页。

Wigner E, 1927. Einige Folgerungen aus der Schrödingerschen Theorie für die Termstrukturen [J]. Zeitschrift fur Physik, 43: 624-652.

Wollaston W H, 1802. A method of examining refractive and dispersive powers, by prismatic reflection[J]. Philosophical Transactions of the Royal Society, 92: 365-380.

Young T, 1802. On the theory of light and colours[J]. Philosophical Transactions of the Royal Society, 92: 12-48.

Yukawa H, 1935. On the interaction of elementary particles. I [J]. Proceedings of the Physical-Mathematical Society of Japan, 17: 48-57.

Zeeman P, 1896a. Over den invloed eener magnetisatie op den aard van het door eenstof uitgezonden licht (On the influence of magnetism on the nature of light emitted by a substance) [J]. Verslag van de gewone Vergadering der wis-en natuurdige Afdeeling, Koniklijle Akadamie van Wetenschappen te Amsterdam, 5: 181-185. 英文版发表于 Philosophical Magazine, 1897, 43(5): 226-239; Astrophysical Journal, 1897, 5: 332-347。

Zeeman P, 1896b. Over den invloed eener magnetisatie op den aard van het door eenstof uitgezonden licht (On the influence of magnetism on the nature of light emitted by a substance) [J]. Verslag van de gewone Vergadering der wis-en natuurdige Afdeeling, Koniklijle Akadamie van Wetenschappen te Amsterdam, 5: 242-248. 英文版发表于 Philosophical Magazine, 1897, 43(5), 226-239; Astrophysical Journal, 1897, 5: 332-347。

Zeeman P, 1897. Over doubletten en tripletten in het spectrum, tweeggebracht door uitwendige magnetische krachten (Doublets and triplets in the spectrum produced by external magentic fields) [J]. Verslag van de gewone Vergadering der wis-en natuurdige Afdeeling, Koniklijle Akadamie van Wetenschappen te Amsterdam, 6: 13-18, 99-102, 260-262. 英文版发表于 Philosophical Magazine, 1897, 44(5), 55-60, 255-259。

Zwicky F, 1968. Catalogue of Selected Compact Galaxies and of Post-Eruptive Galaxies[M]. Guemlingen, Switzerland: F. Zwicky.

致谢

这些年来，当这个计划在我的脑海里酝酿之时，我一直受益于与卡文迪什实验室许多同事的互动。这些互动始于 20 世纪 70 年代，当时我主持了数年卡文迪什教学委员会的激烈辩论。我的杰出同事们对物理思想的核心提供了引人入胜的见解。与同事们一起开设本科物理学平行课程无疑促进了我的理解。这些同事包括约翰·瓦尔德拉姆（John Waldram）、大卫·格林（David Green）和保罗·亚历山大（Paul Alexander），我非常感谢他们的见解。我还从迈克尔·佩恩（Michael Payne）和霍华德·休斯（Howard Hughes）编写的量子力学讲义中受益匪浅。在我的思考中，我将这些讲义用来参照，以确保在本书结束时自己处于正确的位置。撰写完成后，我非常感谢马尔科姆·佩里（Malcolm Perry）和安娜·扎特科夫（Anna Żytkow）的建议。他们慷慨地仔细审查了本书的某些部分，在这些部分中，我本认为更深入的数学才可以提高论述的清晰度。我非常感谢并采纳了他们的建议。

就像我以前的书一样，我从格林对 LaTeX 代码的建议中受益匪浅。他的专业建议极大地改善了文本和数学的呈现。我非常感谢瑞利图书馆的图书管理员内文卡·亨提克（Nevenka Huntic）和海伦·苏达拜（Helen Suddaby），他们在追踪本书中提到的许多稀有书籍和论文方面提供了不懈的帮助。同样要感谢天文学研究所的图书管理员马克·赫恩（Mark Hurn），他在该图书馆发现了许多鲜为人知的宝藏。

我要强调，与我之前的书相比，《物理学中的量子概念》更是个人的发现之旅。我一开始就知道我想达到什么目的，但工作和研究是与写作同时进行的，因此，通常的免责声明更具有针对性，即我要对内容和判断的错误负全责。这是一个故事，根据作者的倾向，可以用许多不同的方式讲述，有不同的重点。更重要的是，读者应该查阅本书中引用的许多文献，以获得更完整的图像。

在我的所有工作中，我的家人黛博拉（Deborah）、马克（Mark）和莎拉（Sarah）的爱、支持、鼓励和理解对我来说意义非凡，无以言表。

大多数论文的作者，包括本书转载的人物，都已去世。我非常感谢那些出版商允许使用他们现在拥有版权的期刊、书籍和其他媒介。我已尽一切努力追踪所有图片的版权拥有者，但事实证明其中有些超出了我的能力范围。所有图片的来源均在图片说明中给出。另外，以下清单还包括图片的原始发行者和现在拥有版权的发行者，以及他们所要求的具体致谢形式：

Annalen der Physik。经 *Annalen der Physik* 许可转载。图 3.2 和图 14.1。同时经约翰威立父子出版公司(John Wiley and Sons)许可。

Annales de Chimie et de Physique。经 *Annales de Chimie et de Physique* 许可转载。图 3.1。

曼彻斯特的比克斯塔夫(R. Bickerstaff)出版社。经比克斯塔夫出版社许可转载。图 1.1。

卡文迪什实验室。经卡文迪什实验室许可转载。图 1.3(b)，图 2.2，图 4.2(b)，图 16.3，图 18.4，图 18.5 和图 18.6。

查普曼和霍尔出版社(Chapman and Hall, Ltd., London)。经查普曼和霍尔出版社许可转载。图 8.6(a)(b)。同时，经斯普林格(Springer Science and Business Media)许可。

芝加哥大学出版社。经芝加哥大学出版社许可转载。图 1.5(a)(b)。

知识共享协议。经知识共享协议许可转载。图 7.6(b)(特蕾萨·诺特(Theresa Knott)为维基百科绘制的示意图)和图 18.3(b)(http://labspace.open.ac.uk/mod/resource/view.php? id=431626)。

多佛出版公司(Dover publications)。经多佛出版公司许可转载。图 16.1。

Edinburgh Philosophical Journal。经 *Edinburgh Philosophical Journal* 许可转载。图 1.6。

居伦达尔出版社(Gyldendal: London and Copenhagen)。经居伦达尔出版社许可转载。图 8.2，图 8.4 和图 8.5。

索尔维国际物理协会(Institut International de Physique Solvay)。索尔维国际物理协会合影，本杰明·库普里(Benjamin Couprie)拍摄。图 3.3。

Journal of the Franklin Institute。经 *Journal of the Franklin Institute* 许可转载。图 7.3(b)。同时经爱思唯尔(Elsevier)许可。

麦克米伦出版公司(MacMillan and Company)。经麦克米伦出版公司许可转载。图 1.4，图 2.4(a)(b)。

梅休因出版社(Methuen: London)。经梅休因出版社许可转载。图 4.4，图 5.3，图 5.4 和图 7.4(a)(b)。

布尔哈夫博物馆(Museum Boerhaave, Leiden)。经布尔哈夫博物馆许可转载。图 4.1。

Naturwissenschaften, Die。经 *Die Naturwissenschaften* 许可转载。图 14.2(a)(b)。同时经斯普林格许可。

尼尔斯·玻尔档案馆(Niels Bohr Archive)。经尼尔斯·玻尔研究所的尼尔斯·玻尔档案馆许可转载。图 7.7。

Nuovo Cimento, Il。经 *Società Italiana di Fisica* 许可转载。图 15.1。

Oversigt over det Kgl. Danske Videnskabernes。经 *Oversigt over det Kgl. Danske Videnskabernes* 许可转载。图 8.1。

培格曼出版社(Pergamon Press)。经培格曼出版社许可转载。图 6.1(a)(b)和图 6.2。

Philosophical Magazine。经 *Philosophical Magazine* 许可转载。图 4.2(a),图 4.3,图 4.5 和图 8.7。

Philosophical Transactions of the Royal Society of London。经伦敦皇家学会许可转载。图 1.3(b)。

日中峰天文台(Pic Du Midi Observatory)。经日中峰天文台的罗泽洛特(Rozelot)、戴斯诺克斯(Desnoux)和比伊(Buil)许可转载。图 7.1(a)(b)(c)。

Physical Review。经美国物理学会许可转载。图 9.1,图 9.2 和图 6.2。美国物理学会 1923 年,1927 年和 1933 年的版权。

Proceedings of the Royal Society of London。经伦敦皇家学会许可转载。图 9.3 和图 18.7。

Verhandlungen der Deutschen Physikalischen Gesellschaft。经德国物理学会许可转载。图 4.6。

安杰伊·沃尔斯基(Andrzej Wolski)。经安杰伊·沃尔斯基许可转载自其教学讲义。注释的图 1。

Zhurnal Russkoe Fiziko－Khimicheskoe Obshchestvo。经 *Zhurnal Russkoe Fiziko－Khimicheskoe Obshchestvo* 许可转载。图 1.2。

Zeitschrift für Physik。经 *Zeitschrift für Physik* 许可转载。图 7.6(a),图 8.3,图 18.1(a)(b),图 18.2,图 18.3(a)。同时经斯普林格许可。

主题索引

后　记

正如我刚开始写作本书时所预计的那样，这已被证明是一个复杂的、有时甚至是困难的故事。毕竟，所涉及的内容把经典物理学的基础连根拔起，而经典物理学在解释我们周围的宏观世界方面是非常成功的，取而代之的是与我们日常经验完全不同的、非直觉的东西。但是，我对量子力学的先驱者，包括理论学家和实验学家的非凡工作有了更深刻的认识，这使我的努力得到了更大的回报。如果说普朗克、爱因斯坦、玻尔、海森堡、玻恩、约当、薛定谔、泡利、狄拉克和其他许多人的杰出理论研究构成了这个故事的核心，那么应该记住，他们的研究是由实验物理学同样辉煌的成就激发的。另一个巨大的收获是加深了对量子力学本身的理解——如果我在 50 多年前第一次接触到这个学科时就有这些见解就好了。

可以说的还有很多。我必须重申，我提供了一个有点精简的故事版本，以确保有某种流畅的途径，无论多么曲折，以实现新的理解。为了充分理解这个故事的复杂性以及出现的无数死胡同和岔道，就必须深入研读梅赫拉和雷兴伯格对量子理论历史的权威阐述，这是无可替代的。同样，贾默对该主题的概念和哲学发展的精彩概述也是不可或缺的。我甚至不敢说我开始接近这些阐述的深度和彻底性。在这些作者的成就的基础上，我更适中的目标是：在一个易于理解的层面上展示伟大的先驱们实际做了什么，并使读者能够自己重建在获得这些新的理解时所付出的非凡想象力。用钱德拉塞卡的话说，对这一主题的欣赏不能通过“适度的努力”来实现。

这个故事具有即时性，与我自己作为研究科学家的经历完全吻合。它揭示了实验和理论物理学家如何去发现新的自然规律，以及这些规律如何塑造我们的世界。我专注于故事的思想、理论和实验方面，但也有同样引人入胜的与人有关的故事，这是故事主角众多优秀传记的主题。通过对他们原作的详细研究，我对所有量子力学创始人的钦佩之情大为增加。我个人认为这是一次戏剧性的、令人敬畏的冒险，它永远改变了我们对所生活的物理世界的本质的理解。